Supplemente
zu Vorlesungen und Übungen
in der Tierernährung

Supplemente zu Vorlesungen und Übungen in der Tierernährung

(begründet von Prof. Dr. Dr. h. c. H. MEYER, Hannover)

herausgegeben von

Prof. Dr. Josef KAMPHUES
Institut für Tierernährung,
Stiftung
Tierärztliche Hochschule Hannover

Prof. Dr. Manfred COENEN
Institut für Tierernährung,
Ernährungsschäden und Diätetik,
Universität Leipzig

A.o. Prof. Dr. Christine IBEN
Institut für Ernährung,
Veterinärmedizinische
Universität Wien

Prof. Dr. Ellen KIENZLE
Institut für Physiologie,
Lehrstuhl für Tierernährung und Diätetik,
Ludwig-Maximilians-Universität München

Prof. Dr. Josef PALLAUF
Institut für Tierernährung
und Ernährungsphysiologie,
Justus-Liebig-Universität Gießen

Prof. Dr. Ortwin SIMON
Institut für Tierernährung,
Freie Universität Berlin

Prof. Dr. Marcel WANNER
Institut für Tierernährung,
Universität Zürich

Prof. Dr. Jürgen ZENTEK
Institut für Tierernährung,
Freie Universität Berlin

unter Mitarbeit von

Dr. Annett-C. HÄBICH, PD Dr. Petra KÖLLE,
PD Dr. Annette LIESEGANG, Prof. apl. Dr. Klaus MÄNNER,
Dr. Anne MÖSSELER, Dr. Ingrid VERVUERT und Dr. Petra WOLF

11., überarbeitete Auflage

M.& H. Schaper

Bibliografische Information der Deutschen Nationalbibliothek
Die Deutsche Nationalbibliothek verzeichnet diese Publikation in der Deutschen Nationalbibliografie; detaillierte bibliografische Angaben sind im Internet über http://dnd.ddb.de abrufbar.

ISBN 978-3-7944-0223-6

Satz, Druck und Bindung: Dobler-Druck GmbH & Co KG, Alfeld (Leine)

Vorwort

Vier Jahre nach der letzten Überarbeitung liegen die „Supplemente" in einer neuen, nunmehr elften Auflage vor. Dabei wurde das Konzept des von MEYER (Hannover) begründeten, später unter Mitarbeit von BRONSCH (Berlin) und LEIBETSEDER (Wien) herausgegebenen Werkes weiterentwickelt und zwar mit einer noch stärkeren Fokussierung auf Fragen und Aufgaben einer am tierärztlichen Berufsfeld orientierten Tierernährung: Grundlagen der Futtermittelkunde und einer bedarfsgerechten Ernährung, Beurteilung der Energie- und Nährstoffversorgung, nutritiv bedingte Probleme beim einzelnen Tier sowie im Tierbestand, Bedeutung der Tierernährung für die Lebensmittelqualität und nicht zuletzt die Ernährung eines immer größerem Spektrums an „Liebhabertieren".

Die Notwendigkeit einer Überarbeitung ergab sich aus erheblichen Veränderungen in den rechtlichen Rahmenbedingungen (z. B. Lebenmittel- und Futtermittelgesetzbuch, Futtermittelhygieneverordnung), neuen Versorgungsempfehlungen (z. B. für Schweine), der an Bedeutung gewinnenden Charakterisierung der Zellwandfraktion in Form der NDF und ADF sowie neuer Orientierungswerte (z. B. für den Hygienestatus von Grundfuttermitteln oder für Tränkwasser). Wünsche nach „etwas mehr Text" zur Erleichterung von Lesbarkeit und Verständnis wurden bei der Überarbeitung berücksichtigt, allerdings mit der Folge, dass die Zahl der von Studierenden gewünschten „freien rechten Seiten" zurückging. Doch „Supplemente" ohne Zahlen – eine *contradictio in objecto*, ein Widerspruch in sich! Die „Supplemente" können mit ihrer Informations- und Datenfülle zur Ernährung von mehr als fünfzehn Tierarten kein „Taschenbuch" zur Tierernährung sein, sondern sollen vielmehr die Vorlesungen und Übungen ergänzen und ihre Funktion als Nachschlagewerk für die Praxis behalten. Sie bieten – so hoffen die Herausgeber und Autoren – den Studierenden den notwendigen Überblick und ermöglichen ein tieferes Verständnis für Zusammenhänge.

Unter Mitwirkung von Autoren aus allen Tierernährungsinstituten der deutschsprachigen tierärztlichen Bildungsstätten (Berlin, Gießen, Hannover, Leipzig, München, Wien und Zürich) entstand in einem breiten Konsens über Lehrinhalte der Tierernährung in der Veterinärmedizin die vorliegende elfte Auflage. Die „Supplemente" sollen auch in der Zukunft die Lehrveranstaltungen – und das Gedächtnis der Studierenden – entlasten und der tierärztlichen Praxis konkrete Hilfen und Antworten bieten.

Oktober 2008

J. KAMPHUES, Hannover
M. COENEN, Leipzig
C. IBEN, Wien
E. KIENZLE, München
J. PALLAUF, Gießen
O. SIMON, Berlin
M. WANNER, Zürich
J. ZENTEK, Berlin

Inhaltsverzeichnis

Abkürzungen

AB Antibiotika
ADF acid detergent fiber (saure Detergens-Faser)
ADL acid detergent lignin (saures Detergens-Lignin)
AF Alleinfutter
AK Aujeszkysche Krankheit
ANF antinutritional factors (Antinutritive Faktoren)
Arg Arginin
AS Aminosäure
BCS Body condition score (Ernährungszustand)
BGBl Bundesgesetzblatt
BLE Bundesanstalt für Landwirtschaft und Ernährung
BMELV Bundesministerium für Ernährung, Landwirtschaft und Verbraucherschutz
bw body weight (Körpermasse)
BW biologische Wertigkeit (z. B. von Protein)
cal Kalorie (= 4,1868 Joule)
CCM Corn Cob Mix
Cys Cystin
d Tag
DCAB dietary cation anion balance (Kationen-Anionen-Bilanz)
DDGS Dried Distillers Grains with Solubles (Trockenschlempe)
DE digestible energy (Verdauliche Energie)
DLG Deutsche Landwirtschafts-Gesellschaft
dt Dezitonne (= 100 kg)
DTZ durchschnittliche tägliche Zunahme
E Energie
EF Ergänzungsfutter
EGV EG-Verordnung
EM Eimasse
ESP Europäische Schweinepest
ess. AS essentielle Aminosäuren
FA Futteraufnahme
FCM Fat Corrected Milk (Milch mit 4 % Fett)
FFS flüchtige Fettsäuren (volatile fatty acids = VFA)
Flfr Fleischfresser
FM Futtermittel
FMHV Futtermittel-Hygiene-Verordnung
FMV Futtermittelverordnung
FS Fettsäuren
Gb Gasbildung
GE gross energy (Bruttoenergie)
Gefl Geflügel
GfE Gesellschaft für Ernährungsphysiologie
GPS Ganzpflanzensilage
GVE Großvieheinheit
h Stunde
ha Hektar
Hd Hund
His Histidin
HPLC High performance liquid chromatography (Hochdruckflüssigkeitschromatographie)
ICP-MS Inductive coupled plasma mass spectrometry (Verfahren der Massenspektrometrie)
IE Internationale Einheit
Ile/Ileu Isoleucin
J Joule
k Teilwirkungsgrad
KAB Kationen-Anionen-Bilanz
Kan Kaninchen
KBE Koloniebildende Einheit (KBE; colony forming units = cfu)
KF Kraftfutter
KH Kohlenhydrate
kJ Kilojoule (= 1 000 J; 0,2389 kcal)
KM Körpermasse (body weight = bw)
KMZ KM-Zunahme
Ktz Katze
l Liter
Leu Leucin
LFGB Lebensmittel- und Futtermittelgesetzbuch
LKS Lieschkolbenschrot
LL Legeleistung
LM Lebensmittel
LPS Lipopolysaccharide
LT Lebenstag
LUFA Landwirtschaftliche Untersuchungs- und Forschungsanstalt
LW Lebenswoche
lx Lux (Beleuchtungsstärke)
Lys Lysin
MAT Milchaustauscher
ME metabolizable energy (Umsetzbare Energie)
Met Methionin
MF Mischfutter
min Minute
MJ Megajoule (= 1 000 kJ)
MKS Maul- und Klauenseuche
MMA Mastitis-Metritis-Agalaktie
Mon Monat
MS Milchsäure
Mschw Meerschweinchen
NDF neutral detergent fiber (Neutrale Detergens-Faser)
NDR neutral detergent residue (Neutraler Detergens-Rückstand)
NE net energy (Nettoenergie)
NEL Nettoenergie-Laktation
NFC Non fiber carbohydrates

NfE	N-freie Extraktstoffe (nitrogen free extractives = XX*)
NIR	Nah-Infrarot-Reflexions-Messtechnik
NPN	non protein nitrogen (Nicht-Protein-Stickstoff)
nRp	nutzbares Rohprotein (= nXP*)
NSP	Nicht-Stärke-Polysaccharide (non-starch-polysaccharides)
oR	organischer Rest
oS/OM	organische Substanz (organic matter)
Pfd	Pferd
Pflfr	Pflanzenfresser
prc/pc	praecaecal
PUFA	polyunsaturated fatty acids (mehrfach ungesättigte FS)
q	Umsetzbarkeit der Energie (ME/GE x 100)
Ra	Rohasche (crude ash = CA = XA*)
Rd	Rind
Rfa	Rohfaser (crude fiber = CF = XF*)
Rfe	Rohfett (ether extract = EE = XL*)
RNB	Ruminale N-Bilanz
Rp	Rohprotein (crude protein = CP = XP*)
rum	ruminal
Schf	Schaf
Schw	Schwein
SD	Standardabweichung (standard deviation)
Sdp	Siedepunkt
SEM	Standardfehler des Mittelwertes (standard error of the mean)
sV	scheinbare Verdaulichkeit
Thr	Threonin
TMA	Trimethylamin
TMR	total mixed ration (Totale-Misch-Ration)
trgd	tragend
Trp	Tryptophan
TS	Trockensubstanz (dry matter = DM)
UDP	undegradable protein
uS	ursprüngl. Substanz (Frischsubstanz)
V	Verordnung
v	verdaulich
Val	Valin
VDLUFA	Verband Deutscher Landwirtschaftlicher Untersuchungs- und Forschungsanstalten
Vit	Vitamin
VQ	Verdauungsquotient
W	Woche
Wdk	Wiederkäuer
wV	wahre Verdaulichkeit
Zg	Ziege
ZRB	Zuckerrübenblatt
♀	weiblich (= 0,1)
♂	männlich (= 1,0)

Chemische Elemente werden gemäß dem internationalen Periodensystem abgekürzt.
* in Mitteilungen der GfE gebräuchliche Abkürzungen: XA, XP, XL, XF, XX

Metabolische Körpermasse ($KM^{0,75}$)

KM (kg)	$KM^{0,75}$ (kg)	KM (kg)	$KM^{0,75}$ (kg)	KM (kg)	$KM^{0,75}$ (kg)
1	1,00	35	14,39	250	62,9
2	1,68	40	15,91	300	72,1
3	2,28	45	17,37	350	80,9
4	2,83	50	18,80	400	89,4
5	3,34	60	21,56	450	97,7
6	3,83	70	24,20	500	105,7
7	4,30	80	26,75	550	113,6
8	4,76	90	29,22	600	121,2
9	5,20	100	31,6	650	128,7
10	5,62	110	34,0	700	136,1
12	6,45	120	36,3	750	143,3
14	7,24	130	38,5	800	150,4
16	8,00	140	40,7	850	157,4
18	8,74	150	42,9	900	164,3
20	9,46	160	45,0	950	171,1
25	11,18	180	49,1	1000	177,8
30	12,82	200	53,2	2000	299,1

Gebräuchliche Fachbezeichnungen für die Entwicklungs- und Leistungsstadien der wichtigsten Nutz- und Liebhabertiere

Allgemeiner Begriff	Spezieller Begriff	Erläuterungen
Pferde		
Fohlen		allgemein: Jungtiere bis zu einem Alter von einem Jahr
	Saugfohlen	bis zu einem Alter von ca. 6 Monaten
	Absetzer	ab einem Alter von ca. 6 Monaten
Jungpferde	Jährlinge	Jungpferde mit einem Alter von 1–1,5 Jahren; allgemein auch pauschalierend für im Vorjahr geborene Jungpferde
Pony		Kleinpferd mit i. d. R. <400 kg KM und <148 cm Stockmaß, allgemein durch Rassenzugehörigkeit besser definiert (z. B. Welshpony)
Kleinpferd		KM <350 kg, Widerrist <155 cm
Wallach		kastrierter Hengst
güste Stute		reproduktiv nutzbare, aber z. Zt. nicht tragende Stute
Rinder		
Kälber		generell: von Geburt (ca. 40 kg KM) bis zur vollen Ausbildung der Vormagenfunktion
	Saugkälber	Tiere, die Muttermilch erhalten; Bezeichnung gilt im engeren Sinn nur für die 1. LW (Kolostralmilch-Periode)
	Aufzuchtkälber	Tiere für Nachzucht oder Mast; Alter am Ende der Aufzucht: 4 Mon
	Fresser	Tiere nach dem Absetzen (Ende der Aufzucht), aber noch vor der eigentlichen Mast; KM-Bereich: 120–250 kg
	Mastkälber	Tiere, die im Wesentlichen mit Milch oder MAT ohne größere Grund- und Kraftfuttermengen bis zur KM von 120–250 kg gemästet werden
	„Baby Beef"	Rindfleich von sehr jungen Mastrindern (max. 10 Mon, 300 kg KM), ernährt auf der Basis von Muttermilch und Weidegras (evtl. mit Kraftfutterergänzung)
Jungrinder ♀	Färsen, Starken, Queenen, Kalbinnen	Tiere ab 5. Lebensmonat bis zur Geburt des 1. Kalbes: regional auch noch für Kühe während der 1. Laktation üblich
Milchrinder (syn.: Kühe)		regelmäßig in Laktation stehende Tiere
Mutter- bzw. Ammenkuh		Kuh säugt nur eigenes Kalb bzw. auch fremde Kälber (keine Gewinnung von Milch als LM)
Mastrinder (syn.: Jungmastrinder)		Tiere, die in der Regel ab ca. 250 kg KM zum Zweck der Fleischerzeugung bis ca. 500–600 kg KM gemästet werden
Jungbullen (syn.: Jungstiere)		männl. Jungrinder, die zur Zucht herangezogen werden; je nach Rasse werden im Alter von 12 bis 15 Mon 400–500 kg KM erreicht
Deckbullen (syn.: Deckstiere)		im Zuchteinsatz befindliche männliche Tiere; ausgewachsen nach ca. 4 Jahren
Schafe		
Lämmer		generell: Tiere bis zum Alter von 1 Jahr
	Sauglämmer	Lämmer, die vornehmlich flüssige Nahrung aufnehmen (bis 4. LW essentiell)
	Aufzuchtlämmer	Lämmer ab 4. LW (mind. 12 kg KM), wenn alleinige Trockenfütterung möglich wird; Begriff ist gültig für Zucht- und Masttiere
jg. Zuchtschafe ♀ (syn.: Jährl.-Schaf)		Schaf nach Abschluss der Aufzuchtperiode bis zum Decktermin
	Zutreter	zum Belegen anstehende Schafe

Allgemeiner Begriff	Spezieller Begriff	Erläuterungen
Schafe		
	Erstlinge	erstmals belegte Schafe
Jungböcke (syn.: Lammbock)		männl. Jungschafe, die zur Zucht herangezogen werden; Zuchtreife nach 6 bis 12 Mon erreicht
Zeitbock		männl. Schaf im 2. Lebensjahr
Zuchtbock (syn.: Altbock)	Widder	männl. Schaf ab 3. Lebensjahr
Mutterschaf	Muttern, Zippen	weibl. Schaf ab 1. Gravidität
	Merzen	von der weiteren Zucht ausgeschlossene Schafe
Hammel	kastr. ♂ Schaf	i. d. R. zur Mast verwendete Tiere
Schweine		
Ferkel		generell: von Geburt (ca. 1,5 kg KM) bis 25 bzw. 35 kg KM; Lebensalter ca. 9 bzw. 13 Wochen
	Saugferkel	Tiere, die Muttermilch bzw. flüssiges Sauenmilchersatzfutter und Saugferkelergänzungsfutter erhalten, bis 3. bzw. 6. LW; ca. 5 bzw. 11 kg KM
	Absetzferkel	von der Sau abgesetzte Ferkel
	Aufzuchtferkel	nach dem „klassischen" Verfahren vom Absetzen bis ca. 25 kg KM (Alter ca. 9 Wochen) oder 35 kg KM (Alter 13 Wochen)
	Spanferkel	abgesetzte („abgespänte") Ferkel, die mit einer KM bis zu 35 kg geschlachtet werden
Mastschwein		ab 25/35 kg KM bis zur Schlachtreife bei ca. 120 kg KM;
	Börge	kastrierte männliche Mastschweine
Zuchtschwein		generell: Tiere, die zur Ferkelerzeugung verwendet werden
	Zuchtläufer	männl. oder weibl. Tiere, die nach der Ferkelaufzucht zur Nachzucht selektiert wurden
	Jungsauen	Tiere bis zur Erstbelegung bei 130–140 kg KM, die 7 bis 9 Monate alt sind
	Erstlingssauen	ab 1. Trächtigkeit bis zum Ende der 1. Laktation
	(Alt-)Sauen	ab 2. Trächtigkeit
	Jungeber	männl., zur Zucht herangezogene Jungschweine (von 25/30–150 kg KM)
	(Alt-)Eber (syn.: Deckeber)	Eber ab etwa 150 kg KM
Hühner		
Küken		generell: vom Schlupf bis Ende der 6. LW
	Aufzuchtküken	Tiere, die der späteren Eiproduktion dienen, bis zum Ende der 6. LW
	Mastküken (syn.: Broiler, Jungmasthühner)	männl. und weibl. Tiere zur Fleischerzeugung, Alter bei Schlachtung ~ 35 bis 42 Tage
Junghennen		Tiere ab 7 Wochen Alter bis zum Legebeginn (ca. 20. LW)
Hennen	Legehennen	Tiere eines Bestandes, mit über 10 % Legeleistung
Zuchthühner	Zuchthennen -hähne	geschlechtsreife Tiere zur Bruteierzeugung
	Elterntiere bzw. Großelterntiere	Basispopulationen zur Erzeugung der Mast- und Legehybriden

Allgemeiner Begriff	Spezieller Begriff	Erläuterungen
Hund		
Welpe		von der Geburt bis zum Alter von ca. 10–12 Wochen
	Saugwelpe	von der Geburt bis zum Absetzen (mit 6–8 Wochen)
Junghund		vom Absetzen bis zum Ende des 1. Lebensjahres
Hündin bzw. Rüde		weiblicher bzw. männlicher Hund, unabhängig von einer Nutzung als Zuchttier
Zuchthündin/-rüde		Nutzung als Zuchttier ab dem 2. Lebensjahr
Katze		
Welpen		von der Geburt bis zum Alter von ca. 10 Wochen
	Saugwelpen	Welpe beim Muttertier bis zum Absetzen, das mit 6–8 Wochen erfolgt
Kätzin		weibliche Katze ab Geschlechtsreife
Kater		männliche Katze ab Geschlechtsreife
Frettchen		
Welpe		von Geburt bis zum Absetzen (~6–8 Wochen)
Jungtier		vom Absetzen bis zur Geschlechtsreife (~8–12 Monate)
Fähe		weibliches Tier (unabhängig von Zuchtnutzung)
Rüde		männliches Tier (unabhängig von Zuchtnutzung)
Kaninchen		
Junge(s)		von Geburt bis zum Absetzen (~5–6 Wochen)
Jungkaninchen		vom Absetzen bis zum Alter von ca. 6 Monaten
Häsin/Zippe		weibliches Tier ab Geschlechtsreife (~6 Monate)
Bock/Rammler		männliches Tier ab Geschlechtsreife (~6 Monate)
Ziervögel		
Nestling		vom Schlupf bis zum Verlassen des Nests (Alter sehr unterschiedlich) und selbständiger Futteraufnahme (vorher von Eltern gefüttert)
Jungvogel		nach Verlassen des Nestes bis zum Wechsel des Jugendgefieders
Henne		♀ Tier ab Geschlechtsreife (speziesabhängig)
Hahn		♂ Tier ab Geschlechtsreife (speziesabhängig)
Fische		
Laich		Fischeier
Jung-/Dotterbrut oder Larve		frisch geschlüpfte Larve mit Dottersack
Vorstreckbrut		~6 Wochen alter Jungfisch
Brut, Sangen		~1 Jahr alter Jungfisch
Setzling, Zweisömmeriger		~2 Jahre alter Jungfisch
Milchner, Treiber		männlicher Fisch ab Geschlechtsreife
Rogner, Laicher		weiblicher Fisch ab Geschlechtsreife

Das jeweils angegebene Lebensalter bezieht sich auf Werte, wie sie gegenwärtig in der Praxis mit den am häufigsten genutzten Rassen erreicht werden.

I Allgemeine Angaben über Futtermittel (FM)

1 Einteilung

ART UND HERKUNFT

- Grünfutter (Dauergrünland, Feldfutterbau)
- Grünfutterkonserven
- Stroh, Spreu
- Wurzeln, Knollen und deren Nebenprodukte
- Getreidekörner
  - Nebenprodukte aus Getreidekörnern (Müllerei, Brauerei, Brennerei, Stärkegewinnung)
- Leguminosenkörner
- Samen, fettreich
  - Nebenprodukte der Öl- und Fettherstellung
- Futtermittel aus Mikroorganismen und Algen
- Futtermittel tierischer Herkunft
- Mineralische Futtermittel
- Sonstiges (z. B. Nebenprodukte aus der Lebensmittelverarbeitung)

KONSISTENZ UND WASSERGEHALT

- Raufutter (Heu, Stroh): über 20 % Rohfaser in der TS
- Saftfutter (Grünfutter, Gärfutter = Silage, Wurzeln, Knollen): 35–90 % Wasser
- Trockenfutter: Weniger als 14 % Wasser
- halbfeuchte Futter: Bis 30 % Wasser
- Flüssigfutter: In einem flüssigen Medium (Wasser, Molke, Magermilch) suspendierte FM

HAUPTINHALTSSTOFFE

- Konzentrate: FM mit hohem Energie- und/oder Proteingehalt
  - energiereiche FM: Kraftfutter, Energiekonzentration über 6 MJ NEL bzw. 11 MJ ME/kg uS (auch Grund-FM können – bezogen auf TS – sehr energiereich sein)
  - eiweißreiche FM: Über 30 % Rp, Wdk über 20 % Rp (TS)
  - Eiweißkonzentrate: Über 44 % Rp (TS)
- Mineralfutter: Überwiegend anorganische Komponenten (>40 % Rohasche)

ZAHL DER KOMPONENTEN

- Einzelfuttermittel stammen aus einheitlichen Ausgangsmaterialien oder Gewinnungs- bzw. Herstellungsverfahren, können jedoch aus mehreren Pflanzen- oder Tierspezies bestehen (z. B. Heu oder Fischmehl).
- Mischfutter bestehen aus zwei oder mehr Einzelfuttermitteln.

EINSATZ UND VERWENDUNG (vgl. LFGB u. FMV)

- Grund- oder Grobfuttermittel: Strukturreichere FM, allgemein die Grundlage von Rationen für Wdk, Pfd und andere Pflfr
- Alleinfutter (Vollnahrung): I. d. R. Mischfutter, die bei ausschließlicher Verwendung alle Nahrungsansprüche des Tieres decken (ausgenommen Wasser).
- Ergänzungsfutter: Soll Nährstoffdefizite anderer Futtermittel oder Rationen ausgleichen.
- Diät-FM: Mischfutter, die dazu bestimmt sind, den besonderen Ernährungsbedarf von Tieren zu decken, bei denen insbesondere Verdauungs-, Resorptions- oder Stoffwechselstörungen vorliegen oder zu erwarten sind.

BETRIEBSWIRTSCHAFTLICH-VOLKSWIRTSCHAFTLICHE GESICHTSPUNKTE

- *Einzelbetriebe:*
  - betriebseigene FM = wirtschaftseigene FM
  - Zukauf-FM
- *Gesamtwirtschaftlich:*
  - Handels-FM = handelsfähige FM, im Allgemeinen mit geringem Wassergehalt und ausreichender Lagerfähigkeit (zu erheblichem Anteil auch Importe)

2 Futtermitteluntersuchung

Für die nähere Charakterisierung von Wert und Qualität der Futtermittel werden – je nach Zielsetzung – sehr verschiedene Verfahren angewandt, die sich übersichtsartig wie folgt gliedern und darstellen lassen:

- Sensorische Prüfung (umfasst alle mit Hilfe der Sinne näher zu charakterisierenden Eigenschaften und Parameter, Näheres s. 140 ff.)
- mikroskopisch-warenkundliche („botanische“) FM-Untersuchung (dient der Erfassung von Art und Anteil (= Schätzung!) der FM sowie unerwünschter bzw. giftiger Komponenten und Verunreinigungen, Beimengungen oder Kontaminationen)
- physikalische FM-Untersuchung (hierunter fallen z. B. die Kalorimetrie, NIR s. S. 21 die Bestimmung von Dichte und Korngrößen/Vermahlungsgrad sowie des Quellungsvermögens oder des Sedimentationsverhaltens), s. S. 148
- mikrobiologische/toxikologische FM-Untersuchung (hierunter fallen sowohl direkte wie auch indirekte Verfahren zur Charakterisierung der mikrobiellen Belastung; Bestandteile und/oder Toxine von Pilzen und Hefen werden u. a. mittels chromatographischer oder immunologischer Nachweise bestimmt, z. B. ELISA für Aflatoxine)
- chemische FM-Untersuchung (hierzu zählen insbesondere alle Analysen auf Art und Gehalt an Nährstoffen, aber auch an Zusatzstoffen sowie an unerwünschten Inhalts- und Begleitstoffen bzw. Kontaminanten wie Schwermetalle oder Mykotoxine)
- Fütterungsversuch (dient u. a. der Prüfung von Akzeptanz, Verdaulichkeit, Verträglichkeit, diätetischer Effekte sowie von Einflüssen auf die Leistung und Produktqualität)

Faktoren zur Charakterisierung der Termini FUTTERMITTELQUALITÄT und FUTTERMITTELSICHERHEIT

Facetten der Futtermittel-QUALITÄT

Futterwert im engeren Sinne
- Gehalte an Energie und Nährstoffen sowie deren Verdaulichkeit
- Art/Qualität der Nährstoffe (Rp, Rfe, Rfa, NfE; Aminosäuren-/Fettsäurenmuster sowie die Verfügbarkeit von Nährstoffen)

Verträglichkeit[1]
- tolerable Nährstoffgehalte
- Art und Anteil von Einzelkomponenten
- Bearbeitung (z.B. Vermahlungsgrad)
- Kontamination (z.B. Schwermetalle)
- Hygienestatus (Vorratsschädlinge/Mikroorganismen und Toxine der Mikroorganismen)

Schmackhaftigkeit
- Art und Anteil von Komponenten
- Bearbeitung/Zubereitung
- Hygienische Beschaffenheit (s. Verträglichkeit)

Handlingseigenschaften
- Lagerfähigkeit
- Mischbarkeit/Fließeigenschaften (Korngrößenverteilung)
- Konstanz der Zusammensetzung

Einflüsse auf die Lebensmittel-Qualität[1]
- originäre Inhaltsstoffe (z.B. Fettsäurenmuster)
- Rückstände (z.B. von Schwermetallen, Zusatzstoffen, Medikamenten)
- Einträge von/Belastung mit Erregern (z.B. Salmonellen, Campylobacter) und deren Resistenzfaktoren

Sonstige Wirkungen des Futtermittels
- diätetische Sonderwirkungen (z.B. auf die Passage / Magen-Darm-Flora etc.)
- Ergänzungseignung (mit einzelnen Nährstoffen)
- Nebeneffekte (z.B. in der Fruchtfolge, Verwertung statt kostenträchtiger Entsorgung etc.)

[1] entscheidende Kriterien für die FM-Sicherheit

2.1 Probenahme

Details zum Procedere: Verordnung über Probenahmeverfahren und Analysemethoden für die amtliche FM-Überwachung vom 15. März 2000, BGBl. I, Nr. 10, zuletzt geändert am 14. 3. 2007.

2.1.1 Gründe

a) Bewertung von FM, insbesondere wirtschaftseigenen, für die rationelle Rationsgestaltung,
b) Überprüfung von zugekauften FM hinsichtlich ihrer Inhaltsstoffe bzw. geforderter/garantierter Qualitätskriterien oder im Rahmen der amtlichen FM-Kontrolle,
c) Kontrolle von FM zur Sicherung von Tiergesundheit und Produktqualität (z. B. Umweltkontaminanten),
d) Zustands- und Funktionsprüfung von Futtermitteln und assoziierter Technik (z. B. Mahl-, Misch- und Förderanlagen),
e) Überprüfung von FM nach eingetretenen Schadensfällen,

für a) bis c) repräsentatives Muster von der gesamten Charge,
für d) ein oder mehrere Muster auf den verschiedenen Stufen der Bearbeitung/Zuteilung,
für e) Probe von der aktuell im Einsatz befindlichen Charge gewinnen.

Durchführung: Je nach Art und Homogenität der Futtermittel sind unterschiedliche Verfahren anzuwenden.

Die Probenahme im Rahmen der amtlichen Futtermittelkontrolle (Handelsfuttermittel) regelt die o. g. Verordnung (V).

In möglicherweise forensisch relevanten Fällen ist eine Probenahme durch amtliche Probenehmer anzustreben. Falls nicht möglich, Probenahme nur in Gegenwart beider Parteien, Probenahmeprotokoll anfertigen mit allen wichtigen Daten; Zeugen und Parteien unterschreiben lassen. Proben versiegelt aufbewahren.

Im Folgenden werden einige allgemeine Hinweise gegeben, teilweise unter Berücksichtigung der in der V definierten Vorgehensweise.

2.1.2 Wirtschaftsfuttermittel

Zur Gewinnung einer repräsentativen Probe ist bei den eher inhomogenen Wirtschaftsfuttermitteln (Grünfutter, Heu, Silage, Rüben) und Grundfutter enthaltenden Rationen (TMR; Ähnliches gilt auch für Flüssigfutter) darauf zu achten, dass in Abhängigkeit von der

- Lokalisation (z. B. auf einer Weide, im Silovorrat)
- Schnitthöhe (s. anhaftende erdige Verunreinigungen)
- Verteilung (z. B. des Futters im Trog)

eine systematische Beeinflussung der Futterzusammensetzung möglich ist. Nur bei einer entsprechenden Zahl, Verteilung und Größe von Einzelproben (= Ergebnis aus *einem* Entnahmevorgang), die letztendlich zu einer großen Sammelprobe (Mischung aller Einzelproben) vereinigt werden, lässt sich ein entsprechendes Muster gewinnen:

	Sammelprobe
Grünfutter	ca. 5–10 kg
Heu	ca. 2– 5 kg
Silage	ca. 5–10 kg
Rüben/Knollen	ca. 15–25 kg

2.1.3 Handelsfuttermittel

Allgemein eine homogenere Qualität, allerdings auch Risiken für eine Separierung bestimmter Komponenten (z. B. nach Korngröße, Fließverhalten, spezifischem Gewicht) bzw. für eine Variation innerhalb und zwischen verschiedenen Gebinden/Verpackungen/Anlieferungen (z. B. in verschiedenen Kammern von Transportfahrzeugen). Je nach Masse der angelieferten losen Ware bzw. Zahl der Packungen (verpackte FM) variiert die Zahl der Sammelproben (~ 2 kg) zwischen 1 und 4.

Teilmengen einer reduzierten Sammelprobe verbleiben auch bei jeder der beteiligten Parteien (FM-Verkäufer/ Käufer).

2.1.4 Sonstige Hinweise von grundsätzlicher Bedeutung für die Probennahme

Verpackung: in saubere, trockene, feuchtigkeitsundurchlässige und weitgehend luftdicht verschließbare Behältnisse. Verderbliche FM in Kühlbehältern oder Schnelltransport.

Kennzeichnung: Bezeichnung der FM, Name und Anschrift des Probenehmers bzw. der Überwachungsbehörde, Datum der Entnahme, Nummer des Probenprotokolls. Im Schadensfall ausführlichen Vorbericht mit der Probe einschicken (schriftlich dokumentierte Information).

Probenahmeprotokoll: soll Identität der Futterpartie sicherstellen.

2.2 Analytik

2.2.1 Weender Analyse

Die Weender Analyse – begründet von HENNEBERG und STOHMANN, 1864, auf der Versuchsstation Weende bei Göttingen – stellt als Konventionsanalyse ein summarisches Verfahren dar (daher die Bezeichnung „Roh"-Nährstoffe). Es werden Stoffgruppen erfasst, die hinsichtlich ihres ernährungsphysiologischen Werts nicht einheitlich sind. Mit den N-freien Extraktstoffen (ein durch Differenz errechneter Wert) und der Rohfaser sollen die verdaulichen und weniger verdaulichen Kohlenhydrate unterschieden werden. Tatsächlich erfasst die Rfa-Bestimmung je nach FM verschiedene Anteile an Gerüstsubstanzen (Zellulose, Hemizellulose, Lignin). Da der in Lösung verbleibende Teil der NfE-Fraktion zugerechnet wird, enthält diese u. a. wechselnde Anteile an Gerüstsubstanzen einschließlich Lignin.

Das gesamte System der praktischen Fütterung basiert weltweit auf den nach dem Weender Verfahren bestimmten Rohnährstoffen.

Von der Weender Analyse abzugrenzen sind neuere Methoden, die auf eine nähere Erfassung und Bewertung der verschiedenen Kohlenhydrate in Futtermitteln zielen: Die Gerüstsubstanzen werden nach VAN SOEST bestimmt (s. S. 20 f.). Die weiteren Kohlenhydrate können durch Stärke- und Zuckeranalysen bis auf einen kleinen organischen Rest (oR; u. a. Pektine) erfasst werden. Der oR stellt einen mehrfach gebrauchten Begriff dar. Er muss deshalb genau definiert werden (z. B. nicht zu verwechseln mit oR in der ME-Mischfutter-Schätzformel für Schweine, s. S. 33).

In der **WEENDER Analyse** werden folgende Rohnährstoffe bestimmt:

ROHWASSER und TROCKENSUBSTANZ

Rohwasser umfasst sämtliche bei 103 °C *flüchtigen* Bestandteile des Futters wie: Wasser, flüchtige Fettsäuren (z. B. Essig- und Buttersäure) und andere flüchtige Stoffe (Ätherische Öle, Alkohol).

Trockensubstanz (TS) enthält sämtliche bei 103 °C *nichtflüchtigen Bestandteile* des Futters (Trockensubstanz = ursprüngliche Substanz (uS) – Rohwasser); sie umfasst sowohl anorganische als auch organische Stoffe.

Prinzip der Bestimmung: vierstündiges Trocknen des Futters im Trockenschrank bei 103 °C bzw. bis zur Gewichtskonstanz.

ROHASCHE (Ra)

enthält *Mineralstoffe* (Mengen- und Spurenelemente) sowie sonstige anorganische Substanzen *(z. B. Silikate).* Mit Hilfe der Ra lässt sich der Anteil der organischen Substanz an der Trockensubstanz errechnen (oS = TS – Ra).

Prinzip der Bestimmung: sechsstündige Veraschung der FM im Muffelofen bei 550 °C. Die als Rückstand verbleibende anorganische Komponente wird als Ra bezeichnet.

Zur Bestimmung der *Reinasche* wird Ra mit Salzsäure versetzt (Lösung der Mineralien). Bei Filtration bleibt der unlösliche Teil der Ra (Silikate etc.) zurück (HCl-unlösliche Asche). Reinasche = Ra – Filterrückstand.

ROHFETT (Rfe)

ist eine heterogene Gruppe von Stoffen, die sich in Petroläther (Siedepunkt 40–60 °C) lösen. Der Ätherextrakt enthält neben den eigentlichen *Fetten* (Neutralfette) *Lipoide* (Phospholipide, Sphingolipide, Steroide, Carotinoide) und andere ätherlösliche Stoffe.

Prinzip der Bestimmung: Nach Säureaufschluss achtstündige Extraktion des FM mit Petroläther im Soxhletapparat.

ROHPROTEIN (Rp)

kann neben den Proteinen auch N-haltige Verbindungen nichteiweißartiger Natur enthalten (Säureamide, Amine, freie Aminosäuren, Ammoniumsalze, Alkaloide usw.).

Prinzip der Bestimmung: Kjeldahlverfahren – Oxidation der FM mit konz. Schwefelsäure, Überführung des N in die Ammoniumform. Nach Zugabe von NaOH wird Ammoniak freigesetzt, in vorgelegte Säure (n/10 H_2SO_4 oder Borsäure) überdestilliert und titrimetrisch erfasst.

Rohprotein = N × 6,25 (Protein enthält im Mittel 16 % N).

Reinprotein = zunächst Fällung der Proteine (mit $CuSO_4$- und NaOH-Lösung, Trichloressigsäure oder Tannin), dann Kjeldahlbestimmung.

ROHFASER (Rfa)

ist der in verdünnten Säuren und Laugen unlösliche fett- und aschefreie Rückstand. Er enthält nur unlösliche Anteile von *Zellulose, Hemizellulosen* (Pentosane, Hexosane), aber auch *Lignin* (Polymere aus Phenylpropanderivaten) sowie eine Anzahl anderer Zellwandstoffe (z. B. Suberin in Korkzellen, Cutin etc.).

Prinzip der Bestimmung: 30 min kochen in 1,25%iger H_2SO_4, waschen mit heißem Wasser, danach 30 min kochen in 1,25%iger KOH, anschließend waschen mit heißem Wasser und Aceton, trocknen und wiegen; Ra des Rückstands bestimmen und abziehen.

N-FREIE EXTRAKTSTOFFE (NfE)

Diese letzte Gruppe von Stoffen wird nur rechnerisch erfasst:

NfE = TS – (Ra + Rp + Rfe + Rfa)

> NfE enthalten α-glucosidisch gebundene *Polysaccharide* (Stärke, Glykogen), lösliche *Zucker* (Glucose, Fructose, Saccharose, Lactose, Maltose und Oligosaccharide) sowie *lösliche Teile von Zellulose, Hemizellulosen, Lignin und Pektinen* (Zellulose und Lignin nur in geringer Menge).

Übersicht zu Nährstoffanalysen in Futtermitteln (Beispiel Haferkörner)

Weender Analyse	erweiterte Verfahren	
Rohwasser	Rohwasser	Zellinhaltsstoffe
Rohasche	Rohasche	
Rohprotein	Rohprotein	
Rohfett	Rohfett	
N-freie Extraktstoffe[1]	Stärke	
	Zucker	
	oR[1]	
	Hemizellulose[1]	Gerüstsubstanzen (NDF)
Rohfaser	Zellulose[1] (ADF)	
	ADL (ADF)	

[1] durch Differenz errechnet

2.2.2 Weitere Analysenverfahren

ROHNÄHRSTOFFE mittels NIR-Messtechnik

Neben den oben vorgestellten nasschemischen Verfahren zur Bestimmung der Rohnährstoffe hat in den letzten Jahren die NIR-Messtechnik (Nah-Infrarot-Reflexions-Messtechnik) in der FM-Analytik eine zunehmende Bedeutung erlangt. Elektromagnetische Strahlung im Bereich des Nahen Infrarot (1100 nm bis 2500 nm) trifft hierbei auf Makrobestandteile der zu untersuchenden Futterprobe. Absorption bzw. Reflexion der Strahlung werden insbesondere durch OH-, NH- und CH-Bindungen, welche durch die chemische Zusammensetzung vorgegeben sind, bestimmt. Die matrixspezifischen Einflüsse auf die Intensität der gemessenen Reflexion erfordern leider einen sehr hohen Aufwand für die Kalibrierung, so dass für jeden Futtermittel-„Typ" – unter Zugrundelegung nasschemischer Analysenresultate – entsprechende Eichkurven erstellt werden müssen. Dennoch bleiben für Untersuchungseinrichtungen mit großen Probenserien (z. B. LUFA) deutliche Vorteile (geringster Zeitaufwand, Analytik ohne chemische Abfälle, Kostenersparnis durch weitestgehende Automatisierung), so dass heute viele Futteruntersuchungen (z. B. Silagen, CCM, Getreide etc.) mit dieser Methode vorgenommen werden. Die NIR-Messtechnik hat inzwischen auch eine erhebliche Bedeutung in der industriellen Mischfutterherstellung. Bei einer entsprechenden Positionierung des NIR-Technik ist eine On-line-Kontrolle im laufenden Produktionsprozess möglich, so dass z. B. über aktuelle Daten der Rohwarenzusammensetzung die Rezepturen von Mischfuttern gesteuert und optimiert werden kann.

KOHLENHYDRATE

STÄRKE und ZUCKER werden polarimetrisch (amtlich) oder enzymatisch bestimmt.

Die Summe der GERÜSTSUBSTANZEN wird nach VAN SOEST als Rückstand nach dem Kochen in neutraler Detergentienlösung (Natriumlaurylsulfat, EDTA, pH 7) erhalten (*NDF, neutral detergent fiber;* auch als NDR, neutral detergent residue, bezeichnet). Der Rückstand nach dem Kochen mit saurem Detergentium (Cetyltrimethylammoniumbromid in 1 n H_2SO_4) wird als *ADF (acid detergent fiber)* bezeichnet und enthält vorwiegend Zellulose und Lignin. – In diesem Rückstand kann die Zellulose durch 72%ige H_2SO_4 hydrolysiert werden. Der danach verbleibende Rückstand ist überwiegend mit dem Ligningehalt identisch *(ADL, acid detergent lignin).* – Der geschätzte Gehalt an Zellulose ergibt sich aus ADF minus ADL, der Gehalt an Hemizellulose aus der Differenz von NDF und ADF (s. S. 20a).

NICHT-STÄRKE-POLYSACCHARIDE

In den letzten Jahren ist die Analytik der Nicht-Stärke-Polysaccharide (NSP) weiterentwickelt worden, da die unterschiedlichen ernährungsphysiologischen Effekte pflanzlicher Gerüstsubstanzen in Abhängigkeit von chemischer Zusammensetzung und Löslichkeit erkannt wurden. Für spezielle Fragestellungen werden daher neben Zellulose auch die Gehalte an löslichen und unlöslichen (1–3, 1–4)-β-Glucanen und Pentosanen bestimmt. Die Bestimmung erfolgt durch quantitative Analyse der derivatisierten Monosaccharide (Gaschromatographie) nach verschiedenen Schritten enzymatischer und Säurehydrolyse.

Differenzierung und nähere Charakterisierung der verschiedenen Kohlenhydrate in FM (nach HOFFMANN et al. 2001)

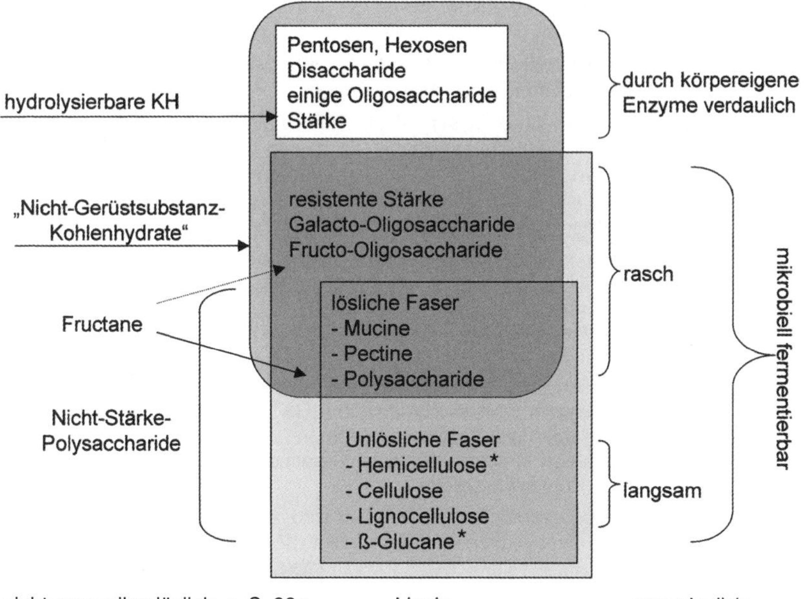

* nicht generell unlöslich, s. S. 20a

PROTEINE

Rp nach Kjeldahl (s. Weender Analyse). Ein weiteres Verfahren der Rp-Bestimmung stellt die Methodik nach DUMAS dar (Prinzip: Katalytische Verbrennung von N-haltigen Verbindungen mit anschließender Reduktion zu N_2, der mittels Wärmeleitfähigkeit bestimmt wird).

Enzymlösliches Protein: Futterprobe 48 h bei 40 °C mit Pepsin-Salzsäure-Lösung behandeln; N-Gehalt im Filtrat bestimmen, N × 6,25 = Protein.

Aminosäurengehalte: Für Routineanalysen ist die Aminosäurenanalyse von Futtermitteln mit Hilfe der Ionenaustauscherchromatographie am besten geeignet. Zunächst wird das FM mit 6 n Salzsäure hydrolysiert; hierbei werden aus dem Protein die einzelnen Aminosäuren freigesetzt. Das anfallende Gemisch der Aminosäuren wird anschließend säulenchromatographisch in die einzelnen Aminosäuren aufgetrennt und quantitativ bestimmt.

FETTE

Reinfett (100 % verseifbar) = Rohfett minus Nichtfettbestandteile

Nichtfettbestandteile:
- flüchtige Substanzen: Wasser, Lösungsmittel, FFS, ätherische Öle
- unlösliche Verunreinigungen: Borsten, Erde, Sand, Ca/Na-Seifen, oxidierte und polymerisierte FS, Eiweiß, Kohlenhydrate, Mineralstoffe
- Unverseifbares: Mineralöl, Pigmente, Vitamine, Carotinoide, Sterine, Wachse, höhere Alkohole (Polyäthylen), Kohlenwasserstoffe

Bestimmung des Unverseifbaren in Fetten: Das Fett wird mit ethanolischer Kalilauge verseift. Danach werden die unverseifbaren Anteile mit Diethyläther ausgeschüttelt, dekantiert, und der Rückstand nach Abdestillieren des Lösungsmittels gewogen.

FETTSÄUREN

nach Veresterung Auftrennung im Gaschromatographen und Quantifizierung

FETTKENNZAHLEN

Anisidinzahl: Maß für die Konzentration der ungesättigten Aldehyde in einem Fett (hat die früher übliche Aldehydzahl oder Benzidinzahl abgelöst).

Jodzahl ist ein Maß für den Anteil ungesättigter Fettsäuren im Fett.
Chloroformgelöstes Fett wird mit Brom behandelt, nicht verbrauchtes Brom nach Zusatz von Kaliumjodid durch Titration des gebildeten Jods bestimmt.
Die J-Zahl gibt die Teile Halogen – berechnet als Jod – an, welche 100 Teile Fett unter bestimmten Bedingungen zu binden vermögen.

Peroxidzahl (POZ) gibt die in 1 kg Fett enthaltene Anzahl Milliäquivalente Sauerstoff an, kann Aufschluss über den Beginn des Fettverderbs geben.
Das nach Zulage einer KJ-Lösung freigesetzte Jod wird mit Natriumthiosulfat titrimetrisch erfasst.

Säurezahl gibt die Menge an KOH (in mg) an, die notwendig ist, um die in 1 g Fett enthaltenen freien organischen Säuren zu neutralisieren.
Das gelöste Fett wird mit ethanolischer KOH titriert.

Verseifungszahl: Maß für die in einem Fett enthaltenen freien und gebundenen Fettsäuren, die mit Laugen in Seifen überführt werden können.
Das Fett wird mit ethanolischer KOH in der Siedehitze verseift, nicht verbrauchte Lauge mit HCl zurücktitriert.

MINERALSTOFFE

Durch Einsatz stark oxidierender Säuren (z. B. HNO_3 oder einem $HNO_3/HClO_4$-Gemisch) wird eine Lösung gewonnen, in der die verschiedenen in der Probe enthaltenen Mineralstoffe (Mengen-/wie Spurenelemente) ionisiert vorliegen.

Bestimmung

nach Veraschung
- Na, K: flammenphotometrisch
- P: photometrisch
- Ca, Mg, Fe, Cu, Mn, Zn, Se: atomabsorptionsspektrometrisch
- Vielzahl von Elementen (einschl. der Schwermetalle): mittels Massenspektrometrie mit induktiv gekoppeltem Plasma (ICP-MS); Prinzip beruht auf der Ionisierung der zu analysierenden Elemente in einem „Plasma" bei 5 000 °C. Zur Erzeugung des „Plasmas" wird ein hochfrequenter Strom in ionisiertes Argon induziert.

ohne Veraschung
- Cl: mittels Coulometrie
- S: nach DUMAS-Verbrennung

VITAMINE

Standardverfahren für die verschiedenen fett- und wasserlöslichen Vitamine ist die HPLC.

KEIMGEHALTE

Die handelsübliche Reinheit und Unverdorbenheit von Futtermitteln wird im § 24 des LFGB sowie in teils unterschiedlicher Formulierung in der FMHV gefordert. Die hygienische Beschaffenheit von FM wird auch durch den Besatz mit Mikroorganismen bestimmt. Daher wird in der amtlichen FM-Kontrolle und in Verdachtsfällen der mikrobielle Status von Futtermitteln ermittelt, wobei der Keimgehalt an Bakterien, Schimmelpilzen und Hefen nach Art und Zahl bestimmt wird (s.S. 151 ff.).

Bestimmung:

Aliquoter Probenanteil wird in Peptonwasser geschüttelt (2 h bei 37 °C). Zur Gesamtkeimbestimmung werden Verdünnungsreihen mit Standard-Nährbodenagar angesetzt, für Pilze spezielle Nährböden. Es können nur vermehrungsfähige Keime erfasst werden.

Indirekte Bestimmung: Erfassung von Zellwandbestandteilen gramnegativer Keime (Lipopolysaccharide, LPS) oder von Ergosterin (Indikator für die Masse an Pilzhyphen).

TOXINE

Toxine bakterieller (Endo- oder Exotoxine), pilzlicher (Mykotoxine) wie auch pflanzlicher Herkunft (Phytotoxine) werden mittels biologischer Verfahren (Tierversuch, Zellkultur) oder chemisch bzw. immunologisch (HPLC, ELISA) erfasst.

3 Verdaulichkeit

3.1 Begriffe

Verdauung: Mechanische Zerkleinerung der Futtermittel und chemische Zerlegung der Futtermittelinhaltsstoffe in resorbierbare Teilstücke. Die chemische Spaltung erfolgt durch körpereigene und ggf. bakterielle sowie futtereigene bzw. dem Futter zugesetzte Enzyme.

Resorption: Aufnahme der zerlegten Futterbestandteile aus dem Verdauungstrakt in die Blut- oder Lymphbahn entweder passiv in Richtung eines Konzentrationsgefälles oder aktiv entgegen einem Konzentrationsgefälle oder durch Pinozytose.

Verdaulichkeit: Definition ergibt sich aus Methodik (s. 3.2).

3.2 Bestimmung der Verdaulichkeit

Klassischerweise erfolgt(e) die Bestimmung der Verdaulichkeit über den gesamten Verdauungstrakt, wobei das zu prüfende Futtermittel allein oder in Kombination mit anderen Komponenten in definierter und konstanter Menge zum Einsatz kommt. Der eigentlichen Kollektionsphase (Sammeln des Kotes) geht eine mindestens gleich lange Adaptationsphase voraus. Die Kollektion erstreckt sich dabei auf mindestens eine Passagezeit; etabliert ist folgende tierartlich unterschiedliche Dauer: Pfd, Wdk: 10 Tage; Schw, Hd, Kan: 5 Tage; Vögel: bis 3 Tage. Durch eine entsprechende Haltung und technische Ausstattung ist jede Kontamination des Kotes (z. B. Haare, Harn etc.) ebenso zu vermeiden wie ein Nährstoffverlust aus dem abgesetzten Kot (z. B. NH_3-Verlust). Das Ernährungsniveau der Tiere sollte dabei möglichst exakt dem Erhaltungsbedarf entsprechen, insbesondere ist ein jeder Nährstoffmangel zu vermeiden, der die Verdauung des zu prüfenden Futtermittels beeinflussen könnte (z. B. N-Mangel der Pansenflora → reduzierter Rfa-Abbau im Pansen).

Näheres: s. Empfehlungen der GfE

Zur Beschreibung der Verdaulichkeit der Futterinhaltsstoffe dienen:
- scheinbare Verdaulichkeit (sV)
- wahre Verdaulichkeit (wV)
- in-vitro-Verdaulichkeit

sV- und wV-Werte gelten nur für die Tierart, an der sie bestimmt werden.

3.2.1 Scheinbare Verdaulichkeit

$$sV\,(\%) = \frac{F - K}{F} \times 100$$

F = Futter
K = Kot

Die scheinbare Verdaulichkeit ist die in Prozent der Nährstoffaufnahme angegebene Differenz zwischen der mit dem Futter aufgenommenen und der mit dem Kot ausgeschiedenen Nährstoffmenge. Für Nährstoffe, die nicht oder nur in sehr geringem Umfang ins Darmlumen sezerniert werden, ergeben sich realistische Werte (NfE, Rfe, Rfa). Bei der sV des Rohproteins (und Rfe) ist zu beachten, dass eine gewisse Menge im Kot endogener Herkunft ist, die sV folglich niedriger liegt als die wV. Trotzdem werden die nach dieser Methode gemessenen Werte (sV) aus praktischen Gründen in den Futterwerttabellen verwendet. Bei den Mineralstoffen ist in der Regel die Diskrepanz so groß, dass die sV für den angegebenen Zweck ungeeignet ist (Ausnahmen Mg, Na, K; beim Pfd auch Ca).

Bestimmung: Quantitative Erfassung der Nährstoffmenge in Futter und Kot (Kollektionsmethode) oder mittels Indikatormethode:

Zugabe eines unresorbierbaren Indikators (Chromoxid, Titanoxid, Kunststoffpulver) zur Ration und dessen Bestimmung in Futter und Kot oder Nutzung eines im FM originär enthaltenen unresorbierbaren Stoffes (HCl-unlösliche Asche, Lignin):

$$sV\ (\%) = 100 - \left[\frac{\%\ \text{Indikator im Futter}}{\%\ \text{Indikator im Kot}} \times \frac{\%\ \text{Nährstoff im Kot}}{\%\ \text{Nährstoff im Futter}} \times 100 \right]$$

3.2.2 Wahre Verdaulichkeit (= Resorbierbarkeit)

$$wV = \frac{F - (K - e)}{F} \times 100$$

Sie berücksichtigt denjenigen Anteil der *endogenen Sekretion* eines Nährstoffs, der mit dem Kot ausgeschieden wird (e) und liefert daher für die Verdaulichkeit von Rohprotein und Mineralstoffen die genauesten Werte. Die Menge e kann für Rp bei N-freier Ernährung bestimmt oder besser durch tierartspezifische Regressionsgleichung errechnet, für einige Mineralstoffe mittels Isotopenverdünnungsmethode ermittelt werden.

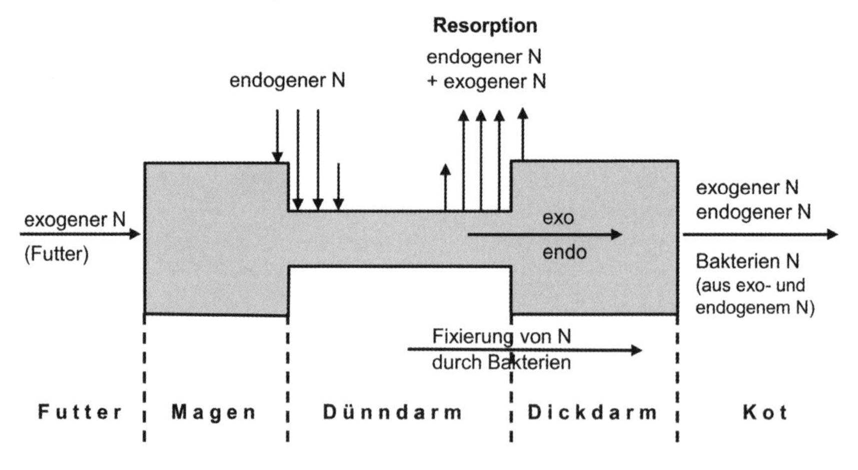

3.2.3 Partielle Verdaulichkeit

Verdaulichkeit in verschiedenen Abschnitten des Verdauungskanals; bestimmt z. B. mittels Fisteltechnik. Praktisch wichtig: praeduodenale Verdaulichkeit beim Wdk, praecaecale bzw. postileale Verdaulichkeit bei Monogastriern.

Eine größere Bedeutung zur Bestimmung der ruminalen Verdaulichkeit/Abbaubarkeit (Geschwindigkeit des Abbaus = Kinetik/Gesamtabbau nach 24/48 h) hat die Nylon-Bag-Technik erlangt (in Nylon-Bags werden die zu prüfenden FM bei pansenfistulierten Tieren den Verdauungsvorgängen im Pansen ausgesetzt, der Abbau kann über die Zeit bestimmt werden). Ein prinzipiell ähnliches Verfahren ist auch mit dem „Künstlichen Pansen" (= RUSITEC) möglich, es wäre dann aber den In-vitro-Verfahren zuzuordnen.

3.2.4 In-vitro-Verdaulichkeit

Für bestimmte Nährstoffe liefern In-vitro-Methoden brauchbare Schätzwerte der Verdaulichkeit.
Für Wdk: Inkubation der FM mit Pansensaft (RUSITEC bzw. Hohenheimer Futterwerttest)
Für Monogastrier: Inkubation von proteinreicheren FM mit HCl und Pepsin → Bestimmung des pepsinlöslichen Proteins → Hinweis auf Proteinverdaulichkeit

Für bestimmte Nährstoffe liefern In-vitro-Methoden brauchbare Schätzwerte der Verdaulichkeit.

Für Wdk: Inkubation der FM mit Pansensaft (RUSITEC bzw. Hohenheimer Futterwerttest).

Für Monogastrier: Inkubation von proteinreichen FM mit HCl und Pepsin → Bestimmung des pepsinlöslichen Proteins → Hinweis auf Proteinverdaulichkeit.

Bei Pfd und Schw hat die Simulation von Verdauungsvorgängen im Caecum bzw. Colon (CAESITEC/COSITEC) eine größere Verbreitung gefunden.

3.3 Beeinflussung der Verdaulichkeit

DURCH DAS TIER

Spezies: Unterschiedliche Kauintensität und Ausbildung des Gastrointestinaltraktes, enzymatische Kapazität und Dauer der Chymuspassage.

Alter: Produktion von Verdauungsenzymen sowie ggf. Entwicklung von Vormägen und Dickdarm, Adaptation der Mikroflora.

Verdauungskapazität: Bei Monogastriern im Allgemeinen kein Einfluss der Futtermenge pro Tag bzw. Fütterung erkennbar; beim Wdk sinkt die sV bei jedem Vielfachen des energetischen Erhaltungsbedarfs um 2 bis 4 Prozentpunkte. Dies wird zum Teil kompensiert durch Verringerung der Energieverluste über Gärgase und endogene renale Verluste.

Erkrankungen: z. B. Gebiss (Pfd), Verdauungsdrüsen (Pankreas, Hd), Parasitenbefall, Diarrhoe, Dysbiosen.

DURCH FUTTERMITTEL- BZW. RATIONSINHALTSSTOFFE

Rohfaser: Die tierartspezifischen Unterschiede sind hier am deutlichsten. Die Verdaulichkeit der oS geht im Mittel je 1 % Rfa in der Ration beim Rd um 0,88, beim Pfd um 1,26, beim Schw um 1,68 und beim Huhn bereits um 2,33 Einheiten zurück. Zur groben Abschätzung der Verdaulichkeit der oS können folgende Formeln verwendet werden:

Rd	voS (%) = 90 – 0,88 ×	Huhn	voS (%) = 88 – 2,33 ×
Schf	voS (%) = 90,7 – 0,96 ×	Kan	voS (%) = 98,8 – 2,12 ×
Pfd	voS (%) = 97 – 1,26 ×	Mschw	voS (%) = 92,9 – 1,44 ×
Schw	voS (%) = 92 – 1,68 ×	Hd	voS (%) = 90,8 – 1,56 ×
		Ktz	voS (%) = 89,3 – 1,20 ×

× = Rfa-Gehalt in % der Futter-TS

Zusätzlich von Bedeutung sind die Art und die Struktur der Rfa sowie andere Komponenten der Ration.

Protein/Energie-Verhältnis: Beim Wdk ist die Verdaulichkeit des Rp stärker vom Rp/E-Verhältnis abhängig als von Art und struktureller Anordnung des Futterproteins.

Fett: Reduktion der Verdaulichkeit der oS beim Wdk u. a. durch Verminderung der zellulolytischen Aktivität der Pansenmikroben, wenn täglich mehr als 800 g Fett bzw. 400 g ungesättigte Fettsäuren (Werte für Milchkühe) verfüttert werden.

Leicht lösliche Kohlenhydrate (Zucker, Stärke): Rückgang der Verdaulichkeit beim Wdk vor allem für Rfa und Rp infolge starker Vermehrung der zucker- und stärkespaltenden Pansenmikroben. Bei Monogastriern evt. substratabhängige Förderung der VQ („Enzym-Induktion").

Besondere Inhaltsstoffe: Trypsinhemmstoffe (Sojaschrot, Ackerbohne, rohes Ei), Tannine, Lectine, Phytin-P (komplexiert z. B. Zink etc.).

DURCH FUTTERZUBEREITUNG UND ZUSÄTZE

Zerkleinerung: Feine Vermahlung von Raufutter setzt beim Wdk die Verdaulichkeit herab (Beschleunigung der Vormagenpassage), steigert aber die VQ z. B. bei Kan. Generell fördert eine Zerkleinerung von Getreide (schroten/quetschen) die VQ und die Abbaugeschwindigkeit, insbesondere im praecaecalen Bereich.

Erhitzen/Dämpfen: Beim Schw dämpfen von Kartoffeln zur Erhöhung der prc-Stärkeverdaulichkeit notwendig; zur Zerstörung von Trypsininhibitoren, z. B. bei Sojaschrot, unerlässlich. Überhitzen führt hier, aber auch bei Gewinnung von Trocken-FM (z. B. Magermilchpulver) zu Einbußen in der Rp-VQ (s. hierzu „Bestimmung verfügbarer AS").

Pelletieren: Beim Wdk führen Pellets von Grobfutterstoffen (bes. Stroh) zu erhöhter Futteraufnahme, wegen schnellerer Passage aber meist zu verringerter Verdaulichkeit. Bei anderen Tierarten besteht nur ein unbedeutender Einfluss.

Enzyme: Glucanasen, Xylanasen, Phytasen (Gefl und Schw!).

Die Verdaulichkeit (VQ) einzelner (Roh-)Nährstoffe in Abhängigkeit von der Qualität

Inhaltsstoff	Differenzierung	VQ
Rohasche	lösliche Mineralstoffe Silikate (Sand)	↑ unverdaulich
Rohprotein	lösliche Proteine Keratine (Haare, Horn)	↑ unverdaulich
Rohfett	weiche Fette/niedriger Schmelzpunkt harte Fette/hoher Schmelzpunkt	↑ ↓
Rohfaser	unverholzt (nicht lignifiziert) verholzt/verkieselt	(↑) ↓
NfE	Stärke/Zucker Lactose (im Dünndarm durch körpereigene Enzyme, im Dickdarm durch Bakterien) lösliche NSP	↑ ↑ ↑ (nur mikrobiell)
Stärke	botanische Herkunft, z. B. – aus Hafer, nativ – aus Mais, nativ FM-Bearbeitung, z. B. – rohe Kartoffelstärke – grobes Maisschrot – gekochte Stärke	 } praecaecal ↑ } praecaecal ↓ } praecaecal ↓ } mikrobiell ↑ (Pansen, Dickdarm) praecaecal ↑
Calcium	$CaCO_3$ $CaSO_4$ (Gips)	↑ ↓
Spurenelemente	anorganische Verbindungen – Chloride/Sulfate – Oxide/Carbonate organische Verbindungen: oft günstiger als anorgan. Verbindungen	 ↑ ↓

4 Energiebewertung

Die Frage nach dem energetischen Wert eines Futtermittels für das Tier zählt zu den originären Herausforderungen der Tierernährung als wissenschaftliche Disziplin. Einfach den Brennwert eines Futtermittels im Bombenkalorimeter zu bestimmen, würde den möglichen energetischen Nutzen für das Tier nur unzureichend bzw. absolut falsch charakterisieren (z. B. haben Holz und Stärke hierbei ähnliche Brennwerte). So wird leicht nachvollziehbar, dass die Frage der Verdaulichkeit mit in die Bewertung des energetischen Nutzes eines Futtermittels gehört. Des Weiteren ist für den energetischen Wert von Bedeutung, ob die Verdauung durch körpereigene Enzyme oder durch Mikroorganismen im Magen-Darm-Trakt erfolgt, weil bei einer mikrobiellen Verdauung energetische Verluste in Form von Wärme und Gasbildung (z. B. Methan) entstehen. Nicht zuletzt hat die Nährstoffzusammensetzung des Futters eine erhebliche Bedeutung: Fette sind wesentlich energiereicher als Kohlenhydrate; wird Protein energetisch genutzt, werden Endprodukte des N-Stoffwechsels (Harnstoff/Harnsäure) ausgeschieden, die selbst einen Brennwert haben (= Energieverlust für das Tier).

Schema der Umwandlung von Futterenergie

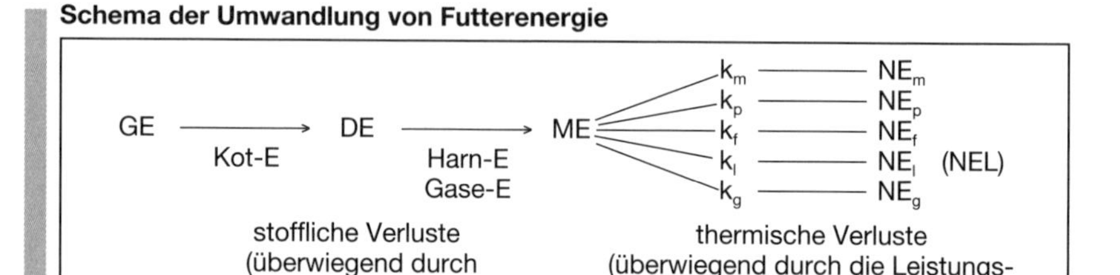

GE = Bruttoenergie, DE = Verdauliche Energie, ME = Umsetzbare Energie, NE = Nettoenergie; die Indices stehen für die verschiedenen Leistungen. Die Teilwirkungsgrade k (NE/ME) charakterisieren die Verwertung (Ausnutzung) der ME für bestimmte Leistungen.
k_m = Teilwirkungsgrad für Erhaltung (m = maintenance), k_p = Teilwirkungsgrad für den Proteinansatz, k_f = Teilwirkungsgrad für den Fettansatz, k_l = Teilwirkungsgrad für die Milchbildung, k_g = Teilwirkungsgrad für Gravidität, k_{p+f} = mittlerer Teilwirkungsgrad für den Protein- und Fettansatz

Mittlere Brennwerte

Maßeinheit: heute Joule (J), früher Kalorie (cal); 1 cal = 4,1868 J; 1000 kJ = 1 MJ

Nährstoffe	kJ GE/g
Rohprotein	23,9–24,2
Rohfett	36,6–39,8
Rohfaser	17,2–22,2
NfE	17,0–17,5
Glucose	15,7
Stärke	17,5
Lactose	16,4
Glycerin	18,0
Propylenglycol	23,9

Substrate	kJ GE/g
Harnstoff	10,7
Harnsäure	11,5
Ameisensäure	5,7
Essigsäure	14,8
Propionsäure	20,8
Buttersäure	24,9
Methan	55,3
Fumarsäure	11,5
Zitronensäure	10,6

Die gegenwärtig gültigen Energiebewertungssysteme:		
	Pferde, kleine Nager	DE
	Aufzucht- und Mast-Rd, kl. Wdk, Schw, Gefl, Hd, Ktz, Fische	ME
	Milch-Rd	NEL

4.1 Systeme der Energiebewertung

Für die Energiebewertung eines Futtermittels werden – je nach Energiestufe, auf der die Bewertung erfolgen soll – unterschiedliche Techniken genutzt:

4.1.1 Bruttoenergie (gross energy, GE)

- Verbrennung im Bombenkalorimeter
- Kalkulation aus den Brennwerten der enthaltenen Nährstoffe (in der Formel Rohnährstoffe in g/kg):

$$GE\ (MJ/kg) = 0{,}0239\ Rp + 0{,}0398\ Rfe + 0{,}0201\ Rfa + 0{,}0175\ NfE$$

4.1.2 Verdauliche Energie (digestible energy, DE)

Die experimentelle Basis ist der Verdauungsversuch, in dem die Differenz zwischen aufgenommener Bruttoenergie und fäkal ausgeschiedener Bruttoenergie bestimmt wird; Futter und Kot werden hierzu im Bombenkalorimeter verbrannt.

Weitere Möglichkeiten der DE-Bestimmung sind:

- Kalkulation der GE-Aufnahme und GE-Ausscheidung über Multiplikation der Nährstoffe (in Futter und Kot) mit ihrem jeweiligen mittleren Brutto-Brennwert
- Kalkulation der DE über Multiplikation der aufgenommenen GE mit der Verdaulichkeit (%) der GE
- Kalkulation der DE über den energetischen Nutzwert der verdaulichen Nährstoffe (s. nachfolgende Tabelle)

Die physiologischen Brennwerte der verdaulichen Nährstoffe auf der Stufe der DE für Pfd und Kan lauten:

	kJ DE / g verdaulichen Nährstoff			
	vRp	vRfe	vRfa	vNfE
Pfd	23,0	38,1	17,2	17,2
Kan	22,0	39,7	17,3	17,4

4.1.3 Umsetzbare Energie (metabolizable energy, ME)

Eine Bewertung des Energiegehaltes auf der Stufe der ME erfordert streng genommen Stoffwechselversuche (Respirationskammern) mit direkter bzw. indirekter Kalorimetrie. Es wird hierbei die Energie bestimmt, die tatsächlich dem Tier für Stoffwechselprozesse zur Verfügung steht, d. h., die zwar verdaute, aber nicht genutzte Energie (Gärgase, N-Metaboliten im Harn) wird berücksichtigt und in Abzug gebracht. Aus einer Vielzahl parallel vorgenommener Stoffwechsel- und Verdauungsversuche konnte der mittlere Ertrag an umsetzbarer Energie aus den einzelnen verdaulichen Rohnährstoffen abgeleitet werden. Mit Hilfe dieser Faktoren ist es deshalb möglich, aus den in Verdauungsversuchen bestimmten Gehalten an verdaulichen Nährstoffen den ME-Gehalt abzuleiten, was für nachfolgend genannte Spezies bzw. Tiergruppen üblich ist:

4.1.3.1 Wiederkäuer

Da die Verdaulichkeit der Nährstoffe eng mit der Abbaubarkeit im Pansen – und dadurch mit der Gasbildung = Energieverlust – korreliert ist, kann auch hier die ME aus den verdaulichen Nährstoffen abgeleitet werden. Für Wdk werden die Fraktionen vRp und vNfE mit dem gleichen Gehalt an ME bewertet (14,7 kJ/g), allerdings wird der in FM variierende Rp-Gehalt mit einem Korrekturglied (0,00234 Rp) berücksichtigt:

$$ME_{Wdk}\ (MJ/kg\ TS) = 0{,}0147\ vRp + 0{,}0312\ vRfe + 0{,}0136\ vRfa + 0{,}0147\ vNfE + 0{,}00234\ Rp$$

4.1.3.2 Schweine

Beim Schw ist die Bildung gasförmiger Verdauungsprodukte nicht so streng an die Verdaulichkeit gekoppelt wie beim Wdk, sondern variiert insbesondere in Abhängigkeit von den Nährstoffmengen, die im Dickdarm mikrobiell verdaut werden. Die verdaulichen Kohlenhydrate (vRfa + vNfE) abzüglich der i.d.R. im Dünndarm hochverdaulichen Stärke + Zucker reflektieren die maßgeblich mikrobiell verdauten Kohlenhydrate. Hierunter fallen in erster Linie Hemizellulosen und Pektine. Sie werden im Dickdarm des Schweines zu flüchtigen Fettsäuren vergoren. Die damit verbundenen Energieverluste und die geringere Effizienz der resorbierten Fettsäuren im Intermediärstoffwechsel werden im Vergleich zur praecaecal verdauten und schließlich in Form von Glucose absorbierten Stärke auf 15 % geschätzt. Dieser geringere energetische Nutzen kommt in der unten aufgeführten Gleichung mit dem Faktor 0,0147 für den verdaulichen org. Rest zum Ausdruck (0,0147 = 85% des für Stärke verwendeten Faktors).

Die ME wird, wenn nicht im Stoffwechselversuch bestimmt, nach folgender Formel berechnet (Nährstoffe in g/kg TS):

$$ME_{Schw}\ (MJ/kg\ TS) = 0{,}0205\ vRp + 0{,}0398\ vRfe + 0{,}0173\ Stärke + 0{,}0160\ Zucker + 0{,}0147\ (voS - vRp - vRfe - Stärke - Zucker)$$

4.1.3.3 Geflügel (Fische, Reptilien)

Für Spezies, bei denen nur in geringerem Umfang eine mikrobielle Umsetzung der Nahrung erfolgt, können die Verluste durch Gärgase vernachlässigt werden. Es ist dann nur der Energiegehalt in Kot und Harn zu bestimmen. Dies bietet sich beim Geflügel, bei Fischen und Reptilien an, da Kot und Harn gemeinsam ausgeschieden werden bzw. renale Ausscheidungen nicht quantifiziert werden können (Fisch, Kiemen als Ausscheidungsorgan). Werden im Verdauungsversuch die Exkremente gesammelt und analysiert, so ergeben sich sozusagen gleich die „umsetzbaren", statt der verdaulichen Nährstoffe. Während beim Geflügel für Fett und Kohlenhydrate zwischen verdaulichem und umsetzbarem Nährstoff keine wesentlichen Unterschiede bestehen, gibt es beim Protein eine erhebliche Differenz: Wird Protein im Energiewechsel genutzt, so muss der Aminostickstoff ausgeschieden werden. Beim Geflügel erfolgt dies im Wesentlichen als Harnsäure. Diese Verbindung besitzt jedoch noch einen beträchtlichen Energiegehalt, der dem Stoffwechsel des Tieres verloren geht. Dies gilt allerdings nur im Erhaltungsstoffwechsel im N-Gleichgewicht (N-Aufnahme = N-Ausscheidung). Wird dagegen Protein angesetzt, muss weniger Stickstoff über Harnsäure ausgeschieden werden, und die metabolisch verfügbare Energie wird bei unterschiedlichem Ansatz entsprechend über- bzw. unterbewertet. Daher wird von der im Tierversuch an wachsenden Tieren durch Sammlung von Exkrementen bestimmten ME ein Abzug für retinierten Stickstoff vorgenommen (36,5 kJ/g retiniertem Stickstoff). Die vRfa liefert dem Gfl kaum umsetzbare Energie, so dass die tabellierten ME- bzw. ME_{Nkorr}-Gehalte auf einer vereinfachten Berechnungsformel basieren:

$$ME_n\ (MJ/kg) = 0{,}0180\ „umsetzb." \ Rp + 0{,}0388\ „umsetzb." \ Gesamtfett + 0{,}0173\ „umsetzb." \ NfE$$

Die tabellarisierten ME-Gehalte der beim Geflügel eingesetzten Futtermittel gelten streng genommen nur für Legehennen. Es ist davon auszugehen, dass gerade bei Küken, Broilern und Junghennen alters- und damit enzymbedingt niedrigere Werte unterstellt werden dürfen. Eine Übertragbarkeit auf Enten, Gänse und Puten sowie Ziervögel ist sicherlich ebenfalls mit Unter-, aber teilweise auch Überschätzungen verbunden.

4.1.3.4 Flfr (Hd, Ktz)

Beim Fleischfresser werden die Energieverluste durch Gärgase ebenfalls vernachlässigt. Für die Ermittlung der ME sind also nur die Sammlung und Analyse von Harn und Kot erforderlich. Da die Sammlung von Harn mit erheblichen Bewegungseinschränkungen für die Tiere verbunden ist, wird meist nur der Kot gesammelt und analysiert. Auch bei diesen Spezies besteht der Unterschied zwischen der DE und der ME vor allem in den durch die renale N-Ausscheidung bedingten Energieverlusten – in diesem Fall überwiegend als Harnstoff. Diese hängen entscheidend von der Aufnahme an verdaulichem Rohprotein ab. Bei adulten Tieren wird von einer ausgeglichenen N-Bilanz ausgegangen und pro g verdauliches Rohprotein ein Abzug von 5,2 kJ beim Hund und 3,6 kJ bei der Katze vorgenommen. Die ME errechnet sich dann wie folgt aus den verdaulichen Rohnährstoffen (g/kg):

- für Hunde
  ME (MJ/kg) = 0,0194 vRp + 0,0393 vRfe + 0,0178 vRfa + 0,0173 vNfE
- für Katzen:
  ME (MJ/kg) = 0,0202 vRp + 0,0393 vRfe + 0,0178 vRfa + 0,0173 vNfE

4.1.4 Nettoenergielaktation (Milchrinder), NEL

Über fast ein Jahrhundert wurden Futtermittel für Wiederkäuer im Stärkeeinheiten-System energetisch bewertet (Fettansatz ausgewachsener Ochsen war das entscheidende Bewertungskriterium von KELLNER), das 1986 aufgegeben und durch die Nettoenergielaktation (NEL) ersetzt wurde.

Die Bewertung eines Futters hinsichtlich seiner Fähigkeit, „Milchenergie zu liefern", ist wissenschaftlich besonders anspruchsvoll und gleichzeitig von höchster Praxisrelevanz. Zur Entwicklung dieses Bewertungssystems bedurfte es umfangreicher tierexperimenteller Arbeiten. Eine Bewertung des Futters auf der Stufe der ME zur Vorhersage seines „Milchbildungsvermögens" verbietet sich wegen der Variation der Verwertung der ME für die Milchbildung. Die Verwertung (k_l-Wert) der ME für die Milchbildung beträgt zwar im Mittel ca. 60 %, sie variiert jedoch in Abhängigkeit von der

$$\text{Umsetzbarkeit der Energie} = q = \frac{ME}{GE} \times 100$$

Die Umsetzbarkeit der Energie (q) ist futtermittelabhängig und beträgt beispielsweise für schlechtes Heu 47, für gutes Heu 57 und für Getreideprodukte 75. Für jede Einheit, die q höher oder niedriger als 57 liegt, nimmt der Anteil NEL, der aus der ME zur Verfügung steht, um 0,4 % – daher der Wert 0,004 in der Formel – zu oder ab. Die Veränderung des k_l-Wertes (Teilwirkungsgrades) bei Variation des q-Wertes (= Umsetzbarkeit) erklärt sich u. a. mit höheren thermischen Verlusten, intensiverer Motorik (u. a. „Kauarbeit") und einem weiteren C_2/C_3-Verhältnis bei rückläufigen q-Werten. Die für die NEL-Berechnung angewandte Formel lautet wie folgt:

$$\text{NEL (MJ/kg)} = 0{,}6\ [1 + 0{,}004\ (q - 57)]\ \text{ME (MJ/kg)}$$

Für die Anwendung dieser Formel ist ein Vorgehen in folgenden Schritten zu empfehlen:

1. Berechnung der GE (Gleichung 1)
2. Berechnung der ME (Gleichung 2)
3. Berechnung von q (Gleichung 3)
4. Berechnung von k_l (Gleichung 4)
5. Berechnung von NEL (Gleichung 5)

Gleichung 1: GE (MJ/kg) = 0,0239 Rp + 0,0398 Rfe + 0,0201 Rfa + 0,0175 NfE

Gleichung 2: ME (MJ/kg) = 0,0147 vRp + 0,0312 vRfe + 0,0136 vRfa + 0,0147 vNfE + 0,00234 Rp

Gleichung 3: $q = \frac{ME}{GE} \times 100$

Gleichung 4: $k_l = 0{,}6\ [1 + 0{,}004\ (q - 57)]$

Gleichung 5: NEL (MJ/kg) = ME (MJ/kg) x k_l

4.2 Formeln zur Schätzung des Energiegehaltes in Einzel- bzw. Mischfuttermitteln für die Fütterungspraxis

Im Unterschied zu den bisher vorgestellten Energiebewertungen auf der Basis tierexperimenteller Untersuchungen mit Kenntnis der Verdaulichkeit werden nachfolgend Formeln zur SCHÄTZUNG des Energiegehaltes in einem Futter angegeben, die auf der Basis der Rohnährstoffgehalte bzw. Stärke- und Zuckergehalte entwickelt wurden, **ohne** dass hierbei die Verdaulichkeit des Futters bzw. seiner Nährstoffe bestimmt wurden. Der durch Verzicht auf entsprechende Verdauungsversuche sehr viel geringere Aufwand (hier nur Analysenkosten für das Futter) erklärt die weitverbreitete Nutzung dieser Schätzformeln in der Fütterungspraxis bzw. Futtermittelkontrolle (z. T. rechtsverbindliche Schätzformeln zur Bewertung von Mischfuttern!). Die bestmögliche Vorhersage des Energiegehaltes im Futter erfordert aber nach Tierart und Futtertyp unterschiedliche Schätzformeln.

So weit nicht anders vermerkt, sind in die Formeln die Rohnährstoffe in g/kg Futter (uS) einzusetzen. Der organische Rest (oR) ist definiert als org. Substanz abzüglich Rp, Rfe, Stärke, Zucker und Rfa (bzw. ADF). Die Rohfettbestimmung erfordert vor Petroletherextraktion einen HCl-Aufschluss. Die Zuckerbestimmung erfasst Laktose (falls vorhanden) und sonstige Zucker nach HCl-Inversion, berechnet als Saccharose. Stärkebestimmung: polarimetrisch.

4.2.1 Pferd

Beim Pferd kann der Gehalt an DE im Futter nach folgender Gleichung geschätzt werden:

DE MJ/kg = –3,54 + (0,0209 Rp + 0,0420 Rfe + 0,0001 Rfa + 0,0185 NfE)

Voraussetzung für die Gültigkeit dieser Gleichung ist, dass in der *Ration,* in welcher die so bewerteten Futtermittel eingesetzt werden sollen, der Gehalt an Rfa 350 g/kg TS nicht überschreitet und der Gehalt an Rfe unter 80 g/kg liegt.

4.2.2 Einzel- und Mischfuttermittel für Schweine

4.2.2.1 Corn Cob Mix und Lieschkolbenschrot

ME (MJ/kg TS) = 16,35 – 0,0296 Rfa (in g/kg TS); relativer Schätzfehler 2,7 %

4.2.2.2 Mischfuttermittel

Mischfutter, ausgenommen Ergänzungsfuttermittel mit >25 % Rp und MAT:

ME_{Schw} (MJ/kg) = 0,021503 Rp + 0,032497 Rfe + 0,016309 Stärke + 0,014701 oR – 0,021071 Rfa

Hinweis: Formel gilt nur für MF mit Rp = 150–250 g/kg, Rfe < 60 g/kg und Rfa < 80 g/kg TS

Hinweis: oR = oS – (Rp + Rfe + Stärke + Rfa)

Ergänzungsfuttermittel mit > 25 % Rp (nach Anl. 4 FMV, Stand Oktober 2008):

ME (MJ/kg) = 0,0199 Rp + 0,0350 Rfe + 0,0163 Stärke + 0,0189 Zucker + 0,0062 oR – 0,0013 Rfa; relativer Schätzfehler ± 2,7 %

Hinweis: oR = oS – (Rp + Rfe + Stärke + Rfa)

Ergänzungsfuttermittel mit > 25 % Rp (nach Anl. 4 FMV, Stand Oktober 2008):

ME (MJ/kg) = 0,0199 Rp + 0,0350 Rfe + 0,0163 Stärke + 0,0189 Zucker + 0,0062 oR – 0,0013 Rfa; relativer Schätzfehler ± 2,7 %

4.2.3 Mischfuttermittel für Geflügel

ME_n (MJ/kg) = 0,01551 Rp + 0,03431 Rfe + 0,01669 Stärke + 0,01301 Zucker

4.2.4 Wiederkäuer

4.2.4.1 Milchleistungsfutter für Rinder und Ergänzungsfutter für Kälber mittels Gasbildungstest

Bestimmung mit Hilfe des Gasbildungstestes (Hohenheimer Futterwerttest). Das Prinzip dieser Methode beruht auf der Messung der Gasbildung einer Futterprobe (CO_2 + CH_4) in 24 h, nachdem zu dieser in einem Inkubator bei 39 °C hinzugegeben wurde: Pansensaft von standardisiert gefütterten Hammeln, eine Mengen- und Spurenelement- sowie eine Puffer- und Reduktionslösung. Als Blindwert dient Heu, Heu/Stärke bzw. ein Kraftfutterstandard. Aus der Gasbildung (Gb) in ml je 200 mg TS in 24 h und dem Rp- und Rfe-Gehalt (g/kg TS) kann der NEL-Gehalt geschätzt werden.

a) Schätzung des Gehaltes an NEL in Milchleistungsfuttern (>5 MJ NEL/kg):

NEL in MJ/kg =

+ Rp x Gb	x	0,0001329	= ....
+ Rfe x Rfe	x	0,0001601	= ....
+ Rfa x Rfa	x	0,0000135	= . ...
+ NfE x Gb	x	0,0000631	= ....
– Ra x Rfa	x	0,0000487	= ....
....			+ 3,81
			∑ ....

Rohnährstoffe in g/kg; Gb = Gasbildung in ml/200 mg, alle Werte bezogen auf die uS!

b) Schätzung des Gehaltes an ME in übrigen Mischfuttern für Rd, Schf und Zg:

ME (MJ/kg) =

Rp	x	0,0126	= ....
+ Rfa	x	0,0225	= ....
+ NfE	x	0,0112	= ....
+ Ra x Rfe	x	0,0003975	= ....
– Ra x Rfa	x	0,0001993	= ....
+ Z.-L. x Z.-L.	x	0,0002449	= ....
			– 0,15
			∑...............

Rohnährstoffe in g/kg; Z.-L. ≙ Zellulase-Löslichkeit in %,
alle Werte bezogen auf die uS!

4.2.4.2 Grundfutter/TMR

Regressionsgleichungen zur Schätzung der ME (MJ/kg TS) aus Rohnährstoffgehalten (g/kg TS):

Futtermittel	Gleichung
Frischgras	
1. Schnitt	14,06 – 0,01370 Rfa + 0,00483 Rp – 0,0098 Ra
Folgeschnitte	12,47 – 0,00686 Rfa + 0,00388 Rp – 0,01335 Ra
Grassilage	
1. Schnitt	13,99 – 0,01193 Rfa + 0,00393 Rp – 0,01177 Ra
Folgeschnitte	12,91 – 0,01003 Rfa + 0,00689 Rp – 0,01553 Ra
Heu	
1. Schnitt	13,69 – 0,01624 Rfa + 0,00693 Rp – 0,0067 Ra
Folgeschnitte	14,05 – 0,01784 Rfa
Maissilage	14,03 – 0,01386 Rfa – 0,01018 Ra
TMR	6,0756 + 0,19123 g Rfe + 0,02459 g Rp – 0,000038 g Rfa^2 – 0,002139 g Rfe^2 – 0,000060 g Rp^2

Die Schätzung der ME in Gras- und Maisprodukten ist auch unter Berücksichtigung neuerer Parameter (Enzymlösliche org. Substanz – EloS – sowie org. ADF) möglich, ohne dass dabei eine weitere Differenzierung nach Reifestadium und Konservierungsart nötig wäre:

Grasprodukte (Frischgras/Heu/Grassilage):

ME (MJ/kg TS) = 5,51 + 0,00828 EloS – 0,00511 Ra + 0,002507 Rfe – 0,00392 org. ADF

oder

ME (MJ/kg TS) = 7,81 + 0,07559 Gb – 0,00384 Ra + 0,00565 Rp + 0,01898 Rfe – 0,00831 org. ADF

Maisprodukte (im wesentlichen Maissilage):

ME (MJ/kg TS) = 7,15 + 0,00580 EloS – 0,00283 org. NDF + 0,03522 Rfe

4.2.5 Fleischfresser

4.2.5.1 Alleinfutter

Aufgrund der hohen Variabilität der Alleinfutter beim Fleischfresser gibt es bei unbekannter Verdaulichkeit keine befriedigende Schätzformel mit Faktoren für die Rohnährstoffe zur Berechnung des ME-Gehalts. Stattdessen kann der ME-Gehalt wie folgt in 4 Schritten abgeleitet werden:

1. Berechnung des GE-Gehaltes:
   GE (MJ/100 g) = 0,02385 Rp + 0,03934 Rfe + 0,01717 NfE + 0,01717 Rfa

2. Schätzung der sV der Bruttoenergie anhand des Rfa-Gehaltes in der TS:
   Hund: sV GE (%) = 91,2 – 1,43 Rfa (% TS)
   Katze: sV GE (%) = 87,9 – 0,88 Rfa (% TS)

3. Berechnung der DE:
   DE = GE x sV GE (%)/100

4. Berechnung der ME (Proteinkorrektur):
   Hund: ME (MJ/100 g) = DE – 0,00434 MJ x Rp (g/100 g)
   Katze: ME (MJ/100 g) = DE – 0,0031 MJ x Rp (g/100 g)

4.2.5.2 Nicht industriell bearbeitete Einzelfuttermittel, Milchersatz, Sondenkost

Hund: ME (MJ/kg) = 0,01674 Rp + 0,03767 Rfe + 0,1674 NfE
Katze: ME (MJ/kg) = 0,01674 Rp + 0,03557 Rfe + 0,1674 NfE

4.2.5.3 Diätfuttermittel

Schätzformeln nach Anl. 4 FMV für Diät-FM für Hd und Ktz (ausgenommen Diät-FM für Katzen mit > 14 % Feuchtigkeit):

ME (MJ/kg) = 0,01464 Rp + 0,03556 Rfe + 0,01464 NfE

Diät-FM für Ktz mit > 14 % Feuchtigkeit:

ME (MJ/kg) = 0,01632 Rp + 0,03222 Rfe + 0,01255 NfE – 0,2092

5 Protein und Proteinbewertung

Sowohl für den Erhaltungsstoffwechsel als auch für die Bildung von Eiweißen, die in Leistungsprodukten (Körpermassezuwachs, Milch, Eier, Haare, Gefieder) enthalten sind, werden im Organismus Aminosäuren (AS) in einer bestimmten Menge und in einem bestimmten Verhältnis zueinander benötigt. Demnach kann die Proteinversorgung nicht allein durch den Rp-Gehalt des Futters charakterisiert werden. Bezüglich der Bereitstellung von Aminosäuren mit der Nahrung ist ferner zu beachten, dass nichtessentielle Aminosäuren im Stoffwechsel gebildet werden können, während essentielle Aminosäuren in der gesamten erforderlichen Menge bei Monogastriern und Geflügel mit der Nahrung zugeführt werden müssen. Diejenige essentielle Aminosäure, die – im Vergleich zum Bedarf – im Futter in geringster Konzentration vorliegt, wird als erstlimitierende Aminosäure bezeichnet.

Um eine genau dem Bedarf angepasste Zufuhr an AS zu erreichen werden bei der MF-Herstellung einzelne AS gezielt supplementiert, um ein optimales AS-Muster im Mischfutter zu erreichen. Die zugesetzten AS sind futtermittelrechtlich (EGV 1831/2003) – im Unterschied zu früheren Regelungen – Futterzusatzstoffe.

Die wichtigsten in Proteinen vorkommenden Aminosäuren:

Nichtessentielle Aminosäuren	Essentielle Aminosäuren
Glycin (Gly)[1]	L-Arginin (Arg)[4]
L-Alanin (Ala)	L-Histidin (His)[4]
L-Serin (Ser)	L-Isoleucin (Ile)
L-Asparaginsäure (Asp)	L-Leucin (Leu)
L-Glutaminsäure (Glu)	L-Lysin (Lys)
L-Cystin (Cys)[2]	L-Methionin (Met)
L-Tyrosin (Tyr)[3]	L-Phenylalanin (Phe)
L-Prolin (Pro)	L-Threonin (Thr)
	L-Tryptophan (Trp)
	L-Valin (Val)
	(Taurin)[5]

[1] für wachsendes Geflügel essentiell
[2] Bildung aus Met möglich
[3] Bildung aus Phe möglich
[4] nicht genügend synthetisierbar durch Schweine, Fleischfresser und Geflügel
[5] ist eine für Katzen essentielle Aminosulfonsäure, die nach EGV 1831/2003 unter den Vitaminen u. ä. Stoffen gelistet ist.

Die Qualität von Nahrungsproteinen hängt von deren AS-Zusammensetzung ab und wird insbesondere vom Gehalt an essentiellen AS bestimmt. Darüber hinaus ist für den Wert von Nahrungsproteinen auch die Aminosäurenverfügbarkeit (Verdaulichkeit, intermediäre Verwertung) von Bedeutung.

Einzelne AS haben auch in der Diätetik eine Bedeutung (S-Aminosäuren wie Cys, Met: Beeinflussung des Harn-pH-Wertes infolge intermediär acidierender Effekte).

Angaben zum Aminosäurenmuster verschiedener Futtermittel (g AS je 100 g Rp) im Vergleich zu Gerste und dem Körperprotein von Schweinen:

– bes. Lys-reiches AS-Muster:	
FM	g Lys/100 g Rp
Blutmehl	8,97
Kasein	8,29
Fischmehl	8,04
Kartoffeleiweiß	7,90
Magermilchpulver	7,71
Molkenpulver	7,42
Körperprotein (Schw)	7,20
Erbsen	7,17
Bierhefe	6,76
Sojaextr.schrot	6,26
Gerste	3,63

– bes. Met-reiches AS-Muster:	
FM	g Met/100 g Rp
Rispenhirse	3,06
Kasein	3,04
Fischmehl	2,81
Magermilchpulver	2,49
Maiskleber	2,37
Sonnenbl.saatschrot	2,29
Kartoffeleiweiß	2,27
Rapsextr.schrot	2,02
Körperprotein (Schw)	1,90
Gerste	1,70

– bes. Trp-reiches AS-Muster:	
FM	g Trp/100 g Rp
Blutmehl	1,76
DDGS	1,71
Molkenpulver	1,48
Weizenkleie	1,41
Kartoffeleiweiß	1,39
Magermilchpulver	1,37
Sojaextr.schrot	1,37
Gerste	1,17
Körperprotein (Schw)	1,10

– bes. Thr-reiches AS-Muster:	
FM	g Thr/100 g Rp
Molkenpulver	5,94
Kartoffeleiweiß	5,83
Bierhefe	4,77
Geflügelabfallmehl	4,47
Fischmehl	4,43
Rapsextr.schrot	4,42
Magermilchpulver	4,41
Blutmehl	4,34
Körperprotein (Schw)	3,80
Gerste	3,42

– bes. Cys-reiches AS-Muster:	
FM	g Cys/100 g Rp
Federmehl	5,09
Geflügelabfallmehl	4,01
Hafer	2,85
Rapsextr.schrot	2,71
Roggen	2,55
Gerste	2,28
Körperprotein (Schw)	1,30

– bes. Arg-reiches AS-Muster:	
FM	g Arg/100 g Rp
Sesam	11,8
Erdnuss	11,1
Lupine	10,1
Ackerbohne	9,0
Erbse	8,9
Sonnenblumensaat	8,2
Sojabohne	7,4
Körperprotein (Schw)	6,2
Gerste	5,0

5.1 Proteinbewertung für Monogastrier

Der Wert von Nahrungsproteinen wird durch die verfütterte Menge, die Verdaulichkeit und durch das AS-Muster (g AS/100 g Rp) bestimmt. Intermediäre Verfügbarkeit und Verhältnis der essentiellen AS zueinander werden durch die *Biologische Wertigkeit (BW)* des Proteins charakterisiert. Die Unterversorgung mit einer essentiellen AS ist nicht ohne weiteres durch Erhöhung des Proteinangebots auszugleichen. Auch der Überschuss an einer oder mehreren essentiellen AS (Methionin, Lysin usw.) kann sich auf den Wert von Nahrungsproteinen negativ auswirken (AS-Imbalanz).

Das AS-Muster der verschiedenen Futtermittel hat für die Mischfutterrezeptur erhebliche Bedeutung. Prinzipiell kann durch geeignete Kombinationen von unterschiedlichen FM das erforderliche AS-Muster erreicht werden und/oder durch Zusatz einzelner AS ein Defizit an bestimmten AS (z. B. Lys, Met) ausgeglichen werden.

Die parallele Verwendung verschiedener proteinreicher FM erfolgt nicht zuletzt unter dem Aspekt ihrer Ergänzungswirkung (z. B. Sojaextraktionsschrot: rel. reich an Lysin, Rapsextraktionsschrot: rel. reich an S-haltigen AS). Aus ökonomischen (bei hohen Preisen für proteinreiche FM) und diätetischen Gründen (N-Überschuss = Stoffwechsel-, Leber- und Nierenbelastung) sowie zum Schutz der Umwelt (Minimierung des N-Eintrags über Exkremente) verfolgt man bei der Rezeptur von Mischfuttern für Nutztiere allgemein das Ziel, den AS-Bedarf bei möglichst niedrigem Rp-Gehalt des Mischfutters zu decken.

Schließlich können aus dem AS-Muster eines Mischfutters Rückschlüsse auf Art und Qualität verwendeter Proteinträger (z. B. Unterschiede zwischen Fleisch- und Bindegewebseiweiß im Lys- und Hydroxyprolingehalt) gezogen werden.

5.1.1 Proteinbewertung anhand der praecaecalen Verdaulichkeit von Protein und Aminosäuren

Basierend auf der Erkenntnis, dass nur praecaecal verdauliches Protein (und Aminosäuren) einer Verwertung durch das Tier zugänglich ist, wird dieser Parameter zunehmend (insbesondere in der Schweine- und Geflügelfütterung) für die Bewertung von Futtermitteln als Proteinquelle herangezogen.

Futtermittel	praecaecale Verdaulichkeit (%) von Rp und AS bei Schweinen[1]					
	Rp	Lys	Met	Cys	Trp	Thr
Gerste	73	73	82	79	76	76
Weizen	90	88	88	92	88	90
Weizenkleie	72	71	77	68	–	66
Triticale	84	84	88	87	77	81
Mais	82	79	85	86	83	82
Sojaextr.schrot	82	87	88	79	86	80
Rapsextr.schrot	71	73	82	72	68	69
Sbl.extr.schrot	77	77	86	81	–	77
Ackerbohnen	77	82	61	68	71	75
Erbsen	79	84	73	66	70	75
Fischmehl	83	87	88	59	79	88

[1] Werte zu standardisierten prc VQ (GfE) 2005

Die praecaecale Verdaulichkeit von Rp und AS zeigt eine teils erhebliche Variation (Einflüsse der Proteinstruktur, sekundäre Pflanzeninhaltsstoffe), nicht zuletzt auch in Abhängigkeit von der Bearbeitung des Futtermittels (thermische Verfahren zur Inaktivierung antinutritiver Inhaltsstoffe; Temperatur bei der Trocknung), insbesondere führen „Rösteffekte" (Maillard-Reaktion) zu einer Minderung der praecaecalen Verdaulichkeit.
Bei Equiden und anderen Dickdarmverdauern (in geringem Umfang auch beim Schwein) findet ein mikrobieller Proteinaufbau im Dickdarm statt. Die Verwertung dieses Proteins ist beim Pferd gering, bei Spezies mit Caecotrophie oder Koprophagie bedeutsamer. Für die Höhe der bakteriellen Proteinsynthese im Dickdarm sind ähnliche Faktoren wie in den Vormägen der Wiederkäuer maßgeblich.

5.1.2 Proteinbewertung durch N-Bilanz

N-Bilanz = N-Aufnahme – (Kot-N + Harn-N + Haare/Haut-N). Der N-Verlust über Haar- und Hautabschilferungen wird oft außer Acht gelassen.

Biologische Wertigkeit (BW) = Verwertung des resorbierten Proteins

Die BW gibt an, wieviel Prozent des resorbierten, also wahr verdauten Nahrungs-N in Körper-N angesetzt werden kann. Um die BW zu bestimmen, sind Versuche an wachsenden Tieren (in der Regel Ratten) im Bereich minimaler Proteinversorgung (10 % i. d. Ration) erforderlich. Die BW erlaubt nur eine relative Einstufung der Nahrungsproteine. Für die Konzeption von Mischfuttern und Rationen wird die BW nicht genutzt, weil sie beim Mischen verschiedener Proteinträger nicht verrechenbar ist (kann nicht einfach addiert werden!).

$$BW = \frac{\text{N-Bilanz} + \text{endog. Kot-N} + \text{endog. Harn-N}}{\text{N-Aufnahme} - (\text{Kot-N} - \text{endog. Kot-N})} \times 100 = \frac{\text{retinierter N}}{\text{resorbierter N}} \times 100$$

Nahrungsproteine, deren resorbierte Aminosäuren ein Muster aufweisen, das weitgehend der Zusammensetzung der zu synthetisierenden Proteine entspricht, haben eine hohe BW und umgekehrt.

Biologische Wertigkeit des Proteins von Einzelfuttermitteln (Ratte, Schw)

Futtermittel	BW	
	Ratte	Schwein
Magermilchpulver	84 ± 5	80 – 95
Fischmehl	72 ± 10	74 ± 7
Futterhefen	67 – 80	75
Sojaextraktionsschrot	70 – 75	67 – 70
Blutmehl	25	52 – 77
Süßlupinen	49	68
Futtererbsen	57	68
Baumwollsaatextraktionsschrot	80	61
Rapsextraktionsschrot	52 – 69	–
Ackerbohnen	43	57
Gerste	68	50 – 60
Mais	60 – 68	54
Weizen	61 – 74	44
Hafer	75	42
Weizenkleber	40	–

5.2 Proteinbewertung für Wiederkäuer

Die für Monogastrier dargestellten Prinzipien der Proteinbewertung sind für Wiederkäuer nicht anwendbar, da einerseits Futterproteine im Pansen weitgehend durch die Mikroorganismen bis zum NH_3 abgebaut werden und parallel dazu eine mikrobielle Aminosäuren- und Proteinsynthese stattfindet. Deshalb hat das im „Dünndarm verfügbare Eiweiß" (≙ nutzbares Rp = nRp) bzw. das zur Resorption gelangende Aminosäurenmuster kaum eine Beziehung zur Aminosäurenzusammensetzung der Futterproteine.

Die resorbierten Aminosäuren stammen nur zu einem Teil aus nicht in den Vormägen abgebauten Futterproteinen, zum größeren Teil aus dem im Pansen gebildeten mikrobiellen Protein, so dass zur Beurteilung der Aminosäurenversorgung der Wiederkäuer andere Aspekte von Bedeutung sind. Das ist einerseits die Abbaubarkeit der Futterproteine in den Vormägen und andererseits die Menge des gebildeten und in den Dünndarm gelangenden mikrobiellen Proteins.

Abbaubarkeit des Rohproteins (in %)		
65 (55–75)	75 (65–85)	85 (75–95)
Trockengrün	Kartoffel	Frischgras
Sojaextraktionsschrot	Luzernesilage	Rotklee-Gras-Gemenge
Baumwollsaatschrot/-expeller	Futterrübe	Zuckerrübenblatt/-silage
Trockenschnitzel	Maissilage	Grassilage
Pressschnitzel	Kleesilage	Weizen-/Gerste-GPS
Biertreber	Erdnussschrot/-expeller	Wiesenheu
Tr. Schlempe, DDGS	Hefe	Ackerbohnen
Kokosschrot	Maiskeimschrot	Erbsen
Palmkernschrot	Maiskleberfutter	Gerste (Korn)
Maiskolbensilage	Rapsschrot/-kuchen	Hafer (Korn)
Mais (Korn/Kleber)	Sonnenblumenschrot/-expeller	Roggen (Korn)
Leinschrot/-kuchen		Weizen (Korn)
Zitrustrester		Sojaschalen

5.2.1 Klassifizierung von Futtermitteln nach der intraruminalen Rp-Abbaubarkeit

Im Pansen nicht abgebautes Futterprotein wird als Durchflussprotein (auch UDP = undegraded/undegradable protein) bezeichnet.

Die Abbaurate der Futterproteine kann durch Hitzebehandlung (vgl. Frischgras und Trockengrün in obiger Tabelle; verschiedene technische Verfahren) oder chemische Behandlung des Proteins (mit 0,1–0,3 % Formaldehyd) deutlich reduziert werden (protected protein).

Die Menge des vom Tier nutzbaren mikrobiellen Proteins hängt entscheidend von der Bereitstellung an fermentierbaren Kohlenhydraten und – damit verbunden – dem Gehalt an umsetzbarer Energie ab; auch die Synchronizität von Rp- und KH-Abbau spielt hierbei eine Rolle.

Es kann mit einer Menge von ca. 10 g mikrobiellem Protein/MJ ME bzw. ~16,6 g mikrobiellem Protein/1 MJ NEL gerechnet werden.

Die Herkunft des nutzbaren Proteins am Duodenum ist in der folgenden Abbildung dargestellt. Als weitere unverzichtbare Angabe zur Einschätzung der Proteinversorgung wird die ruminale Stickstoffbilanz (RNB) benötigt. Diese ergibt sich aus der Differenz zwischen Rohproteinaufnahme (Rp) und dem nutzbaren Protein am Duodenum (nRp). Der Wert kann sowohl negativ als auch positiv sein und soll für die Gesamtration einen Wert zwischen 0 und max. +50 g erreichen;

RNB = (Rp–nRp)/6,25 (alle Angaben in Gramm).

Die RNB eines *Einzel-FM* ist ein „theoretischer Wert" (Harnstoff: hoher RNB-Wert, aber ohne Energiezufuhr kann kein nRp gebildet werden; umgekehrter Fall z. B. bei reiner Stärke: mangels N keine nRp-Bildung).

Besonderheiten im Eiweißstoffwechsel des Wiederkäuers

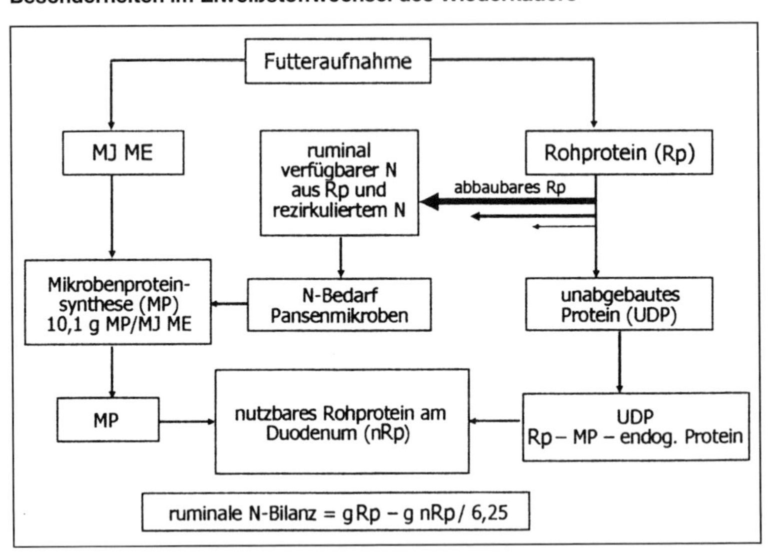

Wdk können auch direkt verfütterte NPN-Quellen (Nicht-Protein-N) unter der Voraussetzung verwerten, dass der N-Bedarf der Mikroben nicht bereits aus dem NH_3 der abgebauten Protein- und NPN-Verbindungen des Futters gedeckt ist. Ferner kann im Intermediärstoffwechsel gebildeter Harnstoff zum Teil in die Vormägen sezerniert werden (ruminohepatischer Kreislauf). Ein hoher Verwertungsgrad des NPN setzt folglich einen geringen Rp-Gehalt pro Energieeinheit voraus (z. B. Rd-Mast mit Maissilage ab 300 kg KM). Bei Milchrindern sind NPN-Zusätze aufgrund der höheren Rp-Gehalte pro Energieeinheit bei steigenden Leistungen nur bedingt sinnvoll. Gewisse NPN-Zulagen erfolgen evtl. unter dem Aspekt der angestrebten Synchronizität.

Bis 10 l Milch/d können je nach Abbaubarkeit des Futter-Rp (z. B. bei 75 %) max. 25 % des Rp durch NPN ersetzt werden.

Harnstoff (45 % N) wird schnell hydrolysiert. Auch nach Adaptation ist eine täglich mehrmalige Fütterung angezeigt. Eine Erhöhung der NH_3-Konzentration im Pansensaft über 60–80 mg NH_3-N/l (= optimal) führt via Harnstoffbildung in der Leber zur Belastung dieses Organs, bei Überlastung zu erhöhtem NH_3-Blutspiegel und damit evtl. zu akuten Intoxikationen.

5.3 Aminosäurenbedarf und AS-Bedarfsdeckung

Die Bestimmung des AS-Bedarfs erfolgt nach dem Dosis-Wirkungs-Prinzip. Einer Grunddiät, in der die zu prüfende Aminosäure im Mangel vorliegt (die übrigen Komponenten werden bedarfsdeckend und möglichst konstant gehalten) wird die entsprechende Aminosäure schrittweise zugesetzt. Es wird dann die Wirkung der AS-Zufuhr auf eine bestimmte Leistung geprüft. Als bedarfsdeckend wird die Menge der jeweiligen AS angesehen, bei der die höchste Leistung erzielt wird. Bei wachsenden Tieren werden in der Regel Körpermassezunahme oder N-Bilanz als Leistungskriterien herangezogen. Die meisten Untersuchungen gibt es diesbezüglich an Schweinen und Geflügel, insbesondere für die erstlimitierenden Aminosäuren. Bei der Rationsgestaltung wird neben der Deckung eines „Proteinbedarfes" auch die bedarfsdeckende Zufuhr an den erstlimitierenden AS (meist Lys, Met/Cys, Thr und Trp) berücksichtigt. Eine bedarfsdeckende Zufuhr dieser Aminosäuren kann durch Kombination geeigneter Proteinträger und durch Einbeziehung synthetischer Aminosäuren erreicht werden.

Eine dem Bedarf der Tiere angepasste Zufuhr der einzelnen Aminosäuren bei gleichzeitig möglichst niedrigem Proteingehalt der Ration ermöglicht eine wesentliche Reduzierung der N-Ausscheidung bei gleicher Leistung der Tiere. In Regionen mit intensiver Nutztierhaltung ist dies ein wesentlicher Aspekt zur Entlastung der Umwelt durch Emissionen aus der Tierproduktion.

Weichen im Nahrungsprotein die relativen Anteile der einzelnen Aminosäuren zueinander vom „Aminosäurenbedarfsmuster" ab, führt dies in jedem Falle zu einer reduzierten Aminosäuren- und Proteinverwertung, unabhängig davon, ob sie im Mangel oder im Überschuss vorliegen. Ist diese Diskrepanz so stark, dass Futteraufnahme und Wachstum gemindert werden, spricht man von *Aminosäurenimbalanzen.* Treten negative Effekte bei Überdosierung einzelner Aminosäuren auf, die nicht mit einer reduzierten Futteraufnahme erklärt werden können, spricht man von *Aminosäurentoxizität.* Solche Effekte sind besonders bei Überdosierung von Methionin und Lysin-HCl beobachtet worden.

Die im Futter enthaltenen Aminosäuren sind evtl. nicht vollständig zu nutzen/zu verwerten. Die „Verfügbarkeit" von Aminosäuren (insbes. Lys) kann bei der Herstellung (Hitzetrocknung) oder längerer Lagerung von Futtermitteln, obwohl im inaktiven Proteinverband befindlich, mit reduzierenden Zuckern reagieren (Maillard-Kondensation). Das Produkt ist enzymatisch nicht spaltbar und verringert somit die Lysinresorption bei Monogastriern.

Bei höheren Temperaturen entstehen weiterhin enzymresistente *intramolekulare Bindungen freier Amino- und Hydroxylgruppen* (wieder bevorzugt des Lysins) mit Carboxyl- und Seitengruppen des Proteinverbands, eine Reaktion, die von der Anwesenheit von Kohlenhydraten unabhängig ist. Außerdem sind Kondensationen von freien Aminosäuren mit Abbauprodukten oxidierter Fettsäuren während der Lagerung beobachtet worden. Die chemische Bestimmung des Gesamtlysingehalts erfasst diese Proteinschädigung kaum.

6 Ver- und Bearbeitung von Futtermitteln

6.1 Reinigen

Eine Reinigung von FM ist v.a. bei Wurzeln und Knollen (anhaftende Erde!) sowie bei Getreidekörnern üblich. Damit sollen unerwünschte Beimengungen wie Erde, Stroh, Spreu, Unkrautsamen, u.ä. entfernt werden.

Gut gereinigtes Futtergetreide ist gleichmäßiger zusammengesetzt, weniger mit Keimen und mikrobiell gebildeten Toxinen belastet und besitzt eine bessere Lagerfähigkeit, Verträglichkeit und Akzeptanz.

Die Reinigung erfolgt durch eine Kombination von Siebung (Abtrennung von Stroh, Spreu und Staub) und Behandlung im Luftstrom (durch Windsichter, Separatoren, evtl. auch unter Anwendung von Druckluft).

Der Reinigungseffekt ist bei Mähdrusch abhängig vom TS-Gehalt des Erntegutes. Die Reinigung muss ggf. nach der Trocknung wiederholt werden.

Reinigungsabfälle haben nur einen geringen Futterwert (hohe Rfa- und Aschegehalte), sind vor allem aus hygienischer Sicht problematisch (hoher Besatz mit Mikroorganismen).

Bei der weiteren Bearbeitung von FM sind mechanische, thermische und hydrothermische Verfahren (ohne bzw. mit Anwendung von Druck) zu unterscheiden. Nach der Übersicht werden die Techniken kurz charakterisiert.

Behandlungsprinzipien in der FM-Verarbeitung (ohne Separationsverfahren)

mechanisch	thermisch	hydrothermisch	hydrothermische Druckverfahren
Schroten	Mikronisieren	Toasten	Pelletieren
Quetschen	Jet Sploding[1]	Konditionieren	Expandieren
Flocken[2]	Popping	APC-System[3]	Extrudieren
Pressen	Pasteurisieren		
Bröseln	Autoklavieren		
Schälen			

[1] = trockene Erhitzung im Bereich von ~140 °C [2] Walzen unter Dampfbehandlung
[3] = APC = Anaerobisches Pasteurisier-Konditionier-System

6.2 Zerkleinern

GRÜNFUTTER UND RAUFUTTER werden zum Teil zerkleinert (gehäckselt), um den Transport besser mechanisieren zu können, die Silierung zu erleichtern oder die Futteraufnahme zu fördern. Grünfutter werden nach der Trocknung gehäckselt (z. B. Luzerne) oder auch gemahlen (Grünmehle) und evtl. pelletiert, um sie mischfähig zu machen bzw. Lagerraum einzusparen.

HACKFRÜCHTE:

- Schnitzeln (für Wdk) → Erleichterung der Futteraufnahme
- Musen (für Schw) → Zerkleinerung wasserreicherer FM bis zur breiigen Konsistenz

KÖRNERFRÜCHTE: Zerkleinern, um Aufnahme und Verdaulichkeit zu verbessern sowie Mischfähigkeit zu erreichen.

Verschiedene Zerkleinerungsmethoden:

- Quetschen → Samenschale wird geöffnet
- Walzen → Samenschale wird geöffnet, Mehlkörper tritt aus
- Schroten → Zerkleinerung der Körner in Einzelstücke

Schrot = zerkleinerte Körner (nicht mit Mehl zu verwechseln; Mehl ist Teilprodukt des Kornes, d. h. besteht – im Unterschied zum Schrot – fast nur aus dem Endosperm)

Überprüfung des Zerkleinerungsgrades bzw. der Partikelgröße in Schroten, schrotförmigen Mischfuttern bzw. auch in pelletierten Mischfuttern (nur nach Suspendierung in definierter Wassermenge) ist mittels der Siebfraktionierung möglich. Zerkleinerungsgrad (Verteilung von Partikelgrößen) ist für das Staubungsverhalten und die Mischstabilität (Gefahr der Entmischung) sowie für die Akzeptanz und Verträglichkeit (s. Magenulzera bei Schw infolge zu intensiver Vermahlung) von Bedeutung. Auch die prc. Verdaulichkeit von Stärke, die Abbaugeschwindigkeit sowie die postileal anflutende Nährstoffmenge (insbesondere Stärke) sind von der Zerkleinerungsintensität abhängig.

Verteilung der Partikelgrößen in Mischfuttern für Schweine mit unterschiedlichem Vermahlungsgrad:

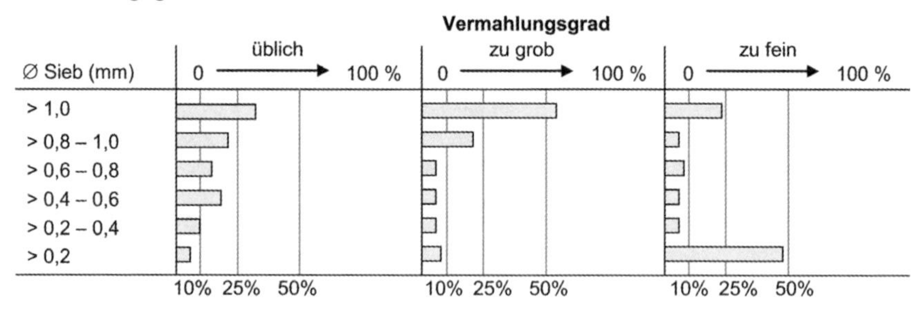

Wegen der klinischen Bedeutung einer zu feinen Vermahlung ist relativ häufig eine Einschätzung von Vermahlungsgrad/Partikelgröße/Struktur in Mischfuttern für Schweine erforderlich; hierzu folgende Orientierungswerte (Angaben in der Tabelle: Massenprozente):

Partikelgröße (mm)	Art der Siebfraktionierung: trocken – üblich	trocken – fein/zu fein	„nass" – üblich	„nass" – fein/zu fein
>1	>15–20	≤5	>15–20	≤5
<0,2	<20	≥40	<35	>50

Eine bewusst gröbere Vermahlung/Struktur im FM ist beim Schw geeignet, die Salmonellen-Prävalenz zu senken (→ forcierter Stärkestrom in den Dickdarm → höhere Propion- und Buttersäuregehalte → geringere Invasionskapazität der Salmonellen). Hierbei ist der Verzicht auf eine Pelletierung des MF vorteilhaft; s. S. 46. Nicht pelletierte/gebröselte MF aus nur grob vermahlenen Komponenten neigen besonders zur Entmischung.

FUTTERMITTEL TIERISCHER HERKUNFT: Zerkleinerung durch Kochen und Mahlen vor bzw. nach der Trocknung; Zweck: s. Körnerfrüchte.

6.3 Erhitzen (ohne Druck)

zur Erhöhung der Verdaulichkeit (Stärkeaufschluss), evtl. zur Keimzahlreduktion bzw. Inaktivierung von thermolabilen unerwünschten Stoffen.

Hackfrüchte: Dämpfen (z. B. Kartoffeln für Schw und Flfr)

Körnerfrüchte:

- Puffen (popping) → rasche Erhitzung ohne Wasserzusatz (z. B. Milo, Mais)
- Mikronisieren → Hitzebehandlung bei 150 °C im Infrarotofen
- Dampfflockung → dämpfen und walzen
- Toasten → Behandlung mit überspanntem Wasserdampf, insbesondere zur Entfernung von Lösungsmitteln aus Extraktionsschroten und Inaktivierung von Trypsininhibitoren

Futtermittel tierischer Herkunft: Erhitzen bei 133 °C, 3 bar über mind. 20 min zur Elimination pathogener Keime einschl. der Sporenbildner; später können die FM jedoch wieder mit Keimen kontaminiert werden.

6.4 Sterilisieren

zur Herstellung von Dosenfutter für Hd und Ktz sowie keimfreier Futter für Gnotobioten; folgende Möglichkeiten:
- Autoklavieren
- Behandlung mit Gammastrahlen

6.5 Mischen

Ziel: Herstellung homogener und stabiler Mischungen aus Futtermitteln und/oder Futterzusatzstoffen.

Notwendiger Homogenitätsgrad wird von der pro Tag bzw. pro Fütterung aufgenommenen Futtermenge und der Wirkungsart der Mikrokomponenten bestimmt.

Mischgenauigkeit ist abhängig von:
Komponenteneigenschaften der FM wie Korngröße, Dichte, spezifische Haftkräfte sowie Art und Funktion der Mischeinrichtungen.
Je feiner die Komponenten und je ähnlicher ihre Eigenschaften (Dichte, Haftkräfte etc.), desto größer die Homogenität der Futtermischung und ihre Stabilität.

Vormischungen werden für Mikrokomponenten (z. B. bestimmte Zusatzstoffe) notwendig, sofern weniger als 2 kg/t eingemischt werden müssen.

Trägersubstanzen der Vormischungen sind in Abhängigkeit von den Eigenschaften der Mikrokomponenten auszuwählen. Für viele Zwecke haben sich Weizenfuttermehl oder -grießkleie als geeignet erwiesen.

Insbesondere birgt der Mischprozess Risiken für eine Verschleppung (= unbeabsichtigte Kontamination des nachfolgenden Mischfutters); im Mischer verbleibende „Reste" (z. B. an Wandungen haftende Partikel etc.) können in die nachfolgend produzierte MF-Charge gelangen. Eine „verschleppungsfreie" MF-Produktion ist ein grundsätzliches Erfordernis für die FM-Sicherheit. Die Verschleppungsneigung ist dabei m.o.w. anlagentypisch, aber auch abhängig von Art, Beschaffenheit und Verhalten der Nähr- und Zusatzstoffe. Hierbei gibt es einen grundsätzlichen Zielkonflikt: Für die möglichst homogene und stabile Mischung ist eine feinstpartikuläre Konfektionierung der Zusatzstoffe von Vorteil, gerade diese erhöht jedoch die Verschleppungsneigung.

6.6 Pelletieren

Pressen von Futtermitteln zu Pellets nach Konditionierung (Einleitung von Wasserdampf), hierbei entstehen Temperaturen von 60–80 °C (Anlagen- und Durchsatzabhängigkeit). Die bei der Pelletierung entstehenden Temperaturen können zu Einbußen in der Wirksamkeit zugesetzter Enzyme, Probiotika und bestimmter Vitamine führen.

Pressen der zerkleinerten FM durch Ring- oder Scheibenmatrizen,
Pelletdurchmesser: 2–12 mm

Durch Pelletieren wird das Volumen reduziert, die Staubentwicklung minimiert, die Fließfähigkeit verbessert, die Entmischung verhindert, die Keimzahl vermindert sowie ein Aufschlusseffekt erzielt. Die Oberflächenreduzierung senkt das Risiko für mikrobiellen Verderb.
„Crumbles" = Granulat: Pellets werden wieder gebrochen, insbes. für Gefl → längere Beschäftigung mit der Futteraufnahme („gebröseltes Futter"), evtl. auch für Schw, wenn eine gröbere Vermahlung keine ausreichende Pelletstabilität zulässt, evtl. auch Vorteil für Ergänzungsfuttermittel, die in Kombination zu ganzem bzw. grob geschrotetem Getreide verwendet werden.
Mit jeder Pelletierung ist eine m. o. w. intensive Nachzerkleinerung verbunden, d. h. im Vergleich zum Schrot vor der Pelletierung ist die Partikelgrößenverteilung im Pellet verändert (weniger grobe und dafür mehr feinere Partikel).

6.7 Extrudieren, Expandieren

Unter Anwendung von Druck und Temperatur sowie Zusatz von Wasserdampf werden Komponenten gemischt, aufgeschlossen und durch eine bestimmte Düse zur entsprechenden Formgebung gepresst; es entsteht ein Extrudat, das in seiner Form sehr variabel gestaltet werden kann (z. B. zylindrische bis zu herz- oder ringförmigen Konfektionierungen).

Neben den Möglichkeiten einer Produktdifferenzierung (Mischfutter für den Heimtiersektor!) liegt ein Vorteil derartiger (leider sehr energieaufwendiger) Verfahren in der Hygienisierung des Produkts (Keimelimination, evtl. Inaktivierung bestimmter Mykotoxine). Beim Expandieren sind die Temperaturen mit 100–130 °C niedriger als in der Extrusionstechnik (110–160 °C).

Es ist zu berücksichtigen, dass es bei Anwendung dieser hydrothermischen Druckverfahren zu einem Stärkeaufschluss kommt, aber einige Futterzusatzstoffe (z. B. Vitamine, Enzyme und Probiotika) ganz oder teilweise inaktiviert werden.

6.8 Brikettieren

Pressen von gehäckseltem Raufutter (evtl. mit Zusatz anderer Komponenten),
- Cobs: Ø 16–25 mm, mittlere Partikellänge 15–25 mm
- Briketts: Ø 70 mm, mittlere Partikellänge 20–30 mm

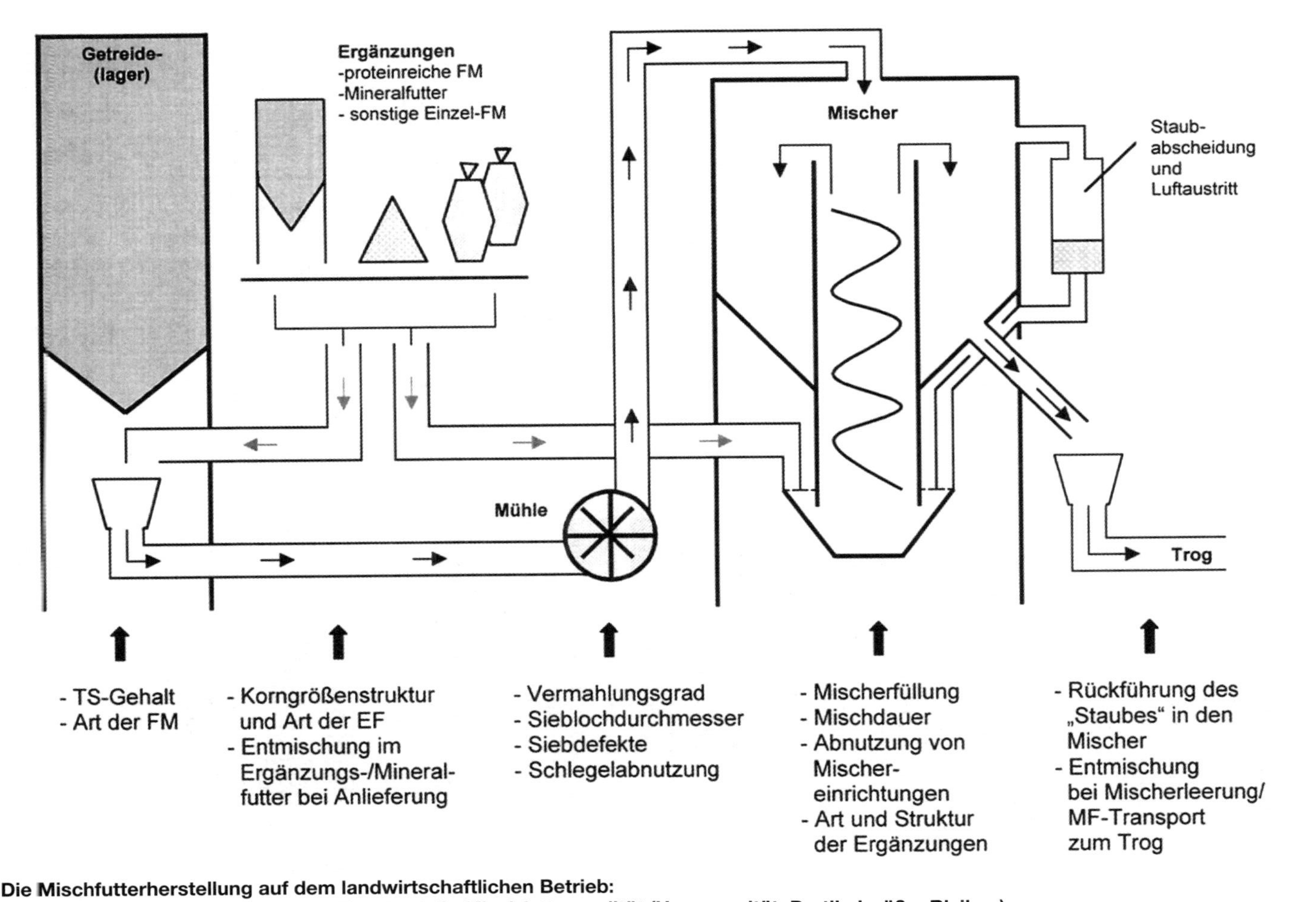

Die Mischfutterherstellung auf dem landwirtschaftlichen Betrieb:
Futtermittel, Einrichtungen und Einflüsse auf die Mischfutterqualität (Homogenität, Partikelgröße, Risiken)

6.9 Aufschließen

Bei einigen FM kann durch besondere Behandlungsverfahren (Aufschluss) die Verdaulichkeit verbessert werden.

Rohe Stärke, insbesondere Kartoffelstärke: Behandlung mit feuchter Wärme.

Stroh: Durch Behandlung mit Alkalien gelingt eine Lockerung der Zellulose/Lignin-Bindungen. Damit werden die Bedingungen für den mikrobiellen Zelluloseabbau verbessert.

Verfahren:
- mit *Natronlauge* in mobilen oder stationären Strohaufbereitungsanlagen
- mit *trockenem Ätznatron* (5 kg/100 kg Stroh)
- mit *gasförmigem Ammoniak* (auch Ammoniakwasser oder – falls Ureasen vorhanden – Harnstoff), Begasung der mit Folien (0,1–0,2 mm Stärke) abgedeckten Strohballenstapel (3 kg/100 kg Stroh). Aufschlusszeit: 60 Tage; Strohstapel anschließend gründlich lüften; N-Gehalt im Stroh erhöht.

Verdaulichkeitseffekte:

	Verdaulichkeit oS (%)		Energiegehalt (MJ/kg)	
	nicht aufgeschl.	aufgeschl.	nicht aufgeschl.	aufgeschl.
Wdk	40–50	50–65	3,2–3,4	3,7 (NEL)
Pfd	30–40	45–50	5,8	7,1 (DE)

Federmehl: Behandlung im Autoklaven mit gesättigtem Wasserdampf und hohem Druck (2 kg/cm^2) oder mit NaOH; Sprengung der Disulfid- und Wasserstoffbrücken des Keratins, teilweise Zerstörung von Cystin. Die Verdaulichkeit des im nativen Zustand unverdaulichen Materials wird auf 50–70 % angehoben.

Zusatz von Enzymen:

Dem Futter werden dabei Enzyme zugesetzt, die schon vor der Aufnahme durch das Tier ihre Wirkung entfalten sollen. Beispielhaft können hier die „extrakorporale Verdauung" von Feuchtfutter bei pancreasinsuffizienten Tieren oder auch der Zusatz von zellwandspaltenden Enzymen zum Siliergut genannt werden. Mit einer gewissen Lysis der Zellwand-Polysaccharide sollen nicht zuletzt die Silierbedingungen wie auch die Verdaulichkeit der Silage gefördert werden. Auch die Phytase kann beispielsweise im Flüssigfutter (für Schw) auch schon vor dessen Aufnahme durch das Tier ihre Wirkung (P-Freisetzung aus Phytin) entfalten.

6.10 Coaten

Ummantelung von Substanzen, Partikeln bzw. Komponenten mit einer Schicht (z. B. Gelatine, bestimmten Fetten, behandeltem Protein) zur Kaschierung bestimmter stofflicher Eigenschaften (Geruch, Geschmack, Korrosivität), zum Schutz vor oxidativen Einflüssen (z. B. Vitamin A), zur Reduktion des ruminalen/gastralen Abbaus (z. B. Fette bei Wdk, Enzyme bei Monogastriern) bzw. für eine protrahierte bzw. weiter distal im Verdauungstrakt gewünschte Freisetzung der Substanz.

7 Konservierung

Folgende Prinzipien werden angewendet:
- Trocknen
- Säuern
- Zusatz von Konservierungsmitteln
- Konservierende Atmosphäre
- Tiefe Temperaturen bzw. Kühlen
- Sterilisieren

7.1 Trocknen

Wichtigstes Konservierungsverfahren; durch Wasserentzug (bedeutet insbesondere Rückgang des freien Wassers, d. h. des a_w-Wertes) werden Lebensbedingungen für Mikroorganismen eingeengt.

Grünfutter: s. Heugewinnung S. 71.

Getreidekörner: Nachtrocknen nach Mähdrusch durch Warm- oder Kaltluft

Sonstige Futtermittel:

- pflanzlicher Herkunft: Trocknung an der Luft (besonders in Übersee) oder Anwendung von Heißluft (z. B. Grünmehlherstellung)
- tierischer Herkunft: Magermilch, durch Sprüh- oder Walzentrocknung; Schlachtnebenprodukte, in der Regel durch direkte oder indirekte (schonender!) Wärmeeinwirkung.

Mischfutter für Heimtiere/Flfr: nach Extrusion der Mischung aus unterschiedlich feuchten Komponenten und Rohwaren Trocknung mit Kalt- oder Warmluft.

Bei einer Trocknung unter direkter Einwirkung von Verbrennungsgasen sind Veränderungen am FM (sensorischer Art), aber auch Kontaminationen möglich (Eintrag von Schwefel, im Einzelfall sogar Dioxine), was u. a. die Zulassungspflicht derartiger Trocknungsbetriebe erklärt.

7.2 Säuern

Senkung des pH-Wertes (ohne Zusatz von Säure) und Schaffung anaerober Bedingungen (Kohlensäure- bzw. Milchsäurebildung), dadurch Hemmung des Wachstums von Verderbniserregern.

Grünfutter: s. S. 74 ff.

Wurzeln und Knollen: Kartoffeln dämpfen und in festen Silos einlagern, evtl. in Kombination mit Rüben und/oder Mischsilagen mit Mais oder Gras.

Getreidekörner: Bei einem Wassergehalt von >16 bis 20 % (so nicht lagerfähig) kann ein solches Getreide (evtl. auch Leguminosensamen) unter O_2-Abschluss infolge der Kohlensäurebildung und –atmosphäre gelagert werden (ist nicht mit einer Silierung zu verwechseln, kaum MS-Bildung!). Erst bei noch *höherem Wassergehalt (mind. 25 %, optimal 30 %)* ist Feuchtgetreide unter anaeroben Bedingungen zu silieren (MS-Bildung!). Vorteilhaft ist hierbei eine Zerkleinerung der Körner bzw. Maiskolbenprodukte.

Magermilch: Säurebildung durch Laktobazillen (Dickmilch)
Voraussetzung: optimale Temperaturen (20–24 °C), evtl. Zugabe von Laktobazillen.

7.3 Zusatz von Konservierungsmitteln (s. auch S. 109)

erfolgt bei nicht ausreichend getrockneten FM (Getreidekörner, Heu, Stroh), in Flüssigfuttermitteln (MAT) oder in halbfeuchten FM für Flfr;

Konservierungsmittel (= Zusatzstoffe s. S. 109) können auf der Bais unterschiedlicher Mechanismen wirken:

pH-Wert-Senkung bzw. –Anhebung: z.B. Ameisen-, Essigsäure (z. B. Kalttränken bei Kälbern) bzw. NaOH-Zusatz bei Getreide (=Sodagrain)

Veränderung der Membrandurchlässigkeit/Zellintegrität (z. B. von Schimmelpilzen): Propionsäure und ihre Salze (Feuchtgetreide 0,1-0,3 %), Sorbinsäure (z. B. gegen Hefen)

Beeinflussung von Zellenzymen: Na-Bi- und –Disulfit, Formaldehyd (nur für Magermilch bei Mast-Schw sowie für Silagen erlaubt)

oxidativ: Natriumnitrit, diverse Sulfite (z. B. Natriummetabisulfit)

Reduktion freien Wassers: Propylenglycol (z. B. halbfeuchtes Futter für Hd, bis 5 % uS)

7.4 Konservierende Atmosphäre

Die ein FM umgebende Atmosphäre kann durch entsprechende Zusätze verändert werden (erfordert dann eine gasdichte Verpackung).

Harnstoffzusatz (z. B. zu Feuchtgetreide, -stroh, -heu) → Freisetzung von NH_3 (für Mikroorganismen toxisches Agens, so konservierend), vor Einsatz derartiger Futter sollte NH_3 entweichen können;

Reduktion des O_2-Gehalts in der umgebenden Atmosphäre, z. B. durch künstliche N_2-Atmosphäre (FM für Heimtiere), im LM-Bereich als „Schutzatmosphäre" bekannt.

7.5 Tiefe Temperaturen bzw. Kühlen

Getreide: vorübergehende Kühlung bis zur Trocknung bzw. bis zum Verbrauch, s. unten

Wurzeln und Knollen: In gemäßigten Klimazonen während der Wintermonate (bis April) üblich (in Erdmieten oder Kellern)

Nährstoffverluste: Bei Kartoffeln und Massenrüben bis April rd. 15 % (in Abhängigkeit von der Temperatur); bei zuckerreichen Rüben erheblich höhere Verluste; nur bis Jahresende lagern.

7.6 Sterilisieren

Bei Herstellung von Feuchtfuttern für Heimtiere üblich. Erhitzen in geschlossenen Behältern; Dauer und Temperaturhöhe abhängig von Behältergröße und Material. Im Allgemeinen 50–60 min bei 123 °C, dadurch lange lagerfähig („Vollkonserven").

8 Lagerung

SAFTFUTTERMITTEL: Ergibt sich aus Konservierungsverfahren (s. o.)

RAUFUTTERMITTEL: Auf Futterböden, in Scheunen, Heutürmen oder frei stehenden Mieten; Eindringen von Feuchtigkeit (z. B. durch Kondensation des Wassers aus warmer Stallluft) vermeiden.

GETREIDEKÖRNER/LEGUMINOSENSAMEN (unzerkleinert): Auf Futterböden oder in Silos; bei Wassergehalten unter 14 % über 1 Jahr lagerfähig; im frischen Getreide zunächst verstärkt bakterielle Umsetzungen, diese evtl. gefördert durch Abgabe von Wasser aus dem Mehlkörper; nicht unmittelbar nach Ernte verfüttern; auf Lagerböden für ausreichende Lüftung sorgen; in Silos Kondenswasserbildung vermeiden.

GETREIDEKÖRNER: Behandlung mit gekühlter Luft (<8 °C)

Feuchte %	Lagertemperatur °C	Lagerfähigkeit Zeit	Feuchte %	Lagertemperatur °C	Lagerfähigkeit Zeit
12–15	10–14	Dauerlagerung	20–22	8–10	4–10 Monate
15–16	10–12	Dauerlagerung	22–25	5–8	10–25 Wochen
16–18	8–10	10–20 Monate	25–30	4–5	14–30 Tage
18–20	8–10	8–16 Monate	>30	4–5	wenige Tage

NEBENPRODUKTE DER ÖL- UND FETTHERSTELLUNG: Lagerfähig bei Wassergehalten bis 12,5 %; höhere Anteile ungesättigter FS schränken Lagerfähigkeit ein (Ranzigwerden).

FUTTERMITTEL TIERISCHER HERKUNFT

max. Wassergehalte:
- Magermilchpulver 5 %
- Buttermilchpulver 6 %
- Molkenpulver 8 %
- Fischmehl 8 %

> Zerkleinerte Körner, Nebenprodukte der Getreideverarbeitung, FM tierischer Herkunft sind infolge einer Zerstörung der Zellstrukturen und hoher Substratverfügbarkeit für Keime weniger gut lagerfähig als unzerkleinertes Material.

MISCHFUTTER

- lose, geschrotet: in Silos max. 4, im Winter 6 Wochen lagern;
  vor Befüllung der Silos Futterreste und Verklebungen entfernen;
  geschroteten Hafer, Leinsamen u. ä. FM höchstens 1 Woche lagern;
- gesackt, geschrotet: Lagerung 4–6 Wochen möglich (in kühlen und trockenen Räumen) Packungen durch Isolierschichten von Boden und Wänden trennen;
- gepresst, pelletiert: mehrere Monate lagerfähig, wenn Feuchtigkeitsaufnahme verhindert wird.

Lagerfähigkeit eingeschränkt bei MF mit höheren Gehalten an Melasse oder Milchpulver.

In der FMHV sind einige grundsätzliche Vorgaben für die Lagerung von FM gemacht. Besondere Erwähnung verdienen mögliche Kontaminationen durch Dünge- und Pflanzenschutzmittel, Saatgut, Betriebsstoffe wie Diesel, Schmieröle etc. Auch die Zugänglichkeit der FM-Lager für Tiere und Schädlinge wird als Gefahr expressis verbis genannt.

9 Verderb

Nachteilige Veränderungen der Futtermittel durch Mikroorganismen und/oder Vorratsschädlinge (Insekten, Spinnentiere), seltener durch abiotische Vorgänge (insbes. oxidative Prozesse) mit Auswirkungen auf Futterwert, Tiergesundheit und/oder Produktqualität, d. h. insgesamt auf die FM-Sicherheit.

9.1 Trockenfutter

9.1.1 Biotische Verderbnisvorgänge

Der biotische Verderb von FM ist ein Prozess, der in seiner Dynamik im Wesentlichen von

- der Ausgangsbelastung mit Vorratsschädlingen und/oder Keimen (Pilze, Bakterien, Hefen),
- dem möglichen Eintrag der genannten Organismen (Hygienestatus der Lagerung),
- den Milieubedingungen (Wassergehalt, a_w-Wert, Temperatur, Atmosphäre, pH-Wert) in Futter und Lager,
- den Substratbedingungen (Art und Verfügbarkeit der Nährstoffe),
- den natürlichen Schutzmechanismen (z. B. äußere Integrität) sowie von
- dem Faktor Zeit (Generationsintervall der beteiligten Organismen)

abhängig ist. Während dieses Prozesses erfährt das betroffene Futter verschiedene Veränderungen, die nur noch bedingt (alsbaldiger Verbrauch, in reduziertem Anteil) seine Verwendung erlauben bzw. diese wegen möglicher nachteiliger Effekte auf Gesundheit und Leistung der Tiere sogar verbieten.

Entstehung/Ursachen: Unter Praxisbedingungen kommt für die Initiierung des biotischen Verderbs dem erhöhten Wassergehalt primäre Bedeutung zu, d. h., die Vermehrung von Vorratsschädlingen und/oder Mikroorganismen (Pilze, Bakterien) wird bei Anstieg des Wassergehalts (und/oder der Temperatur) eingeleitet, durch Nährstoffabbau werden zusätzlich Wasser und Wärme gebildet (circulus vitiosus), so dass sich der Prozess selbst unterhält und meist sogar fortschreitend intensiviert. Erhöhte Wassergehalte treten auf:

- *primär* als Folge einer ungenügenden Trocknung bei Einlagerung (z. B. Getreide nach Mähdrusch oder erntefrisches Heu),
- *sekundär* als Folge einer Wasseraufnahme
    - aus der umgebenden Luft (s. Abb. zur Gleichgewichtsfeuchte, S. 52),
    - aus Kondensationsprozessen (Temperaturdifferenzen!),
    - aus direktem Eintrag (z. B. undichte Abdeckungen u. Ä.).

Folgen bei einem Verderb des Futters für:

	das Futter	**das Tier/die LM-Qualität**
allgemein:	Geruchs- und Geschmacksveränderungen, Strukturverlust	reduzierte Fresslust, sekundär Folgen zu geringer FM-Aufnahme
	Nährstoffabbau	Unterversorgung
	Nährstoffumsetzungen (z. B. Bildung biogener Amine)	Intoxikationen
speziell:	erhöhter Besatz mit:	
	Vorratsschädlingen (Milben, Insekten u. Ä.)	reduzierte Fresslust, Schleimhautreizungen, Allergien
	Bakterien	Infektionen, Dysbakterien
	Hefen	intestinale Gasbildung
	Schimmelpilzen	Mykosen, Dysbakterien
	Toxinen	u. a. Mykotoxikosen, s. S. 131
	Enzymen (z. B. Thiaminasen)	Nährstoffverluste

Neben den oben genannten Effekten sollen weitere Auswirkungen nicht unerwähnt bleiben, wie z. B.

- Verlust der Riesel-/Fließfähigkeit des Futters → Funktionsstörungen in Lager-, Förder- und Dosiereinrichtungen,
- Verbreitung von Infektionserregern über Vorratsschädlinge (Futter wird zum Vektor),
- mögliche nachteilige Effekte auf die Lebensmittelqualität (z. B. Eintrag von Mykotoxinen in die Nahrungskette, z. B. Afla- und Ochratoxinbildung während des Futterverderbs),
- Exposition des Menschen, der mit verdorbenen Futtermitteln umgeht (Farmer's lung disease, Allergisierung).

Maßnahmen zur Vermeidung des Futterverderbs:

- allgemein: Abstellen der Ursachen, s. Konservierung
- speziell bei Vorratsschädlingsbefall:
  Entwesung der *leeren Speicher* und Transporteinrichtungen nach gründlicher Reinigung (Industriestaubsauger etc.): Einsatz von Nebelautomaten oder Versprühen von Flüssigkeiten mit entsprechendem Dampfdruck (z. B. Pirimiphos-Methyl, Dichlorphos, Phoxim); Behandlung des *Getreides selbst* (vor Einlagerung bzw. auch nach Einlagerung) durch Besprühen oder Begasung (nur mit speziell hierfür entwickelten Präparaten, Wartezeiten beachten → Rückstände → Warmblüter); andere FM: chem. Behandlung nicht erlaubt!

9.1.2 Sonderformen des biotischen Verderbs

- AUSWUCHS BEI GETREIDE

Keimung des Getreides bereits vor der Ernte (auf dem Halm), evtl. nach der Ernte (unter Dach) bei mangelnder Möglichkeit zur unverzüglichen Trocknung bzw. Kühlung.

Im Auswuchsgetreide ist stets ein erhöhter Pilz- und evtl. auch Mykotoxingehalt zu erwarten (evtl. östrogene Wirkung).

Nährstoffverluste infolge Ab- und Umbaus von Stärke und Protein; Vit E-Verluste; höherer Gehalt an Dextrinen und Zuckern (Aktivierung von korneigenen Amylasen während der Keimung); bei übermäßiger Aufnahme durch Wdk Gefahr der Pansenazidose.

- SELBSTERHITZUNG (GETREIDE, HEU)

Bei höherem Feuchtegehalt (>16–18 %), intensiver Verdichtung (in Pressballen), sehr dichter Lagerung (Selbstisolation mit der Folge eines mangelnden Wärmeabflusses), anfänglicher Atmung und Aktivität der produkttypischen Flora entwickelt sich schließlich eine zunehmend thermotolerante, später thermophile Flora; Kennzeichen: Temperatur im Futter um 20–50 °C höher als in der Umgebung, Bräunung, Röst- und Schimmelgeruch; höchste Belastung mit Pilzsporen; Futterwert und Akzeptanz ↓.

9.1.3 Abiotischer Verderb bzw. Aktivitätsverluste

Oxidation (Prozess des Ranzigwerdens), Polymerisation ungesättigter Fettsäuren; fettlösliche Vitamine können durch Oxidation ihre Aktivität einbüßen; Kondensation von Aminosäuren (insbes. von Di-AS in Gegenwart von Aldosen).

Sonderform: Selbsterhitzung von Fischmehl, ein primär chemischer Prozess, durch Oxidation von Fettsäuren (durch Antioxidantien zu verhindern), Temperaturen bis zu 70–80 °C im Futterstock; nach Abkühlung evtl. extreme Verhärtung des Fischmehlvorrats.

9.2 Silierte Futtermittel

Ursachen für die Verderbnisvorgänge: s. S. 78–80; Folgen: s. S. 79, 219

Unterscheide: Verderb am noch geschlossenen Silagevorrat, an der Anschnittfläche bzw. am entnommenen Silagevorrat (z. B. im Siloblock auf der Futtertenne).

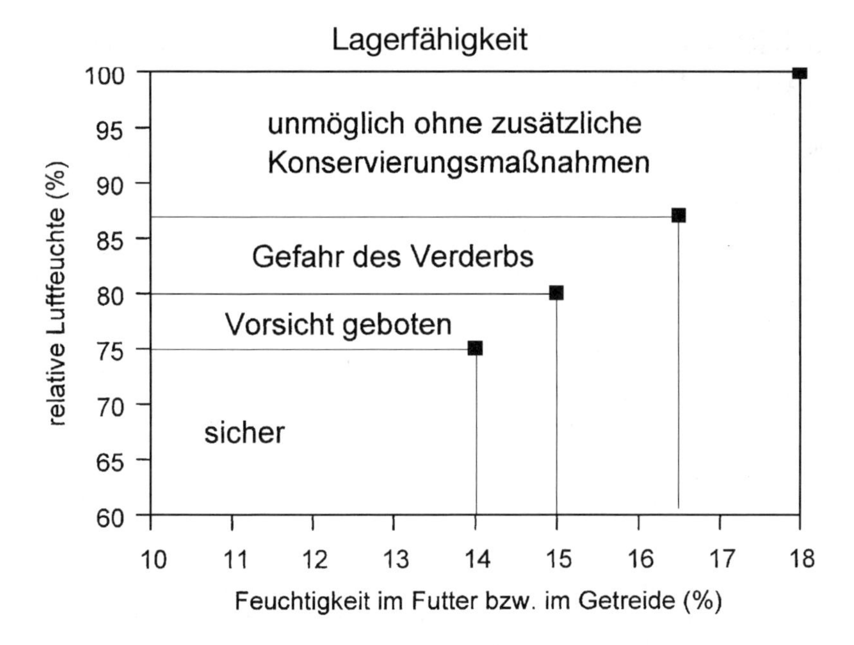

Gleichgewichtsfeuchte: Beziehung zwischen der relativen Luftfeuchte und dem Wassergehalt von Getreide bzw. Mischfutter (modellhaft n. TINDALL 1983).

10 Ökonomische Bewertung von Futtermitteln und Fütterung

In der Haltung von Nutz- und Liebhabertieren kommt den Kosten für Futter und Fütterung eine entscheidende Bedeutung zu. Der Anteil der Futterkosten an den variablen Kosten der Nutztierhaltung übertrifft allgemein alle anderen Kosten der Milch-, Fleisch- und Eierproduktion sehr deutlich. Auch in größeren Beständen von Liebhabertieren (Gestüte, Hundemeuten, Tierparks) finden Fragen der Futterkosten zunehmend Interesse und Beachtung. Somit werden die Bemühungen um eine Kostenminimierung auf Seiten der Futter-/ Mischfutterproduzenten wie auch auf Seiten der Tierhalter nur zu verständlich. Vor diesem Hintergrund stellt sich die Frage nach:

- Preisen/Kosten für die verschiedenen Einzel- und Misch-FM
- den Bezugsgrößen für angestrebte Preis-/Kostenvergleiche
- dem Vorgehen zur Konzeption von Mischfuttern bzw. Rationen mit dem Ziel einer Kostenminimierung.

PREISE/KOSTEN

Basis der ökonomischen Bewertung der meisten Futtermittel ist der Marktpreis, der sich aus Angebot und Nachfrage ergibt. In entsprechenden Fachzeitschriften werden kontinuierlich die aktuellen Handelspreise veröffentlicht, die nicht zuletzt durch internationale Abmachungen und Regelmechanismen beeinflusst sind. Bei den hier angesprochenen Handelsfuttermitteln ist zwischen den Einzelfuttermitteln auf der einen und den Allein- und Ergänzungs-FM auf der anderen Seite zu differenzieren.

Für die Mischfutterproduktion sind die „Minor"-Komponenten (z. B. Phosphor, Aminosäuren, Anticoccidia, Enzyme, Probiotika u. ä.) teils sehr kostenwirksam, was nicht zuletzt Preisunterschiede zwischen prinzipiell ähnlichen Mischfuttertypen erklärt.

Für *wirtschaftseigene FM* lässt sich der Preis aus den *Gestehungskosten* ableiten, die vor allem vom Ertrag und den innerbetrieblichen Gegebenheiten (Mechanisierungsgrad, Ausnutzung des Maschinenparks etc.) abhängen. Neben den Gestehungskosten müssen bei Hauptfruchtfuttermitteln auch so genannte Nutzungskosten berücksichtigt werden (= entgangener Gewinn bei alternativer Nutzung durch Verkaufsfrüchte).

Im Vergleich zu vielen Kraftfuttermitteln sind auch die Kosten der wirtschaftseigenen Grundfuttermittel in den letzten Jahren deutlich angestiegen. Heu und Grassilagen waren/ sind zeitweise – bezogen auf ihren Energiegehalt – teils sogar deutlich teurer als zugekaufte Mischfuttermittel. Relativ günstige Grundfuttermittel sind noch Maissilagen, Silagen aus Koppelprodukten sowie Zwischenfrüchten oder die Nutzung des Aufwuchses durch Beweiden. Auch Trends zur alternativen Nutzung von FM (Bioenergie) haben einen erheblichen Einfluss auf die Preise der Einzel-FM und damit auf die Rezeptur von Misch-FM bzw. die Rationsgestaltung.

BEZUGSGRÖSSEN für Preis-/Kostenvergleiche

Die bislang am häufigsten genutzte Größe ist der Bezug der Preise von FM auf die Masse (kg/dt/t), insbesondere für Handelsfuttermittel ist dies die gebräuchlichste Angabe. Für Silagen oder flüssige FM (z. B. Molke) sind ferner auch Preise für das Volumen (z. B. m^3) am Markt bzw. beim Verkauf üblich. Hier ergeben sich sehr leicht Fehleinschätzungen infolge einer unterschiedlichen Verdichtung (z. B. Silage) oder variierender TS-Gehalte.

Wie aus der Kalkulation (s. S. 54a) deutlich hervorgeht, ist bei einem angestrebten Kostenvergleich der Bezug auf den Energiegehalt die bzw. Energiedichte essentiell.

Für den Laien leicht zu vermitteln sind die sich daraus ergebenen Konsequenzen für die Futterkosten je Tier und Tag. Gerade auf dem Heimtiersektor variieren die Futterkosten sehr stark in Abhängigkeit der Gebinde-/Packungsgröße des jeweiligen Futters (derart bedingte Preis-/Kosten-Unterschiede können ähnlich den Differenzen zwischen Trocken- und Feucht-FM sein). Die bei zunehmender Gebindegröße allgemein geringeren Kosten sind nicht zuletzt der Hintergrund für Veränderungen am Futter infolge einer Überlagerung beim Endverbraucher (Einbußen in der hygienischen Qualität etc.).

Geht es um einen Vergleich zwischen Futtermitteln, die primär wegen ihres *Eiweißgehaltes* eingesetzt werden, so ist für eine kostengünstige Proteinversorgung der entscheidende Bezug nicht der Preis je kg, sondern der Preis je Protein- oder Aminosäureneinheit.

Bei anderen Futtermitteln sind – je nach Intention ihres Einsatzes – evtl. auch ganz andere Dimensionen und Bezugsgrößen sinnvoll. Geht es beispielsweise um die Ergänzung eines Mischfutters mit einem noch zu geringen P-Gehalt, so können Mineralstoffträger oder Komponenten hinsichtlich der Kosten je kg vP verglichen und ausgewählt werden.

Nach den rein ökonomischen Betrachtungen zum Vergleich von Futtermitteln ist aber darauf zu verweisen, dass die Energie- und Nährstoffkosten niemals für sich allein das entscheidende Auswahlkriterium darstellen dürfen, sondern immer auch alle anderen positiven wie nachteiligen Inhaltsstoffe und Charakteristika der jeweiligen FM bei der Mischfutter- oder Rationsgestaltung zu beachten sind. Je nach FM ergeben sich – und zwar auch unabhängig vom Preis – Grenzen für ihre Verwendung in einem Mischfutter oder einer Ration (so genannte *Limitierungen),* die durch den Geschmack, sekundäre Inhaltsstoffe (z. B. Glukosinolate) oder auch ernährungsphysiologische Konsequenzen bedingt sein können.

VORGEHEN bei der Mischfutter-/Rationsoptimierung

Alle Bemühungen um eine Mischfutter- und Rationsgestaltung, die sowohl die ökonomischen Aspekte als auch die ernährungsphysiologischen Ansprüche und Konsequenzen berücksichtigen, werden heute unter dem Terminus „Optimierung" zusammengefasst. Hierfür stehen entsprechende, tierartlich- und nutzungsgruppentypische Optimierungsprogramme zur Verfügung (PC-gestützte MF-Optimierung).

Neben den direkten Kosten des Futters an sich sind in der Nutztierhaltung die Fütterungskosten nicht unerheblich: Hierzu zählen beispielsweise Kosten für die Lagerung des Futters (Silozellen), die Bearbeitungs- und Mischtechnik, für die Zuteilung (Dosierung) des Futters sowie für den Arbeitsaufwand in Zusammenhang mit der Fütterung.

Für einen realistischen Preis-/Kostenvergleich ist es aber grundsätzlich erforderlich, den Preis/die Kosten in Relation zum Energie- und/oder Nährstoffgehalt zu formulieren:

Futtermittel	Vergleich nach kg-Preis €/dt	Rang	Vergleich nach Energie-Preis Cent/1 MJ DE[1]	Rang
Pflanzliches Öl	65,0	1.	1,801	2.
Hafer	24,8	2.	1,772	3.
Melasseschnitzel	23,0	3.	1,966	1.

[1] DE für Pferde

Im vorliegenden Beispiel sind Trockenschnitzel – bezogen auf die Masse – das günstigste FM, bei Bezug auf die Energieeinheit allerdings die teuerste Komponente, während das Öl bei hohem kg-Preis die Energie vergleichsweise günstig liefert (Rang 2). Noch gravierender sind Fehleinschätzungen, wenn FM mit stark differierenden TS-Gehalten auf der Basis ihres kg-Preises verglichen werden, d. h. ohne Bezug auf die Energie:

Katzenfutter	Packungsgröße	Preis (€) der Packung	Energiegehalt der Packung MJ ME	Kosten (€) je 1 MJ ME	Futterkosten (€) pro Katze und Tag
A (Feuchtfutter)	400 g	0,69	1,28	0,540	0,65
B (Trockenfutter)	2 kg	6,29	24,79	0,250	0,30
C (Trockenfutter)[1]	2 kg	1,89	25,37	0,078	0,09

[1] Niedrig-Preis-Sortiment

11 Futtermittelrechtliche Regelungen

Ein erheblicher Teil der heute auf nationaler Ebene gültigen futtermittelrechtlichen Regelungen hat eine lange Tradition, etliche Formulierungen sind sogar im Wortlaut fast identisch mit Passagen aus dem 1. Futtermittelgesetz des Deutschen Reiches aus dem Jahr 1926. Unbestreitbar kam es aber – forciert durch das BSE-Geschehen und Skandale um Dioxine in Futter- und Lebensmitteln – auf EU-Ebene zu verstärkten Bemühungen (s. Weißbuch zur Lebensmittelsicherheit vom 12. Januar 2000) um den höchstmöglichen Sicherheitsstandard für die Lebensmittel. Verschiedene Forderungen aus dem o. g. Weißbuch gehen dabei von der Annahme aus, dass die Sicherheit von Lebensmitteln mit der Sicherheit von Futtermitteln beginnt.

So entstand auf nationaler Ebene aus dem alten Lebensmittel- und Bedarfsgegenständegesetz (LMBG) sowie dem früheren Futtermittelgesetz (FMG) das neue **Lebensmittel- und Futtermittelgesetzbuch (LFGB)** vom 1. 9. 2005.

Der gesamte FM-Bereich ist im **Abschnitt 3 des LFGB** (§§ 17–25) geregelt:

§ 17 = „Verbots-Paragraph" (Gesundheit von Mensch und Tier/ Unbedenklichkeit der LM/Schutz des Naturhaushaltes)
§ 18 = Verfütterungsverbot für Fette warmblütiger Tiere oder Fische an LM-lief. Tiere
§ 19 = Schutz vor Täuschung (Abweichung von Verkehrsauffassung!)
§ 20 = Verbot der krankheitsbezogenen Werbung
§ 21 = Weitere Verbote und Beschränkungen
§ 22 = Ermächtigungen zum Schutz der Gesundheit
§ 23 = weitere Ermächtigungen
§ 24 = Gewähr für handelsübliche Reinheit und Unverdorbenheit
§ 25 = Mitwirkung bestimmter Behörden

Die **FM-Verordnung,** Neufassung vom 24. 5. 2007, deren Basis das neue LFGB darstellt, regelt Details diverser Bereiche. Dabei werden nach allgemeinem Einstieg (mit Definitionen/ Kennzeichnungsregelungen) abschnittsweise folgende Bereiche in entsprechenden Paragraphen behandelt: Einzel-FM, Misch-FM, FM-Zusatzstoffe, Unerwünschte Stoffe, Verbotene Stoffe, Anforderungen an Betriebe.

11.1 Intentionen des LFGB und anderer FM-rechtlicher Vorgaben

Gesundheitspolitische Ziele

- Verbraucherschutz/Lebensmittelsicherheit
  (Lebensmittel: Unbedenklichkeit für die Gesundheit des Menschen!)
- Schutz der Gesundheit der Tiere

Ökonomische/volkswirtschaftliche Ziele

- Schutz vor Täuschung im Verkehr mit Futtermitteln
- Transparenz („Unterrichtung") für Wirtschaftsbeteiligte
- Erhalt/Verbesserung der Leistungsfähigkeit der Tiere

Ökologische Ziele

- Schutz des Naturhaushalts (z. B. vor Gefahren durch in tierischen Ausscheidungen enthaltene unerwünschte Stoffe)

Politische Ziele

- Umsetzung/Durchführung von Rechtsakten der EG
- Errichtung der Europäischen Behörde für Lebensmittelsicherheit

Futtermittelrechtliche Rahmenbedingungen

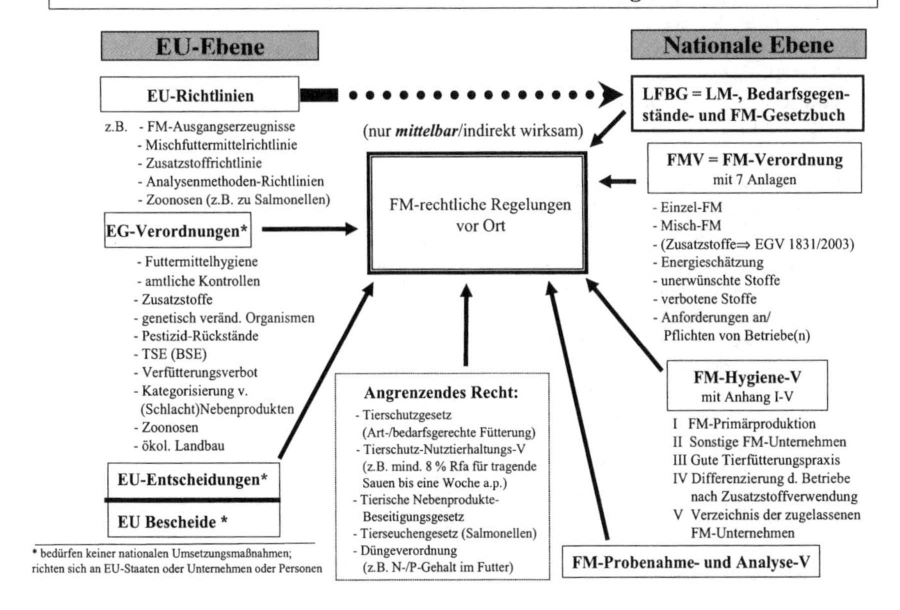

EG-Verordnungen (Auswahl aufgrund entsprechender Bedeutung)

Kürzel (Bezeichnung)	**Inhalte/Regelungen/Intentionen**
178/2002 ("EG-LM-Basis-V")	**„FM-SICHERHEIT"** als Basis der LM-Sicherheit; Anforderungen an die „FM-Sicherheit" (Art. 15); Berücksichtigung aller „Stufen" der FM-Gewinnung und -Verwendung; Prinzipien wie Vorsorge, Transparenz und Rückverfolgbarkeit; Verantwortung des FM-Unternehmers (Information an Behörde, Rückrufaktion etc.)
1831/2003 („EGV-Zusatzstoffe")	Definition von **Zusatzstoffen,** Anforderungen für Zulassung; **Kategorien** von Zusatzstoffen (5) mit diversen **„Funktionsgruppen";** Gemeinschaftszulassung und -register/Deklarationsfragen
882/2004 („EGV-Amtl. Kontrollen")	**„amtliche Kontrolle"** = jede Form der Kontrolle der zuständigen Behörde → Prüfung auf Einhaltung des LM-, FM-, Tiergesundheits- und Tierschutzrechts; vorgeschrieben: **risikoorientierte** Kontrollmaßnahmen auf jeder Stufe der Produktion! Umfassende Rechte der Probenahme (nicht nur LM und FM!) und der Inspektion
183/2005 („EGV-FM-Hygiene")	**FM-Hygiene: Definition** (s. S. 58). Fokus: Minimierung des Risikos einer biologischen, chemischen, physikalischen **Kontamination** von FM; Unterscheidung in **Primär-** und **Nicht-Primärproduktion**; **Registrierung/ Zulassung** von Betrieben; Ausführungen zur „Guten Fütterungspraxis" (Futter/Wasser/Einstreu); nicht nur Tolerierung, sondern aktive Unterstützung der amtlichen Kontrollen

11.2 Futtermittel-Verordnung (FMV; Neufassung vom 24. 5. 2007)

TEXTTEIL

Erster Abschnitt (Allgemeine Bestimmungen)

§ 1: Begriffe/ Definitionen
§ 2: Kennzeichnung von Einzel-/ Misch-FM

Zweiter Abschnitt (Einzelfuttermittel)

§ 3: Zulassung von Einzel-FM
§ 4: Anforderungen an Einzel-FM
§ 5: Kennzeichnung von Einzel-FM
§6: Kennzeichnung (in bes. Fällen)
§ 7: Toleranzen für Einzel-FM

Dritter Abschnitt (Mischfuttermittel)

§ 8: Anforderungen an Misch-FM
§ 9: Zusammensetzung von Misch-FM
§ 9a: Verwendungszwecke für Diät-FM
§ 10: Verpackung von Misch-FM
§ 11: Kennzeichnung von Misch-FM
§ 12: Bezeichnung von Misch-FM
§ 13: Vorgeschriebene Angaben über Inhaltsstoffe
§ 14: Zusätzliche Angaben für Misch-FM
§ 15: Toleranzen für Misch-FM

Vierter Abschnitt (Futtermittelzusatzstoffe)

§ 16: zugelassene Zusatzstoffe: Gemeinschaftsregister
§ 18: Kennzeichnung von FM mit Zusatzstoffen
§ 19: Toleranzen für Zusatzstoffe

Fünfter Abschnitt (weggefallen)

Sechster Abschnitt (Unerwünschte Stoffe)

§ 23: Höchstgehalte an unerwünschten Stoffen
§ 23a: Aktionsgrenzwerte
§ 24: Kennzeichnung
§ 24a: Höchstgehalte → Schädlingsbekämpfungsmitteln
§ 24b: Höchstgehalte → Schädlingsbekämpfungsmitteln

Siebter Abschnitt (Fütterungsvorschriften)

§ 26: Fütterungsbeschränkungen
§ 27: Fütterungsverbot (→ Anlage 6; verbotene Stoffe)

Achter Abschnitt (Anforderungen an Betriebe)

§ 28: Zulassungsbedürftige Betriebe
§ 29: Zulassung
§ 29a: Trocknungsbetriebe
§ 30: Registrierungsbedürftige Betriebe
§ 30a: Anzeigebedürftige Betriebe

Neunter Abschnitt (Ausnahmegenehmigungen)

→ Forschungszwecke

Zehnter Abschnitt (Überwachung)

Elfter Abschnitt (Mitwirkung des Bundesamtes)

Zwölfter Abschnitt (Schlussbestimmungen)

ANLAGENTEIL

- Anl. 1 = **Zulassungsbedürftige Einzel-FM**
- Anl. 1a = **Nicht-zulassungsbedürftige Einzel-FM**
- Anl. 2 = **Misch-FM**
- Anl. 2a = **Diät-FM**-Verwendungszwecke
- Anl. 2 b = Gruppenbezeichnung für Komponenten in **Heimtier-FM**
- Anl. 3 = **Zusatzstoffe;** Regelungen vor allem in EGV 1831/03
- Anl. 4 = **Energieschätzformeln**
- Anl. 5 = **Unerwünschte Stoffe** (Höchstwerte!)
- Anl. 5a = **Rückstände** an Schädlingsbekämpfungsmitteln
- Anl. 6 = **Verbotene Stoffe** („Nulltoleranz")
- Anl. 7 = **Betriebe** (Anforderungen/ Pflichten)

Futtermittelrechtliche Rahmenbedingungen in Österreich

Basis des Futtermittelrechts ist in Österreich das **Futtermittelgesetz** aus dem Jahre 1999 (i.d.F. 2005) und die **Futtermittelverordnung** aus dem Jahre 2000 (i.d.F. 2006), die fortlaufend durch FMV-Novellen ergänzt wird. Das **Tiermehl-Gesetz** (2000/2001) mit der Anpassungsverordnung (2004) regelt die Verfütterung von tierischen Produkten an Nutztiere. Damit werden alle einschlägigen Rechtsakte der Europäischen Gemeinschaft umgesetzt. Die zuständige Behörde für die amtliche Futtermittelkontrolle ist das Bundesamt für Ernährungssicherheit, die Länder sind zuständig für die Kontrolle der Verwendung (Verfütterung) von FM. Lebensmittel werden rechtlich durch das **Lebensmittelgesetz** (Lebensmittelsicherheits- und Verbraucherschutzgesetz aus dem Jahre 2006) geregelt.

Im Unterschied zu anderen Ländern der EU ist in Österreich derzeit das Inverkehrbringen dreier gentechnisch veränderter Maissorten (Mais BT176; Mais T25; Mais MON810) nach § 60 des Gentechnikgesetz verboten. Die Futtermittel-GVO-Schwellenwert-Verordnung (2001) legt für diese Maisprodukte einen Schwellenwert für Verunreinigungen fest.

Futtermittelrechtliche Rahmenbedingungen in der Schweiz

In der Schweiz ist das **„Bundesgesetz über die Landwirtschaft"** (Landwirtschaftsgesetz, LwG) vom 29. April 2008 die Basis der futtermittelrechtlichen Regelungen. Die **„Verordnung über die Produktion und das Inverkehrbringen von Futtermitteln"** (Futtermittel-Verordnung vom 26. Mai 1999) regelt die Zulassung von FM für Nutz- und Heimtiere, von Zusatzstoffen, Diätfuttermitteln und Silierungszusätzen. Die zugelassenen Ausgangsprodukte und Einzelfuttermittel mit den entsprechenden Gehaltsanforderungen und Bezeichnungen sind in der Futtermittelliste aufgeführt. Diese ist ein Anhang zur so genannten **Futtermittelbuch-Verordnung** vom 10. Juni 1999. Zulassungs- und Kontrollbehörde ist die Forschungsanstalt ALP agroscope Liebefeld-Posieux.

Das Schweizerische Futtermittelrecht ist heute weitgehend mit dem EU Recht harmonisiert. Doch trotz laufender Anpassung bestehen Unterschiede. Mehr Informationen über die Schweizerische Futtermittelgesetzgebung finden sich unter www.alp.admin.ch/themen. Dort wählen Sie unter „Futtermittelkontrolle" den Bereich „Gesetzliche Grundlagen".

11.3 Instrumente des Futtermittelrechts

Zulassungsvorschriften: z.B. für bestimmte Einzel-FM (LFGB § 23; FMV § 3, s. 11.2), für Zusatzstoffe (EGV 1831/03, s. S. 55a) oder für Herstellerbetriebe (FMHV von 2005 sowie FMV § 28).

Für Vormischbetriebe sind bestimmte Voraussetzungen zu erfüllen (FMV §§ 28, 30).

Verkehrsvorschriften: z.B. über Verpackungspflicht (FMV § 10), zur Deklaration der Futterinhaltsstoffe (FMV §§ 2, 13, 18/ s. 11.2), zur Sicherung der FM-Qualität (LFGB §§ 17, 19, 23; FMV §§ 6, 13 ,14), Abgabe von Zusatzstoffen (EGV 1831/03; FMV §§ 18, 24); Eingrenzung des Verkehrs, z.B. durch Abgabebeschränkungen für Einzel-FM mit erhöhten Gehalten an unerwünschten Stoffen (FMV §§ 23, 24), Anzeigepflicht (LFGB §§ 38, 39, 40), Einfuhrvorschriften (LFGB §§ 53 ff) und Abgabebeschränkungen für Zusatzstoffe (EGV 1831/03).

Gehaltsvorschriften: z.B. für Wasser, HCl-unlösliche Asche, botanische Reinheit in Einzel-FM (FMV §§ 4, 5), für unerwünschte Stoffe als Maximalgehalte (FMV § 23), Zusatzstoffe als Mindest- und Maximalgehalte in Misch-FM (EGV 1831/03, s. S. 55a, 109 ff.), Inhaltsstoffe in Misch-FM (FMV § 13).

Verfütterungsvorschriften: z.B. Verwendung der FM für bestimmte Tierarten (FMV § 12), Einhaltung bestimmter Tageshöchstmengen für Zusatzstoffe und unerwünschte Stoffe (LFGB § 23; FMV §§ 23, 26), Beachtung von Wartezeiten (EGV 1831/03), Verbot der Verfütterung (LFBG §§ 17,18; FMV § 27; Anlage 6 der FMV, s. S. 61).

11.4 Definitionen

(gekürzt; EGV 178/02, LFGB, FMV, FMHV, EGV 1831/03)

Futtermittel: Stoffe oder Erzeugnisse, auch Zusatzstoffe, verarbeitet, teilweise verarbeitet oder unverarbeitet, die zur oralen Tierfütterung bestimmt sind.

Mischfuttermittel: Stoffe in Mischungen, mit FM-Zusatzstoffen oder ohne FM-Zusatzstoffe, die dazu bestimmt sind, in unverändertem, zubereitetem, bearbeitetem oder verarbeitetem Zustand an Tiere verfüttert zu werden. Ausgenommen sind Stoffe, die überwiegend dazu bestimmt sind, zu anderen Zwecken als zur Tierernährung verwendet zu werden.

Alleinfuttermittel: MF, die allein den Nahrungsbedarf der Tiere decken.

Mineralfuttermittel: Ergänzungsfuttermittel überwiegend aus mineralischen Einzelfuttermitteln mit mind. 40% Rohasche.

Diätfuttermittel: MF, die dazu bestimmt sind, den besonderen Ernährungsbedarf von Tieren zu decken, bei denen insbesondere Verdauungs-, Resorptions- oder Stoffwechselstörungen vorliegen oder zu erwarten sind.

Futtermittelzusatzstoffe: Stoffe, Mikroorganismen oder Zubereitungen, die keine FM-Ausgangserzeugnisse oder Vormischungen sind und bewusst FM oder Wasser zugesetzt werden, um insbesondere eine oder mehrere der in Artikel 5 Absatz 3 der EGV 1831/03 genannten Funktionen zu erfüllen.

Vormischungen: Mischungen von FM-Zusatzstoffen oder Mischungen aus einem oder mehreren FM-Zusatzstoffen mit FM-Ausgangserzeugnissen oder Wasser als Trägern, die nicht für die direkte Verfütterung an Tiere bestimmt sind.

Unerwünschte Stoffe: Stoffe – außer Tierseuchenerregern –, die in oder auf FM enthalten sind und

a) als Rückstände in von Nutztieren gewonnenen LM oder sonstigen Produkten eine Gefahr für die menschliche Gesundheit darstellen,
b) eine Gefahr für die Gesundheit von Tieren darstellen,
c) vom Tier ausgeschieden werden und als solche eine Gefahr für den Naturhaushalt darstellen oder
d) die Leistung von Nutztieren oder als Rückstände in von Nutztieren gewonnenen LM oder sonstigen Produkten die Qualität dieser LM oder Produkte nachteilig beeinflussen können.

Mittelrückstände: Rückstände an Pflanzen-, Vorratsschutz- oder Schädlingsbekämpfungsmitteln, die in oder auf FM vorhanden sind.

Naturhaushalt: seine Bestandteile Boden, Wasser, Luft, Klima, Tiere und Pflanzen sowie das Wirkungsgefüge zwischen ihnen.

Nutztiere: Tiere einer Art, die üblicherweise zum Zweck der Gewinnung von LM oder sonstigen Produkten gehalten werden sowie Pferde.

Aktionsgrenzwert: Grenzwert für den Gehalt an einem unerwünschten Stoff, bei dessen Überschreitung Untersuchungen vorgenommen werden müssen, um die Ursachen für das Vorhandensein des unerwünschten Stoffes mit dem Ziel zu ermitteln, Maßnahmen seiner Verringerung oder Beseitigung einzuleiten.

Futtermittelhygiene: bezeichnet die Maßnahmen und Vorkehrungen, die notwendig sind, um Gefahren zu beherrschen und zu gewährleisten, dass ein FM unter Berücksichtigung seines Verwendungszwecks für die Verfütterung an Tiere tauglich ist.

11.5 Übersichten zu den wichtigsten Regelungen

FM, die nicht sicher sind, dürfen nicht in Verkehr gebracht oder an Tiere, die der LM-Gewinnung dienen, verfüttert werden (Art. 15 der EGV 178/02). FM gelten als **nicht sicher** in Bezug auf den beabsichtigten Verwendungszweck, wenn davon auszugehen ist, dass sie

- die Gesundheit von Mensch und Tier beeinträchtigen können,
- bewirken, dass die LM, die aus den der LM-Gewinnung dienenden Tieren hergestellt werden, als nicht sicher für den Verzehr durch den Menschen anzusehen sind.

Es ist verboten, FM herzustellen und in den Verkehr zu bringen oder zu verfüttern, die bei sachgerechter Verfütterung die Gesundheit des Menschen, die Qualität der von Nutztieren gewonnenen LM, die Gesundheit von Tieren sowie den Naturhaushalt gefährden (LFGB § 17).

Es ist verboten, FM, Zusatzstoffe oder Vormischungen unter irreführender Bezeichnung in Verkehr zu bringen oder für sie mit irreführenden Aussagen, insbesondere über leistungsbezogene oder gesundheitliche Wirkungen, zu werben. Es dürfen im Verkehr oder in Werbungen keine Aussagen verwendet werden, die sich auf die Beseitigung oder Linderung von Krankheiten oder auf die Verhütung solcher Krankheiten beziehen, die nicht Folge mangelhafter Ernährung sind (LFGB § 19, 20). Ausgenommen sind Aussagen über die Zweckbestimmung dieser Stoffe sowie die Diät-FM.

Macht der Veräußerer bei der Abgabe von FM keine Angaben über die Beschaffenheit, so übernimmt er damit Gewähr für handelsübliche Reinheit/Unverdorbenheit (LFGB § 24).

FM sind zu kennzeichnen und zu verpacken (FMV § 10). Ausnahmen von der Verpackungspflicht s. FMV §§ 5 u. 9.

11.5.1 Einzelfuttermittel

Einzelfuttermittel, die synthetisch oder unter Verwendung von Mikroorganismen gewonnen worden sind, denen bei der Herstellung Stoffe außer Wasser zugesetzt oder entzogen worden sind oder die bei der Be- oder Verarbeitung von Stoffen als Nebenerzeugnisse anfallen, dürfen gewerbsmäßig nur in den Verkehr gebracht werden, wenn sie zugelassen sind.

Einzel-FM, die in Anlage 1a aufgeführt und charakterisiert sind, gelten damit als zugelassen, wenngleich diese Aufstellung bekannter Komponenten ausdrücklich als "nicht ausschließlich" beschrieben ist. Andererseits gibt es zulassungsbedürftige Einzel-FM (Anlage 1 der FMV), nämlich Proteinerzeugnisse aus Mikroorganismen sowie bestimmte NPN-Verbindungen (z.B. Ammoniumsalze).

11.5.2 Futtermittelzusatzstoffe (s. S. 109 ff.)

FM-Zusatzstoffe bedürfen ausnahmslos der Zulassung. Voraussetzungen hierfür sind

- Unbedenklichkeit für Tier, Mensch und Umwelt,
- Darbietung in einer den Anwender nicht irreführenden Art,
- keine Nachteile für den Verbraucher durch eine beeinträchtigte LM-Qualität.

Des weiteren ist ein Wirksamkeitsnachweis erforderlich (Art der Wirkungen s. S. 109). Andere Antibiotika als Antikokzidia oder Antihistomoniaka werden **nicht** zugelassen.

Folgende Zusatzstoffgruppen dürfen MF nur in Form von Vormischungen (nicht weniger als 0,2 %) zugesetzt werden: nicht-antibiotische Leistungsförderer, Stoffe zur Verhütung bestimmter Krankheiten, Carotinoide, Spurenelemente und Vitamine. Zusatzstoffe dieser Gruppen dürfen nur an Betriebe abgegeben werden, in denen gewerbsmäßig Vormischungen hergestellte werden. Die Betriebe dürfen Vormischungen mit diesen Zusatzstoffgruppen nur an zugelassene Hersteller von MF abgeben.

Betriebe, die Vormischungen herstellen, in denen Vitamine A u. D, Cu- und Se- Verbindungen, Wachstumsförderer, Kokzidostatika oder Antibiotika enthalten sind, oder diese in Verkehr bringen, unterliegen der Zulassungspflicht. Während Ergänzungs-FM auf der Stufe der Primärproduktion üblich sind, hat die Verwendung von Vormischungen (zusatzstoffhaltig) den Verlust des Primärproduzentenstatus zur Folge (d.h. der Landwirt wird zum zulassungspflichtigen Mischfutterbetrieb). Die einzige Ausnahme für den Landwirt ist diesbezüglich die Verwendung von Silierzusatzstoffen.

11.5.3 Mischfuttermittel (MF)

Misch-FM bestehen aus nicht-zulassungsbedürftigen Einzel-FM (wie z. B. Getreide), aus zulassungsbedürftigen Einzel-FM (wie z. B. Bierhefe), evtl. aber auch aus nicht in Anlage 1a aufgeführten Komponenten (z. B. getrocknete Datteln; Anlage 1a ist eben kein ausschließliches Verzeichnis!).

MF dürfen allerdings „Proteinerzeugnisse aus Mikroorganismen", des Weiteren bestimmte „nicht-proteinhaltige Stickstoffverbindungen (NPN)" nur enthalten, wenn diese als Einzel-FM zugelassen sind (FMV § 9). Aus der Bezeichnung muss hervorgehen, ob es sich um ein Allein- oder Ergänzungs-FM handelt, und für welche Tierart bzw. Tierkategorie es verwendet werden soll (FMV § 12).

Die Angaben über die Zusammensetzung müssen enthalten:

1. bei Misch-FM für Nutztiere die enthaltenen Einzel-FM in Prozent in absteigender Reihenfolge ihrer Gewichtsanteile (= „offene Deklaration").

2. bei Misch-FM für Hunde und Katzen die enthaltenen Einzel-FM in Prozent **oder** in der absteigenden Reihenfolge ihrer Gewichtsanteile. Wird eine Komponente besonders ausgelobt, so ist für diese der Prozentsatz anzugeben.

Bei Misch-FM für Heimtiere, ausgenommen Hunde und Katzen, kann die Bezeichnung „Alleinfuttermittel" oder „Ergänzungsfuttermittel" durch „Mischfuttermittel" ersetzt werden (FMV § 12).

Werden bei Misch-FM für Heimtiere, ausgenommen Hunde und Katzen, Angaben über die Zusammensetzung gemacht – nicht zwingend –, so sind alle enthaltenen Einzel-FM in Prozent oder in der absteigenden Reihenfolge ihrer Gewichtsanteile anzugeben (FMV § 14).

Misch-FM dürfen zusätzlich mit dem Hinweis „Normtyp" gekennzeichnet sein, wenn dieser in Anlage 2 vorgesehen ist, und die Misch-FM den dort aufgeführten Anforderungen an Inhaltsstoffen entsprechen (FMV § 11).

Bei Misch-FM sind ferner das Mindesthaltbarkeitsdatum (bei leichtverderblichen Misch-FM „spätestens zu verbrauchen am . . . Tag, Monat, Jahr", bei den Übrigen: „mindestens haltbar bis . . . Monat, Jahr"), der Zeitpunkt der Herstellung, nach Monat und Jahr, der Name des verantwortlichen Herstellers sowie ggf. Fütterungshinweise anzugeben (FMV § 11).

In Allein-FM dürfen die Gehalte an Zusatzstoffen die in der Anlage 3 festgelegten Mindest- bzw. Höchstgehalte nicht unter- bzw. überschreiten (s. S. 109 ff.). Bei Ergänzungs-FM ist durch Fütterungsanweisungen sicherzustellen, dass die für Allein-FM festgelegten Höchstgrenzen bei sachgemäßer Anwendung nicht überschritten werden (FMV §§ 18 u. 26).

MF, denen bestimmte Zusatzstoffe zugesetzt werden, sind wie folgt zu kennzeichnen:

a) Art des Zusatzstoffes (Antioxidantien, färbende u. Konservierungsstoffe),

b) bei Cu der Gehalt,

c) bei Stoffen zur Verhütung bestimmter Krankheiten, Vit A, D u. E sowie nichtantibiotische Leistungsförderer, Enzyme u. Mikroorganismen: Gehalte an wirksamer Substanz, Endtermin der Garantie des Gehaltes oder Haltbarkeitsdauer vom Herstellungsdatum an. Bei Verwendung von Enzymen u. Mikroorganismen ist zusätzlich deren Kennnummer, bei Antikokzidia und Antihistomoniaka sowie sonstiger zootechnischer Zusatzstoffe die Zulassungskennnummer des Betriebs anzugeben (FMV § 18).

11.5.4 Diätfuttermittel (Anlage 2a, FMV)

MF, die einem in Anlage 2a aufgeführten besonderen Ernährungszweck dienen, ist nach FMV § 12 in der Bezeichnung der Wortteil "Diät-" voranzustellen (Schutz des Terminus „Diät").

Die Anlage 2a der FMV enthält ein Verzeichnis der „Besonderen Ernährungszwecke" (z. B. Verringerung der Gefahr der Azidose, Unterstützung der Nierenfunktion bei chronischer Niereninsuffizienz, Verringerung der Gefahr des Milchfiebers, Rekonvaleszenz).

Diätfuttermittel müssen neben der Zweckbestimmung in der Kennzeichnung insbesondere die wesentlichen ernährungsphysiologischen Merkmale enthalten, die qualitativ und quantitativ zu beschreiben sind (Möglichkeit der vergleichenden Bewertung durch den Tierarzt oder Fachmann). Diätfuttermittel können sowohl als Allein- wie auch als Ergänzungsfuttermittel konzipiert sein und sowohl prophylaktisch wie auch therapiebegleitend zum Einsatz kommen. Grundsätzlich sind alle Diätfuttermittel frei im Handel verkäuflich, eine Monopolisierung der Vertriebswege (z. B. nur über Tierarztpraxen) ist nicht rechtskonform. Eine besondere Involvierung des Tierarztes ergibt sich nicht zuletzt bei der Beratung bzgl. der Fütterungsdauer von Diätfuttermitteln (Empfehlung zur Konsultation des Tierarztes vor einer Verlängerung der Fütterungsdauer ist Teil der Kennzeichnungsvorschriften).

Bei der Konzeption der Anlage 2a (Prinzip der Positivliste) ist es verständlich, dass neue Diätfuttermittel erst auf den Markt gebracht werden können, wenn der besondere Ernährungszweck eine Aufnahme in das Positivverzeichnis erlangt hat (Antrag an BLE).

11.5.5 Unerwünschte Stoffe, Rückstände von Pflanzen-/Vorratsschutz- oder Schädlingsbekämpfungsmitteln (Anlage 5, FMV)

Ihr Gehalt in FM darf die angegebenen Höchstgehalte nicht überschreiten. Soweit für Ergänzungs-FM keine Höchstgehalte festgelegt sind, gilt für sie der Höchstgehalt für die entsprechenden Allein-FM. FM, bei denen die Höchstgehalte überschritten sind:

[...] dürfen nicht zu Verdünnungszwecken mit anderen FM gemischt werden (= Verschneidungsverbot). Geeignete Maßnahmen zur Dekontamination sind erlaubt, sofern die festgesetzten Höchstgehalte nach Behandlung nicht überschritten werden. Die hierfür vorgesehenen FM müssen gesondert deklariert werden („Futtermittel mit überhöhtem Gehalt an ...; nur zur Dekontamination durch anerkannten Betrieb bestimmt" oder „nur nach Reinigung zu verwenden").

11.5.6 Verbotene Stoffe (Anlage 6, FMV)

Mit Gerbstoffen behandelte Häute, Leder und deren Abfälle, kommunale Abfälle, Candida-Hefen (auf N-Alkanen gezüchtet), mit Holzschutzmitteln behandeltes Holz, einschl. Sägemehl, Klärschlamm, Kot und Urin, Inhalte des Verdauungstraktes, vorbehandeltes Saatgut, Abfälle tierischen Ursprunges aus Restaurationsbetrieben, die keinem Verfahren zur Abtötung von Tierseuchenerregern unterzogen worden sind, Verpackungen und -teile, die aus der Verwendung von Erzeugnissen der Agrar- und Ernährungswirtschaft stammen.

Weitere Fütterungsverbote betreffen das Fett aus Geweben warmblütiger Landtiere (LFGB § 18) bei LM liefernden Tieren, proteinhaltige Erzeugnisse und Erzeugnisse aus Geweben warmblütiger Landtiere sowie an Nutztiere, die zur Gewinnung von LM gehalten werden. Ausgenommen sind generell Milch und Milcherzeugnisse, proteinhaltige Erzeugnisse und Fette aus Geweben von Fischen, die zur Verfütterung an Fische bestimmt sind. Fischmehl kann unter bestimmten Bedingungen wieder an alle LM liefernden Tiere gefüttert werden, außer an Wdk. Die Verfütterung von Speiseresten ist seit dem 1.1.2006 verboten.

Gemäß Verordnung (EG) Nr. 999/2001 dürfen nach Anhang IV folgende Stoffe nicht an Nutztiere verfüttert werden: Verarbeitetes tierisches Protein, von Wiederkäuern gewonnene Gelatine, Blutprodukte, hydrolysiertes Eiweiß, Di-, Tricalciumphosphat tierischen Ursprungs, FM, welche die vorgenannten Proteine enthalten.

Unter Einschränkungen und speziellen Auflagen können folgende FM an **Nichtwiederkäuer** verfüttert werden: Fischmehl, aus Häuten und Fellen gewonnene hydrolysierte Proteine, Di-, Tricalciumphosphat. An Wiederkäufer können unter Einhaltung weitergehender Auflagen folgende FM verfüttert werden: Milch, Erzeugnisse auf Milchbasis und Kolostrum, Eier und Eiprodukte, von Nichtwiederkäuern gewonnene Gelatine. Die Herstellung vorgenannter FM unterliegt der Futtermittel-Herstellungs-Verordnung und der Verordnung (EG) 1774/2002.

Längerfristig ist eine Nutzung von Schlachtnebenprodukten wieder angestrebt, insb. zur Nutzung begrenzter Ressourcen (Protein, Phosphate), allerdings unter Beachtung des Kannibalismusverbots. Eine Verwendung derartiger Produkte bei adulten Wdk bleibt auf absehbare Zeit verboten.

11.5.7 Anforderung an Betriebe

Hierbei ist zunächst zwischen Betrieben der Primärproduktion (Landwirt als MF-Hersteller) und der Nicht-Primärproduktion (insb. MF-Industrie) zu differenzieren. Mit der FMHV 183/2005 wurden auch für den Bereich der Primärproduktion nähere Anforderungen formuliert (Anhang I mit Hygiene-Vorschriften und Leitlinien für gute Verfahrenspraxis sowie Anhang III mit Vorgaben zur guten Fütterungspraxis).

Für FM-Unternehmen, die nicht zur Primärproduktion gehören, gelten besondere Anforderungen nach der FMHV (Anhang II) sowie der FMV §§ 28–34.

Bei den Anforderungen ist zwischen den zulassungs-, registrierungs- und anzeigebedürftigen Betrieben zu differenzieren: Die Auflagen für zulassungsbedürftige Betriebe sind -entsprechend dem Gefahrenpotential, das insbesondere mit der Verwendung bestimmter Zusatzstoffe korreliert- deutlich höher als für registrierungsbedürftige Betriebe (z.B. Landwirt als MF-Hersteller für den eigenen Tierbestand). So benötigen beispielsweise alle Betriebe, die MF unter Verwendung von Vormischungen mit Zusatzstoffen zur Verhütung der Kokzidiose herstellen, die Zulassung (FMV § 28, FMHV Art. 10). Zulassungsbedürftig sind auch Betriebe, die FM dekontaminieren und Betriebe, die Grünfutter oder FM unter Einwirkung von Verbrennungsgasen trocknen. Eine Registrierung ist beispielsweise ausreichend für Betriebe, die ausschließlich mit FM und Misch-FM handeln, ohne selbst Hersteller zu sein. Für eine Zulassung und Registrierung von Betrieben spielen -neben technologischen Fragen (Ausstattung, Mischgenauigkeit, Vermeidung von Verschleppungen)- nicht zuletzt die persönlichen Voraussetzungen des für den Betrieb Verantwortlichen (Kompetenz, Zuverlässigkeit) eine Rolle. Betriebe, die FM für Heimtiere in den Verkehr bringen, müssen dies der Behörde nur anzeigen.

Schrifttum:

HAHN, H., und I. MICHAELSEN (1996): Mikroskopische Diagnostik pflanzlicher Nahrungs-, Genuss- und Futtermittel, einschließlich Gewürze. Springer Verlag.

KAMPHUES, J. (2007): Futtermittelhygiene: Charakterisierung, Einflüsse und Bedeutung. Landbauforschung Völkenrode, Sonderheft 306, 41–55.

KERSTEN, J. H.-R. ROHDE und E. NEF (2003): Mischfutterherstellung; Rohwaren, Prozesse, Technologie. Agrimedia GmbH, Bergen/Dümme.

KLING, M., und W. WÖHLBIER (1977): Handelsfuttermittel, Bd. 1, Verlag E. Ulmer, Stuttgart

MENKE, K.H., und W. HUSS (1987): Tierernährung und Futtermittelkunde, 3. Aufl., Verlag E. Ulmer, Stuttgart

NEUMANN, K., und R. BASSLER (1976): Handbuch der landwirtschaftlichen Versuchs- und Untersuchungsmethodik (L. SCHMITT Hrsg.): Die chemische Untersuchung von Futtermitteln (Methodenbuch, Bd. III), 3. Aufl., Verlag J. Neumann, Neudamm, Melsungen, Berlin, Basel, Wien

N.N. (2008): Das geltende Futtermittelrecht 2008. 19., erweit. Aufl., Allround Media Service, Rheinbach

SEIBEL, W. (Hrsg.; 2005): Warenkunde Getreide. Agrimedia GmbH, Bergen/Dümme

SÜDEKUM, K. H. (2005): Möglichkeiten und Grenzen einer Standardisierung der *in-situ*-Methodik zur Schätzung des ruminalen Nährstoffabbaus. Übers. Tierernährg. 33, 71–86.

SUSENBETH, A. (2005): Bestimmung des energetischen Futterwerts aus den verdaulichen Nährstoffen beim Schwein. Übers. Tierernährg. 33, 1–16.

II Beschreibung und Verwendung der Futtermittel

Flächenerträge einheimischer Futterpflanzen

1. Grünfutter	[dt **TS**/ha/Jahr]
Hauptfrucht	
- Weide	40 – 120
- Silomais	100 – 200
- Feld- und Kleegras	60 – 80
- Luzerne	60 – 80
Zwischenfrucht	
- Weidelgras, 3 Schnitte	50 – 70
- Grünraps	25

2. Stroh	[dt **uS**/ha/Jahr]
Weizen/Roggen	50 – 70
Gerste/Hafer	45 – 60

3. Wurzel und Knollen	[dt **uS**/ha/Jahr]
Massenrüben	700 – 1100
Gehaltsrüben	550 – 850
Zuckerrüben	400 – 750
Kartoffeln	350 – 650

4. Getreidekörner	[dt **uS**/ha/Jahr]
Weizen	50 – 100
Triticale	55 – 95
Gerste	60 – 100
Roggen	55 – 95
Hafer	50 – 70
Mais	80 – 110

5. Sonstige FM	[dt **uS**/ha/Jahr]
Ackerbohnen/Erbsen	35 – 60
(Körner)Raps	30 – 50

1 Grünfutter

1.1 Definition und botanische Charakterisierung

Oberirdische Teile von Futterpflanzen, die ihr Wachstum noch nicht abgeschlossen haben.

Herkunft:

- vom Dauergrünland
- vom Acker
- Koppelprodukte des Ackerbaus

Allgemein wasserreiche, m.o.w. grüne, carotinreiche Pflanzenmasse mit – je nach Vegetationsstadium – unterschiedlichen Gehalten an Protein, Rohfaser und Mineralstoffen. NfE-Fraktion ist die anteilsmäßig dominierende Fraktion (allgemein: diverse Zucker; in Getreide - GPS auch höhere Stärkegehalte). In Gräsern finden sich teils beachtliche Gehalte an bestimmten Zuckern, die nur mikrobiell abbaubar sind, so können in bestimmten Weidelgraszüchtungen bis zu 15 % Fructane (i. TS) enthalten sein. Bei einer näheren Charakterisierung der Gerüstsubstanzen nach NDF, ADF und ADL sind im Verlauf der Pflanzenentwicklung deutliche Veränderungen erkennbar (NDF: von Werten <400 auf über 650 g/kg TS; ADF: von <200 auf über 350 g/kg TS). Der relativ stärkere Anstieg der ADF basiert im Wesentlichen auf der Zunahme der ADL-Fraktion. Grünfutter ist vorwiegend bei Herbivoren zu verwenden.

1.1.1 Grünfutter vom Dauergrünland

Auf dem Dauergrünland (Wiesen/Weiden) findet man allgemein Pflanzengesellschaften („Aufwuchs“) aus Gräsern, Leguminosen und Kräutern (Unterschied zum Acker!).

GRÄSER:

entsprechend der Nutzungseignung einzuteilen in
- Mähgräser (≙ Obergräser, z. B. Wiesenschwingel, Wiesenlieschgras, Wiesenfuchsschwanz, Knaulgras, Glatthafer, Goldhafer, Rohrglanzgras)
- Weidegräser (≙ Untergräser, z. B. Deutsches Weidelgras, Wiesenrispengras, Gemeines Rispengras, Weißes Straußgras, Rotschwingel, Jähriges Rispengras)

LEGUMINOSEN:

Weißklee, Wiesenrotklee, Bastardklee, Hornschotenklee, Wiesenplatterbse u. a.

KRÄUTER:

Zahlreiche Arten, je nach Boden, Düngung, Klima und Nutzungsart und -intensität, zum Teil mit Futterwert (z. B. Löwenzahn, Spitzwegerich); andere ertragsmindernd (z. B. Gänseblümchen, Hornkraut) oder sogar giftig (s. S. 127 ff.).

ANSAATMISCHUNGEN:

Je nach angestrebter Nutzung (Schnitt- bzw. Weidenutzung), Standortbedingungen und gewünschter Aufwuchszusammensetzung werden bei Neuansaaten bzw. Nachsaaten allgemein Mischungen diverser Samen und Saaten verwendet. Diese enthalten beispielsweise für reine Grasbestände 33 % Deutsches Weidelgras, 17 % Lieschgras, 10 % Wiesenrispe und 40 % Knaulgras; eine mögliche Klee-Grasmischung weist 20 % Rotklee, 13 % Weißklee, 33 % Wiesenschwingel, 17 % Lieschgras und 17 % Deutsches Weidelgras auf.

ZUSAMMENSETZUNG/ FUTTERWERT des Grünfutters vom Dauergrünland sind abhängig von:

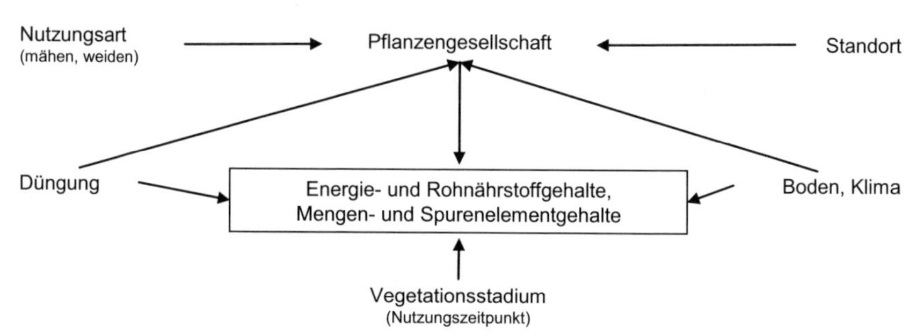

Rp- und Mengenelementgehalte in Gräsern, Leguminosen und Kräutern
(Stadium: Weide-/Silierreife)

	Rp	Ca	P	Mg	Na	K
	g/kg TS					
Gräser	140–170	5	3–4	1–2	1–(3)[2]	25–30[1]
Leguminosen	150–220	15	3–4	3,5–4	≦1	15–25
Kräuter		20		~5	1–2	20–30

[1] bei intensiver Düngung auch bis zu 50 g/kg TS [2] höhere Werte bei Lolium-Arten (Weidelgräser)

Geringe Gehalte zu erwarten:

Ca saure Böden, hohe Niederschläge; kaum durch Düngung beeinflusst

P saure Böden, anhaltende Trockenheit, geringe P-Düngung

Mg leichte Böden bei geringer Mg-Düngung, stark einseitige K-Düngung

S Verzicht auf Düngung bei geringen S-Immissionen

Na geringe Na-Zufuhr über Düngemittel, hohe K-Düngung, küstenferne Region

Mn hohe pH-Werte im Boden (Kalkverwitterungsböden, hoch aufgekalkte Sandböden), starke Ca-Düngung, Trockenheit

Se saure Böden, Urgesteinsböden durch Se-Düngung zu beeinflussen

Cu Heide-/Moor-/Sandböden (abhängig von der Cu-Düngung)

Co ausgewaschene Sandböden, Granit- und Gneisverwitterungsböden, fehlende Co-Düngung

Der Pflanzenbestand (nach AGFF 2000)

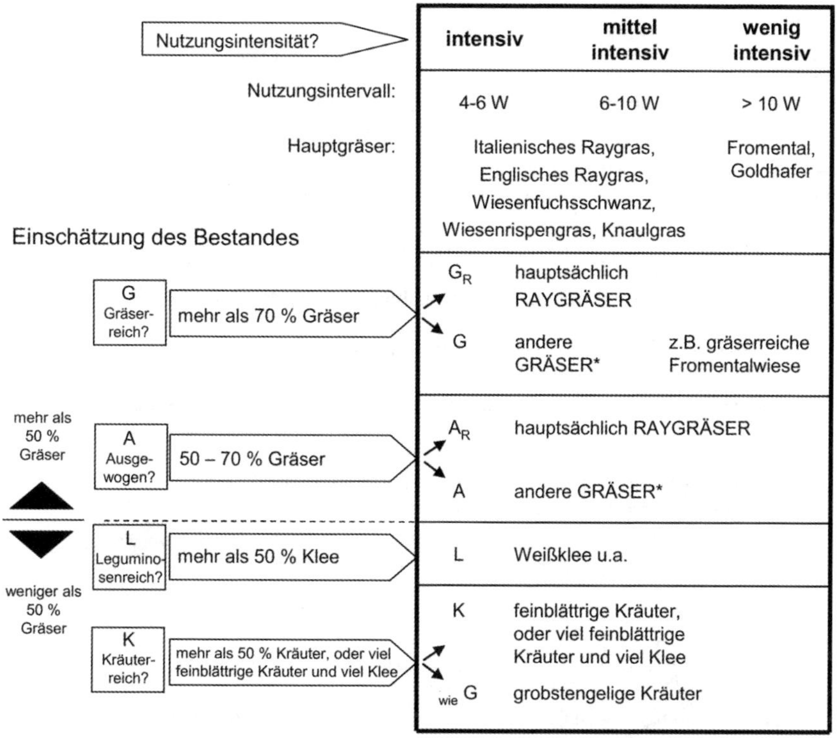

Nutzungsintensität?	intensiv	mittel intensiv	wenig intensiv
Nutzungsintervall:	4-6 W	6-10 W	> 10 W
Hauptgräser:	Italienisches Raygras, Englisches Raygras, Wiesenfuchsschwanz, Wiesenrispengras, Knaulgras		Fromental, Goldhafer

Einschätzung des Bestandes

mehr als 50 % Gräser

Frage	Kriterium	Bestandestyp	
G Gräserreich?	mehr als 70 % Gräser	G_R hauptsächlich RAYGRÄSER	
		G andere GRÄSER*	z.B. gräserreiche Fromentalwiese
A Ausgewogen?	50 – 70 % Gräser	A_R hauptsächlich RAYGRÄSER	
		A andere GRÄSER*	
L Leguminosenreich?	mehr als 50 % Klee	L Weißklee u.a.	
K Kräuterreich?	mehr als 50 % Kräuter, oder viel feinblättrige Kräuter und viel Klee	K feinblättrige Kräuter, oder viel feinblättrige Kräuter und viel Klee	
		wie G grobstengelige Kräuter	

weniger als 50 % Gräser

* Bestände mit hohem Gehalt an geringwertigen Gräsern (wie Quecke, Wolliges Honiggras, Rasenschmiele, u.s.w.) sind in dieser Einschätzungsmethode nicht berücksichtigt.

Hohe Gehalte zu erwarten:

Na Lolium-(Weidelgras-) Bestände

K starke K-Düngung (bei Gramineen)

Jod küstennahe Regionen

VEGETATIONSSTADIUM und Nutzungszeitpunkt (s. Abb. unten)

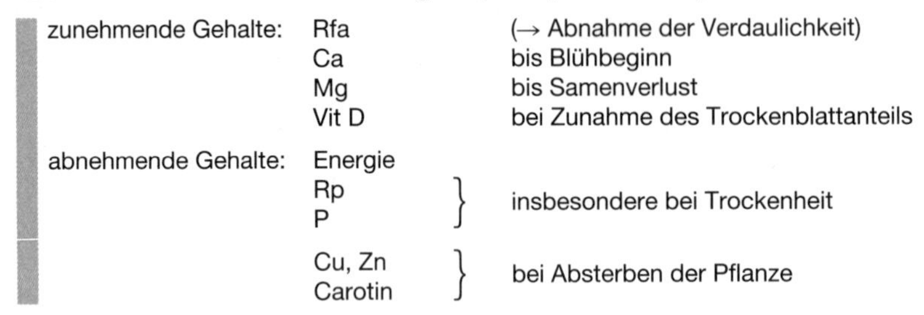

zunehmende Gehalte:	Rfa	(→ Abnahme der Verdaulichkeit)
	Ca	bis Blühbeginn
	Mg	bis Samenverlust
	Vit D	bei Zunahme des Trockenblattanteils
abnehmende Gehalte:	Energie	
	Rp, P	insbesondere bei Trockenheit
	Cu, Zn, Carotin	bei Absterben der Pflanze

Entsprechend variieren die Gehalte zu verschiedenen Nutzungszeitpunkten.

Veränderungen des Rfa-, Rp- und Energiegehaltes im Grünfutter in Abhängigkeit vom Vegetationsstadium (intensiv genutzte Mähweide):

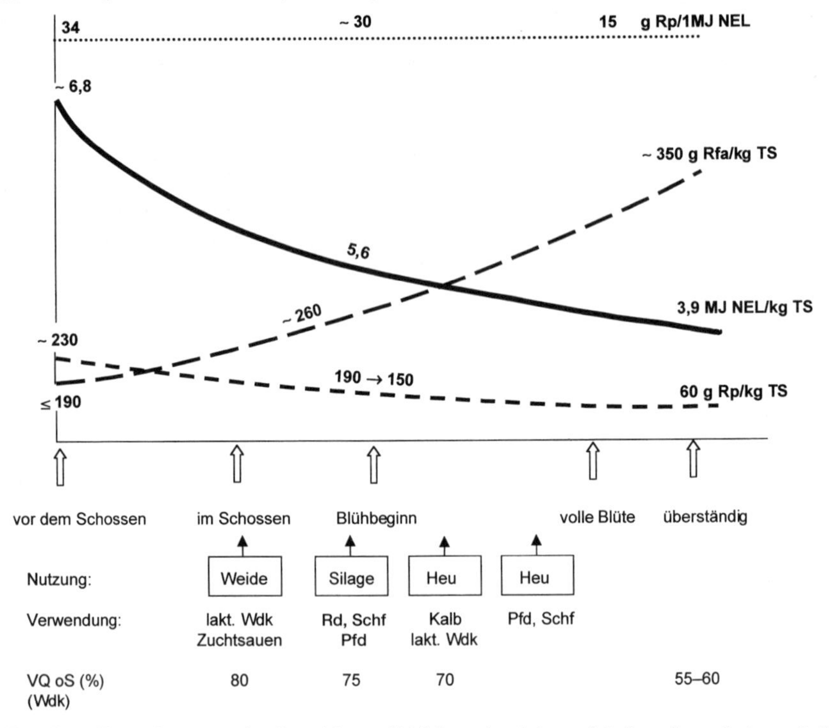

Beachte: Veränderungen in der obigen Abbildung beziehen sich jeweils auf einen Aufwuchs. Bei gleichem Alter haben Gräser im Sommer mehr Halme und weniger Blätter als im Herbst, d. h. höhere Rfa-Gehalte, dennoch ist ein Herbstaufwuchs meist energieärmer.

NUTZUNG des Dauergrünlands

Wiese: Dauergrünland, das nur durch Mähen (ein- bis mehrmals/Jahr) genutzt wird. Aufwuchs wird frisch verfüttert oder zur Heu- oder Silagebereitung genutzt.

Der Nährstoffgehalt von Wiesenfutter ist abhängig vom Pflanzenbestand, vom Entwicklungsstadium der Pflanzen und von der Art der Konservierung. Je nach Anteil der Gräser, Leguminosen und Kräuter werden z. B. in der *Schweiz* insb. für die Wiederkäuerfütterung die folgenden vier Mischbestände (s. S. 64a) unterschieden:

Gräserreicher Mischbestand: Der Anteil der Gräser beträgt mehr als 70 % am Gesamtpflanzenbestand. Der Energiegehalt bei diesem Futter nimmt nach dem Rispenschieben stark ab. Im Vergleich zu den anderen Mischbeständen haben Futter von gräserreichen Mischbeständen den niedrigsten Rp-Gehalt und den niedrigsten Ca-Gehalt.

Leguminosenreicher Mischbestand: Der Anteil der Leguminosen beträgt mehr als 50 %. Dazu gehören viele Kunstwiesen. Sowohl der Energie- als auch der Rp-Gehalt ist sehr hoch.

Kräuterreicher Mischbestand: Dieser Bestand besteht zu mehr als 50 % aus Kräutern oder zu mehr als 50 % aus Kräutern und Leguminosen zusammen. Junges Futter ist sehr energiereich, mit zunehmendem Alter geht aber die Verdaulichkeit und damit der Energiegehalt sehr stark zurück. Kräuterreiches Futter ist sehr Ca-reich.

Ausgewogener Mischbestand: Der Anteil an Gräsern beträgt zwischen 50 und 70 %, an Leguminosen 20 bis 30 % und an Kräutern zwischen 10 und 20 %.

Bei gräserreichem und beim ausgewogenen Mischbestand wird zusätzlich noch unterschieden, ob die Raygräser dominieren. Wenn mehr als 50 % der Gräser Raygräser sind, ist das Futter energiereicher, als wenn andere Gräser dominieren.

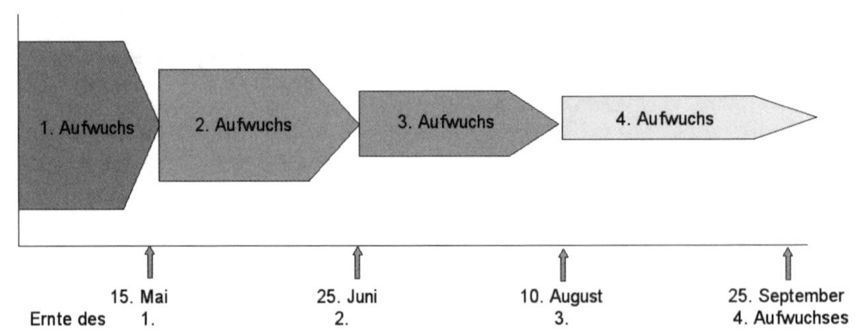

Erntezeitpunkte und Massenerträge bei mehrmaliger Nutzung des Aufwuchses vom Grünland (Bereitung von Silage bzw. bei günstigen Witterungsbedingungen von Heu)

Weide: Dauergrünland mit trittfestem Untergrund, das durch Weidetiere genutzt wird.

Allgemeines Ziel: Hohe Flächenerträge bei kontinuierlichem Angebot gleichmäßig zusammengesetzter Futtermittel. Entwicklung zur Mähweide mit wechselnder Nutzung (Weiden, Mähen) und verstärktem Umtrieb (kurze Fress- und lange Ruhezeiten).

Nutzungskriterien:

Besatzstärke: KM (dt) der aufgetriebenen Weidetiere pro Fläche (ha), die während der *gesamten Weidesaison* zur Verfügung steht.

Besatzdichte: KM (dt) der Weidetiere pro jeweils zugeteilter Weidefläche in ha (z. B. pro Tag oder pro Woche).

	Besatzstärke, dt pro ha Gesamtweidefläche	Intensitätsstufe	Dauer der Beweidung	Besatzdichte, dt pro ha zugeteilte Fläche
Milchkuh	5–10	Standweide	ständig	5–10
	10–15	Koppelweide	2–3 Wochen	50–100
	15	Umtriebsweide	1 Woche	150–250
	20–25	Portionsweide	1–2 Tage	500–1000
	20–25	Intensivweide ohne Umtrieb[1]		20–25
Mastrinder	15–20	Stand-, evtl. Umtriebsweide[2]	ständig	15–20
Schafe	10	Umtriebsweide[3]	1 Woche	120–180
Sauen, trgd	15–30	Umtriebs- oder Portionsweide[4]	1 Tag – 1 Woche	500
Pferde	10	Koppelweide[5]	2–3 Wochen	30

[1] Standweide mit ständiger intensiver Düngung der von Tieren besetzten Fläche: durchschnittlich 1–2 kg N/ha/Vegetationstag; Einzelgaben (in dreiwöchigem Abstand) nicht über 40 kg/ha (Risiken → Nitratvergiftung), Erträge wie bei Portionsweiden, aber geringerer Arbeitsaufwand

[2] Intensivierung bei Mastbullen schwierig, feste Zäune notwendig

[3] Intensivierung aufwändig, da Notwendigkeit für Knotengitter; bei Koppelschafhaltung üblich

[4] Nur bei jungem Gras, 4- bis 6-tägiger Wechsel, täglich nur begrenzte Weidezeit, sonst Schädigung der Grasnarbe durch Wühlen

[5] Bei größeren Pferdeherden, sonst gemischter Bestand (Pferd : Rind 1 : 10) oder ausreichend große Flächen

DÜNGUNG

Art und Intensität der Düngung sind in der Grünlandbewirtschaftung wie im Ackerbau sehr unterschiedlich, zu beachten sind hierbei nicht zuletzt rechtliche Rahmenbedingungen (u. a. Düngeverordnung), die mögliche nachteilige Effekte auf die Umwelt (Schutz der Böden und des Grundwassers) minimieren sollen. So werden beispielsweise die Zeit der Ausbringung von Düngern und auch die Düngemittel-/Nährstoffmengen pro Flächeneinheit begrenzt. Die Düngungsmaßnahmen erfolgen heute allgemein auf der Basis von Bodenanalysen, wobei die Versorgung des Bodens mit den einzelnen Nährstoffen sowie der zu erwartende Nährstoffentzug von der Fläche über die geerntete Pflanzenmasse Berücksichtigung finden.

Bei den Düngungsmaßnahmen ist zu differenzieren zwischen den
- wirtschaftseigenen Düngern (Mist, Gülle, Jauche) und den
- Handelsdüngern sowie
- sonstigen Düngern (z. B. Komposte aus organischen Abfällen u. Ä.)

deren Nährstoffgehalte sehr unterschiedlich sind (vgl. auch nachfolgende Tabelle).

Wirtschaftseigene Düngemittel, Zusammensetzung (kg/m^3)

	Rd-Gülle	Schw-Gülle	Hühnergülle	Jauche	Stallmist	
					Rd	Schw
oS	73,0	74,0	98,0			
N	4,7	6,7	10,7	2,0	0,40	0,40
K_2O	5,9	3,7	4,8	6,0	0,60	0,50
P_2O_5	2,4	5,8	9,5	0,1	0,20	0,20
CaO	2,5	4,5	16,0		0,45	0,45
MgO	0,6	0,8	0,9		0,14	0,10

Die Zusammensetzung der Handelsdünger ist ebenfalls sehr variabel, zu differenzieren ist hierbei zwischen

- mineralischen und organischen Nährstofflieferanten (z. B. Harnstoff)
- Einzelnährstoff- und Mehrnährstoffdüngern (reine N-, P-, K- und Mg-Dünger bzw. Kombinationen)
- Bodendüngern (im Wesentlichen kalkhaltige Verbindungen)
- Ergänzungen mit speziellen Nährstoffen (Na, S, Cu, Se)

Aus Sicht der Tierernährung sind Düngungsmaßnahmen von Interesse, da durch sie

- die Flächenerträge (Masse an Pflanzen, Samen)
- die botanische Zusammensetzung des Aufwuchses (z. B. N-Einfluss auf Leguminosen)
- die chemische Zusammensetzung des Aufwuchses (z. B. N-Gehalt und -Qualität, → NO_3^--Gehalt, Gehalt an Mengen- und Spurenelementen)

beeinflusst werden.

Die Verbindung zwischen Tierernährung und Düngung ist aber auch aus umgekehrter Sicht von Bedeutung: Über die Futterzusammensetzung (z. B. N-, P-, Cu-, Zn-Gehalt) wird ganz entscheidend die chemische Zusammensetzung der wirtschaftseigenen Dünger (Gülle) bestimmt. Gerade die futtermittelrechtlich etablierten Konzepte einer rohprotein- und phosphorreduzierten Mischfutterzusammensetzung sind ein Beleg für derartige praxisrelevante Interaktionen.

Schließlich verdient Erwähnung, dass Düngemittel auch als Kontaminanten (z. B. Beweidung von Flächen, die kurz zuvor gedüngt wurden) bzw. als Eintragsquelle für unerwünschte Stoffe (z. B. Cadmium in Düngemitteln aus kommunalen Abfällen) auftreten können. Auch die Verbreitung bestimmter Mikroorganismen (und von ihnen produzierter Toxine) steht möglicherweise in Zusammenhang mit der forcierten Verwendung bestimmter Wirtschaftsdünger (z. B. Mist aus der Geflügelhaltung).

ENERGIE- UND NÄHRSTOFFGEHALTE von Futtermitteln des Dauergrünlandes
(Angaben pro kg TS)

	TS g/ kg uS	Rfa g	Rp g	NEL MJ	ME Wdk MJ	Carotin mg	Ca g	P g	Mg g	Na g	K g
Wiesengras[1]											
– im Schossen	180	239	172	6,33	10,5	>500	6,7	4,4	2,2	0,6	31,1
– nach der Blüte	290	348	69	5,07	8,62	0-100	5,5	3,4	1,7	0,3	26,9
Weidegras[2]											
– im Schossen*	175	234	200	6,29	10,2	800	5,1	3,4	1,7	1,1	33,1
– Beginn der Blüte	220	264	191	5,64	9,14	636	5,5	3,6	1,8	0,5	30,0
– Ende der Blüte	240	317	154	4,96	8,08	125	7,5	3,6	2,2	0,4	30,8

[1] obergrasbetont [2] untergrasbetont * weidereif: Ausbildung der Halme, Aufwuchs mit >20 cm Höhe

Im Schossen variieren die ADF-Gehalte von Weideaufwuchs im Bereich von 240–250 g/kg TS, während die NDF-Gehalte um 450 g/kg TS schwanken. Später (Blüte/überständig) werden auch Werte um 300 g ADF bzw. um 500 g NDF/kg TS erreicht.

1.1.2 Grünfutter vom Acker

Unter den Grünfutterpflanzen vom Acker hat der Mais flächenmäßig die mit Abstand größte Bedeutung. Die Ausdehnung des Maisanbaus erfolgte auf Kosten anderer Futterpflanzen aus dem Hauptfruchtbau; dabei wird der Mais aber nicht nur als Grünfutter bzw. zur Silomaisernte angebaut, sondern auch zur Gewinnung von Maiskolbenprodukten bzw. Maiskörnern (s. Getreide) bzw. als „Energiepflanze" (Biogasproduktion).

Bei Ernte der ganzen Pflanze ist zu unterscheiden zwischen der Nutzung als Grünmais (auch schon vor/in der Kolbenbildung) bzw. als Silomais (erst in der Teigreife wird die nicht mehr ganz grüne Pflanze samt Kolben geerntet, gehäckselt und einsiliert; s. Kap. Silage). Im frühen Vegetationsstadium (Milchreife) hohe Zucker-/niedrige Stärkegehalte, später (Ende Teigreife) hohe Stärke-/geringe Zuckergehalte. Beachte Besonderheit der ganzen Maispflanze: mit zunehmender Ausreifung abnehmende Rfa-Gehalte (infolge des zunehmenden Kolben-/Kornanteils!), d. h. höhere Verdaulichkeit.

Nach dem Mais hat der Anbau von Getreide zur Gewinnung von „**G**anz-**P**flanzen-**S**ilagen" (z. B. Weizen-/Gerste-GPS) sowie von besonderen Futtergräsern (z. B. polyploide Weidelgräser) auf dem Acker eine größere Bedeutung erlangt. Traditionell gehören zu den Futterpflanzen aus dem Hauptfruchtbau auch Luzerne und Rotklee.

Im Zwischenfruchtbau haben heute Futtergräser die größte Bedeutung, gefolgt von Grünraps, Stoppelrüben mit Blatt und (regional) noch der Markstammkohl. Nicht zuletzt zählt das Rübenblatt als Koppelprodukt aus dem Zuckerrübenanbau noch zum Grünfutter.

Faktoren, die den Futterwert der Maispflanze bestimmen

Vegetationsstadium

vor Blüte	= „Grünmais"
Blüte	= Kolben (♀ Blüte) ohne Korn
Milchreife	= „milchiges" Korn
Teigreife	= „teigiges, wachsartiges" Korn
Druschreife	= „hartes" Korn

Kolbenanteil an der ganzen Pflanze abhängig vom Vegetationsstadium

	Restpflanze	Kolbenanteil (%)
Blüte	90	10
Mitte Teigreife	52	48
fast Druschreife	46	54

FUTTERWERT der Maispflanzen

Genetik/Sorteneinflüsse
- passend zum Standort?
- Kolben-/ Kornanteil (s.o.)
- Reifung der Restpflanze (länger grün/ grün welk)

Ernteverfahren (Schnitthöhe)
- alle Reihen (tiefer Schnitt): → relativer Kolbenanteil ↓
- 2/2 Verfahren (hoher/tiefer Schnitt im Wechsel): → relativer Kolbenanteil ↑

Die Maispflanze steht seit Jahren im Zentrum entsprechender Bemühungen in der Pflanzenzucht, um für diverse Nutzungen (nur Körner, nur Kolben, ganze Pflanze) die passenden Sorten zu entwickeln. Gentechnisch eingeführte Veränderungen betreffen bisher insbesondere Resistenzeigenschaften (Maiszünsler/Herbizide).

Zusammensetzung (pro kg uS)

	TS g	Rfa g/kg uS	 TS	Rp g	NEL Wdk MJ	ME Wdk MJ	ME Schw MJ	Carotin mg	Ca g	P g	Na g
Hauptfrüchte											
Mais											
– Beginn der Kolbenbildung[1]	160	41	256	17	0,93	1,62	1,03	10–25	0,7	0,5	0,1
– Teigreife[2]	270	58	215	25	1,68	2,86	2,52	10–15	1,0	0,7	0,1
– Ende der Teigreife	320	62	194	27	2,10	3,40	–	5	1,1	0,8	0,1
Weizen-GPS	450	102	227	41	2,45	4,18	–	5	1,2	1,2	0,3
Gerste-GPS	450	102	227	44	2,54	4,31	–	5	0,8	1,0	0,1
Rotklee (in der Knospe)	200	44	220	37	1,26	2,14	1,78	30–90	2,8	0,6	0,1
Rotkleegrasgemisch	180	38	211	33	1,17	1,89	1,75	100	2,1	0,5	0,1
Luzerne	190	46	242	43	1,14	1,87	1,67	30–90	3,5	0,6	0,1
Zweit- und Herbstzwischenfrüchte											
Ackerfuttergras	180	40	222	36	1,10	1,90	1,40	–	1,2	0,6	0,2
Futterraps	120	21	175	23	0,84	1,36	–	10–20	3,0	0,6	0,4
Stoppelrüben mit Blatt	95	13	137	19	0,67	1,06	1,03	60	2,4	0,7	0,8
Winterzwischenfrüchte											
Grünroggen (Ährenschieben)	170	53	312	22	1,11	1,83	–	10–15	0,7	0,7	0,2
Winterraps (v. d. Blüte)	110	14	127	25	0,77	1,24	–	10–20	1,8	0,5	0,2
Landsberger Gemenge[3]	160	36	225	27	0,96	1,58	1,47	30	1,4	0,5	0,1
Nebenprodukte des Ackerbaus											
Zuckerrübenblatt											
– verschmutzt	170	19	112	27	0,99	1,61	–	5–10	2,0	0,4	1,5
– sauber	160	17	106	25	1,04	1,68	1,34				

[1] Milchreife, bei Druck tritt milchige Flüssigkeit aus [2] Körner plastisch verformbar [3] Weidelgras, Inkarnatklee, Zottelwicke

Beachte: Leguminosen und Cruciferen haben höhere Ca- und Mg-Gehalte als Gramineen, Cruciferen relativ hohe Na- und P-Gehalte.

Bei Grünfutter vom Acker:

evtl. aufgrund der Erntetechnik folgende zusätzliche Risiken (unabhängig von den Pflanzeninhaltsstoffen; s. S. 125 ff.):

- Verschmutzung, vor allem erdige Verunreinigungen
- erhöhter NO_3^--Gehalt, evtl. auch durch Unkräuter (z. B. Melde, Nachtschatten)
- Kontaminationen des Grünfutters mit Giftpflanzen (z. B. Nachtschatten in Silomais, Bingelkraut in Rüben- und Feldgrasbeständen)

VERWENDUNG

Empfohlene Tageshöchstmengen von Grünfuttermitteln (kg uS)

Futtermittel	Milchrd	Schf	Pfd[3]	trgd Sauen
Weidegras	ad lib.	ad lib.	ad lib.	ad lib.
Luzerne, grün; Rotklee Landsberger Gemenge	45–50	5	25	8–10
Grünmais	35	4	25	5–10
Futterraps	35[2]	2	–	5
Zuckerrübenblatt, frisch	40	3	–	5–10
Stoppelrüben mit Blatt	45	3	–	5–10
Markstammkohl	15[1]	1	–	–

[1] Kurzfristig auch höhere Mengen, insbesondere an Mastrd [2] Bis 1/3 der Grundfutter-TS [3] Für Pfd mit 500 kg KM

2 Grünfutterkonserven

Konservierungsarten:

Trocknen, Silieren, evtl. Alkalisieren (Verwendung von Harnstoff bzw. NH_3)

2.1 Trocknen (Heu, Trockengrün)

2.1.1 Heu

Getrocknetes Grünfutter von Wiesen, Mähweiden, seltener vom Acker mit m. o. w. erhaltenen originären Pflanzenstrukturen; Bezeichnung nach Pflanzenart (z. B. Gräser-, Klee- bzw. Luzerneheu) sowie nach dem Schnitt (Heu aus dem 1. Schnitt = 1. Aufwuchs; 2. Schnitt = Grummet). Heu ist ein vergleichbar teures Grundfutter (Ernteaufwand, Energie-/Nährstoffverluste, vgl. zur Silagebearbeitung höhere witterungsabhängige Risiken (Verderb/Totalverlust).

Wenn Grünlandflächen wegen besonderer Auflagen des Biotop-/Naturschutzes erst sehr spät genutzt werden dürfen, ist eine Heugewinnung eher zu empfehlen als eine Silagebereitung (zu geringer Gehalt an leicht vergärbaren Zuckern und Nitrat, zu hoher Rfa-Gehalt → sperrig, schlecht zu verdichten → s. Kap. 2.2).

Einsatz vorwiegend bei Herbivoren, insbesondere bei Pfd und Kälbern, evtl. auch Milchkühen (peripartal, zum Laktationsbeginn), weniger bzw. seltener bei tragenden Sauen. Als strukturiertes Grundfutter besonders empfehlenswert für Kan und kleine Nager. Bei moderatem Energiebedarf kann Heu auch nahezu alleiniges Futter für Wdk, Pfd und andere Pflfr sein.

GEWINNUNGSVERFAHREN

Erntezeitpunkt (s. Abb. S. 65)

Bodentrocknung:

Standardverfahren der Heugewinnung (geschnittenes Pflanzenmaterial verbleibt bis zum entsprechenden Trocknungsgrad im Freien), das trockene Gut (Heu) wird lose oder verdichtet (Klein-/Großballen) eingebracht; größtes Risiko bei geringsten Kosten: Erfolg abhängig von günstiger Witterung.

Arbeitsgang (falls optimal):

1. Tag	mähen:	Schneiden des Aufwuchses
	„zetten“ mit Aufbereitung:	Dem Mähen direkt nachgeschalteter Arbeitsgang, der auf ein Spleißen der Halme zielt, damit auch diese schnell ihre Feuchtigkeit abgeben (verkürzt die Trocknungszeit)
	streuen/wenden:	Wiederholtes Auflockern soll eine allseitige Feuchtigkeitsabgabe (Wind, Sonneneinstrahlung) fördern
	aufzeilen/einschwaden:	Zusammenrechen des breitflächig ausgebreiteten Gutes auf lange Reihen (Minimierung der nachts einsetzenden Taunässe)
2. Tag	streuen = halbgetrocknetes Heu ausbreiten, ein- bis zweimal wenden, aufzeilen	
3.–5. Tag	zunächst wie 2. Tag, dann je nach Grad der Trocknung einfahren, stapeln, Wassergehalt darf beim Einfahren max. 20 % betragen, die gewünschte Lagerfähigkeit ist aber erst bei Feuchtegehalten von ≤14 % gegeben.	

Reutertrocknung:

Reuter = Vorrichtungen (Holzgestelle, Drähte), auf die das frische Grünfutter aufgehängt/abgelegt wird, um abzutrocknen; ohne Bodenkontakt, kein Wenden → Minimierung von Bröckelverlusten,

hoher Arbeitsaufwand, jedoch gerechtfertigt:
- in Gebieten mit hohen Niederschlägen
- für Futterpflanzen mit hohen Bröckelverlusten bei Bodentrocknung (Klee, Luzerne)

Unterdachtrocknung:

Gras wird im Freien vorgetrocknet auf ca. 40 % Wassergehalt, mit Kaltluft im Stapel nachgetrocknet auf 15 % Wassergehalt. Belüftung nach Einfahren nur, wenn unter 70–80 % rel. Luftfeuchtigkeit, Schwitzwasser auch bei Regentagen abziehen, falls Wassergehalt des Heues unter 25 %; Belüftung nur bei trockenem Wetter

Temperaturkontrolle im Heustock: max. 40 °C! Spätestens ab 70 °C Gefahr der Selbstentzündung

Systeme der Belüftung von unten mit mehreren Schornsteinen oder Mittelkanal mit Abzug nach außen

FERMENTATION IM EINGELAGERTEN HEU

läuft insbesondere in den ersten Tagen nach Einlagerung bei Wassergehalten von >15 %, besonders im Zentrum des Heustapels ab. Temperaturen normalerweise 35–40 °C (Fermentationswärme), ab 70 °C Gefahr der Selbstentzündung.

Dauer der Fermentation: 6–8 Wochen („Heuschwitzen"); Wasser aus dem Zentrum des Heustapels kondensiert in den äußeren Schichten; Wasserabgabe bei intensiv gepressten Ballen in dichter Lagerung erschwert → Verderb. Während der Fermentationsphase das Heu nicht verfüttern (erhöhter Keimgehalt).

Vorteile der Fermentation: Aromatisierung; Gifte des Hahnenfußes werden abgebaut, Gifte anderer Pflanzen, wie Sumpfschachtelhalm oder Herbstzeitlose, bleiben jedoch erhalten (vgl. S. 128).

2.1.2 Trockengrün

Gewinnung mit künstlicher Trocknung, d. h. mittels Heißluft (500–800 °C), durch die Verdunstungskälte des Wassers wird die Temperatur im Trocknungsgut auf ca. 60 °C begrenzt; bereits ab 80 °C erhebliche Einbußen im Futterwert durch Eiweißschädigung („Rösteffekte"). Vortrocknung im Freien ist zwar kostensparend, führt aber zu Atmungs- und Carotinverlusten.

Nach dem Trocknen wird das Trockengrün unterschiedlich stark zerkleinert, d. h., es kann direkt als Grünmehl eingesetzt oder pelletiert werden. Nur gröber zerkleinertes Trockengrün (mit Faserlängen bis zu einigen cm) kann auch zu Briketts verpresst/verdichtet werden. Der Vorteil solcher Briketts liegt also in dem Erhalt einer gröberen Struktur, die insbesondere für die Art und Geschwindigkeit der Futteraufnahme von Bedeutung ist (erfordert eine intensivere Kauaktivität vor dem Abschlucken).

Im Vergleich zu normalem Heu oder auch Grünmehl sind die höhere Verdichtung (Volumen ↓), eine geringere Staubentwicklung sowie eine gewisse Hygienisierung (Oberflächenminderung, Druck, Temperatur) im Herstellungsprozess besondere Vorteile der pelletierten oder brikettierten Trockengrünprodukte.

Trockengrün findet besonders Verwendung in der Fütterung herbivorer Spezies, wie Pfd und Kan, aber auch als „Kraftfutterersatz“ in der Milchkuhfütterung (höherer Anteil an Bypass-Protein). Des Weiteren werden Grünmehle auch als Mischfutterkomponente bei diversen Spezies (Schw, Kan, Mschw, Gefl, evtl. sogar bei Flfr aus diätetischen Gründen) eingesetzt.

Ebenso haben künstlich getrocknete Produkte aus der ganzen Maispflanze (kein Grünmehl i. e. S.) einen Futterwert, der eine Verwendung als „KF-Ersatz“ erlaubt (z. B. bei Pfd und Rd).

2.1.3 Verluste bei der Trocknung von Grünfutter

	Energieverluste %	Verluste durch Atmung[1]	Bröckeln	Auswaschung	Fermentation
Bodentrocknung					
gut	30– 40	+	++[2]	–	+
schlecht	50–100	+	+++	+++[4]	++
Reutertrocknung	25– 35	+	+[3]	+	+
Unterdachtrocknung	20– 25	+	–	–	+/–
künstliche Trocknung	5	–	–	–	–

–/+/+++ = keine, mäßige bzw. sehr hohe Verluste

[1] Veratmung von Kohlenhydraten u. a., solange Grünmasse feucht [2] Hohe Verluste bei Klee, Luzerne [3] Verluste beim Einfahren [4] Auswaschung von Kohlenhydraten, Mineralstoffen, lösl. Proteinen

2.1.4 Veränderungen des Vitamingehalts

Carotingehalt: Verluste abhängig von Trocknungsart und -dauer
Vit D_2-Gehalt: steigend mit Sonneneinwirkung

Gehalte/kg TS	β-Carotin, mg	Vitamin D_2, IE
Bodentrocknung	10 – 0	1000
Reutertrocknung	40 – 3	500
Unterdachtrocknung	100 – 40	250
künstliche Trocknung	200 – 60	0

2.1.5 Nährstoff- und Energiegehalte von Heu (Orientierungswerte je kg uS)

Angaben für Heu mittlerer Qualität, obergrasbetont		Mengen- (g) Elemente		Spuren- (mg) Elemente		ß-Carotin (mg)
Rp, g	80	Ca	5	Cu	6	
Rfa, g	280	P	2,4	Zn	25	
ME_{Wdk}, MJ	7,4	Mg	1,5	Mn	130	5–10
NEL, MJ	4,5	Na	<1	Se	<0,1	
ME_{Schw}, MJ	6,0	K	20			
DE_{Pfd}, MJ	7,5	Cl	8			

im Vergleich dazu Merkmale einzelner Heuqualitäten:

untergrasbetontes Heu : Höherer Futterwert, allgemein rohfaserärmer
Klee- und Luzerneheu : Protein-, calciumreicher, Rfa-Gehalt variabel
Trockengrün : Allgemein rohfaserärmer, proteinreicher, da früher geerntet; aus Klee und Luzerne → hohe Ca-Gehalte (>15 g/kg)

2.2 Silieren

Unter anaeroben Bedingungen bilden epiphytische und/oder zugesetzte Mikroorganismen aus den im Siliergut enthaltenen Zuckern Milchsäure, die insbesondere über eine pH-Wert-Reduktion eine Konservierung (Erhalt von Futterwert/Lagerfähigkeit) bewirkt.

Dieses Konservierungsverfahren sichert die Lagerfähigkeit wasserreicher Futtermittel, vermindert Risiken der Ernte, da Aufbereitung weitgehend wetterunabhängig, schafft durch Milchsäuregärung (pH ↓) ein bekömmliches Futter, das allgemein gut aufgenommen wird.

Die mittels einer Silierung konservierten Grünfutter bilden insbesondere bei den Wdk, evtl. auch bei Pfd und tragenden Sauen, die Grundlage von Rationen in der Zeit der Stallhaltung, oft werden Gras- und Maissilage (bzw. Kombinationen) nahezu ad libitum angeboten, Mengenbegrenzungen sind nur bei bestimmten Silagen (z. B. Grünraps/Zuckerrübenblatt/Stoppelrüben mit Blatt) erforderlich (wegen sekundärer Inhaltsstoffe). Mittels einer Silierung können auch Getreide mit höherem Feuchtegehalt (z. B. CCM und andere Maiskolbenprodukte) oder auch gedämpfte Kartoffeln bzw. Rüben konserviert werden, die insbesondere bei Schweinen (weniger bei Wdk) Verwendung finden.

Unter üblichen Bedingungen (Witterung etc.) sind die Energie- und Nährstoffverluste bei einer Silierung geringer als bei der Heugewinnung (weniger Bröckel-/Auswaschverluste).

2.2.1 Prinzip

Aus energetischer Sicht ist eine homofermentative Milchsäuregärung angestrebt:

1 mol Glucose → 2 mol Milchsäure (MS)
(Energieverlust dabei nur ca. 5 %)

In gewissem Umfang wird immer auch eine Gärung stattfinden, bei der neben der MS u. a. auch Essigsäure gebildet wird (= heterofermentative Gärung):

1 mol Glucose → 2 mol Essigsäure + 2 CO_2
(hierbei Energieverluste bis zu 40 % möglich)

Ähnliche Energieverluste treten auch auf, wenn in stärkerem Maße Buttersäure gebildet wird.

Sind in höheren Konzentrationen Pentosen vorhanden und werden diese mikrobiell vergoren, so entsteht neben der Milchsäure auch Essigsäure. Trotz der aus energetischer Sicht wenig erwünschten Bildung von Essigsäure verdient jedoch der konservierende Effekt dieser Säure Erwähnung (deshalb angestrebt: ca. 2–3,5 % Essigsäure in der Silagetrockensubstanz, s. Kap. IV, 1.5; also bei der Bewertung Punktabzüge bei zu hohen wie zu niedrigen Essigsäurekonzentrationen).

Bei Bereitung von Silagen aus sehr hoch angewelktem Grünfutter („Heulage“) ist die Bildung von Milchsäure und anderen Säuren deutlich eingeschränkt (nicht genügend freies Wasser für eine intensive Stoffwechselaktivität der Flora), so dass der pH-Wert nur wenig abfällt. Derartige „Silagen“ sind nur bei Erhalt der Anaerobizität länger lagerfähig, sobald aerobe Bedingungen wirksam werden, verderben diese FM sehr schnell.

BEDEUTUNG DER MILIEUBEDINGUNGEN IM GÄRFUTTER FÜR MIKROORGANISMEN

O_2-Gegenwart	
MS-Bildner	strikt anaerob – fakultativ anaerob
Begleitkeime	aerob bis fakultativ anaerob
Schimmelpilze	streng aerob
Clostridien	streng anaerob
Temperatur	optimal
Kalt-MS-Bildner	15 bis max. 25 °C
Essigsäurebildner	25–35 °C
Buttersäurebildner	32–40 °C
Warm-MS-Bildner	40–50 °C
pH-Wert	untere Wachstumsgrenze
MS-Bildner	3,0–3,6
Essigsäure-Bildner (coliforme Bakterien)	4,3–4,5
sonstige gramnegative Bakterien	4,2–4,8
Clostridien	4,2–4,8
Schimmelpilze	2,5–3,0
Hefen	1,3–2,2
Feuchtigkeitsgehalt	
MS-Bildner optimal in vorgewelkter Substanz, hohe Osmotoleranz	
Essigsäurebildner Buttersäurebildner Eiweißzersetzer	} vornehmlich in feuchten Substraten, geringere osmotische Resistenz
Substrat	
MS-Bildner benötigen mindestens 2 % der Frischsubstanz an vergärbaren Zuckern	

Beachte: MS-Bildner können sich gegenüber anderen Keimen am besten durchsetzen bei:
Anaeroben Bedingungen, Temperaturen von 15–25 °C, pH-Werten von 4–5 (je nach TS-Gehalt), mäßigen Feuchtigkeitsgehalten (deshalb Anwelken auf 35 bis 40 % TS), ausreichenden Mengen an vergärbaren Zuckern (>2 % der uS).

EIGNUNG VERSCHIEDENER GRÜNFUTTERARTEN ZUR SILIERUNG

leicht silierbar	mittelschwer silierbar	schwer silierbar
Gras und andere Futterpflanzen mit **>3 % Zucker** in der uS; angewelktes Gras >30 % TS; angewelkte Leguminosen >35 % TS; Silomais/Maiskolbenprodukte >25 % TS; Getreideganzpflanzen, Zuckerrübenblatt, Pressschnitzel, Stoppelrübe mit Blatt	Gras und anderes Grünfutter mit **1,5–3 % Zucker** in der uS; Gras: 20–25 % TS Leguminosen: 25–30 % TS Grünraps	Gras <20 % TS oder Leguminosen <25 % TS mit **≤1,5 % Zucker** in der uS; Gras sowie Leguminosen, deren Anwelken misslang (Feldperiode >3 Tage) Aufwuchs von ungedüngten Spätschnittwiesen (NO_3^-↓, hoher Rfa-Gehalt)

Beachte: Silierung umso schwieriger, je feuchter, zuckerärmer, eiweißreicher, sperriger und verschmutzter das Ausgangsmaterial ist.

GÄRVERLAUF

Aufschlussphase: Atmung, bis Sauerstoff verbraucht; mit der CO_2-Entwicklung pH-Erniedrigung; Gewebe stirbt ab, Verlust der Zellintegrität und des Turgors (Sacken des Siliergutes).

Gärungsphase: MS-Bildner vermehren sich, andere Keime der epiphytischen Flora werden in der Vermehrung gehemmt, schließlich aufgrund des sich ändernden Milieus (pH ↓, O_2 ↓) m.o.w. eliminiert. Für die Qualität der Silage, d. h. den maximalen Erhalt des originären Futterwerts, ist eine schnelle pH-Wert-Reduktion in der Anfangsphase von entscheidender Bedeutung.

Dauer der Gärphase: 10–20 Tage (danach sistiert auch die Aktivität der MS-Flora).

Ruhe-/Lagerphase: pH bleibt nahezu konstant; Flora ist jetzt gekennzeichnet durch hohe Keimzahlen von MS-Bildnern (10^8–10^9 KBE/g), andere Keime jetzt $<10^6$ KBE/g uS.

2.2.2 Siliertechnik

SILOTYPEN

Flachsilo:

- Erdmieten: Siliergut wird auf nicht betonierter Grundfläche gelagert, m.o.w. verdichtet und mit Folie abgedeckt (nur erlaubt bei angewelktem Siliergut, das kaum Silosickersaft abgibt).
- betonierte Grundfläche: Ohne jede seitliche Begrenzung: schwierig hinsichtlich einer höheren Aufschüttung und intensiveren Verdichtung → größere Oberfläche → höhere Oberflächenverluste („Abraum" ↑).
- Fahrsilo: Betonierte Grundfläche mit zwei ca. 2 m hohen Betonseitenwänden; offene Schmalseiten zur Ein- und Ausfahrt bei Befüllung bzw. zur Silageentnahme; hier intensive Verdichtung zwischen den Seitenwänden durch Befahren mit Traktoren u. Ä. möglich; nach Befüllen unverzügliche Abdeckung mit PVC-Folie, Beschwerung der Folie durch Erde, Sand oder Altreifen, evtl. auch zusätzliche Netzabdeckung zum Schutz der Folie gegen Beschädigung durch Vögel u. Ä..

Hochsilo und halbhoher Silo:

Höhe: Durchmesser = >3:1 bzw. ~3:1. Vorteil: geringe Oberfläche, Verdichtung durch Masse des Siliergutes.
Untenentnahme nur bei Exakthäckselung (z. B. Harvestore-Silo), Obenentnahme durch Greifer oder Entnahmefräsen.

Ballensilage: in besonderen Pressen verdichtetes Siliergut, das allseits von Folie(n) umschlossen ist. Je nach Verwendung (Einzeltiere/Tierbestände) unterschiedliche „Portionierung": Kleinballen (unter 50 kg) bzw. Großballen (bis mehrere 100 kg), die je nach angewandter Technik eine Rund- oder Quaderform aufweisen.

Folienschlauch-Silage: Hierbei wird Siliergut in einen Folienschlauch gepresst und verschlossen; keine sonstigen baulichen Voraussetzungen; vergleichsweise kleine Anschnittfläche, d. h. großer täglicher Vorschub, insbesondere bei FM wie Biertreber, Pressschnitzel u. ä. Komponenten anzutreffen.

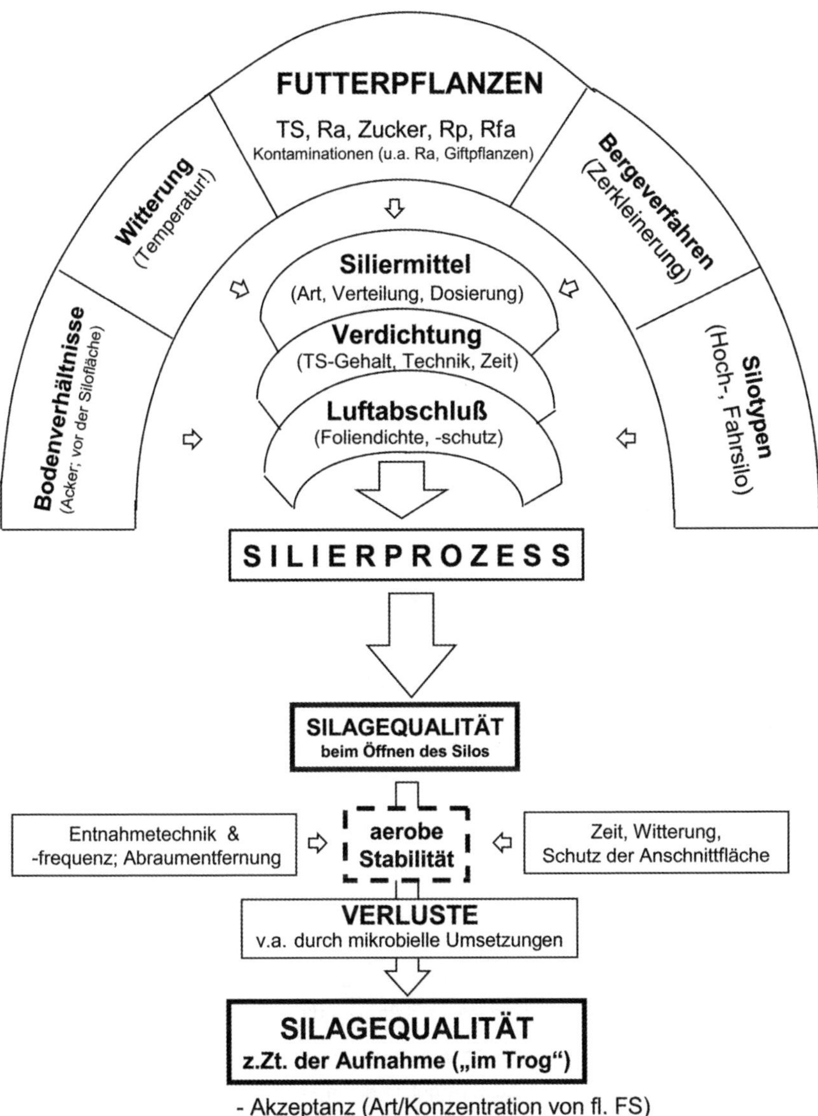

- Akzeptanz (Art/Konzentration von fl. FS)
- Energie-/Nährstoffgehalte
- Keim-/Toxin-Gehalt

SILIERZUSATZSTOFFE

sind heute nach der EGV 1831/03 geregelt, in der 3 Untergruppen differenziert werden, nämlich Enzyme, Mikroorganismen und chemische Substanzen. In den handelsüblichen Produkten sind häufig auch Kombinationen anzutreffen.

Die Silierstoffe werden dem Siliergut bei der Häckselung oder beim Befüllen des Silos zugesetzt. Entscheidende Voraussetzung für ihre Wirkung ist neben der entsprechenden Dosierung die homogene Verteilung im Siliergut, die bei „Flüssigprodukten" technisch einfacher zu erreichen ist.

Ziele bzw. Wirkungsrichtungen verschiedener Siliermittel

- Verbesserung/Förderung des Gärverlaufs (insbesondere in der Initialphase des Gärprozesses), z. B. durch
  - kohlenhydrathaltige (wie Melassezusätze),
  - enzymhaltige Zusätze (z. B. Zellulasen),
  - organische Säuren (Ameisen-, Propionsäure),
  - milchsäurebildende Mikroorganismen (heute wichtigste Produktgruppe, Zusatz 10^8–10^9 KBE/kg Siliergut),
- Verbesserung der aeroben Stabilität (nach Öffnen des Silos), z. B. durch bestimmte Säuren (und deren Salze),
- Förderung der Energie- und Nährstoffaufnahme aus den behandelten Silagen (Akzeptanz der Silage ↑), häufiger Effekt bei günstigem Gärverlauf,
- Förderung der Verdaulichkeit der behandelten Silagen, z. B. durch geringeren Nährstoffabbau während des Silierprozesses und/oder enzymatischen „Aufschluss" von Zellwandsubstanz,
- Minimierung der Vermehrung von Clostridien (Buttersäurebildner), z. B. durch NO_3^-/NO_2^--haltige Siliersalze oder auch bestimmte Impfkulturen,
- Reduktion von Nährstoffverlusten durch Gärsaftabfluss, z. B. durch Gärsaft bindende Zusätze (quellende Stoffe).

Beachte: Siliermittel unterliegen heute wie alle Zusatzstoffe der amtlichen Zulassung; Zusammensetzung und Wirkung werden aber auch – auf freiwilliger Basis – auf Antrag einer neutralen Prüfung und Bewertung (z. B. für das DLG-Gütezeichen; www.dlg.de) unterzogen.

Siliermittel sollen die Voraussetzungen für einen schnellen Gärprozess verbessern und die Silage insgesamt stabilisieren; einige können auch eingesetzt werden, um gefährdete Bereiche (Randzonen bzw. die Anschnittfläche) vor Fehl- bzw. Nachgärungen zu schützen. Dafür ist die Anwendung von Propionsäure verbreitet (da gleichzeitig energieliefernd); Dosierung in Abhängigkeit vom TS-Gehalt:

<25 % TS → 0,4 %
25–35 % TS → 0,5 %
>35 % TS → 0,6 %
(gleichmäßige Verteilung!)

Zur Stabilisierung der Randzonen um 0,1 % höhere Konzentrationen verwenden; für Anschnittfläche: 0,5 l Propionsäure auf 2 l Wasser (für 1 m^2).

Bei Gebrauch von Silierzusatzstoffen besteht eine Dokumentationspflicht des Anwenders.

BESCHICKUNG DES SILOS

Schnitt der Grünmasse an trockenen Tagen; Vorwelken – besonders bei Gras – zweckmäßig (auf 35 bis max. 40 % TS); Füllen des Silos innerhalb kürzester Zeit unter maximal möglicher Verdichtung zur Luftverdrängung (walzen; bei Hochsilos durch Eigengewicht des Füllguts); Verschließen des Silos; Nachfüllen nur bei Hochbehältern möglich.

Notwendige Verdichtung bei der Silierung zur Sicherung einer ausreichenden aeroben Stabilität (zum Schutz vor Verderb bei Sauerstoffzutritt nach Öffnen des Silos bzw. bei Bevorratung der fertigen Silage vor der Fütterung):

	TS-Gehalt im Siliergut (% der uS)			
	25	30	40	50
anzustrebende Verdichtung (kg TS/m³ Silage)	180	200	230	250

Beachte: Gerade die besonders guten Silagen (mit geringsten Essig-/Buttersäuregehalten) sind bei nicht optimaler Verdichtung für den aeroben Verderb disponiert.

Wenn die angestrebte Verdichtung in Silagen nicht erreicht wird (mit entsprechender Disposition für den aeroben Verderb), so ist häufig die mangelnde Abstimmung von Arbeitsprozessen bei der Silagebereitung die entscheidende Ursache (d. h. Folge einer hohen maschinellen Ernteleistung bei ungenügender Zeit und maschineller Ausstattung für die Verdichtung des Siliergutes). Eine weitere Ursache ist nicht selten ein zu hoher Anwelkgrad des Siliergutes, der zu einem sperrigen und schlecht zu verdichtenden Siliergut führt. Je trockener das Siliergut ist, umso bedeutsamer wird für die angestrebte hohe Verdichtung die intensive Häckselung.

Die erzielte Verdichtung in einer Silage ist am besten zu charakterisieren durch die je m³ enthaltene Masse an Trockensubstanz:

In Abhängigkeit von der bei der Ernte des angewelkten Aufwuchses angewandten Technik werden folgende Werte gemessen:

Grassilage	kg TS/m³
– Exakthäckseler (rel. intensive Zerkleinerung des Siliergutes)	200–300
– Ladewagen (weniger intensive Zerkleinerung des Siliergutes)	160–200
– Pressballen (unterschiedliche Zerkleinerung des Siliergutes)	
– Rundballen (Wickelpressen)	150–170
– Quaderballen (Strangpressen)	170–220

In anderen Silagen ist unter praxisüblichen Bedingungen in etwa mit folgenden TS-Massen (kg) je m³ fertiger Silage zu rechnen:

– Maissilage (~30 % TS)	220–270
– Ganzpflanzensilage (~40 % TS)	200–260
– Pressschnitzelsilage (~22 % TS)	170–210
– CCM (55 % TS)	400

Deutlich geringer sind die Massen an Trockensubstanz je m³ Silage in Zuckerrübenblatt- oder Zwischenfruchtsilagen 140–150

Kenntnisse zur Trockenmasse (in kg/m³) in den Silagen sind schließlich notwendig für eine entsprechende, d. h. adäquate Grundfutterzuteilung bzw. -verwendung in der Ration (z. B. Herstellung einer TMR). Daneben sind die Trockenmassen je m³ Silage die entscheidende Voraussetzung für eine realistische Preis- und Kosteneinschätzung, die z. B. im Handel (Zukauf/Verkauf) mit Silagen benötigt wird (s. S. 53).

2.2.3 Fehlgärungen in Silagen[1]

Ursache	Mikroorganismengruppen und biochem. Vorgänge	Auswirkungen auf Futtermittelqualität
aerobe Bedingungen verzögerter bzw. schlechter Luftabschluss, zu grobe Struktur, ungenügende Verdichtung wegen zu hohen Anwelkgrades (>60 % TS) oder wegen nicht abgestimmter Arbeitsabläufe	→ Pflanze atmet, Temperaturerhöhung ⇩ extreme Entwicklung einer aeroben Flora, Hefen, Schimmelpilze, bes. in Randpartien	→ Nährstoff-, insbes. Zucker- und Polysaccharidverluste → Bildung von alkalischen Produkten, Pilztoxinen, Alkoholen
anaerobe Bedingungen zu geringer TS-Gehalt (opt. 30–35 % TS) bzw. ungenügendes Anwelken zu geringer Zuckergehalt (Ziel: 2 % uS)	→ Coli-Aerogenes-Gruppe: Essigsäurebildung ↑	→ Essigsäure ↑ (>3,5 % der TS) bei nur mäßiger MS-Bildung
zu hohe Temperatur (opt. 15 °C, max. 25 °C) pH-Werte >5: zu hoher Basen- und Proteingehalt (ungünstiges Zucker-/Protein-Verhältnis)	→ Clostridien: saccharolyt. Clostridien ↑: Buttersäurebildung; s. Fußnote	→ unerwünschte Buttersäuregärung: Geruch! sekundär: Kontamination der Milch mit Cl.-Sporen → Spaltblähung bei der Käseherstellung; Bildung biogener Amine
zu hohe Gehalte an unerwünschten Keimen bei längerer Vorwelkzeit bzw. wegen höherer Erdkontamination bei der Ernte	→ proteolyt. Clostridien: Eiweißzersetzung (pH 5–7) s. Fußnote ⇩ NH_3 ↑, pH ↑ Listerien-Vermehrung	→ hohe NPN-Gehalte im Rp (Reinprotein ↓), zunehmend Fäulnisprozesse → evtl. völliger Verderb
zu hoher NO_3^--Gehalt im Grüngut, auch Mais (i. e. Sinne keine Fehlgärung)	durch pflanzeneigene Enzyme sowie Enterobacteriaceen erfolgt NO_3^--Reduktion unter Bildung von Nitrosegasen (braune, schwere Gase)	NO_3^--Abbau, Nitrose-Gase = giftig; nach ihrer Entfernung Silage unbedenklich; gewisse Clostridienhemmung[2]; bedingt braune Verfärbung von Randpartien

[1] Beurteilung der Silage s. S. 142

[2] NO_3^- unabhängig von Herkunft (Futter bzw. Siliermittel) insbesondere gegen Clostridien wirksam (Spätschnittgrünfutter von Extensivflächen mit sehr geringen/zu geringen NO_3^--Gehalten → buttersäurereiche Silagen!)

2.2.4 Nachgärungen

Nach Öffnen des Silos: zunächst Milchsäureabbau durch aerobe Hefen → pH-Anstieg → Nährstoffumsetzungen (Restzuckerabbau) → dann Vermehrung von Schimmelpilzen und anderen Mikroorganismen mit weiterem Nährstoffabbau (durch aeroben Abbau: Verlust bis zu 2 % der TS je Tag; auffälligstes Zeichen: ERWÄRMUNG!).

Prophylaxe von Nachgärungen: Intensive Verdichtung beim Einsilieren, glatte Anschnittflächen (ohne Auflockerung des Vorrats), ausreichender Vorschub der Anschnittfläche (im Sommer: 2 m/Woche, im Winter ca. 1 m/Woche), evtl. auch Besprühen der Anschnittfläche mit Propionsäure (20 % Lösung, ~0,5 l/m²); Vorsicht: Nachgärungen auch in entnommenen, auf der Futtertenne bevorrateten Siloblöcken möglich → Akzeptanz ↓

Hochangewelkte Grassilagen („Heulagen"), spät geerntete Mais- und andere Getreide-GPS (→ sperriger Charakter, schlecht zu verdichten) sind besonders häufig von Nachgärungen betroffen. Geringe MS-Konzentrationen infolge zu hoher TS-Gehalte (limitierte Stoffwechselaktivität) sowie hohe Restzuckergehalte und fehlende Essigsäure sind weitere disponierende Faktoren für eine Nachgärung, die letztlich aber von der O_2-Gegenwart (und damit primär von Hefen) bestimmt wird.

2.2.5 Zusammensetzung von Silagen (pro kg uS)

	TS g	Rfa g	Rp g	ME Wdk MJ	NEL MJ	ME Schw MJ	Carotin mg	Ca g	P g	Na g	K g
Gerste-GPS	300	86	28	2,64	1,53	-	-	1,2	1,1	0,1	5,0
Maissilage											
- Teigreife	270	61	24	2,84	1,70	2,40	1	0,9	0,7	<0,1	3,5
- Ende der Teigreife	320	65	27	3,42	2,06	3,10	<1	0,9	0,8	<0,1	3,8
Grassilage (im Schossen)											
- nass	180	46	28	1,79	1,06	-	9	1,2	0,7	0,2	5,1
- angewelkt	350	90	56	3,51	2,07	2,56	17	2,3	1,4	0,4	9,8
Grünrapssilage											
- Beginn der Blüte	130	27	22	1,35	0,82	-	6	1,6	0,5	0,2	3,0
Stoppelrübensilage (m. Bl.)	130	23	21	1,28	0,79	1,03	40	1,6	0,5	0,8	4,2
Zuckerrübenblattsilage											
- sauber[1]	160	25	24	1,55	0,94	1,08	8	1,9	0,4	1,0	4,2

[1] unter 200 g Ra/kg TS; nicht selten Ra-Gehalte von bis zu 300 g/kg TS!

2.2.6 Verwendung

Grünfuttersilagen werden vorrangig bei Wdk, in begrenztem Umfang auch bei Pfd und Schw (tragende Sauen) verwendet. Die Mengen richten sich nach der Futterart (beachte Sekundärstoffe!), TS-Gehalt der Silage sowie der Gesamtration.

EINSATZ/TAGESHÖCHSTMENGEN (in kg uS)

	Milchrd	Mastrd	Schf	Pfd	Sauen (trgd)
Grassilage, angewelkt	ab libitum möglich				
Maissilage, teigreif	ab libitum möglich			2–4[1]	5–10
Zuckerrübenblattsilage	20–40[2]	35	3	(10)	5–10
Stoppelrübensilage mit Blatt	30	30	4	10	5–10
Futterrapssilage	30	30	4	10	5

[1] je 100 kg KM [2] geringere Werte bei höheren Ra-Gehalten

NDF/ADF-Gehalte in Silagen in Abhängigkeit vom Schnittzeitpunkt

GRASSILAGE (1. Aufwuchs, untergrasbetont)

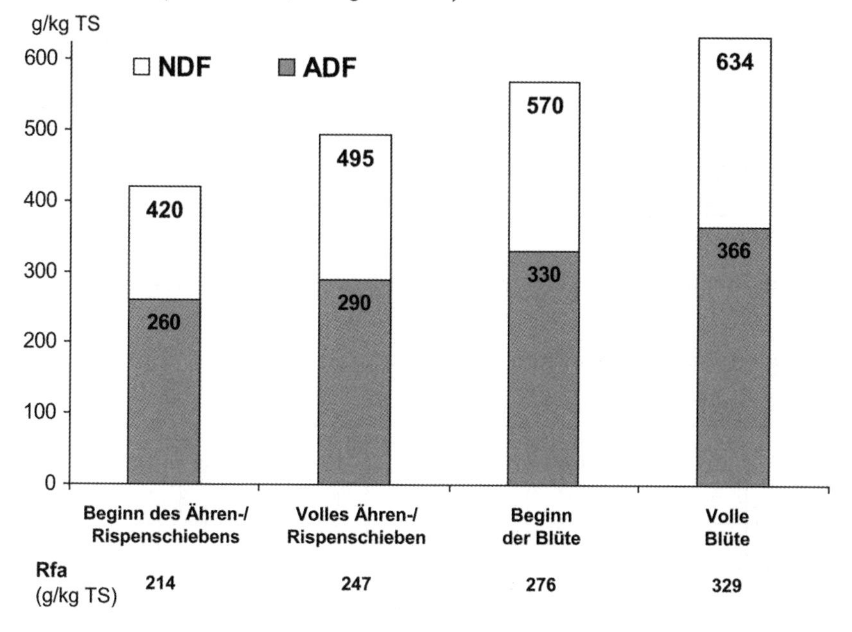

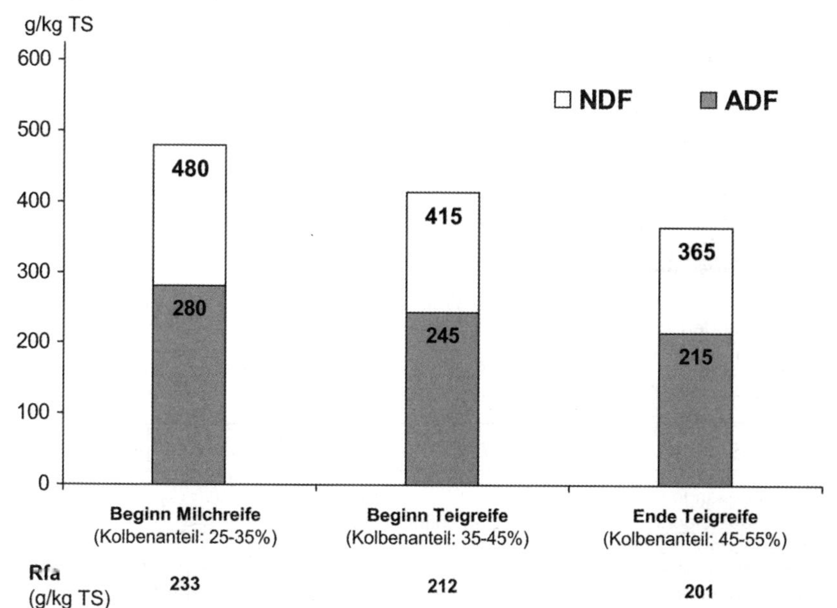

3 Stroh und Spreu

3.1 Stroh

Stroh wird zwar primär als Einstreu in der Stallhaltung diverser Spezies verwandt, es hat dennoch auch als Futtermittel eine Bedeutung, nicht zuletzt werden gewisse Mengen von Stroh auch aus der Einstreu (teils nicht beabsichtigt) aufgenommen, sodass grundsätzlich die gleichen Anforderungen an die hygienische Qualität zu stellen sind.

3.1.1 Definition und allgemeine Eigenschaften

Ausgewachsene, oberirdische Teile verschiedener Kulturpflanzen (Getreide, Hülsenfrüchte, Gräser), deren Samen durch Dreschen entfernt wurden; rohfaser-(insbes. lignin-)reich (30–40 %), schwerverdaulich, eiweiß-, P- und vitaminarm; Futterwert richtet sich nach Ausgangsmaterial und Relation Stengel : Blätter.

Hülsenfrucht- sowie Mais-, Gersten- und Haferstroh wertvoller als das Stroh von Wintergetreide. Die Verdaulichkeit (und damit der Futterwert) lässt sich durch Aufschluss (praxisrelevant: NaOH- bzw. NH_3-Verfahren) deutlich verbessern (vergl. S. 47).

3.1.2 Nährstoff- und Energiegehalte von Getreidestroh (je kg uS)

Rp g	Rfa g	NDF g	ADF g	ME_{Wdk} MJ	DE_{Pfd} MJ	Ca g	P g	Mg g	Na g	Cu mg
20–40	~440	640–>780	430–>480	5,3–6,0	4,9–5,5	2,5–3,5	0,8	0,9	1,2–2,6	3,5–7,5

im Vergleich dazu Merkmale einzelner Stroharten:

Haferstroh:	Höherer Futterwert als Weizen- oder Roggenstroh
Weizenstroh:	Mengenmäßig größte Bedeutung
Roggenstroh:	Rfa >400, entsprechend geringerer Futterwert
Erbsen-, Maisstroh:	Rohfaserärmer und proteinreicher als Getreidestroh

3.1.3 Verwendung als Futtermittel

Wegen der geringen Energiedichte ist der Einsatz von Stroh bei Tieren mit höherem Energiebedarf (z. B. hochleistende Milchkühe) nur begrenzt möglich, andererseits ist Stroh als rohfaser- und strukturreiches FM besonders für Tiere herbivorer Spezies geeignet, in deren Ration es an „Struktur“ mangelt (z. B. intensive Rindermast) oder eine geringere Energiedichte sogar angestrebt ist (z. B. Färsenaufzucht, trocken stehende Kühe, Pfd im Erhaltungsstoffwechsel, evtl. auch tragende Sauen). Schließlich erfordert die Aufnahme von Stroh eine intensive Kautätigkeit, schafft somit Beschäftigung und beugt Verhaltensstörungen (Pfd, trgd Sauen, kleine Nager) vor.

3.2 Spreu

Bei der Gewinnung von Samen (Dreschen) anfallende Fruchthüllen (Spelzen, Kapseln, Hülsen, Schalen), Blättchen und Grannen.

Allgemeine Eigenschaften: Futterwert im Allgemeinen noch geringer als der von Stroh (stärkere Einlagerung von Silikaten und/oder Lignin); häufig stärker verunreinigt (Erde, Staub, Unkrautsamen), evtl. auch höhere Belastung mit Mikroorganismen bzw. von diesen gebildeten Toxinen (v. a. Mykotoxine).

Verwendung: prinzipiell ähnlich dem Stroh, aber weniger „strukturreich“.

Ausnahme: Schalen der Sojabohne, FM mit hoher Verdaulichkeit auch der Rohfaser, da kaum inkrustierende Substanzen (Lignin, Silikate) eingelagert sind; Einsatz im Mischfutter für Milchkühe; Zusammensetzung der Sojaschalen s. S. 217.

4 Wurzeln und Knollen

4.1 Allgemeine Angaben

4.1.1 Pflanzenarten

Rüben (Betarüben [Futter- und Zuckerrüben]; Brassicarüben [Kohl- und Stoppelrüben]); Daucus-Rüben (Möhren); Kartoffeln, Maniokknollen (= Tapioka = Wurzeln des Cassavastrauchs), Topinamburknollen (Wurzeln von Helianthus tuberosus, verwandt der Sonnenblume).

4.1.2 Allgemeine Eigenschaften

Kohlenhydrat- und relativ wasserreiche Speicherorgane diverser Pflanzenarten, andererseits arm an Rfa, Rp, Ca, Mg und Vitaminen, wegen des niedrigen Rfa- und ADF-Gehaltes allgemein hohe Verdaulichkeit (Ausnahme: Geflügel).

Zucker, Pektine, Dextrine in Rüben bzw. Stärke in Kartoffeln und Maniokknollen sowie Inulin (Fructose-Polysaccharid) in Topinamburknollen.

Rohprotein enthält – Ausnahme Kartoffeln – in hohem Umfang NPN-Verbindungen (teils >50 % des Rp); Kartoffeleiweiß: hochwertiges Protein mit günstigem Aminosäurenmuster, s. auch S. 37, 86.

Negative Inhaltsstoffe: Solanin, Trypsinhemmer (Kartoffeln), Betain (Betarüben), Brassicafaktoren, Nitrat (Brassicarüben), Blausäure (Maniokknollen s. S. 83).

4.1.3 Wuchsformen verschiedener Rübenarten

(beachte Verschmutzungsrisiko)

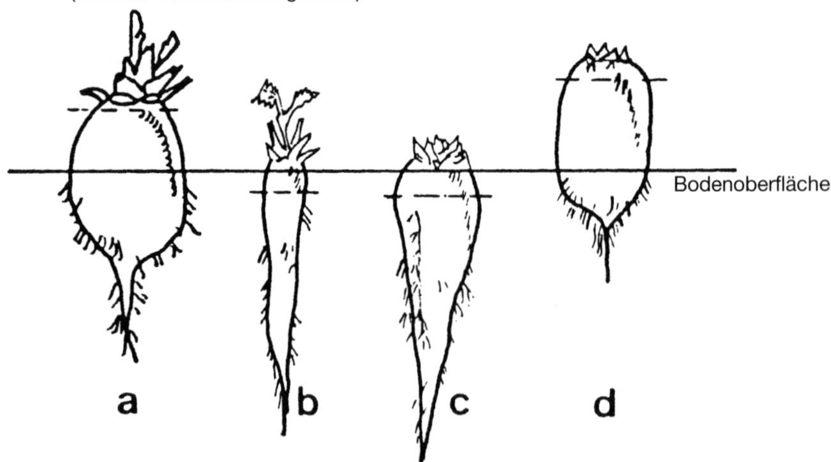

a) Kohlrübe; b) Möhre; c) Zuckerrübe; d) Futterrübe
(Epikotyl [Kopf] durch gestrichelte Linie gekennzeichnet)

4.2 Zusammensetzung diverser Wurzeln und Knollen als Saftfutter (Angaben je kg uS)

FM	TS g	Gehalte (g) und (Art des KH)	Rfa g	Rp g	Wdk ME MJ	Schw ME MJ	Pfd DE MJ	Hinweise auf besondere Inhaltstoffe[1]/ Risiken
Kartoffeln	220	160 (Stärke)	6	20	2,88	2,70	3,19	Solanin (grün/Keime)
Maniokknollen	370	250 (Stärke)	15	12	4,00	5,00	5,30	evtl. HCN-haltig
Zuckerrüben	230	180 (Zucker)	12	14	2,89	3,00	3,28	erdige Verunreinigungen
Gehaltsrüben	146	93 (Zucker)	10	12	1,75	1,90	2,00	evtl. auch Nitrat
Massenrüben	112	71 (Zucker)	9	11	1,34	1,40	1,47	evtl. auch Nitrat
Möhren	120	63 (Zucker)	11	11	1,46	1,40	1,81	20–60 mg Carotin/kg
Rote Beete	140	90 (Zucker)	7	15	–	–	1,96	Farbstoff = Anthocyane, evtl. sehr NO_3^--reich
Topinambur	224	159 (Inulin)	9	21	2,88	2,84	3,40	Inulin: diätetische Funktion

[1] allgemein sind Wurzeln kaliumreich: zwischen 2 und 6 g/kg uS

4.2.1 Verwendung

Empfohlene Tageshöchstmengen (in kg uS; Voraussetzung: entsprechende Reinigung)

Futtermittel	Pfd[1]	Rd	Schf	Schw
Kartoffeln[2]	bis 15, ohne Triebe, sandfrei, siliert bis 20, gedämpft bis 25	Milchkühe: 15–20 Mastrinder: 20–25	1–2	Mastschw: als Grundfutter bis 7; Erg.-Futter notwendig Zuchtsauen: 4–6
Zuckerrüben[3]	bis 20	10–15 bei Gewöhnung, Rfa-Versorgung?	1–2	Mastschw: als Grundfutter (s. Kartoffeln) Zuchtsauen: bis 4
Gehaltsrüben	bis 30	15–30	bis 3	Mastschw: im Gemisch mit Kartoffeln 1:1 ad lib. Zuchtsauen: 6–8
Massenrüben	bis 35	bis 40	bis 5	bis zu 10 kg bei trgd Sauen
Möhren	unbegrenzt	aus Kostengründen unbedeutend		

[1] Höchstmengen nur bei hoher Beanspruchung (Arbeit), bei Reitpfd bis 50 % der angegebenen Mengen
[2] Rohe Kartoffeln können nur an Pfd und Wdk (außer Jung- und Zuchttiere) verfüttert werden, sonst vor der Verfütterung dämpfen, Kochwasser entfernen (Solanin)
[3] Zuckerrübenschnitzel (vollwertig) in entsprechend geringeren (rd. 1/4) Mengen, bei Pfd zuvor einweichen

4.3 Zusammensetzung von Trockenprodukten aus Wurzeln und Knollen

Wurzeln und Knollen können auch nach Reinigung und Schnitzelung getrocknet werden (Haltbarkeit, Lagerfähigkeit und logistische Vorteile), hierbei sind alle Nährstoffe in originärer Relation enthalten.

Zusammensetzung (je kg Trockenprodukt)

	TS g/ kg uS	Gehalt g (Art des KH)	Rfa g	Rp g	Wdk ME MJ	Schw ME MJ	Pfd DE MJ	Ca g	P g
Kartoffelflocken	880	733 (Stärke)	27	79	9,69	13,6	12,9	0,4	2,3
Zuckerrübenvollschnitzel	900	605 (Zucker)	50	48	11,2	11,4	11,9	2,3	1,0
Maniokschnitzel/-mehl[1]	880	669 (Stärke)	32	23	10,9	13,6	12,6	1,4	1,0
Topinambur, getrocknet	900	651 (Inulin)	36	83	11,1	11,6	13,6	1,3	2,3
Möhren, getrocknet	900	473 (Zucker)	83	83	10,9	10,5	13,6	3,8	2,6
Rote Beete, getrocknet	900	579 (Zucker)	53	113	–	–	14,7	2,3	2,3

[1] HCl-unlösliche Asche: max. 35 g/kg TS

4.3.1 Verwendung getrockneter Wurzel-/Knollenprodukte

Gehalte an leicht fermentierbaren Kohlenhydraten sind insbesondere in der Wdk-Fütterung zu beachten, wirken evtl. limitierend. Größte praktische Bedeutung haben die Maniokschnitzel bzw. das Maniokmehl, insbesondere als energieliefernde Komponenten im Mischfutter für Monogastrier:

Küken	5–10 %	Wdk, Pfd	10–30 % im Mischfutter, je nach Gesamtration
Mast-Schw	10–40 %		und übrigen Komponenten

Gehalte an Mikroorganismen, Sand, evtl. auch an cyanogenen Glykosiden begrenzen häufig die generelle Verwendung, besonders bei Jungtieren. Getrocknete Möhren (besonderer Carotin-Lieferant!) und Rote Beete (Schnitzel) haben zudem eine gewisse Bedeutung als farbgebende Komponenten in "Müsli-Futter'" für Pfd, kl. Nager und sonstige Heimtiere. Nicht zuletzt aus diätetischen Gründen (Inulin als Präbiotikum) wird getrockneter Topinambur eingesetzt, bis zu max. 1 kg je Pferd und Tag bzw. als Zusatz im Mischfutter für Flfr (bis zu 1 % im Mischfutter).

5 Nebenprodukte der Rüben- und Kartoffelverarbeitung

Zuckerrüben und Stärkekartoffeln werden nicht primär zu Futterzwecken angebaut, sondern zur Gewinnung von Zucker bzw. Stärke. Hierbei fallen jedoch große Mengen an Nebenprodukten an, die traditionell als Futtermittel genutzt werden.

Des Weiteren hat Karottentrester (Nebenprodukt der Karottensaftproduktion) in den letzten Jahren eine gewisse Bedeutung erlangt, nicht zuletzt als "natürlicher Farbstoffträger".

Der hohe Wassergehalt der Zuckerrüben bzw. Kartoffeln und die Verarbeitung (s. nachfolgendes Schema), bei der noch Wasser zugesetzt wird, um die wertbestimmenden Inhaltsstoffe Zucker bzw. Stärke zu gewinnen, führt zu entsprechend wasserreichen Nebenprodukten, die frisch verfüttert oder aber konserviert werden müssen. Erst mit der Produktion getrockneter Nebenprodukte wird ihre Verwendung als Futtermittel auch saisonunabhängig möglich.

5.1 Verarbeitung der Zuckerrüben (s. S. 85a)

5.1.1 Zusammensetzung der Nebenprodukte

Mit dem Entzug des Zuckers (Zellinhaltsstoff) reichern sich im massenmäßig wichtigsten Nebenprodukt (d. h. den Schnitzeln) die Zellwandbestandteile (g/kg TS: 420 NDF; 275 ADF; 208 Rfa, insbesondere Pektine) deutlich an, so dass ihre Verwendung eine entsprechende mikrobielle Verdauungskapazität voraussetzt (Wdk, Pfd, trgd Sau, Kan, Mschw).

ZUSAMMENSETZUNG (je 1 kg uS)

	TS g	Rfa g	Zucker g	Rp g	Wdk ME MJ	Schw ME MJ	Pfd DE MJ	Ca g	P g	Na g	K g
Nassschnitzel (Diffusionsschn.)	130	29	3	15	1,51	1,0	2,0	1,3	0,2	0,4	0,9
Pressschnitzel (siliert)	200	41	13	23	2,37	1,7	2,6	1,5	0,2	0,1	1,4
Trockenschnitzel (nicht melass.)	880	178	60	88	10,50	8,4	11,8	8,5	1,0	2,2	7,9
Melasseschnitzel[1]	880	150	160–210	100	10,60	9,0	11,6	7,1	0,9	2,3	11,4
Rübenmelasse[2]	770	0	500	101	9,46	10,4	11,0	4,2	0,2	5,6	35,4
Rübenvinasse	660	0	20	200	6,10	5,0	-	4,5	1,2	20	65

[1] je nach Melassierungsgrad sind auch zuckerärmere (<16 %) oder zuckerreichere (>21 %) Qualitäten auf dem Markt
[2] je nach Produktionsverfahren teils erhebliche Variationen im Asche- und im Zuckergehalt

Melasse entsteht nicht nur bei der Gewinnung von Zucker aus Zuckerrüben, sondern auch in der Zuckerrohrverarbeitung. In der Zusammensetzung hat die Zuckerrohrmelasse (im Vergleich zur Zuckerrübenmelasse) allgemein leicht höhere Zuckergehalte (~ 480 g/kg uS) bei deutlich niedrigerem Rp-Gehalt (35 g/kg uS). Werden Melassen weiterverarbeitet (Entzug des Zuckers durch Fermentation, d. h. Nutzung durch Mikroorganismen), so entsteht ein Produkt, das als Vinasse (= Melasserest = Melasseschlempe) bezeichnet wird, dessen Futterwert durch den Verbrauch von Zucker und die damit verbundene relative Anreicherung der Rohasche deutlich geringer ist als der von Melasse.

5.1.2 Verwendung, empfohlene Tageshöchstmenge (in kg uS)

	Pfd	Milchkuh	Mastrd	Schf	Schw
Nassschnitzel[1]	bis 20	20–30	10–30	1–2	1–4
Trockenschnitzel	bis 2[2]	bis 5[3]	bis 4	1	1[4]
Melasse[5]	bis 2,5[6]	bis 2[7]	2–3	0,3	0,5–0,7

[1] Verderben schnell, sofort verfüttern oder einsäuern
[2] Vor dem Verfüttern einweichen
[3] Höhere Gaben: Zusammensetzung der Gesamtration beachten
[4] max. 40 % in MF für trgd Sauen
[5] Abführende Wirkung beachten
[6] Günstige Wirkung in der Prophylaxe von Verstopfungskoliken
[7] Bis 15 % im Milchviehfutter

Vinassen können neben teils exzessiven K-Gehalten evtl. sehr hohe Sulfat-Gehalte aufweisen (→ laxierende Effekte, insbesondere bei Monogastriern). Vinassen werden allgemein auch nur in der MF-Produktion mit geringen Prozentanteilen im MF (<5 %) eingesetzt.

Verarbeitung der Zuckerrüben und dabei anfallende Nebenprodukte

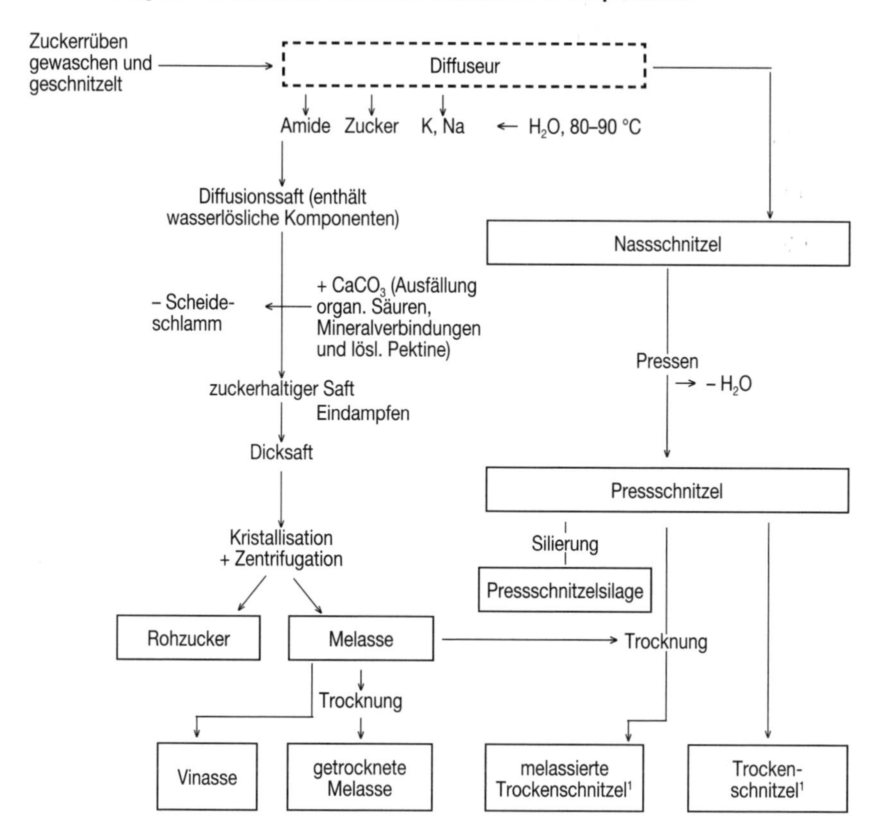

[1] allgemein in pelletierter Form im Handel

5.2 Nebenprodukte der Kartoffelverarbeitung

Besonders stärkereiche Kartoffelsorten werden für eine industrielle Stärkegewinnung bzw. für die Alkoholgewinnung (setzt Umbau der Stärke zu Glucose und deren Vergärung zu Alkohol voraus) angebaut. Wird so die Stärke entzogen, reichern sich dadurch alle anderen originär vorhandenen Nährstoffe an und können insgesamt bzw. separiert (Eiweiß) als FM genutzt werden.

5.2.1 Verarbeitungsverfahren

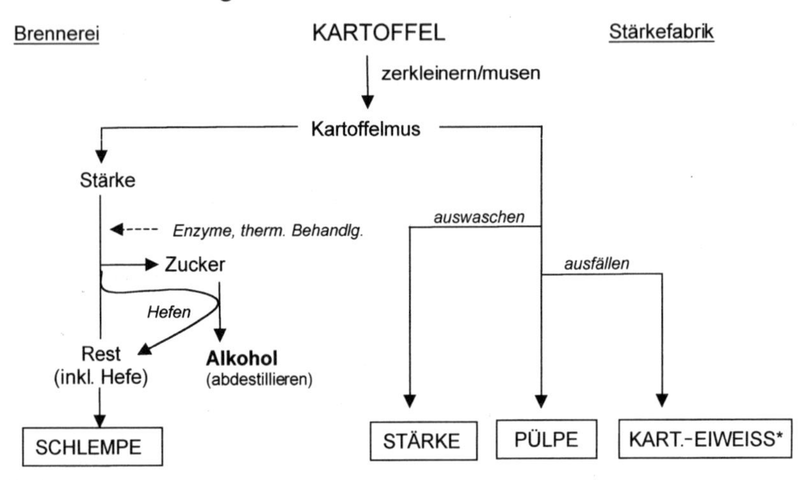

* getrocknet

5.2.2. Zusammensetzung (pro kg uS)

	TS	Rfa	Rp	Wdk ME	Wdk NEL	Schw ME	Pfd DE	Ca	P
	g	g	g	MJ	MJ	MJ	MJ	g	g
Kartoffelpülpe[1]	130	21	7	1,50	0,90	1,6	1,79	0,1	0,3
Kartoffelschlempe	70	7	25	0,84	0,53	0,8	–	0,1	0,6
Kartoffeleiweiß	915	7	770	–	–	16,7	16,3	1,0	5,0

[1] Für Schw erst nach Kochen (Stärkeaufschluss) verwertbar

5.2.3 Verwendung

Frische Pülpe und Schlempe werden vorwiegend bei Wdk eingesetzt (in der Pülpe über 15 % Rfa in der TS); Schlempemengen bei Wdk: s. S. 209, bei übermäßigem Schlempeeinsatz Risiko für Pansenacidosen, evtl. auch Hauterkrankungen („Schlempe-Mauke“ = vesikuläres Exanthem in den Fesselbeugen, dessen Ursache bisher nicht geklärt ist); getrocknete Kartoffelschlempe und -pülpe können in Mischfuttern für diverse Spezies genutzt werden (limitierend hier evtl. Rfa-Gehalt).

Das wertvollste Nebenprodukt aus der industriellen Stärkekartoffelverarbeitung ist das Kartoffeleiweiß, eine hochverdauliche Proteinquelle, die bei Jungtieren mit hohem Proteinbedarf (insbesondere seit dem Verbot verschiedener Eiweißfuttermittel tierischer Herkunft) sowie in der Diätetik von Leber- und Nierenerkrankungen von Flfr zum Einsatz kommt.

6 Getreidekörner

Die Samen verschiedener Arten von Getreide dienen seit altersher der Ernährung von Menschen und Tieren. Die Getreidekörner sind dabei klassische Konzentrate, in denen die Energiedichte im Wesentlichen durch die Stärke bestimmt wird. Bei der Nutzung als Lebens- bzw. Futtermittel ist zu differenzieren zwischen dem Getreidekorn in toto und einer Verwertung unterschiedlicher Anteile des Korns.

6.1 Allgemeine Charakterisierung des Getreidekorns (= Caryopse)

6.1.1 Aufbau eines Getreidekorns (Weizen)

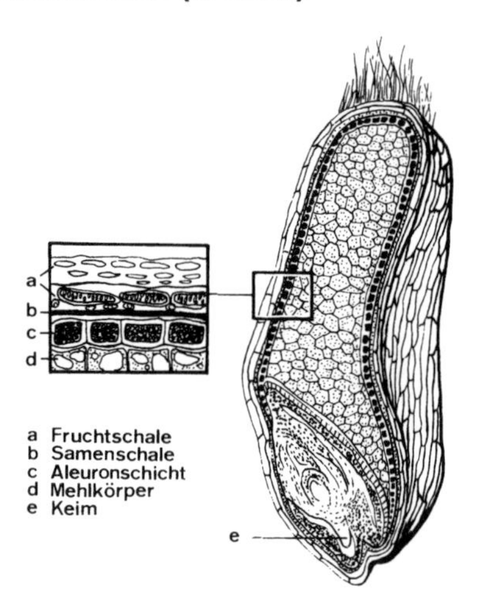

Verteilung der Nährstoffe im Getreidekorn (Roggen, Weizen) nach PELSHENKE

		Fruchtschale	Samenschale	Aleuronschicht	Mehlkörper	Keimling
Anteil am Gesamtkorn, %		5,5	2,5	7	82,5	2,5
Rohasche	Angaben	5	**20**	5–10	1	4,5
Rohprotein	Angaben	7,5	18	**30–38**	9–14	26
Rohfett	Angaben	0	0	10	1–2	**10**
Rohfaser	Angaben	**38**	1	6	0,2	2
NfE	Angaben	49,5	50	30–40	**81–87**	50

Die in obiger Tabelle beschriebene Verteilung der Hauptnährstoffe im Getreidekorn ist entscheidend für das Verständnis der Zusammensetzung von Produkten aus der Getreideverarbeitung. Je nachdem, welche Kompartimente hierbei genutzt, separiert oder entfernt werden, ergibt sich eine sehr unterschiedliche chemische Zusammensetzung der Nebenprodukte (näheres s. S. 90, 92).

6.2 Allgemeine Eigenschaften

Zunächst einmal sind alle Getreidekörner als stärkereich zu charakterisieren. Bei der Stärke der Getreidekörner handelt es sich biochemisch um α-1-4-glycosidisch gebundene Glucose; die Stärke der verschiedenen Getreidearten unterscheidet sich u. a. in der Struktur (Anteil von Amylose und Amylopectin) sowie in Form und Größe der Stärkegranula, wodurch nicht zuletzt die enzymatische Abbaubarkeit (d. h. auch Abbaugeschwindigkeit) variiert (z. B. Stärke aus Maiskörnern: eher verzögerter Abbau). Weitere Kennzeichen der Zusammensetzung: geringer Rohfasergehalt (rd. 2 %, außer Hafer, Gerste); hohe bis mittlere Verdaulichkeit; mittlerer Eiweißgehalt (rd. 10 %); geringer Gehalt an Lysin, Methionin, Threonin, Tryptophan (Mais) und Fett (außer Hafer, Mais); niedriger Ca-Gehalt (0,2–1,2 g/kg), aber hoher P-Gehalt (3,5–4,2 g/kg, davon 60–70 % Phytinphosphor); auch geringer Na- (0,2–0,5 g/kg) und Zn-Gehalt (<30 mg/kg uS).

Außer Vit E (im Keimling) kaum fettlösliche Vit; Vit B_2, zum Teil auch Pantothensäure- und Niacingehalt (Mais!) relativ zum Bedarf von Monogastriern nicht ausreichend; B_{12} fehlt wie bei allen pflanzlichen FM.

Im Unterschied zu den übrigen Getreidearten sind beim Mais Sonderformen der Ernte zu berücksichtigen, bei denen neben dem Korn auch der Kolben insgesamt bzw. Teile des Kolbens mit geerntet, konserviert und verfüttert werden. Hierdurch bedingt kommt es zu einer erheblichen Veränderung in Zusammensetzung und Futterwert.

6.3 Zusammensetzung

6.3.1 Energie- und Nährstoffgehalte (pro kg uS)

	TS g	Stärke g	Rfe g	Rfa g	Rp g	Wdk ME MJ	Schw ME MJ	Pfd DE MJ
Weizen (Winter)	880	590	17	26	119	11,8	13,7	13,5
Roggen	880	570	15	25	98	11,7	13,3	14,0
Triticale	880	590	17	24	135	11,6	13,7	13,5
Gerste (Winter)	880	530	22	60	104	11,3	12,4	12,8
Hafer	880	395	47	102	110	10,1	11,3	11,5
Milokorn (Hirse)	880	645	30	23	103	11,5	14,2	13,1
Reis, geschält	880	720	17	7	80	11,9	14,8	14,0
Dinkel	880	582	22	98	111	10,7	–	10,8
Maiskörner	880	612	40	23	93	11,7	14,1	13,6
CCM*	600	374	26	32	63	7,79	8,94	9,10
Maiskolbenschrot*	600	348	24	44	59	7,51	8,34	9,00
Lieschkolbenschrot*	500	213	18	58	49	6,14	6,08	7,12

* siliert

In der Tabelle zu Energie- und Nährstoffgehalten in Getreide verdient Erwähnung, dass die aus dem Mais gewonnenen Produkte (CCM/MKS/LKS) allgemein als silierte Feuchtprodukte zum Einsatz kommen, d. h. niedrigere TS-Gehalte aufweisen. Bezogen auf 88 % TS (wie bei den anderen Komponenten) ergeben sich allerdings deutlich höhere Energiedichten.

FM aus der Maispflanze sowie dem Maiskolben in Abhängigkeit vom Ernteverfahren

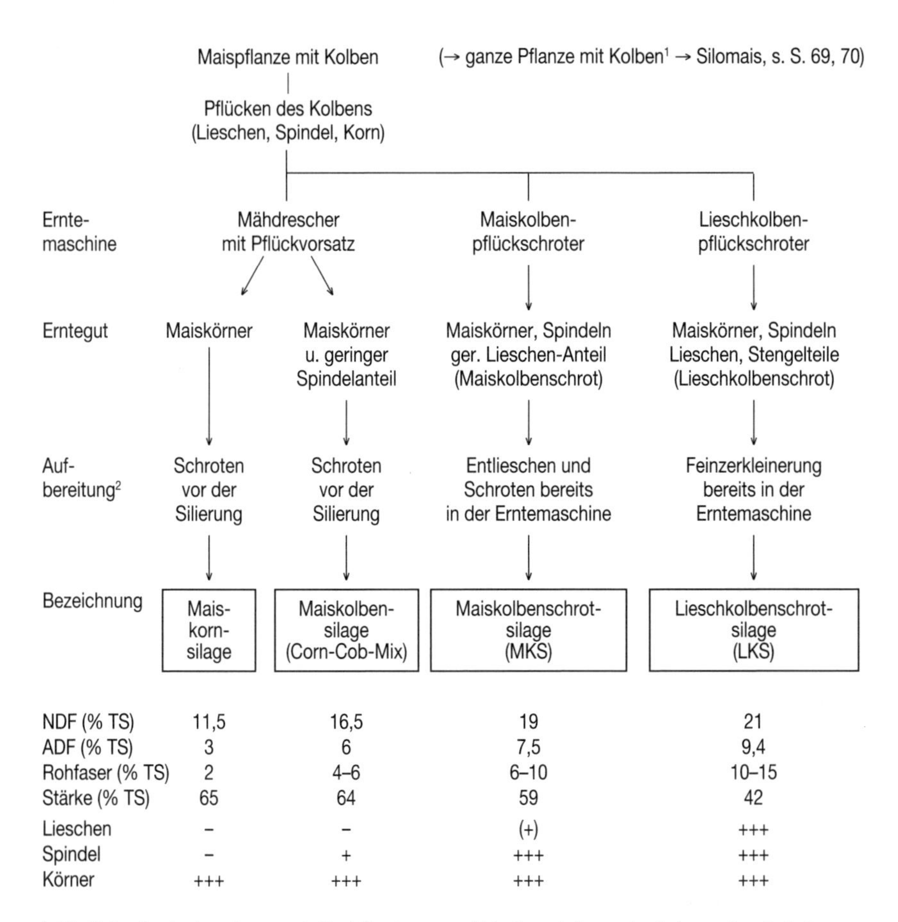

	Maiskornsilage	Maiskolbensilage (Corn-Cob-Mix)	Maiskolbenschrotsilage (MKS)	Lieschkolbenschrotsilage (LKS)
NDF (% TS)	11,5	16,5	19	21
ADF (% TS)	3	6	7,5	9,4
Rohfaser (% TS)	2	4–6	6–10	10–15
Stärke (% TS)	65	64	59	42
Lieschen	–	–	(+)	+++
Spindel	–	+	+++	+++
Körner	+++	+++	+++	+++

[1] Künstlich getrocknete und verpresste Produkte der ganzen Maispflanze haben regional eine gewisse Bedeutung erlangt. Einsatz und Futterwert entsprechen eher einem Kraftfuttermittel als einem Grundfutter.

[2] Schroten weichen Materials = Musen

6.3.2 Nicht-Stärke-Polysaccharide

Neben Stärke enthält Getreide auch unterschiedliche Gehalte an Nicht-Stärke-Polysacchariden. Neben der Cellulose, die in der Rohfaserfraktion erfasst wird, verdienen besondere Beachtung die β-Glucane (1,3-1,4-β-D-Glucane) und Pentosane (β-glycosidisch verknüpfte Xylose mit Arabinose-Seitenketten) sowie Pektine (Polygalacturonsäure in α-glycosidischer Bindung, max. 10 g/kg TS), die teils in der Rohfaserfraktion und teils in der NfE-Fraktion erfasst werden (vgl. auch NDF-/ADF-Gehalte). Diese Nicht-Stärke-Polysaccharide können nicht durch körpereigene Enzyme abgebaut werden. Lösliche Anteile der β-Glucane (bes. Gerste und Hafer) und der Pentosane (Roggen > Triticale > Weizen) können eine Viskositätserhöhung im Chymus bewirken.

Gehalt an β-Glucanen und Pentosanen im Getreide (g/kg uS)

Getreide	β-Glucane		Pentosane	
	gesamt	löslich	gesamt	löslich
Hafer	30–66	?	58–90	?
Gerste	26–60	24–50	31–60	5–8
Roggen	13–47	–	59–122	19–45
Weizen	3–11	–	35–70	5–23
Mais	~1	–	33–68	4–10

6.3.3 Aminosäurengehalte (g/kg uS)

im Getreide	Gehalte	Richtwerte im Alleinfutter für Mastschw	Legehennen
Lysin	2,7–4,2	~ 9	~ 7
Methionin und Cystin	3,2–4,3	~ 5,4	~ 5,8
Threonin	3,3–3,6	~ 5,4	~ 4,7
Tryptophan	0,6–1,4	~ 1,8	~ 1,5

6.4 Verwendung

Merke: Getreidekörner – ganz bzw. geschrotet, gewalzt, gequetscht – können vielseitig und wegen ihrer guten Verträglichkeit auch in größeren Mengen bei allen Spezies vor allem als Energielieferanten eingesetzt werden. Einseitige Verwendung verlangt stets Ergänzung von Ca, Vit A, D und B_{12}, bei wachsenden Tieren auch von Eiweiß bzw. AS, bei Herbivoren von Strukturstoffen.

Aufgrund ernährungsphysiologischer sowie ökonomischer Bedingungen werden die Getreidekörner bei den verschiedenen Haustierspezies in der Reihenfolge ihrer Bedeutung etwa wie folgt eingesetzt:

Pfd: Hafer, Gerste, Mais, Dinkel (Weizen, Roggen, Triticale weniger geeignet → Klebereiweiße können im Magen verkleistern → Magenkoliken)

Wdk: Maisprodukte sowie alle anderen Getreidearten je nach Preis

Schw: Gerste, Mais, Weizen, Triticale, auch Roggen und Hafer, Milokorn

Gefl: Mais, Weizen, Milokorn, Gerste, z. T. Roggen, Triticale und Hafer

Flfr: Mais-, Hafer-, Weizenflocken bzw. thermisch behandelte Produkte, Reis (geschält) insbes. aus diätetischen Gründen

Kl. Nager: insbesondere bei granivoren Spezies als Basis der Mischfutter

Ziervögel: Haferkerne, verschiedene Hirsearten, Mais, Reis.

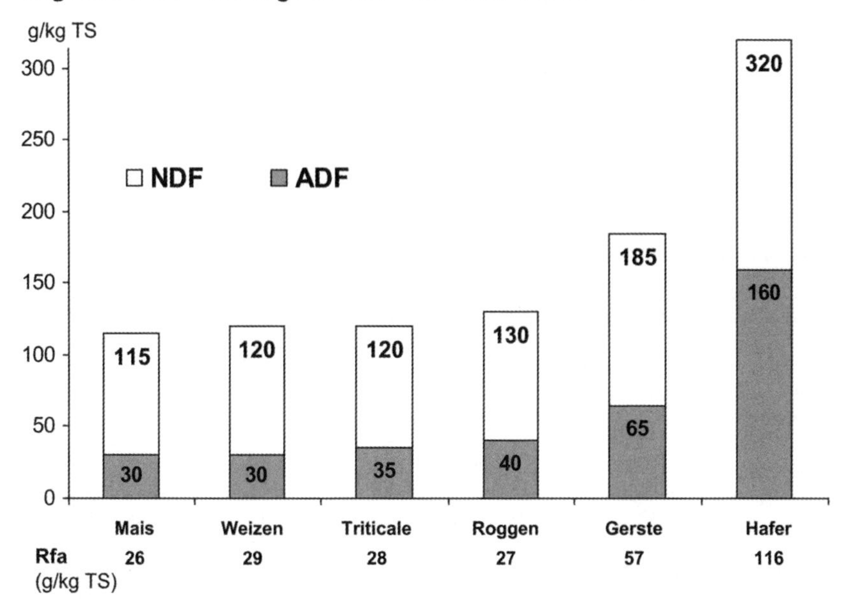
Vergleichende Darstellung zum NDF-/ ADF-Gehalt in Getreide
g/kg TS
300
250
200
150
100
50
0
NDF
ADF
115
30
120
30
120
35
130
40
185
65
320
160
Mais
Weizen
Triticale
Roggen
Gerste
Hafer
Rfa
(g/kg TS)
26
29
28
27
57
116

7 Nebenprodukte der Getreideverarbeitung

7.1 Mühlennachprodukte

Die Verarbeitung von Getreide in Mühlen zielt auf die Gewinnung und Separierung unterschiedlicher Teile des Getreidekorns zur Gewinnung von Lebensmitteln (Mehl, Stärke, Keimöle). Dabei werden nachfolgend zunächst die Nebenprodukte aus der Mehlmüllerei, danach die aus der Stärkemüllerei (v. a. aus der Verarbeitung von Mais) dargestellt.

7.1.1 Definition und allgemeine Eigenschaften

Entsprechend dem Grad der Trennung des Endosperm von der Frucht- und Samenschale bei der Mehlherstellung fallen Nebenprodukte mit unterschiedlichen Mengen an Stärke bzw. Schalenanteilen an. Folgende Produkte (beginnend mit den höchsten Stärkegehalten) sind im Handel: Nachmehle, Futtermehle, Grießkleien (= Bollmehl), Kleien, (seltener) Schälkleien. Kleien zeigen im Vergleich zum ganzen Getreidekorn häufiger einen höheren Besatz mit Keimen und ggf. auch Toxinen/Mykotoxinen, s. 130 f.).

Im Vergleich zum Getreidekorn sind in den Nachprodukten aus der Mehlmüllerei die Gehalte an Stärke geringer (s. S. 90a), die an Rfa, Rp, AS, P und Vit B höher; ungünstiges/inverses Ca/P-Verhältnis, geringe Ca- und hohe P-Gehalte. Die Gehalte an NDF und ADF erreichen in Weizenkleie Werte von ~515 bzw. 150 g/kg TS.

Wird Getreide zur Gewinnung reiner Stärke herangezogen, so erfolgt hierbei eine sehr weitgehende Separation der verschiedenen Anteile des Korns, die dann besondere Inhaltsstoffe enthalten (Kleber: Protein; Keim: Öl; Achäne: Rfa) sowie reine Stärke.

7.1.2 Nebenprodukte der Mehlmüllerei (Angaben in g/kg uS)

	TS g	Rfa g	Rfe g	Stärke g	Rp g	Wdk ME MJ	Pfd DE MJ	Schw ME MJ	Ca g	P g
Nachmehle										
Roggen	878	22	29	350	150	15,4	13,5	13,1	0,8	4,6
Weizen	880	29	47	410	176	11,9	13,2	14,4	0,9	7,4
Futtermehle										
Roggen	875	29	29	300	149	10,8	13,0	11,7	1,1	8,1
Weizen	880	42	50	330	179	11,5	12,4	13,1	1,1	8,9
Hafer	910	48	67	490	135	–	12,9	14,2	1,0	5,1
Gerste	870	64	29	320	117	10,0	12,1	11,4	1,7	4,1
Grießkleien										
Roggen	878	51	32	180	145	9,70	12,1	10,6	2,2	8,3
Weizen	880	82	46	200	158	9,83	11,1	10,7	1,2	8,8
Kleien										
Roggen	881	71	32	140	144	9,40	10,7	9,3	1,5	8,4
Weizen	880	108	37	150	143	8,73	9,7	9,1	1,5	11,4
Schälkleie										
Hafer	910	235	32	65	73	7,87	7,0	5,2	1,9	3,4

Rfa- und Stärkegehalte (g/kg uS) **verschiedener Mühlennachprodukte des Weizens**

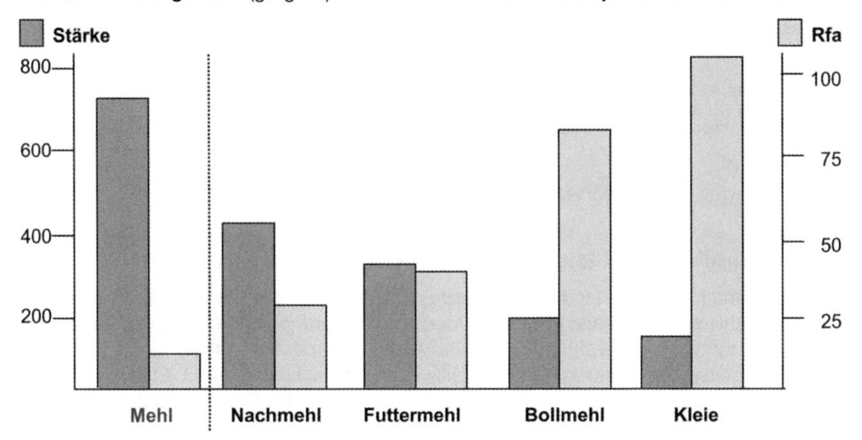

VERWENDUNG

Rfa-reiche Produkte: Grießkleien und Kleien vorwiegend bei Wdk, Pfd und Zuchtsauen als Komponenten im Mischfutter (10–30 %),

Weizenkleie: leicht abführende Wirkung, Pfd bis 1, Milchkuh 2, Mastrind bis 3 kg/Tag,

Rfa-ärmere Produkte wie Futter- und Nachmehle: vorwiegend bei Schw und Gefl in MF.

7.1.3 Nebenprodukte der Stärkegewinnung aus Getreide

Wird Getreide (insbesondere Mais, aber auch Weizen) in der „Nass-Müllerei" (s. S. 91a) zur Stärkegewinnung verarbeitet, so fallen hierbei besondere Nebenprodukte an.

Von der Nassmüllerei (s. S. 91a) ist die Trockenmüllerei von Mais zu unterscheiden, bei der eine mechanische Separation (Prallschleuder) von Maiskeimen und Endosperm bzw. Rest des Korns stattfindet. Maiskeime mit anhaftendem Endosperm werden auch zur Maiskeimölgewinnung herangezogen, das hierbei anfallende Nachprodukt Maiskeimextraktionsschrot ist entsprechend stärkereicher als das aus der Nassmüllerei (= Stärkeindustrie).

Zusammensetzung von Nebenprodukten der Stärkegewinnung (pro kg uS)

	TS	Rfa	Rp	Wdk		Pfd	Schw	Ca	P
	g	g	g	ME MJ	NEL MJ	DE MJ	ME MJ	g	g
Kleberfutter									
Mais	880	77	210	11,0	6,83	11,8	10,2	1,5	10,0
Weizen	880	150	145	10,6	6,54	12,0	10,1	4,4	6,1
Kleber									
Mais	900	14	645	13,7	8,56	16,9	16,9	1,0	3,8
Weizen	900	2	774	14,1	8,83	18,8	17,9	1,0	2,5
Keimextrakt.-schrote									
Mais									
– Nassmüllerei	889	84	219	11,6	7,32	11,1	11,3	0,4	7,5
– Trockenmüllerei	893	73	119	11,1	6,97	10,6	11,6	0,6	6,6
Weizen	870	38	289	–	–	13,6	13,9	0,8	9,0
Keime									
Mais	930	17	129	–	–	17,9	19,5	0,5	5,2
Weizen	900	22	264	–	–	13,5	13,8	0,6	8,9
Quellstärke, Mais	950	2	4	12,9	8,46	15,0	–	0,5	1,8

Während Kleberfutter und Kleber sowie die proteinreicheren Keimextraktionsschrote in Mischfuttern für diverse Spezies als Rp-Quelle (mit allerdings nur mäßigen Lys-Gehalten) genutzt werden, dienen die proteinärmeren Keimextraktionsschrote sowie getrocknete Keime bzw. Stärke (bzw. Quellstärke) primär als Energiequelle (nicht zuletzt besondere Quellstärken mit einer Teilverzuckerung der Stärke in der Jungtierernährung).

Maiskleber bzw. -futter ist im Übrigen reich an Carotinoiden (Lutein und Zeaxanthin), hinsichtlich der Proteinqualität ist der geringe Trp-Gehalt erwähnenswert.

Nebenprodukte und Futtermittel aus der Nassmüllerei
(Verfahren und Charakterisierung)

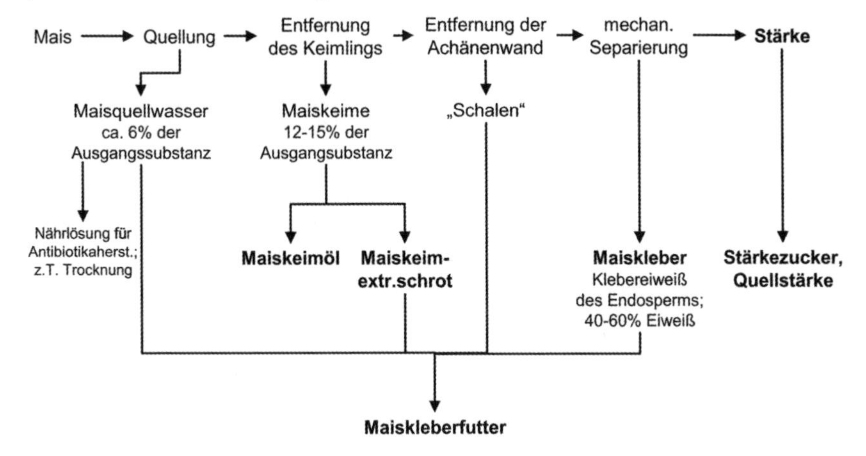

7.2 Nebenprodukte der Brauerei und Brennerei

7.2.1 Definition

Restprodukte von Getreidekörnern, deren Endosperm weitgehend durch Umwandlung der Stärke in Zucker mit anschließender Vergärung zu Alkohol entfernt wurde.

Die verbleibenden Produkte, die je nach Verfahren zum Teil nur einzelne Fraktionen des Getreidekorns enthalten, weisen gegenüber dem Ausgangsmaterial erhöhte Gehalte an Rfa, Rp (z. T. mikrobiell umgesetzt), P, B-Vit und evtl. an Cu (Kontamination) auf, der Anteil an NfE ist dagegen reduziert; z. T. wasserreich (Schlempen), so dass eine Verwertung in unmittelbarer Nähe der Produktion üblich ist.

7.2.2 Verarbeitungsverfahren

BRAUEREI

Bei der Herstellung von Bier auf der Basis von Braugerste (seltener Weizen) fallen erhebliche Mengen an Nebenprodukten an; besondere Bedeutung haben dabei die Treber (= nahezu stärkefreier, faser- und Rp-reicher Rest des Getreidekorns) und die Bierhefe, die als Rp-reiches (aber auch viel Nukleinsäuren-N!) FM mit höchsten Vit B-Gehalten geschätzt wird. Biertreber (frisch bzw. siliert) zeigt vergleichsweise hohe NDF- und ADF-Gehalte (570 bzw. 255 g/kg TS; 178 g Rfa/kg TS).

Brauerei-Verfahren und Nebenprodukte, die als FM größere Bedeutung haben

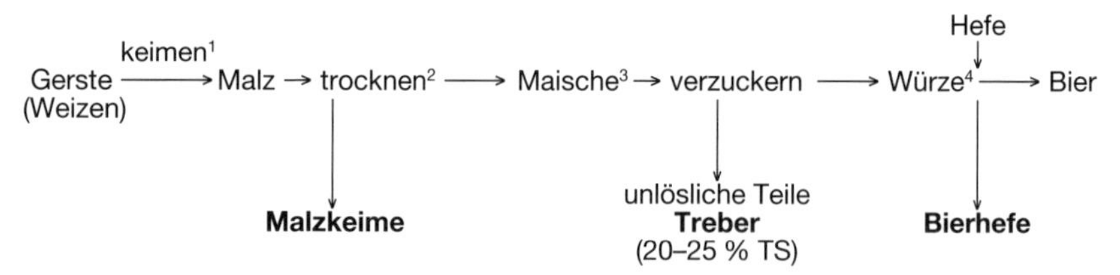

[1] Bildung der für den Abbau der Stärke notwendigen Amylase
[2] Unterbrechung der Keimung, Entfernen der Keime
[3] Malz wird geschrotet, mit Wasser versetzt, bei 65–75 °C Übergang von Stärke in Zucker
[4] Zugabe von Hopfen, nach Abkühlung auch von Bierhefe, Vergärung bei 4–12 °C

BRENNEREI

In der Brennerei wird das Getreide (insbesondere Roggen, Weizen) geschrotet, darauf folgt nach Wasserzusatz eine Erhitzung (thermischer Aufschluss); entweder durch die Zugabe von Malz (enthält korneigene Amylase, s. Brauerei) oder großtechnisch gewonnener Enzyme (Amylasen mikrobieller Herkunft) wird die Stärke des Getreides in Zucker umgewandelt, durch zugesetzte Hefen wird dann der Zucker zu Alkohol vergoren. Unter Erhitzung des flüssigen Mediums wird der Alkohol abdestilliert; die verbleibenden Reststoffe (= Schlempe) werden schließlich entweder frisch oder nach Trocknung als FM genutzt.

7.2.3 Zusammensetzung (pro kg uS)

	TS g	Rfa g	Rp g	Wdk ME MJ	Wdk NEL MJ	Schw ME MJ	Ca g	P g	Vit B_2 mg	Nicotinsäure mg
Malzkeime, getr.	920	130	279	9,53	5,68	9,4	2,3	7,1	8,0	52
Treber, getr.	900	154	227	9,51	5,57	8,3	3,9	6,3	0,9	18–65
Bierhefe, getr.	900	19	448	11,20	6,85	13,1	2,3	15,7	30,0	405
Weizenschlempe	70	5	22	0,91	0,56	0,79	0,1	0,2		
Roggenschlempe	85	8	28	1,10	0,68	–	0,1	0,3	1,2	4–5
Maisschlempe	70	8	20	0,96	0,60	0,98	0,2	0,6		
Maisschlempe getrocknet[1]	900	90	267	11,4	7,00	11,3	2,5	7,5	3,1	41
Weizenschlempe getrocknet	945	76	370	11,5	7,00	11,9	1,1	8,5	–	–

[1] Corn distillers

7.2.4 Verwendung, empfohlene Tageshöchstmengen
(in kg uS bzw. % des MF)

	Pfd	Milchkuh	Mastrd	Schf	Schw	Gefl
Malzkeime	bis 1,5[1]	bis 3[2]	2–3[3]	bis 0,3	5–15 %	5–15 %
Treber, frisch	bis 15	12–15	10–12	1–3[4]	1–4[4]	–
Treber, getr.	bis 4	2–3	2	0,5	bis 10 %	5–10 %
Bierhefe, getr.	0,5–1[5]	1[6]	0,5	bis 0,3	2–5 %[7]	2–5 %[7]
Weizenschlempe, Roggenschlempe, Maisschlempe	–	40	60	5[8]	2–4[9]	<10[10]

Malzkeime:

[1] oder bis 10 % in der Gesamtration; nur im Gemisch mit schmackhaften Komponenten; nicht an Stuten, Fohlen oder Sportpferde (N-Methylamine) → Doping-Relevanz!

[2] oder bis 15 % im Kraftfutter; größere Mengen führen zu bitterem Milchgeschmack; Jungtiere bis 1 kg, Mastbullen bis zu 35 % im Kraftfutter, bis 5 % im Kälberaufzuchtfutter

[3] bis 35 % im Kraftfutter

Treber:

[4] in Kombination mit hochverdaulichen FM an Mastschweine ab 35 kg KM, Zuchtschw, bei Schf Risiko erhöhter Cu-Aufnahme beachten

Bierhefe:

[5] in Verbindung mit stärkehaltigen, eiweißarmen Futtermitteln; Fohlen bis 0,1 kg

[6] an Wdk zur Aktivierung der Pansenflora bei Indigestionen, 3–5 % im Kälberfutter

[7] als Protein-/AS-Quelle und Vit B-Träger im Kraftfutter für Mast- und Zuchttiere

Schlempen:

[8] nicht an Jungtiere sowie hochtragende und säugende Muttern

[9] an Tiere über 40–50 kg; nicht an hochtragende und säugende Sauen

[10] als Proteinträger (begrenzend ist der Rfa-Gehalt)

8 Leguminosenkörner und fettreiche Samen

8.1 Allgemeines

LEGUMINOSENKÖRNER sind – im Vergleich zu Getreide – deutlich proteinreicher, ihr Stärkegehalt ist jedoch wesentlich niedriger (Erbsen: 42 %, Ackerbohnen: 37 %) bzw. sogar unbedeutend (Lupine und Sojavollbohne: unter 5 %). Der Rfa-Gehalt (60–90 g/kg TS) ist jedoch höher (dennoch gute Verdaulichkeit infolge geringer Lignifizierung der Rfa); NDF- und ADF-Gehalte s. S. 94a; BW des Proteins nur mäßig (außer Soja; geringe Trp- und Met-Gehalte, evtl. auch geringere praecaecale VQ); hinsichtlich Mineralstoff- und Vitamingehalt ähnlich dem Getreide: Rfe-Gehalt in Lupinen, insbesondere in Sojabohne höher; Soja- und Ackerbohne mit rd. 5 % schwer verdaulichen Zuckern (Raffinose, Stachyose), evtl. Förderung intestinaler Gasbildung. Verschiedene nachteilig wirkende Inhaltsstoffe machen eine Limitierung bzw. besondere Bearbeitung (z. B. Toastung bei Soja) erforderlich.

Die FETTREICHEN SAMEN zeichnen sich neben dem hohen Fettgehalt auch durch hohe Rp-Gehalte aus (mäßige BW), andererseits sind sie stärkefrei. Bei geringem bis mittlerem Ca-Gehalt ist der P- und Mg-Gehalt hoch. Schädliche Inhaltsstoffe, bei Sonnenblumensamen auch der unverdauliche Schalenanteil, beschränken den Einsatz.

8.2 Zusammensetzung (pro kg uS)

	TS g	Rfa g	Rfe g	Rp g	Lys g	Met + Cys g	Trp g	Wdk ME MJ	Pfd DE MJ	Schw ME MJ	Ca g	P g	Besondere Inhaltsstoffe (s. auch S. 125 ff.)
Futtererbse	870	58	13	226	16,6	5,2	3,2	11,7	12,8	13,7	0,8	4,2	Gerbsäuren
Ackerbohne	870	79	14	261	17,7	5,0	2,5	11,8	13,6	12,6	1,4	4,0	Cyanoglykoside
Lupine, gelb, süß	895	149	44	404	19,6	11,7	2,8	12,8	12,9	12,5	2,4	4,6	Alkaloide
Sojabohne, getoastet	935	58	202	364	21,3	9,7	4,5	14,8	16,0	16,6	2,7	6,0	Trypsinhemmer, Lectine
Rapssamen	920	57	395	216	12,9	11,2	3,0	16,1	-	17,6	4,4	8,7	Glucosinolate, Erucasäure[2]
Leinsamen	910	66	334	320	9,0	9,9	4,5	15,8	14,1	18,6	2,5	4,0	Cyanoglykoside, Linatin
Baumwollsamen	920	228	190	207	12,8	6,6	2,7	12,6	-	-	1,9	11,5	Gossypol
Sonnenblumensamen	920	199	337	193	6,5	7,5	2,7	16,4	-	-	2,6	3,5	

[1] Schw [2] 0 Raps: reduz. Erucasäuregehalt, 00 Raps: reduz. Erucasäure- u. Glucosinolatgehalt

8.3 Verwendung

Die einheimischen Leguminosen (Ackerbohne, Erbse, Lupine) haben eine zunehmende Bedeutung als Rp-liefernde FM, insbesondere im biologischen Landbau. Aber auch in konventionellen Betrieben haben diese FM als Mischfutterbestandteile ihre Bedeutung.

	Milchkuh	Mastrind	Schwein	Mastgefl.	Legehennen
	% im Kraftfutter (max.)				
Futtererbsen	30		10–20	20/35[1]	20/30[1]
Ackerbohnen	30		10–20	20	10
Süßlupinen	25		5–15	20	20–30

[1] höhere Anteile bei weißblühenden Sorten

Vergleichende Darstellung zum NDF- und ADF-Gehalt in Leguminosenkörnern

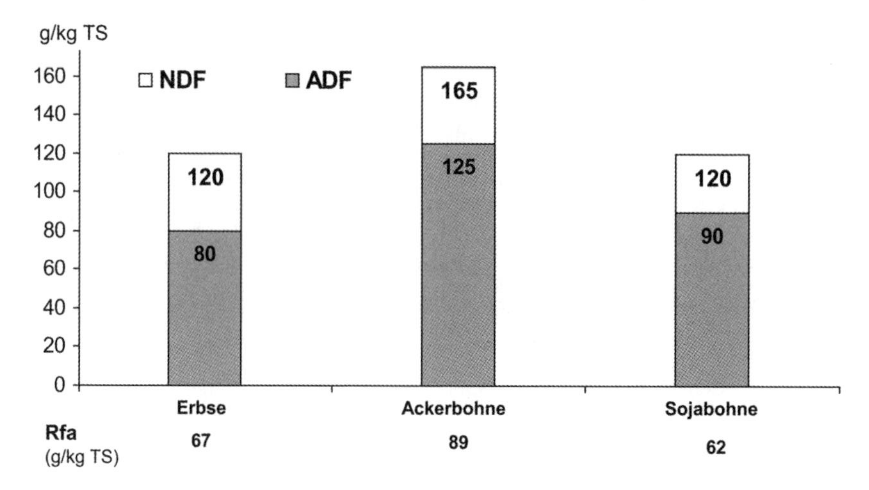

Die übrigen FM dieser Gruppe müssen hinsichtlich der Verwendung differenziert werden:

getoastete Sojabohne: Höherer Fettgehalt bei Wdk problematisch bzw. wegen des Einflusses auf die Körperfettqualität (Schw, Gefl) im MF nur limitiert einzusetzen, evtl. bei lakt. Stuten;

Leinsamen: Einsatz vorwiegend unter diätetischen Aspekten (Schleimstoffe, ess. Fettsäuren, beachtlicher Proteingehalt, reich an Selen), leicht laxierende Wirkung (Nutzung peripartal, bei Pfd mit Kolikneigung, hier bis zu 1 kg je Tier und Tag), vor der Fütterung heiß aufbrühen (70 °C heißes Wasser), um HCN-freisetzende Enzyme zu inaktivieren (bei Mengen bis 200 g/Pfd u. Tag nicht nötig;

Baumwollsamen: Bis zu max. 1 kg/Kuh u. Tag (hoher Anteil von Bypass-Protein);

Sonnenblumensaat: Bes. in MF für Ziervögel (Papageien!) bis zu 40–50 %, auch in Taubenfutter, Konzentraten für Hamster u. Ä.

9 Nebenprodukte der Öl- und Fettgewinnung

Öle und Fette pflanzlicher Herkunft haben in der Ernährung des Menschen, aber auch als Futtermittel (insbesondere seit dem Verbot tierischer Fette bei Spezies, die der LM-Gewinnung dienen) sowie als Industrierohstoffe eine große Bedeutung. Die hierbei anfallenden Nebenprodukte werden als FM insbesondere zur Proteinergänzung genutzt.

9.1 Definition und Eigenschaften

Nebenprodukte ursprünglich mehr oder weniger fettreicher Samen, Früchte oder anderer Pflanzenteile, denen das Fett mechanisch (durch Pressen) oder chemisch (durch Extraktionsmittel) zu einem erheblichen Teil bzw. nahezu vollständig entzogen wurde. Infolge des Fett-/Ölentzugs kommt es in den Restprodukten zu einer relativen Anreicherung/Konzentrierung von Rp und der sonstigen Nährstoffe, aber evtl. auch sekundärer Inhaltsstoffe (z. B. ANF wie Glucosinolate).

Allgemeine Eigenschaften: mehr oder weniger eiweißreiche, mäßig bis gut verdauliche FM mit auffällig hohen Gehalten an P (5–10 g/kg), Mg (3–5 g/kg), B-Vit (außer B_{12}); allgemein auch höhere Cu-Gehalte (bis über 25 mg/kg). Nicht zuletzt ist die Zusammensetzung der Nebenprodukte sehr stark davon abhängig, inwieweit Hülsen und Schalen mit in die Verarbeitung, d. h. in den Prozess des Fettentzuges gelangen (die Rfa „verdünnt" also die wertvolleren Inhaltsstoffe der Restprodukte).

9.2 Herstellung

VORBEHANDLUNG (dem Fettentzug vorgeschaltet)

Schalen oder sonstige schwer verdauliche Teile werden vollständig, teilweise oder nicht entfernt. Handelsbezeichnungen: geschält (ohne Schalen)
teilgeschält (teilweise ohne Schalen)
ungeschält (mit Schalen)

FETTENTZUG

Plattenpressen	→ Kuchen	(bis 10 % Fett)
Expellerpressen	→ Expeller	(bis 5 % Fett)
Extraktion	→ Extraktionsschrote	(bis 1 % Fett)

Mit der Reduktion des originären Rfe-Gehaltes kommt es zu einer entsprechenden Anreicherung des Rp (s. Abb. S. 96a) und der übrigen Nährstoffe, allerdings auch der unerwünschten Stoffe, wie z. B. der Glucosinolate in Rapsprodukten. An antinutritiven Inhaltsstoffen verdienen des Weiteren Erwähnung: Trypsinhemmstoffe (Soja), das Gossypol (Baumwollsaat) sowie in Leinsaatprodukten HCN-haltige Glykoside.

Die Konsequenzen des unterschiedlich intensiven Fettentzugs für die Zusammensetzung der Produkte zeigt die Abbildung auf S. 96a

9.3 Zusammensetzung der wichtigsten Extraktionsschrote (pro kg uS)

Rp-Gehalt	Rfa g	Rp g	AS-Muster Lys g/100 g Rp	Met/Cys g/100 g Rp	Schw prc VQ_{Rp} (%)	Schw ME MJ	Wdk rum Rp-Abbau (%)	Wdk ME MJ/kg	NEL MJ
hoch (>400 g/kg)									
Erdnuss – ohne Hülsen	50	500	3,6	2,6	83	13,8	75	12,1	7,57
Soja – mit Schalen	59	449	6,3	3,0	82	13,0	65	12,1	7,59
– ohne Schalen	34	482	6,3	3,0	82	14,4	65	12,1	7,56
– Sojaprot.-Konzentrat	34	599	6,3	3,0	85	12,4	–	–	–
Baumwollsaat (o. Schalen)	84	441	4,1	3,3	77	10,9	65	10,4	6,29
mittel (400–250 g/kg)									
Baumwollsaat (teilgeschält)	163	363	4,0	3,1	77	8,1	65	9,6	5,74
Raps (mit Schalen)	115	351	5,3	4,7	71	9,8	75	10,6	6,43
Sbl.-Saat – teilentschält	196	334	3,5	4,0	77	9,8	75	9,0	5,30
– mit Schalen	253	285	3,6	4,0	–	–	75	8,2	4,70
Lein (mit Schalen)	91	339	3,7	3,6	66	10,3	70	10,6	6,46
mäßig (<250 g/kg)									
Kokosnuss	142	209	2,6	3,1	–	8,9	50	10,7	6,65
Palmkern	175	165	2,9	3,5	54	7,5	65	9,9	5,96

Sbl. = Sonnenblumen

Bei den aufgeführten Extraktionsschroten sind futtermittelkundlich des Weiteren von Bedeutung:

Antinutritive Faktoren: (teils in Anlage 5 FMV)	Trypsinhemmstoffe (Soja) Gossypol (Baumwollsaat) Glucosinolate (Raps) HCN-haltige Glycoside (Lein)
Kontaminationen:	insbesondere mit Aflatoxinen, die gerade in warmen/feuchten Klimaten auf Erdnuss, Kokosnuss und Palmkernen vorkommen

Veränderung der Rp- und Rfe-Gehalte in Rapsprodukten bei unterschiedlicher Fettgewinnung

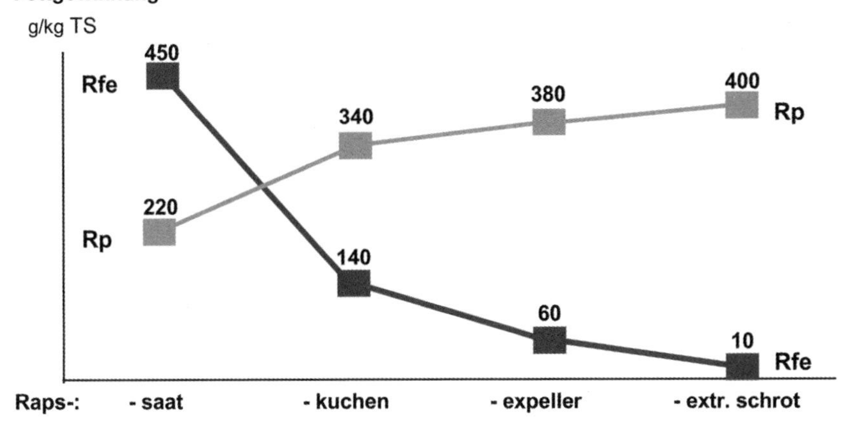

Vergleichende Darstellung zum NDF-/ ADF-Gehalt in EXTRAKTIONSschroten

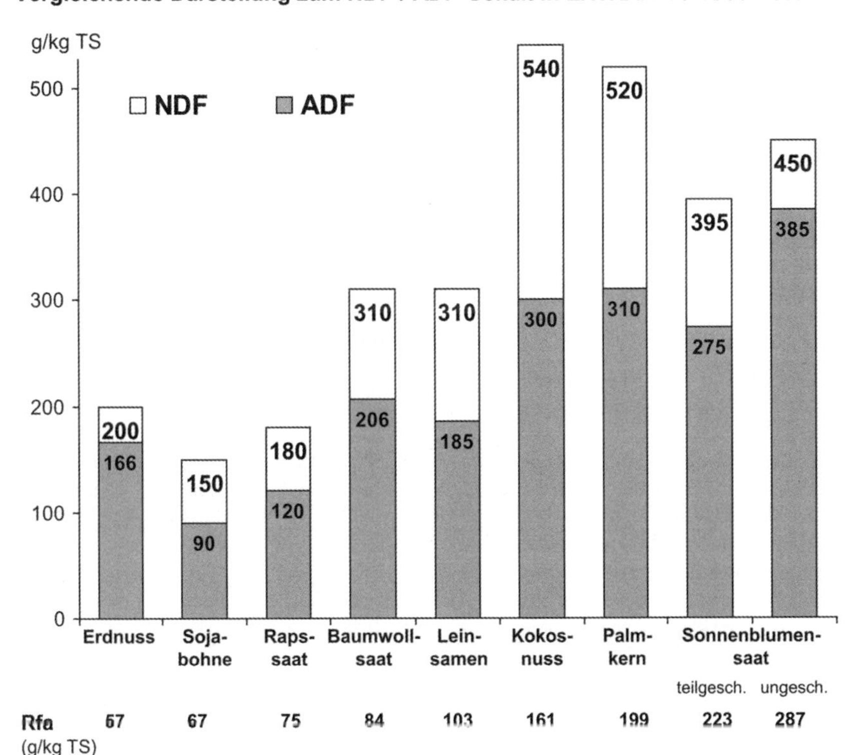

9.4 Verwendung

KUCHEN bzw. EXPELLER

Der Restfettgehalt und die Fettqualität sind hier besonders zu beachten: Bei Wdk sind mögliche nachteilige Effekte auf die Pansenflora zu berücksichtigen, bei Monogastriern mögliche Einflüsse auf die Konsistenz des Körperfetts (weiches Fett wegen der Gehalte an ungesättigten FS). In Mischfuttern bzw. Rationen sind die Kuchen und Expeller deshalb allgemein nur in moderaten Anteilen (<10 %) zu verwenden, sie werden jedoch evtl. gezielt verwendet (Beeinflussung der Milchfettqualität, Zufuhr an ungesättigten FS mit günstigen Effekten auf Haut und Haarkleid, evtl. auch zur Anhebung der Energiedichte im Mischfutter).

EXTRAKTIONSSCHROTE

Produkte mit hohem Rp-Gehalt: Bei hoher Verdaulichkeit für alle Tierarten geeignet, besonders für Monogastrier; Mengen entsprechend dem Eiweißbedarf der Tiere; Sojaextraktionsschrot wegen der hohen BW bei allen Tieren mit höherem Rp- und AS-Bedarf zur Eiweißergänzung geeignet. Sojaextraktionsschrot mit 6 % Stachyose und Raffinose (Verdauung im Dickdarm → Kotkonsistenz bei Jungtieren ↓, evtl. Flatulenz, Hd).

Die teils geringere ruminale Abbaubarkeit (Soja, Baumwollsaat) ist gerade in der Fütterung von Hochleistungskühen (angestrebt: höherer Anteil an UDP) von Vorteil. Kombinationen von Soja- und Rapsextraktionsschrot sind nicht nur aus Kostengründen interessant, sondern auch wegen der Ergänzungseignung (Soja: Lys ↑, Raps: S-AS ↑). Bei Rapsprodukten sind nicht nur wegen der Glucosinolatgehalte, sondern auch wegen der weniger günstigen geschmacklichen Eigenschaften Limitierungen (Obergrenzen) zu beachten.

Produkte mit mittlerem Rp-Gehalt: Verwendung bei einzelnen Tierarten begrenzt durch besondere Inhaltsstoffe, geringere Verdaulichkeit und geringere BW des Proteins.

Obergrenzen für die Verwendung

Extraktionsschrote von	Pfd	Milchkuh	Mast-Rd	Schw	Legehenne	Mast-Gefl
	kg/Tier/Tag			% im MF		
Baumwollsaat[1]	1	1	2	10	0	3
Sonnenblumensaat[2]	2,5	2,5	3,0	10	8	3–5
Leinsaat[3]	0,5	2	1	10	0	2
Rapssaat						
– 0-Sorten	0,5	1,5	0,5	5	0	5
– 00-Sorten	0,5	2,5	1,0	20	10[4]	15

[1] Gossypol limitierend [2] Schalenanteil limitierend [3] Linatin limitierend [4] nicht bei braunen Legehennen

Produkte mit nur mäßigem Rp-Gehalt wie Kokos-/Palmkernextraktionsschrot: Neben dem geringeren Rp-Gehalt ist hier insbesondere der hohe Rfa-Gehalt zu beachten, so dass hier besonders Wdk, evtl. auch Pfd und tragende Sauen für eine Verwertung in Frage kommen (Pfd bis 1 kg, Rinder bis 2 kg, tragende Sauen bis 10 % im Mischfutter).

Diätetische Aspekte: Bei Lein und Leinprodukten sind die schalenassoziierten Muzine erwähnenswert. Diese Polysaccharide gelten beim Geflügel als nachteilig (Erhöhung der Viskosität im Chymus), während bei den übrigen Spezies eine positive Wirkung dieser leicht fermentierbaren Kohlenhydrate im Sinne eines Prebiotikums (→ FFS ↑: Trophische Funktion für die Schleimhaut) erwartet werden kann.

10 Milch und Milchverarbeitungsprodukte

Die Milch stellt bei den verschiedenen Säugetierspezies unmittelbar nach der Geburt das erste „Alleinfutter" dar (hierzu siehe Kap. Neugeborene, Unterschiede in der Milchzusammensetzung der verschiedenen Spezies). Wird Milch zur LM-Gewinnung verarbeitet, fallen hierbei sehr unterschiedliche Nebenprodukte an, die auch als FM eine erhebliche Bedeutung haben, vom „Verfütterungsverbot" ist die gesamte Produktpalette nicht betroffen.

10.1 Allgemeine Eigenschaften

Hochverdauliche (keine Rfa) und eiweißreiche (außer Molke!) FM; hohe BW des Eiweißes, hoher Mengenelement- (außer Mg!), geringer Spurenelementgehalt; fettlösliche Vit: nur in Vollmilch, Gehalt variiert je nach Fütterung der Muttertiere; wasserlösliche Vit: reichlich; geringe Haltbarkeit, Konservierung durch Säuerung (Risiken durch ansaure Milch!) oder Trocknung (Gefahr der Eiweißschädigung).

Der Wert der verschiedenen Milchprodukte als FM ist entscheidend davon abhängig, welche Hauptnährstoffe der Milch (Fett, Eiweiß, Milchzucker) in welchem Umfang entfernt wurden. Die bei der Milchverarbeitung eingesetzten Hilfsstoffe (Säuren, puffernde Substanzen etc.) können evtl. auch in Nebenprodukten vorkommen (z. B. SO_4^{2-} sofern H_2SO_4 bzw. Na, wenn $NaHCO_3$ zur Pufferung verwendet wurde).

10.2 Milchverarbeitung

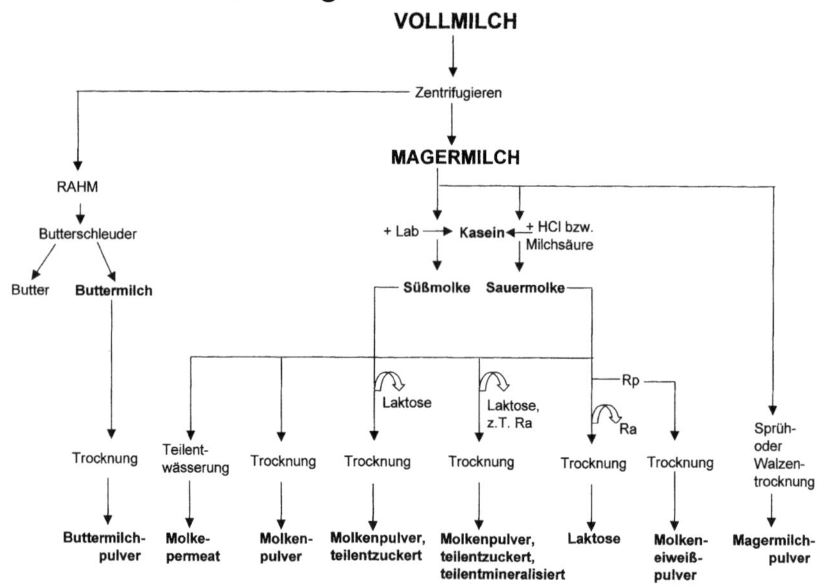

10.3 Konservierung (Magermilch, Molke)

Trocknen: Sprüh- (üblich) oder Walzentrocknung (eher selten, veraltet)

Säuern: dazu Reste der vergorenen Magermilch bzw. Molke vom Vortag oder Kulturen von Milchsäurebakterien dem frischen Material zusetzen; optimale Temperaturen (20–25 °C) einhalten oder durch Zusatz von Propionsäure (0,3 %)

Zusatz von Konservierungsmitteln: z. B. Formaldehyd bis 600 mg/kg für Magermilch bei Schw <6 Mon erlaubt

10.4 Zusammensetzung der Milch von Rindern bzw. der Milchnebenprodukte (pro kg uS)

	TS g	Rfe g	Rp g	Lactose g	ME Schw MJ	ME Wdk MJ	Ca g	P g	Na g	B_2 mg	B_{12} µg	Nicotinsäure mg	Pantothensäure mg
Kolostrum	230	36	130	31	-	4,01	2,1	1,5	0,88	6,1	7	1,0	2,2
Vollmilch[1]	130	40	35	50	3,0	2,51							
Magermilch	90	1	32	44	1,4	1,25	1,2	1,0	0,50	1,8	5	0,7	3,5
Buttermilch	90	4	34	38	1,6	1,30							
Molke[2, 3]	60	2	8	45	0,8	-	0,6	0,5	0,65	0,1–1,2	5	1,0	3,0

[1] Fe 0,55; Zn 4,0; Cu 0,15; Mn 0,05 mg/kg; Verarbeitungsprodukte ebenfalls spurenelementarm, evtl. erhöhte Gehalte durch Kontamination [2] Süßmolke: Abnahme des Ca-Gehalts (Ca-Bindung beim Caseinausfall mit Lab); Sauermolke: milchsauer, Mineralstoffgehalt unverändert; mineralsauer (HCl-Zulage), Na- bzw. Ca-Gehalt erhöht durch Zugabe von Na_2CO_3 oder $CaCO_3$ (zur Neutralisierung); TS-Gehalte z. T. stark schwankend (Spülwasser) [3] Molkenpermeat bzw. -retentat: bezogen auf die TS wie Molke einzuschätzen

Getrocknete Milchprodukte (Angaben pro kg uS; TS >90 %)

	Rp g	Lys g	Met + Cys g	Trp g	Lactose g	ME Schw MJ	ME Wdk MJ	Ca g	P g	Na g	K g
Magermilchpulver	341	26,3	11,9	4,8	470	14,9	13,2	13,2	10,2	5,1	13,3
Buttermilchpulver	306	20,6	9,2	4,6	400	14,9	13,7	23,9	10,1	-	-
Molkenpulver, süß	126	9,3	4,3	1,9	720	13,6	-	6,6	6,7	6,6	23,8
- teilentzuckert	214	16,1	7,3	3,6	360	11,1	-	37,0	14,7	17,9	45,6
Molkenpermeat - teilentzuckert	80	6,0	2,7	1,2	550	12,0	-	45,0	16,0	9,0	36,0
Molkeneiweißpulver	300	22,5	10,1	4,5	500	16,6	-	6,0	6,0	5,0	19,0

10.5 Verwendung

Vorwiegend bei Jungtieren, getrocknete Produkte in MAT; frische Magermilch und Molke auch an Mastschweine.

In der Schw-Mast ab 35 kg Molkeneinsatz, von 5 kg bis auf 15 kg/Tag am Mastende steigern.

Beim Einsatz besonders zu beachten:

nicht getrocknete Produkte:
- Hygienestatus (Wasser ↑, Lactose ↑)
- Variation im Wasser- bzw. TS-Gehalt
- Mengen (Lactose! → fermentative Diarrhoe nach ungenügendem praecaecalen Abbau)

getrocknete Produkte:
- Hitze-/Trocknungsschäden (Rp-KH-Verbindungen, VQ ↓)
- Mengenelement-Aufnahme ↑ (Na, K)
- evtl. (selten) höhere Sulfat-Aufnahme (osmot. Diarrhoe)

11 Fischmehl und FM aus anderen Meerestieren

Traditionell verwendete Eiweiß-FM von hoher Wertigkeit, deren Verwendung allerdings auf Nicht-Wdk beschränkt ist (Hintergrund dieser Einschränkung: Kontrolle von Wdk-Futter hinsichtlich Einhaltung des „Verfütterungsverbots").

11.1 Definition und allgemeine Eigenschaften

Fischmehle sind durch Trocknen (evtl. nach Entfettung und Zusatz von Fischpresssaft) und Mahlen von Fischen und/oder Fischteilen hergestellte Erzeugnisse.
Eiweiß-FM mit allgemein hohen Lys- und Met-Gehalten; BW aber abhängig von Ausgangsmaterial, Anteil von Muskulatur (Gräteneiweiß weniger wertvoll) und Herstellung. Gefahr der Hitzeschädigung bei zu hohen Trocknungstemperaturen; fermentlösliches Rohprotein mindestens 88 % des Rp; bei höherem Fettgehalt anfällig für autoxidative Prozesse.
Hohe Ca-, P-, Mg- und Na-Gehalte, ausgewogenes Ca:P-Verhältnis, Na evtl. zu hoch. Spurenelemente gering (außer Fe, I); fettl. Vit: wechselnd (je nach Fettgehalt, Leberanteil, Trocknungsart); wasserl. Vit: außer Vit B_1 und Vit B_5 reichlich, insb. Vit B_{12}.

Fischpresssaft („fish solubles", eingedickt bzw. getrocknet) entsteht bei der Verarbeitung von Fischen, wenn vor dem Trocknen ein Teil des Wassers mechanisch abgepresst wird und so lösliche Eiweiße mit in das abgepresste Wasser gelangen (Rp-reich, hohe BW).
Neben den Produkten aus Fischen und Fischteilen gehören in diese Gruppe auch die Garnelen (getrocknete Krustentiere), die eine gewisse Bedeutung als Futtermittel haben.

11.2 Zusammensetzung (pro kg uS)

	Rp	AS-Muster			Schw					
	Rp	Lys	Met/Cys	Trp	prc VQ_{Rp}	ME	Ca	P	Na	Jod
	g	|— g/100 g Rp —|			%	MJ	g	g	g	mg
Fischmehl[1] (3–8 % Rfe)	608	7,6	3,7	1,0	83	13,5	43,0	25,5	8,8	3,0
Fischpresssaft (getr., <5 % Rfe)	826	6,5	3,0	5,8	93	17,4	6,7	15,4	9,6	–
Garnelenschrot	542	7,5	4,1	0,9	–	11,0	65,2	12,2	2,9	–

[1] bei über 75 % Rp ist die Bezeichnung „eiweißreiches" Fischmehl erlaubt

Je nach Qualität des Ausgangsmaterials variiert der Rohaschegehalt teils erheblich, bei Ra-Werten >20 % im getrockneten Material muss dieser Wert deklariert werden.

11.3 Verwendung

Fischmehle werden insbesondere zur Aufwertung (AS-Muster) des Proteins im Mischfutter für Jungtiere diverser Spezies sowie bei Zuchttieren (z. B. Eber, Sauen), allerdings nur bei Nicht-Wdk verwendet. Unter besonderen Bedingungen können Proteinhydrolysate (aus Fischmehl) auch wieder als Eiweißquelle/Komponente in MAT für Kälber verwendet werden. Eine originäre Bedeutung haben die Produkte in der Fütterung von Nutz- und Zierfischen, aber auch in der Flfr-Fütterung finden gewisse Mengen Verwendung. Vorsicht ist geboten in der Fütterung von Legehennen (geruchliche/geschmackliche Beeinträchtigung der Eier möglich). Als Kontaminationen sind im Einzelfall Salmonellen von Bedeutung, ein gewisses Risiko stellt evtl. – je nach Fanggebiet – die Dioxin-Belastung dar (Fische am Ende der Nahrungskette!). Garnelen dienen schließlich neben der Eiweißversorgung auch der gezielten Ergänzung der Ration mit Calcium (z. B. Hennen am Ende der Legeperiode). Auch im MF für Heimtiere (z. B. Hamster, Papageien) werden Garnelen als Quelle tierischen Eiweißes und zur Ca-Versorgung geschätzt.

12 Tiermehle/Erzeugnisse von Landtieren

Im Zusammenhang mit der BSE-Krise kam es EU-weit zum Verbot der Verfütterung dieser Produktgruppe an LM-liefernde Tiere. Heute dürfen nur noch Tierkörper/Tierkörperteile von tauglich befundenen Schlachttieren zu Futterzwecken aufbereitet werden. Hierbei handelt es sich ausnahmslos um Kategorie-3-Material (EGV 1774/2002). Ob längerfristig eine Lockerung des Verfütterungsverbots zum Tragen kommt, bleibt abzuwarten. Nicht zuletzt aus seuchenhygienischen Gründen wird eine Verfütterung bei Wdk längerfristig ausgeschlossen bleiben, andererseits dürfte eine bedingte Wiederzulassung (auch an LM-liefernde Spezies) unter Beachtung des „Intra-Spezies-Verbots“ möglich werden (z. B. Schlachtnebenprodukte vom Gefl an Schw bzw. vom Schw an Gefl).
Da bestimmte Einzel-FM dieser Produktgruppe (z. B. Geflügelmehl) auch heute noch eine erhebliche Bedeutung als Futtermittel für Spezies haben, die nicht der LM-Gewinnung dienen, sollen hierzu entsprechende Informationen gegeben werden.

12.1 Definition und allgemeine Eigenschaften

FM, die aus Schlachtkörpern bzw. Schlachtkörperteilen warmblütiger Landtiere nach Fettabscheidung und Entfernung (soweit technisch möglich) von Haut, Horn und Magen-Darm-Inhalt hergestellt werden; besondere Bezeichnung bei Verwertung einzelner Körperteile: Blut-, Fleisch-, Knochen-, Leber-, Federmehl etc.; Herstellungsbedingungen für alle Produkte dieser Gruppe: Zerkleinern bis auf Partikelgröße von max. 50 mm; Kochen bis zum Zerfall der Weichteile; 20 min Erhitzung bei 133 °C und 3 bar zur Inaktivierung von Keimen (insbes. Salmonellen und Sporenbildner). Eiweißreiche, gut verdauliche FM; Gehalt an S-haltigen AS (außer Federmehl) relativ gering; BW abhängig vom Ausgangsmaterial (Bindegewebs- bzw. Muskelanteil) und Herstellungsverfahren; reich an Ca, P (außer Blut- und Federmehl) und B-Vit, einschl. Vit B_{12}.

12.2 Zusammensetzung (pro kg uS, ca. 90 % TS)

	Rp	AS-Muster Lys	Met+Cys	Trp	Flfr VQ_{Rp}	ME	Ca	P	Na
	g	g/100 g			%	MJ	g	g	g
Tiermehl (55–60% Rp)	586	5,4	2,7	0,8	78	11,5	47,4	26,6	3,4
Fleischknochenmehl	447	5,1	2,4	0,6	87	11,6	151	72,9	9,3
Futterknochenschrot	333	3,8	1,0	0,1	46	3,10	181	87,6	6,8
Grieben	583	5,3	2,5	2,4	89	23,0	2,5	4,4	6,2
Blutmehl	849	8,4	2,1	0,9	81	13,4	1,6	1,5	7,5
Geflügelmehl	700	4,5	2,9	0,9	78	16,1	49,0	26,3	—
Federmehl, hydrolysiert	842	2,6	5,8	0,7	-	11,5[1]	4,0	4,9	7,1

[1] gilt für Geflügel; hier kann hydrolysiertes Federmehl eingesetzt werden, wenn die Molekulargröße von 18.000 Dalton unterschritten wird

12.3 Verwendung

Prinzipiell zur Eiweißergänzung (Ausnahme: Futterknochenschrot) sowie als Ca- und P-Quellen in Rationen für Monogastrier geeignet. Seit dem Verfütterungsverbot werden sie nur noch bei Spezies, die nicht der LM-Gewinnung dienen, eingesetzt, d. h. bei Flfr und anderen Liebhabertieren.

Risiken: Grundsätzlich besteht das Risiko einer Rekontamination mit Salmonellen. In Einzelfällen können Rückstände von Schwermetallen (z. B. Blei) und Arzneimitteln über die Anteile von Knochen in das FM gelangen.

13 Fette

Nach dem LFGB § 18,1 ist in Deutschland – im Unterschied zu anderen Ländern der EU – die Verwendung von Fetten tierischer Herkunft bei Tieren, welche der Gewinnung von LM dienen, verboten. Da Fette tierischer Herkunft aber bei anderen Spezies (z. B. Flfr) in erheblichem Umfang weiter verwendet werden, betreffen die nachfolgenden Ausführungen sowohl Fette tierischer als auch pflanzlicher Herkunft. Im Bereich der Nutztierfütterung haben Fette gerade für die Herstellung von Milchaustauschern (Ersatz des Milchfettes) eine erhebliche Bedeutung.

13.1 Definition und allgemeine Eigenschaften

Futterfette werden aus Rohstoffen pflanzlicher oder tierischer Herkunft durch Pressen, Schmelzen oder Extrahieren gewonnen. Sie sollen einen möglichst hohen Anteil an Reinfett (Triglyceride und freie Fettsäuren) und geringe Mengen an Nichtfett-Bestandteilen (unlösliche Verunreinigungen, Unverseifbares, flüchtige Substanzen) aufweisen.

Futterfette dienen der

- energetischen Aufwertung von Futterrationen (Ziel: höhere Energiedichte)
- Versorgung mit essentiellen Fettsäuren
- Förderung der Resorption fettlöslicher Vitamine
- Staubbindung bei der Mischfutterproduktion und -förderung
- Akzeptanzverbesserung und
- besonderen Ernährungszwecken aus diätetischen Gründen.

13.2 Zusammensetzung, Fettsäurenmuster, Kennzahlen, Verdaulichkeit und Energiegehalte (pro kg uS)

	Kokosnussöl[1]	Palmkernöl[2]	Sojaöl	Leinöl	Rindertalg	Schweineschmalz	Seetieröl[3]
Fettsäuren, % im Fett							
12:0 Laurin-	40–50	45–52	–	–	1–2	0–1	–
14:0 Myristin-	15–20	14–19	0–1	–	3–6	1–3	7–8
16:0 Palmitin-	8–13	6–9	9–15	5	24–31	20–32	24–28
18:0 Stearin-	1–4	1–3	2–5	4	14–28	10–17	2–18
16:1 Palmitolein-	–	–	0–1	–	5–7	4–7	5–12
18:1 Öl-	5–11	10–20	18–28	10–25	20	32–47	33–45
18:2 Linol-	1–5	1–2	46–57	17	1–5	7–20	2–3
18:3 Linolen-	–	–	5–10	54	0–1	0–3	8–10
Jodzahl	8–10	15–20	130–136	169–192	38–44	33–76	110–150
Verseifungszahl	254–264	245–255	190–193	187–197	193–200	195–199	186–197
Unverseifbares, %	0,2–0,5	0,2–0,6	0,6–1,2	–	0,2–0,7	0,2–0,8	0,7–4,0
Verdaulichkeit,[4] %	76–95	88–95	82–98	ca. 95	70–88	84–93	ca. 90
Energie:							
ME, MJ, Flfr	38,1	–	37,7	37,7	37,4	38,1	38,1
ME, MJ, Schw[5]	36,4	36,4	35,5	36,2	32,6	34,6	33,4
ME, MJ, Wdk[5]	30,1	28,4	30,6	–	26,1	28,2	28,4
NEL, MJ	19,4	18,0	19,8	22,6	16,2	17,8	18,0
DE, MJ, Pfd	36,1 (für alle)						

[1] 16–20 % C8–C10-Fettsäuren [2] 5–12 % C8–C10-Fettsäuren [3] gehärtet; jeweils 5–7% C18:4 und C20:4-Fettsäuren (Oktadekatetraens./Arachidons.) [4] VQ-Bereiche: Schw, Gefl [5] Verwendung tierischer Fette derzeit nicht erlaubt

13.3 Qualitätsanforderungen

Die Eignung von Fetten zur Verfütterung an Nutztiere hängt ab von Reinheit, Fettsäurenmuster und Frischezustand.

13.3.1 Anforderungen an Reinheit (Grenzwerte in %)

	Unverseifbares	Wassergehalt	Gesamtflüchtiges	Petrolätherunlösliche Verunreinigungen
Einzelfutterfette	bis 3	bis 1	bis 1,2	bis 1
Einzelfutterfette, raffiniert	bis 1	bis 0,2	bis 0,2	bis 0,2
Mischfette	bis 3	bis 1	bis 1,2	bis 1
Raffinationsfettsäuren für Geflügel	bis 4	bis 1	bis 1,2	bis 1,3

Futterfette sollen grundsätzlich frei von Lösungsmitteln sein.

13.3.2 Anforderungen an Fettsäurenmuster für einzelne Tiergruppen

(in % der Gesamtfettsäuren)

<table>
<tr><th>Fettsäuren:</th><th></th><th>Rd</th><th>Kalb Lamm Ferkel</th><th>Schw</th><th>Küken + Mastgeflügel</th><th>übriges Geflügel</th></tr>
<tr><td>C_6–C_{12}</td><td>max.</td><td>20</td><td>–</td><td colspan="3">20</td></tr>
<tr><td>C_{14}–$C_{16:1}$</td><td></td><td>–</td><td>–</td><td>–</td><td>–</td><td>–</td></tr>
<tr><td>$C_{18:0}$</td><td>max.</td><td>–</td><td>20</td><td>20</td><td>20[1]</td><td>20</td></tr>
<tr><td>$C_{18:2}$</td><td>max.</td><td>–</td><td colspan="2">12</td><td>–</td><td>–</td></tr>
<tr><td>$C_{18:3}$</td><td>max.</td><td>13</td><td colspan="4">12</td></tr>
<tr><td>Summe der ein- und zweifach ungesättigten FS mit über 18 C-Atomen</td><td>max.</td><td colspan="5">3</td></tr>
<tr><td>Summe der ungesättigten FS mit über 18 C-Atomen u. mehr als 2 Doppelbindungen</td><td>max.</td><td colspan="5">1</td></tr>
<tr><td>Summe der gesamten ungesättigten FS mit über 18 C-Atomen</td><td>max.</td><td colspan="5">5</td></tr>
<tr><td rowspan="2">Summe der gesamten ungesättigten FS mit über $C_{14:1}$</td><td>max.</td><td>–</td><td colspan="4">70</td></tr>
<tr><td>min.</td><td>–</td><td colspan="4">30</td></tr>
<tr><td>Summe der gesamten gesättigten FS mit über $C_{18:0}$</td><td>max.</td><td>5</td><td colspan="3">3</td><td>5</td></tr>
</table>

– = keine Begrenzung

[1] Bei Küken bis 4. LW darf der Gehalt an gesättigten Fettsäuren mit mehr als 16 C-Atomen 15 % nicht überschreiten

13.3.3 Frischezustand

Fette unterliegen zeitabhängig Veränderungen, die im Wesentlichen durch Hydrolyse der Triglyceride und durch oxidative Veränderungen der Fettsäuren („Ranzigwerden") gekennzeichnet sind. Als Produkte entstehen Hydroperoxide, Peroxide, Aldehyde, Säuren und Polymerisate.

In Futterfetten sollten folgende Grenzwerte für die Fettkennzahlen eingehalten werden:

Peroxidzahl <50 (<10 MAT)
Säurezahl[1] <50 (<10 MAT)
Polymerisate < 3 %

[1] Höhere Gehalte an freien FS im Futter sind kein Problem, solange es sich hierbei um langkettige freie FS handelt, kurz- und mittelkettige freie FS können aufgrund ihrer geruchlichen und geschmacklichen Eigenschaften zu Akzeptanzproblemen führen.

13.4 Verwendung

Für die Fettverträglichkeit gibt es bei den verschiedenen Spezies Grenzen, die wie folgt erklärt werden können:

- Störung der mikrobiellen Verdauung im Pansen bzw. im Dickdarm (z. B. Pfd), wenn größere Fettmengen hier anfluten
- nachteilige Beeinflussung der Körperfett-/LM-Qualität (Schw, Gefl, evtl. auch Wdk)
- begrenzte lipolytische Kapazität im Verdauungstrakt (→ Steatorrhoe)

Aus diesen Gründen sollten folgende Richtwerte (Rfe in % der TS) nicht überschritten werden:

Flfr: bis 50 %
Gefl, Schw, Pfd: bis 10 %
Wdk: bis 4 %

Ausnahme: in MAT für Jungtiere verschiedener Spezies werden häufig wesentlich höhere Rfe-Gehalte verwendet (MAT für Kälber: ~30 % Rfe) als bei Adulten.

Mit bestimmten Fetten (Fettsäurenmischungen) können die FS-Muster und damit die Fettkonsistenz in LM (z. B. Butterfett) in gewünschter Weise verändert werden.

Auch aus diätetischer Sicht haben Fette/Öle bzw. Fettsäuren eine Bedeutung:

Säuger können Linol- (n-6) und Linolensäure (n-3; die Bezeichnung gibt die Position der ersten Doppelbindung vom Methylende der Fettsäure ausgehend gezählt wieder) nicht synthetisieren. Die Zufuhr dieser essentiellen Fettsäuren greift über die Relation der n-6- zu n-3-Fettsäuren in den Gewebelipiden (z. B. der Zellmembran) in den Fettstoffwechsel ein. Arachidonsäure ($C_{20:4}$) wird – außer bei der Katze – aus Linolsäure synthetisiert und ist ihrerseits Vorstufe von Eicosanoidhormonen, zu denen Prostaglandine, Thromboxane und Leukotriene gehören.

n-6-Fettsäuren gelten daher als proinflammatorisch, während n-3-Fettsäuren in die Synthese der Eicosapentaensäure ($C_{20:5}$, n-3) münden und als antiinflammatorisch wirksam eingestuft werden. Daher sind Fette, die reich an n-3-Fettsäuren sind (Fischöl, Leinöl, Nachtkerzenöl u. a.) aus diätetischer Sicht von großem Interesse.

14 Sonstige Nebenprodukte

Hier sollen Nebenprodukte und Reststoffe aus der LM-Gewinnung behandelt werden, deren Verwertung als Futtermittel zwar möglich, bislang aber nicht sehr weit verbreitet ist. Einige dieser Produkte sind in der Anlage 1 FMV explizit genannt (z. B. Erzeugnisse/Nebenerzeugnisse der Back- und Teigwarenindustrie), während andere keine solche Zuordnung erfuhren. Voraussetzungen einer Nutzung in der Tierernährung sind dabei die Beachtung rechtlicher Vorgaben (seuchenhygienische Unbedenklichkeit, keine nachteilige Beeinflussung von Tiergesundheit und Produktqualität), eine ausreichende Akzeptanz und Verdaulichkeit des Produkts, ein möglichst geringer Gehalt an unerwünschten Stoffen, Konservierungseignung und Transportwürdigkeit sowie ein ökologischer und wirtschaftlicher Nutzen. Dem Vorteil einer Ressourcenschonung stehen möglicherweise emotionale Vorbehalte auf Seiten der Konsumenten vom Tier stammender Lebensmittel, evtl. auch seitens der Tierhalter gegenüber.

Zusammensetzung einiger Produkte (Beispiele; Nährstoff- und Energiegehalte je kg TS)

Produkte	TS g/kg uS	Rp g	Rfe g	MJ ME Schw	MJ ME Wdk	Ca g	P g	Na g	Grenzen
Altbrot	600–800	121	17	16,6	14,4	0,9	2,3	8,3	Stärkegehalt bei Wdk
Kartoffelchips	978	56	465	23,0	-	1,1	1,5	8,9	Fett-, Stärkegehalt bei Wdk
Lakritzfestmasse (getrocknet)	194	42	37	15	-	2,8	0,8	0,4	~70 % Stärke, bei Wdk
Kartoffelschalen (getrocknet)	150	125	6,3	13,0	-	2,6	3,2	0,4	Aschegehalt? Stärkegehalt?
Bananenschalen (getrocknet)	880	77	81	-	10,7	4,1	2,4	0,2	Rfa-Gehalt um 15 % bei Monogastriern
Haselnussschalen	952	90	370	16,3	-	2,9	0,7	0,1	Fettgehalt und -qualität limitierend

[1] Reststoff der Vit C-Produktion

Wegen der Variation von TS-Gehalt und TS-Zusammensetzung vieler dieser Nebenprodukte ist allgemein ein höherer Kontrollaufwand für eine optimale Rations- bzw. Mischfuttergestaltung erforderlich.

Die teilweise hohen Na-Gehalte (s. obige Tabelle) setzen eine unbegrenzte Wasserverfügbarkeit voraus (Gefahr der Na-Intoxikation!). Hohe Fettgehalte (hoher Anteil an ungesättigten FS) müssen wegen möglicher nachteiliger Effekte auf die Fettqualität im Schlachtkörper berücksichtigt werden (Limitierung und Vit E-Ergänzung); sie können ferner beim Wdk zu schwersten Vormagenindigestionen führen. Hohe Gehalte an leicht verfügbaren Nährstoffen sind bei entsprechenden Feuchtegehalten ein idealer Nährboden für Mikroorganismen (halbfeuchte Produkte: hohe Hefen- und Pilzgehalte; nasse Produkte: disponiert für bakteriellen Verderb!).

Schließlich stellen Verunreinigungen mit Verpackungsmaterialien (nach Anlage 6 FMV: Verbotene Stoffe) ein Problem dar, wenn in größerem Umfang verpackte LM (z. B. nach dem Ablauf des Haltbarkeitsdatums) zur Verfütterung aufbereitet werden.

Je höher der Anteil an den beschriebenen Nebenprodukten in der Gesamtration ist, umso wichtiger ist eine darauf abgestimmte Ergänzung (Protein, Mineralstoffe, Vitamine).

Schon von der Menge her haben Nebenprodukte aus der Gewinnung von Frucht- und Obstsäften in den letzten Jahren eine größere Bedeutung erlangt; diese traditionell als Trester bezeichneten FM sind vergleichsweise faserreich und deshalb insbesondere in MF für Pflanzenfresser (Wdk, Pfd, kl. Nager) anzutreffen.

Zusammensetzung diverser getrockneter Trester (Angaben in g/kg TS)

Trester von	Rfa	NDF	ADF	Zucker	Rp	MJ ME Wdk	Ca	P
– Karotten	240			339	95	11,8	10	4,0
– Tomaten	269				226	11,0	4,3	6,1
– Zitrusfrüchten	132	240	220	243	70	12,3	17,6	1,1
– Äpfeln	222	370	297	58	61	10,2	1,8	1,6
– Trauben	248	707	595	28	136	5,2	6,2	1,9

Trockentrester weisen in Abhängigkeit vom Pectingehalt teils ein erhebliches Quellungsvermögen auf; trotz beachtlicher Rfa-Werte keine strukturwirksame Faser, evtl. verlangen höhere Zuckergehalte Beachtung in der Rations-/MF-Gestaltung.

15 Besondere Einzelfuttermittel

Hierunter sollen verschiedene Komponenten zusammengefasst werden, die aufgrund ihrer Zusammensetzung für eine ganz spezifische Ergänzung der Ration oder des Mischfutters geeignet sind, aber futtermittelrechtlich eben **keine Zusatzstoffe** darstellen, sondern in der Anlage 1 („Einzelfuttermittel") gelistet sind. Hierzu gehören

- Proteinerzeugnisse aus Mikroorganismen (Anlage 1, 1 der FMV)
- Nichtproteinhaltige Stickstoffverbindungen (Anlage 1, 3 der FMV) außer Harnstoffe und -derivate → Zusatzstoffe s. S. 114

} zulassungs**bedürftige** FM

- Mineralische Einzelfuttermittel (Anlage 1a Teil B, 11 der FMV)
- „andere" Pflanzen, deren Erzeugnisse und Nebenerzeugnisse (Anlage 1a Teil B, 7 der FMV)

} **nicht** zulassungsbedürftige FM

15.1 Proteinerzeugnisse aus Mikroorganismen

Hierzu gehören Mycelien (von Penicillien), verschiedene Hefen (in getrockneter oder flüssiger Form, abgetötet) und Bakterien (auf Methanol-haltigem Nährsubstrat vermehrt) bzw. ein Eiweißfermentationserzeugnis, das mit Hilfe verschiedener Bakterienarten (auf Erdgasbasis gezüchtet, Bakterienzellen abgetötet) gewonnen wird.

15.1.1 Allgemeine Eigenschaften

Protein- und P-reiche FM mit günstigen Gehalten an Lysin, aber relativ knappen Gehalten an S-haltigen AS (nur Bakterien), hohe Nukleinsäuren-N-Gehalte im Rp (8–12 % vom Gesamt N = Nukleinsäuren-Stickstoff), reich an B-Vitaminen (außer B_{12}).

15.1.2 Zusammensetzung (pro kg TS; TS schwankt von 88–95 % in der uS)

	Rp g	Lys g	Met + Cys g	Trp g	NEL MJ	ME Wdk MJ	ME Schw MJ	Ca g	P g
Bakterieneiweiß M	783	48,1	23,3	7,4	9,20	14,8	17,2	0,7	27,6
Bierhefe, getr.	521	35,4	13,8	5,9	7,61	12,4	13,1	3,7	16,9
Hefe[1]	324	20,5	7,9	9,7	7,48	12,3	14,1	7,5	8,6
Mycelien[2]	500	22,0	20,0	5,7	–	–	–	6,0	14.0

[1] Kluyveromyces (auf Molke vermehrt) [2] von Penicillien

15.1.3 Verwendung

Im Wesentlichen zur Ergänzung mit Aminosäuren und Vitaminen des B-Komplexes (außer B_{12}); evtl. besondere diätetische Effekte durch Kohlenhydrate der Hefen wie Mannane, Glucane etc.; Nukleinsäuren-N: ohne Proteinwert; Purine → evtl. Disposition für Harnsäuresteine bei Hd; Anteil getrockneter Mikroorganismenprodukte im Mischfutter: 2 bis max. 10–15 %.

15.2 NPN-Verbindungen (Non Protein Nitrogen)

Zur Aufwertung proteinarmer Rationen bei Wdk:

Ammoniumlaktat (aus der Fermentation)	mind. 7 % N
Ammoniumsulfat	mind. 35 % N
Ammoniumacetat	mind. 9,9 % N
Nebenerzeugnisse aus Herst. von L-Glutaminsäure	mind. 48 % Rp
Nebenerzeugnisse aus Herst. von L-Lysin	mind. 45 % Rp

VERWENDUNG NUR BEI RUMINIERENDEN WDK

Ansonsten s. Harnstoff etc., S. 115.

15.3 Mineralische Einzelfuttermittel

Zur Ergänzung mineralstoffarmer Futtermittel und Rationen können mineralische Einzel-FM, die nur ein oder mehrere Mengenelemente enthalten, eingesetzt werden.

Die nachfolgend aufgeführten Verbindungen sind größtenteils anorganischer Art, doch werden auch Salze organischer Säuren als Mengenelementquellen gebraucht, wobei den Säuren wiederum bestimmte zusätzliche Funktionen zukommen (z. B. Ca-Formiat: konservierende Effekte). Die Verwertung des Elementes kann je nach Verbindung sehr unterschiedlich sein (z. B. Oxide $<$Chloride $\leq$Sulfate); bei organischen Verbindungen allgemein höhere Verwertung.

Die Applikation von Mengenelementverbindungen erfolgt z. T. isoliert von den übrigen Rationskomponenten (z. B. in Form von Lecksteinen bei Viehsalz, Kalksteinchen bei Ziervögeln), teils werden sie der Ration untergemischt (z. B. bei Futterkalk bei Hunden); sie werden jedoch im Wesentlichen für die Herstellung von Mineralfuttermitteln ($>$40 % Ra) gebraucht, denen dann allgemein auch Spurenelemente und Vitamine (beide Gruppen gehören zu den Zusatzstoffen) zugesetzt sind (s. unter Ergänzungsfuttermittel).

Komponenten/Einzelfuttermittel zur Versorgung mit Mengenelementen (Beispiele)

	Ca %	P %	Ca/P	Na %	Mg %
kohlensaurer Futterkalk ($CaCO_3$)	36				
$CaCl_2$[1]	36				
Ca-Gluconat	8,5				
Ca-Formiat (nach EGV 1831/2003 FM-Zusatzstoffe, Konservierungsstoffe)	29				
Ca-Laktat (nach EGV 1831/2003 FM-Zusatzstoffe, Konservierungsstoffe)	12				
Ca-Acetat (nach EGV 1831/2003 FM-Zusatzstoffe, Konservierungsstoffe)	20–25				
Magnesiumoxid, techn.					50
Magnesiumsulfat (Bittersalz)[1]					9
Viehsalz (NaCl)				38	
Glaubersalz (Na-Sulfat)[2]				14	
Calciumphosphate					
Mono-$Ca(H_2PO_4)_2 + H_2O$	15	22	0,7 :1		
Di-$CaHPO_4 + 2\ H_2O$	21	16	1,15:1		
Tri-$Ca_{10}(PO_4)_6(OH_2)$	35	18	1,94:1		
Natriumphosphate					
Mono-$NaH_2PO_4 + 2\ H_2O$		19		13	
Di-$Na_2HPO_4 + H_2O$		8		11	
Sek. Magnesiumphosphat					
$MgHPO_4 + 3\ H_2O$		16			12
Phosphorsäure (H_3PO_4)		31,6			
Knochenasche	28	16	1,8:1		
Knochenfuttermehl	28–33	15	2,0:1		
aufbereitete Rohphosphate[3]	35	14	2,5:1		
Kombinationspräparate[4] z. B.	5,6	17,5	0,3:1	12,9	3,4

[1] als Anionenquelle s. S. 221 [2] als Laxans [3] Fluor max. 0,5 % [4] sog. Mehrfachphosphate

15.4 „Andere“ Einzelfuttermittel

Einige Komponenten dieser Gruppe ermöglichen z. T. eine spezifische Ergänzung der Ration oder des Mischfutters mit bestimmten Nähr- bzw. Wirkstoffen.

Beispiele:

- Seealgenmehl: **Jod:** 0,5–5 g/kg; Ca: 10–30 g/kg; Na: 30–40 g/kg
- Tagetesblütenmehl: **Xanthophyll** als wertbestimmender Inhaltsstoff

Futtermittelrechtlich sind hier ferner Nebenprodukte aus der **Zuckerrohr**verarbeitung aufgeführt wie Zucker, Melasse und Vinasse.

16 Zusatzstoffe

Nach der Definition (s. S. 57) werden Zusatzstoffe dem Futter oder Wasser bewusst zugefügt, um bestimmte Wirkungen im Futter, im Tier, im LM oder auch in der Umwelt zu erreichen. Ihr Anteil im MF oder in einer Ration variiert allgemein im Gramm- bzw. Milligrammbereich pro kg TS; alle Zusatzstoffe bedürfen der Zulassung (s. S. 59), die heute – im Unterschied zu früher – EU-weit und EU-einheitlich erfolgt. Im Gemeinschaftsregister sind alle zugelassenen Zusatzstoffe aufgeführt. Nicht zuletzt wegen der teils erheblichen toxischen Potenz und anderer möglicher "Nebeneffekte" unterliegt der Verkehr mit Zusatzstoffen – z. B. im Unterschied zu Mengenelementen - diversen Restriktionen (Abgabebeschränkung/Vormischungszwang).

Neu ist auch entsprechend der EGV 1831/03 die Zuordnung von Aminosäuren, Harnstoff (und seiner Derivate) sowie der Siliermittel zu den Zusatzstoffen. In dieser Verordnung werden die verschiedenen Zusatzstoffe nach Artikel 6 in fünf Kategorien mit verschiedenen Funktionsgruppen unterteilt (s. nachfolgende Aufteilung).

1. Technologische Zusatzstoffe
- Konservierungsmittel
- Antioxidationsmittel
- Emulgatoren
- Stabilisatoren
- Verdickungsmittel
- Geliermittel
- Bindemittel
- Radionuklidbindemittel
- Trennmittel
- Säureregulatoren
- Silierzusatzstoffe
- Vergällungsmittel

2. Sensorische Zusatzstoffe
- Farbstoffe (→ Futter/LM/Tiere)
- Aromastoffe

3. Ernährungsphysiologische Zusatzstoffe
- Vitamine, Provitamine
- Spurenelemente
- Aminosäuren
- Harnstoff und seine Derivate

4. Zootechnische Zusatzstoffe
- Verdaulichkeitsförderer
- Darmflorastabilisatoren
- Stoffe, die die Umwelt günstig beeinflussen
- sonstige zootechnische Zusatzstoffe

5. Kokzidiostatika u. ä.

16.1. Technologische Zusatzstoffe

16.1.1 Konservierungsmittel

sind Stoffe oder ggf. Mikroorganismen (MO), die FM vor schädlichen Auswirkungen von MO und deren Metaboliten schützen. Dabei werden insbesondere organische und anorganische Säuren bzw. deren Salze sowie einige weitere Stoffe eingesetzt:

organische Säuren und deren Salze:
- Ameisens. (a)
- Propions. (a)
- Äpfels. (a)
- Essigs. (a)
- Milchs. (a)
- Zitronens. (a)
- Fumars. (a)
- Benzoes. (Heimtiere)
- Sorbins. (a)
- Weins. (a)
- Methylpropions. (Wdk 1.000–4.000 mg/kg)
- Mischung aus Na-Benzoat, Propions. und Na-Propionat (Schw, Milchkühe, Mast-Rd 3.000–22.000 mg/kg; zur Konservierung von Getreide)

anorganische Säuren:
- Orthophosphors. (a)
- Salzs. (a)
- Schwefels. (a)

andere Stoffe:
- K- oder Na-Tartrate (a)
- Formaldehyd (bis 600 mg/kg in Magermilch nur für Schw, in Silagen für alle Spezies)
- Na-Bisulfit (Hd, Ktz, bis 500 mg/kg)
- 1,2 Propandiol (Hd, bis 53.000 mg/kg)
- Na-Nitrit (Hd, Ktz, bis 100 mg/kg)

(a) = zulässig für alle Spezies in allen FM ohne weitere Beschränkung

16.1.2 Antioxidationsmittel

Hierbei handelt es sich um Stoffe, welche die Haltbarkeit von FM und FM-Ausgangserzeugnissen verlängern, indem sie diese vor den schädlichen Auswirkungen der Oxidation schützen.

Neben technisch hergestellten Substanzen (z. B. Ethoxyquin) finden heute zunehmend natürliche Antioxidantien (Tocopherole, Ascorbinsäure) Verwendung.

Zugelassen u. a.:		
Tocopherole L-Ascorbinsäure, Ascorbate	keine Begrenzung	
Ethoxyquin (Santoquin) Butylhydroxyanisol (BHA) Butylhydroxytoluol (BHT)	150 mg/kg	allein oder zusammen
Gallate	100 mg/kg	

Verwendung: Zusatz zu FM und FM-Ausgangserzeugnissen zur Stabilisierung von oxidationsempfindlichen Futterinhaltsstoffen (ungesättigte FS, Carotin, Vit C etc.)

→ Sicherung der Fettstabilität, Vermeidung toxisch wirkender Oxidationsprodukte (Peroxide)
→ längere Haltbarkeit eines Futtermittels
→ indirekt auch Effekte auf die Oxidationsneigung der vom Tier gewonnenen LM

16.1.3 Emulgatoren/Stabilisatoren/Verdickungsmittel/Geliermittel

Emulgatoren: Stoffe, die es ermöglichen, die einheitliche Dispersion zweier oder mehrerer nicht mischbarer Phasen in einem FM herzustellen oder aufrecht zu erhalten; als solche sind zugelassen: Lecithin, Fettsäurendi- und -monoglyceride, Glycerinpolyethylenglycolricinoleat, Sojaölfettsäurenpolyglycolester.

Stabilisatoren: Stoffe, die es ermöglichen, den physikalisch-chemischen Zustand eines FM aufrecht zu erhalten; als solche sind zugelassen: Zellulose; Agar-Agar, Pektine, Carrageene, Traganth u. a.

Verdickungsmittel: Stoffe, welche die Viskosität eines FM erhöhen; als solche sind im Einsatz v. a. Johannisbrotkernmehl, Methylcellulose usw.

Geliermittel: Stoffe, die einem FM durch Gelbildung eine verfestigte Form geben; als solche sind zugelassen: Agar-Agar, Guarkernmehl u. Pectine.

16.1.4 Fließhilfsstoffe/Bindemittel/Gerinnungshilfsstoffe

Fließhilfsstoffe sollen die Riesel- und Mischfähigkeit erhöhen; sie werden FM zugesetzt, die hygroskopisch sind oder zum Verbacken neigen (z. B. Milchaustauscher, Harnstoffvormischungen, Cholinchlorid).

Zugelassen sind Kieselgur, Kieselsäure, leichtes Calciumphosphat, Perlit, Steatit, Vermiculit, Ca-Aluminate und Klinoptilolith.

Bindemittel werden u. a. zur Verbesserung der Pelletfestigkeit zugesetzt.

Zugelassen sind u. a. Ligninsulfonat, Kaolinit, Sepiolit.

Die Vertreter dieser Gruppe von Zusatzstoffen sind für alle Spezies zugelassen mit Ausnahme der synthetischen Calciumaluminate (Wdk, Schw, Kan) und Klinoptilolith (Schw, Gefl, Rd, Kan, Lachs). Sie können in alle FM eingemischt werden, Einschränkungen diesbezüglich bestehen nur bei Bentonit (inkompatibel mit einigen Leistungsförderern und Kokzidiostatika).

Da die Stoffe teilweise natürlichen (z. B. vulkanischen) Ursprungs sind, können bestimmte unerwünschte Stoffe wie Dioxine, Fluor, Asbest und/oder Blei auftreten.

16.1.5 Radionuklidbindemittel

Stoffe zur Beherrschung einer Kontamination mit Radionukliden: Stoffe, welche die Absorption verhindern oder ihre Ausscheidung fördern; als solches ist Ammoniumeisenhexacyanoferrat („Giese-Salz") zugelassen.

16.1.6 Säureregulatoren

Stoffe, die u. a. den pH-Wert im Futter beeinflussen und darüber hinaus auch Effekte auf den Säure-Basen-Haushalt im Tier und damit auf den Harn-pH-Wert haben können.

Bestimmte org. oder anorg. Säuren, Phosphate, Ammoniumverbindungen, insbes. Ammoniumchlorid, sind ohne Beschränkung bezüglich Futter und Konzentration nur für Hunde und Katzen zugelassen, um den Säuren-Basenstatus und damit den pH-Wert im Harn zu beeinflussen (Harnsteinprophylaxe).

Benzoesäure ist darüber hinaus zur Minderung der N-Freisetzung aus der Gülle beim Schw zugelassen (5000–10000 mg/kg AF)

Die zur Azidierung des Harns bei Sauen (MMA-Prophylaxe) und zur systemischen Azidierung beim Milchrind (Gebärpareseprophylaxe, s. S. 220 f.) geeigneten Stoffe wie $CaCl_2$, $MgSO_4$ oder $MgCl_2$ sind hier ernährungsphysiologisch ähnlich wirksam, futtermittelrechtlich aber den Einzel-FM zugeordnet.

16.1.7 Silierzusatzstoffe

Hierbei handelt es sich um Stoffe, einschließlich Enzyme oder Mikroorganismen, die FM zugesetzt werden, um die Silageerzeugung zu verbessern; näheres zu Art und Anwendung dieser Zusatzstoffe s. S. 77. Die Anwendung von Silierzusatzstoffen ist ohne Konsequenz für den futtermittelrechtlichen Status des FM-Unternehmers (macht keine Zulassung erforderlich).

16.2 Sensorische Zusatzstoffe

In dieser Kategorie sind folgende Funktionsgruppen zu unterscheiden:

Farbstoffe:
- Stoffe, die einem FM Farbe geben oder die Farbe in einem FM wiederherstellen;
- Stoffe, die bei Verfütterung an Tiere den LM tierischen Ursprungs Farbe geben;
- Stoffe, die Farbe von Zierfischen und -vögeln positiv beeinflussen;

Aromastoffe, deren Zusatz zu FM deren Geruch oder Schmackhaftigkeit verbessern.

16.2.1 Färbende Stoffe

Carotinoide sind zur Dotter- und Hautfärbung (bis 80 mg/kg Alleinfutter für Geflügel) zugelassen, u. a.: β-Apo-γ-Carotinal bzw. Carotinsäure-Äthylester, Canthaxanthin, Capsanthin, Citranaxanthin, Cryptoxanthin, Lutein, Zeaxanthin, des Weiteren Astaxanthin im MF für Lachse und Forellen zur Färbung der Muskulatur (100 mg/kg AF).

Ferner sind die Farbstoffe Patentblau und Brillantgrün zur Denaturierung von Lebensmitteln allgemein zugelassen (z. B. zur Denaturierung von Salz). Weitere (z. B. Eisenoxid) sind in FM für Hd, Ktz, Zier-Gefl und Kleinnager zugelassen (soweit lebensmittelrechtlich erlaubt, u. a. Tartrazin, Gelborange, Carmin, Amaranth, Erythrosin und Carotinoide).

16.2.2 Aroma- und appetitanregende Stoffe

Zugelassen sind alle natürlich vorkommenden oder ihnen entsprechende synthetische Stoffe, welche die Gesundheit der Tiere oder die Qualität der aus ihnen gewonnenen Erzeugnisse nicht nachteilig beeinflussen, z. B. Saccharin für Ferkel (max. 150 mg/kg) oder Neohesperidindihydrochalcon für Ferkel und Hd (35 mg/kg) bzw. für Kälber und Schafe (30 mg/kg).

16.3 Ernährungsphysiologische Zusatzstoffe

In dieser Kategorie sind folgende Funktionsgruppen aufgeführt:

- Vitamine, Provitamine und chemisch definierte Stoffe mit ähnlicher Wirkung;
- Verbindungen von Spurenelementen;
- Aminosäuren, deren Salze und Analoge;
- Harnstoff und seine Derivate.

16.3.1 Vitamine/Provitamine/ähnlich wirkende Stoffe

FETTLÖSLICHE VITAMINE	Höchstgehalte, IE[1]/kg in Misch-FM (88 % TS)	
Vit A:	MAT für Mastkälber: 25 000 AF für Masttiere: 13 500 sonstige MF: unbegrenzt	
Vit D: Allein-FM		
Ferkel + Kälber (Milchaustauscher)	10 000	D_2 oder D_3
Masthühner, Truthühner	5 000	D_3
anderes Gefl, Fische	3 000	D_3
Pfd, Rd, Schf	4 000	D_2 oder D_3
andere Tierarten	2 000	D_2 oder D_3
Ergänzungs-FM	bis zum 5fachen der für AF zugel. Menge	
Eiweißkonzentrat für Schw	bis 20 000	
Mineral-FM	bis 200 000	
wasserlöslich für Rd, Schw, Hühner	bis 200 000 IE/l D_3	
Vit E, K_1, K_3:	keine Begrenzung	

[1] 1 IE Vit A = 0,300 μg Retinol (alltrans-Vit A); 1 μg Retinol = 3,3 IE Vit A; 1 IE Vit D = 0,025 μg Vit D_3 bzw. Vit D_2; 1 μg D_2/D_3 = 40 IE Vit D

WASSERLÖSLICHE VITAMINE

B_1, B_2, B_6, B_{12}, Biotin, Pantothensäure, Cholin, Folsäure,
Inosit, Nicotinsäure bzw. -amid, Paraaminobenzoesäure, Vit C: keine Begrenzung

Futtermittelrechtlich den Vitaminen gleichgestellte Stoffe; ohne Begrenzung:
L-Carnitin, Beta-Carotin, Betain, Taurin

16.3.2 Spurenelemente

Futtermittelrechtlich zugelassene Spurenelementverbindungen und **Höchstgehalte**[1] an Spurenelementen in AF (88 % TS, mg/kg)

Element	zugelassene Verbindungen (u. a.)	Höchstgehalt (mg/kg des AF)	
Fe	-carbonat, -chlorid, -citrat, -fumarat, -lactat, -oxid, -sulfat, -aminosäurenchelat	Heimtiere	1250
		Schf	500
		sonstige Tierarten	750
		Ferkel (bis 1 Woche vor dem Absetzen)	250 mg/Tag
Zn	-lactat, -acetat, -carbonat, -chlorid, -oxid, -sulfat, -aminosäurenchelat	Heimtiere	250
		Fische	200
		MAT	200
		sonstige Tierarten	150
Mn	-carbonat, -chlorid, -oxid, -sulfat, -aminosäurenchelat	Fische	100
		sonstige Tierarten	150
Cu	-acetat, -carbonat, -chlorid, -methionat, -oxid, -sulfat, -aminosäurenchelat	Ferkel bis 12. LW	170
		sonstige Schw	25
		Wdk (vor Wiederkäueralter)	
		– MAT	15
		– sonstige AF	15
		Wdk (sonstige)	35
		Schf	15
		Fische	25
		Krebstiere	50
		sonstige Tierarten	25
I	Calciumjodat, Kalium- und Natriumjodid	Equiden	4
		Milchkühe, Legehennen	5
		Fische	20
		sonstige Tierarten	10
Co	-acetat, -carbonat, -chlorid, -sulfat, -nitrat	alle	2
Se	Na-selenit, Na-selenat, Se-Methionin	alle	0,5

[1] Sofern nicht anders vermerkt: für alle Tierarten; Höchstgehalte inkl. originärer Gehalte

Spurenelementgehalte in verschiedenen Verbindungen

$FeCl_2 + 4\ H_2O$	28 % Fe
$FeSO_4 + 7\ H_2O$	20 % Fe
$FeC_4H_2O_4$	32 % Fe
KI	76 % I
NaI	68 % I
$Ca(IO_3)_2 + 6\ H_2O$	51 % I
$CoCl_2 + 6\ H_2O$	25 % Co
$CoSO_4 + 7\ H_2O$	21 % Co
$CuCl_2 + 2\ H_2O$	37 % Cu
$CuSO_4 + 5\ H_2O$	25 % Cu
$CuCO_3/Cu(OH)_2$	57 % Cu[1]
CuO	80 % Cu
$Cu\ (C_2H_3O_2)_2 + H_2O$	32 % Cu

$MnCl_2 + 4\ H_2O$	28 % Mn
$MnSO_4$	36 % Mn
$MnSO_4 + 4\ H_2O$	25 % Mn
$KMnO_4$	35 % Mn
$(NH_4)_6Mo_6O_{24} + 4\ H_2O$	54 % Mo
$Na_2MoO_4 + 2\ H_2O$	40 % Mo
Na_2SeO_3	46 % Se
Na_2SeO_4	42 % Se
$ZnCl_2$	48 % Zn
$ZnSO_4 + 7\ H_2O$	23 % Zn
ZnO	80 % Zn
$ZnCO_3$	52 % Zn
$Zn\ (C_2H_3O_2)_2 + 2\ H_2O$	30 % Zn

[1] Basisches Kupfercarbonat

Die Verfügbarkeit der Spurenelemente gewinnt an Bedeutung, wenn die Höchstgehalte im MF reduziert werden. Allgemein gilt hierbei:

Org. Verbindungen > Sulfat-/Chloridverbindungen > basische Verbindungen.

Höchstwerte für Spurenelemente im MF wurden festgelegt aus Gründen des Tier-, Verbraucher und Umweltschutzes (s. Se/Jod/Cu/Zn).

16.3.3 Aminosäuren, deren Salze und Analoge

Der Einsatz von AS hat bei Schw und Gefl, evtl. auch bei hochleistenden Milchkühen eine Bedeutung. Insbesondere zur Erreichung des erforderlichen AS-Musters parallel zur möglichen Reduktion des Rp-Gehalts im Futter haben AS als Zusatzstoffe eine entsprechende Verbreitung gefunden. Je höher der Preis für Proteinträger, umso größer ist die Bedeutung eines AS-Zusatzes. Erwähnung verdienen (Einzelfälle) mögliche toxische Effekte (Methionin/Lysin-HCl). Mit Met und/oder Cys ist auch eine Beeinflussung des Harn-pH-Wertes möglich (s. Kap. 7.4.2.2 *„Erkrankungen der Niere bzw. des Harntraktes"*). Nachfolgend eine Aufstellung zugelassener AS und deren Salze.

L-Lysin (mind. 98 %; auch als Flüssigprodukt verfügbar)
L-Lysin-Monohydrochlorid (mind. 78 % L-Lys; auch als Flüssigprodukt verfügbar)
L-Lysin-Sulfat (mind. 40 % L-Lys)
L-Lysin-Phosphat (mind. 35 % Lys)
DL-Methionin (mind. 98 %; auch als Flüssigprodukt verfügbar)
Zn-Methionin (nur für Wdk, mit mind. 80 % DL-Met u. max. 18,5 % Zn)
N-Hydroxymethyl-DL-Methionin-Calcium-Dihydrat (mind. 67 % DL-Met; nur f. Wdk; max. 14 % Formaldehyd)
L-Threonin (mind. 98 %)
DL-Tryptophan (mind. 98 %)
L-Tryptophan (mind. 98 %)

Ca-Salz der DL-2-Hydroxy-4-methyl-mercapto-Buttersäure (monomere Säure mind. 83 %; nur für Schw und Gefl) DL-2-Hydroxy-4-methyl-mercapto-Buttersäure (monomere Säure mind. 65 %; nur für Schw und Gefl)	Methionin-vorstufen

für Milchkühe: vor ruminalem Abbau geschützte Produkte von DL-Methionin (mind. 65,5 %) bzw. Mischung aus L-Lysin-Monohydrochlorid und DL-Methionin, geschützt durch das Copolymer Vinylpyridin/Styrol
Histidin-Monochlorid-Monohydrat für Salmoniden
Arginin (98 % für alle Tierarten).

16.3.4 Harnstoff und seine Derivate

Harnstoff und seine Derivate zählen zu den wichtigsten NPN-Verbindungen, die nur in der Wdk-Fütterung genutzt werden (ruminale Proteinsynthese aus NPN-Verbindungen). Ihre Verwendung ist allerdings an besondere Bedingungen geknüpft, nämlich parallel ausreichende Energieversorgung der Pansenflora; auch im Sinne synchroner N- und Energiefreisetzung kann ein gewisser Proteinanteil im Futter durch NPN-Verbindungen ersetzt werden.

Folgende NPN-Verbindungen sind als Zusatzstoffe gelistet:

– Biuret:	mind. 97 % Biuret	mind. 40 % N
– Harnstoff:	mind. 97 % Harnstoff	mind. 45 % N
– Harnstoffphosphat:	mind. 16,5 % N	mind. 18 % P
– Isobutylidendiharnstoff:	mind. 18 % Isobutyraldehyd	mind. 30 % N

VERWENDUNG VON HARNSTOFF
Mengen (Richtwerte): nicht mehr als 20 g/100 kg KM/Tag oder 1 % der Futtertrockenmasse der gesamten Ration.

Applikation mit Kraftfutter: täglich höchstens 100 g „Rp" als NPN/100 kg KM.

Applikation mit Grundfutter: Zusatz zum Mais bei Silierung (0,5 % zum Frischgut); TS-Gehalt von Mais mind. 25 %, anderenfalls Entmischungsgefahr.

Fütterungstechnik: langsam gewöhnen, tägliche Steigerung um 15–20 g Harnstoff; rasche Futterwechsel sind zu vermeiden, Raufutter zugeben.

Nährstoffergänzung: ausreichende Mengen an leicht verdaulichen Kohlenhydraten (Stärke) anbieten zur Steigerung der Syntheseleistung der Vormagenflora; pro 100 g Harnstoff rd. 1000 g stärkereiche FM, ferner auf ausreichende Mineralstoff- einschl. S-Ergänzung achten.

Risiken: zu rasche NH_3-Bildung in den Vormägen → ungenügende Umwandlung des über die Pfortader zur Leber gelangenden Ammoniaks zu Harnstoff → Erhöhung des NH_3-Gehalts im peripheren Blut (Ammoniakvergiftung) mit schweren zentralnervösen Störungen.

Weitere NPN-Verbindungen (Ammoniumsalze, Nebenerzeugnisse aus der Glutaminsäure- bzw. Lysin-Herstellung) sind als zulassungsbedürftige Einzel-FM (Anlage 1 der FMV) gelistet.

16.4 Zootechnische Zusatzstoffe

In dieser Kategorie sind folgende Funktionsgruppen aufgeführt:

- Verdaulichkeitsförderer: Stoffe, die bei der Verfütterung an Tiere durch ihre Wirkung auf bestimmte FM-Ausgangserzeugnisse die Verdaulichkeit verbessern;
- Darmflorastabilisatoren: Mikroorganismen oder andere chemisch definierte Stoffe, die bei der Verfütterung an Tiere eine positive Wirkung auf die Darmflora haben;
- Stoffe, welche die Umwelt günstig beeinflussen;
- sonstige zootechnische Zusatzstoffe (z.B. K-Diformiat/Benzoesäure).

16.4.1 Verdaulichkeitsförderer (Enzyme)

Ein Zusatz mikrobiell gebildeter Enzyme zum Futter (für Monogastrier, hier insbesondere bei Jungtieren) zielt im Wesentlichen auf folgende Wirkungen:

- Verwertung von Futterinhaltsstoffen, für die keine körpereigenen Enzyme zur Verfügung stehen (z. B. Nutzung des Phytin-Phosphors bei Monogastriern durch Phytase-Zusatz) → geringerer Zusatz mineralischen Phosphors → verminderte P-Exkretion → Umweltentlastung.
- Minderung antinutritiver Effekte bestimmter Futterinhaltsstoffe (z. B. Viskositätserhöhung im Chymus durch β-Glucane und Arabinoxylane = Nicht-Stärke-Polysaccharide; Zusatz von Glucanasen, Xylanase etc.); Effekte abhängig von Art des Futters und Tierart bzw. -alter (max. Effekte bei Broiler-, Enten- und Putenküken, weniger deutlich beim Schwein).
- Ersatz einer fehlenden bzw. Ergänzung einer unzureichenden körpereigenen enzymatischen Kapazität (z. B. in Diätfuttermitteln bei exokriner Pankreasinsuffizienz: Ersatz der Pankreasenzyme; bei Ferkeln in der Absetzphase evtl. Ergänzung von Amylase, Proteasen).

16.4.2 Darmflorastabilisatoren (Probiotika)

Über den Zusatz bestimmter Mikroorganismenkulturen (Vertreter aus Gattungen wie Bacillus, Saccharomyces, Enterococcus, Streptococcus, Pediococcus, Lactobacillus) oder deren Dauerformen (Sporen) zum Futter wird eine Stabilisierung der Intestinalflora (Hemmung enteropathogener Organismen, Förderung erwünschter Bakterien) angestrebt, um insbesondere in der Säuglings- bzw. Absetzphase gehäuft auftretende intestinale Dysbiosen (und damit verbundene Verdauungsstörungen) zu vermeiden. Mögliche Mechanismen dieser angestrebten Wirkungen sind Nahrungskonkurrenz, antibakterielle Stoffwechselprodukte der zugesetzten Organismen (z. B. Milchsäure), evtl. auch eine Rezeptorenblockade (so dass pathogene Keime dort nicht haften und sich vermehren können). Zusatz von probiotischen Keimen erfolgt im Bereich von ca. 10^9 KBE pro kg Trockenfutter (z. B. für die Ferkelaufzucht). Von den Probiotika zu unterscheiden sind sog. Praebiotika (z. Zt. noch keine FM-rechtliche Zulassung, zukünftig aber zu erwarten). Hierunter werden Substanzen bzw. Komponenten mit solchen Inhaltsstoffen verstanden, die nicht durch körpereigene Enzyme verdaut werden, andererseits aber erwünschten Bakterien der Darmflora als Substrat dienen (z. B. Lactulose, Fructo- und andere Oligosaccharide) und so indirekt eine stabilisierende Wirkung auf die Darmflora entfalten bzw. sogar die Elimination unerwünschter Keime (z. B. Salmonellen) fördern sollen.

16.4.3 Stoffe, welche die Umwelt günstig beeinflussen

In dieser Funktionsgruppe gibt es bislang keine Einträge, obwohl bestimmte Zusatzstoffe (s. Phytase/Benzoesäure) eindeutig günstige Effekte auf die Umwelt (s. P-Exkretion) oder die Umgebung (s. NH_3-Freisetzung im Stall, Stallklima) haben.

16.4.4 Sonstige zootechnische Zusatzstoffe

In dieser Funktionsgruppe sind bislang nur zwei Substanzen mit drei unterschiedlichen Wirkungen verzeichnet. Als **Wachstumsförderer** ist als einzige Substanz K-Diformiat für Schw zugelassen; zur **Verbesserung der Leistung** von Ferkeln bzw. zur **Reduktion des Harn-pH-Wertes** bei Mastschweinen die Benzoesäure:

K-Diformiat:	Ferkel bis 35 kg KM:	6 000–18 000 mg/kg AF
(BASF)	Mast-Schweine:	6 000–12 000 mg/kg AF
	Sauen:	8 000–12 000 mg/kg AF
Benzoesäure:	abgesetzte Ferkel bis 25 kg KM:	5 000– 5 000 mg/kg AF
(DSM)	Mast-Schweine:	5 000–10 000 mg/kg AF

16.5 Antikokzidia u. ä. Wirkstoffe

Gestützt auf den Artikeln 5 und 6 der EGV 1831/03 können Substanzen mit kokzidiostatischer oder histomonostatischer Wirkung als FM-Zusatzstoffe zugelassen werden (hierfür eine Extrakategorie); hier gibt es derzeit aber nur Antikokzidia (s. nachfolgende Aufstellung), während es gegen die Histomoniasis („Schwarzkopfkrankheit" der Trut- und Perlhühner) keine entsprechend wirksame, als Futterzusatzstoff zugelassene Substanz gibt.

Zur Prophylaxe der Kokzidiose, die insbesondere in Geflügel- und Kaninchenbeständen zu schwersten Verlusten führen kann, werden dem Futter häufig Anticoccidia zugesetzt. Unter den Anticoccidia (s. Tabelle nächste Seite) sind verschiedene Ionophoren, die für bestimmte Spezies (insbesondere Equiden) eine erhebliche toxische Potenz besitzen bzw. bei paralleler Anwendung bestimmter Therapeutika zu schwersten Intoxikationen führen (→ Gefahr der Umwidmung bzw. der Verschleppung in MF für andere Spezies). Verschiedene Anticoccidia sind zur Vermeidung von Rückständen im Schlachtkörper einige Tage vor der Schlachtung abzusetzen, d. h., das Mastfutter muss dann gewechselt werden.

Beachte Unverträglichkeiten: Narasin für Enten, Halofuginon für Enten, Puten, Gänse, Fasane, Rebhühner; Monensin-Na für Perlhühner. Robenidin führt bei Legehennen zu Anis- und Vanillegeschmack der Eier. Außerdem sind Lasalocid-Na, Monensin-Na, Narasin, Salinomycin-Na in Kombination mit Tiamulin, Lasalocid-Na mit Sulfadimethoxin für alle Geflügelarten, Monensin-Na mit Sulfaclozin für Puten, Narasin mit Sulfonamiden bzw. Erythromycin für Broiler unverträglich.

Auch wenn es sich bei den protozoenwirksamen Zusatzstoffen (Antikokzidia/ Antihistomoniaka) um Stoffe handelt, die in ihrer Funktion Arzneimitteln entsprechen, ist deren Einsatz ausschließlich futtermittelrechtlich geregelt und damit sorgsam von Fütterungsarzneimitteln zu unterscheiden.

Merke: Ein MF mit einem Antikokzidium ist per definitionem kein Fütterungsarzneimittel! Fütterungsarzneimittel sind Arzneimittel mit FM als Träger. Die Einmischung von Arzneimitteln in Futtermischungen (Fütterungsarzneimittel) wird ausschließlich nach dem Arzneimittelgesetz (AMG) geregelt.

Die verwendeten Arzneimittel müssen vom Bundesamt für Verbraucherschutz und LM-Sicherheit (BVL) zugelassen sein und vom Tierarzt rezeptiert werden. Herstellung und Abgabe von Fütterungsarzneimitteln:

- Herstellung in besonderen Betrieben mit Herstellungserlaubnis nach AMG. Abgabe nach tierärztlicher Verschreibung auf entsprechendem Formblatt,
- Abgabe von Arzneimitteln zur oralen Anwendung, ohne dass ein Fütterungsarzneimittel zum Einsatz kommt, d.h. das Arzneimittel wird über das „normale MF“ oder über das Tränkwasser appliziert oder auch oral gegeben (z. B. als Bolus etc.)

Antikokzidia in MF für Junggeflügel u. Kaninchen (Zugelassenen Gehalte in AF; Stand 08/08)

	Tierart	Höchstalter	Gehalte (mg/kg)[1] min.	max.	Wartezeit in Tagen
Decoquinat	Masthühner		20	40	3
	Junghennen	16 Wochen	1	1	–
Diclazuril	Masthühner		1	1	5
	Masttruthühner	12 Wochen	1	1	5
	Junghennen	16 Wochen	1	1	–
Halofuginon	Masthühner		2	3	5
	Truthühner	12 Wochen			5
	Junghennen	16 Wochen			–
Lasalocid-Na	Masthühner		75	125	5
	Junghennen	16 Wochen			5
	Truthühner	12 Wochen	90		5
Maduramicin-Ammonium	Masthühner		5	5	5
	Truthühner	16 Wochen	5	5	5
Monensin-Na	Masthühner		100	125	3
	Truthühner	16 Wochen	60	100	3
	Junghennen	16 Wochen	100	120	3
Narasin	Masthühner		60	70	5
Narasin/Nicarbazin (1:1)	Masthühner		80	100	1
Robenidin	Mast- u. Truthühner		30	36	5
	Zucht- u. Mastkan		50	66	5
Salinomycin-Na	Masthühner	–	50	70	1
	Mastkan	–	20	25	5
	Junghennen	12 Wochen	50	50	–
Semduramicin	Masthühner	–	20	25	5

[1] teils geringe Variationen in Abhängigkeit vom Produkt (firmenbezogene Zulassung!)

17 Mischfutter

Mischfutter bestehen aus zwei oder mehreren Einzel-FM mit oder ohne Zusatzstoffe. Sie werden für bestimmte Tierarten, Alters- und Nutzungsgruppen zur alleinigen Versorgung oder zur Ergänzung verschiedener anderer FM hergestellt bzw. verwendet.

17.1 Einteilung und Verwendungsart

Alleinfutter

enthalten sämtliche für die betreffende Tierart, Alters- und Nutzungsgruppe notwendige Nährstoffe in einer abgestimmten Konzentration. Sie sind bei ausschließlicher Verwendung bedarfsdeckend.

Ergänzungsfutter

sollen Einzel- und/oder Mischfutter so ergänzen (z. B. mit Energie, Protein, Mineralstoffen, Vitaminen, sonstigen Zusatzstoffen, z. T. auch Aminosäuren), dass insgesamt eine Bedarfsdeckung erzielt wird.

17.2 Allgemeine Anforderungen

Wassergehalte

Mineralfutter ohne org. Bestandteile	bis 5 %
MF mit mehr als 40 % Milcherzeugnissen (getr.)	bis 7 %
Mineralfutter mit org. Bestandteilen	bis 10 %
sonstige MF (Ausnahmen: MF aus ganzen Samen, Körnern oder Früchten bzw. MF mit Zusätzen zur Haltbarmachung)	bis 14 %

HCl-unlösliche Asche (bez. auf TS)

i. d. Regel	max. 2,2 %
Reisnebenerzeugnisse	max. 3,3 %

Vitamingehalte

Höchstgehalte in AF für Vit D und z. T. auch Vit A (Masttiere!) s. S. 112

In Ergänzungsfuttern dürfen Höchstgehalte überschritten werden, wenn sichergestellt ist, dass die mit der Gesamtration aufgenommene Menge nicht höher ist als der für AF festgelegte Wert.

Spurenelementgehalte

Höchstgehalte in Alleinfuttermitteln s. S. 113

Sonstige Zusatzstoffe

Art und Gehalt s. S. 116

unerwünschte Stoffe

Höchstgehalte in Alleinfuttermitteln s. S. 138 f.

17.3 Deklaration

Bezeichnung:

Allein- oder Ergänzungsfutter; Angabe für welche Tierart bzw. Alters- oder Nutzungsgruppe. Für Heimtiere außer Hd u. Ktz ist auch die Bezeichung „Mischfuttermittel" erlaubt.

Komponenten:

Bei Nutztieren sind alle im MF enthaltenen Einzel-FM in absteigender Reihenfolge mit ihren Prozentanteilen zu nennen („offene Deklaration"). Abweichungen vom deklarierten Anteil werden bis zu einer Höhe von 15 % (relativ) toleriert.

Bei MF für Hd und Ktz ist diese „offene“ Deklaration ebenfalls erlaubt, möglich ist jedoch auch die „halboffene” Deklaration (keine Nennung der Prozentanteile der Einzel-FM). Für Heimtiere ist die Nennung der Komponenten nicht zwingend, wohl aber erlaubt (s. S. 59 f.).

Inhaltsstoffe:

Die wichtigsten wertbestimmenden Inhaltsstoffe sind entsprechend den nachfolgenden Angaben aufzuführen:

Mischfuttermittel	Tierart oder Tierkategorie	Inhaltsstoffe
1	2	3
Alleinfuttermittel	alle, ausgenommen andere Heimtiere als Hunde und Katzen	Rohprotein, Rohfett, Rohfaser, Rohasche
	Schweine außerdem	Lysin
	Geflügel außerdem	Methionin
	Fische, ausgen. Zierfische, außerdem	Phosphor
Mineralfutter-mittel	alle	Calcium, Natrium, Phosphor
	Rinder, Schafe und Ziegen außerdem	Magnesium
Melassefutter-mittel	alle	Rohprotein, Rohfaser, Rohasche, Gesamtzucker (berechnet als Saccharose)
	Rinder, Schafe und Ziegen außerdem	Magnesium bei einem Gehalt von 0,5 % und mehr
andere Ergän-zungsfuttermittel	alle, ausgenommen andere Heimtiere als Hunde und Katzen	Rohprotein, Rohfett, Rohfaser, Rohasche
	alle, ausgenommen Heimtiere, außerdem	Calcium bei einem Gehalt von 5 % und mehr, Phosphor bei einem Gehalt von 2 % und mehr
	Rinder, Schafe und Ziegen außerdem	Magnesium bei einem Gehalt von 0,5 % und mehr
	Schweine außerdem	Lysin
	Geflügel außerdem	Methionin

MF für Wdk mit NPN: Zusätzlich Rp aus NPN deklarieren!

Bei Angabe der AS-Gehalte im MF ist der Gesamtgehalt anzugeben.

Zusatzstoffe: Je nach Zusatzstoff sind unterschiedliche Angaben notwendig. Bei Enzymen, Mikroorganismen, sonstigen zootechnischen Zusatzstoffen (K-Diformiat/Benzoesäure) und Anticoccidia sowie den Vit A, D und E: Gehalt an wirksamer Substanz, Haltbarkeitsdauer vom Herstellungsdatum an; bei sonstigen zootechnischen Zusatzstoffen und Anticoccidia *zusätzlich* Zulassungs-Kennnummer des Betriebes; bei Enzymen und Mikroorganismen zusätzlich die Kennnummer des FM-Zusatzstoffes. Bei bestimmten Anticoccidia sind Hinweise wie z. B. „Gefährlich für Einhufer“ notwendig.

Fütterungshinweise sind ggf. erforderlich, so z.B. bei MF mit NPN-Verbindungen, Diät-FM.

Nettogewicht: kg

Bezugsnummer der Partie

Name und Anschrift des für das Inverkehrbringen innerhalb der EG Verantwortlichen

Zulassungsnummer des Betriebes (des MF-Herstellers)

Deklarationsbeispiel:
Alleinfuttermittel für Mastschweine (von 35 kg KM an)

Zusammensetzung:	
Weizen	35,0 %
Sojaextr.schrot	14,1 %
Gerste	12,5 %
Roggen	10,7 %
Hafer	7,5 %
Sojabohnen	4,0 %
Triticale	4,0 %
Erbsen	4,0 %
Weizenkleie	3,0 %
Rapsextr.schrot	2,5 %
Ca-Carbonat	1,2 %
Pflanzenfett	0,6 %
NaCl	0,4 %
Mono-Ca-Phosphat	0,3 %

Gehalte an Inhaltsstoffen:		
Rohprotein	17,4 %	zwingende Angaben
Lysin	1,0 %	
Rohfett	3,4 %	
Rohfaser	4,6 %	
Rohasche	5,1 %	
Met, Cys, Thr, Trp		erlaubte zusätzliche Angaben
Ca, Mg, P, Na, K		
Stärke, Gesamtzucker		
Wasser		
HCl unlösl. Asche		
Energie, MJ ME		

Zusatzstoffe je kg AF		
L-Lysin	2 g	
Vit A	10.000 I.E.	zwingende Angaben
Vit D_3	1.500 I.E.	
Vit E	60 mg	
Cu	17 mg	
Vit B_{12}	15 µg	erlaubte zusätzl. Angaben
Se	0,2 mg	

Haltbarkeit der Vitamine:
bis 3 Monate nach Herstellung
Nettogewicht: ____________
Haltbar bis (Monat/Jahr): ____
Fütterungshinweise: __________
Name/Anschrift des Herstellers/
Inverkehrbringers: __________

Anmerkung: Die vereinfachte Deklaration für Normtyp – früher erlaubt – ist aufgehoben.

Nach § 13 der FMV ist bei Misch-FM für Heimtiere eine Gruppenbezeichnung nach Anlagen 2b der FMV möglich (z.B. anstelle der einzelnen Getreidearten nur „Getreide“ oder anstelle der verschiedenen Produkte aus der Milchverarbeitung der Terminus „Milcherzeugnisse“).

17.4 Mineralfutter

dienen der Ergänzung von MF und/oder Rationen mit Mengenelementen sowie – üblich, aber nicht zwingend – mit Spurenelementen und Vitaminen, teils auch der Supplementierung mit AS.

Die Deklaration eines Mineralfutters muss die Tierart benennen, bei der es eingesetzt werden soll. Die Gehalte an Ca, P und Na sind anzugeben, wenn nicht nach Anlage 2 FMV, z. B. für Wdk, auch der Gehalt an Mg deklariert werden muss. Zusätze von Cu, Vit A, D und E sind zu deklarieren. Andere Vitamine und Spurenelemente sowie AS (und Rohnährstoffe) *können* deklariert werden. Die Beimischung dieser Zusatzstoffe erfordert, um einer Überdosierung vorzubeugen, einen Fütterungshinweis wie z. B. „bis max. 3 % der Gesamtration zu verfüttern''.

17.5 Diätfuttermittel

Als solche werden Ergänzungs- oder Alleinfutter bezeichnet, die einen „besonderen Ernährungszweck" erfüllen. Die besonderen Ernährungszwecke (= Indikationen), für die es ein therapeutisch oder prophylaktisch wirksames Mischfutterkonzept gibt, sind in Anlage 2a der FMV (Positivliste) spezifiziert.

Die Bezeichnung der Diätfutter weist alle Elemente der Deklaration eines herkömmlichen Mischfutters auf, unterscheidet sich aber durch folgende verpflichtende Angaben: 1. Begriff Diätfutter bzw. Wortteil Diät in der Bezeichnung, 2. Angabe des besonderen Ernährungszecks lt. FMV (Wortlaut ist verbindlich), 3. Fütterungsdauer, Gebrauchsanweisung und ggf. Hinweise zur Zusammensetzung der Tagesration, 4. ernährungsphysiologische Merkmale, 5. die hierfür wesentlichen Einzelfuttermittel und Zusatzstoffe. Folgende Bereiche können durch Diätfuttermittel lt. Anlage 2a abgedeckt werden:

Wirkung auf	Besonderer Ernährungszweck, gekürzte Wiedergabe	Spezies
Vormagen	Verringerung der Acidosegefahr	Wdk
Dünn- und Dickdarm	Verschiedene Verdauungs- und/oder Absorptionsstörungen	diverse[1]
	Minderung von Nährstoffunverträglichkeiten	Hd, Ktz
	Verringerung der Gefahr der Verstopfung	Sauen
Leber, intermediären Stoffwechsel, Nährstoffbilanz	Verringerung der Gefahr des Fettlebersyndroms	Legehennen
	Verringerung der Gefahr der Ketose/Azetonämie	Wdk[2]
	Regulierung der Glucoseversorgung – Diabetes mellitus –	Hd, Ktz
	Regulierung des Fettstoffwechsels bei Hyperlipidämie	Hd, Ktz
	Verringerung der Kupferspeicherung in der Leber	Hd
	Unterstützung der Leberfunktion bei chron. Leberinsuffizienz	Hd, Ktz, Pfd
	Verring. der Gefahr des Milchfiebers/der Hypomagnesämie	Wdk[3]
	Rekonvaleszenz, Untergewicht/Übergewicht	Hd, Ktz, Pfd
	Ausgleich von Elektrolytverlusten bei übermäßigem Schwitzen	Pfd
	Stabilisierung des Wasser- und Elektrolythaushaltes	Jungtiere
Niere	Verringerung der Gefahr der Urolithiasis bzw. Therapie	Wdk, Hd, Ktz
	Unterstützung der Nierenfunktion bei chron. Niereninsuffizienz	Hd, Ktz
Haut	Unterstützung der Hautfunktion bei einer Dermatose	Hd, Ktz
	Minderung von Nährstoffunverträglichkeiten	
Herz	Unterstützung der Herzfunktion bei chron. Herzinsuffizienz	Hd, Ktz
Verhalten	Minderung von Stressreaktionen	Schw, Pfd

[1] Schw, Gefl, Pfd, Hd, Ktz [2] Milchkühe und Mutterschafe [3] Milchfieber der Milchkuh

18 Vergleichende Darstellung von Nährstoffgehalten in verschiedenen Futtermitteln

18.1 Vergleichende Übersicht zum Rp-Gehalt in FM

Gehalte an Rp in % der TS	tierischer Herkunft		pflanzlicher Herkunft aus landwirtschaftlichem Betrieb		pflanzlicher Herkunft industrielle Nebenprodukte	
über 50	Blutmehl	96			Kartoffeleiweißpulver	85
	Federmehl	90			Weizenkleber	78–84
	Fischmehl	58–69			Maiskleber	72
	Tiermehl	53–59				
30–50	Magermilchpulver	37	Süßlupinen	41	Sojaextraktionsschrot	44–50
	Molkeneiweißpulver	32			Erdnussextr.schrot	40–50
					Hefen	40–50
					Rapsextraktionsschrot	38
					Trockenschlempe (DDGS)	37
15–30	Molkenpulver	20	Ackerbohnen	30	Malzkeime	30
			Futtererbsen	26	Biertreber	24
			Luzerne	15–25	Kokoskuchen	25
			Klee	15–22		
			Raps	22		
			Weidegras	15–22		

18.2 Vergleichende Übersicht zu AS-Gehalten in Futtermitteln

Für die Entwicklung geeigneter Rationen und Mischfutter sind Daten zum *AS-Gehalt* in den Einzelkomponenten (d. h. je kg) eine unabdingbare Voraussetzung. Während das AS-Muster (= AS-Gehalte in 100 g Rp bzw. 16 g N) in den Einzel-FM relativ konstant ist, sich aber zwischen den verschiedenen FM oft deutlich unterscheidet, ist bei der Angabe der AS-Gehalte je kg FM eine erhebliche *Variation* zu konstatieren, und zwar einmal in Abhängigkeit vom *TS-Gehalt* (s. Gras/CCM, usw.) zu anderen in Abhängigkeit vom *Rp-Gehalt* (Sojaextraktionsschrot mit 40–45 % Rp hat unterschiedliche AS-Gehalte je kg Futter, obwohl das AS-Muster absolut identisch sein kann bzw. ist). Diese beiden Aspekte verdienen Beachtung bei Nutzung der nebenstehenden Tabelle (s. S. 122a).

Zu den Themen:

FM-Recht: NutriLex (= Online-Recherchesystem zum Futtermittel-, Lebensmittel- und Tierarzneimittelrecht) unter http://www.nutrilex.de!

FM-Zusammensetzung: ALP-Schweizerische Futtermitteldatenbank, unter http://www.alp.admin.ch/themen/01240/index.html?lang=de oder efeed-learning program unter http://www.virtualcampus.ch/display.php?zname=federal_profile_platform&profileid=19&lang=2

FM-Zusammensetzung: Datenbank Futtermittel DLG; unter http://datenbank.futtermittel.net/

Übersicht zu Aminosäuregehalten in verschiedenen Futtermitteln

Futtermittel	TS	Rp	Lys	Met + Cys	Trp	Thr
	g/kg uS					
Ackerbohne	880	252	16,0	5,1	2,2	8,9
Baumwollsaatextr.schrot >35% Rp	880	409	16,5	13,6	5,4	13,4
Bierhefe	930	450	34,0	15,0	8,0	25,0
Biertreber	880	222	8,4	8,7	3,0	8,0
Blutmehl	910	874	74,5	20,3	14,8	37,8
Corn Cob Mix	550	55	1,5	2,2	0,4	2,0
Erbsen	880	211	14,6	5,1	1,9	7,9
Federmehl, hydrolysiert	910	834	20,1	46,6	5,5	38,4
Fischmehl	910	638	48,3	23,9	7,3	26,7
Fleischmehl	910	504	25,1	12,9	2,9	16,6
Fleischknochenmehl	910	479	23,5	10,7	2,4	14,9
Gerste	880	107	3,8	4,0	1,2	3,6
Gras	100	17	0,7	0,4	0,2	0,7
Grassilage	300	51	1,9	1,1	0,5	1,9
Grünmehl (Gras)	880	144	5,1	3,4	1,8	5,3
Kartoffeleiweißpulver	880	738	58,3	28,8	10,2	43,0
Kasein	900	800	70,0	30,0	10,0	38,0
Leinsaatextr.schrot	880	330	11,0	10,6	4,8	12,0
Lupine	880	318	14,7	6,9	2,5	10,7
Magermilchpulver	930	361	28,0	11,9	5,0	15,9
Mais	880	85	2,5	3,6	0,6	3,0
Maiskeimextr.schrot	880	219	9,2	8,5	1,9	8,7
Maiskleber	880	602	9,5	24,8	3,2	20,2
Maiskleberfutter	880	188	5,1	7,1	1,0	6,5
Maissilage	300	26	0,6	0,7	0,1	0,8
Molkenpulver	940	120	11,0	5,0	3,6	8,6
Rapssaat	880	192	11,0	9,2	2,6	8,6
Rapsextr.schrot	880	343	18,5	15,6	4,3	14,9
Roggen	880	93	3,4	3,5	1,0	3,0
Sojaextr.schrot	880	458	27,9	13,3	6,2	17,8
Sonnenbl.saatextr.schrot	880	330	11,3	13,4	3,9	12,0
Sorghum/Milocorn	880	90	2,0	3,3	1,0	3,0
Tiermehl	880	531	27,9	13,7	3,9	18,7
Triticale	880	114	3,9	4,5	1,4	3,5
Trockenschlempe	930	279	9,0	10,0	4,0	10,0
Weizen	880	130	3,4	4,9	1,5	3,7
Weizenkleber	880	743	12,4	27,9	6,8	18,9
Weizen/Gersten-Tr. Schlempe, DDGS[1]	930	371	7,2	12,1	3,8	12,1

[1] aus Bioethanolherstellung

18.3 Übersicht zum Ca-Gehalt verschiedener FM (g/kg TS)

Gehalt	tierischer Herkunft	pflanzlicher Herkunft: aus landw. Betrieb	pflanzlicher Herkunft: industrielle Nebenprodukte
>20 g	Futterknochenschrot 196	Luzernegrünmehl 20	
	Tiermehl (> 60 % Rp) 52		
	Fleischmehl 45		
	Fischmehle 40–120		
	Molkenpulver, teilentz. 39		
10–20 g	Trockenmagermilch 14	Luzerneheu 16	Zitrustrester ~16
		Klee 13	
		Rübenblatt/Rapssilage 13	
3–10 g	Vollmilch 9–10	Wiesen-Weidegras 5–10	Trockenschnitzel 9–10
		Maissilage ~3	Rapsextr.schrot 7,3
		Hafer-/Gerstenstroh ~3	Treber 4,5
			Sojaextraktionsschrot 3,5
<3 g	Federmehl ca. 3	Futterrüben 2–3	Kartoffel-,
	Blutmehl ca. 2	Getreidekörner 0,5–1,2	Roggenschlempe 2,8–2,9
		Milokorn ~0,5	versch. Extr.-Schrote 2,0–3,0
		Kartoffeln 0,4	Weizen- u. Roggenkleie 1,7–1,8
			Trockenschlempe (DDGS) 0,5

18.4 Übersicht zum P-Gehalt[1] verschiedener FM (g/kg TS)

Gehalt	tierischer Herkunft	pflanzlicher Herkunft: aus landw. Betrieb	pflanzlicher Herkunft: industrielle Nebenprodukte
>15 g	Futterknochenschrot 95		Bierhefe 17,0
	Tiermehl (>60 % Rp) 29		
	Fleischmehl (<4 % P) 26		
	Fischmehl 25–30		
	Molkenpulver, teilentz. 15,5		
8–15 g	Trockenmagermilch 10,8	Baumwollsaat 12	Weizenkleie 13,0
			Roggenkleie 11,3
			Rapsextraktionsschrot 11,9
			Weizen-, Roggengrießkleie 10,5
			Getreideschlempe (DDGS) ~9,0
3–8 g	Vollmilch 7,2	Leguminosenkörner 4,5	Kartoffelschlempe 7,3
		Getreidekörner 3–4	Treber 7,2
		Grünfutter 3–4	versch. Extr.-Schrote ~7,0
			Maiskleber ~7,0
<3 g	Blutmehl 1,6	Milokorn ~2,9	Trockenschnitzel 1,1
	Federmehl 1,3	Rüben/-blatt 2,5	Maniokmehl 1,1
		Maissilage 2,6–3,0	
		Kartoffeln 2,5	

[1] zur P-Verdaulichkeit s. S. 166

18.5 Vit B-Gehalte verschiedener Futtermittel (mg/kg TS)

B_1 (Thiamin) Bedarf ~1,5–5[1]

hoher Gehalt	
Bierhefe	92
Weizenkeime	28
Maiskeime	25
Dorschlebermehl	18
mittlerer Gehalt[1]	
Weizenfuttermehl	15
Sojabohnen	12
Malzkeime	9
Maisfuttermehl	9
Bohnen, Erbsen	8
Grünfutter	8
mäßiger Gehalt	
Getreidekörner	4–7
Kartoffeln	5
Getreideschlempe, getr.	1,5

B_2 (Riboflavin) Bedarf ~2–7[1]

hoher Gehalt	
Tierlebermehl	47
Futterhefe	45
Bierhefe	35
Trockenmolke	30
mittlerer Gehalt	
Magermilch	25
Trockenmagermilch	20
Grünfutter	20
Grünmehl	15–17
mäßiger Gehalt	
Fischmehl	7
Getreideschlempe, getr.	6
Sojaextraktionsschrot	3,5
Kartoffeln	2
Getreidekörner	1,2–2

B_3 (Niacin/Nicotins.) Bedarf ~10–45[1]

hoher Gehalt	
Futterhefe	500
Tierlebermehl	200
Grünfutter	80–200
Roggen- und Weizenkleie	190–200
mittlerer Gehalt	
Fischmehl	65
Kartoffeln	60
mäßiger Gehalt	
Sojaextraktionsschrot	30
Getreidekörner	10–60

B_5 (Pantothensäure) Bedarf ~5–17[1]

hoher Gehalt	
Bierhefe	110
mittlerer Gehalt	
Trockenmolke	45
Tierlebermehl	45
mäßiger Gehalt	
Magermilch	35
Erbsen, Kartoffeln	30
Mühlennachprodukte	20
Sojaextraktionsschrot	17
Fischmehl	10
Getreidekörner	6–13

B_6 (Pyridoxin) Bedarf ~1,5–5[1]

hoher Gehalt	
Maiskeime	55
Bier- und Futterhefe	30–40
Dorschlebermehl	33
mittlerer Gehalt	
Fischmehl	15
Sojaextraktionsschrot	8
Mühlennachprodukte	5–30
mäßiger Gehalt	
Erdnussextraktionsschrot	5
Magermilch	4
Getreidekörner	1–5

B_{12} (Cobalamin) (µg/kg) Bedarf ~10–25[1]

hoher Gehalt	
Dorschlebermehl	900
Fischextrakt	700
Tierlebermehl	500
Fischmehl	200–300
Fleisch- oder Blutmehl	80–100
mittlerer Gehalt	
Federmehl	70
Molke	30–40
Magermilch	40

fehlend in allen pflanzl. FM!

[1] vgl. Übers. S. 169

Schrifttum (Futtermittelkunde)

AGFF (Arbeitsgemeinschaft zur Förderung des Futterbaues; 2000): Bewertung von Wiesenfutter, 3. Aufl., FAL, Zürich-Reckenholz; RAP, Posieux; RAC, Changins

ABEL, J., FLACHOWSKY, G., JEROCH, H. und S. MOLNAR (1995): Nutztierernährung, Gustav Fischer Verlag, Jena

BRÜMMER, F., und J. SCHÖLLHORN (1972): Bewirtschaftung von Wiesen und Weiden, 2. Aufl., Verlag E. Ulmer, Stuttgart

BUNDESARBEITSKREIS FUTTERKONSERVIERUNG (2006): Praxishandbuch Futterkonservierung, 7. überarb. Aufl., DLG-Verlag, Frankfurt am Main

CALDER, P. C., C. J. FIELD and H. S. GILL (2002): Frontiers in nutritional Science, No. 1 „Nutrition and Immune Function“. CABI-Publishing, Wallingford (UK)

DLG (1991): Futterwerttabellen für Schweine, 6. Aufl., DLG-Verlag, Frankfurt/M.

DLG (1997): Futterwerttabellen für Wiederkäuer, 7. Aufl., DLG-Verlag; Frankfurt/M.

DLG (1995): Futterwerttabellen – Pferde –, 3. Aufl., DLG-Verlag, Frankfurt/M.

GROSS, F., und K. RIEBE (1974): Gärfutter, Verlag E. Ulmer, Stuttgart

FICKLER, J., J. FONTAINE und W. HEIMBECK (1996): Aminosäurenzusammensetzung von Futtermitteln, 4. Aufl., Degussa, Frankfurt

JEROCH, H., G. FLACHOWSKY und F. WEISSBACH (1993): Futtermittelkunde, G. Fischer Verlag, Jena

JEROCH, H., W. DROCHNER und O. SIMON (2008): Ernährung landwirtschaftlicher Nutztiere. 2. Aufl., Verlag E. Ulmer, Stuttgart

FLACHOWSKY, G., und J. KAMPHUES (1996): Unkonventionelle Futtermittel. Proc. zum gleichnamigen Workshop, Landbauforschung, Völkenrode, Sonderheft 169

KÄMPF, R., NOHE, E., PETZOLDT, K. (1981): Feldfutterbau. DLG-Verlag, Frankfurt/M.

KAMPHUES, J., und G. FLACHOWSKY (2001): Tierernährung: Ressourcen und neue Aufgaben. Nachhaltige Tierproduktion, Proc. zum EXPO 2000 Workshop, Landbauforschung Völkenrode, Sonderheft 223

KAMPHUES, J. (2001): Die Futtermittelsicherheit – eine kritische Bestandsaufnahme aus Sicht von Tierernährung und Tiermedizin. In: Schubert, R., Flachowsky, G., Bitsch, R., Jahreis, F. (Hrsg.): Vitamine und Zusatzstoffe in der Ernährung von Mensch und Tier, 8. Symposium, 26.–27. September 2001, Jena/Thüringen, 63–74, ISBN 3-933140-51-X

KLING, M., und W. WÖHLBIER (1977/1983): Handelsfuttermittel, Band 1, 2 und 2a, Verlag E. Ulmer, Stuttgart

LENNERTS, L. (1984): Ölschrote, Ölkuchen, pflanzliche Öle und Fette, Verlag A. Strothe, Frankfurt/M.

LÜDDECKE, F. (1976): Ackerfutter, VEB Deutscher Landwirtschaftsverlag Berlin

McDOWELL, L. (1989): Vitamins in animal nutrition - Comparative aspects to human nutrition. Academic press, San Diego

MENKE, K. H., und W. HUSS (1987): Tierernährung und Futtermittelkunde, Verlag E. Ulmer, Stuttgart

MINSON, D. J. (1990): Forage in ruminant Nutrition. Academic Press Inc., London (UK)

NEHRING, K., und M. BECKER (1975/1979): Handbuch der Futtermittel Bd. I–III, Verlag P. Parey, Hamburg-Berlin

N. N. (2008): Das geltende Futtermittelrecht, AMS-Verlag, Rheinbach, ISBN 978-3-938835-06-7

PAPE, H. Chr. (Hrsg.); (2006): Futtermittelzusatzstoffe, Technologie und Anwendungen. Agrimedia GmbH, Bergen/Dümme

RIEDER, J. B. (1983): Dauergrünland, BLV-Verlag, München

SAUVANT, D., J.-M. PEREZ and G. TRAN (2002): Tables of composition and nutritional value of feed materials; Pigs, poultry, cattle, sheep, goats, rabbits, horses and fish. 2nd Edition, INRA-Editions, Paris (FR)

STEMME, K., B. GERDES, A. HARMS und J. KAMPHUES (2003): Zum Futterwert von Zuckerrübenvinasse (Nebenprodukt aus der Melasseverarbeitung). Übers. Tierernährg. 31, 169–201

Zu den Themen:

- Futterkonservierung/Silierung: Übers. Tierernährg., Heft 1, 2007
- *In-situ*-Abbau/Verdaulichkeit: Übers. Tierernährg., Heft 1 und 2, 2005

III Schadwirkungen durch Futtermittel und Fütterung (inkl. assoziierte Technik)

Durch Futtermittel (inkl. Tränkwasser) können – und zwar auch unabhängig von einer bedarfsgerechten Energie- und Nährstoffversorgung – Leistungseinbußen, Gesundheitsstörungen, Mängel in der Lebensmittelqualität sowie Risiken für die Gesundheit des Menschen (Exposition beim Umgang mit derartigen FM bzw. als Konsument von LM) entstehen, die nachfolgend näher behandelt werden. Davon abzugrenzen sind die Folgen einer nicht adäquaten Energie- und Nährstoffversorgung, die erst nach Darstellung diesbezüglicher Grundlagen, d. h. später (s. S. 171 f.) abgehandelt werden. Erwähnenswert ist, dass FM mit schädigendem Potential nicht verwendet werden dürfen (s. S. 58), dies gilt auch dann, wenn eine Schädigung von Tieren und Lebensmitteln tierischer Herkunft nur möglich, aber noch nicht eingetreten ist (s. Verbot „nicht sicherer" FM).

Bei dem hier gewählten futtermittelkundlichen Zugang zu den Schadwirkungen durch Futtermittel und Fütterung sind – entsprechend dem Weg des Futters von seiner Gewinnung bis zum Angebot an das Tier – ätiologisch die nachfolgend genannten Situationen zu unterscheiden:

- FM mit schädlichen/unerwünschten Inhaltsstoffen
- FM mit Kontaminationen (belebter/unbelebter Art)
- Verdorbene FM (abiotischer/biotischer Verderb)
- Fehlerhaft be-/verarbeitete FM
- Fehler in FM-Auswahl und Dosierung (incl. Nichtbeachtung tierartspezifischer Besonderheiten)

1 Futtermittel mit antinutritiven/schädlichen/ unerwünschten Inhaltsstoffen

In nicht wenigen FM sind – in Abhängigkeit von Pflanzenart und -sorte, Standort und Düngung sowie von anderen Umwelteinflüssen – Inhaltsstoffe mit nachteiligen Effekten auf das Tier bzw. die von Tieren gewonnenen LM vorhanden.

Im internationalen Sprachgebrauch hat sich für derartige Substanzen der Terminus ANF (**A**nti-**N**utritive-**F**aktoren) etabliert. Diese Inhaltsstoffe rechtfertigen deshalb aber nicht, von giftigen Inhaltsstoffen bzw. von Giftpflanzen zu sprechen, so dass sie hiervon differenziert behandelt werden müssen. Verschiedene dieser nachteiligen Inhaltsstoffe sind im Übrigen in der Anlage 5 FMV (unerwünschte Stoffe) mit entsprechenden Höchstwerten geregelt.

Stoff	Vorkommen	schädliche bzw. toxische Wirkungen	Toxizität
ANORGANISCHE STOFFE			
Nitrat/Nitrit* (insbes. von Pflanzenart und N-Düngung abhängig)	Weidelgras und Grünmais, Herbstzwischenfrüchte, Gramineen, Molke, Polygonaceen, Wasser (Silierung: erhebl. Reduktion)	akut: Hämiglobinbildung, Cyanose, Dyspnoe; chronisch: reduz. Fertilität, Störungen im J- u. Vit-A-Haushalt	rd: 0,5–4 % Nitrat in der TS toxisch, je nach Reduktionsbedingungen im Pansen; Nitrit etwa 10-fach höher toxisch als Nitrat, Umwandlungsrate im Pansen beachten, geringe Energieversorgung besonders kritisch

* in Anlage 5 der FMV geregelt

Stoff	Vorkommen	schädliche bzw. toxische Wirkungen	Toxizität
EINFACHE N-VERBINDUNGEN			
Betain	Beta-Rübenprodukte wie Melasse, Vinasse	Verwendung bei Wdk: Milchgeschmack negativ beeinfl.	keine Angaben
Sinapin	Raps	Geschmacks-/Geruchsveränderungen der Eier	keine Angaben
Methylamine	Silagen, Fisch, abgebaute Eiweiße	„Fischgeruch" in Ei oder Fleisch, Belastung Leberstoffw., red. Fertilität (?)	keine Angaben
Hordenin	Malzkeime	Hordenin kann stimulierend wirken, adrenerg. (Dopingmittel bei Pferden)	keine Angaben
S-Methyl-Cystein (SMCO)	Cruciferen, insbes. Raps, Kohl, Markstammkohl	Anämie, Depression, Indigestion, Parese	tox.: 140–200 mg/kg KM
Senföl* (Allyl-, Crotonyl-)	Cruciferen, auch Kräuter	schleimhauttox., Gastroenteritis, Kolik, nephrotox.,Hypothyreoidose	150–1000 mg/kg Futter
Nitrile (β-Amino-Propio-N)	Lathyrusarten	Osteo-, Angio- und Neurolathyrismus, Kehlkopfpfeifen bei Pfd	
GLYKOSIDE			
cyanogene Glykoside*	Wicke, Bohne, Maniok, Milo; Leinsamen	HCN-Vergift., cytotox. Anoxie	Rd, Pfd: max. 60 mg/kg Futter, adaptieren!
Thioglykoside*	Cruciferen, Kräuter	Stör. N.- u. Jodstoffw., strumigen	siehe Senföle
Saponine	Leguminosen, Rübenblätter, Lolium temulentum	Hämolyse, Proteinasehemmung, ZNS-Störungen	Kornrade: 1 g/kg KM = letal
Steroidglykoside (Solanin)	Solanaceen, Unkräuter, grüne Kartoffel-Keime, z. T. Kartoffel-Eiweiß	Protoplasmagift, Cholinesterase-Hemmung, schleimhauttox., ZNS-Stör., Dyspnoe, Parese	Vergift. Msch.: 0,3 g Solanin/kg Nahrung, Rd: 5–15 kg Kartoff.-Kraut; Pfd, Schw: ähnl. Msch
NICHT-STÄRKE-POLYSACCARIDE			
Arabinoxylane (Pentosane)	Getreide (bes. Roggen, Triticale, Weizen)	} Bei Jung-Gefl Viskositätserhöhung der Digesta (sticky droppings), Leistungsminderung	} auszuschließen
β-Glucane (1,3–1,4-β-D-Glucane)	Getreide (bes. Gerste, Hafer)	}	}
α-Galactoside (Raffinose, Stachyose, Verbascose)	Körnerleguminosen	Bei Nicht-Wdk Verdauungsstörungen, Flatulenz	}
PROTEINE			
Lectine (z. B. Rizin, Phaseolotoxin etc.)	Leguminosen, z. B. Soja-/Gartenbohne, Euphorbiaceen	Permeablitätsstör., Agglutinin, Allergien, Diarrhoen, Lebernekrosen	hoch
Thiaminasen	Fisch, Kräuter	Thiaminmangel	} keine Angaben
Lipoxidasen	Leguminosen	Vit A-, Carotin-, Vit E-, Fettabbau	}
Trypsininhibitoren	Soja, Eiklar, Kartoffel (roh)	Diarrhoen, Indigestionen	}
PHENOLDERIVATE/ALKALOIDE			
Tannine	Ackerbohne/Erbse	reduzierte Verdaulichkeit (auch im Pansen)	
Lupanine u. a.	Bitterlupine	reduzierte Futteraufnahme	

* in Anlage 5 der FMV geregelt

Stoff	Vorkommen	schädliche bzw. toxische Wirkungen	Toxizität
CHELATBILDNER			
Phytinsäure	Getreide	Ca-P-Bindung, Interaktionen mit Zink und anderen zweiwert. Ionen	
Gossypol*	Baumwollsamen	Eisenbind., Permeabilitätsstörungen, lebertoxische Effekte	Schw: <20–60, Rd: <500 mg/kg
AGONISTEN/ANTAGONISTEN			
Anti-Vit K-Fakt. (Cumarine)	Klee (Stein-, Bockshorn-, Honigklee)	red. Prothrombinbild., vielfältige Blutungen, hepato-nephrotox., ZNS-Störung	kumulativ wirkend
Anti-Pyridoxin-Faktoren	Leinsaat	Pyridoxinmangel, insbesondere bei Geflügel	kumulativ (Lein für Gefl obsolet)
Anti-Niacin-Faktor	Hirse, Mais	Niacinmangel	nur bei einseit. Ernährung
Vit D-Agonisten	Goldhafer, häufiges Gras auf Wiesen in Mittelgebirgs- und Voralpenlagen, Solanum malacoxylon (Südamerika)	Verkalkungen von Weichgeweben, Aorta etc., „Calcinose"	1 kg Goldhafer entspr. etwa 150 000 IE Vit D_3
Avidin	rohes Eiklar	Biotinmangel	
Steroidagonisten (Isoflavone[1] wie Daidzein, Genistein)	Leguminosen, Gräser, Kräuter (u. a. Taraxacum)	Rezeptorpasserfunktion, pseudoöstrogene Wirkungen	teils kumulativ wirkend
FETTE, FETTSÄUREN			
Sterculiasäure	Malvengewächse	Permeabilitätsstör., Eiklarverfärb.	?
γ-Oryzanol	Reiskleie/-öl	anabole Wirkungen, → Doping-Relevanz	?

[1] in Sojaprodukten 0,5–2,3 g Isoflavone je kg
* in Anlage 5 der FMV geregelt

2 FM-Kontaminationen

Bei Kontaminationen handelt es sich um Verunreinigungen, Belastungen bzw. Einträge belebter oder unbelebter Art, die von außen auf/in das FM gelangen, d. h. es sind keine konstitutiven FM-Bestandteile, wenngleich sie z. T. (s. bestimmte Mykotoxine im Korninneren) in das FM integriert sein können (und damit nicht mehr abzureinigen sind).

Auch Giftpflanzen stellen nicht selten eine solche Kontamination dar (z. B. im Weideaufwuchs, Grünfutterkonserven), Ähnliches gilt für Samen mit giftigen Inhaltsstoffen oder Pflanzen, die primär nicht zur Fütterung bestimmt sind. Auch wenn es gewisse Übergänge/Zwischenformen gibt, sollte die FM-Kontamination von dem FM-Verderb differenziert werden, wobei der Hinweis erlaubt ist, dass FM-Kontaminationen auch aus dem Verderb resultieren können (z. B. Belastung mit Listerien in schlechter Silage). Viele Kontaminanten sind ebenfalls in der Anlage 5 FMV (unerwünschte Stoffe) aufgeführt und verdienen unter dem Aspekt LM-Sicherheit (s. Dioxin → Eintrag in die Nahrung des Menschen) besondere Aufmerksamkeit, und zwar auch unabhängig von möglichen Schadwirkungen am Tier.

2.1 Kontaminanten belebter Art und Herkunft

2.1.1 Giftpflanzen[1]

In den letzten Jahren treten wieder mit zunehmender Tendenz Schadensfälle auf, in denen Giftpflanzen bzw. Teile von Pflanzen mit giftigen Inhaltsstoffen zu entsprechenden Erkrankungen bzw. Tierverlusten führen.

Zum einen sind es die unterschiedlichen Bewirtschaftungsformen landwirtschaftlicher Nutzflächen, die sowohl im Zuge der Intensivierung (Stickstoff-Düngung → Unkräuter mit giftigen Inhaltsstoffen ↑, Resistenzentwicklung gegenüber Herbiziden) als auch einer Extensivierung (Pflanzenvielfalt ↑, z. B. Grünbrachen, Verzicht auf Herbizideinsatz an Feldrainen) mitunter das Risiko eines Besatzes von Grünfutter mit Giftpflanzen wie z. B. Senecio-Arten bergen. Eine weitere Erklärung für eine „Renaissance" von Giftpflanzen stellt die Vorliebe vieler Gartenbesitzer für Zierpflanzen mit giftigen Inhaltsstoffen (z. B. Oleander, Eibe) dar, die bei unsachgemäßer Entsorgung (z. B. auf angrenzende Weideflächen) ebenfalls zu Vergiftungen führen können. Darüber hinaus sind infolge der „Internationalisierung des Futtermittelhandels" bisweilen auch im Kraftfutter Teile von Giftpflanzen zu diagnostizieren, wie z. B. in Soja-Screenings Daturasamen. Zudem kann es durch das Recycling von (Neben-)Produkten der Lebensmittelgewinnung (wie Reste aus der Verarbeitung grüner Gartenbohnen) zu entsprechenden Intoxikationen kommen. Schließlich verdient die Gefährdung von Heimtieren (bei Haltung in der Wohnung) durch giftige Zimmerpflanzen in diesem Zusammenhang Erwähnung.

In der folgenden Tabelle ist die Toxizität verschiedener Pflanzen für Rind und Pferd als Weidetiere angegeben, dagegen nicht für das Schwein, das unter heutigen Haltungsbedingungen selten (Zuchttiere!) auf die Weide kommt. Die meisten Giftpflanzen sind auch für das Schwein toxisch.

Da Pferde zum Teil auf Flächen gehalten werden, die an Wälder oder Parkanlagen grenzen, bzw. bei Ausritten in solche Areale gelangen, sind auch die dort vorkommenden Giftpflanzen aufgeführt.

GIFTPFLANZEN VON WIESEN UND WEIDEN SOWIE IM GRÜNFUTTER VOM ACKER
(im Gemisch mit Futterpflanzen vorkommend)

Prinzipiell sind alle aufgeführten Arten auch in getrocknetem Zustand (Heu) toxisch; nur bei Ranunculus, Aconitum, Equisetum und Veratrum geht die Toxizität durch Teilabbau der Wirkstoffe während der Trocknung zurück.

[1] Hilfreiche Datenbank: www.giftpflanzen.ch

Standort Pflanze	Effekte/Schäden	Toxizität (Mengen/d)	Bemerkungen
an Wassergräben Wasserschierling *(Cicuta virosa)* Fleckschierling *(Conium maculatum)*	periphere Lähmungen bei klarem Sensorium, von peripher nach zentral fortschreitende Lähmungen	Rd: 4 kg: } frisch } letal Pfd: 2 kg: Rd: 4 kg: Pfd: ?	besonders giftig: Wurzelstock mäuseurinähnlicher Geruch von Pflanzen und Tieren
auf Waldwiesen und an Waldrändern Adlerfarn *(Pteridium aquilinum)*	Rd: Blutharnen Pfd: zentrale Störungen infolge B_1-Mangel	Rd: ab 20 % der Ration toxisch; Pfd.: ?	Rd: Symptome entwickeln sich nach 1–3 Monaten
feuchte Wiesen/Weiden Sumpfschachtelhalm *(Equisetum palustre)* Hahnenfuß *(Ranunculus acer, repens, sceleratus u. a.)*	Rd: Lähmungen, Enteritis Pfd: zentrale Störungen, B_1-Mangel („Taumel-Krankheit") Speichelsekretion, Ruminitis, Enteritis, Hämaturie, haut- und schleimhauttoxisch	Rd: ab 5–10 % im Aufwuchs toxisch Pfd:? nur im frischen Zustand toxisch	auch nach Silierung noch giftig Arten unterschiedlich giftig
trockene Wiesen, Grabenränder Kreuzkraut (Senecio-Arten) Wolfsmilch *(Euphorbia Spp.)* Johanniskraut *(Hypericum perforatum)* Buchweizen *(Fagopyrum esculentum)*	Unruhe, Depression, Polydipsie, Indigestion, Ikterus, Leberschäden haut-, schleimhauttox., Vomitus, Enteritis, Blutharnen Photodermatitis solaris, bes. Pfd und Schf, aber auch Rd Photodermatitis solaris	letale Dosis: Pfd 40–80 g uS bzw. Rd ~140 g uS/kg KM unbekannt, sehr von der Art abhängig Pfd: 40 % der Ration bei intensiver Bestrahlung Rd: 12 kg als Grünfutter	verbreitet; junge Pflanzen werden auch mit Heu aufgenommen; Futteraufnahme sistiert, da ätzende Wirkung Repellenswirkung tritt zurück, wenn Weide sehr knapp, unpigmentierte Haut betroffen
warmtrockene Standorte (Kalkböden, Schwäb. Alb, Jura) Adonisröschen *(Adonis vernalis)*	haut-, schleimhauttoxisch, Enteritis, Dyspnoe, getrübtes Sensorium	Pfd: 10 % im Heu toxisch *(Adonis flammeus)*	Wirkungen am Herz digitalisähnlich, bes. junge Tiere betroffen
auf Wiesen der Mittelgebirge und Voralpen Eisenhut *(Aconitum napellum)* Weißer Germer *(Veratrum album)* Herbstzeitlose *(Colchicum autumnale)* Ampfer *(Rumex acetosa, R. acetosella, R. crispus)*	Tobsucht, Enteritis, Parese, Atemlähmung Enteritis, Indig., steifer Gang Enteritis, schwere Indigestion, Nachhandparese 6–11 % der TS von Blättern = Oxalsäure; akute Vergiftung: Hypocalcaemie, Tremor; Nierenschäden durch tubuläre Oxalateinlagerung, chron.: Urolithiasis	Pfd: 300 g frische Wurzeln, Rd: 8 % im Heu letal Pfd: 1 g } pro kg KM (frisch) Rd: 2 g Pfd u. Rd: 1–2,5 kg letal (grün) für aktute Vergiftung bei Wdk: 0,1–0,5 % Oxalsäure der KM notwendig; bei Gewöhnung: hohe Toleranz! Bes. Risiko bei plötzl. Umstellung (Austrieb)	große Unterschiede zwischen Arten ältere Pferde teils weniger empfindlich mitosehemmend, Repellenswirkung gering; Colchizin teils mit Milch ausgeschieden Bei Aufnahme von Ampfer: Panseninhalt mit stark ammoniakalischem Geruch!
im Grünfutter vom Acker Schw. Nachtschatten *(Solanum nigrum)* Bingelkraut *(Mercurialis annua)*	durch Glycoalkaloide wie Solanin/Solasodin: Hämolyse, Gastroenteritis; häufig: parallel hohe NO_3-Gehalte → Methämoglobinaemie Saponine, wie z. B. Mercurialin → Erschöpfung, Salivation, Leberschädigung und Hämolyse, Hämoglobinurie	verträglich: 50 mg Solasodin je kg KM; bei Silierung geht der Alkaloidgehalt zurück auf 20–30 % der Ausgangskonzentration Rd: an 3 Tagen insgesamt 9 kg Bingelkraut → Intoxikation; 10–15 % im Grünfutter; Intoxikation beim Rd	Problemunkraut auf intensiv mit N gedüngten Flächen (besonders in Grün- und Silomaisbeständen!) bes. Bedeutung in Zuckerrüben- und Ackergrünfutterbeständen → in Grünfutter (Silagen)

SONSTIGE GIFTPFLANZEN (an Waldrändern, Hecken, in Parks und Gärten)

Pflanze	Effekte/Schäden	Toxizität (Mengen/d)	Bemerkungen
Eibe *(Taxus baccata)*	Unruhe, Krämpfe, Taumeln, Enteritis, Ataxie	Pfd: 100 g, Rd: 500 g Nadeln = letal	Giftstoffe auch in der Milch
Goldregen *(Laburnum anagyroides)*	nikotinartig, Ataxien, Atemlähmung	500 g Rinde: Pfd = letal, 2,5 h	Rd: Milch untauglich
Blauregen *(Wisteria sinensis)*	Magen-Darmschleimhautreizung, Kolik, Kollaps		
Buchsbaum *(Buxus sempervirens)*	Unruhe, Depression, Enteritis, Atemlähmung, Pfd: Krämpfe	Pfd: 750–1500 g = letal Rd: toleranter	Akzeptanz bei jungen Tieren
Sadebaum *(Juniperus sabina)*	Tympanie, Enteritis, Blutharnen, Krämpfe	Pfd: 120–360 g wurden toleriert Rd: 120 g Nadeln sollen tödlich sein	vielfältig. Blutungen (Petechien, Ekchymosen) bei Sektion nachweisbar
Lebensbaum *(Thuja occident.)*	ähnl. Sadebaum	rd. 20 % der Toxizität des Sadebaumes	
Alpenrose *(Rhododendron)*	Speicheln, Erbrechen, Kolik		Schf, Zg, Pfd vorwiegend betr.
Eiche *(Quercus robur)*	Depression, Indigestion, Enteritis, Urämie	Rd: empfindlich Pfd: weniger empfindlich Schw: tolerant	bes. junge Triebe im Frühjahr giftig
Robinie *(Rob. pseudoaccacia)*	Tachycard., Polyurie, Indigest. Parese	Pfd: bes. empfindlich	Rinde giftiger als Blätter (Vorsicht: Sägemehl als Einstreu)
Zwiebeln von Lilien, Narzissen und Iris-Gewächsen, Alliumarten	hämolyt. Anämie, Tachycard., Ikterus, Taumeln, Diarrhoe, Kreisl.-Insuffiz.	bei Pfd: Repellenswirk., Hd: 20–30 g, Zwieb./kg KM = letal, Rd. toleranter	Schafe weitgehend refraktär
Tollkirsche *(Atropa belladonna)*	Mydriasis, Darmatonie, Vasodil., zentr. Lähm., Atemlähm., Kollaps	Pfd: 120–180 g tr. Blätter = toxisch, Rd: 50 g = Tympanie; Wurzeln 120–180 g = letal	sekretionshemmend – auch Milchfluss!
Stechapfel-Arten *(Datura stramonium)*	wie bei Tollkirsche	Pfd: 1 kg frische Pflanzen wurde toleriert	
Fingerhut-Arten *(Digitalis)*	Salivation, Diarrhoe, Tachykardie	Pfd: 25 g tr. Blätter = letal Rd: toleranter	
Lupinenarten (Bitterlupinen)	ZNS-Stör., Indigest., Ikterus, teils sekundäre Photosensibilität	Rd: Aufnahme auf 1 kg/ Tag begrenzen	Hülsen der Bitterlupinen sehr alkaloidreich
Nieswurz-Arten (Christrose) *(Helleborus)*	hauttoxisch, Salivation, Gastroenteritis, Dyspnoe, Krämpfe	Rd, Pfd: 8–30 g Wurzel letal, Schf, Zg: 4–12 g	digitalisähnl. Wirkungen am Herzen
Seidelbast *(Daphne mezereum)*	Diterpenester Mezerein, Schleimhautreizung, Krämpfe, Kreislaufkollaps, Ataxien, Blindheit	toxisch: 3–5 Beeren beim beim Schwein bzw. 30 g Rinde beim Pferd	Zierstrauch, Gefahr durch Ausschnittentsorgung, evtl. auch bei Waldweiden
Kirschlorbeer *(Prunus laurocerasus)*	blausäurehalt. Prunasin → Schleimhautreizung, evtl. HCN-Intoxikation	Prunasin in Blättern (1–1,5 %) und Samen (0,16 %)	Pflanze mit immergrünen Blättern (Vorsicht bei Grüngutentsorgung)

2.1.2 Samen mit giftigen Inhaltsstoffen (von Pflanzen, die primär keine FM sind)

Bei der Ernte von Kulturpflanzen/-teilen können evtl. auch Samen von Unkräutern mitgeerntet werden (z. B. Samen des Stechapfels als Unkraut in Soja- oder Leinbeständen), die schließlich mit im Futter vorkommen (s. S. 129a). Bei Weidehaltung oder Bewegung in der Natur werden evtl. Samen von Bäumen (Eichen/Buchen) aufgenommen, die bei einzelnen Spezies zu schweren Intoxikationen führen, obwohl andere Tierarten (z. B. Wild) diese gerne aufnehmen und selbst in großer Menge tolerieren (z. B. Eicheln).

SAMEN **mit toxischen Inhaltsstoffen**

	Effekte/Schäden	Bemerkungen
Stechapfel *(Datura stramonium)*	Verstopfungen, Enteropathien, atropinähnliche Wirkung	in Sojaschrot und Leinsamen vorkommend 7 g reiner Datura-Samen vom Rd toleriert, Schw: > 1 g/kg Futter kritisch, > 5 g/kg AF klin. apparent
Taumellolch *(Lolium temulentum)*	Schwindel, Krämpfe, Ataxien, Atemlähmung	im Getreide, < 2,5 % Taumellolch im Hafer von Pfd toleriert
Crotalaria-Arten z. B. Sonnenhanf	Leberschäden ähnlich Senecio	als Bodendecker in USA angebaut, Durchwachsen in Getreide möglich, bis zu 100 mg/kg Futter unschädlich
Bucheckern	Tetanie, Dyspnoe, Parese	Pfd: 1 kg stark toxisch Rd und Schw toleranter
Rizinus	Diarrhoe, Indigestion, ZNS-Lähmungen	Wdk: 2–3 g/kg KM letal; Pfd: 0,1 g/kg KM letal; Kan: 1 g/kg KM
Eicheln	blutiger Durchfall, Ödeme bei Rindern	Rd: 6–8 kg letal; besonders grüne Eicheln giftig, Schf, Schw und Pfd toleranter

2.1.3 Toxine von Algen, Pilzen und Bakterien

– Blaualgen/-toxine

Die Blaualgen, auch als Cyanobakterien bezeichnet, stellen eine heterogene Gruppe von Prokaryoten dar, die unter bestimmten Bedingungen die Fähigkeit haben, im feuchten Milieu, insbesondere im Wasser, Toxine zu produzieren: Mikrocystine sowie Anatoxine sind hier die wichtigsten Produkte. Sie verfügen über eine erhebliche leber- und neurotoxische Potenz. Marine Toxine werden von Mikroalgen oder Protozoen gebildet und akkumulieren im Phytoplankton bzw. den Fischen. Die Toxizität ist außerordentlich hoch (s. Humantoxikologie).

– Mykotoxine

Mykotoxine sind sekundäre Stoffwechselprodukte, die von bestimmten Pilzen auf FM schon vor bzw. nach der Ernte gebildet werden. Dementsprechend ist die Differenzierung zwischen Feld- bzw. Lagerpilzen und deren Toxinen sinnvoll. Die Wirkungen von Mykotoxinen sind vielfältig bei unterschiedlicher Organaffinität (lokal, z. B. im Magen-Darmtrakt, evtl. auch systemisch, z. B. hormonähnlich) und werden teilweise erst sichtbar, wenn die Mykotoxinaufnahme bereits längere Zeit erfolgte oder schon nicht mehr gegeben ist.

Daher muss das Hauptaugenmerk auf einer Vermeidung der Toxinbildung liegen. Für die Feldpilze und -toxine haben sich pflanzenbauliche Maßnahmen (weite Fruchtfolge, tiefe Bodenbearbeitung, pilzunempfindliche Sorten und der Fungizideinsatz) bewährt, bei den Lagerpilzen sind die Lagerungsbedingungen entscheidend für die Toxinbildung. Hinsichtlich der Empfindlichkeit sind die Nutztiere wie folgt zu rangieren: Schw > Wdk > Gefl. Die Einordnung anderer Spezies ist höchst unsicher, im Vergleich zum Gefl ist jedoch eine höhere Einpfindlichkeit zu vermuten.

Auch wenn Wdk allgemein als weniger empfindlich gelten, ist bemerkenswert, dass es zu einer Beeinträchtigung der ruminalen Flora und Fauna kommen kann (Fermentation ↓, Futteraufnahme ↓), bevor systemische Affektionen ausgebildet werden.

Die folgende Tabelle enthält nur die in Europa wichtigsten Mykotoxine, für die auch adäquate Analysenverfahren zur Verfügung stehen. Mit Ausnahme von Aflatoxin und Ochratoxin ist die Carry-Over-Rate von Mykotoxinen in Lebensmittel tierischer Herkunft und damit in die Nahrung des Menschen gering. Die Festlegung tolerabler FM-Belastungen erweist sich als sehr schwierig, die in der Tabelle genannten Werte sind – soweit nicht der Anlage 5, Unerwünschte Stoffe, FMV, gelistet – daher als Orientierungswerte zu verstehen.

Andere Mykotoxine wie Patulin, Mycophenolsäure, Alternariatoxin, Roquefortin, Slaframin, Lolitrem, Penitrem, Janthitrem u. a. kommen durchaus vor; ihre klinische Bedeutung ist allerdings unklar. Roquefortin und folgende werden auch als Tremogene bezeichnet, was ihre klinische Symptomatik grob charakterisiert.

– Toxine bakterieller Herkunft

Da FM allgemein auch einen gewissen Besatz an Bakterien aufweisen und – insbesondere bei höherer Feuchte und Substratverfügbarkeit – entsprechende Stoffwechselaktivitäten ermöglichen, können FM auch mit Bakterientoxinen belastet sein, und zwar auch ohne typische Anzeichen des Verderbs (z. B. Botulismus-Toxin in Heu, Silagen), so dass sie hier unter den Kontaminationen aufgeführt werden müssen. Es ist jedoch der Hinweis angebracht, dass bei einem bakteriell bedingten Verderb (s. S. 51 ff.) bestimmte Toxine (z. B. Endotoxine) verstärkt gebildet werden können (Forts.: S. 132).

Mykotoxin (Produzenten)	Wirkung/Mykotoxikose	Kritische Werte im Futter bzw. Ration (mg/kg lufttr. Substanz)
Aflatoxine[1, 2] (Aspergillus spp.)	Leistungsminderung, Kümmern, Leberschädigung, Leberkarzinom, Immunsuppression **LM-Kontamination (v. a. Milch!)**	je nach FM z. B.: 0,005–0,05 – div. Einzel-FM 0,02–0,05 – FM für Milchrinder 0,005 – AF für Schw/Gefl 0,05
Ochratoxin, Citrinin[3, 4] (Penicillium spp., Aspergillus spp.)[3]	Leber-/Nierenschädigungen, Harnmenge ↑, Wasseraufnahme ↑, Leistungsminderung	Schw 0,2 } Ochr. Gefl 0,5 } Ochr.
Zearalenon (Fusarium spp.)[5]	Hyperöstrogenismus, Fruchtbarkeitsstörungen, Ferkelverluste, Rektumprolaps	Schw – präpubertär ♀ 0,05 – Mastschw/Zuchtsau 0,25 Rd – präruminierend ♀ 0,25 – ♀ Zuchtrd, Milchkuh 0,5
Trichothecene (Fusarium spp.)[4] – Vomitoxin (= DON = Deoxynivalenol) – DAS (Diacetoxiscirpenol) – T-2	verzögerte/reduz. Futteraufnahme, Futterverweigerung, Erbrechen Haut- und Schleimhautschäden, Geschwüre, Blutungen, Immunsuppression	Schw – präpubertär ♀ 1,0 – Mastschw/Zuchtsau 1,0 Rd – präruminierend ♀ 2,0 – ♀ Zuchtrd, Milchkuh 5,0 – Mastrd 5,0 Legehuhn, Masthuhn 5,0 } nur für DON
Mutterkorn-Alkaloide (Claviceps purpurea)	Ergotismus, Prolactinantagonismus	alle Spezies 1000 mg Sklerotien
Fumonisin (Fusarium moniliforme)[4]	Schw: Porcine pulmonary edema disease (PPE); Pfd: Equine Leukoenzephalomalazie (ELEM)	Equiden > 1 andere Spezies > 5 Schw, Gefl, Wdk, Fisch > 10–50

[1] Aflatoxin und Mutterkorn nach Anl. 5 FMV; Zearalenon und Vomitoxin nach den Orientierungswerten des BMVEL (in Österreich teils abweichende Empfehlungen) [2] Aflatoxin nahezu ausschließlich in Importfuttermitteln, da die Bildung an hohe Temperatur mit hoher Luftfeuchtigkeit gebunden ist [3] vermehrte Belastung bei ungünstigen Lagerungsbedingungen [4] weder in Anlage 5 noch bei den Orientierungswerten etabliert [5] nahezu ausschließlich vor der Ernte gebildet, begünstigt durch kühl-feuchte Witterung

Bakt.-Toxine	Vorkommen	Bedeutung
Endotoxine	Bestandteil der Zellwand gramnegativer Bakterien, bei Lysis Freisetzung (thermostabile Toxine)	Indikator für die Masse von gramneg. Bakterien bzw. die Art der Flora → bei Absorption evtl. Fieber, Durchfall, Schock („Endotoxinschock“)
Exotoxine	allgemein von grampos. Bakterien gebildete Toxine, die in das umgebende Medium abgegeben werden (thermolabil)	je nach Toxin diverse Effekte (Erbrechen, Durchfall, zentralnervöse Störungen)
– Enterotoxine	im Wesentlichen von Clostridien und E. coli[1] im Darmtrakt gebildete Toxine	unterschiedl. Störungen im Verdauungstrakt → Intoxikation
– Botulismus-Toxin[2]	unter anaeroben Bedingungen gebildet (trockene Verwesung)	Schluckbeschwerden, Lähmungen, Tod
– Staphylococcus aureus-Toxin	unter aeroben Bedingungen in wasser- und nährstoffreichen Produkten (z. B. Milch) gebildet	Diarrhoe, Erbrechen, Kreislaufschwäche
– Bacillus cereus-Toxin	bei Feuchtigkeit und Wärme unter Zersetzung von Eiweiß	Diarrhoe, Erbrechen, Leistungsdepression

[1] die von E. coli gebildeten Enterotoxine befinden sich zwischen innerer und äußerer Zellmembran und werden auch erst bei Lysis frei [2] gebildet von Clostridium botulinum, d. h. Aufnahme des Toxins

Erkrankungen und Verluste von Tieren infolge der Aufnahme von Botulismus-Toxinen sind zwar nicht häufig; wenn sie aber auftreten, betrifft die Intoxikation allgemein mehrere Tiere eines Bestandes (Pfd, Rd, Gefl). Während in früheren Jahren Kontaminationen von Futtermitteln mit Tierkadavern, die einer trockenen Verwesung anheim fielen, ursächlich verantwortlich gemacht werden konnten, treten in letzter Zeit häufiger Botulismusfälle auf, in denen Silagen (insbesondere Anwelksilagen, aber auch Maissilagen) als Ursache vermutet werden, wobei aber nur selten ein Nachweis des Toxins gelang. Als disponierende Faktoren ergaben sich u. a. die Ausbringung von Mist und Einstreu aus der Bodenhaltung von Geflügel auf Flächen, von denen dann später Grünfutter zur Silierung gewonnen wurde. In jüngster Zeit wird darüber spekuliert, ob möglicherweise die Toxinbildung erst im Verdauungstrakt der Tiere erfolgt, d. h., nur die Erreger mit dem Futter aufgenommen werden und – erst später – die Toxinbildung im infizierten Tier stattfindet. Unter diesen Bedingungen soll auch das klinische Bild gewisse Veränderungen erfahren: Nicht sofort klassische Lähmungserscheinungen mit Verlust der Fähigkeit, Nahrung abzuschlucken oder sich zu bewegen, sondern protrahierte Entwicklung von Störungen (geringere Futteraufnahme, Verdauungsstörungen, getrübtes Sensorium, schließlich Festliegen, Verenden in allgemeiner Schwäche). Nicht zuletzt unter dem Aspekt der Lebensmittelsicherheit (Schlachtung von klinisch gesunden Tieren, in denen es aber evtl. zu einer Toxinbildung durch Cl. botulinum gekommen ist (→ Botulismus-Toxin-Rückstände), verdient diese „Toxi-Infektion“ besonderes Interesse.

2.1.4 Erreger von Infektionskrankheiten

Bei dieser Art von FM-Kontaminationen fungiert das Futter als Vektor; hier sind allerdings nur solche Erkrankungen aufgeführt, bei denen das Futter eine maßgebliche Rolle im Infektionsgeschehen spielt.

Kontaminationen von FM mit Erregern

Prionen	Scrapie-Erreger	Grünfutter/-konserven → Scrapie der Schafe
	BSE-Agens	Tiermehl → Erkrankungen der Rd
Viren	AK	Schlachtnebenprodukte AK infizierter Tiere → Flfr
	ESP	nicht erhitzte Küchen-/Speisereste → Schw
	MKS	Speisereste nicht erhitzt → MKS bei Wdk, Schw
	CAE	Kolostrum der CAE-infizierten Ziegen → Jungtierinfektion
Bakterien	Erysipelothrix	Grünfutter (Erdkontamination) → Schw-Rotlauf
	Leptospiren	Nagerkot/-harn in/am FM → Leptospirose bei Rd, Schw
	Listerien	„faulige Silagen“ → „Silage-Krankheit“ der Schafe = Listeriose
	Salmonellen	div. FM → Salmonellose diverser Spezies
	Mycobacterien	Milch infizierter Tiere → z. B. Paratuberkulose
Pilze	Aspergillen	div. FM → Aspergillose (Mykose), Aborte
Hefen	Candida	feuchte FM (Silage, Flüssigfutter) → Candidiasis (Soor)
Parasiten	Isospora canis	Grünfutter bei Verunreinigung mit Hundekot → Weidevieh → Aborte
	Cryptosporidien	Grünfutter und Wasser → Cryptosporidiose (Kalb, Mensch)
	Askariden	Muttermilchaufnahme (Gesäuge) → Welpen, Spulwurm
	Strongyliden	Grünfutter → Weidevieh → Parasitosen
	Leberegel	Gras → Weidevieh → Fasciolose

2.2 Kontaminationen unbelebter Art (von Futter und Wasser)

Erde, Sand	Kartoffeln, Rüben(blatt), Grünfutter, Küstenfischmehl, Maniokprodukte
Verpackungsmaterialien	MF auf der Basis von Nebenprodukten der LM-Verarbeitung
Mineraldünger in staubiger Form (evtl. nitrathaltige Mineraldünger)	Grünfutter (zu frühe Beweidung nach Düngung)
Ruß, Zementstaub	Grünfutter (Umgebung von Industriegebieten)
Sulfate	Eintrag über die Verwendung von H_2SO_4 → Molke, Trester, Vinasse
Fluor[1]	Grünfutter (Umgebung von Chemie-, insbesondere in der Nähe von Phosphat- und Aluminiumbetrieben), evtl. Tränkwasser
Molybdän[1]	Grünfutter (Umgebung Ölraffinerien, Metallfabriken)
Zink[1]	Grünfutter (Umgebung Hüttenbetriebe), saures Futter aus verzinkten Eimern/Trögen
Blei[1]	Grünfutter (Umgebung Bleihütten oder Abraumhalden, Überschwemmungsgebiete), Knochenmehle
Kupfer, Arsen[1]	Grünfutter (Verwendung von Pestiziden oder Cu-haltiger Schweinegülle), Arsen-haltige Industriestäube
Quecksilber[1]	Getreide (früher Beizmittel), Grünfutter (Klärschlammdüngung)
Cadmium[1]	Grünfutter (Umgebung von P- und Pb-Industrien, konventionelle Kohlekraftwerke, Hackfrüchte (anhaftende Cd-haltige Erde)
Insektizide[2]	behandelte Futtermittel, ungenügende Wartezeit
Rodentizide[2]	Futtermittel in Lagerräumen (ausgelegte Köder!)
Molluskizide[2]	Grünfutter an Bach- und Teichrändern
Herbizide[2]	Grünfutter
Beizmittel	Saatgut enthaltende FM (Saatgut = verbotener Stoff nach FMV)
PCB (polychlorierte Biphenyle)	Grünfutter (Konserven) → Siloanstrich, Dichtungs-, Konservierungs-, Imprägnierungsmittel, Öle
Diesel/Öl	Silagen (Ölverlust von Traktoren bei Einsilierung)
Arzneimittel	Mischfuttermittel (bei Herstellung, Transport, Lagerung und Zuteilung; bes. Risiken in Flüssigfutteranlagen)
Dioxine	Umweltgifte → Fischöle, -mehle; direkter Kontakt zu Verbrennungs-/Rauchgasen; Grünfutter von Überschwemmungsflächen
Xenoöstrogene	Umweltchemikalien wie z. B. Phthalate aus Weichmachern diverser Kunststoffe
Melamin	Entstehung u. a. aus Biuret (Vortäuschung höherer Rp-Werte)
Radionuklide	Einträge bei Unfällen u. ä. aus atomtechnischen Anlagen

[1] dosisabhängig auch Aufnahme in die Pflanze; Fehldosierungen von Nährstoffen s. S. 135
[2] bei sachgemäßem Einsatz (Wartezeit etc.) unproblematisch; bei Zulassung geprüft

3 Verdorbene Futtermittel

Während des Verderbs erfahren FM aufgrund chemischer Reaktionen und/oder biologischer Vorgänge (Vermehrung und Aktivität von Organismen mit der Bildung von Stoffwechselprodukten wie Toxinen/Enzymen etc.) Einbußen im Futterwert und/oder in der Verträglichkeit, die eine Verwendung als FM nur noch begrenzt (zeitlich, anteilsmäßig) oder gar nicht erlauben (vgl. auch LFGB §§ 17, 24 → „geeignet, die Gesundheit der Tiere . . ., Qualität der Lebensmittel . . . zu beeinträchtigen“ bzw. „Gewähr für die handelsübliche Reinheit und Unverdorbenheit“).

Bei dem Verderb von FM ist zunächst zu unterscheiden zwischen dem
- abiotischen (insbesondere durch oxidative Vorgänge)
- und dem biotischen Verderb (Beteiligung von Organismen).

Im *abiotischen Verderb* kommt es zu rein chemisch bedingten Veränderungen an Inhaltsstoffen der FM, besonders disponiert sind hierfür:

– Milchprodukte (getrocknet)	→ Bildung von Fructolysin (Lysin + Zucker) → Leistungseinbußen, Diarrhoe
– Fette (insbes. ungesättigte FS)	→ Ranzigwerden (Fettoxidation, Epoxide, Peroxide) → Akzeptanzminderung, Verdauungsstörungen (?), Leberschäden
– Fischmehl	→ Oxidation der unges. FS; Erhitzung, dann Verhärtung

Der *biotische Verderb* wird im Wesentlichen durch Art, Keimzahl und Aktivität von Mikroorganismen bestimmt. Verunreinigung durch Schmutz, Schadnager und deren Exkremente sowie Vorratsschädlinge (Milben und Insekten) sind hier oft beteiligt, insbesondere begünstigen/fördern sie den Beginn des mikrobiellen Verderbs. Der biotische Verderb eines FM ist ein dynamischer Prozess, an dessen ENDE das verdorbene FM steht. Um die hierbei ablaufenden Veränderungen noch differenzieren zu können, ist der Terminus HYGIENESTATUS zu bevorzugen, da hierbei graduelle Differenzierungen (z. B. ohne, leichte, massive Mängel im Hygienestatus) möglich werden, die sachlich geboten/sinnvoll sind. Ein FM ist eben nicht einwandfrei/frisch oder verdorben (und damit nicht mehr einsetzbar), sondern kann bei gewissen Mängeln evtl. noch kurzfristig bzw. in reduziertem Anteil verwendet werden (siehe hierzu: Beurteilung von FM S. 140 ff.).

ERHÖHTE GEHALTE AN MILBEN UND/ODER INSEKTEN (KORN-, MEHL-, REISMEHLKÄFER)

Milben sind u. a. ein *Indikator* für die Lagerbedingungen, können schleimhautreizend wirken und haben möglicherweise eine allergisierende Wirkung. Insektenbefall (Käfer, Motten) kann eine mechanische Wirkung entfalten. Weitere Effekte auf das Tier sind unklar, während Auswirkungen auf das FM sehr vielfältig sind: z. B. mechanische FM-Schädigung, erhöhte Disposition für mikrobiellen Verderb, reduzierte Riesel-/Fließfähigkeit, Nährstoffabbau, Eintrag von pathogenen Keimen.

ERHÖHTE GEHALTE AN PILZEN, PILZSPOREN UND HEFEN

Pilzmycele	→ Mykosen; Besiedlung des Organismus mit Pilzen, z. B. Aspergillus fumigatus (Luftröhre Gefl, Plazentome Rd), *Candida spp.* (Schleimhäute, Leber)
	→ evtl. endogene Mykotoxikosen
Pilzsporen	→ Inhalation → Luftsackmykosen Gefl; Pfd: Affektionen der Atemwege, Allergisierung
Hefen (nur bestimmte Arten!)	→ Tympanien, z. B. Kropf (Gefl), Vormagen (Wdk), Magen (Pfd, Schw), Dickdarm → Flatulenz, Diarrhoe, Verdrängung der normalen Darmflora

ERHÖHTE GEHALTE AN BAKTERIEN

Hierbei ist zunächst zwischen den normalen Bakterienarten (= Epiphyten) und Bakterienarten, die den Verderb eines FM anzeigen, zu unterscheiden. Davon abzugrenzen ist eine mögliche Belastung mit Infektionserregern (s. S. 132).

Hohe Keimzahlen von Epiphyten bzw. von Verderb induzierenden Keimen	→ alkalische bzw. saure Indigestionen (Magen, Vormagen, Dickdarm), je nach Rp- und KH-Gehalt der verwendeten FM
	→ Verdauungsstörungen, Diarrhoen, Schockzustände, Fieber, z. T. bedingt durch Toxine

ERHÖHTE GEHALTE AN MIKROBIELL GEBILDETEN PRODUKTEN

Mykotoxine, bakteriell gebildete Toxine: s. S. 131.

Des Weiteren werden bei der mikrobiellen Umsetzung evtl. olfaktorisch aktive Substanzen, Enzyme (z. B. Thiaminasen), biogene Amine, ggf. sogar antibiotisch wirksame Substanzen gebildet.

4 Fehler in der FM-Auswahl und -Dosierung

Eine *falsche Auswahl oder Dosierung von Futtermitteln* und/oder Zusatzstoffen kann zu akuten oder chronischen Erkrankungen führen. In vielen Fällen ist der Gastrointestinaltrakt das primär betroffene Organsystem, vielfach treten auch Stoffwechselstörungen oder sogar Todesfälle auf. Beispiele für Probleme durch derartige Fehler sind:

Nährstoffe/Futtermittel	Tierart	Problem
Kohlenhydrate		
Zucker und/oder Stärke (leicht verfügbar)	Wdk	Pansenacidose (>2 kg Zucker/Tag bzw. >30 % Stärke + Zucker in der TS)
	Pfd	Caecumacidose n. hoher Getreideaufnahme
Laktose	alle	Diarrhoe bei älteren Tieren; Gefl und Reptilien besonders empfindlich
Stärke (je nach Aufschlussgrad)	alle	geringe Verträglichkeit bei Säuglingen, hier bes. Gefahr für fermentative Diarrhoe
rohfaserreiche FM		
zu hoher Anteil	Wdk	Verweildauer im Pansen ↑, Futteraufnahme ↓
	alle	Verdaulichkeit der Ration ↓
zu geringer Anteil	Wdk	geringe Kauaktivität, Speichelbildung ↓, Schichtung im Pansen ↓, Azidosegefahr ↑, Azetatbildung ↓, Milchfett ↓
	Pfd, trgd Sau	Beschäftigung ↓, eventuell Ethopathien
	Kan, Nager	Abnutzung der Zähne ↓, evtl. auch Verhaltensstörungen, Adipositas
	alle	Störungen der Darmpassage, Obstipation; sekundär: Fäulnisprozesse und Diarrhoe
eiweißreiche Futtermittel		
zu hoher Anteil	Wdk[1]	NH_3 im Pansen ↑: Pansenalkalose, NH_3-Absorption → Hyperammonaemie
	alle	Verdauungsstörungen, Belastung von Leber und Niere, Umweltbelastung
zu geringer Anteil	alle	Leistungsminderung/Immundefizite
	Wdk	geringere VQ_{oS} infolge eines N-Mangels im Pansen, Futteraufnahme ↓
fettreiche Futtermittel		
zu hoher Anteil (>4 % der TS)	Wdk	VQ_{Rfa} ↓ durch nachteilige Effekte auf die Pansenflora (v. a. bei ungesättigten FS)
(>10 % der TS)	Pfd	Störung der Dickdarmverdauung
mittelkettige Fettsäuren		Disposition für Ketose ↑
Fett, insgesamt	alle	zu hohe Energiedichte, Adipositas
Sonstiges		
Kupferhaltige FM	Schf	Kupfervergiftung (Hämolyse)
Coccidiostatikahaltige Mischfutter[2]	Pfd	Muskeldystrophie/-degeneration, Tod;
	div. Spezies	Intoxikationen wegen tierartspezifischer Empfindlichkeiten
Arzneimittelhaltige FM	Nutztiere	Rückstände in Produkten

[1] eine zu hohe Rp-Aufnahme wird über eine 3-Methyl-Indol-Bildung als Ursache für das „Weideemphysem" angesehen
[2] insbesondere Ionophoren haben bei Equiden eine erhebliche Toxizität

5 Fehler in der FM-Bearbeitung und -Verarbeitung bzw. MF-Herstellung und -Zuteilung

Für viele FM ist schon unmittelbar bei oder nach der Ernte bzw. vor der Verwendung als FM eine entsprechende *Reinigung* erforderlich. Bei ungenügender Reinigung können folgende Probleme auftreten:

Futtermittel	Problem	Tierart
Weideaufwuchs	hohe Erdkontaminationen bei zu tiefem Schnitt/Verbiss	Pfd, Wdk
Wurzeln, Knollen, Stoppelrüben mit Blatt	ungenügende Reinigung: hohe Sandaufnahme, Verdauungsstörungen	Schw, Pfd, Wdk
Getreide	ungenügende Reinigung, höherer Besatz mit Unkrautsamen, Keimen, evtl. Mutterkorn → Hygienestatus ↓, sonst. Mykotoxine ↑	alle Spezies
Extraktionsschrote	mangelnde Inaktivierung von ANF	diverse Spezies

Ein weiterer wichtiger Faktor, der die Verträglichkeit von Futtermitteln beeinflusst, ist die *Struktur* bzw. die *Zerkleinerung* des Futters. Je nach Tierart sind unterschiedliche Ansprüche zu berücksichtigen:

Futtermittel	Problem	Effekt	Tierart
Rau- bzw. Grobfutter	ungenügende Zerkleinerung – bei Maissilage	geringere Futteraufnahme Dickdarmanschoppung Maiskornverluste über Kot, evtl. Caecumtympanie	Wdk Schw Wdk, Pfd
	zu intensive Zerkleinerung – Strukturverlust[1] – kurzgehäckseltes Gras – vermahlene Rfa-Träger (z. B. Grünmehle)	Speichelbildung ↓, Schichtung im Pansen ↓, Kurzfutterkrankheit, Psalterparese Obstipationen Zahnabnutzung ↓	Wdk Pfd Kan, Mschw
Rüben (Kartoffeln)	ungenügende Zerkleinerung vorzerkleinerte Rüben u. Ä.	Schlundverstopfung Schlundverstopfung	Schw, Wdk Pfd
Tr.schnitzel	Verzicht auf Einweichen	Schlundverstopfung[2]	Pfd
Getreide und andere Kraft-FM	zu intensive Vermahlung (s. S. 44)	Staubentwicklung[3] ↑, Akzeptanz Magen: Ulcus/Stärkekonglobate zu schneller ruminaler Abbau → Pansen pH ↓, Pansenacidose	alle Schw, Pfd Wdk
Futterfette	zu große Fetttröpfchen von Fetten in MAT-Tränke	geringe Fettverdaulichkeit, Fettflotation	Jungtiere div. Spezies

[1] kann auch die gesamte Ration betreffen, z. B. die TMR („Vermusung")
[2] nicht nur Trockenschnitzel, auch Trester, Grünmehle u. Kleien evtl. schnell und stark quellend → ähnliche Risiken
[3] betrifft evtl. nachteilig die Gesundheit des Atmungstraktes von Tier und Mensch

Viele FM bzw. MF werden einer *Hitzebehandlung* unterzogen. Dieses Vorgehen kann aus hygienischen Gründen (z. B. Reduzierung eines Salmonellengehaltes) oder zur Steigerung der Verträglichkeit oder Verdaulichkeit notwendig sein. Probleme können aus einer unzureichenden oder einer zu starken Erhitzung resultieren:

Problem	Futtermittel	Tierart
zu starke Erhitzung		
– Vernetzungen zwischen AS → VQ_{Rp} ↓, Leistung ↓, Verdauungsstörungen	FM tier. Herkunft	Monogastrier
– Bildung von Maillard-Produkten, VQ ↓	MF (v.a. MAT)	alle Spezies
– ggf. bei Pelletierung → Peripherie verkohlt	MF in pellet. Form	alle Spezies
– feuchte Einlagerung von Heu/Bereitung von Anwelksilage → VQ_{Rp} ↓ (Maillard-Reakt.)	Grünfutterkonserven Röstgeruch? Verkohlung?	Herbivore
zu geringe Erhitzung[1]		
– Übertragung von Infektionserregern	FM tier. Herkunft	alle Spezies
– Inaktivierung von Trypsininhibitoren ↓, VQ_{Rp} ↓, Akzeptanz ↓ durch Bitterstoffe	Sojaextr.schrot	alle Spezies
– Inaktivierung von Glucosinolaten ↓ oder Phasin	Rapsprodukte, Phaseolus-Bohnen (Gartenbohne)	alle Spezies
– Stärkeaufschluss ↓ → praecaecale VQ ↓	Kartoffel, Mais, Maniok	Monogastrier

[1] ungenügende Erhitzung kann auch andere ANF betreffen, wie z. B. Lectine in anderen Leguminosen

Bei Herstellung und Angebot des Mischfutters bzw. der Ration sind schließlich weitere Risiken für die Verträglichkeit bzw. Entwicklung von Gesundheitsstörungen gegeben:

Vorgang	**Problem(ursache) und Folgen**
MF-Herstellung	
– zu hoher Feuchtegehalt	Verzicht auf „Nachtrocknung" → Kondenswasser im Silo, Verklumpung, Verderb
– Dosierungsfehler/ Fehlmischung	je nach Art des betroffenen Nähr- bzw. Zusatzstoffes sehr unterschiedliche Effekte, bis zu Intoxikationen
– mangelnde Vermischung bzw. Entmischung	technische Funktionsmängel bzw. Effekt differ. Korngrößen und spezifischen Gewichts → phasen-/buchtenweise Nahrstoffüber- und -unterversorgung
– Verschleppung	Reste aus einem früheren Mischvorgang werden in Folgemischungen eingetragen → je nach Art der verschleppten Substanz unterschiedl. Effekte, evtl. Rückstände in LM
MF-Transport	
– zum tierhaltenden Betrieb	Kontamination durch Restmengen vorher transportierter Güter in Fahrzeugen/Entmischung[1], Effekte s. oben
– auf dem tierhaltenden Betrieb	Kontamination/Entmischung[1] (Mischer, Lager, Transportstrecken), Effekte s. oben
MF-Zuteilung	
– Menge	zu große/zu geringe Mengen infolge Fehleinschätzung, Massen bzw. Volumina an Dosiereinrichtung kontrollieren; ungünstige Tier : Fressplatz-Relation
– Menge pro Zeiteinheit	Verträglichkeit leicht verfügbarer Kohlenhydrate bei Wdk ↓, Magenüberladung Pfd, Magendrehung Hd (?)
– MF-Verwechslung („Umwidmung")	Einsatz eines MF, das für eine andere Tierart/Nutzungsgruppe bestimmt war → Effekte bis hin zu Intoxikationen

[1] besonders bei pneumatischer Förderung, aber auch anderer Fördertechnik von schrotförmigen MF über weite Distanzen

6 Unerwünschte Stoffe und Höchstwerte

In der Anlage 5 FMV werden Stoffe, die u. U. nicht gänzlich zu vermeiden, aber unerwünscht sind (z. B. Blei), hinsichtlich ihrer Art und der noch zulässigen Höchstgehalte in Futtermitteln bzw. der Ration spezifiziert. Die Höchstgehalte beziehen sich auf ein Material mit einem **TS-Gehalt von 88 %** (d. h., ein Befund im Gras muss auf 88 % TS umgerechnet werden). Wenn Angaben zu Höchstgehalten für AF gemacht werden, so entspricht dieses bei Wdk und Pfd der Ration insgesamt (ebenfalls auf 88 % TS bezogen).

Die Festlegung der Höchstgehalte gilt nicht allein der Gesundheit des Tieres, sondern auch der Vermeidung eines Carry Over von Stoffen in die Nahrung des Menschen (z. B. Aflatoxin). Die Anlage 5 gliedert sich in folgende Abschnitte:

- *Anlage 5,* **Unerwünschte Stoffe**

Nennung von Stoffen und der zugehörigen Höchstgehalte:
1. Pflanzen/-teile (z. B. Unkrautsamen, die u. a. Glykoside enthalten)
2. Mykotoxine (s. S. 131)
3. Schwermetalle (z. B. Cadmium)
4. andere Elemente (z. B. Arsen)
5. organische Chlorverbindungen, d. h. Dioxine u. Schädlingsbekämpfungsmittel (z. B. DDT), die in Deutschland nicht zugelassen sind (Ausnahme: Endosulfan)
6. sekundäre Pfanzeninhaltsstoffe (ANF) (z. B. Blausäure, s. S. 138)

- *Anlage 5a, Teil A*

Listung von Futtermitteln, für die Höchstgehalte an Rückständen von Schädlingsbekämpfungsmitteln, deren Anwendung zulässig ist, gelten (Teil A, z. B. Getreide, Milch etc.)

- *Anlage 5a, Teil B und C*

Verzeichnis an Schädlingsbekämpfungsmitteln und der zugehörigen Höchstgehalte an Rückständen in FM (z. B. Thiabendazol in Zitrusfrüchten); Teil C gilt ausschließlich für Getreide (z. B. Methylbromid)

Im Folgenden werden für die unerwünschten Stoffe (Anlage 5) alphabetisch und beispielhaft verbindliche Höchstgehalte genannt (Angaben in mg/kg Futter bzw. bei Dioxin in ng TEQ/kg).

Aflatoxin B_1	
Milchleistungsfutter (Rd, Schf, Zg)	0,005
Schw und Gefl	0,02
Wdk (außer lakt.)	0,02
sonstige Allein-FM	0,01
Aldrin, Dieldrin	
alle FM (außer Fette u. Öle)	0,01
Fette und Öle	0,2
Arsen	
Allein-FM für Fische	6
andere Allein-FM	2
Blausäure	
Küken	10
andere Tierarten	50
Blei	
Allein-FM	5
Ergänzungs-FM	10
Mineralfutter	15
Grünfuttermittel	30
Cadmium	
Rd, Schf, Zg (AF)	1
sonstige (AF)	0,5
Einzel-FM tier. Herkunft	2
Einzel-FM pfl. Herkunft	1
Camphechlor (Toxaphen)	
Allein-FM für Fische	0,05
Chlordan	
alle FM (außer Fette u. Öle)	0,02
Fette und Öle	0,05

Crotalaria spp.
alle FM 100

DDT, DDE, DDD
alle FM (außer Fette u. Öle) 0,05
Fette und Öle 0,5
der PCDD und PCDF

Dioxin
Einzel-FM pflanzl. Herkunft sowie MF für Nutztiere (außer Fische) 0,75[1]

Endosulfan
AF f. Fische 0,005
Ölsaaten 0,5
Maiskörner/-produkte 0,2
andere FM 0,1

Endrin
alle FM (außer Fette u. Öle) 0,01
Fette und Öle 0,05

Fluor
AF:
Küken 250
sonst. Gefl 350
lakt. Wdk 30
andere Wdk 50
Schw 100
andere Tierarten 150

Gossypol, freies
AF f. Legenhennen 20
anderes Gefl und Kälber 100
Wdk 500
Ferkel 20
andere Schw, Kaninchen 60
andere Tierarten 20

Heptachlor, Heptachlorepoxid
alle FM (außer Fette u. Öle) 0,01
Fette und Öle 0,2

Hexachlorbenzol (HCB)
alle FM (außer Fette u. Öle) 0,01
Fette und Öle 0,2

Lindan (HCH), alle FM
α-Isomer 0,02[2] 0,2[3]
β-Isomer 0,01[2] 0,1[3]
(für Milchvieh 0,005)
γ-Isomer 0,20[2] 2,0[3]

Mutterkorn (Getreide) 1000

Nitrit
Fischmehl 60
AF für Heimtiere außer Vögel, Zierfische 15

PCB
Einzel-FM pflanzl. Ursprungs 0,35
MF für Nutztiere 0,50
MF für Fische/Heimtiere 3,50

Quecksilber
AF:
Hd und Ktz 0,4
andere Tierarten 0,1

Rizinusschalen
alle FM 10

Senföl (Allylisothiocyanat)
AF für Ferkel, Kälber, Schf- und Zg-Lämmer 150
AF für andere Wdk 1000
Schw und Gefl 500
Rapskuchen, -extraktionsschr. 4000

Theobromin
AF:
Rd 700
andere Tierarten 300

Unkrautsamen und Früchte, die Alkaloide, Glykoside und andere giftige Stoffe enthalten
alle FM 3000
darunter Datura stramonium 1000

Vinylthiooxazolidon
Legehennen 500
sonst. Gefl 1000

Schädlingsbekämpfungsmittel: s. Anlage 5a Teil A, B, C FMV

[1] Angaben in ng Toxizitätsäquivalenten (TEQ der PCDD und PCDF); das 2, 3, 7, 8 Tetrachlordibenzo-p-dioxin (= „Seveso-Gift") hat den Wert 1, die anderen Dioxine sind mit relativen Toxizitätswerten belegt. Konzentration × rel. Toxizität ergibt ng TEQ; **werden die dioxinähnlichen PCB miterfasst, so beträgt der Höchstwert 1,25 ng.**

[2] AF ist bei Wdk und Pfd mit der Gesamtration gleichzusetzen

[3] Fette und Öle

Schrifttum

BAUER, J., und K. MEYER (2006): Stoffwechselprodukte von Pilzen in Silagen: Einflüsse auf die Gesundheit von Nutztieren. Übers. Tierernährg. **34**, 27–55

BÖHM, J. (2000): Fusarientoxine und ihre Bedeutung in der Tierernährung. Übers. Tierernährg. **28**, 95–132

DIAZ, D. (2005): The mykotoxin blue book. Nottingham University Press, Nottingham

FLACHOWSKY, G. (2006): Möglichkeiten der Dekontamination von „Unerwünschten Stoffen nach Anlage 5 der Futtermittelverordnung“. Landbauforschung Völkenrode, Sonderheft 294

GROPP, J.(Hrsg.; 1994): Grenzwerte für umweltrelevante Spurenstoffe. Übers. Tierernährg. **22**, 5–241

GUPTA, R. C. (2007): Veterinary Toxicology – Basic and Clinical Principles – Elsevier, ISBN 978-0-12-370467-2

KAMPHUES, J. (1994): Futterzusatzstoffe – auch aus klinischer Sicht für den Tierarzt von Interesse. Wien. Tierärztl. Mschr. **81**, 86–92

KAMPHUES, J. (1996): Risiken durch Mängel in der hygienischen Qualität von Futtermitteln für Pferde. Pferdeheilkde. **12**, 326–332

KAMPHUES, J. (2004): Anforderungen an die Qualität betriebseigener Einzel- und Mischfuttermittel. Schriftenreihe der Akademie für Tiergesundheit, Bd. 9 zur Seminarveranstaltung „Zur Sicherheit von Lebensmitteln tierischen Ursprungs“, 155–174

KAMPHUES, J., und C. REICHMUTH (2000): Vorratsschädlinge in Futtermitteln. Potenzielle Schadorganismen und Stoffe in Futtermitteln sowie in tierischen Fäkalien. Sachstandsbericht, Mitteilung 4, DFG, Wiley-VCH, Weinheim, 238–284

KAMPHUES, J., und A. J. SCHULZ (2006): Dioxine: Wirtschaftseigenes Risikomanagement – Möglichkeiten und Grenzen. Dtsch. tierärztl. Wschr. **113**, 298–303

KAMPHUES, J. (2007): Futtermittelhygiene: Charakterisierung, Einflüsse und Bedeutung. Landbauforschung Völkenrode, Sonderheft 306, 41–55; ISBN: 978-3-86576-030-2

LEWIS, L. D. (1995): Equine clinical nutrition: Feeding and care. Williams & Wilkins (USA)

LIENER, I. E. (1969): Toxic constituents of plant foodstuffs. Acad. Press, New York – London

MAINKA, S., DÄNICKE, S. und M. COENEN (2003): Zum Einfluss von Mutterkorn im Futter auf Gesundheit und Leistung von Schwein und Huhn. Übers. Tierernährg. **31**, 121–168

N. N. (2008). Das geltende Futtermittelrecht 2008. 19., erweiterte Aufl., Allround Media Service, Rheinbach

SCHUH, M., und H. SCHWEIGHARDT (1981): Ochratoxin A – ein nephrotoxisch wirkendes Mykotoxin. Übers. Tierernährg. **9,** 33–70

WIESNER, E. (1970): Ernährungsschäden der landwirtschaftlichen Nutztiere, 2. Aufl., VEB G. Fischer Verlag, Jena

WOLF, P. (1996): Giftpflanzen im Rinderfutter. Übers. Tierernährg. **24,** 102–110

WOLF, P., und J. KAMPHUES (2001): Vergiftungen beim Pferd. Übers. Tierernährg. **29**, 188–196

IV Beurteilung von Futtermitteln

Die Untersuchung von Futtermitteln mittels sensorischer Prüfung soll Informationen liefern
- zum Futterwert (und evtl. botan. Zusammensetzung)
- zum Hygienestatus (inkl. Kontaminationen) bzw. Konservierungserfolg.

Im Wesentlichen geht es um Beurteilungsmethoden, die auch in der tierärztlichen Praxis – teils an Ort und Stelle – unter Verwendung einiger technischer Hilfsmittel vorgenommen werden können. Für apparativ aufwendigere Untersuchungen empfiehlt sich die Einsendung von Futtermitteln an spezielle Institute. Hierbei sind die Grundsätze zur Probenentnahme (s. S. 18) zu beachten.

1 Heu und Silagen

1.1 Allgemeines zum Futterwert

Der Futterwert von Grünfutterkonserven ist im Wesentlichen von der botanischen Zusammensetzung des Aufwuchses (s. S. 64a), vom Vegetationsstadium und TS-Gehalt (Silagen) abhängig. Diese Faktoren sind deshalb besonders zu berücksichtigen.

Aufwuchs	Vegetationsstadium	Rfa (% der TS)	Rp (% der TS)	
			Silage	Heu
1. Schnitt	vor Ähren-/Rispenschieben im Ähren-/Rispenschieben Mitte der Blüte nach der Blüte	<22 22–25 26–28 >29	≥18 16 15 10–16	≥15 13 10 8–12
	Wochen nach vorheriger Nutzung			
2. und folgende Schnitte	<4 4–6 >6	<23 23–27 >28	17 16 14	16 14 12

1.2 Schätzung des TS-Gehaltes in Silagen

Für die Einschätzung des Futterwertes in der ursprünglichen Substanz ist vor allem die Beurteilung des TS-Gehaltes in Silagen notwendig. Gehäckseltes Gut wird zwischen den Händen zu einem Ball geformt und unterschiedlich intensiv gepresst bzw. lang strukturiertes Gut ausgewrungen.

TS % uS

- <20 Handinnenflächen tropfnass bzw. bei leichtem Druck auf das Siliergut fließt Saft ab,
- 20–25 Handinnenfläche feucht, bei kräftigem Druck ist Pflanzensaft abzupressen,
- 25–30 aus dem geformten Ball kann Pflanzensaft nicht abgepresst werden, nur bei Wringen tritt Saft aus,
- 30–35 bei Wringen werden die Handflächen nur leicht feucht,
- >35 auch bei kräftigem Druck bleiben Handflächen trocken,
- >50 Material gewinnt heuähnlichen Charakter, sperrig – hart – klamm im Griff.

Genauere Werte liefert eine Trocknung im Mikrowellenofen u. Ä.: Material in dünner Schicht bei ca. 80 °C bis zur Gewichtskonstanz trocknen; Gewichtsverlust = Wasserverlust, Material hat evtl. noch einen geringen Restfeuchtegehalt von ca. 5 % Wasser.

1.3 Einfluss von TS- und Ra-Gehalt auf den Futterwert

- Maissilage
  Futterwert der Maissilage ist (bei mittlerem Kolbenanteil) relativ sicher anhand des TS-Gehaltes zu schätzen;
  Formel für Wdk: TS (% der uS) x 0,105 = MJ ME/kg uS
  MJ ME x 0,607 = MJ NEL/kg uS

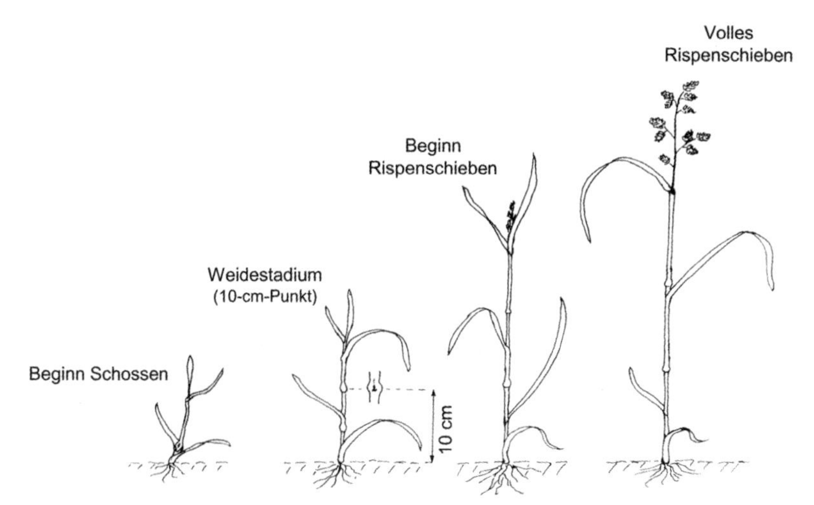

Die Entwicklung von Gräsern mit den Termini zur Charakterisierung des Vegetationsstadiums (nach AGFF 2000)

- Rübenblattsilage
  Futterwert entscheidend vom Ra-Gehalt (im Wesentlichen Sand ≙ HCl-unlöslich) abhängig;

Zustand	Ra (% der TS)	MJ ME[1]/kg TS	MJ NEL/kg TS
sauber verschmutzt	max. 20 23–31	9,70 8,50	5,90 5,10

[1] Wdk

- Zwischenfrüchte bzw. -silage
  Futterwert wesentlich beeinflusst durch TS-Gehalt, Grad der Verunreinigung, Erntezeitpunkt (Rfa-Gehalt) und botan. Zusammensetzung (Blatt-/Stengelrelation, Anteil des Rübenkörpers in der Silage)
- Rüben, Kartoffeln
  Futterwert im Wesentlichen abhängig vom TS-Gehalt (s. S. 83) und Ra-Gehalt

1.4 Sensorische Prüfung von Heu

Parameter	Futterwert (Energie-, Eiweißgehalt, Akzeptanz)	Pkt[1]	Hygienestatus (bzw. gesundheitliche Risiken)	Pkt[1]
Griff	weich, blattreich (kaum Blütenstände) blattärmer sehr blattarm stengelreich (viele Blütenstände) strohig hart (überw. abgeblüht)	 10 5 2 0	trocken leicht klamm (nesterweise) klamm-feucht	0 – 2 – 5
Geruch	angenehm aromatisch leichter Heugeruch flach	3 1 0	ohne Fremdgeruch dumpf-muffige Nuancen schimmelig-faulig	0 – 5 –10
Farbe	kräftig grün leicht ausgeblichen stark ausgeblichen	5 3 1	produkttypisch nesterweise grau-weiß diffus verfärbt	0 – 2 – 5
Verunreinigungen[2]	makroskopisch frei geringe Sand-/ Erdbeimengungen höherer Sand-Erd-Anteil (Grasnarbe, Wurzelmasse u. Ä.)	2 1 0	Besatz[3] mit Schimmel, Käfern, Milben u. a. – frei – mittelgradig – stark	 0 – 5 –10
	Hinweis: evtl. Bewertung d. Anteils von Pflanzen mit geringem Futterwert (Disteln/Nesseln/Honiggras)		Besatz mit Giftpflanzen (je nach Art und Masse)	–5 bis –10

[1] Bei den verschiedenen Parametern können in Abhängigkeit vom Befund auch Zwischenpunktzahlen vergeben werden
[2] durch Ausschütteln von feineren Anteilen zu erkennen, dabei auf „Staubentwicklung" achten
[3] feinere Anteile sind der Lupenbetrachtung zu unterziehen (bei leichtem Schimmelbesatz: filzartige Beläge besonders auf den Nodien)

Beurteilung

Futterwert	Pkt	Hygienestatus	Pkt
sehr gut bis gut	20–16	einwandfrei	0
befriedigend	15–10	leichte Mängel[1]	– 1 bis – 5
mäßig	9– 5	deutliche Mängel[2]	– 6 bis –10
sehr gering (ähnl. Stroh)	4– 0	massive Mängel[3]	–11 bis –40

[1] besondere Vorsicht geboten hinsichtlich Lagerfähigkeit
[2] zu empfehlen: mikrobiologische, insbesondere mykologische Untersuchung
[3] hohes Gesundheitsrisiko, deshalb nicht mehr als FM zu verwenden

1.5 Bewertung von Silagen

1.5.1 Sensorische Prüfung

Parameter	Futterwert (Energie-, Eiweißgehalt, Akzeptanz)	Pkt[1]	Hygienestatus (bzw. gesundheitliche Risiken)	Pkt[1]
Geruch	angenehm säuerlich-aromatisch bis brotartig-fruchtig	17	leicht hefige-stockige Nuancen[3]	- 2
	Spuren von Buttersäure[2] – stechend sauer – evtl. angenehmer Röstgeruch	12	deutlich hefige-alkoholische Qualitäten	- 4
	mäßiger Buttersäuregeruch, evtl. intensiver Röstgeruch	6	leicht schimmelig-muffig	- 6
	starker Buttersäuregeruch, ammoniakalische Nuancen	2	Schimmel-, Rotte- oder Fäkalgeruch, fauliger Geruch	–10
Griff (s. TS-Gehaltschätzung S. 140)	TS-Gehalt – produkttypisch-günstig	6	leichte bis deutliche Erwärmung[3] (Nachgärung?)	–2 bis –4
	– produkttypisch-ungünstig[4]	2	leichter – starker Strukturverlust[5] (schleimige Beläge)	–2 bis –10
	Sand-/Erdbeimengungen – frei – gering	3		
	– durchschnittlich	0	überdurchschnittliche Erd-/Sandkontamination	–2 bis –6
Farbe	produkttypisch[6]	2	weiße-graue-grünliche-schwärzliche Farbabweichungen z. B. durch Schimmelbeläge – vereinzelt, nesterweise	– 4
	leichte Abweichungen (aufgehellt bzw. gedunkelt)	1	– häufig	–10
	entfärbt, evtl. „giftig" grün	0		
Verunreinigungen	frei bzw. in nur geringem Maße Unkräuter wie Melde u. Ä. in Grünfutter vom Acker	2/1	höhere Anteile von „Abraum", gift. Unkräutern[7], durch Krankheit veränderte Pflanzenteile[8]	–2 bis –10

[1] auch Zwischenpunkte sind möglich

[2] bei Reiben zwischen den Fingern erkennbar

[3] häufig bei Zwischenlagerung im Stall

[4] sehr feuchte Silagen: erhöhter Nährstoffverlust mit Sickerwasser; übermäßig trockene Silagen: häufig mangelhafte aerobe Stabilität, Disposition für Nachgärungen

[5] Strukturverlust: infolge mikrobieller Umsetzungen schleimige Konsistenz, unabhängig von Häcksellänge

[6] Farbe durch Blatt-/Korn-Anteil, durch Vegetationsstadium beeinflusst

[7] z. B. Bingelkraut, Nachtschatten

[8] z. B. Maisbeulenbrand, Weizensteinbrand (in GPS!)

Beurteilung

Futterwert	Pkt	Hygienestatus	Pkt
sehr gut bis gut	30–26	einwandfrei	0
befriedigend	25–20	leichte Mängel[1]	bis – 5
mäßig	19–16	deutliche Mängel[2]	–6 bis –10
gering	≤15	massive Mängel[3]	–11 bis –46

[1] besondere Vorsicht geboten hinsichtlich Lagerfähigkeit

[2] zu empfehlen: mikrobiologische, insbesondere mykologische Untersuchung

[3] hohes Gesundheitsrisiko, deshalb nicht mehr als FM zu verwenden

1.5.2 Chemische Prüfung

Beurteilung des Siliererfolgs bzw. der Gärqualität von Silagen anhand chemischer Untersuchungen (basierend auf WEISSBACH u. HONIG, 1992)

1. Beurteilung des Buttersäuregehaltes*

Gehalt in % der TS von – bis	Punktzahl
0 – 0,3	50
>0,3 – 0,4	45
>0,4 – 0,5	40
>0,5 – 0,7	35
>0,7 – 1,0	30
>1,0 – 1,4	25
>1,4 – 1,9	20
>1,9 – 2,6	15
>2,6 – 3,6	10
>3,6 – 5,0	5
>5,0	0

* Buttersäuregehalt hier = Summe aus i- und n-Butters., i- und n-Valerians. und n-Caprons.

2. Beurteilung des Ammoniakgehaltes*

NH_3-N-Anteil in % von – bis	Punktzahl
≤10	25
>10 – 14	20
>14 – 18	15
>18 – 22	10
>22 – 26	5
>26	0

* Ammoniak-N in % des Gesamt-N

3. Beurteilung des pH-Wertes

TS, % <20	>20 – 30	>30 – 45	>45	Punktzahl
pH von – bis				
≤4,1	≤4,3	≤4,5	≤4,7	25
>4,1 – 4,3	>4,3 – 4,5	>4,5 – 4,7	>4,7 – 4,9	20
>4,3 – 4,5	>4,5 – 4,7	>4,7 – 4,9	>4,9 – 5,1	15
>4,5 – 4,6	>4,7 – 4,8	>4,9 – 5,0	>5,1 – 5,2	10
>4,6 – 4,7	>4,8 – 4,9	>5,0 – 5,1	>5,2 – 5,3	5
>4,7 – 4,8	>4,9 – 5,0	>5,1 – 5,2	>5,3 – 5,4	0
>4,8 – 5,0	>5,0 – 5,2	>5,2 – 5,4	>5,4 – 5,6	– 5
>5,0 – 5,2	>5,2 – 5,4	>5,4 – 5,6	>5,6 – 5,8	–10
>5,2 – 5,4	>5,4 – 5,6	>5,6 – 5,8	>5,8 – 6,0	–15
>5,4 – 5,6	>5,6 – 5,8	>5,8 – 6,0	>6,0 – 6,2	–20
>5,6 – 5,8	>5,8 – 6,0	>6,0 – 6,2	>6,2 – 6,4	–25
>5,8	>6,0	>6,2	>6,4	–30

4. Beurteilung des Essigsäuregehaltes*

Gehalt in % der TS	Punktzahl
<0,5	–20
0,5 – <1,0	–15
1,0 – <1,5	–10
1,5 – <2,0	– 5
2,0 – 3,5	0
>3,5 – 4,5	– 5
>4,5 – 5,5	–10
>5,5 – 6,5	–15
>6,5 – 7,5	–20
>7,5 – 8,5	–25
>8,5	–30

* Essigsäuregehalt hier = Essigsäure plus Propionsäure

BEWERTUNG[1]

Gesamtpunktzahl (Summe 1. bis 4.)	Gärqualität[1] Note	Urteil
91 – 100	1	sehr gut
71 – 90	2	gut
51 – 70	3	mittelmäßig
31 – 50	4	schlecht
≤30	5	sehr schlecht

[1] unter der Voraussetzung, dass keine sensorisch erkennbaren Mängel (s. S. 142) vorliegen

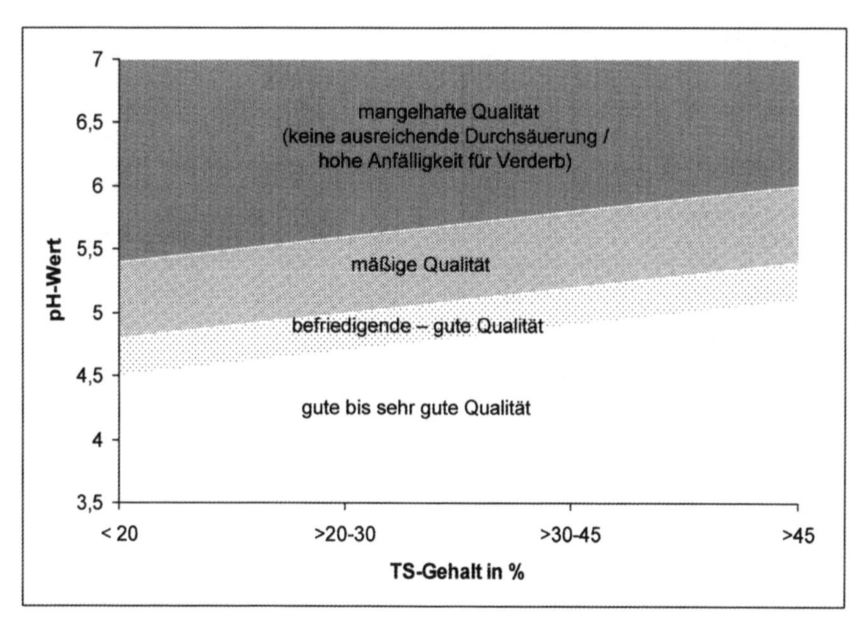

Die Beurteilung von Gärqualität bzw. Siliererfolg anhand von pH-Wert und TS-Gehalt in Silagen („kritischer pH-Wert")

2 Stroh

Eine nähere Beurteilung der Strohqualität mittels der Sensorik ist nicht nur bei „Futterstroh" angezeigt, sondern auch dann, wenn es nur zu Einstreuzwecken gebraucht wird. Von vielen Tieren wird – je nach verfügbaren anderen Raufuttermitteln – eine gewisse Menge der Einstreu aufgenommen. Stroh schlechter hygienischer Qualität – ob als Futter oder als Einstreu – stellt nicht zuletzt eine erhebliche Belastung des Atmungstraktes dar (Inhalation von Staub, Milben [-kot], Pilzsporen, Endotoxinen), auf die empfindliche Tiere (insbesondere Pferde) mit respiratorischen, teils allergieähnlichen Symptomen reagieren können. Daneben verdient die mögliche Kontamination von Stroh mit Mykotoxinen (Fusarientoxine!) Erwähnung.

Sensorische Prüfung von Stroh

Parameter	Futterwert (Energiegehalt und Akzeptanz)	Pkt[1]	Hygienestatus (bzw. gesundheitliche Risiken)	Pkt[1]
Griff	arttypisch (höherer Blattmasseanteil)	12	trocken-spröde	0
	sperrig (hoher Stengelanteil, wenig Blattmasse)	5	leicht klamm (nesterweise)	– 2
	holzig-reisigartig	0	klamm-feucht, elastisch	– 5
Geruch	typischer Strohgeruch[2]	3	frei von Fremdgeruch[2]	0
	flach	0	leicht dumpf-muffige Nuance	– 5
			schimmelig-modrig	–10
Farbe	intensiv – leicht golden – hell	3	produkttypisch[2]	0
	ausgeblichen	1	schmutzig grau-braun-schwärzlich	– 5
			nesterweise grau-weiße/ schwarz-rote Verfärbung	–10
Verunreinigungen	frei von Verunreinigungen (z. B. Stoppeln, Erde u. Ä.)	2	Besatz mit Schimmel, Käfern, Milben, Unkraut[3]	
			frei	0
	leichte Sandbeimengungen	1	mittlerer Besatz	– 5
	stärkere Sand-Erd-Beimengungen	0	starker Besatz	–10

[1] auch Zwischenpunkte sind möglich

[2] NH_3-Konservierung: ammoniakalischer Geruch und dunkle Verfärbung sind typisch, Futterwert ↑

[3] botan. Zusammensetzung prüfen (Anteil Unkräuter + Art, z. B. Windhalm)

Beurteilung

Futterwert	Pkt	Hygienestatus	Pkt
günstig	15–20	einwandfrei	0
durchschnittlich	8–14	leichte Mängel[1]	–1 bis – 5
deutlich gemindert	4– 7	deutliche Mängel[2]	–6 bis –10
sehr gering	4	massive Mängel[3]	–11 bis –30

[1] besondere Vorsicht geboten hinsichtlich Lagerfähigkeit

[2] zu empfehlen: mikrobiologische, insbesondere mykologische Untersuchung

[3] hohes Gesundheitsrisiko, deshalb nicht mehr als FM oder Einstreu zu verwenden

3 Getreidekörner

Sensorische Prüfung von Getreide

Parameter	Futterwert (Energie-, Nährstoffgehalt, Akzeptanz)	Hygienestatus (bzw. gesundheitliche Risiken)
Griff	Schwere des Korns schwer, mittel, leicht	trocken – klamm – feucht, Temperatur (erwärmt?), Verbackungen
Geruch	typisch, intensiv sauer bzw. ammoniakalisch (Konservierungsverfahren bzw. -erfolg) Röstgeruch (Überhitzung)	dumpf-muffig, schimmlig, faulig, süßlich, hefig, alkoholisch, Röstgeruch, Stall-, Chemikaliengeruch, fischig (Steinbrand)
Geschmack	angenehm mehlartig arttypisch	unangenehm bitter → Hinweis auf Unreife bzw. Pilzbesatz
Aussehen a) *makroskopisch*		
– Reinigungsgrad/Schmutzanteil	sauber, intensiv gereinigt, Staub-, Schmutzanteil, Beimengungen (Spreu, Grannen, Stroh)	sandig-erdige Verunreinigungen, Keimlinge, Beimengungen (Spreu, Nagerkot, Fremdkörper), Vorratsschädlinge wie Kornkäfer, Milben u. Ä.
– botan. Reinheit	Anteil Fremdgetreide (Nackt-/Spelzgetreide), Beimengungen anderer Samen	Art und Anteil von Unkrautsamen (z. B. Nachtschatten, Flughafer, Labkraut), Mutterkorn, Brandbutten
– Farbe	art-/sortentypisch (s. Unterschiede bei Hafer) braun-schwarze Verfärbungen (Schäden durch Übertrocknung)	intensive, klare korntypische Farbe, schmutzig-vergraut, schwarz-bräunlich, rot-violett (gebeizt), grün (Unreife), rötlich (Fusarienbesatz)
– Größe[1]/Form	grobes, vollrundes Korn (hoher Endospermanteil), schmales, flaches, spitzes Korn, „leeres" Korn	geschrumpft, Einziehungen der Oberfläche, raue Konturen (Haftung von Mikroorganismen an der Oberfläche)
– Integrität[2]	unverändert erhalten (auch Keimanlage) Anteil von Auswuchskorn	Bruchkorn, Oberflächenrisse, Bohrlöcher und anderer Schädlingsfraß (Keim), Keimanlage nicht mehr abgedeckt, Auswuchs (Wurzel- oder Blattkeime erkennbar, evtl. schon verloren)
– Querschnitt	klar weißes Endosperm, farblich und evtl. auch in der Konsistenz verändert	gelblich graues Endosperm – bräunlich schwarzer Mehlkörper (evtl. Selbsterhitzung bzw. Trocknungsschäden)
b) *Lupenbetrachtung* (nach Siebung)	für Aussagen zum Futterwert ohne wesentliche Bedeutung	– Oberfläche der Körner Schmutzauflagerungen (erdig-sandig) grau-weiße-schwärzliche punktförmig-diffuse Beläge (Falz, Pole, Verletzungen), Schimmelbesatz (Falz, Keimanlage, Bruchflächen), Integrität – abgesiebte „Fein"anteile: Milbenbesatz (s. S. 149; Art und Intensität), Insekten bzw.-fragmente, Schimmelbeläge

[1] zu quantifizieren durch l-Gewicht (Hafer >550 sehr gut, 500–550 gut, 450–500 mittel, 400–450 mäßig, <400 gering)
[2] feinste bis ins Endosperm durchgehende Risse → J-KJ-Lösung (Blau-Färbung der Stärke)

4 Mischfutter (Schrot/Pellets)

Sensorische Prüfung von Mischfutter

Parameter	Futterwert (Energie-, Nährstoffgehalt, Akzeptanz)	Hygienestatus (bzw. gesundheitliche Risiken)
Griff	schwer bzw. leicht (Ascheanteil bzw. Spelzen-, Faser-, Kleie-Anteil; bei pelletierten FM äußerst schwierig), Mahlfeinheit[1], Anteil ganzer Körner, fettig (Fettzusatz)	trocken, klamm feucht Temperatur (erwärmt), Verbackungen, Gespinste, Beimengungen von Fremdbestandteilen, Abriebanteil in pell. FM
Geruch	unspezifisch bzw. nach Komponenten (Fischmehl, Raps, Kokos, Leguminosen, Melasse, Grünmehl, Citrusprodukte, Tiermehl); säuerlich (Säurezusatz), aromatisiert	dumpf-stockig-schimmelig, hefig, alkoholisch (Hefenbesatz), süßlich (Milbenbesatz), ranzig (Fettverderb), faulig/kadaverös (Proteinabbau)
Geschmack	Hinweise auf Komponenten (z. B. Leguminosen), Beimengungen (NaCl?)	kratzig-brenzlig → Hinweis auf Fett-/Futterverderb
Aussehen a) *makroskopisch*		
– Struktur/Form	Mahlfeinheit bzw. Bearbeitungseffekte (thermischer Aufschluss: schaumig-poröse Struktur)	Bombage des Probenbehältnisses[2] Verbackungen, Abriebanteil, Pellet: Strukturverlust, Risse
– Farbe	Hinweise auf Komponenten[3]: hellweiß (Endosperm, Maniok, $CaCO_3$), orangefarben (Maisprodukte), braunschwarz (Raps), grün-gelb (Leguminosen), Pellets: periphere Bräunung	verwaschen – grau – schmutzig, weiß/gelbe, grüne, blaue Verfärbungen Pelletoberfläche: diffuse Vergrauung bzw. dunkle Veränderungen (→ Schwärzepilze)
– Verunreinigungen	Rohasche-, Sandanteil, Schlacken, Spreu, Schalen, fremde FM[4]	Insekten bzw. -fragmente, Nagerkot, Sonstiges (Glassplitter, „Siloreste") unterschiedliche Pelletarten[4] (Durchmesser, Farbe, Struktur)
b) *Lupenbetrachtung* (nach Siebung)	grobe Partikel >1 mm bzw. intakte Pellets	
	Differenzierung von Einzelkomponenten anhand der Oberflächenstruktur (z. B. Sonnenblumensamenschalen, Rapsschalen)	Oberflächenbeschaffenheit, Spelzenfarbe, Beläge (Schimmel), Insekten bzw. -fragmente
	feinere Anteile <0,5 mm bzw. Pelletabrieb	
	Art und Anteil mineralischer Bestandteile	Milbenbesatz (s. S. 149), Unkrautsamen bzw. -fragmente z. B. Datura[5]

[1] durch Siebfraktionierung zu objektivieren

[2] Feucht- und Fließfuttermittel

[3] Pellets in Wasser auflösen, Suspension über Siebpyramide fraktionieren, nach Trocknen der Siebrückstände leichtere Differenzierung der Einzelkomponenten möglich

[4] FM für andere Spezies bzw. Nutzungsgruppe?

[5] durch botanisch-mikroskopische Untersuchung abzusichern

5 Orientierungswerte zur Wasserqualität

Rechtliche Vorgaben „Tränkwasser"

„Basisverordnung" – EGV Nr. 178/2002:
Tränkwasser erfüllt die Definitionsbedingungen für Futtermittel.

Nach der FMHV 183/2005
muss Tränkwasser „geeignet" sein. Minimierung einer möglichen Wasserkontamination durch geeignete Tränkeanlagen (für diese besteht Wartungspflicht).

Tierschutz-Nutztierhaltungs-Verordnung (22. August 2006):
alle Nutztiere sind täglich entsprechend ihrem Bedarf mit Wasser in ausreichender Menge und Qualität zu versorgen.

Allgemeine Anforderungen an Tränkwasser

Das den Tieren angebotene Wasser muss „geeignet" sein. Als geeignet gilt ein Wasser, wenn es *schmackhaft* ist (Gewähr für eine ausreichende Wasser- und damit adäquate TS-Aufnahme), es *verträglich* ist (Inhaltsstoffe und/oder unerwünschte Stoffe nur in einer für die Tiere bzw. die von ihnen gewonnenen LM nicht schädlichen bzw. nachteiligen Konzentration), bzw. wenn es *verwendbar* ist (keine nachteiligen Effekte auf Bausubstanz und Tränketechnik, keine Interaktionen mit ggf. zugesetzten Wirkstoffen, Eignung des Wassers zur Zubereitung des Futters).

Mikrobiologische Qualität

In das System eingespeiste Wasser (= Hauptleitung):

nur hierfür entsprechende Richtwerte sinnvoll; → im Prinzip Trinkwasserqualität angestrebt: aerobe GKZ max. 1.000 KBE/ml (37 °C); 10.000 KBE/ml (20 °C); frei von E. coli u. coliformen Keimen (in 10 ml); frei von Salmonellen u. Campylobacter (in 100 ml).

Im tatsächlich angebotenen/aufgenommenen Tränkwasser sind generell höhere Keimzahlen zu erwarten, eine Minimierung ist durch entsprechende Maßnahmen (regelmäßige Säuberung, geeignete Technik) anzustreben.

Physiko-chemische Qualität

Parameter	Orientierungswerte Tränkwasser	Bemerkungen (evtl. Störungen)	Grenzwert TrinkwV*
pH-Wert	>5 und <9	Korrosionen im Leitungssystem	6,5–9,5
elektr. Leitfähigkeit (μS/cm)	<3.000	evtl. Durchfälle bei höheren Werten, Schmackhaftigkeit ↓	2.500
lösliche Salze, gesamt (g/l)	<2,5		k.G.
Oxidierbarkeit (mg/l)	<15	Maß für Belastung mit oxidierbaren Substanzen	5

k.G. = kein Grenzwert festgelegt * TrinkwV: Trinkwasser-Verordnung

Kontrolle der Wasserqualität vor Ort

Sensorische Qualität anhand von Aussehen (Trübung, Farbe), Geruch, Geschmack. Parameter der chemischen Qualität werden allgemein in entsprechenden Laboren erfasst/bestimmt, auf der Basis der auf S. 147a aufgeführten Werte ist eine nähere Beurteilung/Einschätzung möglich.

Chemische Qualität

Parameter (mg/l)	Orientierungswerte Tränkwasser	Bemerkungen (evtl. Störungen)	Grenzwert TrinkwV*
Ca^{2+}	500	Verkalkung; techn. Funktionsstörungen	k.G.
Fe	<3	Schmackhaftigkeit ↓, techn. Funktionsstörungen, Biofilmbildung mgl.	0,2
Na^+/ K^+/ Cl^-	jeweils <250 (Gefl) bzw. <500 (Sonst.)	Hinweis auf Einträge (Exkremente); feuchte Exkremente (Geflügel)	Na^+: 200; K^+: k.G.; Cl^-: 250
NO_3^-	<300 (rum. Wdk) bzw. <200 (Sonst.)	Methämoglobinbildung; Gesamtaufnahme der Tiere berücksichtigen	50
NO_2^-	<30		0,5
SO_4^{2-}	<500	abführende Wirkung/Durchfall	240
NH_4^+	<3	Hinweis auf Verunreinigungen	0,5
As	<0,05	Gesundheitsstörungen, Leistungen ↓	0,01
Cd	<0,02	Vermeidung von Rückständen	0,005
Cu	<2	Gesamtaufnahme bei Schafen/Kälbern berücksichtigen	2
F	<1,5	Störungen an Zähnen/ Knochen	1,5
Hg	<0,003	Allgemeine Störungen	0,001
Mn	<4	Ausfällungen im Verteilersystem, Biofilmbildung möglich	0,05
Pb	<0,1	Vermeidung von Rückständen	0,01
Zn	<5	Schleimhautalterationen	k.G.

k.G. = kein Grenzwert festgelegt *TrinkwV: Trinkwasser-Verordnung

Ca^{2+}, Fe^{2+}: für Funktion der Tränketechnik von besonderer Bedeutung (Zusetzen der Tränkeventile bei höheren Konzentrationen); bei Wirkstoff-Applikation über das Tränkwasser Komplex-Bildung möglich (Tetrazykline!).

Fe, Mn: bedeutsam für Schmackhaftigkeit (ab 2 mg Fe oder Mn/l ist die Wasseraufnahme häufig beeinträchtigt, bei >10 mg Fe/l vereinzelt schon Verweigerung der Wasseraufnahme).

Grenzwerte (μg/l) für weitere chemische Kontaminanten in Trinkwasser[1]

Verbindung(en)	Grenzwerte Trinkwasser	Anmerkungen
Pestizide, gesamt = Pflanzenschutzmittel u. Biozidprodukte	0,5	Es brauchen nur „Pestizide" überwacht zu werden, deren Vorhandensein in einer bestimmten Wasserversorgung wahrscheinlich ist.
Pestizide*, je Substanz = Pflanzenschutzmittel u. Biozidprodukte	0,1	Der Grenzwert gilt jeweils für einzelne „Pestizide" (z. B. DDT, 2,4-D, 2,4,5-T, Endrin, Lindan). Für Aldrin, Dieldrin, Heptachlor und Heptachlorepoxid: max. 0,030 μg/l.
Polyzyklische aromatische Kohlenwasserstoffe	0,1	Bei den spezifizierten Verbindungen handelt es sich um Benzo-(b)-fluoranthen, Benzo-(k)-fluoranthen, Benzo-(ghi)-perylen, Inden-(1,2,3-cd)-pyren
Trihalogenmethane	50 (EG 100)	$\sum$ nachgewiesener und mengenmäßig bestimmter Reaktionsprodukte, die bei der Desinfektion/Oxidation des Wassers entstehen: Trichlormethan (Chloroform), Bromchlormethan, Dichlormethan und Tribrommethan
Benzol	1	
Selen	10	

[1] gemäß TrinkwV (2001) in Umsetzung der Richtlinie 98/83/EG

* „Pestizide": org. Insektizide/Herbizide/Fungizide/Nematozide/Akarizide/Algizide/Rodentizide/Schleimbekämpfungsmittel u. verwandte Produkte (u. a. Wachstumsregulatoren) inkl. Metaboliten, Abbau- u. Reaktionsprodukte.

6 Spezielle Untersuchungsverfahren

6.1 Siebanalyse zur Bestimmung des Vermahlungsgrades

Trockene, schrotförmige MF – insbesondere für Schweine – werden häufiger auf den Vermahlungsgrad untersucht, s. S. 44. Vorgehen: Definierte Menge eines Aliquots wird auf einer Siebpyramide geschüttelt, die auf den Sieben verbleibenden Rückstände gewogen und ihr Anteil berechnet (% Anteil, s. S. 44).

Für pelletierte oder gebröselte MF fehlt bislang eine verbindliche Vorschrift für die Siebanalyse. Prinzipielles Vorgehen: Aufschwemmung eines Aliquots im Wasser, bis zum vollständigen Zerfall der Pellets/Brösel warten, Suspension auf die Siebpyramide geben und mit definierter Wassermenge und -intensität spülen. Rückstände auf den Sieben über Nacht trocknen und auswerten (s. o.). Eine Bewertung wird durch zwei gegenläufige Prozesse erschwert: Zum einen werden einige Partikel durch Quellung größer, zum anderen werden Inhaltsstoffe gelöst, so dass diese dann die Fraktion mit der geringeren Korngröße anteilsmäßig steigen lassen. Dennoch werden so Einschätzungen einer auffällig feinen oder ungewöhnlich groben Vermahlung der Ausgangskomponenten möglich (s. S. 44).

6.2 Prüfung auf Quellfähigkeit/Wasserbindungsvermögen

In einen Standmesszylinder wird zu einer definierten FM-Menge Wasser zugegeben; MF mit quellfähigen Komponenten (z. B. Trockenschnitzel, Grünmehl, Kleine, Trester) dehnen sich unterschiedlich schnell unter starker Volumenzunahme (Ausdruck der Quellfähigkeit) aus, die bestimmt wird.

Nach Abgießen des nichtgebundenen Wassers ist auch eine Einschätzung der Wasserbindung über die Relation $\frac{\text{FM (g)} + \text{gebundenes Wasser (g)}}{\text{FM (g)}}$ möglich.

6.3 Prüfung des Sedimentationsverhaltens

Allgemein dient diese Untersuchung dem Nachweis von aschereichen Bestandteilen/Verunreinigungen in Futtermitteln (und Kot). Vorgehen: FM in Wasser lösen bzw. suspendieren, in englumigem Glaszylinder sedimentieren lassen, Bestandteile setzen sich entsprechend ihrem unterschiedlichen spezifischen Gewicht ab (dient insbesondere dem Erkennen von Sandbeimengungen in Grünmehl, Grascobs und auch Tier-/Fischmehl). Noch bessere Trennung bei Suspendierung der Probe in Chloroform = „Vogel'sche Probe".

Speziell bei MAT wird bei ähnlichem Vorgehen (Anrühren der Tränke entsprechend der Herstellerempfehlung) die Stabilität der Suspension geprüft. Nach Anrühren der Tränke sollte die Probe im Standzylinder weder eine deutliche Flotation (z. B. „Fettaugen") noch eine schnelle Sedimentation (z. B. mineralischer „Bodensatz") zeigen (Beobachtungsdauer mindestens 20 Minuten); bei Vorratstränke – ohne die Verwendung eines kontinuierlich arbeitenden Rührwerks – ist die Suspensionsstabilität von besonderer Bedeutung.

6.4 Prüfung eines Mischfutters auf zu hohe Gehalte an Mineralstoffen

- $CaCO_3$: Zusatz von verdünnter HCl → dabei auf Intensität der Gasfreisetzung (CO_2) achten; Bildung feinster Gasbläschen normal, bei hoher $CaCO_3$-Dosierung starkes Schäumen (für Legehennen-AF typisch);

- NaCl: am leichtesten am Geschmack zu erkennen (wichtig bei Beurteilung von MAT), evtl. bei Lupenbetrachtung typische Kristalle erkennbar (in separierten Feinanteilen);
- Cl^-: evtl. semiquantitativ mittels Teststreifen, indirekter Hinweis auf Na- bzw. K-Konzentration;
- $CuSO_4$: als grünlich-bläuliche Kristalle erkennbar (insbesondere bei Lupenbetrachtung).

6.5 Prüfung auf Milbenbesatz

Mittel der Wahl ist die Lupenbetrachtung (~ 10-fache Vergrößerung). Sofern keine Lupe verfügbar: kleine Probe giebelförmig auftürmen, beobachten der Futterpartikel auf den Seitenflächen, nach kurzer Zeit Bewegungen von Futterpartikeln; oder: Probe in durchsichtiges, sauberes Plastikgefäß geben, auf Heizung oder ähnliche Wärmequellen stellen, nach kurzer Zeit sammeln sich Milben unter dem Deckel (grau-gelblicher „Niederschlag"). Hilfreich: Separierung der Milben über Siebfraktionierung (<0,8 mm).

6.6 Prüfung auf Datura-Samen

Insbesondere im Sojaschrot, aber auch in anderen FM wie Leinsamenprodukten kommen gelegentlich Beimengungen von Datura-Samen vor.

Qualitative Prüfung: Bei Lupenbetrachtung aussortierte feinste dunkelbraune bis schwärzliche Partikel auf Objektträger geben, Zusatz einiger Tropfen von Chloralhydrat, abdecken, kurz zum Sieden bringen und unter ~ 60facher Vergrößerung mikroskopieren. Die Oberfläche von Datura-Schalen lässt goldbraun glitzernde Strukturen erkennen, häufig mäanderförmig angeordnet.

Quantitativer Nachweis: spezielle botanisch-histologische Techniken.

6.7 Nitrat- und Nitrit-Bestimmung in Grünfutter bzw. -silagen sowie Rüben

Vorgehen: genau 50 g des Probenmaterials werden in einem Labor-/Küchenmixer nach Zugabe von 80 ml H_2O fein zerkleinert; danach wird das wässrige, vermuste Material aus dem Mixer herausgespült und in ein Becherglas (bis zur Menge von 200 ml) überführt. Darauf erfolgt zur Enteiweißung ein Zusatz von 20 ml 10%iger Trichloressigsäure und ein Auffüllen (bis zur 500-ml-Marke) mit lauwarmem dest. Wasser. Nach gründlichem Rühren über 10 Min. erfolgt eine Filtrierung der Suspension; in die so partikelfreie Flüssigkeit kann der Teststreifen eingetaucht und auf diesem die NO_3^-- bzw. NO_2^--Konzentration direkt abgelesen werden (Vergleich mit der Farbskala des Teststreifens).

Berechnung: $$\frac{\text{mg } NO_3^-/\text{ bzw. } NO_2^-/\text{l}}{100} = \text{mg } NO_3^- \text{ bzw. } NO_2^- \text{ pro g uS der Probe}$$

Anstelle der o. g. Untersuchungen der Flüssigkeit kann der NO_3^-- bzw. NO_2^--Gehalt in feuchten Silagen auch direkt im ausgepressten Saft gemessen werden (hier evtl. intensivere Eigenfärbung des Press-Saftes störend).

6.8 Qualitativer Nachweis von Ionophoren

Wegen der extremen Empfindlichkeit von Equiden für Ionophoren bzw. der Unverträglichkeitsreaktionen bei gleichzeitiger Aufnahme von Ionophoren und Tiamulin (Arzneimittel) von verschiedenen Spezies (Schw, Gefl) ist die qualitative Prüfung eines MF auf Ionophoren von besonderer Bedeutung. Vorgehen: Probe mit Methanol (ca. 1:1) im Reagenzglas schütteln, dabei wird das Ionophor extrahiert; sedimentieren lassen, Überstand gewinnen, Zusatz von Testtabletten (Sulfosalicylsäure, Ethylvanillin), erhitzen im Wasserbad bei ca. 60 °C, im

positiven Fall nach 2–3 min deutliche Rotfärbung der Lösung beobachten (Vorsicht: Spezifität für alle monovalenten Ionophoren [Narasin, Monensin, Salinomycin], nicht für Lasalocid! Evtl. störende Einflüsse von Carotinoiden u. Ä.).

Heute allgemein ersetzt durch Screeningverfahren, in denen zunächst alle Ionophoren qualitativ geprüft/bestimmt werden (vor der eigentlichen Quantifizierung des dann nachgewiesenen Ionophors).

6.9 Qualitativer Nachweis von blausäurebildenden Verbindungen (cyanogenen Glykosiden) in FM

In gemahlenen, eingeweichten Futtermitteln, wie Leinsaat, Tapiokamehl, mit cyanogenen Glykosiden wird durch pflanzeneigene blausäurespaltende Enzyme (z. B. Linase in Leinsamen) Blausäure (HCN) freigesetzt. Die sich entwickelnde Blausäure färbt einen mit Pikrinsäure imprägnierten Filterpapierstreifen, der in Natriumcarbonatlösung getaucht wurde, orange bis braunrot. Herstellung des Natriumpikrat-Streifens: Filterpapierstreifen von etwa 6 x 2 cm mit 1%iger Pikrinsäure tränken und an der Luft trocknen lassen.

Durchführung: 25 g fein gemahlene Substanz + 60 ml Aqua dest. in 150-ml-Erlenmeyerkolben geben; dann Streifen zu etwa $^1/_3$ in etwa 10%ige Sodalösung (Na_2CO_3 + Aqua dest.) tauchen, an einem Gummistopfen befestigen und mit diesem den Erlenmeyerkolben verschließen; in Brutschrank bei ca. 37 °C stellen; nach 0,5, 1, 2 und 4 Stunden Reaktion beobachten. Bei Anwesenheit von Blausäure färbt sich der Streifen – je nach Konzentration – orange bis braunrot.

Beurteilung: Bei 1 mg HCN in 100 mg Futtermittel Reaktion nach 5 Stunden deutlich positiv. Toxische Dosis für Rind: 2 mg/kg Körpermasse $\cong$ 1200 mg/Tier. Bei starker Blausäureentwicklung nur trockene Verfütterung bzw. Verfütterung nach vorherigem Erhitzen (Überbrühen).

6.10 Prüfung auf Toastung von Sojaextraktionsschrot (= Ureasetest)

Mit der Toastung (= Dampferhitzung) von Sojaextraktionsschrot zur Entfernung von Lösungsmittelresten soll gleichzeitig die
- Denaturierung eines Trypsin-Inhibitors,
- Zerstörung hämolysierender Stoffe sowie
- Entfernung von Bitterstoffen erreicht werden.

Als Maß für die Toastung wird die Aktivitätsabnahme eines leicht nachweisbaren thermolabilen pflanzeneigenen Enzyms, der Urease, verwendet. Diese spaltet – sofern ihre Aktivität erhalten blieb – Harnstoff in NH_3 und CO_2. Das sich dabei entwickelnde NH_3 lässt sich mit pH-Indikatorpapier in der Gasphase feststellen.

Gut getoastetes Schrot zeigt eine geringe Urease-Aktivität und demnach einen nur langsamen Umschlag des Indikators.

Durchführung: 5 g gut zerkleinerten Schrots im 100-ml-Becherglas in 30 ml Wasser 4 Stunden quellen lassen, 30 ml 2%ige Harnstofflösung zusetzen, abdecken mit Uhrglas, unterseits belegt mit einem angefeuchteten pH-Indikatorpapier. Als Kontrolle dient der gleiche Ansatz mit 30 ml Wasser (statt Harnstofflösung), in der kein Umschlag des Indikators stattfinden soll.

Gute Toastung:	Indikatorumschlag nach 20–30 min
schlechte Toastung bzw. nicht getoastet:	Umschlag nach 5–10 min

7 Beurteilung der mikrobiologisch-hygienischen Beschaffenheit von Futtermitteln

7.1 Bestimmung nach dem Kulturverfahren

Aliquoter Probenanteil wird in Peptonwasser geschüttelt (2 h bei 37 °C). Zur Gesamtkeimzahlbestimmung werden Verdünnungsreihen mit Standard-Nährbodenagar angesetzt, für Pilze spezielle Nährböden. Ggf. Einsatz von Selektivnährböden zur Bestimmung einzelner Keimarten (aerob und anaerob); allgemein werden hierbei nur aerobe Keime bestimmt, nur in besonderen Fällen sind auch anaerobe Keime (z. B. Clostridien) von Interesse (z. B. in Silagen, Vollkonserven mit Bombagen, Hinweise auf Clostridien-Toxin).

Die Beurteilung des mikrobiellen Besatzes von Futtermitteln anhand von Ergebnissen klassischer kultureller Nachweise der verschiedenen Keime erfolgt auf der Basis

- der **Keimarten**/des Keimartenspektrums *und*
- der ermittelten **Keimzahlen** (KBE/g Futter) *in Abhängigkeit*
- von der **Art des Futtermittels**.

Bei den Keimarten bzw. dem Keimartenspektrum wird sowohl bei den Bakterien wie auch bei den Pilzen zwischen

- produkttypischen Keimen (normale Epiphyten) *und*
- verderbanzeigenden Keimen unterschieden.

Die **produkttypischen** Bakterien wurden der Keimgruppe 1 (KG 1), die entsprechenden Schimmel- und Schwärzepilze der Keimgruppe 4 (KG 4) zugeordnet.

Die **verderbanzeigenden** Mikroorganismen erhielten folgende Keimgruppenbezeichnungen: Bakterien = KG 2 und KG 3; Schimmelpilze = KG 5 und KG 6 sowie Hefen = KG 7.

Gruppe	Bedeutung	Keimgruppe	Indikatorkeime innerhalb der Keimgruppe
aerobe mesophile Bakterien	produkttypisch	KG 1	Gelbkeime Pseudomonas/Enterobacteriaceae sonstige produkttypische Bakterien
	verderbanzeigend	KG 2	Bacillus Staphylococcus/Micrococcus
		KG 3	Streptomyceten
Schimmel- und Schwärzepilze	produkttypisch	KG 4	Schwärzepilze Verticillium Acremonium Fusarium Aureobasidium sonstige produkttypische Pilze
	verderbanzeigend	KG 5	Aspergillus Penicillium Scopulariopsis Wallemia sonstige verderbanzeigende Pilze
		KG 6	Mucorales (Mucoraceen)
Hefen	verderbanzeigend	KG 7	alle Gattungen

Orientierungswerte für produkttypische und verderbanzeigende Mikroorganismen
(nach BUCHER und THALMANN 2006)

	Mesophile aerobe Bakterien x10⁶ KBE/g			Schimmel- und Schwärzepilze x10³ KBE/g			Hefen x10³ KBE/g
Keimgruppe[1] (KG)	**1**	**2**	**3**	**4**	**5**	**6**	**7**
Einzel-FM							
Tierische Einzelfuttermittel							
Milchnebenprodukte, getr.	0,1	0,01	0,01	1	1	1	1
Blutmehle	0,2	0,01	0,01	1	1	1	1
Fischmehle	1	1	0,01	5	5	1	30
Rückstände der Ölgewinnung							
Extraktionsschrote	1	1	0,1	10	20	1	30
Ölkuchen	1	1	0,1	10	20	2	30
Getreidenachprodukte							
Nachmehle, Grießkleien	5	1	0,1	50	30	2	50
Kleien, Weizen, Roggen	8	1	0,1	50	50	2	80
Getreide, Körner und Schrote							
Mais	5	1	0,1	40	30	2	50
Weizen, Roggen	5	1	0,1	50	30	2	50
Gerste	8	1	0,1	60	30	2	50
Hafer	15	1	0,1	70	30	2	50
MF[2]							
Milchaustauschfutter	0,5	0,1	0,01	5	5	1	10
Eiweißkonzentrate	1	1	0,05	10	20	1	30
Schrotförmige Mischfutter für:							
Jung- und Mastgeflügel	3	0,5	0,1	30	20	5	50
Legehennen	5	1	0,1	50	50	5	50
Ferkel	5	0,5	0,1	30	20	5	50
Mast- und Zuchtschweine	6	1	0,1	50	50	5	80
Kälber	2	0,5	0,1	30	20	5	50
Milchkühe, Zucht-, Mastrinder	10	1	0,1	50	50	5	80
Gepresste Mischfutter für:							
Jung- und Mastgeflügel	0,5	0,1	0,05	5	5	1	5
Legehennen	0,5	0,5	0,05	5	10	1	5
Ferkel	0,5	0,1	0,05	5	5	1	5
Mast- und Zuchtschweine	1	0,5	0,05	5	10	1	5
Kälber	0,5	0,5	0,05	5	5	1	5
Milchkühe, Zucht-, Mastrinder	1	0,5	0,05	5	10	1	5

[1] berücksichtigt sind alle nach der Methode VDLUFA mit Keimzahlplatten erfassbaren Indikatorkeime der Keimgruppen KG 1 – KG 7 (s. S. 151)

[2] bislang fehlen entsprechende Angaben für MF weiterer Tierarten und Nutzungsgruppen

Aus einer Vielzahl mikrobiologischer Untersuchungen von verschiedenen Einrichtungen wurden inzwischen quantitative Vorstellungen über den „normalen Besatz" bestimmter Futtermittel abgeleitet. Hierfür wurde der Terminus „Orientierungswert" eingeführt. Übersteigt nun die Keimzahl von Bakterien und Pilze diesen Orientierungswert, so wird eine graduelle Abstufung in der Bewertung anhand von „Keimzahlstufen" vorgenommen:

Keimzahlstufe (KZS)	Keimzahlen der Keimgruppen
KZS I	≤ Orientierungswert (OW)
KZS II	bis zum Fünffachen des OW
KZS III	zwischen dem Fünf- und Zehnfachen des OW
KZS IV	> das Zehnfache des OW

Aus den Keimzahlstufen für die produkttypischen wie auch verderbanzeigenden Keime wird dann die Qualitätsstufeneinteilung vorgenommen, wobei folgende Differenzierung anzuwenden ist:

Qualitätsstufe (QS)	Befunde	Bezeichnung/Formulierung im Attest
QS I	alle 7 Keimgruppen[1] mit KZS I	„keine Überschreitung der OW-Werte"
QS II	mind. 1 Keimgruppe mit KZS II	„leicht erhöht bis erhöht"
QS III	mind. 1 Keimgruppe mit KZS III	„deutlich erhöht"
QS IV	mind. 1 Keimgruppe mit KZS IV	„überhöht bis stark überhöht"[2]

[1] die 7 Keimgruppen s. S. 151
[2] „deutlich fortgeschrittener Verderb"

Vorgehen zur Bewertung eines mikrobiellen Untersuchungsergebnisses:

1. Frage:	In welcher Keimgruppe wird der nachgewiesene Keim geführt?	→ KG
2. Frage:	Um welches FM handelt es sich?	→ Einzel- bzw. Misch-FM
3. Frage:	Wie hoch ist für dieses FM der Orientierungswert?	→ OW
4. Frage:	Um das Wievielfache wird der OW überschritten?	→ KZS
5. Frage:	Welche QS resultiert aus der ggf. beobachteten Überschreitung?	→ QS

Vor der Beurteilung von Keimzahl und -art in Mischfuttermitteln ist zu prüfen bzw. zu erfragen, ob ein Zusatz von Probiotika (vermehrungsfähige Keime!) bzw. von Konservierungsmitteln (z. B. Säuren) erfolgte, wodurch die Ergebnisse entsprechend beeinflusst sein können, auch die Konfektionierung (loses Futter oder pelletiert/verpresst?) ist von Bedeutung.

Bei vorberichtlichen Hinweisen auf eine forcierte gastrointestinale Gasbildung sind neben den Hefen evtl. auch die Keimzahlen von Anaerobiern (z. B. Clostridien) von Interesse.

Richtwerte für die Beurteilung mikrobiologischer Befunde von Flüssigfutter
(Angaben in KBE/g uS)

Keimarten (-gruppen)	normal	deutlich erhöht
aerobe Bakterien[1]	$\leq 10^7$	$>10^8$
Hefen[2]	$\leq 10^5$	$>10^6$
Schimmelpilze[3]	$\leq 10^4$	$>10^5$

[1] Keine Beanstandung, sofern hohe Keimzahlen (10^7–10^8 KBE/g) nur bei milchsäurebildenden Bakterien vorliegen; kritisch sind vornehmlich Keime aus der Gruppe der Enterobacteriaceae bei Werten von $>10^4$ KBE/g Flüssigfutter

[2] bei über 10^5 KBE/g: schon erhebliche Gasbildung zu beobachten, auch Bildung von Alkohol möglich; insgesamt sind Hefen sehr säuretolerant; Wachstum im Wesentlichen von der Aerobizität im System und Konkurrenzflora abhängig

[3] allgemein durch tiefe pH-Werte (Säurebildung der Flora im Flüssigfutter bzw. Säurezusatz) und Hygienemaßnahmen zu limitieren, wenn Ausgangskomponenten keine erhöhte Schimmelpilzbelastung einbringen

Auch zu den Grobfuttermitteln (Silagen/Raufutter) liegen inzwischen Orientierungswerte für den mikrobiellen Besatz vor. Dabei zeigen die Silagen deutlich geringere Keimzahlen für Aerobier als die Raufuttermittel, andererseits sind in Silagen häufig höhere Hefengehalte ($\geq 10^4$ KBE/g) nachweisbar, insbesondere im Vergleich zu den Kraftfuttermitteln (~ 10^4 KBE/g).

Orientierungswerte für produkttypische und verderbanzeigende Mikroorganismen in Grobfuttermitteln (Basis für Silagen: WAGNER, WOLF u. LOSAND 2007 sowie Arbeitskreis „Futtermittelmikrobiologie der Fachgruppe VI der VDLUFA 2007" für Heu und Stroh.

	Mesophile aerobe Bakterien $\times 10^6$ KBE/g			Schimmel- und Schwärzepilze $\times 10^3$ KBE/g			Hefen $\times 10^5$ KBE/g
Keimgruppe[1] (KG)	1	2	3	4	5	6	7
Maissilage	0,5	0,3	0,03	5	10	3	10
Grassilage[2]	0,2	0,3	0,03	10	10	5	5
Heu	30	2	0,15	200	100	5	1,5
Stroh	100	2	0,15	200	100	5	4

[1] Berücksichtigt sind alle nach der Methode VDLUFA mit Keimzahlplatten erfassbaren Indikatorkeime der Keimgruppen KG 1 – KG 7 (s. S. 151).

[2] In Grassilagen sind nicht selten auch höhere Keimzahlen an Clostridien nachweisbar; Werte bis zu $\leq 10^5$ KBE/g gelten als „normal", als „deutlich erhöht" werden Werte $\geq 10^6$ KBE/g bewertet.

7.2 Bestimmung des mikrobiellen Besatzes von FM anhand indirekter Verfahren (ohne kulturellen Nachweis)

Anhand der Bestandteile von Keimen können indirekt Informationen über die Belastung von FM mit Mikroorganismen gewonnen werden. Diese Nachweismöglichkeiten sind unabhängig von der Lebensfähigkeit/Vermehrung dieser Keime, insbesondere bei erhitzten FM können so evtl. zusätzliche Hinweise auf die „frühere" Belastung gewonnen werden.

Richtwerte zur Beurteilung des Ergosterin-Gehaltes in FM als Indikator für die Belastung mit Pilzen und Hefen (Angaben in mg/kg)

Futtermittel	normal	überhöht
Getreide	<2–4	>10
Mischfutter	<10	>20–50[1]
Heu	<75	>125
Silagen[2]	<20	>30

[1] Mischfutter mit höheren Grünmehlanteilen: höhere Werte [2] bezogen auf die TS

Bestimmung des Lipopolysaccharid(LPS)-Gehaltes in Futtermitteln

Testprinzip: Zellwandbestandteile gramnegativer Keime (LPS) führen bei Kontakt mit Limulus-Amoebocyten-Lysat zu Gelierung, die bei Farbstoffzusatz makroskopisch erkennbar wird.

Vorgehen: 20 g eines Aliquots werden mit Aqua dest. 1:10 verdünnt, bei 80 °C für 1 h erhitzt (Freisetzung von LPS aus der Zellwand), der Überstand auf reagenzhaltige Titerplatten pipettiert, die Titerplatte bei 37 °C bebrütet (1 h) und die Gelierung beurteilt. Berechnung des LPS-Gehaltes aus Testempfindlichkeit und Titer.

Richtwerte für die Beurteilung des LPS-Gehaltes in Mischfuttermitteln und Getreide (Alleinfutter außer Milchaustauscher)

LPS (µg/g uS)	Beurteilung	Erklärung
<20	allg. unbedenklich	entspricht üblichen Qualitäten
20–50	erhöht	häufig auch andere Mängel
>50	überhöht	i. d. R. parallel hochgradige Verkeimung

7.3 Prüfung auf Aktivität von Gasbildnern, insbesondere von Hefen

Feuchtkonservate (Getreide, CCM), Molke u. Ä. sowie Flüssigfutter zeigen häufiger einen stärkeren Besatz mit Gasbildnern, insbesondere Hefen. Die Gasbildung kann geprüft werden mittels Gärröhrchen; Vorgehen: Futter/Wasser-Suspension einfüllen, bei ca. 37 °C bebrüten, sich entwickelndes Gas verdrängt Wasser aus dem Gärröhrchen.

Unter Praxisbedingungen evtl. einfacher zu prüfen: Futter/Wasser-Suspension in luftdicht schließende Plastikflasche geben, nach kurzer Zeit Beurteilung der Bombage der auf einer Wärmequelle abgestellten Flasche.

Schrifttum

BUCHER, E., und A. THALMANN (2006): Mikrobiologische Untersuchung von Futtermitteln. Feed Magazine / Kraftfutter, **6**, 16–23

GROSS, F., und K. RIEBE (1974): Gärfutter. Verlag Ulmer, Stuttgart

KAMPHUES, J. (2005): Futter-/Fütterungshygiene. Proc. Soc. Nutr. Physiol. **14**, 169–173

KAMPHUES, J. (2007): Futtermittelhygiene: Charakterisierung, Einflüsse und Bedeutung. Landbauforschung Völkenrode, Sonderheft **306**, 41–55

KAMPHUES, J., und M. SCHULZE-BECKING (1992): Milben in Futtermitteln – Vorkommen, Effekte, Bewertung. Übers. Tierernährg. **20**, 1–38

KAMPHUES, J., und C. REICHMUTH (2000): Vorratsschädlinge in Futtermitteln, Potenzielle Schadorganismen und Stoffe in Futtermitteln sowie in tierischen Fäkalien. Sachstandsbericht, Mitteilung 4, DFG, Wiley-VCH, Weinheim, 238–284

KAMPHUES, J., BÖHM, R., FLACHOWSKY, G., LAHRSSEN-WIEDERHOLT, M., MEYER, U., und H. SCHENKEL (2007): Empfehlungen zur Beurteilung der hygienischen Qualität von Tränkwasser für Lebensmittel liefernde Tiere unter Berücksichtigung der gegebenen rechtlichen Rahmenbedingungen. Landbauforschung Völkenrode **3** (57), 255–272

MÜLLER, H. M., REIMANN, J., SCHWADORF, K., und H. THÖNI (1993): Zur Bewertung des Ergosteringehaltes von Futtermitteln. Kongressband, 105. VDLUFA-Kongress, Hamburg 1993, 401–404

NAUMANN, K., und R. BASSLER (1976): Handbuch der landwirtschaftlichen Versuchs- und Untersuchungsmethodik (Hrsg.: L. Schmitt): Die chemische Untersuchung von Futtermitteln (Methodenbuch, Bd. III), 4 Aufl., 5. Ergänzungslieferung 2004 (28.1.1. – 28.1.4.), Verlag J. Neumann-Neudamm, Melsungen – Berlin – Basel – Wien

WAGNER, W. WOLF, H. und B. LOSAND (2007): Die Beurteilung des mikrobiologischen Status von Silagen. Übers. Tierernährg. **35**, 93–102

WEISSBACH, F., und H. HONIG (1997): DLG-Schlüssel zur Beurteilung der Gärqualität von Grünfuttersilagen auf der Basis der chemischen Untersuchung. Tagung des DLG-Ausschusses für Futterkonservierung vom 2. Juli 1997 in Gumpenstein.

WOLF, P., und J. KAMPHUES (2007): Magenulzera beim Schwein – Ursachen und Maßnahmen zur Prophylaxe. Übers. Tierernährg. **35** (2), 161–190

V Allgemeines zur Tierernährung

Das Tierschutzgesetz fordert vom Tierhalter, d. h. für jedes Tier in Menschenobhut, „eine der Tierart und den Bedürfnissen entsprechende Ernährung“ (§ 2), ohne dass es hierfür inhaltliche Definitionen bietet. Aus tierärztlicher Sicht verlangt eine der Art entsprechende Ernährung neben der Berücksichtigung speziestypischer Empfindlichkeiten (z. B. geringe Cu-Toleranz der Schafe) und jeweiliger altersabhängiger Gegebenheiten (z. B. Verdauungskapazität von Säuglingen) die Sicherung einer normalen körperlichen Entwicklung sowie die Minimierung nutritiv bedingter Risiken für die physische und psychische Gesundheit der Tiere. Eine artgemäße Ernährung zwingt somit nicht zur Simulation der Ernährungsweise der jeweiligen Spezies unter „natürlichen“ Bedingungen, wenngleich aus derartigen Kenntnissen bestimmte Vorstellungen zu Artansprüchen abgeleitet werden können.

Die Definition einer artentsprechenden Ernährung muss längerfristig über eine Erweiterung der bisher auf die Energie und Nährstoffe fokussierten Bedarfsformulierung erfolgen (z. B. Anforderungen an die Futterart, -zusammensetzung und -struktur zur Erreichung einer gewünschten Beschäftigung mit der Futteraufnahme oder bestimmter intestinaler (z. B. Füllung im Magen-Darm-Trakt) oder extraintestinaler Effekte (z. B. Befriedigung des Saugtriebes, Vermittlung eines Sättigungsgefühles und/oder Wohlbefindens), wie es beispielsweise in der Wiederkäuerfütterung durch Mindestwerte für die strukturierte Rohfaser auch schon üblich ist. So wie beispielsweise die Umgebungstemperatur den Energiebedarf eines Tieres verändert, können bei unterschiedlichen Haltungsbedingungen (z. B. Haltung von Zwergkaninchen auf Stroh oder auf mineralischem Einstreugranulat) im Sinne einer artgerechten Ernährung erhebliche Modifikationen in der Futterzusammensetzung (z. B. Rfa-Gehalt und -Struktur → Zahngesundheit) erforderlich werden.

1 Futter-/TS-Aufnahme

Die Nahrungsaufnahme ist primär an der Aufrechterhaltung einer ausgeglichenen Energiebilanz bzw. der Energieansatzkapazität orientiert. Die Regulationsmechanismen erlauben, bestimmte Einzel-FM (Gras, Heu, u. Ä.), AF bzw. Mischrationen ad libitum anzubieten, wenn dem nicht besondere Gründe entgegenstehen, wie z. B. eine angestrebte verhaltene KM-Entwicklung bei Jung- und Zuchttieren, die Vermeidung einer stärkeren Verfettung (z. B. in der Gravidität oder nach Kastration) bzw. die aus nährstoffökonomischer oder diätetischer Sicht ggf. erforderliche Restriktion der Energie- und Nährstoffaufnahme (z. B. adipöse Tiere). Werden Einzel-FM und Ergänzungs-FM separat angeboten, so sind für eine ausgewogene Energie- und Nährstoffaufnahme die Rationsbestandteile in einem bestimmten Verhältnis anzubieten (und damit nicht ad libitum vorzulegen).

Die TS-Aufnahme zeigt bei dem generellen Bestreben zu einer ausgeglichenen Energiebilanz eine Abhängigkeit von der Körpermasse der Spezies, d. h. Tiere mit geringer KM (und damit relativ größerer Körperoberfläche) haben eine höhere TS-Aufnahmekapazität. Generell ist bei Individuen schon kurz nach ihrer Geburt bzw. nach dem Schlupf eine sehr viel höhere TS-Aufnahme zu beobachten als im adulten Stadium. In Phasen besonders hoher Leistung (z. B. Laktation) ist ebenfalls allgemein eine höhere TS-Aufnahmekapazität gegeben. Andererseits geht bei vielen Spezies zum Ende der Gravidität die TS-Aufnahmekapazität teils deutlich zurück, was bei der Rationsgestaltung Beachtung verdient.

Die **TS-Aufnahmekapazität** wird häufiger nicht voll ausgeschöpft, wenn im angebotenen Futter die **Energiedichte** deutlich erhöht wird, umgekehrt ist über eine forcierte TS-Aufnahme in gewissem Umfang eine reduzierte Energiedichte im Futter zu kompensieren. Im Erhaltungsstoffwechsel ist der Energiebedarf für die Aufrechterhaltung der Körpertemperatur der entscheidende Faktor für die TS-Aufnahme, wie beispielsweise die geringe TS-

Aufnahme der wechselwarmen Tiere (Vergleich: Hund – Karpfen) oder auch die extrem forcierte TS-Aufnahme nach Verlust des isolierenden Haarkleides (z. B. Angorakaninchen nach der Schur) belegen.

Bei vielen größeren Spezies (KM > 1–2 kg) ist im adulten Stadium im Erhaltungsstoffwechsel eine TS-Aufnahme von ~ 2 % der KM ein Orientierungswert, der in Abhängigkeit von o. g. Faktoren nach oben und unten variiert (Näheres s. unten).

Wesentliche Einflussfaktoren auf die TS-Aufnahme:

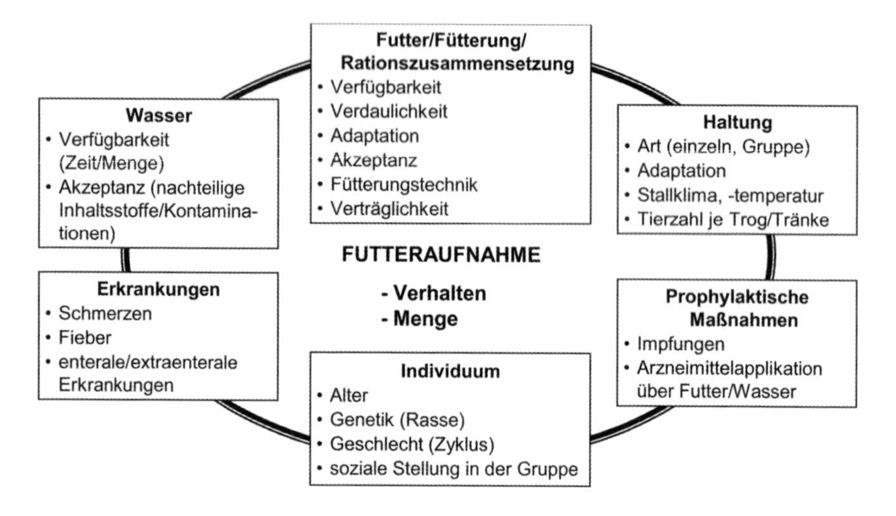

Unter den üblichen Bedingungen kann mit folgender **TS-Aufnahmekapazität** (in % der KM pro Tag) bei den verschiedenen Spezies gerechnet werden:

Pferd, Erhaltung	2,5–3,0	Hund/Katze, Erhaltung	1,5–2,0
Leistung	bis 3,5	laktierend	bis 5,0
Kalb, Milch bzw. MAT	1,8–2,0	Kaninchen, Erhaltung	3,0–4,0
Festfutter	1,8–3,0	laktierend	5,0–7,0
Mastbullen, 200 kg	2,5	Meerschweinchen	4,0–6,0
350 kg	2,0	Hamster	5,0–7,0
500 kg	1,8		
Milchkuh, Erhaltung	2,0		
laktierend	3,0–3,5	Legehenne	6,0–7,0
Höchstleistung	3,5–4,0	Masthähnchen	13 → 9
Schaf, Erhaltung	2,0	Mastputen	11 → 3
laktierend	3,5–4,0	Mastenten	12 → 7/3
wachsend	4,0–4,5	Ziervögel, Kanarien	~10
Ziege, Erhaltung	2,0–2,4	Großpapageien	~ 3
laktierend	3,5–6,0		
Ferkel	6,0–7,0	Fische (Forelle, Karpfen)	0,5–4,0
Mastschwein, 20 kg	5,0–6,0	Reptilien	0,2–1,4
100 kg	3,0–3,5		
Sau, tragend	2,0		
laktierend	2,5–3,0		

2 Grundlagen zur Berechnung des Energie- und Nährstoffbedarfs

Zur Bedarfsermittlung stehen im Wesentlichen zwei Methoden zur Verfügung:
- Dosis-Wirkungs-Versuche
- faktorielle Ableitung

Von Ausnahmen abgesehen kann der Bedarf an Spurenelementen, Vitaminen und Wasser zur Zeit nur grob abgeschätzt werden.

Die faktorielle Ableitung ergibt sich aus der Summe des Bedarfs für die Teilleistungen Erhaltung, Wachstum, Gravidität, Milch- und Eiproduktion sowie Bewegungsleistung. Sie kann angewandt werden, wenn diese Teilleistungen hinsichtlich Nettobedarf und die Verwertung der entsprechenden Nährstoffe für diese Leistungen bekannt sind. Sofern ein ausreichendes Zahlenmaterial vorliegt, können die Ergebnisse zur schnelleren Berechnung ebenfalls in Form von Regressionsgleichungen gefasst werden.

Die Ableitung des Bedarfs an einem bestimmten Nährstoff erfolgt auch heute noch für verschiedene Substanzen (z. B. Aminosäuren, Vitamine, Spurenelemente) in Dosis-Effekt-Versuchen. Hierbei werden die Dosen variiert und die dabei erzielten Wirkungen zur Einschätzung des Bedarfs herangezogen. Hierbei stellt sich dann die Frage, was als Grundlage zur Bewertung einer „ausreichenden Dosierung" herangezogen wird. Die Zunahmen wachsender Tiere, sonstige Leistungen, Nährstoffgehalte im Blut (und anderen Geweben) und andere Parameter, wie z. B. Enzymaktivitäten sowie sonstige Reaktionen dienen hierbei der Bedarfseinschätzung. Wird in Dosis-Effekt-Versuchen die Dosierung sehr weit gespreizt (ohne den Nährstoff bis zum Vielfachen „üblicher" Gehalte), werden Essentialität und mögliche toxische Effekte des Nährstoffs ebenfalls deutlich.

2.1 Energie- und Protein-Bedarf

2.1.1 Erhaltungsbedarf

Der Erhaltungsbedarf (Bilanz = 0) setzt sich zusammen aus dem Grundumsatz (Ruhe-Nüchtern-Umsatz) zuzüglich des Bedarfs für Nahrungsaufnahme, Verdauung und Muskeltätigkeit bei artgerechter Haltung im thermoneutralen Bereich.

Die Nettoenergie für die Erhaltung (NE_m) bei ausgewachsenen Säugetieren liegt zwischen 0,25–0,35 MJ/kg $KM^{0,75}$. Höhere Werte werden nur bei wachsenden Tieren gefunden.

Die Verwertung der ME für die Erhaltung $\left(\frac{NE}{ME}\right)$ beträgt 70–75 % (k_m = 0,7–0,75).

Die Wärmeverluste (von 25 bis 30 %) sind identisch mit der durch die Futteraufnahme ermöglichten Einsparung des Abbaus von Körperenergie. Gebräuchliche Daten für Wdk = 0,72; für Schw = 0,75[1]. Somit kann der energetische Erhaltungsbedarf auch in ME angegeben werden. Für die praktische Fütterung ist dieser ggf. in die gebräuchliche Energiestufe des Futterbewertungsmaßstabes umzurechnen.

[1] weitere k-Faktoren s. S. 158

Unterhalb des thermoneutralen Bereichs sind für die Energie Zuschläge erforderlich. Bei Sauen liegt die untere Grenze in Einzelhaltung bereits bei 19 °C, in Gruppenhaltung dagegen bei 14 °C. Je 1 °C Temperaturabfall steigt der tägliche Energiebedarf pro Tier in Einzelhaltung um 0,6 MJ ME und in Gruppenhaltung um 0,3 MJ ME. Bei Rindern mit Weidegang sind Zuschläge von 5 bis 10 % erforderlich, zum Teil allerdings bedingt durch höhere Bewegungsaktivität. Weiterhin beeinflussen individuelle sowie haltungs- und fütterungsabhängige Faktoren die Höhe des Erhaltungsbedarfs. Deshalb sind in den Bedarfsangaben allgemein gewisse Sicherheitszuschläge (bis zu 10 %) enthalten.

Mittlerer täglicher Erhaltungsbedarf an Energie und Protein (je kg $KM^{0.75}$)

Tiere	MJ	Energiestufe	Rp (g)
Rind			
- Kalb	0,53	ME	5,0[1]
- Mastrind	0,53	ME	4,5[1]
- Milchkuh	0,49	ME	3,7[1]
	0,293	NEL	
Schaf	0,43	ME	3,3
Schwein			
- Ferkel (5 → 20 kg KM)	0,73 → 0,65	ME	3,0
- Mastschw (30→ 100 kg KM)	0,55 → 0,44	ME	2,2
- Zuchtsau	0,44 → 0,37	ME	2,5
Hund	0,47	ME	5–6
Katze	0,41	ME	5–6
Legehenne	0,46	ME	3,0
Masthähnchen	0,48	ME	2,8[2]
Amazone	0,57	ME	1,9
Kaninchen	0,44	DE	3,5
Ratte	0,46	DE	1,25
Pferd	0,60	DE	4,3

[1] am Duodenum [2] je kg $KM^{0,67}$

Die aus Stoffwechselversuchen erhaltenen Daten für MJ ME/kg $KM^{0,75}$ zeigen unter den Tierarten eine erstaunlich gute Übereinstimmung. Gewisse tierartliche Unterschiede gibt es im Bedarf an Rp. Für Monogastrier kann der Rp-Bedarf nur eine Annäherung darstellen, da bei ihnen neben dem N-Minimum die optimale Versorgung mit ess. AS entscheidend ist.

2.1.2 Leistungsbedarf

Energie, die über den Erhaltungsbedarf hinaus zugeführt wird, steht der Produktion zur Verfügung. Dabei sind die „stofflichen" Verluste durch Kot (10–30 %) sowie Harn (ca. 5 %) und beim Wdk Methan (5–10 %) von der Produktionsrichtung unabhängig. Die Verluste an thermischer Energie schwanken dagegen zum Teil beträchtlich, und zwar je nachdem, ob mehr Protein oder Fett synthetisiert wird. Die Verwertung der über den Erhaltungsbedarf hinaus aufgenommenen ME variiert in Abhängigkeit von Tierart und Art der Leistung und

wird durch den Faktor $k = \frac{NE}{ME}$ ausgedrückt.

Bisher sind folgende durchschnittliche Werte für k-Faktoren bekannt:

Mittlere Verwertung der ME für verschiedene Teilleistungen (Teilwirkungsgrade)

	Rd	Schw	Gefl
k_m	0,72	0,75	0,75
k_p	0,35	0,56	0,45
k_f	0,64	0,74	0,75
k_{p+f}	0,40	0,65[1]	–
k_l[2]	0,60 (0,83)[3]	0,70 (0,88)[3]	–
k_g	0,20	0,22	–
k_o	–	–	0,68

m = maintenance (Erhaltung), p = Proteinansatz, f = Fettansatz, l = Milchbildung, g = Gravidität, o = Eibildung
k_b = Bewegung: Pfd, Hd: 0,25–0,30
[1] etwa zur Mitte der Mast [2] k_l stellt ebenso wie k_g und k_o einen Mischfaktor dar, weil Rp- und Rfe-Gehalt im Produkt variieren [3] Verwertung, wenn aus mobilisierter Körperenergie Milchenergie produziert wird

Exakt lässt sich der leistungsbedingte Bedarf an Energie folglich nur ableiten, wenn der Rp- und Rfe-Gehalt im Produkt bekannt ist; wegen der Variation dieser beiden Parameter geht man für die Berechnung des Energiebedarfs – aus Gründen der Praktikabilität – häufig von „mittleren Gehalten" aus (s. nachfolg. Tab.) und rechnet dann für die Verwertung mit dem Mischfaktor k_{p+f} (s. oben).

Auch der Leistungsbedarf an Rp (und AS) lässt sich faktoriell ableiten. Hierbei sind – neben dem Gehalt im Produkt – zwei wesentliche Einflussfaktoren kalkulatorisch zu berücksichtigen:

- die Verdaulichkeit des Rp bzw. der AS

und

- die Verwertung des absorbierten Rp bzw. AS jenseits der Darmwand.

Dabei ist die Verwertung entscheidend vom AS-Muster abhängig (je ähnlicher dem AS-Muster im Produkt, umso günstiger die intermediäre Verwertung).

Unter der Annahme einer mittleren sV von 70 % ergibt sich der erforderliche Teilbedarf an Rp durch Division des Proteingehaltes mit 0,42 (0,7 [sV] x 0,6 [Verwertung]), bei Legehennen mit 0,45, s. S. 162.

Mittlere Proteingehalte (g/kg)

	Rd	Schf	Schw	Pfd	Hd	Henne
KM-Zunahme[1]	160	150	150	150	150	150
KM-Zunahme während Trächtigkeit[2]	140	200	150	160	150	–
Milch	35	56	56	22	75	–
Eimasse (ohne Schale)	–	–	–	–	–	128

[1] erheblicher Einfluss des Alters des wachsenden Tieres [2] abhängig vom Trächtigkeitsstadium

2.1.2.1 Teilbedarf für die Reproduktion

Der zusätzliche Energiebedarf für den Ansatz in Konzeptionsprodukten einschließlich Adnexe während der **Trächtigkeit** ist zunächst so gering, dass er sich kaum vom Erhaltungsbedarf unterscheidet. Gegen Ende der Trächtigkeit (letztes Zehntel) steigt er steil an. Bei dem gut entwickelten Kompensationsvermögen der Muttertiere genügt es jedoch meist, den Zusatzbedarf für die letzte Periode zu mitteln und gleichmäßig auf diese Zeit zu verteilen.

Gegen Ende der Gravidität ist bei allen Tieren eine erhöhte Wärmeabgabe zu beobachten. Diese wird herkömmlich nicht dem Erhaltungsbedarf zugerechnet, sondern als Verlust an thermischer Energie bei der Synthese von Konzeptionsprodukten angesehen. Die Verwertung der ME für den intrauterinen Ansatz liegt deshalb im Mittel mit $k_g = 0,2$ sehr niedrig.

Bei der graviden **Milchkuh** beträgt der durchschnittliche tägliche Energieansatz (MJ)

$0,044\ e^{0,0165\,t}$ (e = 2,71828, t = Tage nach Konzeption).

Nach 240 (280) Trächtigkeitstagen (etwa dem Beginn [Ende] der Trockenstehzeit entsprechend) sind das unter Berücksichtigung von kg 0,2 = 11,55 (22,35) MJ ME bzw. 6,93 (13,4) MJ NEL. Dies entspricht einer Leistung von etwa 2 (4) kg Milch (Basis der Ableitung: KM des neugeborenen Kalbes von ca. 45 kg).

Bei **Sauen** ist während der Gravidität zunächst der KM-Verlust während der vorangegangenen Laktation mit im Mittel 20 kg auszugleichen. Der Energiegehalt kann mit 14 MJ/kg angenommen werden ($k_{p+f} = 0,66$). Daraus ergibt sich während der gesamten Trächtigkeit von 114 Tagen eine durchschnittliche Tageszunahme von 175 g, die 3,7 MJ ME erfordert. Der intrauterine Energieansatz von zwölf Föten einschließlich Adnexe beträgt während der letzten vier Wochen a. p. im Mittel täglich 1,52 MJ. Vier Wochen vor der Geburt entsteht somit bei $k_g = 0,22$ ein Zusatzbedarf von 6,91 MJ ME pro Tag.

Für 1 kg maternale Massezunahme einschließlich der Trächtigkeitsprodukte kann niedertragend (1.–84. Tag) ein Zusatzbedarf von 22 MJ ME, 450 g Rp und 16 g Lysin bzw. hochtragend von 14 MJ ME, 300 g Rp und 12 g Lysin unterstellt werden.

Bei **Stuten** steigt der Energieansatz im Fötus zwischen dem 8. und 11. Trächtigkeitsmonat von monatlich 14 auf 31 % der insgesamt angesetzten Energie (5,48 MJ/kg KM des Fohlens). Die Verwertung der DE wird mit 0,2 angenommen. Für die Adnexe und den extragenitalen Ansatz wird ein Zuschlag von 20 % erhoben.

Bei **Hündinnen** entsteht erst in den letzten 20, größtenteils in den letzten zehn Tagen a. p. ein zusätzlicher Bedarf. Intrauterin werden ca. 12 % der KM mit einem Energiegehalt von 4,4 MJ/kg (Verwertung der ME = 0,2) angesetzt; extrauterin ist ein Ansatz von 7 % der KM mit einem Energiegehalt von 25 MJ/kg (Verwertung der ME = 0,6) anzunehmen. Da Hündinnen jedoch bereits in der Mitte der Tragezeit die höchsten Futtermengen aufnehmen, wird der gesamte Zusatzbedarf auf die letzten fünf Wochen verteilt. Der tägliche Zuschlag beträgt in dieser Zeit somit je kg KM 0,12 MJ ME.

2.1.2.2 Teilbedarf für die Laktation

Der zusätzliche Bedarf für die Laktation ist abhängig von der Zusammensetzung der Milch und von der Milchmengenleistung.

Bei vielgebärenden und/oder höchstleistenden Tieren wird der Energieaufwand zur Zeit der maximalen Laktationsleistung so groß, dass dieser nur über den Abbau von Körperreserven gedeckt werden kann.

Rind: Der mittlere Energiegehalt der Kuhmilch von 1 kg FCM (auf 4 % Fett korrigierte Milch mit 12,8 % TS und 3,5 % Rp) beträgt 3,17 MJ/kg. Nach dem NEL-System entspricht dies ohne weitere Umrechnung einem Bedarf von 3,17 MJ NEL. Da die Verdaulichkeit der

Energie mit steigendem Fütterungsniveau beim Wdk leicht abnimmt, werden zu deren Korrektur je kg Milch 0,13 MJ NEL hinzuaddiert. Für Kühe mit höherer Milchleistung werden deshalb je kg Milch mit 4 % Fett (1 FCM) 3,30 MJ NEL angesetzt.

Für Milch mit abweichender Zusammensetzung kann der Bedarf nach folgenden Formeln berechnet werden:

bei bekanntem Fettgehalt: MJ NEL/kg = 0,41 x % Rfe + 1,51
bei bekanntem Fett- und Proteingehalt: MJ NEL/kg = 0,38 x % Rfe + 0,21 x % Rp + 0,95
bei bekanntem Fett- und TS-Gehalt: MJ NEL/kg = 0,18 x % Rfe + 0,21 x % TS – 0,24

Schwein: Die tägliche Milchleistung der Mutterschweine erreicht in der 3. bis 4. Woche p. p. ein Maximum von 7 bis 8 kg und fällt danach mit zunächst noch steigendem Fettgehalt wieder ab. Gerechnet wird mit einem mittleren Energiegehalt der Sauenmilch von 5,1 MJ/kg und einer Verwertung der ME für diese Leistung von 0,70. Die in Abhängigkeit von der Ferkelzahl unterschiedliche Milchmengenleistung ist schwer bestimmbar, jedoch ergibt sich in den ersten vier Wochen p. p. eine Linearität zwischen Energieaufnahme und Ferkelwachstum. Je 1 kg Ferkel-KM-Zunahme sind 21,7 MJ Milchenergie notwendig. Für zwölf Ferkel, die durchschnittlich täglich 200 g zunehmen, entsteht somit ein zusätzlicher Bedarf für die Laktation von 12 x 0,2 x 21,7 : 0,70 = 74,4 MJ ME. Während der Laktation benötigt die Sau je MJ ME 12–13 g Rp und mindestens 0,6–0,65 g Lysin.

Pferd: Die Verwertung der DE für die Milchbildung wird beim Pferd auf 0,66 geschätzt. Der Zusatzbedarf für die Laktation ergibt sich somit für eine 600 kg schwere Stute (121,2 kg $KM^{0,75}$) im 3. Laktationsmonat im Mittel wie folgt (Milchmenge = 0,17 x 121,2 = 20,6 kg/Tag): 20,6 x 2,32 : 0,66 = 72,4 MJ DE/Tag.

Menge und Zusammensetzung der Stutenmilch

Laktations-monat	tägliche Milchmenge, kg		TS %	Rp %	Rfe %	Lactose %	Energie MJ/kg
	je kg $KM^{0,75}$	bei 600 kg KM					
1	0,14	17	12	2,5	2,0	6,5	2,51
3	0,17	21	11	2,2	1,5	7	2,32
5	0,12	14,5	10,8	2,0	1,5	7	2,28

Hund: Der Energiegehalt der Hundemilch ist im Mittel mit 6,5 MJ/kg, die Verwertung der ME für die Milchbildung mit 0,6 anzunehmen. Der zusätzliche Energiebedarf wird durch die Zahl der Welpen und das Laktationsstadium (max. Milchproduktion 3. bis 5. Woche) bestimmt, wobei die Wurfgröße stärker Einfluss nimmt als das Laktationsstadium. Im Mittel ist etwa mit folgendem Leistungsbedarf der laktierenden Hündin (je kg KM/Tag) zu rechnen:

Zahl der Welpen	Milchmenge/Tag[1] g/kg KM[2]	NE für Milchbildung kJ/kg KM[2]	Leistungsbedarf/Tag kJ ME/kg KM[2]
<4	22	143	238
4–6	47	306	510
>6	57	371	618

[1] im Mittel über 4 Laktationswochen [2] der lakt. Hündin

2.1.2.3 Teilbedarf für die Eibildung

Je 100 g Frischmasse (mit Schale) enthält das Hühnerei im Mittel 0,65 MJ Energie und 11,2 g Rp. Die Verwertung der ME für die Eibildung wird mit 0,68 und die des Rp mit 0,45 angenommen. In Abhängigkeit von der Legeleistung (LL = Zahl der Eier je 100 Hennen pro Tag) und der Eimasse (EM) ist der zusätzliche Bedarf an Energie und Protein wie folgt zu berechnen:

$$\text{ME (MJ/d)} = \frac{\text{LL (\%)} \times \text{EM (g)} \times 0{,}65}{68 \times 100}$$

$$\text{Rp (g/d)} = \frac{\text{LL (\%)} \times \text{EM (g)} \times 11{,}2}{45 \times 100}$$

2.1.2.4 Teilbedarf für Wachstum

Vor Ableitung des Leistungsbedarfs von Kälbern und Jungrindern ein Hinweis zum Erhaltungsbedarf:

Für Kälber und die Färsenaufzucht wird ein Erhaltungsbedarf von 0,53 MJ ME/kg $KM^{0,75}$ (unabhängig vom Haltungssystem) unterstellt. Bei Kälbern unter 100 kg KM spielt die Umgebungstemperatur eine gewisse Rolle, d. h., je 1 °C unterhalb von 25 °C steigt der Erhaltungsbedarf um etwa 1 %.

Die Verwertung der ME für den Ansatz (Zunahmen während der Aufzucht) wird auf 40 % veranschlagt, d. h. es wird ein gleicher Faktor wie in der Rindermast unterstellt.

Kälber zeigen dabei im Ansatz einen relativ höheren Protein-, andererseits geringeren Fettgehalt (s. nachfolg. Tab.), so dass der Energiegehalt je kg KM-Zunahme altersabhängig differiert (und deshalb strenggenommen auch der k-Faktor), dennoch wird mit dem einheitlichen Mischfaktor von k_{p+f} = 0,40 gearbeitet.

Der tgl. Protein- und Fettansatz (Angaben in g) von Aufzuchtkälbern und -rindern bei unterschiedlicher KM und Zunahme (GfE 1997 bzw. 2001)

KM (kg)	TAGESZUNAHMEN (g) 400		500		600		700		800	
	Prot.	Fett	Prot.	Fett	Prot.	Fett	Prot.	Fett	Prot.	Fett
50	71	16	88	21	106	28	–	–	–	–
75	69	19	86	26	103	34	120	42	138	52
100	67	22	84	29	100	37	117	46	134	56
125	65	24	81	32	98	40	117	50	130	60
150	–	–	80	34	95	43	110	53	126	63
200	–	–	80	48	95	62	108	78	121	95
250	66	47	80	63	93	83	106	105	117	130
300	65	58	78	80	91	105	102	135	112	167
350	64	69	76	97	87	130	97	167	106	207
400	62	82	74	116	83	156	91	201	98	252
450	61	96	71	136	78	184	85	238	89	299
500	58	111	67	158	73	214	77	278	79	349
550	56	126	63	182	68	245	70	320	70	400

Der Energiegehalt im angesetzten Protein beträgt 22,6 kJ/g, im Fett 39,0 kJ/g. Aus dem so zu kalkulierenden Energieansatz ist unter Berücksichtigung der Verwertung der ME für den Ansatz von 40 % und dem Erhaltungsbedarf (0,53 MJ ME/kg $KM^{0,75}$) der Gesamtbedarf an ME für Kälber und die Färsenaufzucht faktoriell abzuleiten.

Für die Aufzucht und Mast von Schweinen ist vor Darstellung des Leistungsbedarfs folgender Hinweis zum Erhaltungsbedarf notwendig: Mit zunehmendem Alter bzw. steigender KM sinkt dieser Wert wie folgt:

kg KM	30	40	50	60	70	80	90	100
MJ ME pro kg $KM^{0,75}$	0,550	0,534	0,519	0,503	0,487	0,471	0,456	0,440

Bei Mastschweinen wurden in Abhängigkeit von der KM und dem Zunahmen-Niveau die in der folg. Tab. angegebenen Ansätze von Rp und Rfe beobachtet. Dank züchterischen Fortschritts erreichen heute Tiere moderner Zuchtlinien auch noch in höheren KM-Bereichen günstigere Proteinansatzraten bei gleichzeitig niedrigerem Fettansatz als unten angegeben (ermöglicht Mastendgewichte von 115 bis 120 kg ohne zu starke Verfettung).

Protein- und Fettansatz bei wachsenden Schweinen

KM-Zunahmen	Körpermasse (kg)							
(g/Tag)	30	40	50	60	70	80	90	100
	Proteinansatz (g/Tag)							
400	93	97						
500	104	108	109	108				
600	115	119	120	119	116	111	104	
700	126	130	131	130	127	122	115	107
800		141	142	141	138	133	126	118
900			153	152	149	144	137	129
1000					160	155	148	
	Fettansatz (g/Tag)							
400	55	81						
500	84	110	137	163				
600	113	140	166	193	219	245	272	
700	142	169	195	222	248	275	301	328
800		198	225	251	277	304	330	356
900			254	280	307	333	360	386
1000					336	362	389	

Der Teilbedarf ist aus den obigen Ansatzdaten zu errechnen, wobei zu berücksichtigen ist, dass die Energiegehalte für Protein 22,6 kJ/g und für Fett 39,0 kJ/g betragen. Als Teilwirkungsgrade (NE/ME) werden für $k_p = 0{,}56$ und für $k_f = 0{,}74$ unterstellt.

2.1.2.5 Teilbedarf für Bewegungsleistungen

Bei Arbeitstieren entsteht ein zusätzlicher Energiebedarf, insbesondere in Abhängigkeit von der Geschwindigkeit.

Der zusätzliche Energiebedarf pro Strecke steigt beim Pferd mit zunehmender Geschwindigkeit erheblich, bei Hunden nur geringgradig an.

Zusätzlicher Energiebedarf bei Bewegungsleistungen (kJ/kg KM je km bzw. je h)[1]

Gangart	Pferd (DE)			Hund (ME)		
	km/h	je km	je h	km/h	je km	je h
Schritt, zügig	6	1,8	10,8	4	3,6	14,4
moderater Trab	15	2,7	40,5	7	4,2	29,4
Galopp, mittel	20	3,9	78	20	5,6	112
Galopp, schnell	30	5,5	165			
Höchstgeschwindigkeit	50	bis 40	?			

[1] ermittelt an 500 kg (Pfd) bzw. 20–30 kg (Hd) schweren Tieren

Die Verwertung der DE bzw. ME für Muskelarbeit variiert unter praktischen Verhältnissen zwischen 0,25 und 0,30.

Der Proteinbedarf nimmt bei körperlicher Aktivität nur unwesentlich zu. Eventuell vorhandener Mehrbedarf ist faktoriell nicht abzuleiten, wird aber sicher abgedeckt, wenn bei zunehmender Fütterungsintensität das Eiweiß : Energie-Verhältnis wie im Erhaltungsstoffwechsel bestehen bleibt.

2.2 Mengenelemente

2.2.1 Berechnungsmethode

Für die meisten Mengenelemente ist zur Bedarfsermittlung die **faktorielle Methode** anwendbar (für Spurenelemente noch nicht).

$$\text{Bruttobedarf} = \frac{\text{Gehalt im Produkt + endogene Verluste}^{1}}{\text{Verwertbarkeit (\%)}} \times 100 = \frac{\text{Nettobedarf}}{\text{Verwertbarkeit (\%)}} \times 100$$

[1] Obligatorische Verluste bei bedarfsgerechter Futtermengenaufnahme und Versorgung

Die Verwertbarkeit setzt sich aus dem Absorptionskoeffizienten und der Verwertung im intermediären Stoffwechsel zusammen. Beide werden von der Art der mineralischen Verbindung und von anderen Nahrungsbestandteilen beeinflusst. Im Mittel kann daher nur von der **„angenommenen Verwertung"** (aV) gesprochen werden.

2.2.2 Grunddaten zur Berechnung des Bedarfs

2.2.2.1 Rind

Die endogenen faekalen Verluste an Mengenelementen sind beim Rind (vermutlich auch bei anderen Wdk) im Wesentlichen von der TS-Aufnahme und nicht – wie früher angenommen – von der KM abhängig. Je kg TS-Aufnahme ist für das Rind mit den nachfolgend genannten Werten zu rechnen. Des Weiteren sind hier die Verwertungsraten für die Mengenelemente aufgeführt:

	Ca	P	Mg	Na	K	Cl
endogene Verluste (g/kg TS-Aufnahme)	1	1	0,2	0,7	8,4	1,4
angenommene Verwertung[1] (%)	50	70	30	95	95	95

[1] auch für den Leistungsbedarf zu unterstellen

2.2.2.2 Schaf

Hier wird noch bezüglich der endogenen Verluste mit dem Bezug auf die KM gearbeitet, auch die Verwertungsraten sind leicht unterschiedlich (im Vergleich zum Rind).

	Ca	P	Mg	Na
endogene Verluste (mg/kg KM)	16	14	4	25
angenommene Verwertung (%)[1]	50	70	20	80

[1] auch für den Leistungsbedarf zu unterstellen

Unter Nutzung dieser Verwertungsraten wird der Leistungsbedarf ebenfalls aus den Werten in nachfolgender Tabelle abgeleitet.

Grunddaten zur Ableitung des Leistungsbedarfs an Mengenelementen für Rind und Schaf

Faktoren des Leistungsbedarfs	Ca	P	Mg	Na
– tgl. Ansatz in der Frucht (g)[1]				
Rind	3,5–5	2,1–3,0	0,2	0,6–0,8
Schaf				
– Einlinge	1,4	0,60	0,06	0,08
– Zwillinge	2,3	1,00	0,10	0,14
– Milch (g/kg)				
Rind[2]	1,25	1,00	0,12	0,50
Schaf	1,90	1,50	0,18	0,40
– Ansatz, Aufzucht[3] bzw. Mast (g/kg)				
Rind	14,30	7,50	0,38	1,20
Schaf	9,00	5,00	0,35	1,40

[1] letzter Monat der Gravidität
[2] Gehalte bei 4 % Fett; steigt der Fettgehalt um 1 %-Punkt: +140 mg Ca, + 80 mg P, + 6,5 mg Mg/kg
[3] aV in Säuglingsphase deutlich höher (Ca: 90 %; P: 85 %; Mg: 40 %; Na: 90 %), bei Festfutteraufnahme und funktionierendem Vormagensystem: Werte wie bei Adulten

2.2.2.3 Pferd und Schwein

Grunddaten zur Ableitung des Leistungsbedarfs an Mengenelementen bei Pferd und Schwein

Faktoren des Leistungsbedarfs	Ca	P	Mg	Na	K	Cl
– tgl. Ansatz (g) in Frucht und Adnexe (je Tier und Tag)						
– Pfd[1]	5–12	2–6	0,2	2	1,4	1,1
– Schw[2]	3,5–4	2–3	0,1	1,2–2,4	–	–
– Milch (g/kg)						
– Pfd[3]	0,8–1,2	0,5–0,7	0,06–0,09	0,20	0,7	0,3
– Schw[4]	2,3	1,6	0,2	0,35	1,0	0,5
– Schweiß (g/l)						
– Pfd[5]	0,12	0,01	0,05	3,0	1,6	5,5
– KM-Ansatz (g/kg)[6]						
– Pfd (Aufzucht)	15–18	8–9	0,3–0,4	1,0–1,5	2,0	1,5
– Schw (Mast)	7–8	4,5–5,0	0,40–0,45	1,0–1,5	5,3	–

[1] 500 kg KM, Ende Gravidität, d. h. 8.–11. Monat
[2] 200 kg KM, im 4. Monat
[3] bei 500 kg KM der Stute: zwischen 12 und 18 l/Tag
[4] bei Sauen ca. 8–10 l Milch/Tag
[5] Schweißmenge bei mittlerer Belastung: 1–2 l/100 kg KM x h
[6] höhere Werte bei jüngeren Tieren, niedrigere zum Ende von Aufzucht/Mast

Wegen der je nach Herkunft (P aus pflanzlichen, tierischen bzw. mineralischen FM) sehr großen Unterschiede in der P-Verdaulichkeit wird sowohl bei der Beschreibung des P-Gehalts in Futtermitteln und Mischfuttern als auch bei der Bedarfsformulierung **für Schweine bzw. Geflügel** zunehmend mit dem **verdaulichen Phosphor** bzw. **Nicht-Phytin-Phosphor** gearbeitet.

Bei Kenntnis des Nettobedarfs (notwendige P-Menge jenseits der Darmwand) und 100%iger Verwertung des absorbierten Phosphors wäre der Bruttobedarf (formuliert als verd. Phosphor) gleich Nettobedarf. Bei günstiger P-Versorgung ist jedoch die Verwertung des absorbierten Phosphors nur 95 %. Hieraus folgt dann die Formulierung:

$$\text{Bedarf an verd. P} = \frac{\text{Netto-P-Bedarf}}{0,95}$$

P-Gehalte und -Verdaulichkeit verschiedener Futtermittel beim Schwein
(nach SCHULZ u. BERK, 1998, sowie STEINBECK u. PALLAUF, 1998)

Einzel-FM	P-Gehalt g/kg TS	P-Verdaulichkeit ohne Phytase	P-Verdaulichkeit mit Phytase
Mono-Ca-Phosphat	239	91 ± 3	–
Fischmehl	25–27	88 ± 7	–
Gerste	4,4	45 ± 11	66 ± 11
Mais	3,0	38 ± 16	–
Corn Cob Mix	3,4–3,8	51 ± 6	73 ± 8
Weizen	3,5	63 ± 4	–
Triticale	3,6	66 ± 6	–
Ackerbohne	6,3	40 ± 14	–
Sojaextraktionsschrot	6,9–7,2	33 ± 6	73 ± 7
Rapsextraktionsschrot	13,1	24 ± 3	73 ± 4
Sbl.extraktionsschrot	11,8	40 ± 6	–

Der entscheidende Vorteil einer Formulierung des Bedarfs in Form des verd. Phosphors liegt in der Berücksichtigung der stark unterschiedlichen Verdaulichkeit, so dass der Zusatz an mineralischem Phosphor genauer auf den Bedarf abgestimmt werden kann (und so die P-Exkretion minimiert wird → Umweltaspekt). Empfehlungen zur Versorgung s. S. 253, 264.

2.2.2.4 Hund

Hund (mg/kg KM/Tag)

	Ca	aV %	P	aV %	Mg	aV %	Na	aV %
endogene Verluste	28	35	25	40	5	35	40	80
Ansatz Gravidität, letzte 4 W	25	30	20	35	1	35	8	80
Ausscheidung Milch[1]	105	35	80	40	5	35	35	80
Ansatz Wachstum								
2. Mon (2,5)[2]	300	70	150	70	9	60	65	80
3. Mon (1,5)	200	50	100	60	5	35	35	80
4. Mon (1)	150	50	75	60	4	35	21	80
5./6. Mon (0,5)	70	40	40	50	2	35	11	80

[1] Milchmenge/d: 4 % KM [2] Täglicher Zuwachs (% der aktuellen KM), bei großwüchsigen Rassen höher

2.3 Spurenelemente

Aus Gründen der Praktikabilität wird bei Empfehlungen zur Spurenelementversorgung mit dem Bezug je kg Futter-TS gearbeitet. Dabei geht man von einer üblichen Futtermengenaufnahme und Rationszusammensetzung aus. Diese je kg Futter-TS empfohlenen Spurenelementkonzentrationen sind teils schon faktoriell abgeleitet, teils sind sie aber auch aus Dosis-Effekt-Versuchen abgeleitet. Hier sind nur die Elemente aufgeführt, für die gesicherte Erkenntnisse bzgl. Bedarf etc. vorliegen, weitere Elemente (wie z. B. Chrom u. a.) werden zwar schon vereinzelt supplementiert, doch herrschen diesbezüglich noch erhebliche Unsicherheiten.

2.3.1 Empfehlungen zur Spurenelementversorgung (mg/kg Futter-TS[1])

	Pfd	Milchkuh	sonst. Wdk	Sauen Eber	Mast-schw	Hd	Ktz	Mast-Gefl	Lege-henne
Fe	80–100	50	50	80–90	50–60	90	80	100	100
Cu	10	10	8–10	8–10	4–5	11	8,8	7	7
Mn	40	50	60	20–25	20	7,2	4,8	60	50[4]
Zn	50	50	40–50	50	50–60	100	75	50	50
Co	0,05–0,1	0,2	0,1–0,2						
I[5]	0,1–0,3	0,5	0,2–0,5	0,6	0,15	0,5–1,5	2,2	0,5	0,5
Se	0,2	0,2	0,2	0,15–0,2	0,15–0,2	0,1–0,25	0,4	0,15	0,15

[1] Futtermittelrechtlich tolerierbare Gehalte s. S. 113 [2] höher bei graviden Tieren [3] höher bei laktierenden Hündinnen [4] höherer Bedarf bei Mastrassen (asiatische Rassen) [5] Bedarfserhöhung bei Steigerung des Grundumsatzes (Laktation, niedrige Temperatur) und strumigenen Substanzen im Futter

Weitere Hinweise zur Versorgung s. S. 171 f.

2.3.2 Interaktionen im Spurenelementstoffwechsel

Element	Komponenten, die in höherer Konzentration den Bedarf steigern
Co	nicht bekannt
Cu	Mo, org. und anorg. S-Verbindungen, Ca, Fe, Zn, unbekannte Faktoren; (Cd, Ag, Phytate[1])
I	Thiooxazolidon, Thiocyanate, Co; (As, F)
Fe	Ca, P, Cu, Zn, Carbonate; (Phytate[1])
Mn	P, Phytate[1], unbekannte Faktoren
Se	org. und anorg. S-Verbindungen, unbekannte Faktoren; (Sn, Fe, As)
Zn	Ca, Cu, Phytate[1], unbekannte Faktoren; (Cd)

[1] Bei Monogastriern Komponenten in Klammern = nur experimentelle Befunde

2.4 Vitamine

Die Vitamin-Versorgung der verschiedenen Spezies erfolgt über

- den Vitamingehalt im Futter
- die Vitaminsynthese im Verdauungstrakt
- und evtl. auch aus körpereigener Synthese

Die Zufuhr erfolgt dabei nicht nur wegen der Essentialität für den Stoffwechsel des Tieres, sondern evtl. auch (teils in bedarfsüberschreitender Dosierung) zu besonderen Zwecken (z. B. Vit E → LM-Qualität, Schutz vor autoxidativen Veränderungen) bzw. im Rahmen diätetischer Maßnahmen (z. B. Biotin → Förderung der Hufhorn- bzw. Klauenhornqualität).

Nicht zuletzt wegen der erheblichen Variation der originären Vit-Gehalte im Futter und möglicher nachteiliger Einflüsse der FM-Bearbeitung (Temperatur, Druck, Feuchte) wird unter Praxisbedingungen häufig die im Futter erforderliche Vit-Konzentration nahezu vollständig supplementiert. Eine Unterversorgung ist dabei genauso zu vermeiden wie eine erhebliche Überversorgung, nicht zuletzt wegen einer unerwünscht hohen Akkumulation in der Leber (s. Vit A) oder auch einer erheblichen toxischen Potenz (s. Vit D!). Störungen in der Magen-Darm-Flora (z. B. Dysbiosen, Einsatz antimikrobieller Wirkstoffe in Therapie oder Prophylaxe) können ebenso die Vit-Versorgung beeinträchtigen wie Haltungssysteme, die eine Aufnahme enteral produzierter Vitamine (über Kot-Kontaminationen) nahezu verhindern. Vor diesem Hintergrund ist verständlich, dass nicht bei allen Spezies unabhängig vom Alter eine Supplementierung des Futters mit fett- bzw. wasserlöslichen Vit erfolgen muss. Die zur Bedarfsdeckung erforderlichen Vit-Gehalte im Futter sind im Wesentlichen über Dosis-Effekt-Versuche abgeleitet und allgemein weniger scharf/präzise formuliert, als z. B. der Bedarf an anderen essentiellen Nährstoffen.

2.4.1 Fettlösliche Vitamine: Versorgungsempfehlungen

		Vit A[1] IE	Vit D[3] IE	Vit E[4] mg	Vit K[5] mg	Carotin[6] mg	Umwandlung 1 mg β-Carotin in Vit A[7] IE
Pferd	je kg KM d^{-1}	50–150	10–20	0,1–1	-	~1	400
Rind		60–160	5–10	0,1 (Kälber)	-	0,5–1,0	400
Schaf		60–150	5	0,1 (Lämmer)	-	+	580
Hund		75–280	4–14	1–2	-	-	500
Katze		60–250[2]	15–35	0,6–2	-	-	0
Schwein	je kg Futter (TS)						
Ferkel		4000	500	15	0,15	~0,5	530
Mastschwein		2200	150–200	15	0,1	~0,5	530
Zuchtsau		2300–4000	200	30	0,1	~0,5	530
Huhn							
Küken		2500	250–450[8]	6	0,6	-	?
Legehennen		4500	250–450[8]	6	0,6	-	1667
Zuchthennen		4500	250–450[8]	10	1,1	-	1667

[1] laktierende, gravide und junge Tiere obere Grenzwerte; Kälber bis 300 IE/kg
[2] rd. 60 000 IE/kg toxisch!
[3] obere Werte bei wachsenden Tieren, ungünstiges Ca/P-Verhältnis im Futter; für Gefl nur Vit D_3 verwenden
[4] Bedarf stark vom Gehalt an ungesättigten FS im Futter abhängig (pro g Polyenfettsäuren +0,6 mg Vit E)
[5] nicht zwingend, aus Sicherheitsgründen empfohlen (~1 mg/kg AF)
[6] nur bei Zuchttieren gesicherte Vit A-unabhängige Effekte
[7] erhebliche Variation, nicht zuletzt wegen verschiedener Futterinhaltsstoffe
[8] ohne Auslauf (mit Auslauf geringerer Bedarf)

2.4.2 Wasserlösliche Vitamine

Notwendigkeit der oralen Zufuhr

	Kalb/Lamm	Schw	Pfd	Hd/Ktz	Gefl
Vit B_1 (Thiamin)	+	+	+	+	+
B_2 (Riboflavin)	+	+	–	+	+
B_6 (Pyridoxin)	+	+	–	+	+
B_{12} (Cobalamin)	+	+	–	+	+
B_5 (Pantothensäure)	–	+	–	+	+
B_3 (Nicotinsäure)	+	+	–	+	+
Folsäure	+	–	(+)	–	+
Biotin	–	(+)	(+)	(+)	+
Cholin	–	+	–	+	+

+ = orale Ergänzung erforderlich (+) = orale Zufuhr evtl. vorteilhaft
Vit C-Versorgung stets bei Meerschweinchen, evtl. auch bei Legehennen notwendig

Empfehlungen für Gehalte pro kg Futter-TS

	Vit B_1 mg	Vit B_2 mg	Vit B_6 mg	Vit B_{12} µg	Nicotinsäure[1] mg	Pantothensäure mg	Folsäure mg	Biotin[2] mg	Cholin g
praerum. Wdk									
Kalb	2,5	2	4–5	18	25	17	0,1	0,05	0,12
Lamm	2,0	2	4–5	18	25	17			
Schweine									
Zuchtsauen, Eber	1,7	3	1,5	15	11	10	1,3	0,2	1,2
Ferkel	1,7	2,5	3	20	20–15	10	1–2	0,05	1,0
Mastschwein	1,7	2,5	3	10	15	10	0,3	0,05	0,8–0,5
Pferde	4	5	1,6	1,6	15	6		(0,1)	0,08
Hunde	1	2–5	1,25	25	10	10	0,2	0,1	1,2
Katzen	5	5	4	20	45	10	1,0	0,05	2,0
Geflügel									
Legehenne	1,7	2,8	3,0	12	22	5,6	} 0,55	0,11	0,50
Zuchthenne	1,7	4,4	4,4	22	22	9		0,11	0,55
Küken	1,9	3,3	3,3	15	30	9		0,17	1,10
Junghenne	1,7	3,3	3,0	12	22	9		0,11	1,10
Broiler	2,8	3,0	3,3	10	40–33	9		0,17	1,25

[1] Verfügbare Nicotinsäure bei bedarfsgerechter Trp-Versorgung [2] Empfehlungen für Zulage zum Futter bzw. verfügbares Biotin, da Biotin aus Getreide und Leguminosen nur z. T. verfügbar

2.5 Wasserbedarf bzw. -aufnahme

2.5.1 Wasserhaushalt, abhängig von

Zufuhr über
- Tränkwasser
- Wassergehalt im Futter
- metabolisch gebildetes Wasser
  pro 1 g: Kohlenhydrate 0,5 ml
  Eiweiß 0,4 ml
  Fett 1,1 ml

Abgabe bzw. Ansatz
Niere: Menge harnpflichtiger Stoffe im Futter (z. B. Na, K, Rp), Alter der Tiere, Erkrankungen
Darm: verstärkt bei Diarrhoen und hoher Futter- bzw. Faecesmenge
Haut, Lunge: insbesondere beeinflusst durch Umgebungs- u. Körpertemperatur u. Schweißsekretion[1]
Mamma: s. Milchmengenleistung
Gewebeansatz: rd. 700 g/kg Zuwachs

[1] Beim Verdampfen von 1 ml Wasser werden rd. 2,4 kJ in Form von Wärme entzogen

Die Vielfalt der bedarfsmodulierenden Einflüsse macht eine Ableitung des Wasserbedarfs im engeren Sinne unmöglich. Vor diesem Hintergrund ist der Hinweis notwendig, dass aus Gründen des Tierschutzes eine Limitierung, d. h. eine Restriktion des Wasserangebots ohnehin nicht erlaubt ist, insbesondere wegen der Gesundheitsrisiken.

2.5.2 Folgen ungenügender Wasseraufnahme

- Aufsuchen anderer, evtl. unhygienischer Flüssigkeitsquellen
- abnehmende Futteraufnahme, Leistungsabfall
- Harnkonzentrierung und Risiko von Harnkonkrementbildung
- Retention harnpflichtiger Stoffe (Harnstoff, Na, Mg etc.)
- Intoxikationen (insbes. Natrium), Haemokonzentration
- Hyperthermie
- Disposition für Harnwegsinfektionen
- evtl. geringere Wirkstoffaufnahmen
  (z. B. bei Applikation von Medikamenten via Tränkwasser)

Wasserqualität: s. S. 147a

Aus tierartvergleichender sowie ernährungs- und leistungsphysiologischer Sicht ist die Verbindung der vom Tier selbstständig realisierten Wasseraufnahme mit der TS-Aufnahme zu betonen.

Abläufe der Verdauung und des Stoffwechsels erfordern bei den einzelnen Spezies eine angemessene Menge des „Lösungsmittels“ Wasser. Bei höheren Leistungen und dadurch bedingt steigender TS-Aufnahme ist parallel eine entsprechend höhere Wasseraufnahme zu beobachten.

2.5.3 Durchschnittliche Wasseraufnahme verschiedener Tierarten

Spezies	l/kg TS	Wassermenge pro Tier und Tag	Wasser:Futter-Relation, l/kg
Rd	4	40–100 l	**4**
Schf	3–4	3–5 l	
Schw	3	wachsend 1,5–10 l	**3**
(je nach Temperatur)	(2–4)	laktierend 15–40 l	
Pfd	2–4	20–40 l	
(Temperatur ↑, Schweißbildung ↑)	(>5)	60–85 l	
Hd (10 kg KM)	2–4	0,5–1 l	
Ktz (3–4 kg KM)	2–3	~0,2 l[1]	
Huhn	2	140–260 ml	**2**
(Temperatur ↑)	(3–5)	>300 ml	
Zwerg-Kan, Mschw	2–4[2]	40–180 ml	
Chinchilla	1–2	20–60 ml	
Hamster	1–2	9–15 ml	
Ziervögel			
– Kanarien	2–3	7–9 ml	
(Temperatur ↑)	(3–5)		
– Graupapageien	2	20–35 ml	
– Kakadus	1–1,2	10–20 ml	**1**
– Wellensittiche	0,8–1,0	2–4 ml	
Wüstenrennmaus	0,8–0,85	4–10 ml	**<1**

[1] möglichst über Wasser im Futter (Feuchtfutter) [2] bei strukturiertem, Rfa-reichem Futter: eher höhere Werte

3 Mögliche Energie- und Nährstoffüber- oder -unterversorgung (Übersicht)

Nährstoff	marginale/defizitäre Versorgung	Überversorgung[1]
Energie	**laktierende Kühe** und **Sauen, trgd Schf** (Mehrlingsgravidität), evtl. **Neugeborene**, stets bei untergewichtigen/zu früh geborenen Neugeborenen und bei übergroßen Würfen; **Pfd** z. B. Distanzritte	bei **trgd Rd** und **Schw**, bei **Arbeitspfd** (an arbeitsfreien Tagen), bei ad lib-Fütterung von **Pfd, Mastschw, Junghennen** (Mastrassen) u. **Heimtieren** mit konz. Futter **Legehennen** energiereiches Futter mit Rp ↓
Eiweiß	heute selten, evtl. bei wachs. und lakt. Tieren, bes. bei **wachs. Flfr** sowie bei der Aufzucht von **Färsen** (Stallfutterperiode); evtl. Folge forcierten Bedarfs (postoperativ)	**Milchkühe** auf intensiv gedüngten Weiden, **Flfr** mit einseitiger, fettarmer Fleischnahrung, **Pfd** hohe Mengen proteinreicher Krippenfutter, junger Weideaufwuchs
AS	**Monogastrier** Rationen ohne tier. Eiweiß, Sojaextraktionsschrot bzw. AS-Ergänzung, evtl. auch Hochleistungskühe	selten, bei Anwendung synthetischer Aminosäuren möglich
Lys	Verwendung hitze-/feuchtigkeitsgeschädigter Trockenmilchprodukte **(Kalb, Lamm)**	evtl. in Folge von Dosierfehlern bei Lys-Ergänzung, insb. Lysin-HCl-Fehldosierung
Trp	einseitige Maisfütterung	
Met	**Legehennen, Junghennen, Flfr**	**Ktz** 0,45 g Met + 0,5 g NH_4Cl toxisch[2]
Taurin	**Ktz** tier. Eiweiß ↓, Kochwasserverluste	
Ca	**Wdk** intensiv gedüngtes Weidegras oder entsprechende Grünfutterkonserven, einseitige Rüben-/Getreideschrotfütterung **Monogastrier** bei überwiegender Verfütterung von Getreide/-nachprodukten, Hackfrüchten sowie pflanzl. Eiweiß-FM, Fleisch; **Legehennen** fehlende Ca-Ergänzung, geringe Gesamtfutteraufnahme	**Wdk** einseitige Fütterung von Klee, Luzerne, Rübenbl., Herbstzwischenfrüchten **Monogastrier** evtl. durch Fehldosierung Ca-haltiger Mineralfutter, hohe Gabe Fisch-/Knochenmehl, Fehldosierungen von $CaCO_3$ **Kan, Mschw** Luzerne, Ca-haltige Nagesteine **Legehennen** evtl. bedingt durch Entmischungen im schrotförmigen AF
P	**Wdk** P-armes Grünfutter, Hackfrüchte **Schw, Gefl** mangelnde P-Verfügbarkeit	selten, Fehldosierung P-haltiger Mineralfutter, einseitige Kleiefütterung **(Pfd)**
Mg	**Wdk** intensiv gedüngte Weideflächen (v. a. Frühjahr, Herbst), Aufnahme entspr. Grünfutterkonserven, **Kalb** ausschließl. Milch	selten, evtl. Fehldosierung Mg-haltiger Mineralfutter bzw. Überdosierung (Nutzung sedierender Effekte)
K	lang anhaltende Diarrhoe bei Jungtieren **(Kälber); Herbivore** Verzicht auf Grünfutter/-Konserven	**Wdk** auf intensiv mit K (Jauche, Gülle, K-Dünger) gedüngten Weideflächen bzw. bei Einsatz solchen Grünfutters
Na	**Pflfr** bei einseitiger Grünfütterung (fehlende Na-Düngung), langanhaltende Diarrhoen, hohe Schweißverluste, Laktation **Schw** und **Flfr** Getreide- u. Kartoffelfütterung ohne tier. Eiweiß-FM u. Mineralfutter	**Monogastrier** Na-reiche Fischmehle, Speisereste oder Na-reiche Molke (v. a. bei Wassermangel); **Kälber** Na-reiche MAT, v. a. teilentzuckerte Molkenprodukte („Null"austauscher); >12 g Na, 20 g K/kg
Cl	**Gefl** bei geringem NaCl-Einsatz (Hypochlorämie, Bewegungsstörungen)	**Gefl** Hyperchlorämie/ Eischalenmängel
S	**Wdk** einseitige Verwendung von NPN-Verbindungen, Verzicht auf S-Düngung in Grünfutterproduktion	selten, evtl. S-haltige Industriestäube → Cu-/Se-Verwertung ↓, Einsatz SO_4^- reicher FM (z. B. Vinasse)
Fe	**Jungtiere** ausschließl. Muttermilch, v. a. Ferkel, Hdwelpen; **Nerz** nach Aufnahme frischer Fische (Gadiden, sek. Fe-Mangel)	selten, evtl. Speziesempfindlichkeit (z. B. Beo, Tukan); **Rd** durch Erdkontamination hoher Fe-Eintrag in FM → Cu-Verwertung ↓

[1] max. tolerierbare Nährstoffgehalte im Futter hängen von Tierart, Dauer der Aufnahme und Begleitstoffen im Futter ab
[2] im Rahmen der Struvitsteinprophylaxe mögliche Kombination

Nährstoff	marginale/defizitäre Versorgung	Überversorgung[1]
Cu	**Wdk primär** auf Cu-armen Weideflächen (Sand, Moor); **sek.** hohe Mo-, S-, Sulfat-, Ca-, P-, Fe- oder Rp-Gehalte in FM (Weide) **Schw** einseitig Magermilch-/Molkefütterung **Flfr** fettr. FM, Milchprodukte, Getreidefl. **Pfd** Cu-arme Weide; **Fohlen** bei Cu-armer Fütterung der Stute	**Rd, Schf** falsche Dosierungen von Mineralfutter, kontaminierte FM (z. B. Cu-haltige Schw-Gülle → Grünland); Umwidmung **Lamm** Aufnahme von MF mit >15 mg Cu/kg; kontamin. Grünfutter (Schweinegülle); **Schw** unerlaubt hohe Cu-Zulage >170 mg/kg FM (Nutzung antimikrob. Effekte) → Zn ↓, Fe ↓
Mn	**Wdk** Weidefläche mit geringem Mn-Gehalt (Kalkverwitterungs-, Sand- und Moorböden) **Schw** Rationen aus Hackfrüchten in Kombination mit Magermilch/Fischmehl (ohne EF)	selten, Risiko gering
Zn	**Wdk** Zn-armes Grünfutter, gen. bedingte Zn-Resorptionsstörung; **Mastschw** Ration aus Getreide/Sojaschrot bzw. Ca-reichen EF; Verzicht auf Zn-Ergänzung[3]; **Flfr** (Jungtiere) phytinreiche MF; typisch: Parakeratose	evtl. bei Einsatz von ZnO in der E. coli-Prophylaxe bei **Ferkeln**; saure FM in verzinkten Behältnissen **Pfd** Zn-reiches Grünfutter in Nähe von Zn-Emittenten
Co	**Wdk** Co-arme Weiden (Sand-, Moor-, Granitverwitterungsböden), keine Co-Ergänzung über Kraft- und Mineralfutter	selten, Risiko gering
I	in I-Mangelgebieten (vor allem küstenfernen Zonen), bes. gravide und lakt. Tiere; bei einseitiger Verfütterung von Brassica-Arten; **Flfr** einseitige Fleischernährung	überhöhte Fütterung von Jodverbindungen, Algenmehl; I-reichen Fischmehlen oder Schildrüsengewebe; **tragende Stuten** >50 mg I/d → Kropf bei Fohlen
Se	**Pflfr, Schw** auf Se-Mangelböden, bei Verzicht auf Se-Ergänzung; bei reduzierter Se-Verwertung durch hohe S-Aufnahme, evtl. auch bei Pansenacidosen	**Pflfr** auf Se-reichen Böden, Aufnahme Se-speichernder Pflanzen von bes. Bedeutung; Fehlmischungen >3–5 mg/kg TS
Vit A	**Pflfr** alle Rationen ohne Grünfutter, carotinreiche Futterkonserven bzw. entsprechende Supplemente; reine Sämereienfütterung bei **Ziervögeln; Flfr** vegetarische Ernährung	bei **Flfr** nach längerer einseitiger Leberfütterung, für **Ktz** > 50 000 IE/kg KM toxisch; Missbrauch von Vitaminpräparaten
Vit D	allg. bei Stallhaltung (fehl. UV-Licht) bzw. fehlender Supplementierung	Hypocalcämieprophylaxe bei **Milchkühen**, Rachitisprophylaxe bei **Welpen** (überhöhte Dosen); s. auch Goldhafer; Fehlmischungen
Vit E	allg. bei reichlicher Aufnahme unges. FS u. fehlender Vit E-Ergänzung; **Kälber und Lämmer** Aufnahme Vit-E-armer Milch **Schw** Vit E-armes Futter (u. a. Auswuchsgetreide); **Flfr** (v. a. Nerz/Ktz): Verfütterung von Fisch oder Fischöl (Steatitis)	häufig über Bedarf supplementiert, ohne nachteilige Effekte
Vit K	**Gefl, Ferkel** Störung der enteralen Vit K-Synthese durch bakterizide Substanzen; geringe Depots → Blutungsneigung **übrige Spezies** Aufnahme von Vit K-Antagonisten (z. B. Dicumarol aus Steinklee)	häufig über Bedarf supplementiert, ohne nachteilige Effekte
Ess. FS	**Hd** Fettanteil in der Ration ↓ (unter 5–6 %), reine Cerealien-Fütterung; **Zuchtsau** Fertilitätsstörungen; **Ktz** kein tier. Fett: Arachidonsäuremangel (typisch für vegetarische Ernährung) **Legehennen, Fische** getreidereiche AF ohne Öl-/Fettergänzung	

[3] bei bewusstem Verzicht auf Spurenelement-Ergänzung in der „Bioproduktion" (ähnliche Risiken auch bei anderen Spurenelementen gegeben)

UNTERVERSORGUNG[1] MIT WASSERLÖSLICHEN VITAMINEN

B_1	**Pfd:** Thiaminasen oder Thiamin-Antagonisten im Futter (Adlerfarn, Sumpfschachtelhalm) **Wdk** (bes. Jungtiere): bei Rfa-armen Rationen bzw. geringer Entwicklung der Vormägen, evtl. Thiaminasenbildung durch Feldpilze (z. B. Fusarien) **Flfr:** hoher Kohlenhydrat- und geringer Eiweißanteil im Futter, zu langes Kochen der FM und Entfernen des Kochwassers **Pelztiere:** Aufnahme roher thiaminasehaltiger Fische
B_2	**Schw:** einseitige Getreide- oder Rübenfütterung in Kombination mit Sojaextraktionsschrot oder Fischmehl, **Gefl:** Futter ohne bes. B_2-Ergänzung **Flfr:** geringer Anteil von tierischem Eiweiß im Futter
B_6	**Flfr:** geringes Eiweißangebot, längere Kochbehandlung des Futters; **Gefl:** Leinsaat; im Kern geschälter Saaten teils wenig B_6
Pantothensäure (B_5)	**Schw:** einseitige Mais- und Roggenfütterung
Nicotinsäure (B_3)	Monogastrier: maisreiche MF, ungenügende Trp-Ergänzung (**Ktz** + **Nerze** können aus Tryptophan kaum Nicotinsäure bilden)
Cholin	**Legehennen, Broiler:** Futter mit hohem Energie-(Fett-)gehalt
Biotin	**Schw, Gefl:** getreidereiche Rationen + pfl. Eiweiß **Flfr:** Aufnahme von rohen Eiern (Avidin im Eiklar!)
Folsäure, Inosit	nicht zu erwarten, ausreichende enterale Eigensynthese

[1] Schäden durch Überversorgung nicht bekannt

UNTERVERSORGUNG MIT WASSER

Abgesehen von besonderen Situationen (z. B. kurzfristig forcierte Wasseraufnahme nach vorübergehendem Wassermangel mit nachfolgend möglicher Hämolyse) kommt in der Praxis sehr viel häufiger eine unzureichende Wasserversorgung vor; dabei ist zwischen einer bewussten (tierschutzrechtlich unerlaubten) und einer unbeabsichtigten Limitierung der Wasseraufnahme zu differenzieren:

Nutztiere (Tierbestand)	
bewusste Limitierung des Wasserangebots:	– über die Zeitsteuerung – über die Tierzahl je Tränkestelle – über die Flussrate (an der Tränke) – über den TS-Gehalt im Flüssigfutter
unbeabsichtigte Reduktion der Wasseraufnahme:	– mangelnde Gewöhnung der Tiere an die Tränketechnik – technische Mängel im Tränkesystem (Anbringung, verstopfte Tränken, Fe-/Ca-Ablagerungen, Kriechströme) – mangelnde Schmackhaftigkeit – Rangordnung in der Gruppenhierarchie (erstlakt. Kühe) – reduzierte Bewegungsaktivität (sekundär bei Klauenproblemen von Rd und Schw, insbes. von Sauen) – Lichtprogramm-Effekte (Geflügelhaltung) – Offenstallhaltung (Frost) – Tiertransporte (Möglichkeit zum Wasserangebot?)
Sonderbedingungen:	– Wurfgröße/Zitzenzahl (z. B. Neugeborene)

Fortsetzung: Unterversorgung mit Wasser

Liebhabertiere (Einzeltier/Tiergruppe)	
bewusste Limitierung des Wasserangebots:	– Einstreu-/Kotqualität/Einstreuwechsel – Reduzierung der Miktionsfrequenz – Reduzierung des „Totgewichts" (Pferdesport)
unbewusste Reduzierung des Wasserangebots bzw. der Wasseraufnahme:	– Fehleinschätzung des Bedarfs (Saftfutter soll Wasserbedarf decken) – Funktionsmängel der Tränketechnik – Frost bei Außenhaltung (Pferde, Vögel in Volieren) – mangelnde Schmackhaftigkeit des Wassers – Tiertransport
Sonderbedingungen:	– fehlende Wasseraufnahme nach massiven Schweißverlusten (z. B. Pfd: keine spontane Wasseraufnahme) – tierartspezifisch geringere Wasseraufnahme bei Angebot von Trockenfutter (z. B. Ktz). im Vgl. zu Feuchtfutter

Folgen eines ungenügenden Wasserangebots/unzureichender Wasseraufnahme s. S. 170

Schrifttum

AGRICULTURAL RESEARCH COUNCIL, ARC (1980): The Nutrient Requirements of Ruminant Livestock, Commonwealth Agric. Bureaux.

AGRICULTURAL RESEARCH COUNCIL, ARC (1981): The Nutrient Requirements of Pigs, Commonwealth Agric. Bureaux.

AUSSCHUSS FÜR BEDARFSNORMEN der Gesellschaft für Ernährungsphysiologie der Haustiere (1978): Energie und Nährstoffbedarfsnormen, Nr. 1: Empfehlungen zur Mineralstoffversorgung. DLG-Verlag, Frankfurt/M.

AUSSCHUSS FÜR BEDARFSNORMEN der Gesellschaft für Ernährungsphysiologie der Haustiere (1997): Empfehlungen zur Energieversorgung von Aufzuchtkälbern und Aufzuchtrindern. Proc. Soc. Nutr. Physiol. **6,** 201–215.

AUSSCHUSS FÜR BEDARFSNORMEN der Gesellschaft für Ernährungsphysiologie (1989): Energie- und Nährstoffbedarf, Nr. 5: Hunde, DLG-Verlag, Frankfurt/M.

AUSSCHUSS FÜR BEDARFSNORMEN der Gesellschaft für Ernährungsphysiologie (1994): Energie- und Nährstoffbedarf landwirtschaftlicher Nutztiere, Nr. 2: Empfehlungen zur Energie- und Nährstoffversorgung der Pferde, DLG-Verlag, Frankfurt/M.

AUSSCHUSS FÜR BEDARFSNORMEN der Gesellschaft für Ernährungsphysiologie (GfE) (1999): Energie- und Nährstoffbedarf landwirtschaftlicher Nutztiere Nr. 7: Legehennen und Masthühner; DLG Verlag Frankfurt/M.

AUSSCHUSS FÜR BEDARFSNORMEN der Gesellschaft für Ernährungsphysiologie (GfE) (2001): Energie- und Nährstoffbedarf landwirtschaftlicher Nutztiere Nr. 8: Empfehlungen zur Energie- und Närstoffversorgung der Milchkühe u. Aufzuchtrinder, DLG Verlag Frankfurt/M.

AUSSCHUSS FÜR BEDARFSNORMEN der Gesellschaft für Ernährungsphysiologie (GfE) (2003): Energie- und Nährstoffbedarf landwirtschaftlicher Nutztiere, Nr. 9: Empfehlungen zur Energie- und Nährstoffversorgung der Ziegen, DLG-Verlag, Frankfurt/M.

AUSSCHUSS FÜR BEDARFSNORMEN der Gesellschaft für Ernährungsphysiologie (2006): Energie- und Nährstoffbedarf landwirtschaftlicher Nutztiere. Empfehlungen zur Energie- und Nährstoffversorgung von Schweinen, DLG-Verlag, Frankfurt/M.

FLACHOWSKY, G., SCHAARMANN, G., und A. SÜNDER (1997): Bedarfsübersteigende Vitamin-E-Gaben in der Fütterung von Nutztieren. Übers. Tierernährg. 25, 87–136

JEROCH, H., W. DROCHNER und O. SIMON (2008): Ernährung landwirtschaftlicher Nutztiere, 2. Auflage. Verlag E. Ulmer, Stuttgart

KAMPHUES, J., und P. WOLF (1998): Futteraufnahmeverhalten und Trockensubstanzaufnahme bei verschiedenen Ziervogelarten (Kanarien, Wellensittiche, Agaporniden, Papageien). Übers. Tierernährg. 25, 221–222.

KAMPHUES, J. (2000): Zum Wasserbedarf von Nutz- und Liebhabertieren. Dt. Tierärztl. Wschr. 107, 297–302.

KAMPHUES, J., und I. SCHULZ (2002): Praxisrelevante Aspekte der Wasserversorgung von Nutz- und Liebhabertieren. Übers. Tierernährg. 31, 65–107.

KIRCHGESSNER, M. (2004): Tierernährung, 11. Aufl. DLG-Verlag, Frankfurt/M.

MCDOWELL, L. R. (2003): Minerals in Animal and Human Nutrition, 2. Edition, Elsevier Science B.V., Amsterdam.

NATIONAL RESEARCH COUNCIL, NRC (1994): Nutrient Requirements of Poultry, 9. Revised Edition, National Academic Press, Washington D.C.

NATIONAL RESEARCH COUNCIL, NRC (2001): Nutrient Requirements of Dairy Cattle, 7. Revised Edition, National Academic Press, Washington D.C.

NATIONAL RESEARCH COUNCIL, NRC (2006): Nutrient requirements of dogs and cats. National Academic Press, Washington, D.C.

NATIONAL RESEARCH COUNCIL, NRC (2007): Nutrient requirements of horses. 6th revised edition. National Academic Press, Washington, D.C.

PALLAUF, J. und H. SCHENKEL (2006): Empfehlungen zur Versorgung von Schweinen mit Spurenelementen. Übers. Tierernährg. 34, 105–123.

ROHR, K. (1977): Die Verzehrleistung des Wiederkäuers in Abhängigkeit von verschiedenen Einflussfaktoren. Übers. Tierernährg. 5, 75–102.

SCHARRER, E., und N. GEARY (1977): Regulation der Futteraufnahme bei Monogastriden. Übers. Tierernährg. 5, 103–122.

WOLF, P., et al. (1998): Energie- und Proteinbedarf adulter Ziervögel. Übers. Tierernährg. 25, 229–230.

WOLF, P., und J. KAMPHUES (2001): Ziervögel – Neue Erkenntnisse zur Wasseraufnahme. Kleintier konkret 6, 15–18.

4 Einfluss der Ernährung auf die Qualität der von Tieren stammenden Produkte

Schon mit der 1. Fassung des Deutschen Futtermittelgesetzes (1926) wurde der Zusammenhang zwischen Fütterung und LM-Qualität betont. Dieser Aspekt steht auch im Zentrum diverser Vorgaben des neuen LFGB (2005).

Durch verschiedene Ereignisse der letzten Jahre (Dioxin/BSE) erfuhr diese Thematik ein öffentliches/politisches Interesse wie nie zuvor. Neben wissenschaftlich klar definierten Qualitätskriterien (s. dort) für LM kamen weitere Anforderungen und Konsumentenvorstellungen (z. B. „Natürlichkeit") hinzu, die nur z. T. als wissenschaftlich/fachlich begründet angesehen werden können (z. B. Qualität von Eiern aus der Freilandhaltung). Andererseits ist der Einschätzung zuzustimmen, nach welcher die „Sicherheit von LM" mit „sicheren FM" beginnt. Hiermit wird allerdings nur ein Teil der Faktoren erfasst, die seitens der Fütterung Einfluss auf die LM-Qualität haben.

Dabei sollte nicht unerwähnt bleiben, dass über die Fütterung bestimmte Nährstoffe (z.B. ω3-Fettsäuren) im LM gezielt, d. h., dem Wunsch der Konsumenten entsprechend beeinflusst werden können.

4.1 Qualitätskriterien

Nährstoffgehalte, Geruch, Geschmack, Farbe, Textur, Safthaltevermögen, Freisein von Rückständen bzw. pathogenen Mikroorganismen oder Parasiten.

4.2 Fleischproduktion

SCHLACHTKÖRPER:

- Fleisch/Fett-Verhältnis durch Energiezufuhr zu beeinflussen, besonders beim Schw wichtig; beachte Einfluss des Geschlechts (Fettansatz: Börgen > Sauen > Eber)
- Geruch, Geschmacksqualitäten: FM mit Eigengeruch beachten, z. B. Fischmehl
- Zoonoseerreger (z. B. Salmonellen), andere Keime sowie Parasiten evtl. als Folge von kontaminierten FM (s. S. 132, 176).

MUSKULATUR:

- Farbe: normaler Myoglobingehalt nur bei ausreichender Fe-Zufuhr
- Strukturmängel: evtl. bei Se- und/oder Vit E-Mangel
  sog. Fleischfehler bei Schw (**PSE: P**ale, **S**oft, **E**xsudative, **DFD: D**ry, **F**irm, **D**ark) nicht durch Fütterung zu beeinflussen (allenfalls kurz vor der Schlachtung)
- Rückstandsrisiko relativ gering s. S. 176

FETT:

- Fettsäurenmuster über FM beeinflussbar bes. bei Monogastriern; beim Schw obere Grenze: 1 g Polyensäuren je MJ ME im Futter
- Farbe: Einlagerung von Carotinoiden bei best. Genotypen (Gefl, Rd, Schf; Verfärbung evtl. nach Fütterung ungesättigter Fettsäuren in größeren Mengen; Gelbfettkrankheit)
- Rückstände s. S. 176

ORGANE:

- Leber, Niere: bakterielle Herde (Wdk), evtl. als Folge schwerer Pansenacidosen oder bei Verdauungsstörungen → Bakterien passieren Magen-Darm-Schleimhaut
- Rückstände s. S. 176

KNOCHEN(GEWEBE):

- besondere Akkumulation von Pb, Hg, F, chlor. Kohlenwasserstoffen, evtl. Sr; evtl. auch Arzneimittel-Rückstände (z. B. Tetrazykline)

4.3 Milchproduktion

diesbezügliche Einflüsse/Zusammenhänge (s. S. 214)

4.4 Eiproduktion

diesbezügliche Einflüsse/Zusammenhänge (s. S. 326)

4.5 Einflüsse der Ernährung auf Qualitätseigenschaften der von Tieren stammenden Lebensmittel/Übersicht zu Risiken für die Bildung von Rückständen

	Muskulatur	Leber	Niere	Fettgewebe	Milch	Ei-Inhalt
Nährstoffe						
Aminosäurenmuster	O	O	O	O	O	O
Fettmenge	++	++	O	+++	++	O
Fettzusammensetzung	+++ Schw	+++	O	+++	++	++
	++ Rd	++	O	++	++	
Mineralstoffe						
Mengenelemente	O	O	O	O	O	O
Spurenelemente	O/++	++	++	O	O	+++
	(Se, Fe)	(Cu)	(Se)	O	(I, Se ++)	(I, Se)
Vitamine						
fettlösliche A	O	+++	O	O	++	++
E	+	+	O	+	+	+
wasserlösliche	O	+	(+)	O	+	++
	Schw B_1	B_{12}				
Rückstände						
Schwermetalle	O/+	+/++	+++	O	+	+
Radionuklide Cs	+++	+++	+++	O	++	
Sr, I	O	O	O/+	O	+++	+
Mykotoxine	(+)	+ (Afl.)[1]	++ (Ochr.)[1]	O	++	+
Organochlorverbindungen	O/+	O/+	O/+	+++	++	+
Dioxine	O/+	+/+++	+	+	+	+
Nitrat	O	O	+	O	++	
Sensorische und sonstige Eigenschaften						
Farbe	++	(+)	O/(+)	(+)	+	+++
Geruch und Geschmack	+	O/(+)	O	+	+++	+++
Konsistenz, Struktur, Safthaltevermögen	O	O	O	++ (Konsistenz)		+
Mikrobiol. Status[2, 3]						
– Salm., Campylobacter, E. coli	+	+	+	+	+	+
	über äußere Kontamination					
– Listerien	O	O	O	O	+	O

O keine Effekte, + / ++ / +++: geringe/mittlere/starke Beeinflussung

[1] Afl. = Aflatoxine bzw. Ochr. = Ochratoxin

[2] Eintrag über FM in Tierhaltung möglich; entsprechende Keime im/am Schlachttier bzw. auf/in dem Ei nachweisbar; am LM infolge äußerer Kontamination, im LM auch infolge der Keimtranslokation möglich

[3] neben dem Erregereintrag ist evtl. auch mit bestimmten Keimen ein Transfer von Resistenzeigenschaften möglich bzw. besonders gefürchtet

5 Möglichkeiten zur Beurteilung von Futter und Fütterung (inkl. der Wasserversorgung) sowie der Energie- und Nährstoffversorgung

In der tierärztlichen Praxis zählt die Beurteilung der Futter- und Wasserversorgung sowie der hierbei erzielten Energie- und Nährstoffzufuhr zu den alltäglichen Aufgaben. Nicht zuletzt wegen deren Bedeutung für die LM-Qualität und für die Entwicklung diätetischer Empfehlungen sollen diese Aufgaben hier näher behandelt werden. Im traditionellen Berufsverständnis war erst die Erkrankung von Tieren (der Schadensfall) Anlass für eine intensivere Beschäftigung mit der Futter- und Wasserversorgung. Heutzutage wird jedoch eine Ausrichtung tierärztlicher Tätigkeiten auf die Prophylaxe erwartet. Derartige Kontrollmaßnahmen zielen dabei auf

- eine kontinuierlich hohe Qualität in der Futter- und Wasserversorgung sowie die bedarfsgerechte Energie- und Nährstoffzufuhr,
- die Aufdeckung von „Schwachstellen" im Bereich der Futter- und Wasserversorgung und deren frühzeitige Korrektur,
- eine Attestierung tierärztlich kontrollierter Produktionsbedingungen und nicht zuletzt
- die Klärung von Gesundheitsstörungen und/oder Leistungseinbußen, für die Fehler in der Fütterung bzw. Energie- und Nährstoffversorgung ursächlich in Frage kommen.

Nachfolgend werden die Möglichkeiten für eine solche Kontrolle/Beurteilung näher beschrieben und sind wie folgt gegliedert:

1. verfügbare Informationsquellen für den Tierarzt
2. Kontrolle der Wasserversorgung
3. computergestützte MF-/Rationskalkulation
4. Kontrolle von Futter- und Fütterung
5. Analyse körpereigener Substrate (Blut etc.)

5.1 Verfügbare Informationsquellen zur Beurteilung

Dem Tierarzt verfügbare Informationen zur Beurteilung von Futter und Fütterung (inkl. der Wasserversorgung)

Informationen vorberichtlicher Art	Informationen aus eigener Befundung	Informationen aus veranlassten Analysen[1]
gesundheits- und leistungsbezogene Daten, Art und Zeitpunkt der Beeinträchtigung	SENSORISCHE PRÜFUNG von Futter, Wasser/Einstreu (Aussehen, Geruch, Griff, evtl. Geschmack)	Futter, z. B. – Nähr-/Zusatzstoffgehalt – botanische Zusammensetzung (Gemenganteile)
Beobachtungen u. Daten zu Futter- und Wasseraufnahme und -verbrauch	MESSEN/WIEGEN (z. B. Futtermengen, Flussraten an Tränken)	– hygienische Qualität (Vorratsschädlinge, Mikroorganismen, Toxine)
Rezepturen betriebseigener Futtermischungen und Rationen	EINFACHE TESTS (z. B. $CaCO_3$ im Futter, Gasbildung im Flüssigfutter, Milbennachweis)	Wasser – hygienische Qualität – NO_3^-/NO_2^--Belastung – Mineralstoffgehalte
Deklarationen von Zukaufsfuttermitteln (inkl. Ergänzungen)	KALKULATION betriebseigener Rezepturen (Basis: tatsächlich erhobene Werte)	Produkte der Tiere – Milch/Eier – Organe/Gewebe
Reaktionen von Tieren (z. B. auf Futterwechsel)	KLINISCHE BEOBACHTUNGEN (z.B. Kot-, Harnqualität, Brunstsymptome)	betroffene Tiere – Harn, Kot – Serumanalysen – path. anatomische bzw. Schlachtbefunde
vorgenommene Veränderungen in der Futter- und Wasserversorgung	BEFUNDE an Schlacht- bzw. verendeten Tieren (z. B. Magengeschwüre, Eierstockbefunde etc.)	Einstreu – hygienische Qualität?

[1] hierzu erforderliche Proben werden vom Tierarzt und Tierbesitzer, in forensischen Fällen besser vom vereidigten Probenehmer gewonnen

5.2 Wasserversorgung

Bevor Futter und Fütterung einer intensiveren Kontrolle unterzogen werden, sollte (und zwar nicht zuletzt wegen der erheblichen Effekte auf die Futteraufnahme und den Stoffwechsel, z. B. Thermoregulation/Nierenfunktion) dieser Faktor (zumindest in der Anamnese und eigenen Befunderhebung) berücksichtigt/bedacht werden.

5.2.1 Vorgehen bei der Überprüfung der Wasserversorgung im Tierbestand

ANAMNESE

- Wasserherkunft (öffentl. Netz/betriebseigene Versorgung)
- betriebseigene Wasseraufbereitung (Fe-haltiges Wasser)
- Druckminderer; Filter in Hauptzuleitung
- Tränketyp zum Wasserdruck passend (z. B. Niederdrucknippel im Hochdrucksystem)
- Zeitpunkt letzter Funktionsprüfung der Selbsttränken
- Maßnahmen im Zusammenhang mit der Wasserversorgung (z. B. Arzneimittelverabreichung über Tränkwasser)
- Futtergrundlage (Keksbruch, Molke → NaCl)

STALLBEGEHUNG

- Zustand des Wasservorratsbehälters
  - Behältnis selbst (Wandbeläge, Farbe)
  - Wasservorrat (Geruch, Verunreinigungen)
  - Distanz zwischen Trog und Tränke
- Stallboden in Nähe der Tränke (trocken/feucht)
- Hinweise auf einen Wassermangel (erste Reaktion: Futteraufnahme ↓, evtl. Unruhe)

KONTROLLE DER TRÄNKEEINRICHTUNG

- Zahl der Tiere je Tränke bzw. Platz je Tier an der Tränke
- Anbringung der Tränken
  - fester Sitz, in der Höhe an die Tiergröße angepasst
  - Winkelung der Tränke (z. B. bei Schw: 45° zu steil, optimal: 15°!)
  - bei Beckentränken Qualität des „Wasservorrats“
- Funktionsprüfung aller Tränken
  - dichte/tropfende Tränke
  - Widerstand bei Betätigung
- Flussrate (ml/min)
  - in einzelner Bucht
  - in mehreren Buchten nach Fütterung
  - bei Mängel: Zustand der Filter

KONTROLLE DER WASSERQUALITÄT (vgl. S. 147a)

(je nach Vorbericht: aus Hauptzuleitung, Vorratsbehälter bzw. an der Selbsttränke)

- sensorische Qualität
  - Aussehen (Trübung, Farbe)
  - Geruch/Geschmack
- chemische Zusammensetzung
  - pH-Wert, Na-, K-Gehalt
  - NO^-_3 /NO^-_2-Gehalt (Schnelltest)
  - Sulfat-, Sulfit-Gehalt (Schnelltest)
  - Fe-Gehalt (häufig ↑) und sonst. Spurenelemente
- mikrobiologischer Status
  - coliforme Keime, Enterobacteriaceen
  - Hefen (insbes. wenn Wasser mit Futter verunreinigt ist)

5.3 Futter und Fütterung

Die Überprüfung von Futter und Fütterung folgt prinzipiell dem Weg des Futters, von der Gewinnung über die Be- und Verarbeitung bis zur Aufnahme durch das Tier.

5.3.1 Überprüfung von Futter und Fütterung im Tierbestand

GEWINNUNG der betriebseigenen FM (Erntebedingungen, Konservierungsmaßnahmen) bzw. Informationen zu Deklaration und Art zugekaufter Komponenten (Bezugsquelle, Lieferdatum, Chargen- bzw. Komponentenwechsel etc.)

LAGERUNG der FM (betriebseigene und zugekaufte FM)
- Lokalisation (Silos innen bzw. außen, Lagerräume, Art der Decken)
- Bedingungen (Dauer, Feuchtigkeit, Temperatur, Vorratsschädlinge)
- Art (lose, gesackt, in Silos bzw. freie Schüttung)
- Möglichkeiten der vollständigen Räumung, Kontaminationsmöglichkeiten
- Abschirmung gegenüber Vögeln und Schadnagern

BEURTEILUNG der FM (betriebseigene und zugekaufte FM)
- Vorgehen: s. S. 140 ff
- Ziel: Einschätzung von Futterwert und Hygienestatus

VERARBEITUNG der FM
- Schroten (Zerkleinerungsgrad, Homogenität, Staubanteil)
- Mischen (Art und Genauigkeit der Dosierung der Komponenten, Dauer des Mischvorganges, Hygiene in der Mischanlage, Frequenz des Mischens)

FÖRDERUNG der fertigen Mischung

Art (mechanisch, pneumatisch), Weglängen, Entmischungsgefahr

LAGERUNG der fertigen Mischung (s. oben)

FÜTTERUNGSEINRICHTUNGEN; EINSTREU bzw. BODENVERHÄLTNISSE
- Art, Sauberkeit, Funktionstüchtigkeit, Anbringung, Relation zur Tierzahl
- Automaten (Einstellung, Futterverluste, Brückenbildung, Verklebungen, Troginhalt)
- Art und Qualität der Einstreu (s. S. 144)

ZUTEILUNG der fertigen Mischung
- Art und Genauigkeit, Zeitpunkt und Frequenz, Entmischungsgefahr
- Anpassung von Futterart und -menge an Alter, Entwicklung und Leistungsstadium

BEURTEILUNG der fertigen Mischung, s. S. 146, auch in dem Zustand, wie vom Tier aufgenommen (im Trog); Vergleich von Futterangebot und tatsächlicher Aufnahme

BEOBACHTUNGEN BEI DER FÜTTERUNG

Appetit und Ernährungszustand, Platzverhältnisse am Trog, Futterverluste, Dauer bis zum Leerfressen des Troges bzw. Menge, Art der Reste, Verhalten bei Futteraufnahme

BEOBACHTUNGEN NACH BEENDETER FÜTTERUNG

Ruhe bzw. Bewegungsaktivität, Wiederkauaktivität, Kannibalismus, Brunstsymptome, Defäkation, Kotbeschaffenheit und -konsistenz

FÜTTERUNG IN BESONDERS RISIKOREICHEN STADIEN

Ende der Gravidität, Beginn der Laktation, beim Absetzen, nach Ein- bzw. Umstallung, bei bedeutsamer Futterumstellung, Beachtung von Absetzfristen für Zusatzstoffe

FUTTERPROBENENTNAHME: je nach Verdachtsmomenten an verschiedenen Stellen; zunächst eine Probe der „gesamten Mischung", bei entsprechenden Befunden/bestätigtem Verdacht Proben verschiedener Ausgangskomponenten

5.4 Kalkulationen zur Beurteilung der Energie- und Nährstoffversorgung

War früher die rechnerische Überprüfung einer Futtermischung bzw. einer Ration mittels Formblatt und Taschenrechner mit erheblichem Arbeits- und Zeitaufwand verbunden, so gibt es heute hierfür spezielle Computer-Programme, die in kürzester Zeit entsprechende Rechenschritte ausführen, um eine nähere Beurteilung der Energie- und Nährstoffversorgung eines Tieres (oder einer Nutzungsgruppe) vorzunehmen. Gerade im Rahmen der Fütterungsberatung als Teil der tierärztlichen Konsiliartätigkeit bei Liebhabertieren bzw. auch im Rahmen der Bestandsbetreuung von Nutztieren bieten diese Techniken viele Vorteile.

5.4.1 Ziele

Die Computer-gestützte Rationskalkulation ist – je nach Zielsetzung bzw. gewünschter Information – unterschiedlich aufwändig wie anspruchsvoll. Hierbei ist vom Prinzip wie folgt zu differenzieren:

1. Kalkulation der Energie- und Nährstoffgehalte aus **vorgegebenen Anteilen bzw. Mengen** von Komponenten in einem MF oder in einer Ration mit Darstellung des „Soll-Ist-Wert"-Vergleichs (und ggf. notwendiger Korrekturen)
2. Die Entwicklung eines geeigneten Mischfutters bzw. einer Ration aus verschiedenen anteils- und mengenmäßig noch **nicht festgelegten Komponenten**
3. Die lineare Optimierung eines MF oder einer Ration unter dem Aspekt der **Kostenminimierung** (eher Aufgabe der MF-Hersteller bzw. der Spezialberatung) bei gleichzeitiger Berücksichtigung von Mindestgehalten und Limitierungen (bezieht sich auf Komponenten, wie Nährstoffe und Energie sowie auf tierbezogene Vorgaben wie Alter)

Im Vergleich zum früheren Vorgehen (Formblatt + Taschenrechner) bietet die Kalkulation mittels eines Computer-Programms (im „Idealfall") folgende Vorteile:

- Speichern, Verwalten, Aktualisieren und Auffinden der futtermittelkundlichen Daten mit geringstem Zeitaufwand sowie einfacher Wechsel der Bezugsgrößen (uS/TS)
- Schnellste Darstellung aller wesentlichen bedarfsmodulierenden Faktoren sowie der Konsequenzen einer Variation in Art und Anteil der verwendeten Komponenten
- Didaktische Vorteile durch die Transparenz (auch für den Tierbesitzer) und Notwendigkeit zur Eingabe
  - aller wesentlichen bedarfsmodulierenden Einflüsse
  - der Qualitätsunterschiede innerhalb einer Einzelkomponente (z. B. einer Grassilage)
  - sowie durch die Darstellung aufgedeckter Abweichungen von „Soll-Werten"
- Intensivere, kritischere Beurteilung durch Verknüpfung von Daten aus verschiedenen Wertespalten bzw. mit Informationen aus „Hintergrunddateien" (z. B. zur üblichen KM einer Rasse oder einer Altersgruppe)

5.4.2 Voraussetzungen für eine Computer-gestützte MF-/Rationsüberprüfung

- Wissen des Anwenders um Prinzipien der Rationsgestaltung
- Bestand an aktuellen Daten (Energie- und Nährstoffgehalte nach Literaturangaben bzw. aus Analysen der betriebsspezifischen FM oder auch aus Deklarationen) der für die jeweilige Spezies üblichen, zumindest gebräuchlichsten Futtermittel mit den jeweiligen Qualitätsunterschieden

- Bestand an aktuellen Daten zur Bedarfsermittlung für das Tier bzw. die Nutzungsgruppe, wobei die Bedarfszahlen selbst in Form von
  - absoluten Angaben je Tier und Tag bzw. in
  - relativen Angaben (Konzentrationen im Mischfutter bzw. uS oder TS)

  formuliert (bzw. transformiert) sein können.
- Bestand an Eckdaten, Mindestanforderungen bzw. Limitierungen für die Ration/das Mischfutter einer bestimmten Alters-, Nutzungs- und Leistungsgruppe (z. B. postulierte TS-Aufnahme)

Zur tierärztlichen Sorgfaltspflicht bei der Computer-gestützten Ernährungsberatung gehört es – nicht zuletzt aus forensischen Gründen – **vor** Anwendung eines Programms folgende Fragen kritisch zu prüfen:

- Wie und in welchem Maße berücksichtigt das Programm mögliche Veränderungen der **TS-Aufnahmekapazität** (z. B. am Ende der Gravidität, bei differierender Milchleistung)?
- Sind die **Bedarfsangaben** absolute Minimum-Werte (Bedarf i. e. S.) oder eher Richtwerte für die angestrebte Versorgung mit entsprechenden „Sicherheitsspannen"?
- Wie verfährt das Programm, wenn dass für eine oder mehrere Komponenten **Daten** zur Zusammensetzung **fehlen** (ist nicht gleichbedeutend einem „Null-Gehalt")?
- Wird bei Bedarfsformulierungen in Relation zur TS, zur lufttrockenen Substanz (MF mit 88 % TS) die Energie**dichte** im Futter berücksichtigt?
- Inwieweit ist eine **Modifizierung** von Bedarfswerten möglich, wenn z. B. die KM eines adulten Tieres oder eines Jungtieres deutlich von den Standards abweicht?

5.4.3 Besondere Hinweise

Bei der Computer-gestützten MF- bzw. Rationsüberprüfung und -bewertung bedürfen folgende Faktoren besondere Beachtung:

- Pferde: Berücksichtigung des Bedarfs an kaufähigem Grundfutter sowie Zahl und Art von Limitierungen (z. B. Trockenschnitzel im MF etc.)
- Milchkühe: ausreichende Differenzierung bei Grundfutterqualitäten, Grundfutterverdrängung; Ableitung der TS-Aufnahme aus welchen Basiswerten (KM, Leistung, VQ des Grundfutters)
- Schweine: Variation der Bezugsgrößen (uS, lufttr. Substanz, TS), insbes. unter Bedingungen der Flüssigfütterung; Zufuhr je Tier und Tag
- Fleischfresser: Verlässlichkeit der Tierbesitzerangaben bzgl. der Mengen und Dosierungen (nicht erfasste FM → Tischreste?); Fett-/Energiegehalte im FM, Energie-Nährstoff-Relationen
- Ziervögel/Nager: Berücksichtigung der Selektion im Futterangebot (nur bei MF mit nativen Komponenten!)

5.4.4 Vorgehen bei der Computer-gestützten MF-/Rationskontrolle

1. Eingabe tierbezogener Daten (KM, Art und Höhe der Leistung, evtl. auch Alter und Geschlecht; im Dialog erfragt) zur Kalkulation des Energie- und Nährstoff**bedarfs**
2. Eingabe von Art (und Qualität) sowie Menge bzw. Anteil der jeweiligen Komponenten in der Ration bzw. im MF → am Ende steht die Versorgung mit Energie und Nährstoffen bzw. die Konzentration von Energie und Nährstoffen je kg Futter mit Darstellung des Soll-Ist-Vergleichs

3. Korrektur von aufgedeckten Abweichungen (d. h. Mangel- bzw. Überschuss-Situationen) durch
   - Variation von Menge und/oder Relationen der bisher eingesetzten Futtermittel
   - Einfügen neuer, besser passender Komponenten (aus vorhandenem Datensatz bzw. nach Aufnahme gänzlich neuer Produkte in die Datei)
4. Wiederholung des Schrittes 3 so lange, bis die gewünschte Versorgung bzw. MF-Zusammensetzung erreicht ist
5. Beurteilung (tierärztliche Aufgabe i. e. S) der ursprünglichen und der neuen Fütterungsbedingungen im Kontext mit allen anamnestischen Informationen bzw. Befunden aus der tierärztlichen Untersuchung (bezieht sich auf das Tier und das Futter)

5.5 Untersuchung körpereigener Substrate

Die Untersuchung körpereigener Substrate stellt mitunter eine sinnvolle Ergänzung im Rahmen einer Überprüfung der Energie- und Nährstoffversorgung dar.

Entscheidendes Kriterium für die Aussagekraft der jeweiligen Untersuchung ist dabei zunächst die *Auswahl eines geeigneten aussagekräftigen Substrates* (z. B. Leber bei Verdacht auf eine Cu-Überversorgung). Aber auch die kontaminationsfreie Gewinnung der Proben (v. a. bei Spurenelementen) sowie der rasche Transport bzw. die sachgerechte Lagerung/Aufbereitung der Proben bis zur Analyse sind für den diagnostischen Wert von Bedeutung.

Hinsichtlich der Auswahl geeigneter Substrate und Parameter zur Beurteilung des Versorgungsstatus sind folgende Aspekte zu berücksichtigen:

- Aufwand für die Gewinnung des Substrates (vergleiche: Milchproben, die ohnehin anfallen und untersucht werden; Cu-Gehalt im Lebergewebe bei Sektionen)
- Einfluss der körpereigenen Regulation auf den Gehalt im Substrat (vergleiche: Ca und P mit sehr straffer Regulation, andererseits Mg ohne hormonelle Regulation im Blut)
- Bedeutung des Entnahmezeitpunkts bzw. postprandialen Abstands für den Gehalt im Substrat (vgl. Harnstoff-/Harnsäuregehalt im Blut nach Aufnahme Rp-reichen Futters)
- Korrelation des Parameters in einem Substrat mit der kurz- bzw. längerfristigen Versorgung (vergleiche: Cu-Gehalt im Serum bzw. Leber oder Se-Gehalt im Haar oder Harn)
- Aufwand und Kosten für die Analytik des Parameters in einem Substrat sowie die analytisch-methodisch bedingte Variation
- Angestrebte Information für ein Individuum oder für ein Tierkollektiv/einen Tierbestand (vergleiche: Energieversorgung eines Tieres → Ketonkörper im Harn bzw. eines Bestandes wie z. B. einer Milchkuhherde → Milcheiweiß- und Fettgehalt)
- erforderliche Probenzahl (Einzeltier vs. Bestand = Einzelprobe vs. Beprobung mehrerer Tiere, z. B. 5 %, und evtl. Wiederholungsuntersuchung)
- Kosten der Analyse eines bestimmten Parameters in einem Substrat im Vergleich zu einer „diagnostischen Supplementierung" (z. B. Na-Gehalt im Speichel von Rindern → Ergänzung der Ration mit Viehsalz)

Von der angestrebten Beurteilung der Energie- und Nährstoffversorgung ist abzugrenzen die Untersuchung von Substraten im Zusammenhang mit einer möglichen Intoxikation durch Nährstoffe (z. B. Se oder Vit D) oder andere Stoffe (z. B. Kontaminanten wie Schwermetalle). Hierbei sind evtl. allein schon aus ätiologischer oder forensischer Sicht auch aufwendigere Analysen an eher „ausgefallenen" Substraten (S. 183a) vertretbar.

Parameter in verschiedenen Substraten zur Beurteilung der Versorgung

Nährstoff	Substrat	Substanz	Einheit	Pfd	Wdk	Schw	Hd	Ktz	Aussagekraft
Energie ↘[1]	Milch	Harnstoff	mmol/l		>4,2				++
	Milch	Acetonkörper[2]	mg/l		>30,0				+++
	Milch	Eiweiß	g/l		<30,0				+++
	Milch	Fett	g/l		>55,0				++
	Harn	Acetonkörper	mg/l		>150				+++
	Plasma	Acetonkörper	mg/l		>50,0				+++
	Plasma	Bilirubin	µmol/l	>53	>6,8	>4	>10	>7	+
Protein ↗	Plasma	Harnstoff[3]	mmol/l	>6,7	>5,0	>8,3	>8,3	>11,7	++
	Milch	Harnstoff	mmol/l		>4,2				++
Protein ↘	Plasma	Harnstoff	mmol/l	<3,3	<3,3	<3,3	<3,3	<5,0	+++
	Plasma	Gesamteiweiß	g/l	<50	<60	<55	<55	<60	++
	Milch	Harnstoff	mmol/l		<3,3				++
Ca ↘	Harn	Ca	mmol/l	<6,2					++
	Harn	Ca/Kreatinin[4]	mmol/mmol	<0,56					++
Mg ↘	Plasma	Mg	mmol/l	<0,6	<0,6	<0,9	<0,6	<0,6	++
	Harn	Mg	mmol/l		<1,0				+++
	Harn	Mg/Kreatinin[5]	mmol/mmol	<0,61					++
Na ↘	Parotisspeichel	Na/K	mmol/mmol		<10,2				+++
	Harn	Na	mmol/l	<8,7	<17,4	<21,8			++
	Harn	Na/Kreatinin	mmol/mmol	<0,98	<1,28	<0,49	<1,23		++
Cl ↘	Plasma	Cl	mmol/l	<95	<95				++
	Harn	Cl/Kreatinin	mmol/mmol	<0,54					++
Fe ↘	Plasma	Fe	µmol/l	<14,3	<26,9	<16,1	<19,7	<19,7	++
Zn ↘	Plasma	Zn	µmol/l	<14,5	<12,2	<6,1	<12,2	<12,2	–
Cu ↗	Plasma	Cu	µmol/l	>21,2	>32,3	>39,4	>17,3	>20,5	++
	Leber, adult	Cu	mol/l uS (!)	>15,7	>3,15	>2,36	>6,30	–	+++
Cu ↘	Plasma	Cu	µmol/l	<18,9	<15,7	<15,7	<11,8	<10,2	++
	Leber, adult	Cu	µmol/g uS	<55,0	<157	<63,0	<314	<378	+++
Mn ↘	Plasma	Mn	µmol/l	<0,3	<0,4	<0,1	<0,5	<0,4	++
I ↘	Milch	I gesamt	nmol/l		<158				++
	Plasma	I gesamt	nmol/l	<197	<272	<236	<221	<213	++
Se ↘	Plasma	Se	µmol/l	<0,9	<0,6	<0,8	<0,4		++
Se ↗	Haare	Se	µmol/l	>63,3					++
Co ↘	Plasma	Co	µmol/l	<0,3	<0,3	<0,3	<0,1	<0,3	++
Carotin ↘	Plasma	Carotin	µmol/l		<1,3				+++
Vit D ↗	Plasma	Ca	mmol/l	>3,5	>3,0	>3,0	>3,0	>3,0	++
Vit E ↘	Serum	Tocopherol	mg/l	<1,0	<3,0	<1,0	<3,0	<3,0	++
Biotin ↘	Plasma	Biotin	µg/l	<0,3	<0,5	<0,5			+
Folsäure ↘	Plasma	Folsäure	nmol/l	<11,3	<6,8	<9,1	<9,1	<6,8	+
Vit B_1 ↘	Hämolysat	Transketolase	%[6]		>75				+++

Plasma: Li-Na-Heparinat; Aussagekraft: – gering, ++ mittel, +++ hoch; Normalwerte für Cu, Zn im Plasma schließen eine Unter- evtl. auch Überversorgung (Cu) nicht aus.

[1] bei adäquater Proteinzufuhr

[2] im Handel befindliche Teststreifen erfassen ß-Hydroxybutyrat nicht, hier sind die kritischen Werte um $^2/_3$ geringer

[3] Nüchternwerte

[4] 6–9 h postprandial

[5] nicht nach Bewegung

[6] Steigerung der Enzymaktivität in % bei Zusatz von Thiaminpyrophosphat zum Vollbluthämolysat

Im Verdachtsfall geeignete Substrate zur Überprüfung der Nährstoffversorgung bzw. einer Vergiftung

	als Nährstoffe supplementiert													Kontaminanten							
Substrat	Ca	P	Mg	Na	Cl	S	Cu	Zn	Fe	Mn	Se	Co	I	Al	As	Cd	Cr	F	Pb	Hg	Mo
Leber							x		x	x	x	x			x		x		x	x	x
Niere	x						x	x		x	x	x			x	x	x		x	x	x
Serum	x	x	x	x	x		x	x			x		x					x			x
Blut								x	x		x				x	x	x	x	x		
Milch											x		x								
Harn	x	x	x	x	x			x					x		x			x	x		
Haare							x	x			x			x	x	x			x	x	
Knochen	x	x	x											x				x	x		
Feten								x							x				x		
Futter	x	x	x	x	x	x	x	x	x	x	x	x	x	x	x	x	x	x	x	x	x
Gehirn[1]			x																	x	
Kammer-wasser[1]				x	x						x										

[1] anlässlich von Sektionen verfügbares Substrat

6 Diätetik als tierärztliche Aufgabe und Leistung

Definition: Die Diätetik umfasst alle Maßnahmen von Seiten der Ernährung, welche der Vorbeuge oder Behandlung (i.d.R. als Bestandteil einer Therapie) von Gesundheitsstörungen aller Nutz- und Liebhabertiere dienen. Dieser besondere auf die Gesundheit der Tiere abgestellte Ernährungszweck ist von der bedarfsgerechten Energie- und Nährstoffzufuhr abzugrenzen, die **nicht** Gegenstand der Diätetik ist.

Ziel der Diätetik ist, Risiken für die Entstehung von Gesundheitsstörungen (z. B. Obstipationen bei Sauen peripartal) zu mindern, bestehende Erkrankungen zu mildern oder zu beseitigen (z. B. Adipositas) sowie leistungsbedingten (z. B. Stoffwechselstörungen bei Hochleistungskühen) oder krankheitsassoziierten Belastungen (z. B. Anorexie bei Traumata) entgegenzuwirken.

Bei Empfehlung einer Diät müssen zuvor folgende Fragen beantwortet werden:
- Schafft die vorliegende Fütterung eine Disposition für eine bestimmte Erkrankung? Wenn ja, dann ist die Korrektur vorliegender Fehler zu empfehlen, bevor diätetische Maßnahmen ergriffen werden.
- Welcher konkrete Ernährungszweck soll durch die Diät erfüllt werden?
- Können die beobachteten/erwarteten Störungen überhaupt durch diätetische Maßnahmen beeinflusst werden?
- Welches diätetische Konzept ist sinnvoll bzw. erfolgversprechend?
- Ist das diätetische Konzept umsetzbar/praktikabel?

Übersicht zu Indikationen diätetischer Maßnahmen

Merke: Regelungen zu Diät-FM finden sich in der FMV mit ihrer Anlage 2a; hier sind auch alle Indikationen aufgeführt/gelistet, für die entsprechende Diät-FM entwickelt wurden und in den Verkehr gebracht werden dürfen (Prinzip: Positivliste).

Anlass für diätetische Maßnahmen	Beispiel
- abweichender Ernährungszustand	Adipositas, Kachexie nach Operation, Tumorerkrankungen
- Sistieren der Futteraufnahme	Anorexie bei Neugeborenen, Zahnfehlstellungen (Kan)
- Verdauungsstörungen	Magenulcus, Obstipation, Diarrhoe, Kolik, Dysbiose
- Stoffwechsel-, Lebererkrankungen	Diabetes mellitus (Hd), Cu-Speicherkrankheit (Hd)
- Herz- und Kreislauferkrankungen	Hypertension (Hd), Herzinsuffizienz
- Immunsuppression	bei lang andauernden Behandlungen
- Regulationsstörungen	Hypocalcaemie der Milchkuh
- Erkrankungen der Niere und des Harnapparates	Harnsteinbildung, Niereninsuffizienz
- Hauterkrankungen	Allergien
- Verhaltensstörungen	Stereotypien, Agressivität
- extreme Belastungen	hohe Milchleistung (Wdk, Hd), hohe Schweißabgabe (Pfd)

Diätetische Maßnahmen sind allgemein sehr spezifisch, d. h. indikations- und tierartabhängig. Sie umfassen die Fütterungstechnik wie auch die Rationsgestaltung insgesamt. Hierbei kann auf Diät-FM (s. S. 57, 60) zurückgegriffen werden, in vielen Fällen jedoch steht ein solches nicht zur Verfügung.

Nicht alle Konstellationen, für die eine diätetische Maßnahme in Betracht kommt, sind bisher als besonderer Ernährungszweck in der FMV spezifiziert (= Voraussetzung zur Formulierung eines Diätmischfutters), sondern verlangen auf den Einzelfall abgestimmte, besondere Empfehlungen (z. B. Biotinergänzung bei bestimmten Formen schlechter Huf-, Klauenhornbeschaffenheit; Konzentrateinsatz bei Milchkühen am Ende der Trächtigkeit und Laktationsbeginn zur optimalen Konditionierung von Pansenflora und -schleimhaut; teilweise Substitution von Stärke durch Fett bei Hochleistungspferden zur Minderung der Thermogenese im Dickdarm).

Der Handlungsspielraum für diätetische Maßnahmen ist daher also größer als das Angebot von Diätmischfuttern.

Die in Frage kommenden diätetischen Maßnahmen können prinzipiell folgendermaßen gegliedert werden:

Maßnahme (Beispiele)	*Indikation (Beispiele)*
Veränderung der Fütterungstechnik	
– Erhöhen der Mahlzeitenfrequenz	Magendrehung bei Hd
– Erwärmen des Futters	Inappetenz bei Flfr
Futterauswahl	
– Einzel-FM mit besonderer Wirkung	Grünmehl bei Adipositas der Flfr
– Einzel-FM mit besonderen Inhaltsstoffen	Dysbiosen: Trockenschnitzel als Lieferant leicht fermentierbarer KH, Klebereiweiß (glutaminreich)
– Additive	Probiotika, Enzyme, puffernde Substanzen, AS
Veränderungen der Futterzusammensetzung	
– gröbere Struktur, Rfa-Gehalt ↑	Obstipation bei Sauen
– Rp-, AS-Gehalt	Rp ↓ bei Lebererkrankungen
– Rfe-, FS-Gehalt	n3-Fettsäuren bei Dermatosen
– Mengen-, Spurenelementgehalt	Gebärparese: Kationen : Anionen-Bilanz[1]
– Vitamingehalt	Biotin bei Hufhornschäden, Vit E u. Se bei hohem Infektionsdruck, Carnitin bei Herzinsuffizienz (Hd)
Wasserversorgung	
– Förderung der Aufnahme	Vermeidung von Harnwegsinfektionen
– Nutzung von Additiven	Säurezusatz (E. coli-Prophylaxe)

[1] bei sehr unterschiedlichen Problemen wird der den Säuren-Basen-Status modulierende Effekt der Kationen: Anionen-Relation genutzt: MMA der Sau, Gebärparese bei Rd, Urolithiasis bei Flfr, Schf

Insbesondere in der Diätetik der Flfr haben Diät-FM eine weite Verbreitung erfahren.

Schrifttum (zu Kap. 5 und 6)

BICKHARDT, Klaus (1992): Kompendium der allgemeinen inneren Medizin und Pathophysiologie für Tierärzte. Parey-Verlag, Berlin

COENEN, M., und J. KAMPHUES (1996): Beurteilung einer bereits vorliegenden Rationsberechnung für Milchkühe als tierärztliche Aufgabe. Übers. Tierernährg. 24, 156–165

COENEN, M. (1999): Diätetische Maßnahmen bei Durchfallerkrankungen kleiner Heimtiere. In: KAMPHUES, J., WOLF, P., und M. FEHR (Hrsg.): Praxisrelevante Fragen der Ernährung kleiner Heimtiere. Selbstverlag ISBN 3-00-004731-X

KAMPHUES, J. (1996): Futtermittelbeurteilung/Fütterungskontrolle (Die Prüfung und Beurteilung von Futter und Fütterung im Rinderbestand als tierärztliche Aufgabe). Wiesner, E. (Hrsg.): Handlexikon der tierärztlichen Praxis, Ferdinand Enke Verlag, Stuttgart, 277j–277w

KAMPHUES, J. (2003): Diätetische Maßnahmen in Schweinebeständen - Indikationen, Möglichkeiten und Grenzen. Vortragsveranstaltung „Technologietag 2003" des Niedersächsischen Kompetenzzentrum Ernährungswirtschaft (NieKE), unveröffentlicht

KAMPHUES, J., BRÜNING, I., PAPENBROCK, S., MÖßELER, A., WOLF, P., and J. VERSPOHL (2007): Lower grinding intensity of cereals for dietetic effects in piglets. Livestock Science 109, 132–134

KAMPHUES, J., TABELING, R., STUKE, O., BOLLMANN, S. and G. AMTSBERG (2007): Investigations on potential dietetic effects of lactulose in pigs. Livestock Science 109, 93–95

KAMPHUES, J., und P. WOLF (2007): Tierernährung für Tierärzte - im Fokus: Die Fütterung von Schweinen, Hannover, 13.04.2007, ISBN 978-3-00-020840-9

KIENZLE, E. (1991): Computergestützte Rationsberechnung in der tierärztlichen Ernährungsberatung. Prakt. Tierarzt 8, 676–684

KIENZLE, E., C. THIELEN und B. DOBENECKER (1998): Computergestützte Rationsberechnung in der Kleintierpraxis. Selbstverlag

KIENZLE, E. (2003): Ernährung und Diätetik. In KRAFT, W., DÜRR, U. M., und K. HARTMANN (Hrsg.). Katzenkrankheiten – Klinik und Therapie, 5. Aufl. Hannover, M. & H. Schaper, 1301–1328

MEYER, H. (1990): Beiträge zum Wasser- und Mineralstoffhaushalt des Pferdes. Parey-Verlag, Berlin

MEYER, H., und M. COENEN (2002): Pferdefütterung. Blackwell-Wissenschaftsverlag, 4. Aufl., Berlin, Wien

MEYER, H., und J. ZENTEK (2004): Ernährung des Hundes, 5. Aufl., Parey-Verlag, Berlin

PULS, R. (1988): Mineral Levels in Animal Health: Diagnostic Data, 2. Edition. Sherpa International, Clearbrook

WOLF, P., und J. KAMPHUES (2002): Ziervögel – Nutritive Anamnese. Kleintier konkret 5, 12–16

ZENTEK, J. (1996): Notwendigkeiten und Grenzen der Diätfuttermittel bei Hund und Katze. Prakt. Tierarzt 77, 972–984

ZENTEK, J. (1996): Entwicklungen und Perspektiven der Diätetik in der Tierernährung. Übers. Tierernährg. 24, 229–253

7 Ernährung von Embryo, Fötus und Säugling

Die Ernährung zu Beginn der Individualentwicklung unterscheidet sich in vielfacher Weise von der nach der Geburt. Indirekt, d. h. über die Versorgung des graviden Tieres sind bereits in dieser Phase günstige wie auch nachteilige Einflussmöglichkeiten seitens der Fütterung gegeben.

7.1 Ernährung und Fertilität

Die Fruchtbarkeit eines Tieres bzw. eines Tierbestandes ist von vielen endogenen und exogenen Faktoren abhängig bzw. beeinflusst (s. folg. Übersicht).

Verschiedene Parameter der Fruchtbarkeit werden auch durch die Ernährung in teils arttypischer Weise m. o. w. deutlich beeinflusst (z. B. Energieversorgung und Ovulationsrate, Vitamin- und Spurenelementversorgung → Kolostrumqualität).

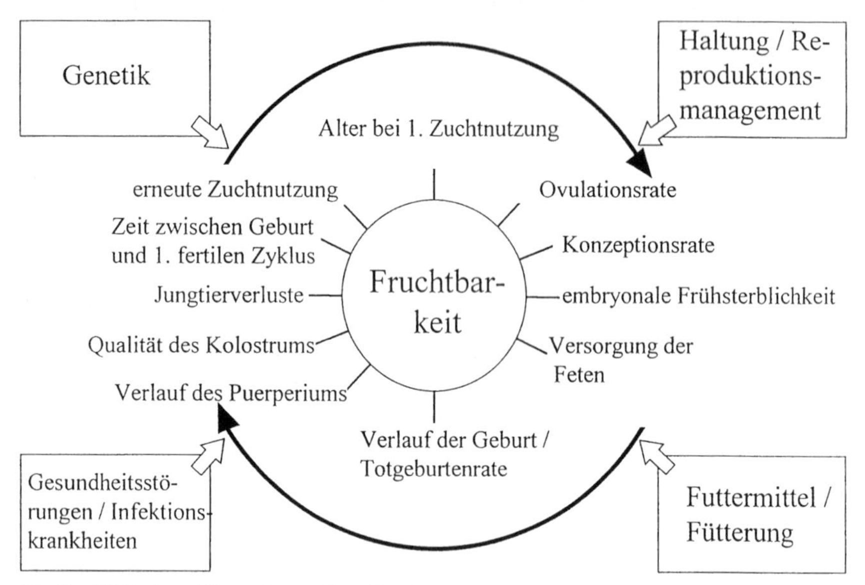

Die Fertilität eines Tieres bzw. eines Tierbestandes als Resultante verschiedener Teilleistungen und Einflüsse

7.2 Embryo und Fötus

Embryo und Fötus durchlaufen in ihrer Entwicklung 3 Stufen mit unterschiedlicher Energie- und Nährstoffversorgung:

- Versorgung durch die im Ovum angesammelten Stoffe (Lipoproteine, Glykogen) bis zur Auflösung der Zona pellucida (Blastocystenstadium); Ernährung des Muttertieres (Energie) hat vermutlich Einfluss auf Vitalität des Ovums bzw. Embryos; Beachtung beim Embryotransfer.
- Nach Auflösung der Zona pellucida können Nährstoffe direkt aus der umgebenden Nährlösung (Histiotrophe) über den Trophoblasten aufgenommen werden; Versorgung des Muttertieres vor allem mit Energie, AS (Entwicklungsruhe Wildtiere) und Vitaminen ist für die Entwicklung des Embryos in dieser Phase wichtig.

Kenntnisse über die Ernährung in dieser Phase sind zunehmend von praktischer Relevanz, da bei der in-vitro-Fertilisation und Kultivierung von Embryonen entsprechende „Nährmedien" benötigt werden.
Bislang werden hierzu Zellkulturmedien genutzt, denen auch noch Serum von Spendertieren zugesetzt wird. Der Energie- und Nährstoffbedarf der sich entwickelnden Frucht ist vor der Implantation äußerst gering und deshalb kaum näher quantifiziert, andererseits haben verschiedene Nährstoffe (Mengen- und Spurenelemente sowie Vitamine) eine Bedeutung für die Regulationsprozesse auf Seiten des Muttertieres (Erhalt der Gravidität) wie auch im Rahmen der Embryogenese (z. B. Folsäuremangel und Entstehung von Embryopathien). Eine Mangelernährung in dieser Phase führt zu retardierter Entwicklung, embryonalem Fruchttod oder auch Missbildungen. Des Weiteren ist experimentell belegt, dass sekundäre Pflanzeninhaltsstoffe (Beispiel: Gossypol-enthaltender Extrakt aus Baumwollsaat) in dem Kulturmedium die Entwicklungschancen des Embryos mindern können.

- Mit der Plazentation beginnt die plazentare Ernährung durch Übertritt von Energie (in Form von Glucose) und den meisten Nährstoffen (Aminosäuren, Mineralstoffen, wasserlöslichen Vitaminen) aus dem mütterlichen in den fötalen Kreislauf. Temporäre Unterversorgung der Muttertiere kann je nach Dauer und Art der Nährstoffe (Speicher- bzw. Mobilisationsfähigkeit) durch Mobilisierung mütterlicher Reserven kompensiert werden, so dass zunächst die fötale Entwicklung gesichert bleibt (evtl. unter Beeinträchtigung der Gesundheit des Muttertieres (s. Trächtigkeitstoxikose der Schafe s. S. 232). Andererseits kann ein Mangel an Nährstoffen wie Spurenelementen oder bestimmten Vitaminen (Vit A, E, B_{12}, Fol-, Pantothensäure, Riboflavin) auch nach der Implantation zu Entwicklungsstörungen führen. Sowohl vor als auch nach der Implantation können Belastungen des Muttertieres mit Schwermetallen (Cd, Pb) die Embryo- und Fetogenese nachteilig beeinflussen. Unter extremen Bedingungen (lange Karenz, relativ große Fruchtmasse im Vergleich zum mütterlichen Organismus) kann aber auch die Entwicklung des Fötus gestört werden. Eine Überversorgung der Muttertiere mit Nährstoffen wirkt sich im Allgemeinen nicht nachteilig auf die Entwicklung der Feten aus (Ausnahmen: Jod, evtl. Selen, Vit D).

7.3 Säuglinge

Zur Geburt zeigen die Neugeborenen der verschiedenen Spezies eine unterschiedlich weite Entwicklung bzw. Reife. Während Nesthocker (z. B. Kan, Flfr) noch über eine längere Zeit kaum eine größere Bewegungsaktivität entfalten und sehr auf die entsprechende „Nestwärme" angewiesen sind, zeigen die Nestflüchter (z. B. Pfd, Mschw) schon kurze Zeit nach der Geburt ein teils erstaunliches Reaktionsvermögen (Flucht, Aufnahme von festem Beifutter am 2./3. LT). Körperzusammensetzung, Skelettmineralisation und Fähigkeit zur Thermoregulation sind tierartlich sehr unterschiedlich. Hieraus leiten sich dann auch die teils unterschiedlichen Ansprüche der Neugeborenen verschiedener Spezies ab.

7.3.1 Energieversorgung unmittelbar post natum

Neugeborene Haussäugetiere verfügen (außer Mschw, Kan) nur über geringe Energiereserven (Glykogen, Fett). Sie bedürfen, insbesondere untergewichtige Säuglinge, nach dem Wechsel aus dem homöothermen uterinen Milieu in die in der Regel hypothermale Außenwelt alsbald energiereicher Nahrung und optimaler Umgebungstemperaturen (evtl. zusätzliche Wärmequellen, Infrarotstrahler). Besonders empfindlich für absoluten oder relativen (durch niedrige Umgebungstemperaturen bedingten) Energiemangel sind Ferkel und Welpen. Schaflämmer sind gefährdet bei Weidelammung im Spätherbst oder Winter.

Energiemangel → Hypoglycämie → u. a. Störung des Saug- und Nahrungsaufnahmeverhaltens → allg. Schwäche, oft Exitus.

7.3.2 Versorgung mit Antikörpern bzw. weiteren besonderen Milchbestandteilen

Säuglinge der Haustiere sind post natum (p. n.) weitgehend immuninkompetent; alsbaldige Versorgung mit Kolostrum, besonders zur raschen Übertragung von Antikörpern, ist notwendig und teils rechtlich vorgeschrieben (Tierschutznutztierhaltungsverordnung 2006).

Kolostrum muss ausreichende Mengen an Antikörpern enthalten; höchster Gehalt unmittelbar post partum (p. p.), anschließend rascher Abfall der Konzentration im Kolostrum. Daher Säuglinge nach der Geburt unmittelbar saugen lassen bzw. Kolostrum gewinnen und füttern.

Zur Bildung spezifischer Antikörper sollten hochtragende Muttertiere dem Keimmilieu, in dem die Säuglinge aufwachsen, zuvor ausreichend lange (mind. 3 Wochen) ausgesetzt sein. Besondere Probleme bei Zukauf hochtragender Muttertiere.

Das Kolostrum unterscheidet sich in vielfacher Hinsicht von der späteren Milch: Neben dem Gehalt an maternalen Antikörpern verdienen Erwähnung:

- der um ein Vielfaches höhere Gehalt an Mengen- und Spurenelementen sowie an Vitaminen
- der Gehalt an Schutzstoffen (z. B. Lactoferrin) bzw. Abwehrzellen (Leukozyten)
- der Gehalt an Hormonen (z. B. Insulin, Prolactin), an Wachstumsfaktoren, Cytokinen, Nukleotiden und Polyaminen, die der Entwicklung (insbes. des Verdauungstrakts), Ausreifung, Zelldifferenzierung, Enzymbildung und Stoffwechselregulation des Neugeborenen dienen

Kolostrum und auch die reifere Milch haben somit – neben der Versorgung mit Energie und Nährstoffen – weitere sehr spezifische Funktionen „functional food".

7.3.3 Saugverhalten Neugeborener

Gesunde Säuglinge suchen alsbald nach der Geburt (gelenkt durch thermische und olfaktorische Reize, z. T. Pheromone) das mütterliche Gesäuge.

Häufigkeit des Saugens pro Tag (Beginn Laktation)

Fohlen	50–60	Welpe (Hd)	6–12
Kalb	6–8	Kaninchen	1–2
Lamm	12–50	Rehkitz	5–10
Ferkel	20	Igel	5–8

7.3.4 Enzymausstattung

Der Säugling vermag zunächst nur die in der Milch enthaltenen Nährstoffe zu verdauen. Enzyme für den Abbau von Stärke und Saccharose (Amylase, Maltase, Saccharase) sowie milchfremder Eiweiße werden erst allmählich und nach Induktion durch entsprechende Futterkomponenten gebildet.

7.3.5 Nährstoffversorgung über Muttermilch

Muttermilch ist optimal verträglich, bedarf aber nach längerer Säugezeit, besonders bei schnell wachsenden Säuglingen, einer entsprechenden Ergänzung durch andere FM.

Nährstoffangebot (Energie, Eiweiß sowie Mengenelemente) bei ungestörter Laktation und normalem Säugeverhalten je nach Tierart für zwei bis vier Wochen p. n. für optimales Wachstum ausreichend.

Die Eisenzufuhr über Milch ist bei Spezies mit hohen relativen Wachstumsleistungen (Ferkel, Welpen) und fehlenden Ergänzungsmöglichkeiten aus der Umgebung ungenügend. Gleiches gilt für Magnesium bei länger dauernder Saugphase (Hypomagnesämie der Kälber bei ausschließlicher Milchaufnahme).

Versorgung des Neugeborenen mit J, Se, Vit A und E variiert in Abhängigkeit von mütterlicher präpartaler Ernährung. Keine Reservebildung an Vit A und E in der fötalen Leber möglich.

7.3.6 Beifutter

Ab der 2. bis 4. Woche p. n. ist Beifutter (FM, die neben der Milch aufgenommen werden) zur Erreichung maximaler Zunahmen notwendig. Das im Beifutter enthaltene Eiweiß, vor allem aber die Kohlenhydrate, werden in der Regel in geringerem Umfang als die in der Milch enthaltenen Komponenten verdaut. Daher ist eine langsame Gewöhnung an die Beifutteraufnahme erforderlich.

Dadurch werden einerseits die anatomische und funktionelle Entwicklung des Verdauungstraktes und die Induktion von Verdauungsenzymen gefördert, andererseits muss eine Überlastung des noch nicht voll entwickelten und adaptierten Verdauungssystems vermieden (→ Diarrhoerisiko) werden.

7.3.7 Flüssigkeitszufuhr

Sobald Säuglinge Beifutter aufnehmen, muss zusätzlich Flüssigkeit zur Verfügung stehen, aber auch schon vorher kann ein Wasserangebot sinnvoll sein (insb. bei Ferkeln!).

Durch Fehler in Fütterung und Haltung sowie bei Erkrankungen kann der Wasserbedarf von Säuglingen ansteigen:

- Bei ungenügender Eiweißqualität oder einem Wachstumsstau (geringer Eiweißansatz, z. B. bei Infektionen) müssen größere Mengen an N-haltigen harnpflichtigen Stoffen ausgeschieden werden (→ Urämiegefahr).
- Bei Diarrhoen entstehen vermehrt Wasser- und Elektrolytverluste über den Darm (→ Exsikkose).
- Zu hohe Umgebungstemperaturen (z. B. im Ferkelnest) können zu erhöhten kutanen bzw. respiratorischen Wasserverlusten beitragen (→ Hypernatriämie nach Trockenfutteraufnahme).

7.3.8 Dauer der Säugezeit, Häufigkeit der Nahrungsaufnahme und Beginn der Beifutter-Gabe

	Rd Kalb	Pfd Fohlen	Schf Lamm	Schw Ferkel	Hd Welpe	Ktz	Kan
Säugeperiode (Wochen) – beim Muttertier – mutterlose Aufzucht[3]	 0[1] 6–8[4]	 16–25 ~10	 6–12[2] 5[5]	 3–6 2–3	 6–8 6		 4–6 ~4
Saugfrequenz pro Tag – beim Muttertier MAT-Angebot pro Tag – mutterlose Aufzucht 1. LW später	 6–8 3 2	 50–60 12 6	 12–50 4–5 3	 ~20 6 3	 6–12 6 3–5	 8 6	 1–2 2 1
Beginn der Beifuttergabe (LW) Art des Beifutters	2. Heu, KF Silage	3.–4. Hafer, gequetscht Heu, leicht verdauliche KF	2.	2.–3. EF für Saugferkel	4. Feucht-AF für Flfr (Welpen)	4.	3. AF für Zucht-Kan

[1] Ausnahme: Mutterkuh- und Ammenkuhhaltung (bis 7 Monate) [2] z. T. schon Absetzen nach 1–2 Tagen; ab 8. LT Aufzucht mit MAT an Lämmerbar (s. S. 226) [3] Angebot von MAT [4] beim Frühentwöhnen [5] bis das Jungtier etwa das Dreifache seines Geburtsgewichts erreicht hat

7.3.9 Mutterlose Aufzucht

Bei der Herstellung und Verwendung von Milchaustauschern (MAT) sind folgende Punkte zu beachten:

- Die Zusammensetzung der MAT muss sich an der artspezifischen Zusammensetzung der natürlichen Nahrung, der Muttermilch, orientieren (s. unten), das betrifft insbesondere die Relation von Fett, Eiweiß und Laktose (Herkunft der Energie), den Proteintyp (Kasein, Albumine, Globuline), das Fettsäurenmuster (teils extreme Speziesunterschiede) und die Mineralisierung.
- Die verwendeten Komponenten müssen hochverdaulich sein und dürfen nur einen geringen Keimgehalt aufweisen.
- Eiweißquelle (hohe BW) sollten gut löslich, Fette leicht emulgierbar sein.
- Bei der Fütterungstechnik (Häufigkeit und Menge der Zuteilung) sind die artspezifischen Verhaltensmuster bei der Nahrungsaufnahme (s. unter S. 189) sowie eine ausreichende Tränketemperatur zu beachten. Bei der Zubereitung der MAT-Tränke sind unbedingt die deklarierten Fütterungshinweise zu berücksichtigen.

7.3.9.1 Energie-, Eiweiß-, Fett- und Laktosegehalt in der Milch verschiedener Tierarten

	Energie MJ/kg	Eiweiß g/kg	Fett g/kg	Laktose g/kg	Anteil der Energie Eiweiß %	Fett %	Lactose %
Pfd (1. Mon)	2,53	27	18	62	24	31	45
Rd	3,17	33	40	50	25	48	27
Schf	4,53	58	60	43	31	53	16
Zg	2,92	33	40	45	20	53	27
Rotwild	6,86	105	90	41	37	53	10
Schw	5,10	51	50–80	52	23	60	17
Hd	6,50	84	103	33	31	60	9
Ktz	4,90	81	64	31	42	41	17
Kan	9,08	127	148	9	33	65	2
Mschw	3,99	81	39	30	49	38	13
Ratte	9,26	120	150	30	32	63	5
Seehund	19,50	95	450	8	12	88	<1
Igel	13,00	160	255	0,7	28	72	<1

7.3.9.2 Fettsäuren im Milchfett (Gewichtsprozent)

	$C_4 + C_6$	$C_8 + C_{10}$	C_{12}	C_{14}	C_{16}	$C_{16:1}$	C_{18}	$C_{18:1}$	$C_{18:2}$
Pfd	1,0	7,1	6,2	5,7	23,8	7,8	2,0	20,9	14,9
Rd	3,3	4,3	3,1	9,5	26,3	2,3	14,6	29,8	2,4
Schf	6,8	11,7	5,4	11,8	25,4	3,4	9,0	20,0	2,1
Schw	–	0,1	0,2	3,1	25,7	8,1	4,0	43,8	12,5
Hd	–	–	2,0	4,7	26,3	10,8	2,6	33,7	18,2
Ktz	–	0,3	0,7	4,6	25,6	4,8	10,7	42,4	6,1
Kan	0,5	52	3,1	1,7	12,6	1,3	2,2	10,3	12,9

7.3.9.3 Beispiele für die Herstellung von MAT und ihre Anwendung

Fohlen	Rehkitz
640 g Kuhmilch 320 g Wasser 35 g Milch- oder Traubenzucker 1500 IE Vitamin A 300 IE Vitamin D oder MAT für Fohlen (125 g/l) 1. LW 12x täglich (je 0,5–1 % d. KM) ab 2. LW 6x täglich (je 2–3 % d. KM) Kalttränke möglich	100 g Kuhmilch 430 g Wasser 130 g Kasein 215 g Rahm (30 % Fett) 15 g vitam. Mineralfutter (ca. 20 % Ca) oder fettreiche MAT für Kälber (150 g/l) bzw. Kondensmilch (unverdünnt oder 2:1 verdünnt) 50–100 g MAT, 5–6x täglich füttern

Welpen (Hund)	Welpen (Katze)
430 ml Milch (mager) 100 g Eidotter 60 g Maiskeimöl 400 g Quark, mager 10 g vitam. Mineralfutter (20 % Ca) rd. 600 kJ/100 ml 1.–3. LW 4–6x, später 3–4x täglich füttern Menge: 1 kJ/g KM/d, d. h. 15 % der KM	760 ml Milch (mager) 50 g Eidotter 30 g Speiseöl 150 g Quark, mager 3 g Nachtkerzenöl 10 g vitam. Mineralfutter 400 mg Taurin rd. 400 kJ/100 ml Fütterungstechnik: s. Hund Menge: 25 % der KM/d

Kaninchen, Hase[1]	Igel (KM 50–100 g)
700 g Kuhmilch (falls möglich Kolostrum) 50 g Eigelb 150 g Sahne (30 % Fett) 50 g Sonnenblumenöl 20 g vitam. Mineralfutter (Ca/P: ~2:1) 3x täglich füttern, je Mahlzeit eine Menge von 5–7 % der KM	g/100 g uS 15 Eigelb, roh 8 Sojaöl 30 Rührei 30 Magerquark 0,7 Mineral-FM 0,5 Futterkalk 15,8 ml Fencheltee (Fütterung alle 3–4 Stunden tagsüber, nachts zunächst alle 4–5 Stunden) Menge: Bis 15 % der KM/d

[1] ähnlich auch Mschw, aber hier ab 2. LW eingeweichtes AF [2] mit Ca-Gehalt von ~ 20 %

Schrifttum

BLUM, J. W., und H. M. HAMMON (2000) Bovines Kolostrum: Mehr als nur ein Immunglobulinlieferant. Schweizer Archiv für Tierheilkunde, Ausgabe 5/2000

KAMPHUES, J. (1997): Effects of feeds and feeding on fertility in food producing animals. In: RATH, D. (Ed.): Reproduction in Domestic Animals – Physiology, Pathology, Biotechnology, Suppl. 4, Proceedings der 5. Dreiländertagung Fertilität und Sterilität in Schwäbisch-Gmünd, 18.–20. 9. 1997, 51–54.

KASKE, M., und H. J. KUNZ (2003): Handbuch Durchfallerkrankungen der Kälber. Kamlage Verlag, Osnabrück

KIDDER, D. E., und M. J. MANNERS (1978): Digestion in the pig. Scientechnica, Bristol.

KIENZLE, E., und E. LANDES (1995): Aufzucht verwaister Jungtiere Teil 2: Herstellung von Milchaustauschern und praktische Durchführung der mutterlosen Aufzucht. Kleintierpraxis **40**, 687–700.

LANDES, E., et al. (1997): Untersuchungen zur Zusammensetzung von Igelmilch und zur Entwicklung von Igelsäuglingen, Kleintierpraxis **42,** 647–658.

MEYER, H., und J. KAMPHUES (1990): Grundlagen der Ernährung bei Neugeborenen. In: WALSER, K., und H. BOSTEDT (Hrsg.): Neugeborenen- und Säuglingskunde der Tiere. Enke Verlag, Stuttgart.

PODUSCHKA, W. (1979): Das Igel-Brevier, 4. Aufl., Verlag Ebikon, Luzern.

WIESNER, E. (1970): Ernährungsschäden der landwirtschaftlichen Nutztiere. VEB Verlag G. Fischer, Jena.

VI Ernährung verschiedener Spezies

1 Rinder

Als ruminierende Spezies sind Rinder unabhängig von der Nutzungsrichtung und Leistungshöhe auf die adäquate Zufuhr strukturierten (Partikellänge) und mikrobiell fermentierbaren (Cellulose, Hemicellulose, Pektin) Futters angewiesen. Die Futteraufnahme verteilt sich auf einen Zeitraum von 12–15 h (bei Hochleistungskühen), wobei rd. 50 % dieser Zeit allein auf das Wiederkauen entfallen. Der notwendige Konzentrateinsatz induziert adaptive Veränderungen in der Pansenflora sowie an der Pansenwand. Andererseits können sich durch Akkumulation organischer Säuren (v. a. Milchsäure) eine acidogene Dysbiose (Laktatbildner ↑) und Schleimhautschäden (Keratose, Ulcus) entwickeln. Aber erst mit anatomischer und funktioneller Entwicklung des Vormagensystems ist die o. g. Charakterisierung zutreffend. Im praeruminalen Stadium ist der junge Wdk verdauungsphysiologisch hingegen den Monogastriern vergleichbar.

1.1 Kälber

Als Kalb wird das junge Rd *in der Phase der Vormagenentwicklung* (allgemein bis zum Alter von ca. 4 Mon) bezeichnet. Seine Fütterung richtet sich nach der angestrebten Nutzung. Sie beginnt einheitlich mit der Kolostrumphase (1. LW). Hieran schließen sich – nach Differenzierung in Aufzucht und Kälbermast – unterschiedliche Ernährungsformen an, wobei die rechtlichen Vorgaben der Tierschutz-Nutztierhaltungs-V (22. 8. 2006) grundsätzlich zu beachten sind:

Kälber

1. LT: innerhalb von 3–4 h p. n. Kolostrum (= Biestmilch)-Angebot
8. LT: Raufutter oder sonstiges rohfaserreiches strukturiertes Futter zur freien Aufnahme
ab 2. LW: jederzeit freien Zugang zu Wasser
(70 kg KM: Fe im MAT so hoch, dass ein Ø Hb-Wert von 6 mmol/l Blut erreicht wird)

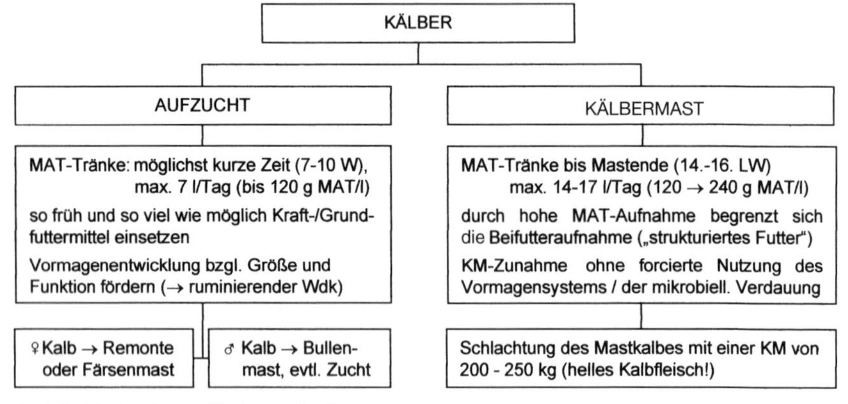

1.1.1 Kolostralmilchperiode

1. Tag: möglichst früh (bis 3–4 Std p. n.) Kolostrum gewinnen und füttern (d. h. häufiges Angebot, vornehmlich des ersten Gemelks), evtl. über Schlundsonde verabreichen, Mindestaufnahme 2 bis 3 kg. Für Notfälle Kolostrum einfrieren (von älteren Kühen).

2.–7. Tag: Steigerung des Kolostrum- bzw. Milchangebots auf 5 bis 6 kg am Ende der 1. LW; zunächst dreimal täglich tränken, Übergang auf zweimal täglich oder Gewöhnung an Tränkautomaten.

Nach 1. LW: Milch bzw. MAT-Tränke (s. Rationsgestaltung), Fütterung mit Eimer (idealerweise mit Sauger) oder am (Halb-)Automaten.

1.1.2 Aufzuchtkälber

1.1.2.1 TS-Aufnahmekapazität und Empfehlungen für die tägliche Energie- und Nährstoffversorgung (KM-Entwicklung s. Abb. unten)

Alter Mon	KM[1] kg	KMZ[2] g	TS-Aufn. kg	ME MJ	Rp	Ca	P g	Mg	Na
1	55	500	1	18,2	304	11	8	2	2
2	76	700	1,5–2	25,1	427	13	9	3	2
3	97	700	2–2,5	28,1	453	16	11	3	3
4	121	800	2,5–3	33,5	522	21	13	4	3
5	145	800	3–3,5	36,7	546	28	14	5	4

[1] am Ende des Monats
[2] maximal; je kg Ansatz 180 g Rp, 14 g Ca, 8 g P, 0,45 g Mg, 1,5 g Na; endogene Verluste und aV s. S. 164

KM-Entwicklung von Kälbern bei unterschiedlicher Wachstumsgeschwindigkeit

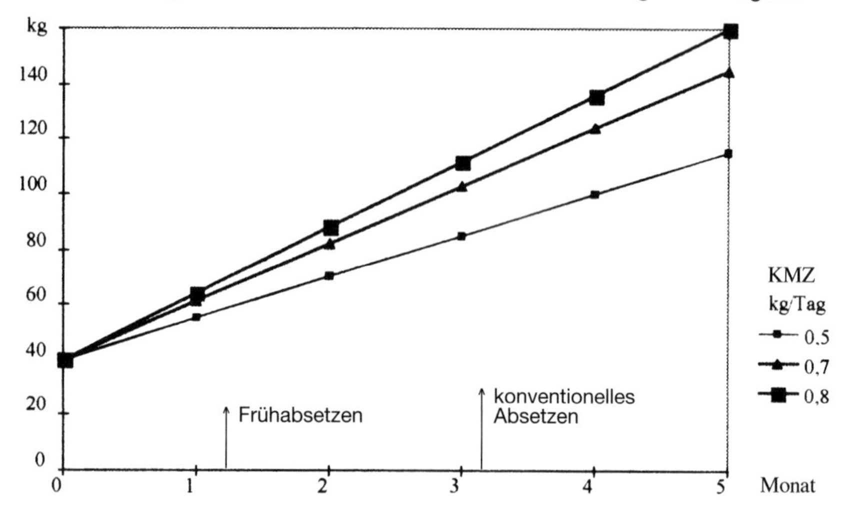

1.1.2.2 Rationsgestaltung und Fütterungstechnik

Um die Entwicklung vom Säugling zum ruminierenden Wiederkäuer zu beschleunigen, werden möglichst früh neben Milch oder Milchersatz Raufutter (Heu bester Qualität), hochwertige Silagen sowie Kraftfutter angeboten.

Bei konventioneller Fütterung werden die Kälber erst nach rd. 100 Tagen vollständig von der flüssigen Nahrung abgesetzt. Zur Einsparung von Arbeits- und Futterkosten werden in zunehmendem Maße das Frühabsetzen (nach rd. 50 Tagen, Kraftfutteraufnahme mindestens 1 kg/Tag) oder spezielle Tränkeverfahren praktiziert.

In der Mutterkuh- bzw. Ammenkuhhaltung (i. d. R. 2 Kälber je Kuh) nutzen Kälber zunächst nur die Vollmilch und je nach Abkalbezeitraum in unterschiedlichem Maße den Weideaufwuchs. Bei früh geborenen Kälbern ist aufgrund des nährstoffreichen, jungen Grases die Intensität der Beifütterung gering, während in der Weidesaison geborene Kälber mehr KF zur Ergänzung der Weide in der späten Vegetationsperiode beanspruchen.

Übersicht zu verschiedenen Tränkeverfahren:

Verfügbarkeit der Tränke	Technik des Tränkeangebotes	Tränkeherstellung
zweimaliges Tränken/Tag	Eimertränke von Hand	Anmischen zu jeder Mahlzeit, ca. 37 °C
dreimaliges Tränken/Tag	Tränkeverteilung mittels Dosiereinrichtungen (Druckleitungen mit Dosierpistolen)	automatisierte Tränkeherstellung und manuell gesteuerte Verteilung zu jeder Mahlzeit
Tränke ad libitum	Tränkeaufnahme über Sauger a) Eimer mit einem Sauger b) Sauger über Leitungen mit Vorratsbehälter verbunden	Anmischen der Tränke auf Vorrat Tränketemperatur ca. 20–25 °C Kalttränke (allgemein als Sauertränke angeboten)
Tränke in frei wählbarer Mahlzeitenfrequenz bei begrenztem Volumen	computergestützte, individuelle Tränkezuteilung (Transponder)	Automat mischt Tränke auf Abruf portionsweise körperwarm an

Voraussetzung für eine störungsfreie Verdauung ist eine Tränkezubereitung gemäß Empfehlung des Herstellers. Richtwerte für MAT s. S. 197.

Warmtränke: Anrühren der Tränke mit ca. $^1/_3$ des vorgesehenen Volumens bei Temperaturen >50 °C (abhängig von Fett- und Emulgatorqualität), Verdünnung auf Endvolumen mit Temperatur von ca. 43 °C (Warmtränke), Zuteilung bei 37 °C mittels Eimer (möglichst mit Sauger).

Frühabsetzen: geringe Mengen (s. o.) → Stimulierung der KF-Aufnahme. Warmtränke kann auch über entsprechende Automaten, die auf Abruf die Tränke frisch anmischen, angeboten werden. Dieses Verfahren entwickelte sich zum Standard in der Fütterung von Aufzuchtkälbern in großen Betrieben. Zum Tränkeautomaten bekommen in Gruppen gehaltene Kälber mit individueller Kennzeichnung (Transponder) einzeln Zugang und nehmen hierbei die gerade angerührte warme MAT-Tränke auf. Dabei ist vom Betreuer die Menge pro Tag, Menge pro Mahlzeit und die Mahlzeitenfrequenz pro Tag (bzw. Zeit des verwehrten Zugangs) frei zu wählen, d. h. vorzugeben. Die kleineren Portionen und die Aufnahme der frisch angerührten warmen MAT-Tränke aus einem Sauger sind ernährungsphysiologisch günstig. Neben arbeitswirtschaftlichen Vorteilen sollen Kälber in diesem Tränkeverfahren früher größere KF-Mengen aufnehmen, so dass auch Einsparungen im MAT-Verbrauch je Kalb möglich werden. Teils wird so eine Aufzucht mit nur 35 kg MAT je Kalb erreicht (in anderen Verfahren häufig ~50 kg MAT).

Kalttränke (Sauermilchtränke): Anfangs 100 g MAT/l, später Rückgang bis auf 50 g/l möglich, MAT wird mit Ameisen- oder Propionsäure (bzw. deren Calciumsalzen, kaum pH-wirksam) konserviert (3 ml/l). Bei einem pH von 4,5 wird eine Haltbarkeit der Tränke für 2–3 Tage erreicht. Unter diesen Bedingungen muss auf Kasein als Proteinquelle verzichtet („Null"-Austauscher) oder ein Rührwerk im Vorratsbehälter installiert werden. Bei einem pH von 5,5 ist der MAT nur für 1 Tag haltbar, dafür können aber kaseinhaltige Futtermittel eingesetzt werden. Zur Gewöhnung (bessere Akzeptanz) MAT zunächst mit warmem Wasser ansetzen. Bei Verwendung großer Mengen Molkenpulver → Gefahr der Na-Intoxikation bei unzureichender Wasseraufnahme oder erhöhter Wasserabgabe (Diarrhoe).

Zuteilung über Schlauchleitungen mit Sauger (aus Vorratsbehältern) oder über Saugeimer; bei Angebot aus Eimern kann der saure Geruch evtl. zu Akzeptanzstörungen führen. Günstige Erfahrungen mit Sauermilchtränke gibt es in Betrieben mit chronischen Coli-Infektionen.

Richtwerte für Nullaustauscher: Ra <90 g; Na max. 8 g; K max. 20 g; SO_4^- max. 5 g/kg MAT; Laktose ca. 410 g; Rp ca. 220 g/kg MAT.

Unterschiede im Warm- bzw. Kalttränkeverfahren (generell: 100–125 g MAT/l Wasser)

	Warmtränke	Kalttränke
Tränketemperatur	35–40 °C	>17 °C[1]
Tränkfrequenz pro Tag	2x	ad lib (10–15x)
Tränkevolumen/Mahlzeit	~3,5 l[2]	0,5–0,8 l
Anrühren der Tränke/Tag	2x[3]	0,5x

[1] Mindestwert, allgemein entsprechend der Umgebungstemperatur [2] am Automaten: zwischen 0,2 l und 1,5 l je Mahlzeit
[3] am Automaten: zur Mahlzeit, d. h. auf Abruf

1.1.2.3 Rationskomponenten

a) MILCH ODER MILCHERSATZ

Außer bei einer Versorgung über Tränkeautomaten ist ein Tier : Fressplatz-Verhältnis von 1:1 erforderlich.

- Voll- und Magermilch: Nach der Kolostralmilchperiode werden in der 2. bis 7. LW täglich 6 bis 9 l Milch (steigende Anteile Mager-, sinkende Anteile Vollmilch) gegeben. Ausschließliche Magermilchfütterung ab 8. LW (mit vit. Ergänzungsfutter: 10–25 g/l aufwerten, s. S. 197). Ca. 1 Woche vor dem geplanten Absetztermin langsame Reduktion des Milchangebotes. Wasser ad lib. Bei Milchquotenüberschreitung wird auch Vollmilch („Übermilch") verwendet.
- Milchaustauscher (MAT), wichtigste Futtergrundlage in der Praxis, sie ersetzen als Alleinfutter die Vollmilch.

Übersicht zur Zusammensetzung von Milchaustauschern

Komponenten	Nährstoffe
Milchverarbeitungsprodukte	
Magermilchpulver[1]	→ Kasein[1], Laktose, Mineralstoffe
Molkenpulver	→ Laktose, Albumin und Globuline, Mineralstoffe
ggf. Buttermilchpulver (Butterfett)	→ Laktose, Kasein, Mineralstoffe; (Fett)
Kasein (evtl. bei günstigem Preis)	→ Kasein[1]
milchfremde Bestandteile	
Soja-, Klebereiweiß	→ pflanzliches Protein
pflanzliche Fette	→ Fett (Energie)
Quellstärke	→ aufgeschlossene Stärke, Dextrine, Zucker
Mineralstoffe	→ Mengenelemente
Vormischungen mit Zusatzstoffen	
mit Nährstoffcharakter	→ Spurenelemente, Vitamine
ohne Nährstoffcharakter	→ Emulgatoren, Antioxidantien, Geschmacksstoffe etc.

[1] nicht in sog. Nullaustauschern (= Null Kasein)

b) GRUNDFUTTER

Weiches Heu bester Qualität (1. Schnitt blattreich oder 2. Schnitt = Grummet) fördert die Vormagenentwicklung; Mais- und Grassilagen von guter Qualität können Heu vollständig ersetzen; Angebot ad lib, Häcksellänge: 15–20 % der Partikel sollten eine Mindestlänge von 1,3–2,5 cm aufweisen, Futterrüben guter Qualität ab 6. LW einsetzbar; Angebot ad lib.

c) KRAFTFUTTER

Möglichst ab 2. LW schmackhaftes, pelletiertes EF (s. S. 197) ad lib anbieten; durch eine frühzeitige hohe KF-Aufnahme wird das Wachstum der Pansenzotten besonders gefördert, während das Grundfutter (s. o.) eher die Größenentwicklung der Vormägen stimuliert; Angebot zunächst ad lib, ab 1,5 kg/Tag konstant halten, bei Frühabsetzen: bis 2 kg KF/d.

d) WASSERZUFUHR: unbegrenzt, möglichst über Selbsttränken.

1.1.2.4 Futtermengenzuteilung (kg/Tag)

Absetzverfahren		konventionell			früh		
LW	KM kg	MAT 10 %	KF	Heu[1]	MAT 10 %	KF	Heu[1]
2.	ca. 40	6–7	ad lib	ad lib	6	ad lib	ad lib
3.–6.	45– 65	8	ad lib	ad lib	6	ad lib	ad lib
7.–8.	65– 75	8	ad lib	ad lib	6	ad lib	ad lib
9.–12.	75–100	8	bis max.	bis max.	–	bis max.	bis max.
13.–16.	100–120	6–0	1,5 kg	1,5 kg	–	2,0 kg[2]	1,5 kg

[1] nur Heu wird evtl. limitiert, alle anderen Grund-FM weiter ad lib. [2] erst bei min. 1,5 kg KF-Aufnahme Absetzen möglich

1.1.3 Mastkälber

Mastkälber sollen in ca. 16 Wochen eine KM von 200–220 kg erreichen (Tageszunahmen von 1000–1600 g). Je nach Marktlage wird jedoch u. U. auch auf eine KM von bis zu 250 kg ausgemästet (verlängerte Kälbermast).

1.1.3.1 Empfehlungen für die tägliche Energie- und Nährstoffversorgung

KM kg	KMZ g/Tag	Wasser l	MAT g/l	MAT kg	ME MJ	Rp g	Ca g	P g	Mg g	Na g
60	1000	5,5	180	1,2	19,8	262	17	11	2	3
80	1400	6,4	190	1,5	29,6	360	24	15	3	4
100	1500	7,6	200	1,9	36,7	393	26	16	4	4
120	1600	8,3	210	2,2	44,3	425	28	17	4	5
140	1600	8,4	230	2,5	50,3	435	28	18	5	5
160	1600	8,7	250	2,9	56,2	446	29	18	5	5
180	1600	9,4	260	3,3	62,0	455	29	19	5	5
200	1600	10,3	260	3,6	67,8	465	30	19	6	6

1.1.3.2 Rationsgestaltung

Ziel: Hohe Tageszunahmen durch große Mengen einer zunehmend konzentrierten MAT-Tränke bei Gewährung eines notwendigen Angebots an „strukturiertem Futter" (→ zur Befriedigung des Kau-/Wiederkaubedürfnisses). Als Quelle strukturierter Rohfaser hat die Maissilage auch hier eine erhebliche Bedeutung gewonnen. Derartiges „strukturiertes" Futter trägt allerdings zur Gesamtenergie- und Nährstoffversorgung der Mastkälber nur unwesentlich bei (Unterschied zur Rindermast!).

a) *Vollmilch* (bäuerliche Betriebe mit Übermilch): bis 100 kg KM steigende Gaben, anschließend Vollmilch mit MAT aufwerten (höhere TS-Gehalte).

b) *Voll- und Magermilch:* begrenzte Bedeutung, Magermilch mit „Ergänzungsfuttermittel zu Magermilch" (s. S. 197) aufwerten.

Prinzip: Beginn mit 6 bis 7 l/Tag; ab der 2. LW jede Woche Steigerung um 1–1,5 l/Tier/Tag; beschränkte Flüssigkeitsaufnahmekapazität (rd. 17 l/Tag; „Flüssigkeitsbremse") bedingt niedrige Mastendgewichte: Bei Vollmilch 110 kg, bei Magermilch + Ergänzungsfutter („Aufwerter") 160 kg KM.

c) *Milchaustauscher* (Zusammensetzung s. S. 197) heute übliche Methode in Großbetrieben. Prinzip: Steigerung von Tränkemenge und -konzentration; damit höhere und stets adäquate Nährstoffversorgung, Verlängerung der Mast durch Trockenfutterzulage (je nach Kalbfleischmarktlage) möglich, MAT I bis rd. 80 kg KM, MAT II bis Mastende (s. unten). In

ca. 16 Wochen mit rd. 220 kg Endgewicht: Futterverbrauch ca. 1,5 kg/kg Zuwachs, Milchaustauscherverbrauch rd. 240 kg. Bei verlängerter Kälbermast (Endgewicht ca. 250 kg) wird entweder das o. g. Fütterungskonzept beibehalten oder ab der 8.–9. LW eine Beifütterung mit Kraftfutter (bis zu 5 kg/Tag) bei Reduktion der MAT-Menge vorgenommen („Rosa-Mast"). Im Unterschied zur dieser verlängerten Kälbermast werden Jungmasttiere, die auf der Basis von Muttermilch und Weideaufwuchs gefüttert wurden, als „Baby Beef" bezeichnet (max. 10 Mon alt bei einer KM von max. 300 kg).

1.1.3.3 Fütterungstechnik

1. Lebenswoche (s. Kolostralmilchperiode S. 192)

Nach Eingewöhnung im Stall und allmählicher Steigerung der Tränkekonzentration und -menge wird die MAT-Tränke nahezu ad lib angeboten (vielfach Längströge, zweimalige Fütterung/Tag). Etwa ab 80 kg KM wird i. d. R. der proteinärmere MAT II (s. Tab. unten) eingesetzt. Um die entsprechenden rechtlichen Vorgaben bzgl. „strukturierten Futters" zu erfüllen, werden separat bzw. nach Aufnahme der MAT-Tränke Maissilage, grobes Getreideschrot, verpresstes Strohhäcksel u. Ä. angeboten.

1.1.4 Richtwerte für die Zusammensetzung von MAT und EF für Kälber

Angaben je kg uS			MAT für Aufzuchtkälber	MAT I	MAT II	Ergänzungsfuttermittel		
				für Mastkälber		für Aufzuchtkälber	zu Magermilch für	
				<80 kg KM	>80 kg KM		Aufzucht	Mast[1]
Rohprotein	g	min.	200	220	170	180		
Lysin	g	min.	14,5	17,5	12,5			
Rohfett	g		130–250	150–300	150–300			300–600
Rohfaser	g	max.	30	15	20	100		30
Rohasche	g	max.		100	100	100		
Ca	g	min.	9	9	9			
P	g	min.	6,5	6,5	7			
Mg	g	min.		1,3	1,3			1,5
Na	g	min.-max.		2–6	2–6			6
Fe	mg	min.	60	40			120	
Cu	mg		4–15	4–15	max. 15		max. 120	8–30
Vitamin A	IE	min.	12 000	10 000	8 000	8 000	80 000	20 000
Vitamin D	IE	min.	1 500	1 250	1 000	1 000	10 000	2 500
Vitamin E	mg	min.	20	20	20		160	40

[1] energiereich

1.1.5 Ernährungsbedingte Gesundheitsstörungen bei Kälbern

1.1.5.1 Diarrhoen, mögliche nutritive Ursachen, Kolostrumperiode (1. LW)

KOLOSTRUMQUALITÄT

- γ-Globulingehalt zu niedrig
  Kuh durchgemolken, vor der Geburt gemolken, Trockenperiode zu kurz (normal 6–8 Wochen), Kolostrum zu spät gewonnen (möglichst innerhalb 3–4 Stunden p. p.)
- γ-Globuline nicht spezifisch:
  Muttertier nicht an stallspezifische Flora adaptiert (Zukauf kurz vor Abkalben)
- Vitamin- (A und E) bzw. Spurenelementgehalt (Cu, Se) zu gering, da
  Muttertier während Hochträchtigkeit nicht ausreichend versorgt wurde

FÜTTERUNGSTECHNIK

- zu spät p. n. getränkt (Kolostrumgabe binnen 3–4 h nach der Geburt obligatorisch)
- Milch zu kalt verfüttert
- Tränkgefäße unsauber oder von mehreren Tieren benutzt
- Tränkemenge pro Fütterung zu groß

1.1.5.2 Diarrhoen: mögliche nutritive Ursachen in der postkolostralen Phase

FUTTERMITTEL; ZUSAMMENSETZUNG UND QUALITÄT

Vollmilch

- Fettgehalt zu hoch (Jersey, Guernsey):
  Milch verdünnen: 2 Teile Vollmilch, 1 Teil Magermilch oder Wasser
- hoher Anteil an NPN-Verbindungen in der Milch (?) infolge überhöhter Eiweißfütterung bei gleichzeitig krassem Energiemangel
- bei einseitiger, länger dauernder Vollmilchverwendung

Milchaustauscher

- Asche
  hohe Aschegehalte (>80 g/kg) bedingt durch Molkenprodukte (bes. teilentzuckerte); hohe Aschegehalte sind ein Indikator für Verwendung solcher Produkte, niedrige Werte schließen hingegen ihre Verwendung nicht aus, da durch andere Komponenten eine Reduktion des Aschegehaltes möglich ist (z. B. Sojaprotein).
- Fett
  absolut zu hoher Fettanteil (>5 % in der Tränke)
  zu hoher Anteil an harten Fetten → Schmelzpunkt zu hoch (über 40–50 °C) → geringe Verdaulichkeit, schlechte Verteilung (Aufrahmen, bes. in Automaten) → Steatorrhoe;
  Fettart und -härte zum Tränkeverfahren passend (unterschiedlich bei Kalt- und Warmtränke!)
  Fettpartikel zu groß (Ø über 5–10 μm) → geringere Verdaulichkeit
  Fettverderb, ranziges Fett
- Eiweiß
  Schädigung durch Überhitzung oder feuchte Lagerung → Bildung von Fructoselysin und anderen nicht verfügbaren Komplexen mit AS
  überwiegend pflanzliche Proteine (Soja u. a. → geringere praecaecale Verdaulichkeit bei jüngeren Kälbern) → putrefaktive Diarrhoe
- Kohlenhydrate
  zu hoher Anteil, insbesondere an schnell sedimentierender nativer Stärke (>50 g/kg MAT) oder Dextrinen → forcierter Abbau im Dickdarm → fermentative Diarrhoe
  Laktose- + Glucoseangebot nicht mehr als 10–12 g/kg KM/Tag
- *Sonstiges*
  Molkenpulveranteile zu hoch, Laktose → Passage beschleunigt, bes. bei jüngeren Tieren evtl. Fehlgärungen im Dickdarm → fermentative Diarrhoe (geringeres Risiko bei Kalttränke mit protrahierter Nahrungsaufnahme); erhöhte Nitratgehalte
  Komponenten: Pilz- oder Bakteriengehalt erhöht, schnelle Entmischung nach Anrühren
  Magermilch: ansauer
  Heu (Aufzucht): überaltert, hartstängelig, nitratreich, verschimmelt
  Kraftfutter: verdorben, ranzig
  Wasser: hoher Sulfat- (ab 600 mg SO_4^{2-}/l: Kotqualität ↓), Nitrat- oder Keimgehalt

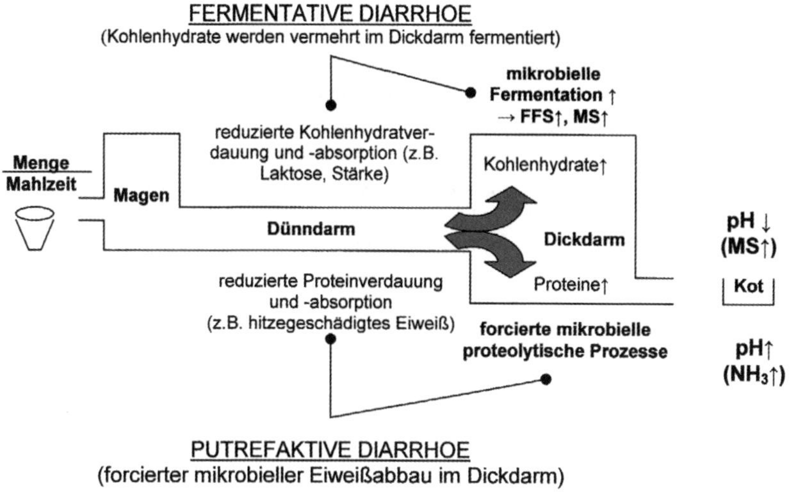

FERMENTATIVE DIARRHOE
(Kohlenhydrate werden vermehrt im Dickdarm fermentiert)

mikrobielle Fermentation ↑ → FFS↑, MS↑

reduzierte Kohlenhydratverdauung und -absorption (z.B. Laktose, Stärke)

Menge
Mahlzeit

Magen

Dünndarm

Kohlenhydrate↑

Dickdarm

Proteine↑

pH ↓ (MS↑)

Kot

reduzierte Proteinverdauung und -absorption (z.B. hitzegeschädigtes Eiweiß)

forcierte mikrobielle proteolytische Prozesse

pH↑ (NH_3↑)

PUTREFAKTIVE DIARRHOE
(forcierter mikrobieller Eiweißabbau im Dickdarm)

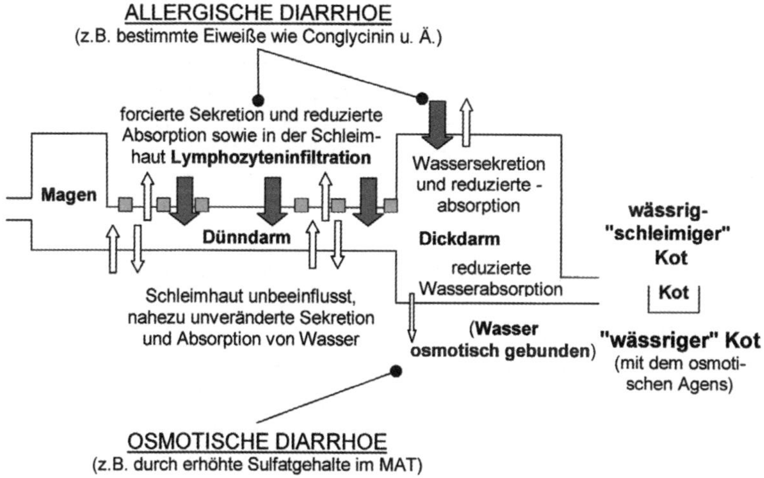

ALLERGISCHE DIARRHOE
(z.B. bestimmte Eiweiße wie Conglycinin u. Ä.)

forcierte Sekretion und reduzierte Absorption sowie in der Schleimhaut **Lymphozyteninfiltration**

Wassersekretion und reduzierte -absorption

Magen

Dünndarm

Dickdarm

wässrig-"schleimiger" Kot

reduzierte Wasserabsorption

Kot

Schleimhaut unbeeinflusst, nahezu unveränderte Sekretion und Absorption von Wasser

(**Wasser osmotisch gebunden**)

"wässriger" Kot
(mit dem osmotischen Agens)

OSMOTISCHE DIARRHOE
(z.B. durch erhöhte Sulfatgehalte im MAT)

Nutritiv bedingte Diarrhoen bei Kälbern – unterschiedliche Ursachen und pathogenetische Mechanismen/Prozesse

FÜTTERUNGSTECHNIK
- Tränkeeinrichtungen unsauber
- MAT nicht gleichmäßig gelöst (Klumpenbildung)
- MAT-Konzentration zu hoch (bei älteren Kälbern maximal bis 26 %)
- Tränke nicht körperwarm (außer Kalttränke), unzulängliche Anmischtemperatur
- unregelmäßige Fütterungszeiten/plötzliche Futterwechsel
- überhöhte Tränkemengen, bes. bei Zukaufskälbern (Richtwert 10–15 % der KM als Tränke) sowie bei Vorratstränken mit Temperaturen um 22 °C oder höher
- Automaten: ungleichmäßige Aufnahme, Dosierfehler, Mischfehler; Verlust des Transponders, Hygienemängel
- kein Tränkwasser

Diätetische Maßnahmen bei Diarrhoen

Allgemeine Ziele:
- Substitution von Verlusten an Wasser, Na, Cl, evtl. K
- Aufrechterhaltung der Energie- und Nährstoffversorgung
- evtl. kurzfristig auf Vollmilch wechseln bzw. auf anderen MAT zurückgreifen (Effekte?)
- evtl. Entlastung des Verdauungskanales (höhere Verdaulichkeit) durch kleinere Mengen/Mahlzeit bei erhöhter Fütterungsfrequenz
- Stabilisierung des Säuren-Basen-Haushaltes: in fortgeschrittenen Fällen liegt im Allg. eine Azidose vor

Diättränken zur Unterstützung der Therapie (höchstens 3 Tage → Gefahr Na-Intoxikation)
Empfehlungen für Menge und Zusammensetzung von Diättränken:
- Volumen: allgemein sind 4–6 l Flüssigkeit je Kalb und Tag erforderlich; größere Volumina: unkritisch, Flüssigkeitsmangel: gefährlich!
- Natrium: 70–120 mmol/l (1,6–2,8 g/l) aus NaCl, Na-Citrat und Na-Bicarbonat
- Kalium: 10–20 mmol/l (0,38–0,76 g/l)
- Chlorid: 40–80 mmol/l (1,4–2,8 g/l)
- Bicarbonat: 40–80 mmol/l (3,4–6,8 g Na-Bicarbonat bzw. 3,9–7,8 g Tri-Na-Citrat-2 Hydrat)
- Glucose: 150–200 mmol/l (27–36 g/l)
- Glycin: 40 mmol/l (3 g/l)
- Cave: viele Diättränken ohne ausreichende Energie- und Rp-Gehalte

Tränkeplan für diarrhoeerkrankte Kälber (KM: 40–50 kg) RADEMACHER 2000

Tränkezeitpunkt	Tränkemenge je Kalb
morgens	1,5–2 Liter Vollmilch[1]
vormittags[2]	1–1,5 Liter Elektrolyttränke
mittags	1,5–2 Liter Vollmilch[1]
nachmittags[2]	1–1,5 Liter Elektrolyttränke
abends	1,5–2 Liter Vollmilch[1]
spät abends[2]	1–2 Liter Elektrolyttränke

[1] Tagesbedarf an Milch: ~12 % der Körpermasse
[2] Der zeitliche Abstand zu den Milchtränken sollte jeweils etwa 2 Stunden betragen

Faktor	Risiken für Durchfallerkrankungen gering ⇨	hoch
Frequenz des Tränkens/d	6x	2x
Volumen/Mahlzeit	< 1,5 l	> 3 l
Säurezusatz im/zum MAT	mit	ohne
Anteil milchfremder Komponenten im MAT	gering	hoch

Einflüsse seitens der Fütterungstechnik sowie der Milchaustauscher-Zusammensetzung auf die Disposition für Durchfallerkrankungen der Kälber

1.1.5.3 Tympanien

Je früher größere Mengen an Grund- und Kraftfutter aufgenommen werden, umso größer die Disposition für ein Aufblähen (Häufung 4./5./6. LW) schon vor dem Absetzen der Tränke. Später infolge ungenügender Adaptation an strukturiertes Futter nach dem Absetzen der Kälber; verstärkte Aufnahme von Haaren (Belecken bei Frühabsetzen) → Bezoarbildung Risikoreich: qualitativ minderwertiges Futter (z. B. überständiges, verschimmeltes Heu), stark mit Hefen belastete Silagen

1.1.5.4 Labmagentympanie, -verlagerung

Anpassungsschwierigkeiten an Festfutter; abrupter Kraftfutterwechsel

1.1.5.5 Labmagengeschwüre

Ursachen: vermutlich Infektionen, Stress, Pharmaka; hart strukturiertes, lignifiziertes Raufutter bei intensiver MAT-Fütterung (mechanische Irritation der nicht adaptierten Schleimhaut), evtl. auch Verlagerung fermentativer Vorgänge in den Labmagen bzw. Störungen der Schleimhautbarriere durch Keime (Verlust der Schutzschicht → Selbstverdauung).

1.1.5.6 Intoxikationen

- Cu: bei länger dauernder Aufnahme von FM mit > 30 mg/kg TS
- Na: bei >6 bis 10 g Na/kg MAT (lufttr. Substanz), je nach Flüssigkeitsaufnahme, Na-Gehalt und gleichzeitiger K-Aufnahme
  Bewertung von Na- und K-Gehalten in MAT für Mastkälber anhand der „isoosmotischen Summenkonzentration" (GROPP et al., 1978): in der Tränke % Na + % K x 0,588; Grenzwert 0,32 %, besondere Bedeutung bei begrenzter Wasserversorgung
- Wasser: Hohe Aufnahme (>10 % der KM) nach Depletion → Hämolyse → Hämoglobinurie

1.1.5.7 Mangelkrankheiten

Mangelerkrankungen durch unzureichende Versorgung mit Mineralstoffen und Vitaminen; insbesondere bei Kälbern in der Mutter- und Ammenkuhhaltung bedingt durch fehlende Ergänzung (= extensive Produktion) bzw. fehlende Aufnahme des Ergänzungsfutters (Milch und Gras haben höhere Akzeptanz als das Mineralfutter) bzw. bei unzureichendem Zugang zum Ergänzungsfuttermittel (z. B. infolge Abdrängen durch ranghöhere Tiere).

1.1.6 Vorgehen zur Klärung evtl. nutritiv bedingter Störungen bei Kälbern

- intensive nutritive Anamnese (unter bes. Berücksichtigung der Kolostrumversorgung)
- Messen der Körpertemperatur (deutlich erhöhte Werte sprechen allgemein gegen einen MAT- bzw. fütterungsbedingten Durchfall → Anzeichen einer Infektion!)
- gezielte klinische Untersuchung und Diagnostik, besonders bezüglich der Verdauungsstörungen (Lokalisation, Frequenz, Kotqualität, Kot-pH-Wert etc.)
- Prüfen des MAT (Deklaration, Geschmack, Farbe, Geruch, pH-Wert)
- Prüfen der Fütterungstechnik (Anmischtechnik, Temperatur, Dosierung, Hygienestatus)
- Blutproben in Fällen mit ZNS-Symptomatik (Na, K, Thiamin)
- Proben der MAT-Tränke → Prüfung der Konzentration, Sedimentation/Flotation
- Proben des Rau- und Mischfutters → Sensorische Prüfung, evtl. weitergehende Untersuchung
- Untersuchungsspektrum u. a.:
  - Rohasche, Rohprotein, Rohfaser, Stärke, Laktose
  - Na, K, Cl, Cu, Se, SO_4^{2-}
  - botanische Untersuchung → Komponenten pflanzlicher Herkunft
  - mikrobiologische Untersuchung (Futter und Kot)

1.2 Wiederkäuende Rinder

1.2.1 Allgemeine Gesichtspunkte zur Rationsgestaltung

1.2.1.1 Aufbau der Ration

Grundfuttermittel: in der Regel wirtschaftseigene FM (Weide und Graskonserven, Ackerfutter und -konserven, Nebenprodukte)

Kraft- und Ergänzungs-FM: betriebseigenes Getreide, zugekaufte Nebenprodukte aus der Mehl-, Zucker- und/oder Ölverarbeitung und zur Ergänzung vit. Mineralfutter; einfacher vom Arbeitsaufwand etc. ist die Verwendung kommerzieller Ergänzungs-FM (z. B. Milchleistungsfutter oder EF für die Rindermast), die häufig schon mit Mineralstoffen und Vitaminen supplementiert sind.

1.2.1.2 Auswahl der Futtermittel

Die Auswahl der Grundfuttermittel ergibt sich aus Menge und Art der im Betrieb vorhandenen Futtermittel oder preisgünstig zu beschaffender Futtermittel wie Schlempe, Treber, Pülpe etc.; Ergänzungs- oder Kraftfuttermittel werden entsprechend ihrer Ergänzungswirkung zum Grundfutter, ihrer Verträglichkeit und ihrer Preise ausgewählt.

1.2.1.3 Rationsgestaltung

Folgende Prinzipien sind zu beachten:

ENERGIE- UND NÄHRSTOFFBEDARF DER TIERE ERFÜLLEN
(Gehalte der Ration müssen dem Bedarf der Tiere entsprechen)

Der Berechnung nach Tabellenwerten muss insbes. bei wirtschaftseigenen Futtermitteln eine Beurteilung (TS-, Rfa-Gehalt) vorausgehen, da deren Nährstoffgehalt stark variieren kann. Außerdem ruminale Abbau- und Synthesebedingungen beachten, insbesondere den Rp-Bedarf am Duodenum (= „nutzbares Rp" = nRp) mit der Rp-Anflutung am Duodenum vergleichen:

a) Bedarf: im Duodenum erforderliche Rp-Menge (= nRp)
   für Milchleistung: Bedarf für Erhaltung + (Milcheiweißmenge x 2,1)
   für Mastleistung: Bedarf für Erhaltung + (Eiweißansatz x 2,3)
b) Rp-Anflutung im Duodenum (nachfolgende Formeln können sowohl für 1 kg eines Futtermittels oder einer Ration als auch für eine Tagesration insgesamt angewandt werden)

bei Milchkühen:

$$\text{nRp, g} = \left(11{,}93 - 6{,}82 \times \frac{\text{UDP}}{\text{Rp}}\right) \times \text{ME} + 1{,}03 \times \text{UDP}$$

oder

$$\text{nRp, g} = \left(187{,}7 - 115{,}4 \times \frac{\text{UDP}}{\text{Rp}}\right) \times \text{voS} + 1{,}03 \times \text{UDP}$$

bei Mastrindern: nRp, g = 10,1 x ME + UDP

UDP = ruminally undegradable protein (g)[1], Rp (g), ME (MJ), voS = verdauliche organische Substanz (kg)

[1] ruminale Abbaubarkeit s. S. 40

Wesentliche Faktoren für die im Dünndarm anflutende Menge an nRp

1. Aufnahme fermentierbarer Energie → Abhängigkeit der mikrobiellen Proteinsynthese von der Energiezufuhr;
   Vorsicht bei forcierter Fettaufnahme und ruminal schwer verdaulicher Stärke: Energie ist im Pansen nicht verfügbar, mikrobielle Proteinsynthese ist niedriger als nach den o. g. Formeln erwartet wird;
2. Rp-Aufnahme → bei nicht limitierter Energieversorgung der Pansenflora ergibt mehr Rp eine Zunahme des nRp infolge forcierter mikrobieller Proteinsynthese + gesteigerter Aufnahme an UDP
3. Menge an UDP → bei limitierter mikrobieller Proteinsynthese ist eine Erhöhung des nRp nur durch mehr UDP (bypass protein, geschützte(s) Protein bzw. AS) möglich.

Zur optimalen Proteinsynthese im Vormagen sind im Pansensaft NH_3-Konzentrationen von 60–80 mg NH_3-N/l erforderlich. Die ruminale N-Bilanz (RNB) ist wie folgt definiert:

$$RNB_{(g)} = \frac{Rp_{(g)} - nRp_{(g)}}{6,25}$$

Die RNB darf im Interesse einer hohen Proteinsynthese nicht negativ sein, sondern sollte ausgeglichen sein bzw. maximal einen Wert von 30–50 erreichen.

RATION MUSS AUFGENOMMEN WERDEN BZW. AUFNEHMBAR SEIN

Beachten: hohe VQ (früher Schnitt!), TS-Gehalt und Häcksellänge bei Halmfuttersilage (vorteilhaft: hoher TS-Gehalt – anzustreben: 50–60 % – und Kurzhäckselung)
TS-Aufnahmekapazität:
Milchkühe: 3–3,8 % der KM (unter optimalen Bedingungen evtl. 4 % der KM; höchste TS-Aufnahme erst nach der Laktationsspitze!)
Mastbullen: relativer Rückgang von ca. 2,5 % der KM (bei 150 kg KM) auf 1,6–1,8 % der KM (bei 550 kg KM)

Die TS-Aufnahme der Milchkuh reagiert u. a. auf die Energiedichte des Grundfutters und die Kraftfuttermenge. Bei hohen Konzentratmengen wird zusehends spürbar, dass die Kuh das Kraftfutter nicht additiv, sondern mehr und mehr nur auf Kosten des Grundfutters aufnimmt (Grundfutterverdrängung; Umfang schwer vorhersehbar). Bei einer echten Mischration ist dieser Effekt deutlich gemindert, was der Verträglichkeit konzentratreicher Rationen (bis 60 % der TS aus KF) zugute kommt.

Schätzwerte für die TS-Aufnahme (berechnet für 600 kg KM; je 50 kg KM nimmt der Grundfutterverzehr um 0,3 kg TS zu bzw. ab) in Abhängigkeit von der Energiedichte des Grundfutters sowie der Kraftfuttermenge sind folgender Abbildung zu entnehmen.
Schätzformel zur Ableitung der TS-Aufnahme von Milchkühen in Abhängigkeit von Körpermasse, Milchleistung und Laktationswoche (nach NRC 2001):

$$TS, kg/Tag = (0,372 \times FCM + 0,0968\ KM^{0,75}) \times (1 - e^{(-0,192 \times [Lakt.\text{-}W. + 3,67])})$$

RATION MUSS WIEDERKÄUERGERECHT SEIN

d. h. ausreichende Anteile an „strukturwirksamer Rfa" enthalten → Speichelproduktion → pH-Wert, Pufferkapazität u. Schichtung im Pansen → Zelluloseabbau → Essigsäureproduktion

Die Strukturwirksamkeit eines FM ist aus rein futtermittelkundlicher Sicht mit folgenden Eigenschaften der FM korreliert:

- Rfa-Gehalt und -Art (Anteil der lignifizierten Rfa),
- NDF-Gehalt (= Summe der Zellwandbestandteile),
- Geschwindigkeit und Umfang des ruminalen Abbaus,
- Faserlänge und -härte bzw. Partikelgröße (Frage der technischen Bearbeitung und des Vegetationsstadiums),
- Feuchtegehalt des Futters (trockenere Qualitäten → höherer Strukturwert).

Hieraus wird auch verständlich, dass innerhalb der FM erhebliche Differenzierungen möglich und nötig sind (Grassilage ist nicht gleich Grassilage; auch für die Maissilage gilt Ähnliches).

Die „Strukturwirksamkeit" von FM bzw. der Ration insgesamt ist am sichersten anhand indirekter Effekte zu beurteilen, so z. B. anhand der

- Wiederkauaktivität (Zeit und Intensität; s. PIATKOWSKI et al., 1990),
- Wiederkauverhalten der Herde: ≥ 50 % der liegenden Kühe sollten wiederkauen,
- Variation der postprandialen pH-Wert-Entwicklung im Pansensaft,
- Effekte auf das Fermentationsmuster ($C_2 : C_3$-Relation, MS-Konzentration),
- Effekte auf den Milchfettgehalt (azidotische Veränderungen im Pansen: Milchfett ↓),
- Frequenz/Intensität von Entgleisungen der mikrobiellen Vormagenverdauung.

Gesamt-TS-Aufnahme sowie Grundfutterverdrängung bei steigendem KF-Einsatz in Rationen für Milchkühe

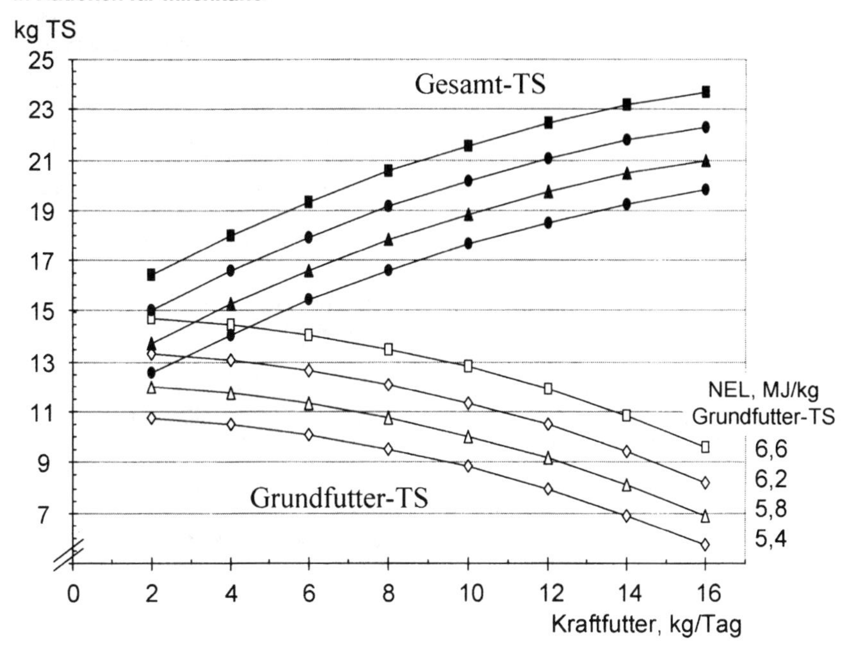

Die „Strukturwirksamkeit" (s. S. 203a) von FM bzw. einer Ration kann in Relativzahlen (d. h. im Vergleich zu einem Standard, der den Wert 1 hat) ausgedrückt werden. Ist der Wert des zu prüfenden FM 1, so hat dieses FM hinsichtlich Kau-/Wiederkauaktivität, Speichelproduktion, Pufferung im Pansen, Fermentationsmuster bzw. Einfluss auf den Milchfettgehalt die gleichen Effekte wie das Standard-FM (z. B. Heu).

Untersuchungen mit rückläufigen Grund- und ansteigenden Kraftfutteranteilen in Rationen für Milchkühe lieferten Anhaltspunkte, welcher Mindestanteil an Grundfutter notwendig ist, um einen Abfall des Milchfettgehaltes zu vermeiden (DE BRABANDER et al., 1996). Diese Reaktion signalisiert u. U. eine eingeschränkte Verfügbarkeit des aus dem Zelluloseabbau stammenden Azetats und damit ein „Strukturdefizit". Bei breiterer Datenbasis als z. Zt. gegeben, könnte diese Ableitung evtl. Eingang in die Fütterungspraxis erhalten.

In der Fütterungspraxis dürfte bei Beachtung nachfolgender Empfehlungen eine ausreichende Versorgung mit strukturierter Rfa erreicht werden:

- Mindestanforderungen bei Milchkühen:
  40–45 % Halmfutter (Silage und Heu) an der Gesamt-TS
  oder 18 % Rohfaser in der Gesamt-TS (davon rd. $^2/_3$ langfaserig, ≥3,7 cm) bei strukturarmem Grundfutter wie Rüben, Rübenblatt, Zwischenfrüchte etc.
  Bei Erfüllung dieser Bedingungen bleibt der Anteil an Stärke und Zucker in der TS i. d. R. <250 g/kg TS, bei Anteilen von >250 g/kg TS Risiko für Pansenazidose; höhere Stärkekonzentrationen (bis 300 g/kg TS) bei maßgeblichen Anteilen an Maisstärke möglich.
  Theoretische Häcksellänge bei Silagen: 0,95–1,25 cm → 15–20 % der Partikel >3,7 cm lang.
- Mindestanforderungen bei Mastbullen:
  mind. 1 kg TS aus strukturiertem Halmfutter

Zur Beurteilung, ob eine Ration wiederkäuergerecht ist, wurde bisher vor allem der Rfa-Gehalt herangezogen, wobei die Rfa-Fraktion in Qualität und Auswirkungen sehr variabel ist (vgl. S. 20 ff.). Nur die Zellwandbestandteile (= Strukturkohlenhydrate), die in die Fraktionen ADF und NDF differenziert werden, sind entscheidend für die ausreichende Kau- und Wiederkauaktivität (Speichelbildung), die Ausbildung und Stabilität der Pansenmatte sowie die Pansen-Hauben-Bewegungen.

Empfehlungen zur Konzentration bestimmter Kohlenhydratfraktionen bei der Hochleistungskuh (g/kg TS, nach SPIEKERS und POTTHAST 2004)

	frühe Trockenstehzeit	~2 Wochen ante partum	frühe, bzw. Hochlaktation	Mitte der Laktation	Ende der Laktation
FCM, kg/Tag	–	–	45–40	35–30	25–20
NDF aus Grundfutter	350	250	180	240	300
NDF, insgesamt	400	350	280–320[1]	380	440
ADF	300	220	180	200	230
NFC[2]	250[1]	300–350	350–420[3]	380	340

FCM = Fat Corrected Milk = Milch mit 4 % Fett
[1] max-Werte; noch höhere NDF-Anteile → Energieversorgung ↓
[2] Nicht-Faser-Kohlenhydrate: TS – (Ra + Rp + Rfe + NDF)
[3] derart hohe Werte nur tolerabel bei pansenstabiler/langsamer abbaubarer Stärke (z. B. Mais)

Relativwerte für die Strukturwirksamkeit (nach HOFFMANN, 1990)

Heu	= 1	Weideaufwuchs	
Stroh		– lang	= 0,75
– lang, gehäckselt	= 1,5	– gehäckselt	= 0,5
– kurz, gehäckselt	= 1,0	Trockengrünfutter	
– vermahlen	= 0,5	– gehäckselt	= 0,75
Grassilage		– brikettiert	= 0,5
– feucht	= 0,75	– pelletiert	= 0,25
– angewelkt	= 1,0	Trockenschnitzel	= 0
Maissilage	= 1,0	Gerste	= 0
Rübenblattsilage	= 0,5	Hafer	= 0

Fehlen jegliche Analysedaten bzgl. der NDF und ADF im Grundfutter, so ist evtl. auch eine „Schätzung“ dieser beiden Parameter aus dem vorliegenden Rfa-Gehalt mittels nachfolgender Gleichung möglich:

NDF [g/kg TS] = 1,58 x Rfa [g/kg TS] + 135,7 (r = 0,88)
ADF [g/kg TS] = 1,14 x Rfa [g/kg TS] + 42,2 (r = 0,93)

Als Orientierung für die Praxis kann gelten (Angaben in g/kg TS):

	NDF	ADF
– gute Grassilage	360–450	250–300
– gute Maissilage	400–450	200–250

Mehr Informationen zum NDF- und ADF-Gehalt im Grundfutter finden sich in der Schweizerischen Futtermitteldatenbank (www.alp.admin.ch/themen: wählen Futtermitteldatenbank – Suche starten).

BEACHTUNG DER SYNCHRONIZITÄT DES RUMINALEN NÄHRSTOFFABBAUS

Energiefreisetzung und NH_3-Produktion sollen im Interesse einer hohen Proteinsynthese zeitlich eng verbunden sein, d. h. die Kinetik der Produktion von FFS und NH_3 muss aufeinander abgestimmt erfolgen (eine sehr frühzeitige NH_3-Freisetzung ist bei verzögerter Produktion FFS „unproduktiv“, ähnlich zu bewerten ist ein sehr schneller Abbau von KH bei erst verzögert einsetzenden höheren NH_3-Gehalten im Pansensaft). Prinzipiell schafft die TMR-Fütterung schon günstigere Voraussetzungen für die Synchronizität, als z. B. das getrennte Angebot von unterschiedlichen Grund-FM und EF. Eine Einschätzung der FM-typischen Abbaugeschwindigkeit im Pansen wird über in-vitro-Untersuchungen oder an pansenfistulierten Tieren ermöglicht.

RATION MUSS BEKÖMMLICH SEIN

Primäre Inhaltsstoffe bzw. sekundäre Veränderungen in den Futtermitteln bei Gewinnung und Lagerung beachten (Höchstmengen s. S. 125 f., 135)
Fettgehalt berücksichtigen, nicht unter 30, nicht über rd. 40 g/kg Futter-TS (bis 800 g/Tag/Milchkuh; 200–400 g/Tag/Mastbulle); Fette mit niedrigem Schmelzpunkt ↓.
Höhere Fettmengen als 800 g/Tag für Milchkühe nur bei speziellen Fett-Konfektionierungen möglich (kristallines Fett, gecoatetes Fett, Ca-Seifen)

FUTTERRATION DARF PRODUKTQUALITÄT NICHT BEEINTRÄCHTIGEN (s. S. 214, 216)

Milchinhaltsstoffe sowie die sensorische Qualität der Milch können durch die Fütterung beeinträchtigt, wie auch günstig beeinflusst werden; Ähnliches gilt für das Körperfett.

WIRTSCHAFTLICHKEIT BEACHTEN

Auch heute noch sind verschiedene Grund-FM (insbesondere Mais- und Grassilage bei hohen ha-Erträgen) kostengünstigere Energiequellen als z. B. Kraft-FM. Im Trend der letzten Jahre wurde die Grundfutterenergie jedoch teurer, die Energie aus dem KF deutlich billiger.

In Milchviehrationen sollten rd. 65–75 MJ NEL aus dem Grundfutter stammen (Bedarf für Erhaltung zuzüglich 8–12 kg Milch, bei Weidefütterung häufig höhere Leistung aus dem Grundfutter), Kraftfuttereinsparungen nur in der 2. Laktationshälfte risikolos.

1.2.2 Färsen und Jungbullen (Aufzucht)

1.2.2.1 Allgemeines

Ein großer Teil der weiblichen Kälber, aber nur ein sehr kleiner Anteil der männlichen Kälber wird zur Remontierung der Zuchtbestände aufgezogen.

Färsen sollen mit 15 bis 18 Monaten (70 % der KM des adulten Tieres) belegt werden (Abkalbung mit 25–28 Mon), Bullen mit 12 bis 15 Monaten deckfähig sein. Durch intensive Aufzucht lässt sich die Geschlechtsreife vor allem bei weiblichen Tieren vorverlegen.

♀		♂	
KMZ g/Tag	Geschlechtsreife Monate	KMZ g/Tag	Geschlechtsreife Monate
bis 400	22–24	bis 500	12–15
600–800	8–12	700–900	11
>800	6–8	>1000	10

Bei einer zu intensiven Aufzucht steigt bei Jungbullen das Risiko für Skelettschäden, bei Färsen für Geburtsschwierigkeiten (infolge Verfettung) und später geringerer Milchleistung (Euterverfettung und Unterentwicklung des sekretorischen Gewebes). Die folgenden Angaben sind auf eine Aufzuchtintensität mit ca. 750 g Tageszunahmen abgestimmt.

1.2.2.2 Versorgungsempfehlungen

FÄRSEN

Empfehlungen zur tgl. Energie- und Nährstoffversorgung in der Färsenaufzucht
(bei mittleren Tageszunahmen von 750 g)

KM	TS-Aufnahme (kg)	ME MJ	Rp g	nRp g	Ca g	P g	Mg g	Na g
200	4,5	43	550	518	32	15	6	4
300	6,2	59	670	574	35	17	8	6
400	7,8	75	855	611	38	20	9	7
500	9,4	90	1030	635	42	22	11	8
~600[1]	10,0	81	1200	1135	34	22	16	10
hochtrgd	11,0	91	1250	1230				

[1] vor dem Kalben 600–630 kg KM, nach dem Kalben ~550 kg

Im Altersabschnitt von 9–16 Monaten findet entsprechend dem Erreichen der Zuchtreife auch die Zelldifferenzierung im Drüsengewebe des Euters statt. Um einer nachteiligen Fetteinlagerung in das Drüsengewebe entgegenzuwirken, sollte in diesem Altersabschnitt eher verhalten gefüttert werden. Zwischen dem 16. und 20. LM kann zur Ausnutzung des kompensatorischen Wachstums intensiver gefüttert werden, so dass bei Abkalbung mit 25 Monaten eine angemessene Körpermasse erreicht ist.

JUNGBULLEN, DECKBULLEN

Bei Jungbullen wird die Wachstumskapazität nicht voll ausgeschöpft, um die langfristige Nutzung in der Zucht nicht durch Skelettschäden zu gefährden.

Neben der moderateren Fütterungsintensität, der Ermöglichung größerer Bewegungsaktivität (z. B. im Auslauf) und der bedarfsdeckenden Zufuhr an Mineralstoffen und Vitaminen sollte gerade bei den Jung- und Deckbullen auf Futterinhaltsstoffe und Kontaminanten geachtet werden, die mit der Fertilität in Zusammenhang stehen könnten (z. B. Rapsprodukte und Jod-Verwertung; Mykotoxine wie Zearalenon u. Ä.).

Futteraufnahme sowie Richtwerte für die Energie- und Proteinversorgung von Jung- und Deckbullen

Alter Monate	KM kg	TS-Aufnahme kg/Tag	ME MJ/Tag	Rp[1] g/Tag
	Jungbullen, Tageszunahmen von ca. 1100 g			
4–5	175–225	4–5	50– 55	700– 760
6–8	225–325	5–7	55– 70	760– 860
9–11	325–425	7–8	70– 85	860– 960
12–15	425–525	8–10	85–100	960–1060
	Jungbullen, Tageszunahmen von ca. 1300 g			
3–4	175–225	4–5	55– 60	780– 840
5–7	225–325	5–7	60– 75	840– 940
8–10	325–425	7–8	75– 90	940–1020
11–12	425–525	8–10	90–105	1020–1120
	Deckbullen			
ca. 24	700–750	10–11	90	1100
ca. 36	900–950	12–13	105	1200
> 36	1050–1100	12–15	115	1350

[1] bei dieser Rp-Aufnahme ist mit Sicherheit eine ausreichende nRp-Versorgung gegeben

1.2.2.3 Rationsgestaltung

FÄRSEN

Allmähliche Gewöhnung an große Mengen Grundfutter: entsprechend der Abstimmung von Bedarf und Futteraufnahmekapazität sind folgende Energiedichten in der Ration anzubieten:

Alter (Mon)	Energiedichte MJ ME/kg TS	Kraftfuttereinsatz
5–6	ca. 10,0	+/++
7–12	ca. 9,5	(+)
über 13	ca. 8,8	(+)
hochtragend	ca. 9,8	+/++

Bei Gruppenhaltung Fressplätze für rangniedrige Tiere sicherstellen (evtl. Energiemangel bei abgedrängten Tieren → fehlende Brunst).

JUNGBULLEN

Fütterungsintensität auf 1000 bis max. 1300 g Tageszunahmen auslegen (nur bei Fleckvieh evtl. 1300 g/Tag). Noch höhere Zunahmen bringen zwar frühere Geschlechtsreife, bergen jedoch das Risiko von Skelettschwächen, Libidomangel und ungenügendem Deckvermögen (verringerte Nutzungsdauer).

Kälberaufzucht (bis 16 Wochen) nach üblichem Aufzuchtverfahren. Anschließend hochwertiges Grundfutter und KF. Weidegang nicht üblich, für ausreichenden Auslauf sorgen.

DECKBULLEN

Nach Erreichen der Geschlechtsreife steht die Erhaltung des Paarungsvermögens im Vordergrund. Nur mäßige Zunahmen tolerieren.

Allgemeine Grundsätze: Ausreichende Mengen an hygienisch einwandfreiem Halmfutter (möglichst 40–45 % der Gesamtration) und/oder Silagen (bis 2 kg/100 kg KM/Tag), keine FM mit strumigenen Substanzen (Rapsprodukte), HCN-haltigen Glykosiden, Oestrogenen oder erhöhten Gehalten an unerwünschten Stoffen.
Nährstoffangebot ausgleichen (insbesondere im Hinblick auf Vit A, Zn, J, Se, Mn; keine überhöhten Eiweiß-, Mineralstoff- oder Vitamingaben),
plötzliche Futterwechsel vermeiden → lang anhaltende negative Effekte auf Spermaproduktion bei Störungen der Vormagenverdauung, bei Weidegang Hyperthermien vermeiden.

1.2.3 Mastrinder

Für die Erzeugung von Rindfleisch werden überwiegend Jungbullen eingesetzt, Ochsen nur regional (Weidemast), Färsen nur in bestimmten Fällen (Färsenvornutzung, Kälberbeschaffung bei Weidemast).

1.2.3.1 Empfehlungen für die tgl. Energie-/Nährstoffversorgung von Mastbullen

a) Energie und Protein

KM	TS[3]	ME, MJ/Tag[1] KMZ, g/Tag				nRp, g/Tag KMZ, g/Tag				Rp, g/Tag[2] KMZ, g/Tag			
kg	kg	800	1000	1200	1400	800	1000	1200	1400	800	1000	1200	1400
200	4,6	42,6	47,6			564	648			554	619		
250	5,5	49,3	54,7	60,9		607	686	756		640	711	792	
300	6,2	56,1	62,3	69,5	77,6	645	718	779	827	673	748	834	931
350	6,8	63,0	70,3	78,7	88,5	675	741	793	828	756	843	945	1062
400	7,3	70,1	78,7	88,8	100,7	697	755	795	818	785	881	995	1128
450	7,8	77,3	87,5	99,9		712	760	788		866	980	1118	
500	8,2	84,9	97,1			721	758			874	1001		
550	8,6	93,0	107,8			724	749			957	1110		
600	9,0	101,7	119,8			722	735			1047	1234		

[1] für schwarzbunte Bullen; fleischwüchsige Rassen (Fleckvieh) weisen einen 4–7 % geringeren Energiebedarf auf
[2] abgeleitet anhand folgender Relationen für g Rp/MJ ME: 13, 12, 11,2 bzw. 10,3 für 200–250, 300–350, 400–450 bzw. >450 kg KM, daher – im Vergleich zu den nRp-Werken – teils unerwartet niedrig
[3] erwartete tägliche TS-Aufnahme, kg/Tag

b) Mengenelemente (bei mittleren Zunahmen von 1200 g/Tag)

KM kg	TS-Aufn.[1] kg/Tag	Ca	P	Mg	Na
		g/Tag			
200	4,6	43	18	7	5
250	5,5	45	19	8	5
300	6,2	47	20	8	6
350	6,8	48	21	9	6
400	7,3	49	22	9	7
450	7,8	50	22	10	7
500	8,2	51	23	10	7
550	8,6	52	24	11	8
600	9,0	52	24	11	8

[1] unterstellte Werte für die Ableitung des Erhaltungsbedarfs für Calcium und Phosphor

1.2.3.2 Rationsgestaltung

Hohe Zunahmen setzen hohe Energiedichte im Grundfutter voraus (>10 MJ ME/kg TS). Kraftfutter stets erforderlich (Ausnahme: Weidemast); Kraftfuttermenge hängt von der Grundfutterqualität ab. Rohproteingehalt des KF ist auf das Grundfutter abzustimmen (höher bei Maissilage als bei Gras- und Rübenblattsilage). Deckung des Mineralstoff- und Vitaminbedarfs über 50–100 g vitam. Mineralfutter/Tag.

Abrupte Futterumstellungen vermeiden (Indigestionen!). Grundfutter ad lib, KF je nach Menge 1x bis 2x tägl. separat zuteilen; evtl. zweimalige Grund- und Kraftfuttervorlage; Vorratsfütterung weniger geeignet.

Strukturierte Rohfaser nicht <120 g/kg TS (Azidosegefahr), Wert ergibt sich aus der Forderung: $^{2}/_{3}$ der angestrebten 18 % Rfa in der TS sollten strukturiert sein.

1.2.3.3 Mastverfahren

- INTENSIVMAST (im Stall):
  Intensive Fütterung von 150 kg bis zur Schlachtreife bei 550–600 kg KM (rassenabhängig), Ø Tageszunahmen 1000–1100 g bei Schwarzbunten, 1200–1400 g bei Fleckvieh; Mastdauer 13–15 Monate.
  Wichtigstes Mastverfahren: In Süddeutschland 90 %, in Norddeutschland 50 % aller Mastbullen.
- WIRTSCHAFTSMAST (Periodenmast):
  Zunächst Vormast mit preisgünstigen wirtschaftseigenen Futtermitteln bei mäßigen Zunahmen, anschließend Endmast mit intensiver Fütterung und hohen Zunahmen (1200–1250 g/Tag → kompensatorisches Wachstum mit höherem Fleischansatz).

1.2.3.4 Mast auf unterschiedlicher Futterbasis

- MAST MIT MAISSILAGE
  Häufigste Form der Intensivmast. 60–70 % des Energiebedarfs aus Maissilage. Bei Silage auf der Basis der ganzen Pflanze keine Raufutterergänzung nötig. Tägl. Kraftfuttergabe in Abhängigkeit vom Reifegrad d. Maises: 1,5–2,5 kg (30 % Rp). Silageaufnahme: 4–5 kg uS (1,2–1,5 kg TS)/100 kg KM. Evtl. Harnstoffzusatz zur Rp-Ergänzung.
- PRESSSCHNITZELMAST
  Mit Pressschnitzelsilage (evtl. auch melassiert) ad lib (bis 1,5 kg TS/100 kg KM) in Kombination mit geringen Raufuttermengen (<1 kg) und 1 kg KF/Tier/Tag können hohe Zunahmen erreicht werden (1200–1400 g/Tag). Durch Harnstoffkonservierung der Pressschnitzelsilage Einsparung von eiweißreichem KF möglich.

- MAST MIT GRASSILAGE
  Endmast (ab 300 kg) in Grünlandbetrieben. Früher Schnitt → hoher Energiegehalt der Silage (10–10,5 MJ ME/kg TS), bessere Zunahmen aufgrund kompensatorischen Wachstums. Tägl. KF-Gabe: 3–4 kg (12–15 % Rohprotein). Silageaufnahme: ca. 3,5 kg uS (1,2 kg TS)/100 kg KM.

- WEIDEMAST
  Typisches Beispiel der Wirtschaftsmast: hohe Zunahmen auf der Weide, geringe Zunahmen im Winter. Geregelte Weideführung notwendig. Hohe Besatzdichte (max. 75 dt/ha) auf intensiv gedüngten Flächen. Frühzeitige Gewöhnung der Tiere aneinander. Weideertrag sinkt im Verlauf der Vegetationsperiode, während der Bedarf der Tiere steigt. Deshalb bei begrenzter Weidefläche schlachtreife Tiere schon während des Sommers verkaufen, bei reichlicher Weidefläche einen Teil des ersten Aufwuchses für die Winterfütterung konservieren.

  Unterschiedlicher Mastverlauf je nach Geburtszeitpunkt der Kälber: Herbstkälber (Mastbeginn mit 125–170 kg KM) durchlaufen 2 Weideperioden und erreichen nach einer Stallfütterungsperiode (Silage + Kraftfutter, ca. 2–3 kg/Tag) die Schlachtreife; Frühjahrskälber (Mastbeginn mit 125–180 kg KM) werden evtl. sogar über 3 Weideperioden gemästet und erreichen in der letzten Weidesaison die Schlachtreife (häufig keine genügende Fettabdeckung des Schlachtkörpers).
  Zur Erzielung bester Schlachtkörperqualitäten ist in der Regel ab Juli KF-Zugabe notwendig (→ geringere Grasaufnahme), daher häufig noch Endmast im Stall. **Wichtig: Oft Leistungsminderungen durch Parasiten, daher Prophylaxe.** Frisches Tränkwasser bereitstellen (Selbsttränke, Weidepumpe, Wasserfass).

- MAST MIT RÜBENBLATTSILAGE
  Wichtig in Betrieben mit Zuckerrübenanbau. Sorgfalt bei der Futterwerbung → geringere Verluste, keine zu starke Verschmutzung. Da Rfa-Gehalt niedrig → 0,5–1 kg Heu oder gutes Stroh zufüttern. Sowohl Intensiv- als auch Wirtschaftsmast üblich. Tägl. KF-Gabe: 3–4 kg (10–20 % Rohprotein). Silageaufnahme: 5–6 kg uS/100 kg KM.

- SCHLEMPEMAST
  spielt regional (in der Nähe von Brennereien) eine Rolle. Beginn der Mast in der Regel mit 300 kg KM (Weidebullen). Getreideschlempe besser geeignet als Kartoffelschlempe (höhere Nährstoffkonzentration, Mengenanfall weniger saisonabhängig). Schlempe als Ergänzung zu eiweißarmem Grundfutter (Maissilage) gut geeignet. 12 kg Schlempe/100 kg KM nicht überschreiten (Risiko für Indigestionen, bei Kartoffelschlempe auch von Schlempemauke).

- BIERTREBERMAST
  Biertreber (siliert) können bis zu 4 kg/100 kg KM verfüttert werden. Wegen des hohen Eiweißgehaltes gute Kombinationsmöglichkeiten mit Maissilage gegeben.

- KRAFTFUTTERMAST
  kann aus wirtschaftlichen Gründen im EU-Raum an Bedeutung gewinnen. Die Bullen erhalten bei dieser Mastmethode neben minimalen Raufuttergaben (ca. 1 kg Heu oder Stroh) nur Kraftfutter. Risiko von Verdauungsstörungen, chronischen Azidosen und Folgeschäden (Leberabszesse) durch erhöhte Futterfrequenz vermeiden.

1.2.4 Milchkühe

1.2.4.1 Empfehlungen für die tägliche Energie- und Nährstoffversorgung

Der Erhaltungsbedarf an im Dünndarm nutzbarem Rohprotein (nRp), Calcium und Phosphor ist teilweise oder maßgeblich von der Trockenmasseaufnahme abhängig, während der Einfluss der Körpermasse in den Hintergrund tritt. Daher variiert der Erhaltungsbedarf in den genannten Fällen bei leistungsbedingt steigender TS-Aufnahme.

Empfehlungen zur täglichen Energie- und Nährstoffversorgung

KM, kg	NEL MJ	nRp[1] g	nRp/NEL g/MJ	Ca[2] g	P[2] g	Mg g	Na g
				Erhaltung:			
550	33,3	410	12,3			11	8
600	35,5	430	12,1	} 20	} 14	12	8
650	37,7	450	11,9			13	9
700	39,9	470	11,8			14	10
Milchfett, %				Milchleistung, je kg Milch:			
3,5	3,1		27,4				
4,0	3,3	} 85[3]	25,8	} 2,5	1,43	0,60	0,63
4,5	3,5		24,3				

[1] bei einer dem Erhaltungsbedarf entsprechenden TS-Aufnahme [2] faecale Ca- und P-Abgaben von der TS-Aufnahme abhängig, s. S. 164 [3] bei 3,4 % Milcheiweiß; eine Veränderung um 0,2 Prozentpunkte bedingt eine entsprechende Modifikation des Bedarfs um 4 g nRp/kg Milch

Der Leistungsbedarf ist von der Milchzusammensetzung abhängig. Der Energiegehalt in der Milch wird aus dem Fett- und Eiweißgehalt der Milch abgeleitet: MJ/kg = 0,38 x Fett % + 0,21 x Eiweiß % + 1,05 (enthält schon den Sicherheitszuschlag). Die Mengenelementgehalte der Milch, insbesondere von Calcium, differieren rassebedingt.

Tgl. Energie- und Nährstoffbedarf von Milchkühen (650 kg KM) in der Trockenstehzeit sowie bei unterschiedlicher Leistung (GfE 2001)

	TS[1] kg	NEL MJ	nRp g	Ca g	P g	Mg g	Na g	Cu mg[2]	Zn mg[2]	Se mg[2]	Wasser l (ca.)
	Trockenperiode, 6 W a. p. bis zur Kalbung										
6.–4. W a. p.	12–10	50	1135	48	30	16	12	120	600	2	60
3 W – p.	10	56	1230	40	25	16	12	120	600	2	60
FCM[3], kg	Laktation										
20	16,0	104	2150	81	51	25	21	160	800	3,2	73
25	18,0	120	2575	98	61	29	25	180	900	3,6	81
30	20,0	137	3000	114	71	32	28	200	1000	4,0	89
35	21,5	153	3425	130	80	33	32	215	1075	4,3	95
40	23,0	170	3850	146	89	34	35	230	1150	4,6	101
45	24,5	186	4275	162	99	36	38	245	1225	4,9	110
50	26,0	203	4700	177	109	37	41	260	1300	5,2	117

[1] durchschnittl. Aufnahme; Vit A mind. 60000 IE – davon mind. 50 % als ß-Carotin, 1 mg ß-Carotin = ca. 400 IE Vit A und mind. 6000 IE Vit D/Tag [2] abgeleitet nach der TS-Aufnahme, s. S. 167 [3] FCM = fat corrected milk = Milch mit 4 % Fett

Zur ausreichenden N-Versorgung der Vormagenflora (60–80 mg NH_3-N/l Pansensaft) ist eine ausgeglichene Ruminale N-Bilanz (RNB) erforderlich.

1.2.4.2 Rationsgestaltung

Voraussetzungen für eine wiederkäuer- und bedarfsgerechte Fütterung während der Laktation sind:

- In der Trockenperiode: Mastkondition vermeiden!
  Energieangebot 6 bis 4 Wochen a. p. dem Ernährungszustand am Ende der Laktation anpassen. Kontrolle des BCS zu Beginn der Trockenstehzeit! Ziel zur Geburt ein BCS-Wert von 3,5! Nicht >4 und nicht <3!
  Im Allgemeinen 50 MJ NEL/Tier/Tag ausreichend
- Mit Kraftfutterzulage (1–2 kg) ca. 3 Wochen a. p. beginnen, Kraftfutterart wie während der Laktation vorgesehen
- Sicherstellung von bestem Grundfutter für die Zeit nach der Geburt (hochverdauliche Heu- und Grassilagesorten), Chargen aus frühestmöglichem Schnitt. Hygienisch einwandfrei etc.
- Post partum kein Futterwechsel; Kraftfuttermenge nach 8–10 Tagen entsprechend dem Energiebedarf
- Grundfutter ad lib anbieten; Kraftfutter >4 kg/Tag: in >3 Gaben/Tag füttern → erhöhte Nährstoffaufnahme; geringeres Risiko für Verdauungsstörungen

Für die Rationsgestaltung ist von erheblicher Bedeutung, in welcher Phase des ca. einjährigen Produktionszyklus sich die Milchkuh bzw. Gruppe von Kühen befindet, da (s. nachfolgende Übersicht) die Ziele und Probleme in den einzelnen Phasen (I–IV) differieren.

Fütterung von Milchkühen im Verlauf eines Produktionszyklus

Phase	Ziele (Probleme)	Rationsaufbau		
		Grund-FM	Ausgleichs-KF	MLF (EF)
I Trockenperiode – 6.–3. W a. p.	Fütterungsintensität nach BCS (KM-Verluste? KM-Ansatz?)	++/+++	+	(+)
– ab 3. W a. p. bis zur Geburt	Adaptation an postpartale Fütterung (Gebärparese, Puerperiumsverlauf, Kolostrumqualität, Vitalität des Kalbes)	++/+++	+ (Diätetik)[1]	+
II 1.–100. Tag der Laktation	max. TS-Aufnahme, Sicherung hoher Energie- und Nährstoffversorgung (KM-Verluste, Ketose, Fertilitätsstörungen)	+++ (Energiedichte↑↑)	+	+++[2] (Erg. von AS/Fett)
III 101.–275. Tag der Laktation	möglichst hohe Milchleistung aus dem GF (angestrebte KM-Entwicklung?)	+++ (Energie↑)	+	++
IV ab 275. Tag der Laktation	eher unproblematisch, Vorbereitung auf Trockenstellen durch KF-Reduktion[3]	+++	+	(+)

[1] Verminderung des Risikos für Gebärparese, puerperale Erkrankungen; Sicherung der Vitalität des Kalbes durch hohe Kolostrumqualität
[2] Optimierung der KF-Konzeption unter Fetteinsatz (pansenstabil), Berücksichtigung der Abbaurate von Rp im Pansen
[3] hohe Milchleistung (>20 l) zum Zeitpunkt des Trockenstellens mit Risiken für die Eutergesundheit verbunden

Die Fütterung der Milchkuh zum Ende der Trockenstehzeit und im geburtsnahen Zeitraum hat leider erst in den letzten Jahren das erforderliche Interesse gefunden (Transition-Cow-Feeding). In dieser Phase werden die Weichen für ein komplikationsloses Puerperium, eine hohe Futteraufnahme und Milchleistung in der frühen Laktation sowie eine Konzeption (nach ca. 3 Mon Laktation) gestellt.

Körperregionen und Punktespektrum (auszugsweise) zur Beurteilung des Ernährungszustandes (BCS) bei Rindern (EDMONDSON et al. 1989; HEUWIESER 1991; METZNER et al. 1993)

BCS Region	1 = kachektisch	3 = gute Abdeckung	5 = hochgradig verfettet
Dornfortsätze der Wirbelsäule	stark hervortretend	undeutlich	von Fettauflage verdeckt
Profil zwischen Dorn- und Querfortsätzen	tief eingesenkt	sanft konkav	konvex
Querfortsätze der Wirbelsäule	hervorgetreten, >1/2 sichtbar	>1/4 sichtbar	in Fettgewebe eingebettet
Profil zwischen Querfortsätzen und Hungergrube	deutlicher Überhang, Hungergrube eingezogen	sanfter Überhang der Querfortsätze	Hungergrube vorgewölbt
Hüft- und Sitzbeinhöcker	hart, ohne Fettauflage	glatt abgedeckt	in Fettgewebe eingebettet
Bereich zwischen Hüft- und Sitzbeinhöckern	tief eingesunken, Gewebeverlust	eingesunken	rundlich
Profil zwischen beiden Hüfthöckern	tief eingesunken	beiderseits der Mittellinie mäßig eingesunken	rundlich aufgewölbt
Linie zwischen Schwanzansatz und Sitzbeinhöckern	Knochen hervortretend, v-förmige Einziehung unter dem Schwanzansatz	Knochen abgedeckt, flache Einziehung unter dem Schwanzansatz	in Fettgewebe eingebettet, fettunterlagerte Gewebefalten

[1] fließendes Punktespektrum 1–5; Zwischenwerte sind möglich und sinnvoll, auch innerhalb einer Stufe, üblicherweise in Schritten von 0,25 Punkten

Die „ersten 100 Tage“ der Laktation stehen unter dem Primat einer hohen Milchleistung bei Vermeidung größerer KM-Verluste. Ist diese Phase mit der Konzeption erfolgreich abgeschlossen, so ist die Fütterung im weiteren Verlauf weniger problematisch.

1.2.4.3 Fütterungstechnik

Für die Rationsgestaltung und den Aufbau der Ration ist weiterhin die im Milchviehbetrieb etablierte Fütterungstechnik zu berücksichtigen, da diese erheblichen Einfluss hat auf die Art und Anteile verschiedener Futtermittel, auf die Verträglichkeit der Ration bzw. auch auf die Arbeitswirtschaft. Die Fütterungstechnik hat sich in den letzten Jahren deutlich gewandelt; auch wenn die Totale-Misch-Ration im Trend der Zeit liegt, so findet man auch heute noch alle nachfolgend genannten Techniken – teils in Abhängigkeit von Betriebs- und Herdengröße:

Entwicklungen in der Fütterungstechnik mit Vor- (+) und Nachteilen (–):

1. TRADITIONELLES VERFAHREN (Anbindehaltung)
   zweimaliges Angebot von Grund- und Kraftfutter,
   + individuelle Futterzuteilung, niedrige Kosten der Fütterungstechnik;
   – Risiken durch mangelhafte Verträglichkeit hoher Kraftfuttermengen/Fütterung
2. TRANSPONDERVERFAHREN (Laufstallhaltung)
   Grundfutter ad libitum (evtl. zusätzlich Ausgleichskraftfutter) u. portioniert individuell auf die Leistung abgestimmt unterschiedliche Kraftfuttermengen
   + Verträglichkeit hoher Kraftfuttermengen ↑
     (viele kleine Portionen am Kraftfutter-Automaten)
   – Kopplung an Laufstallhaltung und technischer Aufwand (KF-Automat)
     Selektion innerhalb der Basisration?
3. TOTAL-MIXED-RATION (TMR)-VERFAHREN
     Mischung aller Komponenten zu einer Ration und
     4–5maliges Angebot/Tag ad libitum
   + Synchronisation ruminaler Rp- und KH-Verdauung durch zeitgleiche Aufnahme von Rau-, Grund-, Kraft- u. Mineralfutter, höchste Verträglichkeit großer Kraftfuttermengen, Förderung der TS-Aufnahme → Energieversorgung ↑, kontinuierlich exakte Daten zur Futtervorlage
   – Anpassung an unterschiedlichen Bedarf (u. a. Trockenstehzeit)
     Kosten der Mischwagen-Technik, Homogenität der Mischung?
     Evtl. „Struktur-Verlust” durch reduzierte Faserlängen („Musen”)

In dem o. g. „echten” TMR-Verfahren (Total-Mixed-Ration) werden alle Rationskomponenten mittels Mischwagen (mit Wägeeinrichtung) zu einer einzigen, in der prozentualen Zusammensetzung für alle Kühe einer Leistungsgruppe identischen Ration vereint. Energiezufuhr variiert je nach zugeteilter Menge der Mischration insgesamt und nicht wie bei klassischem Rationsaufbau durch die Kraftfuttermenge. Hierbei können auch ungewöhnliche Futtermittel, die z. B. isoliert schwer zu handhaben oder wenig schmackhaft sind – z. B. NaOH-behandeltes Getreide – leichter eingesetzt werden als unter konventionellen Bedingungen. Bei mittlerer Leistungshöhe oder heterogenem Leistungsniveau in einer Herde ist die Einrichtung von Leistungsgruppen zwingend (aber nur in großen Betrieben praktikabel), sonst rückläufige Effizienz der Energienutzung, Tendenz zu Überfütterung leistungsschwächerer Tiere; Kühe in den letzten Wochen der Laktation und vor allem trockenstehende Kühe benötigen separate Ration, sonst besteht die Gefahr der Verfettung.

Vor diesem Hintergrund wird verständlich, dass unter hiesigen Bedingungen – insbesondere wegen der Herdengröße – die „echte“ TMR eher selten praktiziert wird. Zunehmende Verbreitung erlangte hier aber die sog. „Teil-TMR“, bei welcher das Grund- und Ausgleichs-KF (evtl. sogar etwas MLF) zu einer Mischung verarbeitet und ad lib angeboten werden, und Tiere mit höherer Leistung den überwiegenden Anteil ihres KF am Transponder-Automaten (der meist schon vorhanden war) abrufen.

1.2.4.4 Rationsaufbau

KOMPONENTEN (Art und Menge in der Ration)	Energiezufuhr/Tag MJ NEL
Grundfutter (Grünfutter, Silagen, Rüben, Heu)	65–75
Kraftfutter	
a) Ausgleichskraftfutter (1–2 kg) energie- oder eiweißreiche Kraftfutter zum Ausgleich des Energie- und Eiweißgehaltes im Grundfutter, gleichzeitig auch zur Mineralstoff- und Vitaminergänzung → Energie- und Nährstoffangebot deckt dann den Bedarf für Erhaltung + eine bestimmte Milchleistung (bei größerer Imbalanz in Grundration: Ausgleich mit 1–2 kg KF häufig nicht möglich)	6–12
b) Milchleistungsfutter (1 kg für rd. 2–2,3 kg Milch) Zusammensetzung entsprechend dem Bedarf für Milchbildung, g Rp : MJ NEL = 25 : 1 bzw. g nRp : MJ NEL = ~22 : 1 je nach Milcheiweißgehalt	bis 70

Statt a + b auch Einsatz von Kraftfuttern mit wechselndem Rp/NEL-Verhältnis entsprechend der Grundfutterzusammensetzung möglich (s. S. 215).
Zulage von vitaminiertem Mineralfutter, falls Kraftfutter nicht angereichert ist.

In der bisherigen Darstellung zum Rationsaufbau fand die Weide keine besondere Berücksichtigung. In Grünland-Regionen bzw. unter bestimmten Bedingungen (alternative Wirtschaftsweise) wird der Aufwuchs der Weide auch heute noch über Milchkühe genutzt. Hierzu sind bzgl. der Rationsgestaltung folgende Aspekte herauszustellen:

Die Höhe der Grasaufnahme hängt vom Futterangebot (max. Verzehr bedingt Weidereste in Höhe von 25–30 % des Aufwuchses), von der Verdaulichkeit und der Struktur ab. Strukturarmes Gras (<18 % Rfa/TS) wird ebenso wie überständiges Gras (>25 % Rfa/TS) in geringerer Menge aufgenommen. Unter günstigen Bedingungen verzehrt eine Kuh mit 600 kg KM 75 kg Gras/Tag, entsprechend hoch muss die Flächenzuteilung sein (1 m^2 = 1 kg Gras bei 20–25 cm Wuchshöhe). Die Energieaufnahme reicht im Mittel für 15–18 kg Milch inkl. Erhaltung, beim Rohprotein besteht ein Überschuss. Kraftfutterzulagen für Tiere mit höherer Leistung sollen deshalb einen niedrigen Eiweißgehalt aufweisen. Auf sehr junger Weide (Frühjahr, evtl. auch Herbst) ist die Zufütterung von Raufutter (Heu, Stroh, Anwelksilage) erforderlich. Auf eine Mineralstoffergänzung kann in keinem Fall verzichtet werden.

Beifutter: zu jungem Gras: strukturierte, möglichst wasserarme Futtermittel
zu älterem Gras: konzentrierte und evtl. Rp- und energiereiche Futtermittel

Mittlere Energie- und Nährstoffversorgung beim Weidegang (Kuh mit 600 kg KM)

		Tägliche Aufnahme	Aufnahme reicht für kg Milch (inkl. Erhaltung)
Trockenmasse	kg	13,5–14,5	–
Rohprotein	g	2600–3200	–
nRp	g	2058–2266	19–22
RNB	g	87–149	–
NEL	MJ	83–93	14–17
Mengenelemente:[1]			
Ca	g	70–80	15–18
P	g	60–66	21–25
Mg	g	20–26	13–23
Na	g	10–14	3–10

[1] Der Mineralstoffgehalt des Grünfutters wird stark durch die botanische Zusammensetzung und die Düngung beeinflusst.

1.2.4.5 Einflüsse von Futtermitteln und Fütterung auf die Milchqualität

NÄHRSTOFFGEHALTE

- Fett: Veränderungen in Abhängigkeit von Art und Menge der Kohlenhydrate; Rückgang bei ungenügender Zufuhr an Strukturstoffen und bei zu großen Mengen an leicht fermentierbaren Kohlenhydraten (z. B. Getreide) und allgemein bei Energiemangel (Reduktion der Azetatbildung im Pansen), evtl. Anstieg bei zu hoher Zuckeraufnahme (viel Butyrat im Pansen)
- Fettzusammensetzung: abhängig vom FS-Muster im Futtermittel
  Rückgang der C4- bis C14-Säuren (de-novo-Synthese) und Anstieg der langkettigen FS (speziell Ölsäure) bei
  - energetischer Unterversorgung
  - konzentratreichen Rationen
  - üblichen Futterfetten

  Futterfett mit hoher Jodzahl (z. B. Rapsfett) ergibt weiches Milchfett (Streichfähigkeit der Butter ↑)
- Eiweiß: Veränderungen im Gehalt (und nicht in der Qualität) in Abhängigkeit von Energie- und Proteinversorgung; die Energiezufuhr bestimmt maßgeblich die mikrobielle Proteinsynthese

Milchinhaltsstoffe als Indikatoren für die Energie- und Proteinversorgung der Milchkuh (nach WANNER, 1995)

Milchinhaltsstoffe			Fütterung/Versorgung mit	
Eiweiß	Harnstoff	Fett	Energie	Protein
>3,2 %	<300 mg/l	3,8–4,2 %	optimal	optimal
evtl. ↑	↓	evtl. ↓	Überschuss	–
↓	↑	↑	Mangel	–
evtl. ↑	↑	unverändert	–	Überschuss
evtl. ↓	↓	unverändert	–	Mangel
↓	evtl. ↓	↑	Mangel	Mangel
↑	evtl. ↑	evtl. ↓	Überschuss	Überschuss
↓	↑	↑	Mangel	Überschuss
evtl. ↑	↓	evtl. ↓	Überschuss	Mangel

- Mengenelemente: Gehalte durch Fütterung nicht zu beeinflussen
- Spurenelemente: Gehalte an Jod und Selen stark, an Fluor mäßig, an Kobalt, Zink, Mangan, Molybdän geringgradig, an Eisen und Kupfer nicht über das Futter zu beeinflussen
- Vitamine: unmittelbarer Fütterungseinfluss bei Vit A und E, mittelbar (über Vormagentrakt) bei B-Vitaminen

GERUCHS- UND GESCHMACKSBEEINFLUSSUNG
- Silage, Schlempe, Treber (Alkohole, Aldehyde, Ketone)
- Brassicaarten (Senföle)
- Obst- und Gemüseabfälle, Rüben (Betain)
- Wicken, Lupinen, Erbsengrünfutter (bitterer Geschmack durch Alkaloide)
- Unkräuter (z. B. Laucharten)
- brandiger-/Röstgeruch (überhitzte Silage)
- Luzerne → kokosähnlicher Geruch

TOXISCHE STOFFE (s. auch S. 125 f., 130 ff.)
- Brassicafaktoren
- Colchizin (Herbstzeitlose)
- Mykotoxine (u. a. Aflatoxin)
- Pestizide

1.2.5 Futtermittel für Wiederkäuer

1.2.5.1 Ergänzungsfuttermittel für Milchkühe und Mastrinder
(Kraftfutter, Gehalte pro kg uS, 88 % TS)

	Rp g min. max.	Energie[1] Stufe	NEL MJ	g Rp/ MJ	max. Rfe g	Ca g	P g	min. Na g
Milchleistungs-futter I	130–150	2 3	6,2 6,7	25	50	6,5–9	3,5–6	1,5
Milchleistungs-futter II	160–200	2 3	6,2 6,7	30	50	6,5–9	3,5–6	1,5
Milchleistungs-futter III	210–250	1 2	5,9 6,2	45	80	13[2]	6–7,5	3
Milchleistungs-futter IV	280–320	1	5,9	50	80	19[2]	7–10	4
Rindermastfutter I	130–160				80	6–10	5–7	–
Rindermastfutter II	200–300				100	15–24	9–15	–

[1] Anforderungen lt. FMV [2] Mindestwert

1.2.5.2 Mineralstoffreiches Ergänzungsfutter (EF) und Mineralfutter für Rinder
(Gehalte pro kg)

	Ca g	P g	Mg g	Na g	Co mg	Cu mg	Zn mg	tägl. Menge[1] kg
Mineralstoff-reiches EF	20–60	12–40	min. 4	min. 15	min. 5	min. 150	min. 600	0,4–1,0
Mineralfutter I	max. 110	80–130	min. 20	min. 50	min. 10	min. 700	min. 3000	0,1–0,2
Mineralfutter II	min. 140	40–80	min. 20	min. 80	min. 10	min. 700	min. 3000	0,1–0,2

[1] je Großvieheinheit (etwa 500 kg KM); Menge abhängig vom Mineralstoffgehalt der übrigen Rationskomponenten

1.2.5.3 **Einzelfuttermittel** (frisch bzw. siliert) **für Wiederkäuer***

Futtermittel	TS	ME	NEL	Rfa	NDF	ADF	Rp	nF
	g/kg uS	MJ/kg uS		g/kg uS				
FRISCH								
Futterrüben, gehaltvoll	150	1,8	1,1	10	15	9	12	2
Grünfutter vom Grünland, grasreich:								
1. Aufw. i. Schossen	160	1,9	1,2	28	55	34	38	2
1. Aufw. B. d. Blüte[2]	220	2,3	1,4	57	106	57	41	3
dtsch. Weidelgras:								
1. Aufw. i. Schossen	160	1,9	1,1	28	55	34	38	2
1. Aufw. B. d. Blüte	210	2,2	1,3	54	106	62	33	3
2. Aufw. 4–6 W	220	2,2	1,3	52	99	53	36	3
Grünroggen im Ährenschieben	170	1,8	1,1	49	83	48	25	2
Kartoffeln	220	2,9	1,9	6	17	10	21	3
Landsberger Gemenge, i. d. Blüte	160	1,6	0,9	43	73	51	24	2
Luzerne, i. d. Knospe	170	1,7	1,0	40	51	49	37	2
Markstammkohl, späte Ernte	140	1,4	0,9	30	–	–	18	1
Raps vor der Blüte	110	1,2	0,8	15	–	–	21	1
Stoppelrübe mit Blatt, sauber	100	1,2	0,8	12	–	–	19	1
SILIERT								
Biertreber	260	2,9	1,7	50	140	66	65	4
Gerste (GPS), teigreif, Körneranteil 50 %	450	4,3	2,5	102	230	133	44	5
Grünfutter vom Grünland, grasreich:								
1. Aufwuchs im Ährenschieben	350	3,9	2,3	77	147	91	58	51
1. Aufw. B. d. Blüte	350	3,4	2,0	105	203	119	46	4
2. Aufw. unter 4 W	350	3,5	2,1	77	151	95	61	4
Kartoffelpülpe	180	2,1	1,3	36	66	57	10	2
Mais, Ganzpflanze, in Milchreife:								
Kolbenanteil <25 %	200	1,9	1,1	44	96	56	18	2
Kolbenanteil >35 %	230	2,5	1,5	48	107	57	21	3
Mais, Ganzpflanze, Ende der Teigreife:								
Kolbenanteil <45 %	320	3,3	2,0	75	136	80	26	41
Kolbenanteil >55 %	380	4,2	2,6	67	121	72	30	51
Luzerne, i. d. Knospe	350	3,3	1,9	89	147	112	72	46
Pressschnitzel	220	2,6	1,6	46	100	55	24	3
Raps vor der Blüte	120	1,3	0,8	19	–	–	20	17
Weidelgras, dtsch.:								
1. Aufw. Beginn Ährenschieben	350	4,0	2,4	75	132	88	62	52
2. Aufw. 7–9 W alt	350	3,3	2,3	96	161	110	54	43
Weizen (GPS), teigreif: Körneranteil ca. 50 %	450	4,2	2,5	102	243	110	42	53
Zuckerrübenblätter, sauber	160	1,6	0,9	25	11	6	24	21

[1] Summe von Stärke und Zucker in der TS [2] d. h. 1. Aufwuchs Beginn der Blüte * Erklärung: –, d. h. kein Wert vorhan

NB	Rfe	Ca	P	Mg	Na	NEL	Stä + Zu[1]	nRp/NEL
		g/kg uS				MJ/kg TS	g/kg TS	g/MJ
2	1	0,4	0,4	0,3	0,6	7,6	614	20
2	7	1,0	0,6	0,3	0,2	7,4	<25	21
1	10	1,3	0,8	0,3	0,2	6,3	25	23
2	7	1,0	0,5	0,3	0,3	7,1	138	23
0	8	1,5	0,9	0,5	0,7	6,4	126	22
1	9	1,1	0,7	0,4	0,2	5,9	109	23
0	6	0,7	0,7	0,4	0,2	6,5	124	22
-2	1	0,1	0,7	0,4	0,1	8,4	741	19
0	4	1,4	0,5	0,3	0,1	5,9	–	23
2	5	3,0	0,5	0,5	0,1	5,8	<25	24
0	3	3,4	0,6	0,3	0,3	6,2	–	22
1	4	2,2	0,5	0,3	0,3	7,0	111	22
0	2	0,5	0,5	0,3	0,3	7,6	238	21
3	22	0,9	1,5	0,6	0,1	6,7	23	28
-2	9	0,8	1,0	0,5	0,1	5,7	278	22
1	15	2,5	1,2	0,5	0,2	6,7	16	22
0	13	2,3	1,0	0,4	0,1	5,8	35	22
2	16	1,3	1,5	0,8	0,2	6,0	38	23
–2	1	2,8	0,5	0,3	–	7,0	289	20
–1	6	0,4	0,5	0,2	0,1	5,7	59	22
–2	7	0,5	0,7	0,5	0,1	6,5	219	21
–2	10	0,6	0,9	0,4	0,1	6,2	226	21
–3	13	0,7	1,2	0,8	0,1	6,7	355	20
4	14	5,5	0,9	1,1	0,5	5,4	<10	24
–2	2	1,5	0,1	0,7	0,6	7,4	31	21
0	7	1,9	0,5	0,1	0,4	6,7	–	22
2	23	1,3	1,1	0,3	0,1	6,9	64	22
2	19	1,9	1,7	0,5	0,2	6,6	55	19
–2	9	1,2	1,2	2,8	0,3	5,5	289	22
0	5	1,4	0,3	0,4	0,7	5,9	16	22

Einzelfuttermittel (Heu, Stroh und Konzentrate) **für Wiederkäuer*** Fortsetzung

Futtermittel	TS	ME	NEL	Rfa	NDF	ADF	Rp	n[illegible]
	g/kg uS	MJ/kg uS		g/kg uS				
HEU								
Grasgrünmehl	900	9,7	5,9	198	380	222	122	1[illegible]
Luzerne, i. d. Knospe	860	7,9	4,6	181	231	197	179	1[illegible]
Luzernegrünmehl	900	8,7	5,1	200	–	–	196	1[illegible]
Beginn der Blüte	860	8,3	4,9	261	403	302	95	1[illegible]
Weidelgras, dtsch.								
1. Aufwuchs:								
Beginn des Ährenschiebens	860	8,8	5,2	233	454	262	114	1[illegible]
Beginn der Blüte	860	8,3	4,9	261	495	286	114	1[illegible]
Wiesenheu grasreich,								
1. Aufwuchs im Ährenschieben	860	8,7	5,2	237	442	268	108	1[illegible]
2. Aufwuchs, <4 W	860	8,8	5,3	205	379	228	142	1[illegible]
STROH								
Haferstroh, nativ	860	5,8	3,2	378	550	370	30	[illegible]
Gerstenstroh,								
nativ	860	5,9	3,2	380	593	409	34	[illegible]
nach Ammoniakaufschluss	860	7,0	4,0	393	–	–	75	[illegible]
Weizenstroh,								
nativ	860	5,5	3,0	369	671	413	32	[illegible]
nach Ammoniakaufschluss	860	6,4	3,6	372	–	–	80	[illegible]
KÖRNER								
Getreide (geschrotet):								
Gerste (Winter)	880	11,3	7,1	50	205	56	109	14[illegible]
Hafer	880	10,1	6,1	102	281	124	106	12[illegible]
Mais	880	11,7	7,4	23	89	28	93	14[illegible]
Triticale	880	11,6	7,3	25	120	31	128	15[illegible]
Weizen (Winter)	880	11,8	7,5	26	111	33	121	15[illegible]
Leguminosen/fettreiche Samen								
Ackerbohnen	880	12,0	7,6	78	200	125	262	17[illegible]
Baumwollsaat	880	12,1	7,3	236	402	331	198	12[illegible]
Lupinen, süß, gelbblühend	880	12,6	7,9	148	177	128	385	20[illegible]
Raps	880	15,5	9,5	66	–	–	200	8[illegible]
Sojabohnen	880	14,0	8,7	55	136	104	350	16[illegible]
NEBENPRODUKTE								
Extraktionsschrote:								
Baumwollsaat-, geschält	900	11,2	6,8	84	234	171	456	25[illegible]
Kokos-, fettreich	900	11,3	6,9	137	405	270	206	20[illegible]
Leinsaat-	890	10,7	6,5	92	241	168	343	20[illegible]
Maiskeim-	890	11,1	7,0	72	387	116	117	14[illegible]
Palmkern-	890	10,0	6,0	177	647	397	167	16[illegible]
Raps- (00)	890	10,7	6,5	117	241	206	355	19[illegible]
Soja-, ungeschält	880	12,1	7,6	59	117	94	449	27[illegible]
Sonnenblumen-, teilgeschält	900	9,2	5,4	201	310	224	341	17[illegible]
Biertreber, getrocknet	900	9,5	5,6	153	513	230	233	17[illegible]
Frucht-, Obsttrester								
Apfel	920	9,4	5,6	205	346	272	56	10[illegible]
Trauben	900	4,8	2,6	223	707	595	122	8[illegible]
Citrusfrüchte	900	11,1	6,9	119	191	144	63	13[illegible]
Maiskleber	900	13,7	8,6	12	18	6	637	43[illegible]
Maisschlempe, getr.	900	11,4	7,0	94	349	177	267	21[illegible]
DDGS	945	11,5	7,0	72	324	175	358	25[illegible]
Sojabohnenschalen	900	9,8	5,9	344	554	397	118	12[illegible]
Maniokmehl	880	10,9	6,9	32	82	59	23	11[illegible]
Trockenschnitzel	900	10,7	6,7	185	411	226	89	14[illegible]
Weizenkleie	880	8,7	5,2	118	439	143	141	12[illegible]

[1] Summe von Stärke und Zucker in der TS * Erklärung: –, d. h. kein Wert vorhanden

B	Rfe	Ca	P	Mg	Na	NEL	Stä + Zu[1]	nRp/NEL
		g/kg uS				MJ/kg TS	g/kg TS	g/MJ
3	36	3,6	3,2	1,2	0,5	6,5	58	24
8	21	13,5	2,6	2,6	0,7	5,4	–	28
5	32	18,2	2,9	2,9	1,7	5,7	53	32
2	21	5,6	1,9	1,2	0,5	5,7	<90	22
-1	23	6,4	2,7	0,8	1,6	6,1	<50	22
0	20	4,3	1,7	1,2	2,3	5,7	<50	23
-1	22	5,4	2,1	1,0	0,6	6,1	<90	22
3	28	5,1	2,6	1,2	0,7	6,1	<90	23
-6	13	3,5	1,2	0,9	1,9	3,7	14	21
-6	14	2,5	0,7	0,8	3,1	3,8	7	22
-3	14	2,5	0,7	0,8	3,1	4,6	–	24
-5	11	2,7	0,7	0,9	1,1	3,5	–	22
-2	10	2,7	0,7	0,9	1,1	4,2	–	25
-6	24	0.6	3,4	1,0	0,7	8,1	617	20
-3	47	1,1	3,1	1,2	0,3	7,0	468	20
-8	40	0,4	2,8	0,9	0,2	8,4	713	20
-4	16	0,8	2,9	1,2	0,2	8,3	680	20
–5	18	0,6	3,2	1,1	0,1	8,5	695	20
14	14	1,3	4,0	1,5	0,2	8,6	463	23
11	183	1,8	11,0	3,7	0,4	8,3	27	17
29	50	2,4	4,6	2,2	1,1	9,0	113	26
18	391	3,4	6,7	2,4	0,4	10,7	52	9
29	179	2,2	5,4	0,1	0,1	9,9	138	19
32	47	3,4	10,2	4,7	0,7	7,6	<80	37
1	61	1,6	5,3	2,9	0,9	7,7	103	29
22	24	4,0	8,5	5,1	1,0	7,3	45	32
–5	15	0,4	8,2	3,4	1,0	7,8	492	21
0	19	2,5	6,3	3,4	0,1	6,8	21	27
26	22	6,0	10,3	4,8	0,1	7,3	80	30
28	13	2,8	6,3	2,7	0,2	8,6	177	36
27	22	3,8	10,2	5,0	0,5	6,0	68	32
9	77	4,1	6,6	2,0	0,6	6,2	54	32
–8	42	4,8	1,7	0,7	0,9	6,0	229	19
6	65	5,5	0,5	0,9	0,8	2,8	28	33
-11	32	18,4	1,4	1,4	0,8	7,7	243	19
32	47	1,2	5,3	0,4	0,6	9,5	152	51
8	74	1,5	9,2	3,7	2,3	7,8	108	31
17	64	1,2	8,5	2,7	6,2	7,4	64	36
–2	23	6,2	1,9	0,6	0,1	6,6	61	22
-15	6	1,4	1,0	0,4	0,3	7,9	792	17
8	8	7,6	0,9	2,0	1,9	7,4	61	21
3	38	1,6	11,6	4,7	0,5	5,9	213	24

1.2.6 Fütterungsbedingte Gesundheitsstörungen beim ruminierenden Wiederkäuer

1.2.6.1 Krankheiten der Verdauungsorgane

Pansenazidose	längerfristiger Abfall des pH-Wertes im Pansen auf <6
Entstehung:	durch überhöhte oder plötzliche Aufnahme leicht fermentierbarer Kohlenhydrate (Zucker, Stärke) bei gleichzeitig ungenügender Gabe speichelflussstimulierender Futtermittel (fehlende Pufferung). Durch abnehmende Aktivität der milchsäureverwertenden Bakterien Akkumulation von Milchsäure und schließlich reine Laktatflora (Streptococcus bovis u. a.).
Folgen:	bei geringen Graden: Milchfettabfall, abnehmende Fresslust; in schweren akuten Fällen: Inappetenz, Schädigung der Pansenschleimhaut → Endotoxinpassage (?) → Klauenrehe; chronische Fälle: Parakeratose der Pansenschleimhaut, nekrotische Herde in Leber und Niere (Passage von Bakterien durch die Pansenwand), evtl. Hirnrindennekrose.
Vorbeuge und Diätetik:	Grundfutter zur freien Verfügung vorlegen, Kraftfutter in kleinen Portionen (≤2 kg) anbieten, evtl. Puffer (Natriumbikarbonat) im Kraftfutter (2 %), evtl. Niazin-Ergänzung oder Natriumbikarbonat (~100 g) + Magnesiumoxid (~50 g) je Tier und Tag, Vorsicht: bei größerer Bikarbonat-Applikation im Stoß evtl. schwerstes Aufblähen.
	Getreidebearbeitung: besser quetschen statt schroten.
	Bei der Behandlung belastendes Futter absetzen, vermehrt Heu; evtl. Panseninhalt ausräumen, Eingabe lebender Hefen.
Pansenalkalose	Anstieg des pH-Wertes längerfristig auf über 7
Entstehung:	durch plötzliche und/oder überhöhte Gabe von eiweißreichen FM (junges Gras, Herbstzwischenfrüchte, NPN-haltige Futtermittel) bei gleichzeitig geringem Angebot an leicht fermentierbaren KH → geringe bakterielle Proteinsynthese → hohe NH_3-Gehalte im Pansen, Zunahme proteolytischer Keime.
Folgen:	Inappetenz, Leberbelastung, evtl. NH_3-Vergiftung
Vorbeuge und Diätetik:	Vermeidung o. g. Ursachen, Beifütterung von stärkereichen FM bei hohen Eiweißgehalten im Grundfutter, Zugabe von 50 g Na-Propionat, -laktat, -acetat; 50–70 g Milchsäure (in 8–10 l Wasser verdünnt).
Tympanie	vermehrte Gasansammlung im Pansen
Entstehung:	a) dorsale Gasblase im Pansen vergrößert durch Störungen des Ruktus (z. B. Verlegung des Oesophagus). b) häufiger: schaumige Gärung, hierbei übermäßige Gasbildung pro Zeiteinheit, Gas wird jedoch in kleinen, 1 mm großen Bläschen fixiert, deren Wand aus schleimigen Schichten von Proteinen, Polysacchariden oder Lipiden bestehen kann (Viskositätserhöhung). Erhöhte Schleimmengen nach Verwendung bestimmter FM, z. B. Leguminosen mit schleimbildenden Proteinen (aus Chloroplasten oder Galacturonsäureabkömmlingen), amylasehaltigen FM (Malzkeime) oder nach Vermehrung bestimmter Mikroorganismen (Streptococcus bovis, z. B. nach einseitiger Getreidefütterung) oder nach Aufnahme von FM mit erhöhtem Keimgehalt (Hefen). Begünstigend wirkt geringe Speichelbildung, da die Speichelmuzine der Viskositätserhöhung entgegenwirken. Daher sind rohfaserarme Rationen bzw. FM (Stoppelklee, Getreidekörner), feuchte Futter (taunass) oder gehäckselte Materialien besonders disponierend.
Vorbeuge:	durch sachgerechte Rationsgestaltung; Zufütterung von Monensin-Natrium bei getreidereichen Rationen; bei Weidehaltung evtl. Besprühen der kritischen Futterflächen (Klee) mit Ölen.

Einfluss von Kohlenhydraten aus Zellinhalt und Zellwänden bzw. typischen Futtermitteln auf die Umsetzungen im Pansen (nach LEBZIEN et al. 2007)

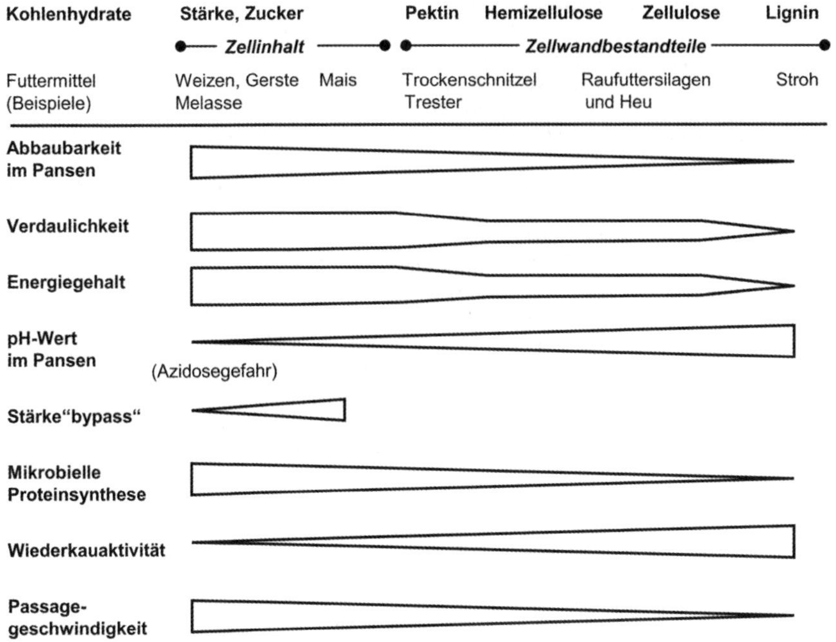

Kohlenhydrate	**Stärke, Zucker**		**Pektin**	**Hemizellulose**	**Zellulose**	**Lignin**
	Zellinhalt		*Zellwandbestandteile*			
Futtermittel (Beispiele)	Weizen, Gerste Melasse	Mais	Trockenschnitzel Trester		Raufuttersilagen und Heu	Stroh

Abbaubarkeit im Pansen

Verdaulichkeit

Energiegehalt

pH-Wert im Pansen

(Azidosegefahr)

Stärke"bypass"

Mikrobielle Proteinsynthese

Wiederkauaktivität

Passagegeschwindigkeit

Fortsetzung von Tabelle S. 218

Pansenfäulnis	entsteht evtl. aus Pansenalkalose durch Überwucherung der normalen Pansenflora durch Proteolyten, evtl. auch direkt durch hochgradige Kontaminationen von Futtermitteln (Silagen) mit Fäulniskeimen.
Kurzfutterkrankheit	Psalteranschoppung und Eindickung des Inhaltes begünstigt durch Aufnahme kurzgehäckselten Raufutters (Stroh, Heu) oder Spelzen, Heuabrieb etc.
Labmagenverlagerung (vor allem nach links)	Bei Milchkühen mit hohen Leistungen und hoher KF-Aufnahme in der 4.–8. Laktationswoche; ausgelöst durch vermehrte Gasbildung im Labmagen, die multifaktoriell verursacht zu sein scheint → vermehrter Zufluss fermentierbarer Substanzen und Fettsäuren aus Vormägen und gedämpfte Motorik; letztere durch temporäre Hypocalcämien, metabolische Azidosen oder geringe Bewegung gefördert. Evtl. Spätfolge von Fütterungsfehlern im peripartalen Zeitraum (fehlende Adaptation, Strukturmangel, Überversorgung, geringe Wasseraufnahme)
Vorbeuge:	durch sachgerechte Rationsgestaltung und Fütterungstechnik, s. S. 212
Caecumtympanie	Bei hochleistenden Kühen mit stärkereichen Rationen (vor allem Maisstärke); vermehrter Stärkefluss in den Dickdarm → mikrobielle Zerlegung
Vorbeuge:	Stärkemenge reduzieren, Stärkeaufschluss, Maissilage vor Teigreife ernten, evtl. amylasehaltige Siliermittel einsetzen.

1.2.6.2 Stoffwechselkrankheiten
(peripartal und in der Hochlaktation auftretende Störungen in der Regulation im Nährstoffhaushalt)

Ketose

Entstehung: Vermehrte Bildung von Acetonkörpern (Hydroxibuttersäure, Acetoacetat, Aceton) infolge absoluten oder relativen Mangels an Oxalessigsäure. Wdk generell disponiert, da KH im Pansen zu FFS umgebaut werden und von diesen nur Propionsäure glucoplastisch ist (repräsentiert rd. 30 % der absorbierten Energie). Milchkühe in der Hochlaktation besonders gefährdet, wenn Energieabgabe über Milch (zu 25 % in Form von Laktose) größer ist als die Energieaufnahme und vermehrt Körperfett zur Deckung der Energielücke mobilisiert werden muss (davon entfallen nur 5 % auf das glucoplastisch wirkende Glycerin). Ketoseentstehung wird begünstigt vor allem durch Überfütterung in den letzten Wochen der Laktation und in der Trockenstehphase (→ verstärkter Fettabbau p. p. bei geringer FA p. p.) sowie während der Hochlaktation durch ungenügende Energiezuteilung oder (häufiger) zu geringe Energieaufnahme.

Ursachen für eine ungenügende Energieaufnahme:
- sämtliche Faktoren, die negativ auf die Futteraufnahme wirken,
- zu geringe Energiedichte im Grundfutter,
- mangelnde hygienische Qualität der Futtermittel (Aktivität der Pansenflora ↓),
- ungenügende Vorbereitungsfütterung a. p. mit p. p. plötzlicher Steigerung des Kraftfutters, an das die Flora nicht adaptiert ist,
- falsche Fütterungstechnik (zu geringe Fütterungsfrequenz),
- Nährstoffimbalanzen (Protein ↑↓, P ↓, Co ↓),
- zusätzliche Erkrankungen (Mastitis, Metritis, Fremdkörper, Klauen).

Gelegentlich wird die Ketose verursacht durch hohe Gehalte an ketogenen Substanzen (Buttersäure, größere Mengen an mittelkettigen gesättigten FS) im Futter. Im Einzelfall konnten ungenügend erhitzte Gartenbohnen als Auslöser einer Ketose nachgewiesen werden (selbst bei Färsen).

Prophylaxe ergibt sich aus den verschiedenen Ursachen. Zur Unterstützung der Behandlung: Energieaufnahme fördern durch Zugabe konzentrierter Futtermittel (unter Vermeidung von Störungen der Vormagenflora), Zulage von Na-Ca-Propionat oder 1,2 Propylenglycol (250–500 g/Tier und Tag).

Vermehrt kommt Propylenglycol in spezieller, d. h. rieselfähiger Konfektionierung zum Einsatz (auch als MF-Bestandteil).

In Ketose-Problembeständen wird die intraruminale Applikation von Suspensionen (bis 30 l/Kuh), die Spurenelemente, Vitamine, Propylenglycol, Weizenkleie und Hefen enthalten können, prophylaktisch genutzt (= „Drenchen").

Peripartale Leberverfettung (fat cow syndrom)

Inappetenz, allgemeine Schwäche p. p., erhöhte Infektionsneigung (Leukopenie), oft letal, ursächlich bedingt durch überhöhte Energieaufnahme a. p. (z. B. ad lib-Zugang zu Maissilagesilos) und überstürzten Fettabbau p. p. mit temporär hochgradiger Fetteinlagerung in der Leber.

Hypocalcämie (Milchfieber)

Störung in der Regulation des Plasma-Ca-Spiegels aufgrund der sprunghaften Erhöhung der Ca-Abgabe über Kolostrum während und unmittelbar nach der Geburt, d. h. die Hypocalcaemie ist keine Mangelkrankheit!

Abfall des Ca-Spiegels bis 2 mg/dl (→ Parese), da bei disponierten Tieren (Rasse, Alter, Fütterung) kurzfristig Calcium nicht ausreichend durch vermehrte Resorption oder Mobilisation zur Verfügung gestellt werden kann.
Begünstigend: hohe Ca- und/oder hohe K-Aufnahme a. p., Mg-Mangel → Phosphataseaktivität ↓, Überfütterung sowie unsachgemäßer Einsatz von Mineralfutter.

VORBEUGE

Methode	Dosierung	Zeitraum ante partum	Wirksamkeit	Nachteile
calciumarme Fütterung (Ca:P-Verhältnis nicht entscheidend)	25 g Ca pro Tier u. Tag in der gesamten Ration	4–6 Wochen	++/+++	aufgrund der Ca-Gehalte im Grundfutter kaum realisierbar, aber dennoch Ca-Angebot möglichst gering halten
angesäuertes Futter – säurekonservierte Grassilagen[1]	20–25 kg pro Tier u. Tag	3 Wochen bis 2 Wochen p. p.	++	Einzelfütterung notwendig
– Ammoniumchlorid	100–150 g pro Tier u. Tag	3 W bis 3 Tage p. p.	++	Akzeptanzschwierigkeiten (Verabreichung im MF)
Vit D oder Vit D-Metaboliten	oral: 20–30 Mio. IE täglich i. m.: 10 Mio. IE Vit D	3–7 Tage a. p. einmalig am 2.–8. Tag a. p.	++	Gefahr der Hypervitaminose D (Kalzinose)
Calciumchloridgel oral	4 x 300 g $CaCl_2$	24 Std. a. p. bis 24 Std. p. p.	++	Zwangsapplikation (Plastikflasche) mit erhöhtem Arbeitsaufwand

[1] mit Mineralsäuren konservierte Silagen; Förderung der Ca-Absorption, der renalen Ca-Exkretion? Forcierte 1,25 $(OH)_2D_3$-Bildung?

– erweitert

Anwendung des so genannten DCAB-Konzeptes *(Dietary Cation Anion Balance);* durch Zulage starker Anionen (Chlorid, Sulfat) über max. 3 Wochen a. p. wird eine milde Azidierung des Stoffwechsels erwirkt, die zu einem forcierten Ca-Umsatz führt und die Sensibilität der Ca-Reserven im Knochen gegenüber der hormonellen Regulation erhöht.

Umsetzung des DCAB-Konzeptes wie folgt:

1. Ableitung des aktuellen DCAB-Wertes im Futter
   Na (g/kg TS) x 43,5 = + ... mEq
   K (g/kg TS) x 25,6 = + ... mEq
   Cl (g/kg TS) x 28,2 = – ... mEq
   S (g/kg TS) x 62,4 = – ... mEq
   Summe ... mEq/kg TS (+ = Kationen-, – = Anionenüberschuss)
   Üblicherweise liegt ein Kationenüberschuss vor; wesentliche Variationsursache ist der Kaliumgehalt des Grundfutters.
2. Falls möglich, Auswahl des Grundfutters mit dem geringsten DCAB-Wert (d. h. geringsten Kationenüberschuss)
3. Zusatz von $MgSO_4$ x 7 H_2O bis zu 4 g Mg/kg TS
4. Zusatz von $CaSO_4$ x 2 H_2O bis ca. 4 g S/kg TS
5. Zusatz von NH_4Cl bis zu einem DCAB-Wert von –100 bis –150 mEq/kg TS; bei hohen K-Gehalten im Grundfutter: o. g. Ziel unrealistisch; hier ist evtl. schon bei DCAB-Werten nahe Null die Grenze der Akzeptanz erreicht.
6. Bei hohen NPN-Gehalten (>5 g/kg TS) Ammoniumsalze restriktiv einsetzen
7. Tgl. Zulage von Ca auf ca. 100–120 g/Tier (Ausgleich forcierter renaler Ca-Abgabe)

Hypomagnesämie (Weidetetanie)

Starke tonisch-klonische Krämpfe durch Absinken des Mg-Spiegels im Plasma bzw. Liquor cerebrospinalis (im Unterschied zur Gebärparese eine Erkrankung infolge eines primären oder sekundären Mg-Mangels).

Vorwiegend bei Hochleistungskühen, aber auch bei Mutterkühen nach dem Weideauftrieb im Frühjahr oder auch im Herbst. Entstehung durch Ungleichgewicht zwischen Aufnahme und Abgabe von Magnesium bei allgemein geringen internen Kompensationsmöglichkeiten für dieses Element. In vermehrtem Umfang auch Hypomagnesämie im Stall (disponierend: Grünfutter bzw. Silagen aus Neuansaaten bzw. Feldfutterbau).

Mg-Aufnahme bestimmt durch:

TS-Aufnahme: abhängig von Akzeptanz des Grundfutters (Gülledüngung), Zuteilung, Vegetationsstadium, Witterung, Aktivität der Vormagenflora (Umstellung auf Weide)

Mg-Gehalt im Futter: gering bei Grasweide, intensiver K- und N-Düngung, frühem Vegetationsstadium, niedrigen Mg-Gehalten im Boden

Mg-Absorption: bei Wdk aktiv über Pansenwand, allgemein gering (20 %, bei jungem Grünfutter sogar nur 10 %), Abnahme bei hohen pH-Werten im Pansen (eiweißreiche Futtermittel) sowie hoher K- (transmurales negatives Potential ↑) oder geringer Na-Aufnahme (Steigerung der K-Gehalte im Pansensaft) und bei niedrigen Umgebungstemperaturen

Mg-Abgabe: bestimmt durch Milchmenge, evtl. forcierte Mg-Verluste über den Kot

Vorbeuge: entsprechend Ursachen, optimale Düngung (geringe K-Gaben vor Austrieb, Vorsicht bei Gülledüngung, evtl. Mg-reiche Dünger), sorgfältiger Übergang vom Stall auf die Weide, Beifütterung von strukturiertem Futter, Mg-Zulagen (30 g Mg, rd. 50 g MgO/Tier, Kraftfutter bis 3 % MgO), Mg-Stäbe im Pansen, Bestäuben der Grünflächen 2–3 g MgO/m^2, Leckmassen (Melasse: MgO 1:1)

Weideemphysem:

Bei abruptem Wechsel (insbesondere im Herbst) auf ein Rp-reiches Grünfutter (Weideaufwuchs) mit hohem Trp-Gehalt; beim Trp-Abbau im Pansen entsteht u. a. über Indolessigsäure verstärkt 3-Methyl-Indol, das über den Blutkreislauf zur Lunge gelangt; hier entsteht u. a. 3-Methyloxindol, wodurch es zu forcierter Radikalbildung mit Membranschäden an den Pneumocyten kommt → Flüssigkeitsaustritt in Alveolen, Lungenkongestion → klassisches Bild des Weideemphysems.

Vorbeuge: vorsichtige Umstellung auf derartiges Grünfutter, Rationsergänzung mit Rp-ärmeren Grund- und KF.

Mangelkrankheiten: evtl. Na, Se, Vit B_1 (→ CCN), Vit E, s. S. 171 ff.

1.2.6.3 Intoxikationen

Ursache/ Agens	Fütterungsfehler	Folgen
Harnstoff (s. S. 115)	Überhöhte Harnstoffzuteilung, unzureichende Adaptation, hoher Eiweiß-, niedriger Kohlenhydratgehalt, Entmischung in Silage mit Harnstoffzusatz	Übermäßige NH_3-Freisetzung, mangelhafte Fixierung im Pansen, pH-Wert-Erhöhung, Steigerung der NH_3-Absorption, unvollständige NH_3-Entgiftung (Leber) → Hyperammonämie → Krämpfe
Nitrat/Nitrit (s. S. 125)	Hoher NO^-_3-Gehalt im Futter (>5 g/kg TS), Herbstzwischenfrüchte (Brassicaceen), junges Wintergetreide (Frühjahr), junges, intensiv gedüngtes Gras, Rieselwiesen-Gras	Rascher Abbau zu NO^-_2 im Pansen → Methämoglobinbildung → u. a. Aborte, Diarrhoe
Kohlfütterung (s. S. 126)	Übermäßige längerfristige Markstammkohlfütterung >3 kg/100 kg KM/Tag → Kohlanämie	Bildung von Dimethyldisulfid im Pansen, reagiert m. SH-haltigen Enzymen u. a. in der Erythrocytenmembran → Erythrocytolyse
Schwefel/u. a. **S-Verbindungen** (s. S. 171)	Hohe Aufnahme von Schwefel, Sulfat, Sulfit über Futter (oder Wasser) bei >4 g S/kg TS der Gesamtration; kann sekundär auch Cu-, Se-Mangel bedingen	Im Pansen vermehrter Anfall von Sulfid und H_2S → gastrointestin. Störungen sowie ZNS-Störungen wie bei der Polioencephalomalazie durch Vit B_1-Mangel bzw. Pb-Intox. oder Cu-Mangel

1.2.6.4 Fütterungsbedingte Störungen der Fertilität bei Färsen und Kühen

Die Fertilität wird durch Management, Klima, Besamungstechnik, Infektionen, Fütterung etc. beeinflusst. Fütterungsmaßnahmen können Fehler in anderen Bereichen nicht ausgleichen, sind teilweise jedoch primär für bestandsweise gehäuft auftretende Fertilitätsstörungen verantwortlich.

– Allgemein vorkommende Fütterungsfehler

ENERGIEMANGEL:

während der Hochlaktation: Ursachen s. Ketose S. 219; bei Färsen evtl. durch Abdrängen in Gruppenhaltung;

bei hochleistenden Tieren evtl. während der Trockenperiode (Trockenstellen mit relativ hoher Milchleistung) → Auswirkungen im nächsten Reproduktionszyklus

ENERGIEÜBERSCHUSS:

ante partum, auch während der Färsenaufzucht

> Merke: entscheidendes Kriterium für die Beurteilung der Energieversorgung ist nicht die berechnete Energiezufuhr, sondern der Ernährungszustand, dessen Beurteilung unverzichtbar ist (Body Condition Scoring).

PROTEINMANGEL:

während der Färsenaufzucht; bei Milchkühen absolut (selten), häufiger indirekt durch Energiemangel und ungenügende ruminale Proteinsynthese; → geringer duodenaler AS-Fluss;

bei hochleistenden Kühen evtl. auch Defizit an ruminal verfügbarem Stickstoff bei einseitiger Verwendung von Futtermitteln mit geringer ruminaler Abbaubarkeit; Indikator: NH_3-N im Pansensaft <50 mg/l.

PROTEINÜBERSCHUSS:

bei Milchkühen absolut oder relativ zur Energiezufuhr, erhöhte Ammoniakgehalte im Pansen → Leberbelastung; Milchharnstoffgehalt ↑, Störungen im Hormonhaushalt

– Regional oder saisonal vorkommende Fütterungsfehler

Na-MANGEL (Weidegang)		→ vermehrt Retentio secundinarum	
K-ÜBERSCHUSS (Weidegang)		→ Jungtiere, Färsen → Vaginitis („Güllekatarrh")	
Jod-MANGEL	primär (I-arme Böden):	regional bedeutsam (z. B. Bayern, Österreich)	
	sekundär:	überhöhte Aufnahme von Futtermitteln mit strumigenen Substanzen	Einfluss auf hormonelle Regulation, Störungen in der embryonalen und fötalen Entwicklung

Mn-MANGEL: Weide, Kalkverwitterungsböden → unregelmäßige Brunst (?)

Se-MANGEL: gehäuft Retentio secundinarum, Konzeptionsrate ↓

VIT E-MANGEL (in Silagen fortschreitender Vit E-Abbau): Häufig gekoppelt mit Selendefizit, Konzeptionsrate ↓, Mastitis, s. S. 224

VIT A- und/oder CAROTIN-MANGEL:
- Stallhaltung → ungenügende Abwehrleistung der Schleimhäute
- Stallhaltung → evtl. verzögerte Ovulation u. Progesteronbildung

NITRATÜBERSCHUSS: Weidegras, Herbstzwischenfrüchte → Aborte

PHYTOÖSTROGENE:	manche Klee-Luzernearten; aber auch Gräser, vor allem aus Neuansaaten;	östrogenartige Wirkungen (Schwellung v. Vulva, Euter) Nymphomanie, Aborte?
MYKOTOXINE:	Fusarien → Zearalenon	

SCHIMMELPILZBEFALL (Aspergillus fumigatus) → placentare Infektion → Aborte

1.2.7 Überblick zu bisher etablierten Diätfuttermitteln für Wdk/Rd

Indikationen[1]: Senkung der Gefahr der/des	wesentliche ernährungsphysiologische Merkmale	Hinweise zur Zusammensetzung	anzugebende Inhaltsstoffe
Azidose	leicht fermentierbare Kohlenhydrate ↓, Pufferkapazität ↑	keine zusätzlichen Angaben erforderlich	Stärke, Gesamtzucker
Ketose/ Acetonaemie	glucoseliefernde Energiequellen ↑	energie-, glucoseliefernde EF, Zusatzstoffe als Energiequelle	Propan-1,2-diol[2], Glycerin[2]
Milchfiebers	Ca ↓, enges Kationen-Anionenverhältnis	keine zusätzlichen Angaben erforderlich	Ca, P, Mg, Na, K, Cl, S
Tetanie (Hypomagnesaemie)	Mg ↑, K ↓, leicht verfügbare Kohlenhydrate ↑, Rp ↓	keine zusätzlichen Angaben erforderlich	Stärke, Gesamtzucker, Mg, Na, K
Harnsteinbildung	P u. Mg ↓, harnsäuernde Stoffe	harnsäuernde Einzel-FM oder Zusatzstoffe	Ca, P, Na, Mg, K, Cl, S

[1] Bezeichnung des besonderen Ernährungszwecks, für den Diätfuttermittel zulässig sind (die Bezeichnung Diätfuttermittel ist dann verbindlich). Die Verwendung von Diätfuttermitteln ist allerdings nicht zwingend; der Einsatz z. B. puffernder Substanzen ist auch unabhängig von einem käuflichen Diätfutter (Mischfutter) möglich.
[2] falls als Glucoselieferant zugesetzt

Viele diätetische Maßnahmen haben das vorrangige Ziel der Aufrechterhaltung einer ungestörten Verdauung im Vormagen; viele Bestandsprobleme (Gesundheitsstörungen wie auch Leistungseinbußen) haben als Hauptursache gestörte ruminale Verdauungsprozesse.

Die Höhe der Futteraufnahme (und damit die Energieversorgung), die Klauen- und Eutergesundheit, die Fertilität wie auch die körpereigene Abwehr sind ganz entscheidend davon abhängig, wie es gelingt – trotz der leistungsbedingt notwendigen hohen Fütterungsintensität – die Prozesse im Vormagensystem in der für Wdk typischen Art zu sichern bzw. deren Entgleisungen zu vermeiden.

Weitere in bestimmten Beständen sinnvolle diätetische Maßnahmen betreffen beispielsweise die Optimierung der Proteinversorgung (geschütztes Eiweiß oder entsprechende AS), die Vorbeuge von Myopathien und Arthritiden (Zulage von Vit E und evtl. Se), Verbesserung der Klauengesundheit (Biotin, evtl. Zn?) oder die Stimulation der Zyklustätigkeit (ß-Carotin bei schlechter Grundfutterqualität). Hierfür stehen jedoch keine Diätfuttermittel lt. FMV zur Verfügung; die Bezeichnung „Diätfutter" ist z. B. für carotinhaltige MF unzulässig.

Mastitiden stellen zwar primär kein ernährungsbedingtes Problem dar, doch können folgende Zusammenhänge zur Nährstoffversorgung bestehen – und deshalb diätetisch genutzt werden: Bei der Epithelregeneration hat Zink eine originäre Bedeutung, als Epithelschutzvitamin hat das Vit A evtl. auch im Eutergewebe eine besondere Funktion, des Weiteren kommt es im Laufe der zellulären Abwehr im Euter zur Radikalbildung, so dass vermehrt Vit E und Se als Antioxidantien gebraucht werden. Vor diesem Hintergrund wird bei diätetischen Maßnahmen auf eine hohe Versorgung mit Vit A und E sowie mit Zn und Se Wert gelegt.

Schrifttum Rinderfütterung s. S. 237 f.

2 Schafe

Schafhaltung zeigt insgesamt eine leicht rückläufige Tendenz; Fleischproduktion Hauptnutzungsziel, Wolle Nebenprodukt. Andere Haltungsintentionen: Landschaftspflege („Offenhalten" von Grünlandzonen), Nutzung von Restgrünland, Hobbytier, Milchproduktion zur Käseerzeugung.

2.1 Schafrassen in Deutschland, KM und Verbreitung

	KM kg		Anteil am Schafbestand
	♀	♂	%
Merino-Landschaf	65–75	125	43
Schwarzköpfiges Fleischschaf	65–75	115	26
Weißköpfiges Fleischschaf	70–90	115	10
Texel-Schaf	60–80	100	7
Merino-Fleischschaf	70–80	130	4
Ostfr. Milchschaf	70–80	110	2
Heidschnucke	40–45	60–65	1

Österreich: Überwiegend Bergschaf

2.2 Lämmer

Lämmer (saugende wie auch ruminierende Tiere bis zum Alter von rd. 6 Monaten) werden zur Remontierung der Zuchttiere (Aufzucht) oder zur Mast herangezogen.

Bei der Aufzucht oder Mast von Lämmern bestehen (anders als beim Kalb) keine grundsätzlichen Unterschiede in der Art der verwendeten Futtermittel, sondern allein in der Fütterungsintensität, d. h. im Kraftfutteraufwand.

AUFZUCHT:

Unterscheidung nach den Verfahren:

- Sauglämmeraufzucht, d. h. 16 Wochen Säugeperiode
  Ernährung über die Muttermilch (5,5–6 % Protein, 7–7,5 % Fett, ca. 5 MJ ME/kg), ab 3. LW Beifütterung von Kraftfutter und Heu
- Frühentwöhnung, auf 5–6 Wochen verkürzte Säugezeit
  Beifütterung von Kraftfutter spätestens ab 2. LW
- mutterlose Aufzucht, mit speziellen MAT analog zur Kälberaufzucht,
  Absetzen mit ca. 3 Tagen nach der Kolostralmilchperiode und Umstellen auf MAT (evtl. auch am Tränk-Automaten), ab ca. 2. LW Kraftfutter und Heu ad lib

MAST:

- INTENSIV- ODER SCHNELLMAST in 4 Monaten
  a) von Sauglämmern – intensive Beifütterung zur Muttermilch
  b) bei früh entwöhnten Lämmern – ab ca. 20 kg KM Versorgung maßgeblich mit Kraftfutter bis zum Erreichen von:
  55–60 % der KM Adulter (♂ Lämmer) bzw.
  45–50 % der KM Adulter (♀ Lämmer)
  Ø Tageszunahmen 220–400 g, Kraftfuttermengen je nach Alter für a) ca. 50–1200, für b) ca. 900–1600 g/Tag.
- WIRTSCHAFTSMAST in 6 Monaten (verlängerte Lämmermast)
  ♂ Lämmer bis zum Erreichen von 70 % der KM Adulter
  ♀ Lämmer bis zum Erreichen von 60 % der KM Adulter,
  Ø Tageszunahmen 220–250 g, überwiegend Einsatz energiereicher Grundfuttermittel

2.2.1 Kolostralmilchperiode

Aufnahme von ca. 400 ml Kolostrum am 1. Lebenstag (KM 4 kg). Falls Nichtannahme des zweit- oder drittgeborenen Lammes (evtl. auch bei Erkrankungen des Gesäuges): mittels Flasche bzw. bei lebensschwachen Lämmern über Sonde mehrmals täglich (2–3 h Abstand) je Fütterung max. 50 ml anbieten bzw. verabreichen (Sondenlänge ca. 25 cm).

2.2.2 Postkolostrale Phase

In den ersten 5–6 LW ist Flüssigfutter, d. h. Muttermilch oder MAT-Tränke essentiell. Je nach Aufzuchtintensität wird ab der 2. LW zusätzlich Kraftfutter und Heu angeboten:

Sauglämmeraufzucht	Lebenswoche				
	–	3.–5.	7.	9.	11.–15.
Kraftfutter (g/Tier u. Tag)	–	50–150	300	400	500
Heu	ad libitum				
früh entwöhnte Lämmer	Lebenswoche				
	< 5.	5.	7.	9.	–
Kraftfutter (g/Tier u. Tag)	zunehmend	300	500	600	–
Heu	ad libitum				

2.2.3 Mutterlose Aufzucht

Bei Verlust des Muttertieres sowie Drillingsgeburten evtl. notwendig, MAT-Applikation über Flaschen, Eimer mit Zitzen oder Schlauchsysteme (Lämmerbar). Kalttränke (10–15 °C) möglich, besser warm ansetzen; Konzentration in der MAT-Tränke: 160–250 g MAT/l (s. auch S. 189).

2.2.4 Lämmermast

2.2.4.1 Empfehlungen für die tägliche Energie- und Nährstoffversorgung

KM, kg	15		25		35		45		55	
TS-Aufnahme, kg/Tag	0,8	0,9	1,0	1,2	1,3	1,4	1,5	1,6	1,5	1,7
KMZ, g/Tag	100	300	200	400	200	400	100	300	100	200
ME, MJ/Tag	5,2	10,4	9,3	15,8	11,0	17,7	9,8	15,8	11,1	14,0
Rp, g/Tag	70	150	130	210	145	245	130	210	140	160
Ca, g/Tag	7–11									
P, g/Tag	3– 4									
Mg bzw. Na, g/Tag	0,6– 1									

2.2.4.2 Fütterungspraxis

MAST MIT MAT

Prinzipiell möglich, Tageszunahmen über 400 g; geringe Wirtschaftlichkeit, da rasche Verfettung und Schlachtung bei niedrigem Endgewicht notwendig.

INTENSIVMAST (Schnellmast)

Vorrangig Kraftfuttereinsatz; ad lib hochverd. FM s. Abb. S. 228, Raufutter zur Erhaltung der Vormagenfunktion (bis 150 g gutes Heu/Tag)
Kraftfutter aus Getreide, Sojaextraktionsschrot, Trockenschnitzeln, Mühlennachprodukten; Richtwerte (pro kg): für Energie- und Nährstoffgehalte im KF

	Energiegehalt MJ ME	Rp g	Ca g	P g	Cu mg
Starter	≥ 11,0	200	8	4,5	max. 15
Anfangsmast	≥ 10,5	150	6	4,0	
Endmast	≥ 10,5	120	5	3,0	

Intensivmast auch unter Verwendung energiereicher, hochwertiger, hygienisch einwandfreier Grundfuttermittel (Maissilage, Maiskolbensilage, Pressschnitzel) möglich

WIRTSCHAFTSMAST

im Stall: nach Spätabsetzen: vorwiegend qualitätsvolle Grundfuttermittel, gegen Ende der Mast evtl. verstärkter Kraftfuttereinsatz

auf der Weide: (Koppelschafhaltung) junges Gras (creep grazing), Kraftfutter falls Graswuchs ungenügend (→ Reduktion Grasaufnahme!), evtl. Nachmast mit Kraft- und Grundfuttermitteln im Stall

2.2.5 Zuchtlämmer und junge Zuchtschafe

2.2.5.1 Zuchtnutzung und Aufzuchtintensität

	Ø Tageszunahmen
♀ frühreife Rassen (Texel): Zuchtnutzung ab 8–10 Mon	150–200 g
spätreife Rassen (Merino): Zuchtnutzung ab 10–12 Mon	100–150 g
♂ sollen bei Mastrassen nach 1 Jahr rd. 85 kg wiegen	200 g

2.2.5.2 Empfehlungen für die tägliche Energie- und Nährstoffversorgung

(Tageszunahmen 150–200 g)

KM kg	TS-Aufnahme kg	ME MJ	Rp g	Ca g	P g	Mg g	Na g
25	1	9,3	130	7	3	0,6	0,6
35	1,2	11,0	145	9	3,5	0,8	0,8
45	1,4	12,5	155	11	4	1	1

2.2.5.3 Fütterungspraxis

Möglichst billige wirtschaftseigene Grundfutter (Gras, Grassilage, Zwischenfrüchte, Zuckerrübenblattsilage etc.); abhängig von Haltungsform der Muttertiere (Weide, Stall, Hütehaltung);
bei guter Qualität kann Kraftfutterzulage entfallen, Mineralstoff- und Vitamin-Ergänzungen beachten; vor der Belegung in Zuchtkondition bringen (s. auch S. 230).

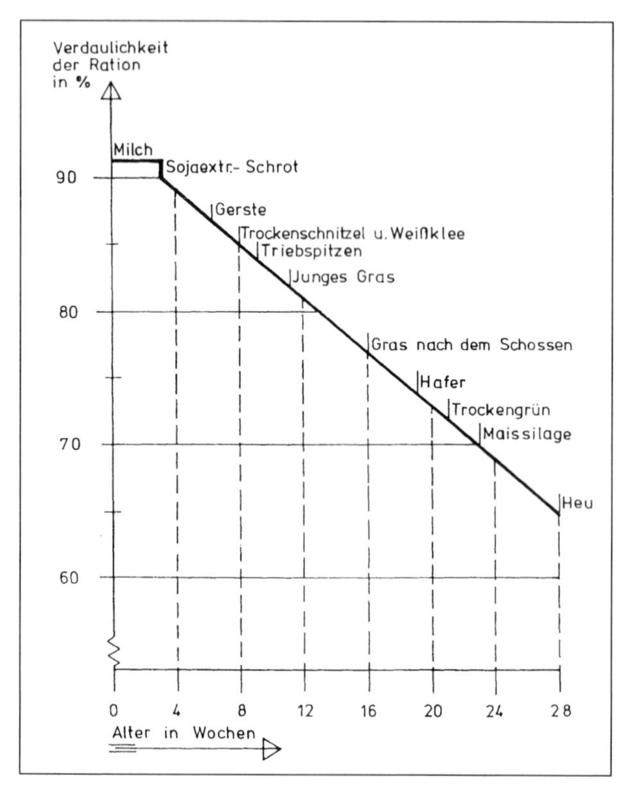

Anforderungen des Lammes an die Verdaulichkeit der Futtermittel unter dem Einfluss des Alters (nach SCHLOLAUT und WACHENDÖRFER, 1981).

Wie bei kaum einer anderen Haltung von Nutztieren hängt die Wirtschaftlichkeit der Schafhaltung entscheidend von der Verfügbarkeit günstiger, nahezu kostenfreier FM ab. Die Hüteschafhaltung ist jedoch mit erheblichen Arbeitskosten verbunden, so dass alle Möglichkeiten genutzt werden müssen, die Futterkosten zu minimieren. Diesem Ziel dient das Beweiden von Wegrainen, Randarealen von Segelflugplätzen/Truppenübungsplätzen und auch das Nachweiden auf abgeernteten Stoppel-, Zuckerrüben- oder Gemüseanbauflächen. Auch Zwischenfrüchte wie Grünraps, Stoppelrüben mit Blatt oder Ackergras werden zur Futterkosteneinsparung gern genutzt. Auch Heu aus dem „Grassamenanbau" (eigentlich Stroh) ist ein solches günstiges Grundfuttermittel für die Versorgung der Mutterschafe. Als billiges Kraftfuttermittel spielte bei der Getreidereinigung abgetrenntes „Kummerkorn" (unterentwickelte Getreidekörner) mit Spreu und Unkrautsamen eine gewisse Rolle. Für die Mast von Lämmern sind diese FM allgemein jedoch nicht gehaltvoll genug, so dass hier auch „teurere FM" verwendet wurden und werden.

2.3 Mutterschafe

Haltungsform (Hutung, Weide, Stall) bestimmt Futterart und Rationsgestaltung. Gewünschtes Ziel: Minimierung der Futterkosten durch Einsatz von billigen Grundfuttern und durch zeitlich wie mengenmäßig gezielten Einsatz von Kraftfutter während Hochträchtigkeit und Laktation.

2.3.1 Empfehlungen für die tägliche Energie- u. Nährstoffversorgung

(Formulierung hier additiv, d. h. Erhaltungs- und Leistungsbedarf addieren!)

ERHALTUNGSBEDARF						
KM, kg	ME, MJ	Rp, g	Ca, g	P, g	Mg, g	Na, g
50	8,1	71	5	4	1	1
60	9,3	80				
70	10,4	88				
80	11,5	95				

LEISTUNGSBEDARF für Trächtigkeit														
Anzahl Feten	KM bei Geburt, kg	ME, MJ HT[1]	Rp, g NT[1]	Rp, g 6. W a.p.	Rp, g 1. W a.p.	Ca, g NT	Ca, g HT	P, g NT	P, g HT	Mg, g NT	Mg, g HT	Na, g NT	Na, g HT
1	3	2,5	14	20	40	1	4	0,5	2	0,5	0,5	1	1
1	5	4,2	25	30	70								
2	3	5,0	25	30	70								
2	5	8,3	40	50	115								

LEISTUNGSBEDARF für Laktation						
Milch, kg/Tag	ME, MJ	Rp, g	Ca, g	P, g	Mg, g	Na, g
1	8	140	5,3	1,9	0,9	0,5
2	16	280	10,7	3,7	1,7	1,0
3	24	420	16,0	5,6	2,6	1,5
4	32	560	21,3	7,4	3,4	2,0

[1] NT bzw. HT: niedertragend bzw. hochtragend (~ 6 Wochen a. p.)

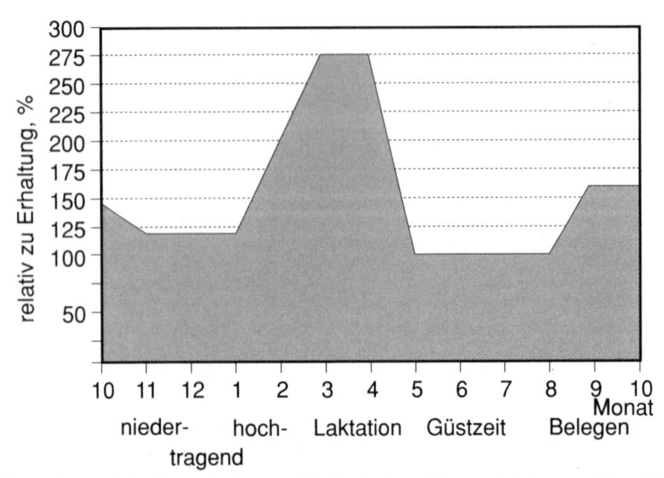

Energiezufuhr bei Mutterschafen im Verlauf eines Reproduktionszyklus (NRC 1985)

2.3.2 Fütterungspraxis

2.3.2.1 Güstphase

Erhaltungsbedarf erfüllen, Ernährungszustand kontrollieren (bei Schafen mit langer Wolle mittels Palpation!). Bei Wanderschäferei Risiken des häufigen Futterwechsels beachten (s. S. 232).

2.3.2.2 Vorbereitung auf die Belegung

4 Wochen vor beabsichtigter Belegung bis 2 Wochen p. c. (beachte Schafrassen mit saisonalem oder asaisonalem Sexualzyklus) erhöhte Energiezufuhr (flushing).
Vorteil: gesteigerte Ovulationsrate, Begünstigung der Nidation

- BEI WEIDEHALTUNG:
  neue Weidefläche mit jungem Aufwuchs anbieten (im Spätsommer evtl. Flächen mit Zwischenfrüchten, bei Weideflächen geringer Qualität auch Kraftfutter anbieten; s. unten)
- BEI STALLHALTUNG:
  energiereiches Grundfutter bzw. bei gleichbleibender Grundfutterqualität zusätzlich Kraftfutter (s. unten)

Zeitraum	Energiezulage oberhalb des Erhaltungsbedarfs/Tag MJ ME	zusätzliche Kraftfuttergabe g
> 4 Wochen a. c.	0	0
4 Wochen a .c.	1,1	100
1 Woche a. c.	3,4–5,7	400–500
2 Wochen p. c.	3,4–5,7	400–500
> 2 Wochen p. c.	0	0

2.3.2.3 Fütterung während der Gravidität

- bis ca. 8 Wochen vor dem Ablammen – je nach Ernährungszustand – etwa Erhaltungsbedarf, anschließend erhöhter Energie- und Nährstoffbedarf,
- bei ausreichender Grundfutterqualität bis 6 Wochen a. p. ohne Kraftfutter,
- in der Endphase der Gravidität zunehmend Kraftfutter (bis 0,5 kg/Tag) bzw. Grundfutter mit höherer Verdaulichkeit (frisch oder konserviert), bes. wichtig bei Zwillingsträchtigkeit,
- Raufutter: Heu guter Qualität (Grassilage führt bei Schafen im Vergleich zu Heu oder auch Grünfutter allgemein zu deutlich geringerer TS-Aufnahme),
- Energieunterversorgung während der Hochträchtigkeit (Mehrlingsträchtigkeit) → Gefahr der Ketose.

2.3.2.4 Fütterung während der Laktation

Möglichst gleiche Rationszusammensetzung wie in der Hochträchtigkeit; je nach Grundfutterqualität Kraftfuttergabe steigern (insbes. bei Mehrlingsgeburten) auf bis zu 1,5 kg/Tag; nur bei Weidehaltung und jungem Aufwuchs (TS-Aufnahme 1,5–2,8 kg/100 kg KM) kann auf Kraftfutter verzichtet werden (allerdings Mineralstoffzufuhr sichern!); bei hohen Anteilen an Trockenfuttermitteln in der Ration bes. auf Wasserversorgung achten (Wasseraufnahme während der Laktation gegenüber Erhaltung mehr als verdoppelt).

KM-Veränderungen während des Reproduktionszyklus s. Abb. S. 231.

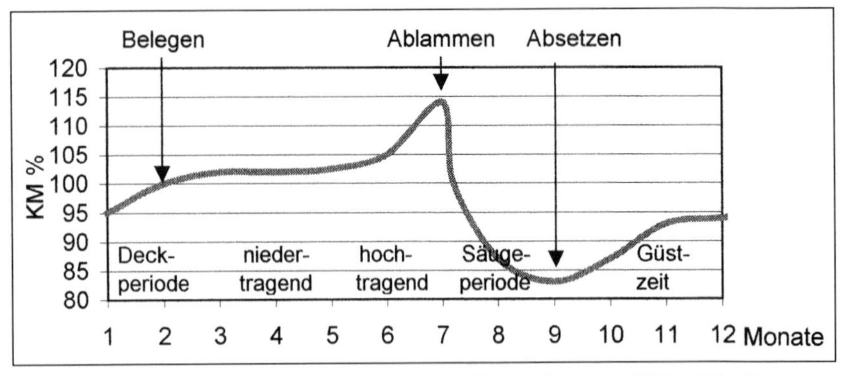

KM-Entwicklung von Mutterschafen mit Zwillingen (normale KM = 100 %); (nach SCHLOLAUT und WACHENDÖRFER, 1981)

2.4 Zuchtböcke

Mit Ausnahme der Decksaison Versorgung entsprechend Erhaltungsbedarf (ohne KF):

KM kg	TS-Aufnahme kg	Bedarf ME MJ	Rp g	Ca g	P g	Mg g	Na g
80	1,6	11	100	2,6	1,9	1,6	2,5
100	1,9	12	110	3,2	2,3	2,0	3,1

Für die Decksaison zusätzliche Energie- und Proteingabe (+ 2 MJ ME bzw. 84 g Rp) bei Reduktion des Grundfutterangebots und Ergänzung durch Kraftfutter (bis zu 1 kg).

Vermeidung gleichzeitiger Protein-, P- und Mg-Überversorgung → Gefahr der Harnsteinbildung.

2.5 Futtermittel für Schafe, Grundfutter: s. Rind (S. 216 f.)

Richtwerte für die Zusammensetzung von Mischfuttermitteln für Schafe (pro kg)

	Rp[1] g	Rfe g	Rfa[2] g	Ca g	P g	Cu[2] mg	Vitamine A, IE	D_3, IE	E, mg
MAT	200	150–300	10	9	6	15	≤13 500	≤2000	>20
Alleinfutter für Mastlämmer	160		80	10	5	15	≤13 500	≤2000	>12
Ergänzungsfutter für Zucht-Schafe	150		140	10	5	15[3]			
Mineralfutter				100–200	40–100	15[3]			

[1] Mindestwerte [2] Höchstwerte [3] entsprechend Gesamtration

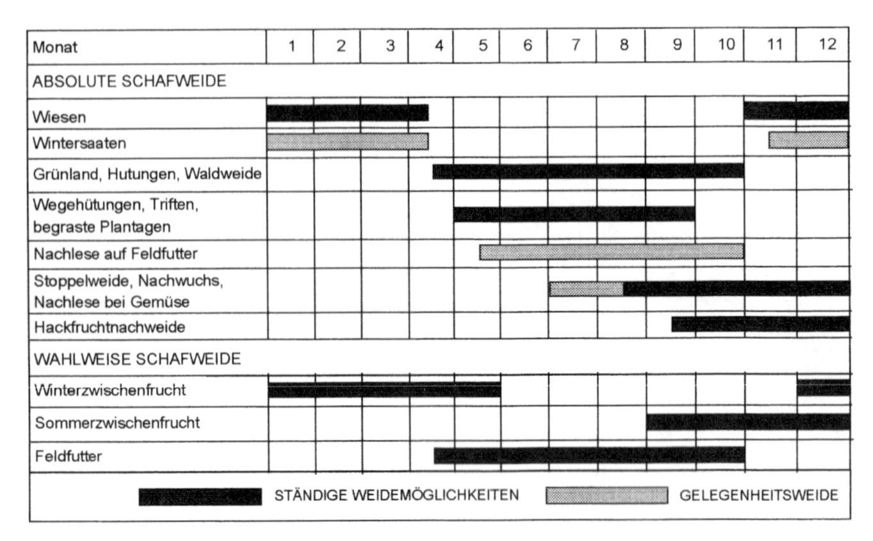

Futtergrundlagen während des Jahres bei der Wanderschäferei
(nach SCHLOLAUT und WACHENDÖRFER, 1981)

2.6 Ernährungsbedingte Erkrankungen und Störungen

Grundsätzlich wie bei Rd (S. 218 f.); Mangelkrankheiten (S. 171 ff.).
Besondere Bedeutung beim Schaf:

Hypothermie und Hypoglykämie:

bei neugeborenen Lämmern (im zeitigen Frühjahr draußen geboren)

Behandlung: 5 % Glucoselösung 0,5 l/Lamm mehrmals am Tag oral oder
anfangs 10 % Glucoselösung i. p.; 10 ml/kg KM

Pansenazidose:

insbesondere nach Fütterung zucker- oder stärkereicher Lebensmittel (z. B. Brotreste bei Hobbytieren) oder kohlenhydratreicher Futtermittel (melassierte Trockenschnitzel, gekeimtes Getreide auf Stoppelfeldern, Kartoffel- oder Zuckerrübenreste auf Äckern im Herbst)

Pansentympanie:

nicht adaptierte Tiere nach gieriger Aufnahme von Stoppelklee oder Zwischenfrüchten (ohne vorherige Raufuttergabe)

Kurzfutterkrankheit:

nach Verfütterung kurzgeschnittenen Grünfutters (z. B. Rasenmähergras) → Psalteranschoppung → Psalterparese

Trächtigkeitstoxikose:

typische Erkrankung bei zu geringer Energieversorgung während der Gravidität (Mehrlingsträchtigkeit). Die für die fötale Energieversorgung benötigte Glucose kann bei ungenügender oraler Energieaufnahme (Propionsäure ↓) nicht in ausreichenden Mengen durch Gluconeogenese bereitgestellt werden → Hypoglycaemie, vermehrte Fettmobilisierung, Acetonkörperbildung.

Breinierenkrankheit:

Erkrankung intensiv gefütterter Lämmer
Enterotoxaemie durch Cl. perfringens D → Vermehrung im Verdauungskanal vornehmlich bei jungen Tieren bei eiweißreichem Futter oder abruptem Wechsel von kargem auf reichliches Futterangebot.

Urolithiasis:

klinische Manifestation aufgrund der anatomischen Verhältnisse nur bei ♂ Tieren (Mastlämmer, Zuchtböcke).
Begünstigung der Harnsteinbildung durch eiweiß-, P-, Mg-reiches Futter (→ vermehrte renale Harnstoff-, Mg- und P-Ausscheidung, vor allem bei wenig Raufutter), alkalische pH-Werte im Harn, geringe Wasseraufnahme und mangelnde Bewegung.
Vorbeuge: überhöhte Protein-, P- und Mg-Aufnahme meiden, Zulage von 1 % NaCl zum Kraftfutter, ausreichend Tränkwasser.

Cu-Vergiftung:

bes. bei Mastlämmern, aber auch bei adulten Tieren vorkommende Erkrankung (Hämolyse, Hämoglobinurie, Ikterus, meistens Exitus) nach länger dauernder Aufnahme von FM mit über 20 mg Cu/kg TS. Zunächst klinisch unauffällige Cu-Speicherung in der Leber; hämolytische Krisis ausgelöst durch Stressfaktoren wie Transport, Umstellung etc., Texelschafe hierfür besonders disponiert.

Cerebro-Cortical-Nekrosen (CCN):

treten bei Schaflämmern meistens zwischen 4. und 5. Monat auf, besonders bei kraftfutterreicher Ernährung.
Ursache: Vit B_1-Mangel; hoher Bedarf bei gleichzeitig geringer B_1-Synthese im Pansen, erhöhter B_1-Abbau bzw. Inaktivierung von B_1 durch Thiaminasen von Bacillus sp., Clostridium sporogenis oder manche Schimmelpilzarten; evtl. gleiche Symptomatik bei höherer Schwefel-Aufnahme.

Hypocalcämie:

infolge chronischer Ca-Unterversorgung in den letzten 4 Wochen a. p. oder während der Laktation auftretend (beachte: andere Pathogenese als bei der Milchkuh; im Allgemeinen absoluter Ca-Mangel).

Listeriose:

Infektionskrankheit, bes. häufig bei Aufnahme schlechter Silagen (pH >5,5), in denen sich Listerien vermehren. Mit Erde kontaminiertes Zuckerrübenblatt unter schlechten Silierbedingungen (mangelnde Abdeckung) ist besonders für eine Listerienbelastung disponiert.

3 Ziegen

Kleinwiederkäuer von höchster Anpassungsfähigkeit und Genügsamkeit; besondere Fähigkeit zur selektiven Futteraufnahme; effiziente Wasser- und Protein- bzw. N-Nutzung bei knapper Versorgung; weltweit große Bedeutung zur Milchproduktion, in Deutschland/Europa Ziegenhaltung zur Milchgewinnung für Käseherstellung (typische „Nischenproduktion"); neben der Milchgewinnung über die Verwertung der männlichen Lämmer gewisse Fleischproduktion (hier nur begrenzte Nachfrage). Fleischziegen werden auch zur Landschaftspflege genutzt (Offenhaltung von Flächen).

3.1 Ziegenrassen

	KM (kg)		Milchleistung (kg)[1]
	♀	♂	
Bunte Deutsche Edelziege	55–75	70–100	850–1000
Weiße Deutsche Edelziege	55–75	70–100	850–1000
Burenziegen	65–75	90–100	(Fleischproduktion)
Anglo-Nubier[2]	70–75	90–100	500– 700
Toggenburger	50–65	65– 75	700– 800

[1] allgemeine Milchzusammensetzung: 3,2–3,5 % Fett; 2,8–3,0 % Eiweiß; die hier genannte Leistung wird meist nur in Kleinhaltungen der Herdbuchzucht erreicht. Herdendurchschnittsleistungen größerer Bestände von ≥600 l sind schon nicht leicht zu erreichen

[2] mit spezifisch höheren Milchfett- (4–5 %) und Eiweiß-Gehalten (3–4 %)

3.2 Fütterung der Ziegen

In Betrieben mit Milchziegenhaltung (primär auf Milchproduktion ausgerichtet) sind folgende unterschiedlichen Gruppen zu versorgen:

- Lämmer (nach 1. LW allgemein Aufzucht mit MAT)
- Jungziegen (zur Remontierung)
- laktierende bzw. trockenstehende Ziegen

In der Fleischziegenhaltung bleiben die Lämmer bis zum Absetzen (3–6 Mon) bei der Mutter, so dass hier die lämmerführenden Ziegen die entscheidende Nutzungsgruppe darstellen.

3.2.1 Lämmeraufzucht

Bei der Fleischziegenhaltung werden die Lämmer i. d. R. bis zum Absetzen gesäugt. Ein Betrieb, der auf die Milchproduktion spezialisiert ist, wird die Aufzucht mit einem Milchaustauscher bevorzugen; dies widerspricht allerdings der EU-Bio-Richtlinie. In vielen Betrieben werden deshalb die Lämmer 1x am Tag gesäugt, dann aber zusätzlich getränkt (MAT-Tränke).

In den ersten Lebenswochen bildet Milch bzw. die MAT-Tränke die Grundlage in der Lämmeraufzucht. Bei der in Milchziegenbetrieben üblichen bzw. im Rahmen der CAE-Sanierung notwendigen mutterlosen Aufzucht empfiehlt sich der Einsatz von Milchaustauschern für Schaflämmer bzw. es sind mittlerweile auch spezielle MAT für Ziegenlämmer im Handel. Der Austauscher sollte einen Fettgehalt in der Tränke von höchstens 3,5 % ermöglichen.

Bei der mutterlosen Aufzucht hat sich das Frühabsetzen mit 6 Wochen nach folgendem Tränkeplan bewährt:

- am 1. Tag mind. 3x täglich Kolostrum, ~1,0 l/Tag; entweder aus anerkannt CAE-unverdächtigen Beständen oder Kuhkolostrum (tiefgefroren)
- bis zum 7. Tag: MAT 2x täglich, 1,5 l/Tag
- 2.–5. Woche: MAT 2x täglich, auf 2,0 l/Tag steigern
- 6. Woche: MAT 2x täglich, langsam auf 0,5 l/Tag vermindern, am Ende der 6. Woche absetzen (auch abruptes Absetzen wird erfolgreich praktiziert)

Durch dieses restriktive Tränkeangebot nehmen die Lämmer frühzeitig festes Futter auf, so dass es zu einer raschen Entwicklung und mikrobiellen Besiedlung der Vormägen kommt. Dadurch wird die Verdauung von preiswerteren wirtschaftseigenen FM gewährleistet. Gutes Heu, KF und Wasser sollten deshalb ab der 2. LW täglich frisch zur freien Aufnahme angeboten werden. Als KF eignet sich ein pelletiertes Aufzuchtfutter für Schaflämmer oder auch Kälber bzw. ein betriebseigenes KF auf der Basis von Getreide, Trockenschnitzeln und proteinreichen FM wie Erbsen, Bohnen oder Sojaschrot mit 16 bis 18 % Rohprotein und 10 bis 11 MJ ME. Eigenmischungen sollten grob geschrotet oder gequetscht verfüttert werden.

3.2.2 Milchziegenfütterung

Hier gelten alle aus der Milchkuhfütterung bekannten Grundsätze, d. h. auch die notwendige Differenzierung nach dem Bedarf (Ende Gravidität/Laktation). Neben dem Grundfutter kommen teils erhebliche Kraftfuttermengen (bis zu 1 kg) zum Einsatz. Als Grundfutter haben Heu, Anwelksilagen, aber auch Maissilagen und Rüben eine besondere Bedeutung. Als Kraftfutter werden neben Getreide, Leguminosen und Trockenschnitzeln auch die in der Milchkuhfütterung üblichen Ergänzungsfutter verwendet (Milchleistungsfutter).

Vor Gabe des Kraftfutters sollte jedoch unbedingt etwas Grundfutter (Heu, Silage) gegeben werden, um die Speichelbildung anzuregen. Hierdurch wird die Verträglichkeit der KF-reichen Ration erheblich gefördert (sonst Clostridiosen ↑).

Abgeleitete Empfehlungen zur Energieversorgung[1] von Milchziegen in verschiedenen Leistungsstadien (MJ ME/Tag)

KM, kg	45	60	75
güst bzw. trächtig			
bis 4. Monat	7,8	9,7	11,5
5. Monat	10,4	13,0	15,3
laktierend, kg Milch/Tag			
1,0	12,4	14,3	16,1
2,0	17,0	18,9	20,7
3,0	21,6	23,5	25,3
4,0	26,2	28,1	29,9
5,0		32,7	34,5
6,0			39,1

[1] Die erforderlichen Rp-Gehalte in der Ration lassen sich grob mit nur einer Zahl bzw. Relation beschreiben: Bei einer Energiedichte von ca. 11 MJ ME je kg Trockensubstanz dürfte eine Rp-Konzentration von 120 g/kg TS der Ration ausreichen, das Leistungspotential voll auszuschöpfen.

Abgeleitete Empfehlungen zur Versorgung von Milchziegen mit Calcium und Phosphor (g/Tag)

KM, kg	45		60		75	
Elemente	Ca	P	Ca	P	Ca	P
güst bzw. trächtig						
bis 4. Monat	1,2	1,1	1,5	1,2	1,8	1,5
5. Monat	6,3	3,9	6,8	4,2	7,1	4,5
laktierend, kg Milch/Tag						
1,0	4,0	2,9	4,3	3,1	4,6	3,2
2,0	6,6	4,6	6,9	4,9	7,2	5,1
3,0	9,2	6,4	9,4	6,5	9,8	6,9
4,0	11,0	7,5	12,0	8,2	12,5	8,6
5,0			13,8	9,4	14,8	10,1
6,0					16,6	11,2

Bezüglich der Spurenelementversorgung können die vom Rind bekannten Daten (s. S. 167) übernommen werden. Gleiches gilt für die Ergänzung mit Vitaminen.

Ernährungsbedingte Erkrankungen und Störungen

Prinzipiell ähnlich Rd und Schf, Mangelkrankheiten s. S. 171 ff., besondere Bedeutung bei der Ziege haben:

GEBÄRPARESE: v. a. in der letzten Woche ante partum, aber auch in den ersten Wochen post partum bekannt

KETOSE: eher als Trächtigkeitsketose auftretend (sonst s. Schaf), Fruchtmasse bei Zwillingen bis zu 15 %, bei Drillingen bis zu 21 % der KM der Mutterziege!

LÄMMER: notwendiger Verzicht auf das Kolostrum zum Aufbau CAE-freier Ziegenherden (Ersatz des Kolostrums: aus anerkannt CAE-freien Betrieben bzw. über Kolostrum vom Rind oder spez. Kolostrumersatzprodukte aus dem Handel)

CU-TOLERANZ: wesentlich höher als bei Schafen, bis zu 100 mg Cu/kg KM wurden toleriert, allerdings soll es rassetypische Unterschiede geben (?) → Konsequenz: auch Mineralfutter für Rinder (mit Cu!) wird vertragen und eingesetzt

JOD-STOFFWECHSEL: Milchziegen besonders für einen Jod-Mangel disponiert, da wesentlich höhere Jod-Abgabe über die Milch als beim Rind (Faktor 5)

SPURENELEMENT-MANGEL: In ökologisch wirtschaftenden Betrieben ist häufiger ein Verzicht auf Mineralfutter anzutreffen, so dass hier auch klassische Mangelerkrankungen (Zn → Parakeratose, Cu → Sway back der Lämmer, Se → Vitalität der neugeborenen Lämmer ↓, Co → Kümmern, Anämie infolge Vit B_{12}-Mangel) auftreten

Schrifttum (Rd, Schf und Ziegen)

Agricultural Research Council (1980): The nutrient requirements of ruminant livestock. Commonwealth Agric. Bureaux

Agricultural and Food Research Council's Technical Committee on Responces to Nutrition (1993): Energy and Protein Requirements of Ruminants. CAB International, Wallingford, UK

AUSSCHUSS FÜR BEDARFSNORMEN der Gesellschaft für Ernährungsphysiologie (1995): Energie und Nährstoffbedarf landwirtschaftlicher Nutztiere, Nr. 6: Empfehlungen zur Energie- und Nährstoffversorgung der Mastrinder, DLG-Verlag Frankfurt/M.

AUSSCHUSS FÜR BEDARFSNORMEN der Gesellschaft für Ernährungsphysiologie (1996): Energie-Bedarf von Schafen. Berichte der Gesellschaft für Ernährungsphysiologie, Bd. 5, DLG-Verlag, Frankfurt/M., 149–152

AUSSCHUSS FÜR BEDARFSNORMEN der Gesellschaft für Ernährungsphysiologie (1996): Formeln zur Schätzung des Gehaltes an umsetzbarer Energie und Nettoenergie-Laktation in Mischfuttern. Berichte der Gesellschaft für Ernährungsphysiologie, Bd. 5, DLG-Verlag, Frankfurt/M., 153–155

AUSSCHUSS FÜR BEDARFSNORMEN der Gesellschaft für Ernährungsphysiologie (1997): Empfehlungen zur Energieversorgung von Aufzuchtkälbern und Aufzuchtrindern. Proc. Soc. Nutr. Physiol. 6, 201–216

AUSSCHUSS FÜR BEDARFSNORMEN der Gesellschaft für Ernährungsphysiologie (1998): Formeln zur Schätzung des Gehaltes an umsetzbarer Energie in Futtermitteln aus Aufwüchsen des Dauergrünlandes und Mais-Ganzpflanzen. Proc. Soc. Nutr. Physiol. 7, 141–150

AUSSCHUSS FÜR BEDARFSNORMEN der Gesellschaft für Ernährungsphysiologie (1999): Empfehlungen zur Proteinversorgung von Aufzuchtkälbern. Proc. Soc. Nutr. Physiol. 8, 155–164

AUSSCHUSS FÜR BEDARFSNORMEN der Gesellschaft für Ernährungsphysiologie der Haustiere (2001): Energie- und Nährstoffbedarf landwirtschaftlicher Nutztiere. Nr. 8: Milchkühe und Aufzuchtrinder. DLG-Verlag, Frankfurt/M.

AUSSCHUSS FÜR BEDARFSNORMEN der Gesellschaft für Ernährungsphysiologie (2004): Schätzung des Gehaltes an Umsetzbarer Energie in Mischrationen (TMR) für Wiederkäuer Proc. Soc. Nutr. Physiol. 13, 195–198

AUSSCHUSS FÜR BEDARFSNORMEN der Gesellschaft für Ernährungsphysiologie der Haustiere (2008): New Equations for predicting metabolisable energy of grass and maize products for ruminants. Proc. Soc. Nutr. Physiol. 17, 191–198

BRADE, W., und G. FLACHOWSKY (Hrsg., 2007): Rinderzucht und Rindfleischerzeugung- Empfehlung für die Praxis. Landbauforschung Völkenrode, Sonderheft 313, ISBN 978-3-86576-038-8

BUSCH, W., und K. ZEROBIN (1995): Fruchtbarkeitskontrolle bei Groß- und Kleintieren. Gustav-Fischer-Verlag, Jena

COENEN, M. (1996): Kontrolle von Futter und Fütterung im Rinderbestand zur Sicherung von Herdengesundheit und Produktqualität. Kongreßband: Tiergesundheit und Produktqualität, Eurotier '96, DLG-Verlag, Frankfurt/M.

DEUTSCHE LANDWIRTSCHAFTS-GESELLSCHAFT (1999): Fütterung der 10.000-Liter-Kuh – Erfahrungen und Empfehlungen für die Praxis. DLG-Verlag, Frankfurt/M.

DIRKSEN, G., H.-D. GRÜNDER und M. STÖBER (2002): Innere Medizin und Chirurgie des Rindes. Parey-Verlag, Berlin

DLG-Futterwerttabellen, Wiederkäuer, Univ. Hohenheim-Dokumentationsstelle (1997), 7. Aufl. DLG-Verlag, Frankfurt/M.

DRACKLEY, J. K. (2004): Fütterung und Management der Milchkuh im peripartalen Zeitraum. Übers. Tierernährg. 32 (1), 1–22

FLACHOWSKY, G., MEYER, U., und P. LEBZIEN (2004): Zur Fütterung von Hochleistungskühen. Übers. Tierernährg. 32 (2), 103–148

GfE (2003): Empfehlungen zur Energie- und Nährstoffversorgung der Ziegen (aus der Reihe: Energie- und Nährstoffbedarf landwirtschaftlicher Nutztiere). DLG-Verlag, Frankfurt/M.

HARING, F. (1975): Schafzucht. Verlag E. Ulmer, Stuttgart

HELLER, D., und V. POTTHAST (1997): Erfolgreiche Milchviehfütterung. 3. Aufl. Verlagsunion Agrar

JEROCH, H., W. DROCHNER und O. SIMON (2008): Ernährung landwirtschaftlicher Nutztiere. 2. Aufl., Verlag E. Ulmer, Stuttgart

KAMPHUES, J. (1996): Futtermittelbeurteilung/Fütterungskontrolle (Die Prüfung und Beurteilung von Futter und Fütterung im Rinderbestand als tierärztliche Aufgabe); in E. WIESNER (Hrsg.): Handlexikon der tierärztlichen Praxis, Ferdinand-Enke-Verlag, Stuttgart, 277j–277w

KAMPHUES, J. (1996): Interessante/aktuelle Entwicklungen in der Rinderfütterung. Übers. Tierernährg. 1996, 24, Heft 1 (Sonderheft), 2–165

KASKE, M., und H.-J. KUNZ (2003): Handbuch Durchfallerkrankungen der Kälber. Kamlage-Verlag, Osnabrück

KELLNER, O., K. DREPPER und K. ROHR (1984): Grundzüge der Fütterungslehre. 16. Aufl., Verlag Parey, Hamburg

KIRCHGESSNER, M., ROTH, F. X., SCHWARZ, F. J., und G. I. STANGL (2008): Tierernährung, Leitfaden für Studium, Beratung und Praxis, 12. Aufl., DLG-Verlag, Frankfurt/M.

LAMMERS, E. (1981): Koppelschafhaltung. DLG-Verlag, Frankfurt/M.

LEBZIEN, P., FLACHOWSKY, G., und U. MEYER (2007): Ernährung und Fütterung des Rindes. Aus BRADE, W. und G. FLACHOWSKY (Hrsg.): Rinderzucht und Rindfleischerzeugung- Empfehlungen für die Praxis. Landbauforschung Völkenrode, Sonderheft 313, ISBN 978-3-86576-038-8

MACKROTT, H. (1993): Milchviehhaltung. Ulmer-Verlag, Stuttgart

MAHANNA, B. (1995): 100 feeding thumbrules revisited. Hoard's Dairyman, W. D. Hoard and Sons Comp., Fort Atkinson

NRC, National Research Council (1985): Nutrient requirements of sheep. 6th ed. National Academy Press, Washington

NRC, National Research Council (2001): Nutrient requirements of dairy cattle. 7th ed. National Academy Press, Washington

PFEFFER, E. (2001): Energie- und Nährstoffbedarf von Ziegen. Übers. Tierernährg. 29, 81–112

PIATKOWSKI, B., H. GÜRTLER und J. VOIGT (1990): Grundzüge der Wiederkäuer-Ernährung. Gustav-Fischer-Verlag, Jena

RADEMACHER, G. (2000): Kälberkrankheiten – Ursachen und Früherkennung; Neue Wege für Vorbeugung und Behandlung. BLV-Verlagsgesellschaft mbH, München

ROY, J. H. B. (1980): The calf. 4. Aufl., Butterworths, London-Boston

SCHLOLAUT, W., u. G. WACHENDÖRFER (1981): Schafhaltung. 3. Aufl. DLG-Verlag, Frankfurt/M.

van SAUN, R. J. (1991): Dry Cow Nutrition: The Key to Improving Fresh Cow Performance, Vet. Clin. North Am. – Food Animal Practice – 7, 599–620

SCHULT, G., und D. WAHL (1999): Ordungsgemäße Ziegenhaltung – Beratungsempfehlungen der LWK-Hannover; E-Mail: abt.4-lwkh@t-online.de

SPIEKERS, H., und V. POTTHAST (2004): Erfolgreiche Milchfütterung. 4. Aufl., DLG-Verlag, ISBN: 978-3769005738

ZEBELI, Q., TAFAJ, M., METZLER, B., STEINGASS, H., und W. DROCHNER (2006): Neue Aspekte zum Einfluss der Qualität der Faserschicht auf die Digestakinetik im Pansen der Hochleistungsmilchkuh. Übers. Tierernährg. 34 (2), 165–196

ALP-Schweizerische Futtermitteldatenbank: FM-Zusammensetzung:, unter http://www.alp.admin.ch/themen/01240/index.html?lang=de oder efeed-learning program unter http://www.virtualcampus.ch/display.php?zname=federal_profile_platform&profileid=19&lang=2

4 Wildwiederkäuer

4.1 Rehwild (15–20 kg KM)

Täglicher Nahrungsbedarf (Erhaltung):

2–4 kg Äsung, 0,4–0,8 kg TS, 40–70 g Rp, 4–6 MJ ME
säugende Ricke: etwa doppelte Menge

Bei Angebot von „Salzlecken" oder Mineralergänzungsfutter auf ausreichende Wasserversorgung achten.

Im Herbst müssen die Rehe für das Überwintern Fettdepots anlegen. Zu Winteranfang sollte das Nierenfettdepot beim adulten Tier etwa 350 g, beim Kitz etwa 150 g erreichen.

Mutterlose Aufzucht (s. S. 191)

Normalerweise nehmen Kitze die Nahrung aus einer Trinkflasche an. Wenn nicht, handelsübliche Nasenschlundsonde verwenden. Bauch- und Analmassage mit einem feuchten, warmen Schwamm ist nach jeder Fütterung angebracht. Parallel zu oraler Zufuhr bei Durchfällen evtl. 10 ml 20%ige Glucoselösung s. c. verabreichen oder zweimal täglich 50–150 ml 0,9%ige Kochsalzlösung + 5%ige Glucose infundieren.

In den ersten Lebenstagen nehmen Kitze schon Heu und proteinreiches Kraftfutter, evtl. auch Erde gierig auf. Innerhalb der ersten 70 Tage soll bei handelsüblichen Milchaustauschern ein Zuwachs von 80–100 g/Tag erfolgen. In der 9. LW werden die Kitze entwöhnt und auf 70–100 g Kraftfutter/Tag umgestellt.

Ernährungsbedingte Erkrankungen:

- Pansenacidose (Reh besonders empfindlich, daher unkontrolliertes Angebot von leicht verfügbaren Kohlenhydraten [Besucher!] in Gehegen unterbinden),
- Fremdkörperperitonitis,
- Tympanien,
- Osteodystrophia fibrosa (bei Jungtieren nach schneereichen Wintern, wenn die Aufnahme von Ästen und Zweigen nicht gewährleistet ist und im Futter zu wenig Eiweiß, Ca oder ein ungünstiges Ca:P-Verhältnis vorliegt).
- Intoxikationen: durch Dünge- und Pflanzenschutzmittel,
  Raps (00 → hohe Akzeptanz) wird evtl. fast ausschließlich gefressen, dadurch Störungen in der Vormagenverdauung (Acidose?) sowie Bildung von S-methylcysteinsulfoxid (Anämie), evtl. Beteiligung anderer Inhaltsstoffe (Brassicafaktoren).

4.2 Dam- und Rotwild (Dam-/Rothirsche)

In landwirtschaftlichen Gehegen werden bevorzugt Dam- und auch Rotwild zur Fleischproduktion gehalten. Beide Wildarten sind „Mischäser" (Intermediärtypen). Sie sind in ihrer Pflanzenwahl flexibel und dem jeweiligen Vegetationsmuster angepasst. Es besteht jedoch eine deutliche Bevorzugung von Gräsern.

Für eine Rudelgröße von 4 fruchtbaren Alttieren und einem Hirsch ist eine Weidefläche von mindestens 1 ha bei Damwild- und 2 ha bei Rotwildhaltung notwendig, um eine ausreichende Nährstoffversorgung zu gewährleisten. Das Nährstoffangebot der Weide sollte durch Mineralfutter, zumindest aber durch einen Salzleckstein ergänzt werden. Während der Winterfütterung von November bis Mitte April sind ca. 80 % des Nährstoffbedarfs über wirtschaftseigene Grundfuttermittel (Heu, Stroh, Gras- und Maissilagen) und Kraftfuttermittel (Ergänzungsfutter) abzudecken.

Die nachstehend aufgeführten Versorgungsempfehlungen gelten nur für die Winterfütterung.

4.2.1 Damwild

Empfehlungen zur täglichen Energie- und Nährstoffversorgung von Damwild während der Winterperiode

	KM kg	Futteraufnahme (TS) % der KM	ME MJ	Rp g	Ca g	P g
Kälber	25–30	2,5–3	5,5–7,5	65–80	7	4
Schmaltiere*	30–40	2,5–3	7,5–8,5	80–110	8	4
Alttiere*	40–50	2,5–3	9,0–10,5	100–120	9	5
Hirsche	50–100	2	10,0–14,0	100–120	6	4

* trächtig

In der Winterfütterung des Damwildes genügen Heu oder Silagen allein nicht, um KM-Verluste zu vermeiden. Daher wird empfohlen, für eine ausreichende Energie- und Nährstoffzufuhr 25–30 % der täglichen TS-Aufnahme über Ergänzungsfutter (z. B. Milchleistungsfutter I – S. 215) abzudecken.

4.2.2 Rotwild

Empfehlungen zur täglichen Energie- und Nährstoffversorgung von Rotwild während der Winterperiode

	KM kg	Futteraufnahme (TS) % der KM	ME MJ	Rp g	Ca g	P g
Kälber	40–60	2,5–3	10,5–12,0	120–140	10	6
Schmaltiere*	70–80	2,5–3	12,5–14,5	150–170	9	5
Alttiere*	90–110	2,5–3	14,0–17,0	170–190	11	6
Hirsche	120–180	2	18,5–24,0	140–180	8	4

* trächtig

Für die Rotwildfütterung im Winter reicht eine Energiedichte von 7 bis 9 MJ ME/kg TS in der Ration aus, um bei TS-Aufnahmen von 1,5 bis 3 kg pro Tag eine ausreichende Energie- und Proteinversorgung der Tiere zu gewährleisten. Da derartige Werte in Heu und Silagen mittlerer Qualität erreicht werden, ist eine Kraftfutterergänzung in der Regel nicht notwendig. Ein Mineralfutter für Schafe oder Rinder (S. 231 bzw. S. 215) in Mengen von 20–40 g/Tier und Tag genügt für eine bedarfsgerechte Versorgung mit Mengen- und Spurenelementen sowie Vitaminen.

Bei Rotwild und anderen Cerviden ist (neben einem Na- bzw. Salzmangel) ein Cu-Mangel gar nicht selten, die Ergänzung mit einem Schaf-Mineralfutter ist wegen des hier niedrigen oder fehlenden Cu-Zusatzes nicht sinnvoll; besser geeignet ist ein spezielles Mineralfutter für Wild oder eines für Rinder (allgemein mit höherem Cu-Zusatz).

Schrifttum

BOGNER, H. (1991): Damwild und Rotwild in landwirtschaftlichen Gehegen. Verlag Paul Parey, Hamburg und Berlin

BUBENIK, A. B. (1984): Ernährung, Verhalten und Umwelt des Schalenwildes. BLV München

POHLMEYER, K., MÜLLER, H., WIESENTHAL, E. und A. VAUBEL (2007): Wild in Gehegen. Schüling Verlag, Münster, ISBN 978-3-86523-052-2

REINKEN, G. (1980): Damtierhaltung. Ulmer, Stuttgart

WAGENKNECHT, E. (1983): Der Rothirsch. 2. Auflage. Die neue Brehm-Bücherei, Wittenberg, A. Ziemsen

WIESNER, H. (1987): in: GABRISCH, K., und P. ZWART (Hrsg.): Krankheiten der Wildtiere. Schlütersche, Hannover: 467–493 bzw. 495–513

5 Pferde

Das Pferd ist ein Vertreter der herbivoren großen Dickdarmverdauer. Es ist ein an die kontinuierliche Aufnahme faserreichen, strukturierten Futters adaptierter Monogastrier. Das Pferd hat einen kleinen Magen ohne Dehnungsrezeptoren. Durch strukturiertes Futter wird eine langsame Futteraufnahme und ausreichende Speichelproduktion sichergestellt → optimale Bedingungen für Magenfüllung und -entleerung. Bis zum Ende des Dünndarms werden hohe Mengen an Wasser und Elektrolyten sezerniert, die im Dickdarm wieder absorbiert werden. Die Verdauung pflanzlicher Gerüststoffe findet im Dickdarm mit Hilfe von Mikroben statt, ähnlich wie in den Vormägen der Wiederkäuer.

Während die im Dickdarm von Mikroben gebildeten flüchtigen Fettsäuren zur Energieversorgung beitragen, kann im Dickdarm mikrobiell synthetisiertes Protein nicht genutzt werden. Dafür können aber beim Pferd Protein, Stärke, verschiedene Zucker und Fett im Magen und Dünndarm durch körpereigene Enzyme verdaut werden, ohne zuvor einen mikrobiellen Ab- oder Umbau zu erfahren. Sehr hohe Stärkemengen können bei üblicher Passagedauer im Dünndarm nicht vollständig verdaut und absorbiert werden. Folglich gelangt ein Teil der Stärke in den Dickdarm und unterliegt dem mikrobiellen Abbau. Die mikrobielle Dickdarmverdauung pflanzlicher Gerüststoffe ist unverzichtbarer Bestandteil der physiologischen Verdauung des Pferdes (Regulation des Wasser- und Elektrolythaushaltes, Vitaminsynthese). Der Energiebedarf von Pferden im Erhaltungsstoffwechsel kann in der Regel durch Grünfutter oder -konserven gedeckt werden.

5.1 Körpermasse und Ernährungszustand

5.1.1 KM verschiedener Pferderassen (kg)

Rasse	KM	Rasse	KM
Shetlandpony	100–220	Vollblüter	450–550
Isländer, Welsh, Connemara	300–400	Deutsches Warmblut	550–700
Araber	400–450	Quarterhorse	500–650
Haflinger	450–500	Deutsches Kaltblut	600–800
Fjordpferd	480–500	Shirehorse	800–1000

Die KM kann rechtssicher nur durch Wägung erfasst werden: Vorsicht bei Dosierung von Wirkstoffen auf der Basis von KM-Schätzungen; Schätzformeln, wie die folgende, geben näherungsweise entsprechende Informationen:

Schätzformel (Maße und Umfang in cm) für die KM von Reitpferden mit einem Körperumfang von über 365 cm:

KM (kg) = –1160 + 2,594 x Widerristhöhe[1] + 1,336 x Brustumfang + 1,538 x Körperumfang + 6,226 x Röhrbeinumfang + 1,487 x Halsumfang + 13,63 x BCS (s. S. 240a)

Körperumfang gemessen auf Höhe der Sitzbeinhöcker bzw. des Buggelenks

Halsumfang unmittelbar vor dem Widerrist; BCS = Body Condition Score

[1] Widerrist mit Band gemessen

5.1.2 Beurteilung des Ernährungszustandes

Beim BCS von Pferden werden Konturen, Knochenvorsprünge und Fetteinlagerungen bzw. -abdeckungen an Hals, Schulter, Rücken und Kruppe sowie die Brustwand (sichtbare Rippen), Hüftregion (Hungergrube) und Schweifansatz beurteilt (s. folgende Seite).

Aus tiermedizinischer Sicht ist zur Beurteilung einer adäquaten Energieversorgung der Ernährungszustand besonders aussagefähig; daher kommt seiner Beurteilung große Bedeutung zu, auch bei forensischen Problemen.

Eine solche Beurteilung ist nicht zuletzt notwendig, um eine adäquate Futterzuteilung (Energieversorgung) zu sichern bzw. eine unzureichende oder übermäßige Versorgung erkennen und quantifizieren zu können.

Body Condition Scoring System für Warmblutpferde (KIENZLE und SCHRAMME 2004)

BCS	Hals	Schulter (Rippen: auf Ellbogenhöhe)	Rücken und Kruppe	Brustwand	Hüfte	Schweifansatz (Linie von Sitzbeinhöcker bis SW)[1]
1	Seitenfläche konkav, Atlas sichtbar, 3.–6. Wirbel fühlbar, 4.–5. sichtbar, kein Kammfett, Axthieb[2]	Skapula komplett sichtbar, 6.–8. Rippe sichtbar, Faltenbildung an der Schulter nicht möglich	Dorn-/Querfortsätze und Rippenansätze sichtbar, Kruppe konkav, Haut nicht verschiebbar	6.–18. Rippe komplett sichtbar, Haut nicht verschiebbar	Hungergrube eingefallen, Hüfthöcker prominent, Sitzbeinhöcker sichtbar, über Kreuzbein konkav, After eingefallen	Einzelne Wirbel abzugrenzen, Linie konkav
2	Seitenfläche konkav, Atlas und 4.–5. Wirbel fühlbar, kein Kammfett, Axthieb	Skapula cranial und Spina sichtbar, 6.–8. Rippe fühlbar, 7.-8. sichtbar, Faltenbildung an der Schulter schwierig	Dorn-/Querfortsätze sichtbar, Rippenansätze fühlbar, Kruppe konkav, Haut nicht verschiebbar	7.–18. Rippe komplett sichtbar, Haut nicht verschiebbar	Hungergrube eingefallen, Hüfthöcker prominent, Sitzbeinhöcker sichtbar, über Kreuzbein gerade, After eingefallen	Einzelne Wirbel nicht abzugrenzen, Linie konkav
3	Seitenfläche leicht konkav, 4.–5. Halswirbel bei Druck fühlbar, kein Kammfett, Axthieb	Spina skapulae sichtbar, 7.–8. Rippe fühlbar, Faltenbildung an der Schulter schwierig	Dornfortsätze sichtbar, Kruppe gerade, Haut nicht verschiebbar	Seitenflächen der 7.–18. Rippe sichtbar, Haut nicht verschiebbar	Hungergrube eingefallen, Hüfthöcker prominent, kraniale Kante scharf, Sitzbeinhöcker sichtbar, After etwas eingefallen	Wirbel-Seitenfläche nicht sichtbar, Linie konkav
4	Seitenfläche gerade, Halswirbel nur bei starkem Druck fühlbar, Kammfett bis 4 cm, Axthieb undeutlich	Spina teilweise sichtbar, über 7. bedeckt, 8. Rippe fühlbar, kleine Schulterfalte unter großer Spannung möglich, Haut etwas verschiebbar	Dornfortsätze nur am Widerrist sichtbar, Kruppe leicht konvex, Haut nicht verschiebbar	11.–14. Rippe sichtbar, 9.–18. Rippe fühlbar, Haut etwas verschiebbar	Dorsaler Hüfthöcker prominent, craniale Kante scharf, Sitzbeinhöcker zu erahnen	Kontur der Schwanzwirbel zu erahnen, Linie leicht konkav
5	Seitenfläche leicht konvex, Kammfett >4–5,5 cm	Spina zu erahnen, über 7. Rippe weich, 8. Rippe fühlbar, kleine Schulterfalte unter Spannung möglich, Haut leicht verschiebbar	Haut etwas verschiebbar, 14.–18. Rippe bei leichtem Druck fühlbar	Rippen undeutlich sichtbar , 10.–18. Rippe fühlbar, Haut verschiebbar	Dorsaler Hüfthöcker leicht prominent, craniale Kante rund, Sitzbeinhöcker fühlbar	Schwanzwirbel bedeckt, Linie gerade
6	Seitenfläche leicht konvex, Kammfett >5,5–7 cm	Über 7.–8. Rippe weich, kleine Schulterfalte unter wenig Spannung möglich, Haut leicht verschiebbar	Haut leicht verschiebbar, 14.–18. Rippe bei starkem Druck fühlbar	Rippen nicht sichtbar , 14.–18. Rippe fühlbar, Haut leicht verschiebbar	Dorsaler Hüfthöcker zu erahnen, Sitzbeinhöcker schwer fühlbar	Festes Fettpolster über dem 3. Schwanzwirbel, Linie konvex
7	Seitenfläche leicht konvex, Kammfett >7–8,5 cm	Über 7.–9. Rippe weich, Schulterfalte spannungsfrei zu bilden	Kruppe fühlt sich weich an, über 14.–18. Rippe Fettpolster, Faltenbildung möglich	15.–17. Rippe fühlbar, Haut leicht verschiebbar, über 9.–18. Rippe weich, Fingerkuppen sinken etwas ein, Faltenbildung mit viel Spannung möglich	Hüfthöcker fühlbar, durch Fett abgedeckt	Weiches Fettpolster über dem 3. Schwanzwirbel, Linie deutlich konvex
8	Seitenfläche leicht konvex, Kammfett >8,5–10 cm	Über 7.–9. Rippe weich, hohe Schulterfalte spannungsfrei zu bilden	Kruppe fühlt sich weich an, über 14.–18. Rippe dickes Fettpolster, dicke Falten möglich	Rippe kaum fühlbar, Haut leicht verschiebbar, über 9.–18. Rippe weich, Fingerkuppen sinken deutlich ein, Faltenbildung mgl.	Hüfthöcker fühlbar, durch Fettpolster abgedeckt	Weiches Fettpolster über 1.–3. Schwanzwirbel, Linie deutlich konvex
9	Seitenfläche konvex, Kammfett >10 cm	Fettdepot bis Widerrist und Brust, hohe Schulterfalte spannungsfrei zu bilden	Durchgehendes Fettpolster	Rippen nicht fühlbar, durchgehendes Fettpolster	Hüfthöcker nicht mehr als Vorwölbung erkennbar	Durchgehendes Fettpolster über den Schwanzwirbeln

[1] Schwanzwirbel [2] Einkerbung am Hals, d. h. am Mähnenansatz

5.2 Hinweise zur Rationsgestaltung u. Fütterungstechnik

- FUTTERMENGEN anhand der Bedarfswerte berechnen, aber individuelle Adaptationen vornehmen
- nur QUALITATIV EINWANDFREIE FM verwenden. Beachte: Staub, Schimmelbefall etc. bei Heu, Stroh (evtl. Nester in Heu- oder Strohballen) und Hafer sowie besondere Disposition von Quetschhafer, Weizenkleie oder MF mit Melassezusatz für Verderb bei fehlerhafter Lagerung

  Im Freien ungeschützt oder auch unter Planen gelagerte Raufuttermittel sind für Pferde oft ungeeignet. Bei Silagen (Ziel: TS von >35 % bis <60 %; Häcksellänge >5 cm) sind Nachgärungen problematisch: Hefen ↑, später auch andere Keime ↑. Besondere Risiken bei Futterverderb: chronische Atemwegserkrankungen, Koliken.
- TS-AUFNAHMEKAPAZITÄT beachten (s. S. 156)

  Bei höheren Leistungen (Laktation, Wachstum, intensive Bewegung) auch konzentrierte Futtermittel einsetzen. Bei Reitpferden zur Vermeidung eines zu starken Bauchumfanges schwer verdauliches Raufutter (Stroh, überständiges Heu) limitieren.
- ausreichende Menge an kaufähigem RAUFUTTER (Heu, Anwelksilage: mind. 1,5 kg TS/ 100 kg KM und Tag) vorsehen; optimal ist ein annähernd frei verfügbares Raufutterangebot, insbesondere nachts (Ausnahme: adipöse Tiere) → Befriedigung des Kaubedürfnisses (sonst Verhaltensstörungen wie Allotriophagie) und optimale Gärbedingungen im Dickdarm.
- FÜTTERUNGSHÄUFIGKEIT nach Futterart und -menge einrichten. Bei überwiegender Raufuttergabe genügt eine zweimalige Fütterung pro Tag; bei vermehrter Kraftfuttergabe Frequenz des KF-Angebotes erhöhen; Krippenfuttermenge (als TS) pro Fütterung höchstens 0,3 % der KM, d. h., werden z. B. bei einem 500 kg-Pferd mehr als 5 kg Kraftfutter eingesetzt, sind 3 KF-Mahlzeiten je Tag erforderlich. Bei nahezu ausschließlicher Verwendung von Gerste oder Mais sollte die KF-Menge je Mahlzeit noch stärker reduziert werden (s. S. 243). Bei GRUPPENHALTUNG Tiere mit vergleichbarem Energie- und Nährstoffbedarf in Gruppen zusammenfassen. Auch hier muss jedes Pferd sein Futter in der notwendigen Menge ungestört aufnehmen können, sonst Über- und Unterversorgung innerhalb der Gruppe. Hierzu folgende Möglichkeiten: Trennen oder Anbinden zur Fütterung, Fress-Stände oder elektronisch gesteuerter/kontrollierter individueller Zugang zum KF-Automaten (Transponderfütterung).
- ZUTEILUNG der FM (Verteilung des Kraft- u. Raufutters über den Tag):

	Uhr	Kraftfutter	Raufutter
morgens	6	$^1/_3$ ($^1/_2$)	$^1/_4$ ($^1/_3$)
mittags	12	$^1/_3$	$^1/_4$
abends	18	$^1/_3$ ($^1/_2$)	$^1/_2$ ($^2/_3$)

- PROTEINÜBERVERSORGUNG vermeiden, bei Heu/Hafer-Rationen allgemein unbedenklich, d. h. unter 2 g vRp/kg KM und Tag; junger Weideaufwuchs bzw. daraus gewonnene Silagen sollten mit Rp-armen Ergänzungen wie Heu, Hafer, Mais kombiniert werden (Ausnahmen: lakt. Stuten und Absetzer)
- zur Deckung des Na-Bedarfs ist stets SALZ anzubieten (z. B. LECKSTEIN); Gras und Graskonserven sind nämlich allgemein nicht bedarfsdeckend; bei forcierten Schweißverlusten NaCl ins Krippenfutter mischen
- ausreichende WASSERVERSORGUNG sichern (auch bei Weidegang bzw. im Winter im Offenstall); Selbsttränken hinsichtlich Funktion u. Sauberkeit kontrollieren

– beim FUTTERWECHSEL Übergang je nach Futterart und Menge

Futterart: Umstellung auf anderes Krippenfutter eher unproblematisch; bei Wechsel von Heu auf Stroh ist die Strohmenge über ~ 4 Tage zu steigern; sollen Tiere angeweidet werden (Wechsel von Stall auf Weide), empfiehlt es sich, in den ersten Tagen erst im Stall das gewohnte Raufutter (morgens) anzubieten und die Tiere nach Aufnahme des angebotenen Futters auf die Weide zu bringen (zu Beginn evtl. nur stundenweise). *Steigerung der Futtermengen:* bei stärkehaltigen FM ist eine tgl. Steigerung von 0,2 kg/100 kg KM nicht zu überschreiten. Bei Einsatz von Ölen sollten pro Tag ~ 10 g/100 kg KM mehr Öl der Ration zugesetzt werden. Maximale Ölmenge in der Ration: 75 g/100 kg KM/d.

5.3 Reit- und Arbeitspferde

5.3.1 Energie- und Nährstoffbedarf

ergibt sich aus Erhaltungsstoffwechsel und Bewegungsintensität, evtl. erhöhter Energiebedarf bei besonderen Haltungsformen (z. B. Offenstall)

Empfehlungen für die tägliche Energie- und Nährstoffversorgung im Erhaltungsstoffwechsel

KM kg	DE MJ	vRp g	Ca g	P g	Na g	K g	Mg g
100	19	95	5	3	2	5	2
200	32	160	10	6	4	10	4
400	54	270	20	12	8	20	8
500	64	320	25	15	10	25	10
600	73	365	30	18	12	30	12

Bedarf an Spurenelementen (mg pro kg KM/Tag): Fe 1; Cu 0,1; Zn 1,0; Mn 0,8; Se 0,003; I 0,003; an Vitaminen s. S. 168 f.

Zusätzlicher Bedarf für Bewegung:

Zweifelsohne muss die Energie- wie Nährstoffversorgung von Pferden an die geleistete Arbeit angepasst werde. Es ist jedoch zu betonen, dass es in der Praxis sehr häufig zu einer Überschätzung des Energie- und Nährstoffbedarfs *arbeitender* Pferde kommt; oft werden Tiere nur an wenigen Tagen der Woche genutzt (und verbleiben die restliche Zeit in Boxen) und auch während dieser „Arbeitszeit“ werden die Tiere nur moderat beansprucht, so dass sich insgesamt betrachtet häufig nicht die unterstellte *„hohe Leistung“* ergibt. Eine bessere Einschätzung des *Mehrbedarfs* soll folgende Tabelle (enthält u. a. Angaben zu Dauer und Form der Nutzung) ermöglichen.

	leichte Arbeit	mittlere Arbeit	schwere Arbeit
Energie	+ 25 % v. Erhaltung	+ 25–50 % v. Erhaltung	+ 50–80 % v. Erhaltung[1]
z. B.	3 h Schritt	1 h leichter, 1/2 h mittlerer Trab	1 h leichter, 1/2 h mittlerer Trab, 1/4 h Galopp
Nutzung als	„Freizeitpferd“	„Turnierpferd“	Renn-, Vielseitigkeits- oder Distanz-Pfd im Volltraining
Na (mg/kg KM/d)	40	55	105
Cl (mg/kg KM/d)	55	80	175
K (mg/kg KM/d)	60	70	100
angen. Schweißmenge[2] (l/100 kg KM/d)	0,5–1	1–2	2–5
Vit E (mg/kg KM/d)	1–2	2	2–4

[1] mehr als 80 % (z. B. Gespannpferde, Hochleistungssport) [2] Schweißzusammensetzung S. 165

In Abhängigkeit von der geleisteten Arbeit (s. S. 242) ist also eine leistungsangepasste Energieversorgung der Tiere zwingend. Des Weiteren muss zweifelsohne die Zufuhr an Elektrolyten gesteigert werden, wenn mit dem Schweiß große Mengen verloren gehen.

Bei den „sonstigen" Nährstoffen ist eine gewisse Differenzierung hinsichtlich des „Mehrbedarfs" sinnvoll und hilfreich:

a) nur geringer Mehrbedarf: Rp sowie die meisten Spurenelemente und Vitamine; forcierter AS-Metabolismus ist von Bedeutung, aber z. Z. nicht zu quantifizieren.

b) mäßiger Mehrbedarf: Ca, P (+ ~ 50 % von Erhaltung); Mg, Fe, Se (+ 10–20 % von Erhaltung); Vit B_1, evtl. Folsäure (wenn kein Grünfutter/-konserven in der Ration).

c) erheblicher Mehrbedarf in Abhängigkeit von der notwendigen Energieaufnahme, um bei der jeweiligen Arbeitsintensität einen angemessenen Ernährungszustand zu sichern.

5.3.2 Fütterungspraxis

5.3.2.1 Rationen aus Rau- und Kraftfutter (Futtermengen pro 100 kg KM/Tag)

Beanspruchung	Kraftfutter, kg (Getreide oder Mischfutter)	Heu[1], kg (gute Qualität)
Erhaltung	0–0,25	bis 2,5 (~ad lib)
Arbeit leicht	0,25–0,50	mind. 1,5
Arbeit mittel	0,50–0,75	mind. 1,5
Arbeit schwer	0,75–1,25 (= max.)	mind. 1,5

[1] oder Anwelksilage unter Berücksichtigung des niedrigeren TS-Gehaltes, d. h. in höherer Menge

HEU/HAFER-RATIONEN:

Ergänzungen von Mineralstoffen und Vitaminen durch vitaminierte Mineralfutter (20-100 g/d). Die in der Ration fehlenden Nährstoffe müssen auch tatsächlich enthalten sein, z. B. 10-20 mg Se/kg Mineralfutter, wenn Heu und Hafer aus Se-Mangelgebieten stammen.

HEU/HAFER/MISCHFUTTER-RATIONEN:

Unter Verzicht auf das Mineralfutter kann ein Ergänzungsfutter zu Heu/Hafer genutzt werden; hierbei werden mit 1 bis max. 3 kg entsprechende Hafermengen ersetzt. Das EF ist in Abhängigkeit von der Konzentration an Spurenelementen und Vitaminen einzusetzen (evtl. kritische Überversorgung/FM-Recht!) und nicht in Abhängigkeit von der Leistung.

Hafer kann gegen Gerste oder Mais (geschrotet oder besser thermisch behandelt) ausgetauscht werden: 1 kg Hafer entspricht im Energiegehalt 0,9 kg Gerste oder 0,8 kg Mais. Hafer hat im Vergleich zu anderem Getreide neben der günstig hohen prc Stärke-Verdaulichkeit weitere diätetisch günstige Eigenheiten/Vorteile (Fettgehalt u. FS-Muster/β-Glucan-Gehalt).

Heu kann durch Anwelksilagen oder Weideaufwuchs ersetzt werden, insbesondere bei Pferden mit Erkrankungen der oberen Atemwege. Heu kann auch zum Teil durch Stroh ersetzt werden (max. 1 kg Stroh/100 kg KM), dies ist allerdings mit höheren Risiken für Verstopfungskoliken verbunden. Der Einsatz von Stroh ist aber eher eine "Notlösung", wenn kein geeignetes Heu/geeignete Graskonserven verfügbar sind (Eignung: Frage des Hygienestatus!).

HEU/MISCHFUTTER:

Getreide kann vollständig durch bestimmte MF ersetzt werden; je nach Art und Höhe der Leistung sind unterschiedlich zusammengesetzte MF auf dem Markt (vielfach ungünstig hoch: Vit A, Vit D; oftmals unzureichend: Zn, Se, Vit E). Bei optimaler Zusammensetzung sind keine weiteren Ergänzungen notwendig (Ausnahme: NaCl bei Leistungspferden).

HEU/MAISSILAGE/MISCHFUTTER-RATIONEN:

Vor allem in bäuerlichen Betrieben mit gleichzeitiger Rinderhaltung, in erster Linie für Zucht- und Freizeitpferde. 2–3 kg/100 kg KM/d, zusätzlich Raufutter und bei Zuchtstuten auch proteinbetonte Kraftfutter erforderlich.

Maissilagen sind arm an Rp, Mineralstoffen (außer P und K) und Vit E; besonderen Ergänzungsbedarf beachten!

5.4 Stuten

5.4.1 Empfehlungen für die tägliche Energie- und Nährstoffversorgung von Zuchtstuten

KM der adulten Tiere (kg)		Stuten hochtragend[1]	Stuten laktierend[2]
200	DE MJ	36–40	64–54
	vRp g	210–260	560–420
	Ca g	14–18	23–18
	P g	8–12	20–15
	Na g	5	6
400	DE MJ	60–67	107– 91
	vRp g	350–440	940–700
	Ca g	28–36	45–36
	P g	16–24	39–29
	Na g	10	11
600	DE MJ	81–91	145–123
	vRp g	470–590	1270–940
	Ca g	42–54	67–54
	P g	24–36	59–44
	Na g	15	16

Faustzahlen:

Mehrfaches vom Erhaltungsbedarf

	Hochträchtigkeit	Laktation
DE	1,25	2
vRp[3]	1,50	3–3,5
Ca, P	1,75	2–3

g vRp/MJ DE:	
Frühträchtigkeit	<8
Hochträchtigkeit	<8
Laktation	8–10

je kg KM:	
Vit A:	150 IE
Vit D:	10 IE
Vit E:	2 mg

[1] 8.–11. Monat [2] Maximum 3. Monat, dann abnehmend

[3] Der faktoriell abgeleitete Bedarf berücksichtigt nicht mögliche Vorteile einer temporär erhöhten AS-Aufnahme und stellt daher eine Mindestgröße für vRp dar.

5.4.2 Fütterungspraxis

Unter Praxisbedingungen ist die Versorgung mit Rp, Ca, P, Na, Cu, Zn, Se, I und Vit E vielfach nicht ausreichend, insbesondere bei laktierenden Stuten.

GÜSTE STUTEN:

Nicht überfüttern → Verfettungsgefahr, Beeinträchtigung der Konzeption. Falls güste Stuten sich in schlechtem Ernährungszustand befinden, drei bis vier Wochen vor dem Belegtermin Flushing-Effekt nutzen (tägliche Zulage von 1–2 kg Kraftfutter über Erhaltungsbedarf). Bei gut genährten Stuten besteht bei überhöhter Kraftfutterzugabe Gefahr von Zwillingsgravidität.

TRAGENDE STUTEN:

Bis zum 7. Monat entsprechend dem Erhaltungsbedarf füttern, ab 8. Monat Zuteilung eines EF für Zuchtstuten (0,2-0,5 kg/100 kg KM/d); hierdurch Mineralstoff- und Vitaminversorgung sichern.

LAKTIERENDE STUTEN:
Keinen starken Gewichtsverlust zulassen, insbesondere nicht bei Stuten, die während der Fohlenrosse belegt wurden. Raufutter sollte ad lib. zur Verfügung stehen, ein EF für Zuchtstuten mit >16 % Rp ist zu empfehlen. In Abhängigkeit von der Raufutterzuteilung sind 0,5–1,2 kg EF/100 kg KM/d vorzusehen. Bei Weidegang können laktierende Stuten >3 kg TS/100 kg KM/d aufnehmen; Energie- und Proteinversorgung sind hierbei allgemein unkritisch, eine Mineralstoffergänzung ist zwingend.

5.5 Fohlen und Jungpferde

5.5.1 Energie- und Nährstoffbedarf

Der Energie- und Eiweißbedarf richtet sich nach der gewünschten Aufzuchtintensität. Im Allgemeinen ist eine moderate Aufzuchtintensität zur Vermeidung von Skelettstörungen zu empfehlen. Eine Optimierung der Energie- und Nährstoffversorgung von Fohlen setzt die Kenntnis der KM-Entwicklung voraus, nur so lassen sich längerfristig Auswirkungen einer nicht-adäquaten Versorgung vermeiden.

Zur angestrebten KM-Entwicklung in der Aufzucht von Fohlen/Jungpferden
(Angaben als Relativwerte bzw. in absoluten Werten, kg)

Alter, Ende ...	% der KM adulter Tiere	KM der adulten Tiere (kg)		
		200	400	600
2. Monat	22–25	47	94	141
6. Monat	40–45	85	170	255
12. Monat	56–64	120	240	360
18. Monat	70–75	145	290	439
24. Monat	75–85	160	320	480
36. Monat	90–92	181	362	543

Bedarf an Energie, vRp und Lys wachsender Pferde (Angaben je Tier und Tag)
in Abhängigkeit vom Alter und den Tageszunahmen

	KM der adulten Tiere (kg)											
	200				400				600			
Ende des Monats	Zunahme g	DE[1] MJ	vRp g	Lys[2] g	Zunahme g	DE[1] MJ	vRp g	Lys[2] g	Zunahme g	DE[1] MJ	vRp g	Lys[2] g
6	344	32	270	15	656	54	475	26	984	73	680	37
12	242	34	280	15	440	57	445	24	560	74	610	33
18	132	36	230	12	264	59	400	22	429	77	560	30
24	87	36	215	12	175	59	360	19	295	79	505	27
36	44	38	205	11	110	63	350	19	181	84	485	26

[1] abnehmender Erhaltungsbedarf (0,88–0,6 MJ DE/kg $KM^{0,75}$ vom 6. Monat bis zum adulten Stadium)
+ Bedarf für den Ansatz (zunehmender Energiegehalt je kg: 8,9 → 14 MJ GE)
[2] Prämissen: 4,3 % Lys im Rp; Verdaulichkeit des Rp: 6. Mon 80 %, später 75 %

Mengenelementbedarf von Fohlen und Jungpferden (Angaben in mg/kg KM/d)

Phase	Ca	P	Na
3.– 6. Monat	148	105	22
7.–12. Monat	92	58	20
13.–18. Monat	68	45	19
19.–24. Monat	62	39	19
25.–36. Monat	55	35	19

KM-Schätzung bei Jungpferden

Können Fohlen bzw. Jungpferde nicht gewogen werden, bieten sich zur Kontrolle der KM-Entwicklung folgende Schätzformeln an (Maße in cm, KM in kg):

Körperumfang	
bis 225 cm:	KM = – 160,5 + 1,19 * BU + 0,33 * KU + 1,52 * RU + 0,65 * HU
226 bis 310 cm:	KM = – 328,7 + 1,67 * BU + 0,81 * KU + 2,36 * RU + 0,50 * HU
311 bis 365 cm:	KM = – 626,4 + 1,76 * BU + 1,41 * KU + 6,00 * RU + 0,75 * HU – 1,08 * Fesselellenbogenabstand + 0,63 * Widerristhöhe
> 365 cm:	KM = s. Formel für adulte Pferde s. S. 240

BU = Brustumfang; KU = Körperumfang; RU = Röhrbeinumfang; HU = Halsumfang

Proteinqualität bei Fohlen und Jungpferden

Auch in der Aufzucht von Pferden hat die Rp-Qualität (v. a. Lys-Gehalt im Protein) ein stärkeres Interesse erlangt:

Kalkulierte Lys-Gehalte (g/kg TS) **im Grundfutter (Heu/Gras) in Abhängigkeit vom Rp-Gehalt im Futter und dem Lys-Gehalt im Futterprotein**

Lys, g/100 g Rp	Rp im Heu bzw. Gras, g/kg TS						
	80	100	120*	140	160	180**	200
2,8	2,2	2,8	3,4	3,9	4,5	5,0	5,6
3,0	2,4	3,0	3,6	4,2	4,8	5,4	6,0
3,2	2,6	3,2	3,8	4,5	5,1	5,8	6,4
3,4**	2,7	3,4	4,1	4,8	5,4	6,1	6,8
3,6	2,9	3,6	4,3	5,0	5,8	6,5	7,2
3,8	3,0	3,8	4,6	5,3	6,1	6,8	7,6
4,0	3,2	4,0	4,8	5,6	6,4	7,2	8,0
4,2	3,4	4,2	5,0	5,9	6,7	7,6	8,4
4,4*	3,5	4,4	5,3	6,2	7,0	7,9	8,8
4,6	3,7	4,6	5,5	6,4	7,4	8,3	9,2

mittlere * Heu- bzw. ** Grasqualität

Bei proteinärmerem, älteren Aufwuchs (s. o.) wird die angestrebte Rp-Qualität oft nicht erreicht. Je kg Futter-TS (unterstellt: TS-Aufnahme von 2 % der KM) werden nämlich 9 (6. Mon) bzw. 3 g Lys (36. Mon) angestrebt, so dass je nach Rp-Gehalt im Heu/Gras eine unterschiedliche Ergänzung der Ration mit eiweißreichen FM (z. B. Sojaextraktionsschrot) zu empfehlen ist (s. nachfolgende Tabelle).

Lys-Gehalte in der Gesamtration (g/kg TS) bei Ergänzung von Heu/Gras mit unterschiedlichem Rp-Gehalt (ergänzt durch steigende Anteile an Sojaschrot)

Anteil von Sojaextraktionsschrot[1] in der Ration, % d. TS	Rp[2], g/kg TS (Heu oder Gras)						
	80	100	120	140	160	180	200
5	4,0	4,6	5,3	5,9	6,6	7,2	7,9
10	5,3	5,9	6,5	7,1	7,7	8,3	9,0
15	6,6	7,1	7,7	8,3	8,9	9,4	10,0
20	7,8	8,4	8,9	9,5	10,0	10,6	11,1

[1] 452 g Rp und 28,3 g Lysin je kg TS [2] bei 3,4 g Lys/100 g Rp

5.5.2 Fütterungspraxis

SAUGFOHLEN

Saugfohlen werden ab dem 2. Lebensmonat zugefüttert; freien Zugang zum Mischfutter meiden; mutterlose Aufzucht s. S. 190 f.

Ein Abfohlen zu Beginn der Weidesaison ist zu bevorzugen, da die Weidehaltung überlegene Voraussetzungen für ausreichende Bewegungsreize bietet; allerdings müssen Mineralstoffe, evtl. auch Energie und Protein über MF supplementiert werden. Die Haltung von Fohlen in der Gruppe auf der Weide und im Stall ist besonders günstig zu bewerten.

Orientierungswerte zur Verwendung von MF-Mitteln in der Fohlenaufzucht sind der Tabelle zu entnehmen. Sie können je nach Raufutter-, Weideangebot erheblich variieren.

Alter	**Haltung**	**Weide** bzw. **Raufutter**[1]	**EF**[2] (kg/100 kg KM)
ab 2. Mon		ad lib.	0,5
bis Absetzen[3]	Weide	↓	1,0–1,2
7.–12. Mon	Stall	↓	1,2–1,5
13.–18. Mon	Weide	↓	0,8–1,0
19.–24. Mon	Stall	↓	0,5–0,6
25.–36. Mon		↓	0,4–0,5

[1] während der Stallhaltung sind neben Raufutter auch Silagen und Rüben möglich
[2] EF für die Fohlenaufzucht
[3] i. d. R. 5.–6. Mon

5.6 Deckhengste

Außerhalb der Decksaison: Fütterung ähnlich wie bei Pfd mit geringer Bewegungsleistung; keine Überfütterung; 6 Wochen vor Beginn der Decksaison evtl. Rationskorrektur zur Optimierung des Ernährungszustandes.

Während der Decksaison: Nährstoffversorgung ähnlich wie bei moderater Bewegungsleistung; das erforderliche Ernährungsniveau wird von der Intensität der Zuchtnutzung und der sonstigen Arbeit (Turniersport) bestimmt.

Rationsgrundlage: Heu oder Weidegang plus MF mit >14 % Rp; der unterstellte Vit E-Bedarf von 2 mg/kg KM/d erfordert evtl. ein besonderes Ergänzungsfutter.

5.7 Ponys/leichtfuttrige Rassen

Bei Extensivrassen kann der Energiebedarf bis zu 20 % tiefer liegen als bei Großpferden; Gefahr der energetischen Überversorgung besteht auf ertragreichen Weiden und bei Verwendung von hochverdaulichem Heu → Gefahr der Adipositas → Prädisposition für Stoffwechselstörungen (Insulinresistenz) und Hufrehe.

Konzept: Restriktion der energiereichen Weide bzw. Graskonserven; Verwendung von Stroh aus Getreide- oder Grassamenproduktion, s. nachfolgende Tabelle.

	FM-Art und Kombinationen			
	Heu, Mitte Blüte	Heu + Stroh[1]	Heu + Stroh[2]	Stroh[2]
DE (MJ/kg uS)	8	7	6,5	5
Rfa (g/kg uS)	269	302	324	380
% (Anteil der Ration)	100	70 + 30	50 + 50	100
	Futtermenge (kg/Tier/d)			
KM: 100 kg	1,9	2,1	2,3	3,0
KM: 200 kg	3,2	3,7	3,9	5,1
KM: 300 kg	4,3	4,9	5,3	6,9

[1] vergleichbar zu Heu nach Blüte

[2] bei diesem Strohanteil ist Stroh aus der Grassamengewinnung empfehlenswert (→ Risiko der Verstopfungskolik, insbesondere bei nicht adaptierten Tieren).

Tragende Stuten während der Winterweide zusätzlich füttern (0,5 kg EF/100 kg KM/d; Gefahr der Hyperlipidämie bei hochtragenden Ponystuten bei Energiemangel nach vorheriger Überversorgung).

5.8 Ernährungsbedingte Erkrankungen und Störungen

5.8.1 Chronische Unterernährung

Unerfahrene Pferdehalter erkennen Unterernährung oft nicht, verwechseln einen „Heu- oder Grasbauch" bei einem mageren Pferd sogar mit Übergewicht. Ängstliche Reiter entziehen systematisch Kraftfutter, um Übermut des Pferdes zu reduzieren. Zu geringe Futtermenge aus Kostengründen oder Arbeitsersparnis (unzureichende Zahl der Mahlzeiten) bzw. mangelhafte Betreuung. Oft ältere und/oder rangniedrige, schwerfuttrige Tiere in Gruppenhaltung betroffen; Tiere zumindest zeitweise aus der Gruppe herausnehmen und getrennt füttern, z. B. über Nacht mit reichlichem Futterangebot in Box aufstallen. Krankheiten, insbesondere Parasitosen und Zahnschäden ausschließen. Bei Zahnproblemen (insbesondere bei alten Pferden) rohfaserreichere Krippenfutter anbieten z. B. Grascobs, Trockenschnitzel, Kleie (als partieller Ersatz für die geringere/erschwerte Heuaufnahme).

5.8.2 Übergewicht, Adipositas

Meist leichtfuttrige Rassen, hier kann bereits reichliche Heufütterung bei geringer Bewegungsleistung zur KM-Zunahme führen, besonders ranghohe Tiere in Gruppenhaltung betroffen; bei Sportpferden: zu reichliche KF-Gaben vor allem bei Dressurpferden. Gegenmaßnahmen: Einschränkung der KF-Gabe (Verdauungsphysiologie!). Zur Vermeidung von exzessiver Strohaufnahme muss evtl. auf Stroheinstreu verzichtet werden (**cave**: auch andere Einstreu kann gefressen werden und Probleme verursachen, z. B. Holzspäne). Bei Gruppenhaltung die Zusammenstellung ändern (homogene Gruppe leichtfuttriger Pferde), individuelle Fütterung notwendig, falls nicht möglich, adipöses Pferd einzeln aufstallen und Bewegung intensivieren.

Gerade adipöse Tiere sind für eine Insulinresistenz/Hyperinsulinismus disponiert (s. Equines Metabolisches Syndrom). Ähnlich wie bei anderen Spezies ist auch eine Disposition zu anderen Erkrankungen wie z. B. Osteoarthrosen und Diabetes mellitus zu erwarten.

Maßnahmen: Erhöhung des Energieverbrauchs durch Bewegung sowie restriktive Energiezufuhr. Bei nicht tragenden Pferden ist unter tierärztlicher Kontrolle eine Energiezufuhr in Höhe von 40 % des Erhaltungsbedarfs (der optimalen KM) möglich. Bei Insulinresistenz ist eine Fe-Überversorgung tunlichst zu vermeiden, andererseits können Zn- und Cr-Supplementierungen diätetisch hilfreich sein (Zn: zweifacher Bedarf; Cr: 25 µg/kg KM).

5.8.3 Hyperlipidämie

Extremer Anstieg des Blutfettgehaltes. Fast ausschließlich bei hochtragenden Ponystuten vorkommend, die nach starkem Fettansatz plötzlich zu wenig Energie erhalten (extreme Fettmobilisierung !).

5.8.4 Hufrehe (Pododermatitis)

Entzündliche Veränderungen an der Huflederhaut mit Störungen der Mikrozirkulation und/oder der Hornbildung, kann zum Ausschuhen führen. Mechanische, metabolische und toxische Ursachen können unabhängig voneinander oder sich gegenseitig begünstigend die Hufrehe auslösen. Bereits vorangegangene Reheschübe disponieren zusätzlich.

- MECHANISCHE URSACHEN

  z. B. lange Ritte ohne bzw. mit ungeeignetem Hufschutz; Überbelastung der gesunden Gliedmaße im Stehen bei hochgradiger Lahmheit der anderen Gliedmaße.

- METABOLISCHE URSACHEN

  Cushing-Syndrom (auch iatrogen), Insulinresistenz (Hyperinsulinämie, oftmals in Verbindung mit Adipositas als ein Charakteristikum des Equinen Metabolischen Syndroms = EMS); beiden endokrinologisch besonderen Situationen gemeinsam ist die beeinträchtigte Glucose-Utilisation der Keratozyten; gefährdete Pferde haben oft einen typischen Habitus mit viel Stamm- und Kammfett (s. Adipositas); Prophylaxe: eine regelmäßige und ausreichende Bewegung reduziert eine ggf. vorhandene Insulinresistenz und verbessert die Mikrozirkulation.

- TOXISCHE URSACHEN

  Bei der toxischen Rehe gelangen Toxine in die Blutzirkulation

  a) mikrobielle Toxine aus dem Uterus und Geburtsweg, häufig bei Schwergeburten/ Nachgeburtsverhaltung
  b) bei Fehlgärungen oder anders bedingten Störungen der gastrointestinalen Barriere; in diesem Zusammenhang sind causal wichtig: Aufnahme von jungem, fruktanreichen, faserarmen Gras (besonders im Frühjahr und Herbst); zu viel KF (pro Mahlzeit und insgesamt) oder auch plötzlicher Futterwechsel;
  c) auch die Aufnahme von Giftpflanzen (z. B. Herbstzeitlose) kann Rehe auslösen.

Die chronische Selenintoxikation (keine klassische Hufrehe) basiert auf einer Störung der Hornbildung mit massiven Entzündungen am Kronsaum.

5.8.5 Ernährungsbedingte Koliken/Kolikursachen

Obturationen (= Verstopfung durch bewegliche verdichtete Massen wie z.B. Phytobezoare oder Strohkonglobate bzw. auch Fremdkörper): Übermäßige Aufnahme P- und Mg-reicher FM → Enterolithen; langfaseriges Pflanzenmaterial → Konglobate, Ursachen: s.S.249a

Obstipationen (= Verstopfung durch Verdichtung des Chymus), Ursachen: s.S. 249a

Fehlgärungen

Eine Störung der Eubiose/der mikrobiellen Verdauung, die sich in Keimart und Keimzahl sowie der Aktivität der Keime äußert, bedingt durch exogene (oral aufgenommene) oder autochthone Mikroorganismen; folglich sind zu unterscheiden:

PRIMÄRE:
durch erhöhten Keimgehalt im Futter, z. B. Heu, Hafer nicht lange genug abgelagert, Grünfutter in Haufen gelagert und erhitzt, nachgärende Silagen, angefaulte und gefrorene FM, unzweckmäßige Lagerung von MF, insbesondere mit empfindlichen Komponenten wie Melasse bzw. Weizenkleie oder infolge überhöhter Futteraufnahme → ungenügende Durchsäuerung und Weitertransport des Chymus → forcierte mikrobielle Aktivität im Magen

SEKUNDÄRE:
durch unvollkommene Verdauung im proximalen Darmtrakt → Entgleisung des mikrobiellen Stoffwechsels in Caecum und Colon

ALLGEMEINE FOLGEN DER FEHLGÄRUNGEN:
Gas- und Säurebildung, Toxinproduktion → Atonie, Spasmen, Torsionen, Invaginationen; evtl. Übergang von Endotoxinen in Kreislauf → Hufrehe

Einteilung und Lokalisation der wichtigsten Störungen

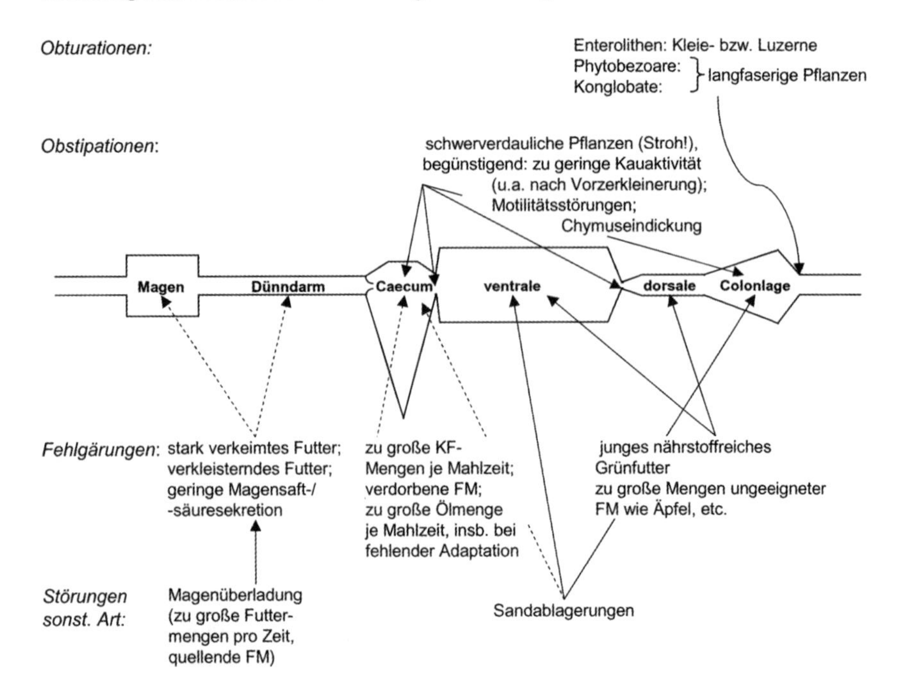

	FM-Auswahl	FM-Behandlung	Fütterungstechnik	FM-Qualität
Obturationen	einseitig asche-, mineralstoffreiche FM wie Luzerne, Kleien, Mineralfutter mit hohem Ca-, P- und/oder Mg-Gehalten; oftmals Fremdkörper als Kondensationskern	unsachgemäße Futterzerkleinerung, z. B. nicht zerkleinerte Äpfel (rel. zu groß), zu stark geschnitzelte Rüben (werden unzerkaut abgeschluckt); → Oesophagusobturation	unbedeutend	ungeeignete Pflanzen, z. B. Windhalm als Kontaminante im Stroh → Pseudoenterolithen bzw. Phytobezoare
Obstipationen	im Magen verkleisternde FM wie Weizen und Roggen → verdichteter Mageninhalt, Magenüberladung	quellende FM wie nicht eingeweichte Trockenschnitzel, fein gemahlenes Futter; → Oesophagusverlegung	ungenügendes Wasserangebot → Eindickung der Ingesta im Dickdarm	sandhaltige, verschmutzte/ verkeimte FM
	stark lignifizierte FM wie Stroh → Depression der mikrobiellen Aktivität, Caecumdilatation, Colonobstipation, besonders an der Beckenflexur	unangemessene Futterzerkleinerung (kurz gehäckseltes Gras, Lieschen, Maisspindeln, stark gemahlenes Getreide) → Ileumobstipation	ungenügendes/unregelmäßiges Raufutterangebot → kompensatorisch Stroh-, Späneaufnahme; provozierte Sandaufnahme → Passagestörung im Caecum und Colon	mangelhaftes Wasserangebot bzw. Mängel in der Wasserqualität (→ zu geringe Wasseraufnahme)
Fehlgärungen	stark verkleisternde FM (wie z. B. Weizen, Roggen) → sekundär Fehlgärungen im Magen → forcierte Gasbildung, Sistieren der Magenmotorik, evtl. auch Magenschleimhautalterationen	unzureichender Stärkeaufschluss → Abfluten von Stärke in den Dickdarm → sekundär Fehlgärung → übermäßige Produktion von fl. Fettsäuren, evtl. auch von Laktat; → Absterben der gram-negativen Keime → Endotoxinämie	zu hohe KF-Menge/Mahlzeit → Fehlgärung in Magen/Dickdarm (Dünndarmbeteiligung unklar); zu kurzer Abstand zwischen KF-Gabe und Belastung → verzögerte Passage; KF-Gabe kurz vor Weidegang → Störungen im gesamten GIT, Fehlfermentation, v. a. im Magen; zu abrupter Wechsel auf leicht fermentierbares Futter (z. B. Weidegras, Klee)	FM mit erhöhten Keimgehalten (Beurteilung der hygienischen Qualität s. S. 151 f.) z. B. belastetes Getreide → Fehlfermentation im gesamten Gastrointestinaltrakt

5.8.6 Chronisch obstruktive Bronchitis (COB/COPD)/ Recurrent Airway Obstruction (RAO)

Multifaktorielle Genese, an der schimmliges, staubiges Futter, insbesondere nicht einwandfreies Heu und Stroh (auch die Einstreu!), maßgeblich beteiligt sind.

Gegenmaßnahmen: Einwandfreie FM- und Einstreuqualität, Staubentwicklung bei Futterzuteilung vermeiden, Staubbindung durch Öl, Melasse u. Ä., Wässern des Heus bzw. Ersatz von Heu durch Anwelksilage bzw. Stroheinstreu durch entstaubte Hobelspäne, Holzpellets, Strohpellets; KF nur in verpresster Form anbieten, partieller Ersatz von Raufutter durch eingeweichte Trockenschnitzel und/oder Heucobs; evtl. Zusatz von Ölen mit hohem Anteil an n3-Fettsäuren (Leinöl/Fischöl); Offenstallhaltung mit Weidegang; regelmäßig moderates Training.

5.8.7 Skeletterkrankungen

Fohlen, fütterungsbedingte Ursachen:

- Nährstoffmängel: Ca, P, Mn, Cu
- überhöhte Energiezufuhr bei gleichzeitig geringen Bewegungsmöglichkeiten (z. B. im Winter), „Epiphysitis"; s.S. 245 zur Fohlenernährung.

5.8.8 Rezidivierende, belastungsbedingte Myopathie

(„Recurrent Exertional Rhabdomyolysis";
z. T. noch als Kreuzverschlag/Lumbago bezeichnet)

Es ist ein Sammelbegriff für unterscheidbare Störungen im Stoffwechsel der Muskulatur

- nach kontinuierlicher hoher Energiezufuhr und Einwirken weiterer Faktoren (fehlerhafte Mineralstoff-, Vitaminzufuhr) sowie temporär geringerer Belastung sonst intensiv gearbeiteter Pferde kann es bei neuerlicher Beanspruchung zu überstürzter Glykogenolyse verbunden mit Myolyse und Myoglobinurie kommen; beachte Einfluss von Geschlecht und Rasse
- bei nicht zwangsläufig auffällig hoher, d. h. auch bei normaler Kohlenhydrataufnahme besteht infolge eines genetischen Defektes eine abnorme Glykogenbildung und -speicherung in der Muskulatur (Polysaccharidspeicherkrankheit/-myopathie, PSSM); die forcierte Glykogenspeicherung ist bei Belastung kein energetischer Vorteil, sondern ein Risiko für die Integrität der Muskelfaser.

Maßnahmen: Anpassung der Energiezufuhr an den aktuellen Bedarf; bei PSSM speziell stärke-, zuckerarme, fettreiche Fütterung (bis 10 % Pflanzenöl in der Ration), optimierte Vit E (4 mg/kg KM/d) und Se-Versorgung.

5.8.9 Erkrankungen durch Aufnahme von Giftpflanzen

Besondere Bedeutung haben hier Kreuzkraut, Johanniskraut, Herbstzeitlose, Sumpfschachtelhalm, s.S. 127 ff.

5.8.10 Vergiftungen durch Ionophoren (Coccidiostatika)

Ursachen: Umwidmung von FM für andere Spezies (Geflügel) bzw. Fehlmischungen oder Verschleppungen; Symptome ähnlich wie bei Myopathien, auch kolikartige Erscheinungen; entscheidendes Symptom: schwere hyallinschollige Muskeldegeneration → CK ↑, Myoglobinurie, Schwitzen.

5.9 Diätetik/diätetische Maßnahmen beim Pferd

Die Diätetik bei Equiden hat einen Schwerpunkt bei den Erkrankungen des Magen/Darmtraktes, während andere Störungen wie Leber- oder Nierenerkrankungen als Indikation geringere Bedeutung aufweisen. Hervorzuheben ist mit Blick auf die Fütterungsbedingungen in der Praxis, dass diätetische Maßnahmen auf gesicherten futtermittelkundlichen und ernährungsphysiologischen Fakten beruhen müssen.

Wesentliche Instrumente sind

- die Fütterungstechnik (maßgeblich Frequenz der Mahlzeiten),
- die Auswahl bestimmter FM (pektinreiche FM, Öle, bes. solche mit hohem Anteil n3-Fettsäuren, Milchprodukte – Laktose zur Stimulation der Mikroflora, Diätfuttermittel),
- besondere Behandlung des Futters (thermischer Aufschluss der Stärke, Brikettieren, Wässern),
- eine Verwendung von Nährstoffen in bedarfsübersteigender Menge (Spurenelemente, Vitamine) sowie
- die Verabreichung von Probiotika.

Vielfach handelt es sich nicht um gravierende Änderungen, sondern um milde Modifikationen der üblichen Fütterung (z. B. heureiche Fütterung vor oder nach Operationen), die aber (da teilweise auf Widerstände stoßend) dezidiert angeraten werden müssen und sehr effektiv bezüglich der Minderung bestehender oder zu erwartender Risiken sein können.

Drei Grundsätze bestimmen die Diätetik bei Pferden:

- Mit der Futterzuteilung der natürlichen Nahrungsaufnahme entsprechen,
- FM, die mikrobiell gut, aber langsam fermentiert werden, bevorzugt verwenden,
- eine längere/mehrstündige Nahrungskarenz vermeiden, z. B. Im Zusammenhang mit Transporten, Erkrankungen oder operativen Eingriffen.

Nimmt ein Pferd über eine längere Zeit (>12–24 h) keine Nahrung auf, so hat dies evtl. nachteilige Effekte im Dickdarm: Unter diesen Bedingungen fehlt zunehmend das Substrat für die Mikroflora, die auf eine kontinuierliche Versorgung angewiesen ist, wenn die Fermentation (Abbau von Nährstoffen sowie Produktion von FFS und anderen Metaboliten) mit einer gewissen Konstanz erfolgen soll. Sowohl für die Florazusammensetzung wie auch zur Vermeidung einer Entgleisung der mikrobiellen Fermentation ist eine Kontinuität des Chymus- und Nährstoffstroms in den Dickdarm von Vorteil. Fehlt es über längere Zeit an Substrat und Produkten aus der Fermentation, so ist hiervon auch direkt die Schleimhaut betroffen: Für die dauernde Epithelerneuerung sowie für die Aufrechterhaltung der Barrierefunktion der Schleimhaut sind als energieliefernde Produkte die FFS aus der mikrobiellen Verdauung erforderlich (insbesondere Buttersäure, aber auch Essig- und Propionsäure). Bei länger andauernder Nahrungskarenz ist nicht zuletzt mit einem Absterben der Flora im Dickdarm zu rechnen, so dass in vermehrtem Maße auch Endotoxine frei werden, die – bei gestörter Barrierefunktion der Schleimhaut – verstärkt absorbiert werden. Endotoxinaemien sind beim Pfd häufig mit schwersten systemischen Effekten (Schock etc.) verbunden.

Indikationen und diätetische Maßnahmen beim Pferd im Überblick:

Indikation	diätetische Maßnahmen[1]
Abmagerung/Kachexie (ohne Grunderkrankung)	hochverdauliches Heu, pektinhaltige FM (KF erst nach langsamer Adaptation), Fette, aufgeschlossenes Getreide, Enzymergänzungen; Mahlzeitenfrequenz ↑
Adipositas	energiearmes Heu/Raufutter + Mineralfutter + Bewegung (Raufuttermenge limitieren, keine Stroheinstreu)
ungenügende Futteraufnahme	FM mit hoher Schmackhaftigkeit (Haferflocken, Leinextraktionsschrot, Möhren, Luzerne, Zucker, Melasse, Öl), Energie- u. Rp-Konzentration ↑, Mahlzeitenfrequenz ↑, evtl. Fütterung per Nasen-Schlund-Sonde (NSS)[2], Raufutter ↑, für Futteraufnahme Zeit und Ruhe lassen; Förderung der Wasseraufnahme, evtl. lauwarm anbieten
Verdauungsstörungen	
– Magenulcera	Mahlzeitenfrequenz ↑, KF-Menge/Mahlzeit ↓, Anteil von Raufutter/pektinreicher FM ↑, Leinsamen (aufgekocht !), Öl ↑
– Koliken	
– Dysbiosen in Dünn-/Dickdarm	hochverdauliche Rau- u. Mischfutter (pektin-, cellulosehaltige FM, aufgeschlossene Stärke, hochwertiges Protein) in kleinen Mengen/Mahlzeit; Pro-/Präbiotika, auch Bierhefe; generell Schwerpunkt auf Raufutter legen
– Obstipationen	Ausschluss von Stroh und hartem Heu, erhöhtes Angebot von Heu aus frühem Schnitt; evtl. Reduktion des Raufutters, Kraftfutter ↑; je nach Anamnese (z. B. alte Pferde) Raufutter zerkleinern, einweichen evtl. auf Grünmehle umstellen, zusätzlich Kleie, Trockenschnitzel
– Diarrhoe	keine Nahrungskarenz vorsehen; hochverdauliche FM, Wasser- und Elektrolytsubstitution (Na:K ~1:1); evtl. Applikation ausgewählter FM/Stoffe per NSS[3]
– Sandkoliken	Heu u. ä. Grundfutter ad lib! Ziel: Sandaufnahme ↓
vor/nach Operationen (Op)	Wechsel zu (vor absehbaren Op) bzw. Anfüttern mit hochwertigem Heu (nach Op), Vermeidung einer Karenz
Muskelerkrankungen[4]	Raufutter ↑, Fette ↑ und Stärke ↓; Vit E, Se ↑, forcierte Wasser-, Elektrolytversorgung; Öle mit n3-Fettsäuren; bei Hyperkaliämie K-Zufuhr drosseln, Heu mit geringem K-Gehalt
Atemwegsaffektionen	Silage, gewässertes Heu, verpresstes Raufutter (Briketts, Cobs, Pellets), pektinreiche FM; Öle mit n3-Fettsäuren; Vorsicht: Einstreuqualität bzw. Raufutterangebot in der Nachbarbox, Haltung und Bewegung optimieren
Haut-, Huferkrankungen	Öle mit n3-FS ↑, Zn-, Vit A-, Vit E-, Biotinzulagen ↑
Leber-, Nierenerkrankungen	Rp ↓, bei höherer Rp-Qualität; hochverdauliche Raufutter, Laktose-, Laktulosezulagen; Probiotika; bedarfsgerechte Energiezufuhr, jegliche Nährstoffüberschüsse vermeiden!

[1] Maßnahmen zur Korrektur der aktuell bestehenden Fütterung sind unbenommen
[2] in Wasser suspendiertes Grünmehl, Mischfutter oder Sondermischungen
[3] in Wasser suspendierte Stoffe wie Grünmehl, Cellulose oder gelöste Salze flüchtiger Fettsäuren
[4] Myopathien, Kreuzverschlag

Für einige Bedingungen stehen Diätfuttermittel lt. FMV zur Verfügung, die in Kombination mit adäquatem Raufutter eingesetzt werden.

Indikation	wesentliche ernährungsphysiologische Merkmale	Hinweise zur Zusammensetzung	anzugebende Inhaltsstoffe
Ausgleich bei chronischen Störungen der Dickdarmfunktion	leicht verdauliche Fasern	Einzel-FM als Faserquelle	n3-Fettsäuren (falls zugesetzt)
Ausgleich bei chronischer Insuffizienz der Dünndarmfunktion	praecaecal leicht verdauliche KH, Proteine und Fette	leicht verdauliche Einzel-FM als Quelle von KH, Rp u. Rfe	wie bei MF
Unterstützung der Leberfunktion bei chron. Leberinsuffizienz	hochwertiges Rp, niedriger Rp-Gehalt, leicht verdauliche KH	Einzel-FM als Rp- und Faserquelle, leicht verdauliche KH	Met, Cholin, n3-Fettsäuren (falls zugesetzt)
Unterstützung der Nierenfunktion bei chron. Niereninsuffizienz	niedriger Rp-Gehalt, hochwertiges Rp, niedriger P-Gehalt	Einzel-FM als Rp-Quelle	Ca, P, K, Mg, Na
Rekonvaleszenz/ Untergewicht	Energie-/Nährstoffdichte ↑, leicht verdaul. Einzel-FM	leicht verdauliche Einzel-FM	n3-, n6-Fettsäuren
Ausgleich von Elektrolytverlusten bei übermäßigem Schwitzen	vorwiegend Elektrolyte, leicht verfügbare Kohlenhydrate	leicht verdauliche Einzel-FM	Ca, Na, Mg, K, Cl, Glucose
Minderung von Stressreaktionen	leicht verdauliche Einzel-FM	leicht verdauliche Einzel-FM	Mg, n3-Fettsäuren
Stabilisierung des Wasser- und Elektrolythaushalts	vorwiegend Elektrolyte, leicht verfügbare Kohlenhydrate	Einzel-FM als KH-Quelle	Na, K, Cl

5.10 Futtermittel für Pferde (Gehalte/kg uS)

		TS g	Rfa g	DE MJ	vRp g	g vRp/ MJ DE	Ca g	P g	Na g	Carotin mg[1])	Vit D IE
Weide	- extensiv, im Schossen	190	47	2,1	17	7,9	1,9	0,7	0,2		
	- grasreich, im Schossen	180	45	2,1	21	10	1,1	0,7	0,2	44–64	5
	- klee-, kräuterreich	180	43	2,3	37	16	1,8	0,8	0,18		
Heu bzw. Grünmehl	Wiesen-, Beg./Mitte Blüte	860	269	8,0	54	7	4,3	2,6	0,5	15	750
	Wiesen-, Ende der Blüte	860	294	7,3	44	6	3,0	2,4	0,5	8	650
	Lieschgras	860	286	8,1	40	5	4,4	2,8	0,2	5,5	500
	Luzerne-, Beg./Mitte Blüte	860	292	8,6	98	11	13,5	2,2	0,4	56	330
	Luzernegrünmehl	900	235	9,0	120	13	16,9	2,9	0,5	150	350
Silagen	Mais-, Teigreife	270	58	3,1	16	5	0,9	0,7	0,1	6	
	Mais-, Vollreife	320	78	3,4	15	4	1,0	0,8	0,1	6	
	Anwelk-	500	145	4,7	43	9	2,8	1,7	0,5	50	
	Pressschnitzel-	220	47	2,9	14	5	1,5	0,2	0,1	-	

[1] 1 mg Carotin ≙ ca. 400 IE Vit A

Fortsetzung Tabelle Futtermittel für Pferde (Gehalte/kg uS)

		TS g	Rfa g	DE MJ	vRp g	g vRp/ MJ DE	Ca g	P g	Na g	Carotin mg[1]	Vit D IE
Stroh	Hafer-	860	381	5,7	11	2	3,2	1,2	1,5	–	
	Weizen-	860	367	4,8	9	2	2,6	0,8	0,8	–	
	Gersten-, nativ	860	373	5,4	9	2	3,4	0,9	1,1	–	
	Gersten-, mit NH_3 aufgeschl.	860	384	6,4	33	5	3,4	0,9	1,1	–	
Hackfrüchte und deren Nachprodukte	Kartoffeln	220	6	3,2	15	5	0,1	0,6	0,1	0,1	
	Zuckerrüben	230	12	3,3	11	3	0,6	0,4	0,2	11	
	Futter-/Massenrüben	120	10	1,6	7,6	5	0,3	0,3	0,4	–	
	Möhren	110	10	1,7	9	5	0,4	0,3	0,3	62	
	Maniokmehl	880	28	12,7	14	1	1,2	0,9	0,3	–	
	Rote Bete	140	7	2	10	5	0,3	0,4	0,4	–	
	Trockenschnitzel, melassiert	910	145	11,7	65	6	5,6	0,8	2,2	0,2	
	Melasse	770	4	11,0	79	7	2,5	0,2	5,8	–	
Körner und Samen	Dinkel	880	98	10,8	84	7,8	0,4	3,2	0,08	–	
	Hafer	880	99	11,5	85	7	1,1	3,2	0,2	0,08	
	Gerste (Sommer)	880	53	12,8	83	7	0,7	3,9	0,2	4	
	Weizen	880	26	13,5	88	7	0,4	3,3	0,1	–	
	Mais	880	23	13,6	64	5	0,4	2,8	0,1	4	
	Maisflocken	880	18	13,7	59	4,3	0,4	2,6	0,9	5	
	Milo	880	22	13,0	86	6,6	0,3	2,7	0,17	–	
	Reis	880	96	14,0	56	4	0,3	2,1	0,08	–	
	Sojabohnen	880	53	15,9	324	20	2,5	5,6	0,4	–	
	Sonnenblumen	920	198	12,5	119	10	2,6	4,2	0,03	–	
	Leinsamen	880	63	14,1	164	12	2,6	5,5	0,8	–	
	Ackerbohnen	880	79	13,6	218	16	1,2	4,8	0,2	–	
	Erbsen	880	60	12,8	188	15	0,8	4,1	0,2	3	
Nebenprodukte der Getreide- und Ölsamenverarbeitung	Weizenkleie	880	118	9,7	105	11	1,3	11,8	0,4	2,3	
	Haferschälkleie	910	230	7,0	43	6	1,4	2,4	0,2	–	
	Biertreber, getrocknet	880	152	8,8	169	19	3,1	5,5	0,3	–	
	Bierhefe, getrocknet	880	22	13,5	399	30	2,8	14,7	1,4	–	
	Leinsaatkuchen	880	99	11,4	280	25	3,7	8,1	0,9	0,3	
	Rapsexpeller	900	115	11,7	256	22	6,5	10,3	0,2	–	
	Sojaextraktionsschrot ungeschält, dampferhitzt	880	57	14,6	412	28	3,0	6,4	0,3	0,4	
	Sojabohnenschalen	900	351	10,5	78	7	5,0	1,4	0,2	–	
	Maisstärke	880	2	14,1	1	0,1	–	–	–	–	
andere FM	Apfeltrester	920	205	7,9	29	3,7	1,7	1,4	0,2	–	
	Pflanzenöl	999		36,1						–	
	Johannisbrot	880	96	11,2	25	2,2	3,7	0,6	0,1	–	
										Vit A (IE)	
Mischfutter	zum Hafersatz, Ø	880	150	10,5	77	7	12	4,4	3,4	16000	1800
	von ... bis ...	870–900	85–220	9,7–11,1	67–83	6,8–8,1	8–18	3–8	2–5	10000–30000	1000–4000
	zu Heu/Hafer, Ø	880	120	11,2	82	7	16	5,3	9,5	35000	3700
	von ... bis ...	870–900	45–210	9,1–11,9	74–161	6,6–13,5	8–30	3–12	4–20	10000–100000	1000–11000
	für Zuchtstuten, Ø	880	89	11,5	124	11	13	5	3	40000	3400
	von ... bis ...	870–900	50–150	10,3–12	88–176	8,8–14,9	6–20	3–9	2–6	12000–100000	1400–10000
	für Fohlen, Ø	880	58	11,9	152	13	17	7,1	5	33000	3400
	von ... bis ...	900	35–100	11,6–12,1	128–206	11,0–17,3	11–24	4–13	2–6	19000–50000	2000–5000
	MAT für Fohlen, Ø	940	1	20,2	200	9,9	12	6,7	6	29000	2800
	von ... bis ...		0–2		193–206		10–14	6,0–67,5		4000–50000	300–5000
	Mineralfutter						50–220	12–94	8–80	4000–100000	500–10000

[1] 1 mg Carotin ≙ ca. 400 IE Vit A

Schrifttum

AUSSCHUSS FÜR BEDARFSNORMEN der Gesellschaft für Ernährungsphysiologie (2003): Schätzung des Gehalts an verdaulicher Energie im Pferdefutter. Proc. Soc. Nutr. Physiol. 12, 123–126

COENEN, M. (1997): Die Fütterung des Sportpferdes aus Sicht der Wissenschaft. Proc. 9. FFP-Tagung zur Pferdegesundheit, 12.–13. April 1997, Bonn, 46–65

COENEN, M. (1992): Chloridhaushalt und Chloridbedarf des Pferdes. Habil.-Schrift, Tierärztliche Hochschule, Hannover

COENEN, M., und I. VERVUERT (2000): Dem Pferd aufs Maul geschaut. Praxisrelevante Fragen zur Pferdefütterung. Fortbildungsveranstaltung Hannover, 22. 9. 2000, ISBN 3-00-006832-5

COENEN, M., und I. VERVUERT (2001): Dem Pferd aufs Maul geschaut. Ausgewählte Themen zur Futtermittelkunde. Fortbildungsveranstaltung Hannover, 3. 11. 2001, ISBN 3-00-007828-1

COENEN, M., CUDDEFORD, D., HARRIS, P., LINDNER, A., und I. VERVUERT (2005): Proc. Equine Nutrition Conference, 1st–2nd October 2005, Hannover, Sonderheft, Band 21, Pferdeheilkunde 1–132, Hippiatrika Verlag, Stuttgart

COENEN, M., MÖSSELER, A., and I. VERVUERT (2005): Fermentative gases in breath indicate that inulin and starch start to be degraded by microbial fermentation in the stomach and small intestine of the horse in contrast to pectin and cellulose. J. Nutr. Suppl. 136, 2108 S – 2110 S

COENEN, M., und I. VERVUERT (2005): Wasser- und Elektrolythaushalt des Pferdes, Übers. Tierernährg. 31, 29–74

CUDDEFORD, D. (1996): Equine nutrition. The Crowood Press Ltd, GB

DOKUMENTATIONSSTELLE DER UNIVERSITÄT HOHENHEIM (1995): DLG-Futterwerttabellen Pferde. DLG-Verlag, Frankfurt am Main

FRAPE, D. (1998): Equine Nutrition & Feeding, 2. Edition. Blackwell-Verlag, Berlin

GESELLSCHAFT FÜR ERNÄHRUNGSPHYSIOLOGIE DER HAUSTIERE (1994): Empfehlungen zur Energie- und Nährstoffversorgung der Pferde. DLG-Verlag, Frankfurt am Main

JEFFCOTT, L. B., E. KLUG und H. MEYER (1996): 2. Europäische Konferenz über die Ernährung des Pferdes. Pferdeheilkunde 12, 163–376

JULIAND, V., and W. MARTIN-ROSSET (2005): The growing horse: nutrition and prevention of growth disorders. EAAP Scientific Series, Vol. 114, Wageningen Academic Publishers

KAMPHUES, J. (2005): A systematic approach to evaluate the hygienic quality of feedstuffs for horses. Pferdeheilkunde 21, 15–18

KIENZLE, E., und S. SCHRAMME (2004): Beurteilung des Ernährungszustandes mittels Body Condition Score und Gewichtseinschätzung beim adulten Warmblutpferd. Pferdeheilkunde 20, 517–524

KIRCHGESSNER, M., ROTH, F. X., SCHWARZ, F. J., und G. I. STANGL (2008): Tierernährung, Leitfaden für Studium, Beratung und Praxis, 12. Aufl., DLG-Verlag, Frankfurt/Main

LEWIS, L. D. (1995): Equine clinical nutrition: Feeding and care. Williams & Wilkins (USA)

MEYER, H. (1992): 1. Europäische Konferenz über die Ernährung des Pferdes. Pferdeheilkunde (Sonderausgabe Sept. 1992), 1–215

MEYER, H. (1998): Einfluss der Ernährung auf die Fruchtbarkeit der Stuten und die Vitalität neugeborener Fohlen. Übers. Tierernährg. 26, 1–65

MEYER, H., und M. COENEN (2002): Pferdefütterung. Blackwell-Wissenschaftsverlag, 4. Aufl., Berlin, Wien

MIRAGLIA, N., and W. MARTIN-ROSSET (2006): Nutrition and feeding of the broodmare. EAAP Scientific Series, Vol. 120, Wageningen Academic Publishers

NATIONAL RESEARCH COUNCIL, NRC (2007): Nutrient Requirements of Horses, 7th ed., National Academy Press, Washington

RADE, C., und J. KAMPHUES (1999): Zur Bedeutung von Futter und Fütterung für die Gesundheit des Atmungstraktes von Tieren sowie von Menschen in der Tierbetreuung. Übers. Tierernährg. 27, 65–121

SASSTAMOINEN, M., and W. MARTIN-ROSSET (2008): Nutrition of the exercising horse. EAAP Scientific Series, Vol. 125, Wageningen Academic Publishers

VERVUERT, I., VOIGT, K., HOLLANDS, T., CUDDEFORD, D., and M. COENEN (2008): Effect of feeding increasing quantities of starch on glycaemic and insulinaemic responses in healthy horses. Veterinary Journal, 2008, print ahead

ZEYNER, A. (1995): Diätetik beim Pferd. VET spezial, Gustav Fischer Verlag, Jena

6 Schweine

Das adulte Schwein ist vom Bau des Verdauungstraktes her ein typischer Omnivore. Neben einer effizienten Verwertung leicht verfügbarer Nährstoffe (Stärke, Zucker, Fett und Protein) im cranialen Abschnitt des Magen-Darm-Trakts werden nach Entwicklung des Dickdarmkonvoluts mit Hilfe der Darmflora auch Futterinhaltsstoffe (Rfa, bestimmte Anteile der NfE) verwertet, die im Dünndarm nicht vollständig verdaut wurden (z. B. Stärke) oder für deren Abbau körpereigene Enzyme fehlen. Diese Fähigkeit wird aufgrund der angestrebten hohen Leistung nur phasenweise (z. B. tragende Sauen) stärker genutzt, während sonst hauptsächlich konzentrierte FM zum Einsatz kommen. Diese werden allgemein nahezu ad libitum angeboten, um das Leistungsvermögen (Ansatz) voll auszuschöpfen. Eine möglichst exakt am Bedarf orientierte Nährstoffversorgung zur Vermeidung unnötiger Einträge in die Umwelt (über die Exkremente) ist ein weiteres Ziel, das die Fütterungspraxis von Schweinen in den letzten Jahren bestimmt.

6.1 Jungsauenaufzucht

In der Jungsauenaufzucht wird als Ziel ein Erstzulassungsalter von 7 bis 8 Monaten bei einer Körpermasse von 130 bis 140 kg in der 2. bzw. 3. Rausche angestrebt. Während der Aufzucht sollte im KM-Bereich von 30 bis 120 kg im Mittel eine tägliche Zunahme von 700 g angestrebt werden.

Die Proteinversorgung entspricht derjenigen der Mastschweine, während die Energieversorgung um 10 % niedriger anzusetzen ist.

6.1.1 Empfehlungen für die tägliche Energie- und Nährstoffversorgung während der Jungsauenaufzucht (GfE 2006, ergänzt)

KM kg	KMZ g/Tag	ME MJ	Rp[1] g	pcv Rp g	pcv Lys g	Ca g	vP g
30–60	650	21	225–255	190	12,6	8,7–9,6	3,8–4,1
60–90	700	28	235–270	200	13,2	10,2–10,5	4,3–4,5
90–120	700	33	235–270	200	13,0	10,5–11,0	4,6–4,8
120–150	700	37	235–270	200	13,0	11,0–11,5	4,8–5,0

[1] pc Verdaulichkeit von 75–85 % unterstellt, futtermittelspezifische Variationen, s.S. 38.

6.1.2 Hinweise zu Haltung und Fütterung

- Haltung in Gruppen (6–8 Tiere) mit ausreichendem Bewegungsraum (1,0–1,2 m^2/Tier)
- Alleinfütterung: Bei täglichen Futtergaben von 1,2–3,1 kg sollten je kg der Ration ca. 12 MJ ME, 160–140 g Rp (bzw. 110–65 g pcv Rp), 7–8 g Lysin (bzw. 5,5–6,5 pcv Lys), 60–80 g Rfa, 5,5 g Ca und 2,3–2,0 g vP enthalten sein.
- Kombinierte Fütterung ab 60 kg KM: Tägliche Futtergabe 1,5 kg Schweinemast-AF I + Grund-FM (Weidegras, Gehaltsrüben, Grassilage, Maissilage, Zuckerrübenblattsilage) bis zur Sättigung (selten).

6.2 Sauen

Die Nutzung von Sauen beginnt mit der ersten Konzeption im Alter von 7 bis 8 Monaten im KM-Bereich von 130 bis 140 kg.

Das Prinzip der Sauenfütterung besteht darin, in der
- *Trächtigkeit* ein Überangebot an Energie zu vermeiden; die KM-Zunahme (einschließlich der Trächtigkeitsprodukte) soll während der 1. Trächtigkeit bis zu 70 kg und ab der 2. Trächtigkeit bis zu 75 kg betragen. In folgenden Trächtigkeiten geht dieser Zuwachs zurück (→ 45 → 35 kg).

- *Laktation* eine ausreichende Energie- und Nährstoffversorgung zu gewährleisten, um übermäßigen KM-Verlust in der Laktation (≥10 % der KM) zu vermeiden → Ausbleiben der Rausche nach dem Absetzen.

Dieses Fütterungsprinzip soll sicherstellen, dass innerhalb des Reproduktionszyklus nur geringe KM-Schwankungen auftreten und die KM-Bilanz positiv bleibt, um die KM-Zusammensetzung der Sau möglichst wenig zu verändern. Insbesondere höhere KM-Verluste in der Laktation führen selbst bei Ausgleich in der folgenden Gravidität zu einer fortschreitenden Verminderung des Fettgehaltes im Sauenkörper, weil KM-Verluste (550–650 g Fett/kg) in der Laktation nicht mit dem KM-Zuwachs (nur 200–300 g Fett/kg) während der Gravidität identisch sind. Folge: vermehrtes Auftreten von „Dünne-Sauen-Syndrom" und Sterilität.

6.2.1 Empfehlungen für die tgl. Energie- und Nährstoffversorgung

(GfE 2006; NT = niedertragend, HT = hochtragend, WZ = Wurfzuwachs)

	ME MJ	Rp[1] g	pcv Rp g	pcv Lys g	Ca g	vP g	Na g	Vit A IE	Vit D IE
Trächtigkeit[2]									
NT (1.– 84. d)	31–35	260–310	220–230	11–12	6–8	2–3	1,3	8 000	500
HT (85.–115. d)	39–43	355–415	300–310	16–18	16–18	6–7	1,5	12 000	700
Laktation[3]									
WZ 2,0 kg/d	60–64	670–840	570–630	35	32	16	10	15 000	1500
WZ 2,5 kg/d	75–78	860–1055	730–790	46	39	20	12		
WZ 3,0 kg/d	90–93	1060–1270	900–950	56	45	23	14		
Absetzen bis **Decken**	39–43	310–350	260	14	6–8	2–3	1,3	12 000	700

[1] pc Verdaulichkeit von 75–85 % unterstellt, futtermittelspezifische Variationen, s. S. 38
[2] Versorgungsempfehlungen gelten nur für den thermoneutralen Bereich (19 °C bei Einzelhaltung, 14 °C bei Gruppenhaltung) und für den KM-Bereich 185–225 kg bei Laktationsbeginn. Je 1 °C unterhalb des thermoneutralen Bereichs sind Zuschläge von 0,6 MJ ME bei Einzelhaltung und 0,3 MJ ME bei Gruppenhaltung erforderlich. Für schwerere Sauen ist je 10 kg KM über 225 kg KM eine zusätzliche Energieversorgung von 1 MJ ME pro Tag vorzusehen.
[3] Laktationsdauer: ca. 25 d, bei geringer Beifutteraufnahme der Ferkel und bei KM-Verlust von bis zu 20 kg in der Laktation; Energiegehalt der mobilisierten KM: 20 MJ/kg; Milchaufnahme je kg Ferkelzuwachs: 4,1 kg; Energiegehalt der Sauenmilch: 5 MJ/kg. Der Verzehr von 1 kg Ergänzungsfutter („Saugferkelbeifutter") durch die Ferkel vermindert die nötige ME-Versorgung der Sau um 22 MJ oder den KM-Verlust der Sau um 0,9 kg. Die Versorgung mit pcv Rp in der Laktation ist auch in Abhängigkeit von den tolerierten KM-Verlusten zu sehen (o.g. höhere Werte einsetzen, wenn KM-Verluste von nur 10 kg angestrebt werden).

Grundlagen der o. g. Bedarfsempfehlungen:

Trächtigkeit:

KM-Zunahme je nach Parität zwischen 75 und 35 kg. Hiervon entfallen bis zu 45 kg auf das maternale Wachstum und 25 kg auf Trächtigkeitsprodukte. Als Wurfleistung werden bei Jungsauen ≥10 Ferkel und bei älteren Sauen 13 Ferkel mit einer KM von mind. 1,3 kg je Ferkel bei der Geburt zugrunde gelegt.

Laktation:

Für eine ca. vierwöchige Säugeperiode werden bis zu 20 kg KM-Verlust der Sau und ein Wurfzuwachs von 2,0 bis 3,0 kg/d unterstellt, und zwar unabhängig von der Ferkelzahl (Wurfgröße).

Zur Versorgung mit Spurenelementen und weiteren Vitaminen s. S. 167 ff.

6.2.2 Futteraufnahme und -zusammensetzung

Beim Einsatz von Alleinfutter ist eine bedarfsgerechte Energie- und Nährstoffversorgung während Gravidität und Laktation in der Regel nur über Rationen mit unterschiedlicher Energie- und Rp-Dichte zu gewährleisten.

In der Gravidität sind 10–12 MJ ME je kg und je MJ ME 10 g Rp sowie 0,45 g Lysin erforderlich. Ein Rfa-reicheres, voluminöseres Futter in der Gravidität fördert die in der Laktation angestrebte hohe Futteraufnahme. In der Laktation ist zu beachten, dass während einer vierwöchigen Säugeperiode unter Berücksichtigung einer einwöchigen Anfütterung und einer Reduzierung der Futtermenge vor dem Absetzen nur mit einer durchschnittlichen täglichen Aufnahme von ca. 6 kg (Jungsauen: ~5 kg) Alleinfutter gerechnet werden kann. Im AF für laktierende Sauen sollen demnach enthalten sein: mindestens 13 MJ ME je kg und je MJ ME 12–13 g Rp sowie 0,65–0,75 g Lysin. Beachte negative Effekte hoher Stalltemperatur (je 1 °C > 20 °C: Rückgang der Futteraufnahme um 120–140 g/Sau und Tag).

6.2.3 Fütterungspraxis

6.2.3.1 Allgemeine Hinweise

- Gezielte Nährstoffversorgung ist nur bei Einzelfütterung möglich. Bei tragenden Sauen ist einmalige Fütterung am Tag möglich; aber evtl. höheres Risiko für Magen-Darm-Torsionen durch gierige Futteraufnahme und größere Unruhe (?),
- Zur MMA-Prophylaxe: Futtermengenrestriktion 1–2 Tage a. p. (auf 1–2 kg), evtl. spezielle Diät-FM, Umstellung auf AF für lakt. Sauen erst in 1. Woche p. p., evtl. Zulage laxierend wirkender Komponenten wie Weizenkleie (0,5 kg/Tag) oder Substanzen wie Glaubersalz (3 Esslöffel pro Tag), evtl. Säuren- oder Probiotika-Zulagen zum Futter; keine Limitierung der Wasserversorgung bei tragenden Sauen (→ Urogenital-Infektionen ↑; daher evtl. $CaCl_2$-Zusatz von 15 bis 20 g/Tier u. Tag → pH im Harn <6,5),
- Fütterung während der Laktation
  a) Umstellung auf AF für lakt. Sauen bereits a. p. (bei Umstallung in Abferkelbucht),
  b) ab 1. Tag p. p.: Steigerung der Futtermenge um täglich 0,5–1 kg bis zur ad libitum-Fütterung bei Würfen mit ≥10 Ferkeln,
  c) insbesondere peripartal und in der Laktation: hohe Wasseraufnahme sichern!
  d) 3–4 Tage vor dem Absetzen: Futtermenge reduzieren um tgl. 1 kg bis zur Menge von 3 kg am Tag des Absetzens,
- Beim Absetzen: Sau wird von den Ferkeln genommen (Sau → Deckzentrum; Ferkel bleiben in Abferkelbucht oder → spez. Aufzucht- bzw. Flat-Deck-Ställe),
- Zwischen Absetzen und erneuter Belegung („Güst-" oder „Leerzeit"): je Sau täglich ca. 3 kg AF für tragende Sauen oder bei stärker abgesäugten Sauen ca. 3–4 kg AF für laktierende Sauen (so ist evtl. ein gewisser Flushing-Effekt zu erzielen).

6.2.3.2 Fütterungssysteme

Je nach Haltung (einzeln oder in Gruppen) und Art der verfügbaren Futtermittel sind zu unterscheiden:

– Gruppenhaltung: (insbes. trgd Sauen, evtl. auch laktierende)	Abruffütterung (Transponder) oder Fixierung zur Fütterungszeit in Einzelbuchten oder Fressständen
– Einzelhaltung:	individuelle Futterzuteilung (von Hand/automatisiert)
– Alleinfütterung:	ausschließliche Verwendung von Alleinfuttern (für trgd bzw. laktierende Sauen)
– kombinierte Fütterung:	betriebseigene Grundfutter wie Grünfuttersilagen, Rüben u. Ä. werden mit einem speziellen Mischfutter kombiniert

ALLEINFÜTTERUNG

In diesem Fütterungssystem erhalten die Sauen ausschließlich ein dem Bedarf entsprechendes AF (d. h. für trgd bzw. laktierende Sauen). Während bei den trgd Tieren eine Zuteilung erfolgt (~3 kg/Tier und Tag), kommt das AF in der Laktation – zumindest bei Würfen mit ≥10 Ferkeln – allgemein ad libitum zum Einsatz.

Bei trgd Sauen sollte das AF Rfa-reicher sein, um ein höheres „Sättigungsgefühl" zu erzielen (günstig für Verhalten und Futteraufnahme p. p.).

Richtwerte für Energie- und Nährstoffgehalte von AF für Sauen (Angaben pro kg)

		tragende Sauen	laktierende Sauen
ME	(MJ)	10–11,5	>13
Rp	(g)	85–110	150–190
pcv Rp	(g)	65–85	130–160
Gesamt-Lys[1]	(g)	6–7	9–10
pcv Lys	(g)	4,5	8
Rfa[2]	(g)	mind. 80	max. 60
Ca	(g)	5–6,5	7–8
P	(g)	4–5	6
vP	(g)	2–2,2	3–3,5

[1] Proteinqualität: für tragende Sauen 5 g Lys/100 g Rp,
für laktierende Sauen 5–6 g Lys/100 g Rp.
Die Verdaulichkeit des Lys sollte 75–80 % (Gravidität) bzw. 80–85 % (Laktation) betragen.
Die Relation von pcv Lys (= 1 : pcv Met + Cys : pcv Thr : pcv Trp sollte
1 : 0,60 : 0,65 : 0,18–0,22 (0,22 in der Laktation) betragen.

[2] nach Tierschutz-Nutztierhaltungs-V: mind. 8 % der TS vorgeschrieben

Empfehlungen für die Zusammensetzung von Alleinfutter für Sauen
(Komponenten in % des AF)

Alleinfutter für	tragende Sauen (13 % Rp, ≤11,5 MJ ME)	laktierende Sauen (18 % Rp, >13 MJ ME)
Getreide	>50	60–70
sonstige FM[1]	20–40	10–20
Sojaextraktionsschrot (44 % Rp)	4–6	10–15
Fischmehl (>60 % Rp, <8 % Rfe)	2–3	3–5
Eiweißkonzentrat (44 % Rp)	4–6	15–20
Mineralfutter mit AS[2]	3–4	3–4
Fett	1	1–5

[1] Nebenprodukte der Müllerei, Stärkefabrikation und Zuckergewinnung, DDGS; Maniokmehl, Kartoffelschrot, Grünmehl

[2] Ergänzung mit Aminosäuren: Lysin, Methionin

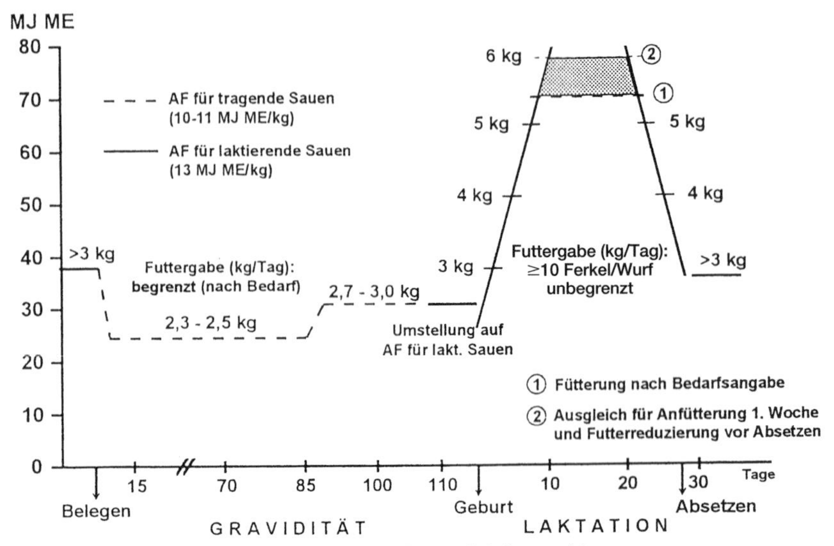

Prinzip der Futterzuteilung während des Reproduktionszyklus
(Beispiel 10 Ferkel, strohlose Haltung)

Faustzahlen:
Tgl. Futterangebot in der Laktation (in kg):

1 % der KM der Sau + 0,45 kg je Ferkel

Gesamtverbrauch an AF je Sau und Jahr: 1000–1200 kg

KOMBINIERTE FÜTTERUNG

Bei diesem Fütterungssystem werden wirtschaftseigene FM (wie Weidegras, Gras-, Maissilage, Rüben, CCM) mit einem Ergänzungsfuttermittel kombiniert. Die preisgünstigen (aber arbeitsaufwendigen) wirtschaftseigenen FM sollten mind. 50 % (besser 60–70 %) des Energiebedarfs tragender Sauen decken. Menge und Zusammensetzung des Ergänzungsfutters sind den Grundfuttermitteln anzupassen.

Bei den tragenden Sauen ist von einer Futteraufnahmekapazität (TS) von 2 bis 2,5 % der KM auszugehen. Bei hochtragenden Tieren wird der Anteil wirtschaftseigener Grundfuttermittel um etwa $^1/_3$ reduziert und der an Ergänzungsfuttermitteln dem Bedarf entsprechend erhöht. Zur Laktation wird dann wieder das AF-Konzept praktiziert.

Verschiedene Vorteile der kombinierten Fütterung (längere Beschäftigung mit der Futteraufnahme, stärkere Füllung des Magen-Darm-Trakts, höhere Futteraufnahme in der Laktation) sind möglicherweise auch mit dem in jüngster Zeit propagierten ad lib-Angebot eines sehr energiereduzierten, faserreichen und voluminösen MF bei graviden Sauen zu erreichen. Dieses Konzept entspricht jedoch eher dem vorher behandelten Alleinfutterkonzept.

6.2.4 Ernährungebedingte Gesundheits- und Fruchtbarkeitsstörungen

In Sauenbeständen anzutreffende fütterungsbedingte Probleme sind in nachfolgender Übersicht zusammengestellt.

Fütterungsbedingte/-assoziierte Gesundheitsstörungen in Sauenbeständen
(beachte Vielzahl und Vielfalt von Interaktionen)

Verhaltensstörungen
- gravide Sauen in einstreuloser Haltung (nur Kraftfutter)
- Beginn der Laktation (Fütterungseinfluss?)

Verletzungen
- Fütterungs-/Tränketechnik
- Bissverletzungen (z. B. am Automaten wartende Sauen)

Verdauungsstörungen
- Schlundverstopfung
- Magentympanie und -drehung
- Magenulcera
- Durchfall
- Kotverhaltung/Verstopfung (Rfa-Mangel)

Skeletterkrankungen
- Arthrosis deformans (zu intensive Jungsauenaufzucht)
- Klauenerkrankungen (Klauenhornqualität)

Fertilitätsstörungen
- infertile Rausche (Zearalenon)
- Absetzen-Rausche-Intervall ↑
- Konzeptions-/Umrauschrate ↑
- Abortrate ↑
- Ferkelverluste ↑ (Milchmangel)
- MMA-Erkrankung ↑
- Jung-/Altsauen-Relation
- Dünne-Sauen-Syndrom

Erkrankungen am Genitaltrakt
- endokrinologische Störungen (z. B. Ergotalkaloide → Gesäugeanbildung ↓, Zearalenon → Ovarien)
- Infektionen des Uterus (z. B. von Harnwegsinfektionen ausgehend)

Erkrankungen des Harnapparates (Wasserversorgung!)
- Infektionen (Harnblase)
- Konkrementbildungen

Allgemeinerkrankungen
- Infektionen (Erreger als FM-Kontaminanten)
  - Salmonellen
  - Leptospiren
  - Rotlauf
  - Clostridien
- Intoxikationen (Beispiele)
  - Vit D, Selen
  - NaCl, Beizmittel
  - Mykotoxikosen
- Mangelerkrankungen (Beispiele)
  - Anämie
  - Parakeratose
  - Avitaminosen

Atmungstrakterkrankungen
- PPE (Fumonisin)
- Ionophoren-Fehldosierung
- Stallklimamängel (Fütterungseinflüsse)

Unter den Erkrankungen im Sauenbestand, die insbesondere die Reproduktionsleistung (aufgezogene Ferkel pro Sau und Jahr) nachteilig beeinflussen, verdienen die MMA-Erkrankung und Fertilitätsstörungen (s. dort) besondere Erwähnung:

Mastitis, **M**etritis, **A**galaktie (MMA-Komplex): fieberhafte Erkrankung (>39,5 °C) peripartal, Ätiologie multifaktoriell, z. T. unklar. Disponierende Faktoren von Seiten der Fütterung:

- Überfütterung (Energie, Protein) während der Gravidität → Verfettung → Wehenschwäche → Geburtsdauer↑ → Metritis
- durch Rfa-Mangel und eingeschränkte Bewegungsaktivität bedingte Kotverhaltung → Obstipationen → forcierte Endotoxinabsorption (?) → evtl. kombiniert: reduzierte Darm- und Uterusmotorik bzw. -peristaltik
- Ca- und Na-Mangel → Wehenschwäche (?)
- Protein-, Vit A-Mangel → geschwächte Infektionsabwehr (?)
- durch limitiertes Wasserangebot in der Gravidität und hohen pH-Wert im Harn (alkalisierend wirkende Überschüsse an Ca, Mg!) → chron. Harnwegsinfektionen ↑→ Metritiden↑

Unbefriedigende Fruchtbarkeitsleistungen (meistens komplexe Genese): Haltung, Genotyp, Reproduktionsmanagement, Infektionen sowie Ernährung s. u.

FEHLENDE ODER ZU SPÄTE RAUSCHE (normal: 5–10 Tage nach Absetzen, Erstlingssauen allgemein etwas später):
- Energiemangel während Laktation und/oder nach Absetzen (KM-Verluste von mehr als 20 kg während der Laktation, keine Zunahme nach dem Absetzen, s. S. 256)
- knappe Energie- und/oder Proteinzufuhr nach dem Absetzen
- Mangel an unges. FS mind. 12 g/Tag
  Vit B_{12} mind. 15 µg/kg AF
  Cholinchlorid etwa 1250 mg/kg AF
  Biotin mind. 0,2 mg/kg AF

UMRAUSCHEN

Eber prüfen! Sauen evtl. Infektionen (Brucellose, Toxoplasmose, Leptospirose); Futter: auf Vit A, Mykotoxine achten

DAUERBRUNST

Xenoöstrogene im Futter, insbesondere Zearalenon, evtl. andere Substanzen?

ZU KLEINE WÜRFE
- nach der Belegung Energieüberversorgung (>35 MJ ME/Tag) oder extremer Mangel (<25 MJ ME/Tag, einzelne Tiere bei Gruppenfütterung)
- Na-, Vit A-, Vit E-, Se-Mangel
- Mykotoxine, Mutterkorn

UNTERGEWICHTIGE FERKEL
- sehr hohe KM-Verluste (>20 % d. KM) in vorausgegangener Laktation
- Energiemangel, absolut oder relativ (→ tiefe Umgebungstemperaturen!) Seltener: Mangel an Mn sowie Vit B_2 und Vit B_{12}

MANGELNDE GESÄUGEANBILDUNG ZUR GEBURT
- typ. Effekt von Mutterkornalkaloiden
- Stress-/Endotoxin-Effekte?

6.3 Eber

6.3.1 Aufzuchtperiode

Eber sollen ab dem 7. bis 9. Lebensmonat mit einer KM von 120 bis 130 kg zur Reproduktion genutzt werden (Tageszunahmen von 700 bis 800 g im KM-Bereich 20 bis 110 kg). Spätere optimale Funktionsfähigkeit der Reproduktionsorgane mit gut ausgebildetem Paarungsverhalten wird u. a. durch höhere Met- + Cys-Versorgung während der Aufzucht erreicht. Das Verhältnis Lys zu S-haltigen AS ist dabei enger als in der Mast einzustellen.

Empfehlungen für die tägliche Energie- und Nährstoffversorgung während der Jungeberaufzucht

KM-Bereich kg	KMZ g	ME MJ	Rp[1] g	pcv Rp g	pcv Lys g	pcv S-AS g	Ca g	vP g
30–60	700	21	320–360	270	15	11	10–13	4–5,5
60–90	850	27	425–480	360	20	14		
90–120	750	31	435–495	370	21	15		

[1] pc Verdaulichkeit von 75–85 % unterstellt, futtermittelspezifische Variationen, s. S. 38

Ein AF für die Eberaufzucht sollte je kg enthalten: 12,6 MJ ME, 180 g Rp, 0,70–0,65 g pcv Lys/MJ ME und 0,48 g pcv Met+Cys/MJ ME. Auch Zn-, Vit A- und Linolsäureversorgung sind zu beachten.

6.3.2 Deckeber

Die Zuchtnutzung beginnt im Alter von sieben Monaten entsprechend einer Körpermasse von 120 bis 140 kg. Noch wachsende Tiere bis zu einer KM von etwa 180 kg werden als Jungeber bezeichnet. Sie unterscheiden sich gegenüber Altebern durch intensives Wachstum. Eber sollten so gefüttert werden, dass die KM der Alteber (je nach Genotyp unterschiedlich) 250–280 kg nicht wesentlich überschreitet (im Interesse einer langen Zuchtnutzung).

Empfehlungen für die tägliche Energie- und Nährstoffversorgung von Deckebern

KM kg	KMZ g/Tag	ME MJ	Rp[1] g	pcv Rp g	pcv Lys g	pcv S-AS g	Ca g	P g	vP g	Na g
120–180	400	30	450-510	380	21	14	15	12	7	3
>180	200–0	30	450-510	380	21	14				

[1] pc Verdaulichkeit von 75–85 % unterstellt, futtermittelspezifische Variationen, s. S. 38

Der Energie- und Nährstoffbedarf von Jung- und Altebern ist etwa identisch. Dies lässt sich damit erklären, dass der Bedarf der Jungeber für das noch erforderliche Wachstum dem höheren Bedarf des Altebers für die Erhaltung und höhere Beanspruchung entspricht.

Bei intensiver Nutzung haben sich zur Erzielung ausreichender Spermamengen guter Qualität tägliche Lys-Gaben von 40 g mit einem Verhältnis Lys zu Met + Cys von 1:0,8 bewährt.

Bei täglichen Futtergaben von 2,5 bis 3 kg sollten in Rationen für Zuchteber je kg lufttrockener Substanz enthalten sein: 11 bis 12 MJ ME, 180 g Rp, 10 bis 12 g Lys, 8 bis 9 g Met + Cys, 6 g Ca und 4,5 g P. Ration: z. B. 2,5 kg AF für tragende Sauen + 0,2–0,4 kg Fischmehl (S-haltige AS!).

6.4 Ferkel

In der Ferkelfütterung sind zu unterscheiden:
Säugeperiode: Geburt bis Absetzen
Aufzuchtperiode: Absetzen bis Mastbeginn

Um das hohe Proteinansatzvermögen in dieser Periode zu nutzen, sollte die Aufzuchtintensität im KM-Bereich 10 bis 25 kg etwa 500–600 g Tageszunahmen ermöglichen. Anzustreben ist eine KM von 20 kg im Alter von knapp 9 Wochen.

6.4.1 Empfehlungen für die tgl. Energie-/Nährstoffversorgung (GfE 2006)

Alter W	KM kg	KMZ g/Tag	ME MJ	Rp[1] g	pcv Rp g	pcv Lys g	Ca g	vP g	Na g
1.	1,5–2,4	130	2,6	50	40	2–5	1,5–4	1,0–1,6	0,5
2.	2,4–3,8	200	3,7	65	55				
3.	3,8–5,5	250	4,9	90	75				
4.	5,5–7,5	280	5,7	100	87	6–8	4–6	1,7–2,0	0,7
5.	7,5–10,0	350	6,9	120	100				
6.	10,0–12,8	400	9,2	135	115				
7.	12,8–16,0	450	10,2	155	130	9–12	6–9	2,0–3,5	1,0–1,2
8.	16,0–19,5	500	12,0	170	145				
9.	19,5–23,4	550	13,4	190	160				
10.	23,4–27,6	600	14,8	210	175				
11.	27,6–32,5	700	17,7	240	205	14,1	9,3	4,0	1,5

[1] pc Verdaulichkeit von 85 % unterstellt, futtermittelspezifische Variationen, s. S. 38

Spurenelement- und Vitaminbedarf s. S. 167 ff.

6.4.2 Hinweise zu Haltung und Absetzterminen

Saugferkel werden sowohl mit Einstreu als auch einstreulos (häufiger) gehalten; gerade bei einstreuloser Haltung sollte den Ferkeln wegen ihres hohen Temperaturanspruchs ein eigenes „Mikroklima“ (Ferkelnest) geboten werden (im Bereich der Sau sollte eine Temperatur von 20–22 °C nicht überschritten werden, ansonsten reduzierte Futteraufnahme).

Allgemein erforderliche Maßnahmen im Abferkelbereich:

- Belegen der Abteile im Rein-Raus-Verfahren nach Reinigung und Desinfektion
- Technische Einrichtungen zum Schutz vor Erdrücken (insb. 1. LW), nach 1. Woche: Bewegungsmöglichkeiten der Sau erweitern
- Bereitstellung von zusätzlichen Wärmequellen
- Leicht zugängliche Selbsttränken für die Ferkel

Die Haltung nach dem Absetzen erfolgt nur noch selten in der Abferkelbucht, allgemein in speziellen Ferkelaufzuchtställen (Flat-Deck-Ställe). Die Ansprüche an Klimaführung und Fütterung variieren in Abhängigkeit vom Absetztermin:

Spätes Absetzen:	mit ca. 5–6 Wochen,	KM: 9–12 kg
Frühabsetzen:	mit 25–28 Tagen,	KM: 6–8 kg

Ziel des Frühabsetzens ist insbesondere die Erreichung einer größeren Wurf- und Ferkelzahl je Sau und Jahr. Je früher abgesetzt wird, umso wichtiger wird eine Optimierung der Haltung und Fütterung (vgl. S. 264 f.).
Ein Absetzen mit 10–14 Tagen (SEW = Segregated Early Weaning) ist nur bei medizinischer Indikation erlaubt und soll Infektionen der Ferkel mit solchen Erregern vorbeugen, deren latente Träger die Muttersauen sind. Aus diesem Grund erfolgt die Aufzucht dann auch in räumlich möglichst weit entfernten Stallungen (angestrebt 4–5 km zwischen Ferkelerzeugung und -aufzucht). Hiervon erhofft man sich insbesondere günstige Auswirkungen auf die Gesundheit der Tiere in Aufzucht und Mast.

6.4.3 Fütterungspraxis

6.4.3.1 Hinweise zur Fütterung bis zum Absetzen

- Unmittelbar p. n. die Aufnahme von Kolostrum für die passive Immunisierung sichern.
- Bei mangelnder Milchleistung der Sau bzw. in Würfen mit >13 Ferkeln sind Milchaustauscher für Ferkel einzusetzen („Ferkelamme") bzw. ist ein Wurfausgleich nötig.
- Zusätzliche Fe-Versorgung entweder parenteral am 2. bis 3. Lebenstag durch ca. 200 mg Eisen als Eisendextran (evtl. Wiederholung am 21. Tag) oder während der ersten zwei Wochen über ein spezielles Ergänzungsfutter (z. B. „Eisenpasten") oder Tränken.
- Je nach gewähltem Absetztermin ab 10. Lebenstag mit Beifütterung beginnen (Stimulierung der Enzyme für die Verdauung von Trockenfutter, Adaptation der Intestinalflora an milchfremde Komponenten; Sauenmilch deckt nur in den ersten zwei Lebenswochen den Energie- und Nährstoffbedarf des intensiv wachsenden Ferkels), Beifutter: **tgl. frisch** in Automaten ad libitum bereitstellen.

Allgemeiner Grundsatz:	kein Wechsel des Festfutters in der Absetzphase
Absetzen mit ca. 5 Wochen:	anfangs etwas Ergänzungsfutter für Saugferkel, Wechsel auf übliches Ferkelaufzuchtfutter in der 3.–4. LW
Absetzen mit 25–28 Tagen:	teils mit bewusstem Verzicht auf jede Saugferkelbeifütterung; besser: ab 10. LT Ergänzungsfutter für Saugferkel und Einsatz über den Absetztermin **hinaus** (mind. 1 Woche), dann erst Umstellung auf Ferkelaufzuchtfutter I

6.4.3.2 Futtermittel und Futterverbrauch

pro kg uS		MAT für Ferkel[1]	Ergänzungsfutter für Saugferkel	Ferkelaufzuchtsfutter I	II[2]
ME MJ		–	>13	14,2	13,4
Rp	g	240	220	210	190
pcv Rp	g	–	–	180	160
Lys	g	≥15	≥14	14,5	13,0
pcv Lys[3]	g	–	–	12,5	11,0
Rfa[4]	g	max. 15	max. 50	30–50	40–60
Ca[5]	g	min. 10	min. 8	9–10	8–9
vP	g	min. 7 (P)	min. 7 (P)	3–3,5	3–3,5
Verwendung ab		Geburt	2. LW	5. LW	9. LW
bis		3. LW	4. LW	8. LW	11. LW
Verbrauch (kg) je Ferkel		2–3	<2	~20	~25

[1] Bei Milchmangel und (vereinzelt) bei sehr großen Würfen
[2] Ferkelaufzuchtfutter II kann bei normal entwöhnten Ferkeln auch ab der 6. LW verabreicht werden, wenn z. B. keine hohen Verkaufsgewichte erzielt werden müssen, Verbrauch bis 35 kg KM: 55 kg
[3] Beachte notwendige AS-Relationen
[4] Rfa-Gehalt in Ferkelaufzuchtfutter bei gesundheitlichen Problemen (*E. coli* u. Ä.) evtl. anheben (bis zu 60 g/kg AF)
[5] In der 1. Woche nach dem Absetzen evtl. Ca-Gehalt deutlich absenken (geringeres Pufferungsvermögen angestrebt)

Angestrebte AS-Relationen:
- auf Basis der pcv AS:

  pcv Lys : pcv Met/Cys : pcv Thr : pcv Trp = 1 : 0,53 : 0,68 : 0,18
- auf Basis der Brutto-AS-Gehalte im Futter:

  Lys : Met/Cys : Thr : Trp = 1 : 0,60 : 0,70 : 0,20

6.4.3.3 Besondere Hinweise zur Fütterung abgesetzter Ferkel

Alle für diese Phase empfohlenen Maßnahmen zielen auf eine kontinuierliche KM-Entwicklung **und** Vermeidung E. coli-bedingter Verdauungsstörungen bzw. der Ödemkrankheit.

Als diesbezüglich wirksame nutritive Maßnahmen gelten:
- hohe Anforderungen an die hygienische Qualität der Mischfutterkomponenten
- restriktive Fütterung in den ersten 10 Tagen nach dem Absetzen (setzt Tier-Fressplatz-Relation von 1:1 voraus); in der Wirkung ähnlich: höhere Rfa-Gehalte
- Begrenzung des Rp-Gehaltes auf max. 18 % bei Sicherung hoher AS-Aufnahmen (7 g pcv Lys/100 g pcv Rp) durch entsprechende AS-Zulagen
- Minderung der Pufferkapazität des Futters (wenig puffernde Mengenelementverbindungen wie $CaCO_3$, MgO etc.), Mineralfutter anteilsmäßig reduzieren
- Einsatz von organischen Säuren (Ameisen-, Citronen-, Fumarsäure) im Futter, evtl. auch Wasser (z. B. Ameisensäure: 0,25 % im Wasser)
- Einsatz von Probiotika, evtl. auch von Enzymen
- verträgliche Fütterungstechnik (viele kleine Futtergaben/Tag, „Multifeed-System")

Zukaufsferkel (7–9 kg KM) in speziellen Ferkelaufzuchtbetrieben: restriktiv anfüttern in den ersten 10 Tagen, z. B. mit einem Ergänzungsfutter für Saugferkel (von <200 auf 450 g pro Tier u. Tag langsam steigern), erst danach allmähliche Umstellung auf Ferkelaufzuchtfutter I; insbesondere auf ausreichende Wasseraufnahme achten (mehrere Tränketypen parallel), evtl. temperiertes Wasser anbieten; ist nicht für jedes Ferkel ein Fressplatz vorhanden, restriktive Futterzuteilung kaum möglich (allenfalls an ersten Tagen kleine Mengen wiederholt auf die saubere Liegefläche streuen).

6.4.4 Fütterungsfehler als Ursache oder Disposition für Ferkelerkrankungen

FEHLER IN DER SAUENFÜTTERUNG UND -HALTUNG

während der Trächtigkeit

- Energieüberversorgung, mangelhafte Eiweißqualität bzw. Ca-, P-Unterversorgung → ungenügende Kolostrummenge und -qualität, verzögerte Geburt, reduzierte Futteraufnahme p. n.
- Vit A- oder Carotinunterversorgung → geringer Vit A-Gehalt der Muttermilch
- extreme Unterversorgung mit Energie, Mn, Vit B_2 und Vit B_{12} → kleine lebensschwache Ferkel, ungenügende Kolostrumaufnahme
- zu späte Umstallung (<4 d a. p.) der Sauen in neue Umgebung, mangelhafte Adaptation an stallspezifische Flora → keine spez. Antikörper im Kolostrum (Colienteritis)

nach der Geburt

- Futterwechsel → Veränderungen der Menge und/oder Zusammensetzung der Milch
- FM mit Mykotoxinen → Ausscheidung über die Milch

FEHLER IN DER FERKELFÜTTERUNG

Futterzusammensetzung

- hohe Anteile an schwer verdaulichem Rp
- zu geringer (<3 %) oder zu hoher (>7 %) Rfa-Gehalt
- Nährstoffmangel (AS, Fe)
- Futter nicht schmackhaft genug (zuviel Mineralstoffe, Rapsprodukte, Roggen, Mühlennachprodukte, zu fein vermahlen → „staubig" → ungenügende Futteraufnahme)
- zu hoher Anteil von Soja u. a. Leguminosen im Mischfutter

Futterqualität

- verpilztes, verkeimtes und vermilbtes Futter
- Fischmehl mit Salmonellen oder zu hohen NaCl-Gehalten
- HCN-haltiges Maniokmehl
- ansaure MAT-Tränke, verhefte MAT-Tränke bzw. Tröge
- hoher Anteil an FM mit stark verkieselten Spelzen (Gastritis), Hafer und Gerste
- nicht getoastetes oder überhitztes Sojaextraktionsschrot

Fütterungstechnik

- abrupter Futterwechsel (von Saugferkel- auf Ferkelaufzuchtfutter) beim Absetzen
- zu späte Beifütterung (bes. bei kleinen Würfen mit hoher Milchaufnahme); nach dem Absetzen überhöhte Futteraufnahme bei ad libitum-Fütterung oder zu geringe Futteraufnahme kleinerer Ferkel bei rationierter Automatenfütterung
- Zugang zum Sauentrog (Aufnahme ungeeigneter FM)
- mangelnde Reinigung der Tröge bzw. Futterautomaten (verdorbene Futterreste)
- Wasseraufnahme unzureichend (Tränken nicht gängig, kein sichtbarer Wasservorrat)
- mangelhafte Wasserqualität (zu kalt; Restwasser in Tränkebecken mit hohem Schmutz- und Keimgehalt)

6.5 Mastschweine

Das Ziel der Schweinemast besteht sowohl in der Erzeugung einer gewünschten Schlachtkörperqualität als auch im Erreichen einer hohen Wachstumsintensität mit geringem Futteraufwand.

In der Mastperiode verändert sich die Körperzusammensetzung der wachsenden Tiere, wobei der absolute Proteinansatz nahezu konstant bleibt, dagegen der Fettansatz zu Lasten des Wassergehaltes fortlaufend ansteigt.

Der Energie- und Proteinbedarf wurde faktoriell abgeleitet (GfE 2006, s. S. 158).

6.5.1 Empfehlungen für die Energie- und Nährstoffversorgung von Mastschweinen

Die Formulierung des Bedarfs an Energie und Nährstoffen je Tier und Tag ist mitunter erforderlich (s. Tab. S. 266a), aber allgemein ist der Bezug auf die AF-Zusammensetzung (je kg) wesentlich einfacher. Deshalb werden nachfolgend entsprechende Richtwerte für die angestrebte Zusammensetzung der AF angegeben, die auch eine Beurteilung von Analysedaten zu einem Mischfutter in Abhängigkeit vom Alter bzw. der erreichten KM erlauben.

Dabei ist – insbesondere wegen des sich ändernden Bedarfs an Protein – im Laufe der Mast eine unterschiedliche AF-Zusammensetzung erforderlich. Für eine Vermeidung von Über- und Unterversorgungen mit Protein, AS und anderen Nährstoffen (z. B. P) wird die Schweinemast in mehrere Phasen unterteilt, in denen dann auch entsprechende unterschiedliche AF zum Einsatz kommen.

In normalen AF für Mastschweine (Basis: Getreide – Sojaschrot) stellt Lysin die erstlimitierende Aminosäure dar. Die nächstbedeutsamen Aminosäuren Methionin + Cystin, Threonin und Tryptophan sollten hierzu etwa in nachfolgenden Relationen stehen:

pcv Lysin	:	pcv Methionin + Cystin	:	pcv Threonin	:	pcv Tryptophan
1	:	0,53–0,56	:	0,63–0,66	:	0,18

Höherwertige Futterproteine, d. h. Proteine mit einem hohen Lysingehalt und einem gleichzeitig ausgewogenen Gehalt an den anderen essentiellen Aminosäuren können eine Verminderung der in den vorstehenden Tabellen angegebenen Proteinmengen ermöglichen.

6.5.2 Fütterungspraxis

In der Schweinemast werden in der Regel energiereiche betriebseigene Getreide (seltener Hackfrüchte) und/oder preisgünstige Zukaufsfuttermittel (z. B. Molke, evtl. auch Nebenprodukte aus der Lebensmittelproduktion) mit eiweiß-, mineralstoff- und vitaminreichen Ergänzungsfuttermitteln kombiniert. Getreide- und Sojaextraktionsschrot werden sowohl bei betriebseigener Herstellung („Selbstmischer") als auch in der Mischfutterindustrie aus Kostengründen teilweise durch „Substitute" (energiereiche Nebenprodukte aus der Getreideverarbeitung, Maniokmehl, Nebenprodukte der Lebensmittelproduktion) und einheimische Eiweißlieferanten (Leguminosen, Rapsextraktionsschrot) ersetzt.

6.5.2.1 Getreidemast

In der Getreidemast werden vorrangig Weizen, Gerste und Mais, daneben aber auch Roggen und Triticale sowie Getreidenachprodukte verwendet. Aufgrund hoher Flächenerträge und günstiger Voraussetzungen für eine Silierung und Zuteilung als Flüssigfutter entwickelte sich die Mast auf der Basis von Maisprodukten (Maiskolben-, CCM und Maiskörnersilage) zu einem sehr verbreiteten Verfahren.

Empfehlungen zur tgl. Versorgung mit Energie von Mastschweinen (MJ ME/Tier)

KMZ (g/d)	KM (kg) 30	40	50	60	70	80	90	100	110	120
500	15	18							29	30
600	17	19	21	23			28	30	31	33
700	18	21	23	25	27	29	31	32	34	36
800	20	23	25	28	30	31	33	35	37	39
900			27	30	32	34	36	38	40	42
1000				32	34	36	38			
1100					36	39				

Angaben[1] zur tgl. Mindestversorgung mit pcv Rp von Mastschweinen (g/Tier)[2]

KMZ (g/d)	KM (kg) 30	40	50	60	70	80	90	100	110	120
500	143	144							144	144
600	170	170	170	170			169	169	169	168
700	197	197	197	196	196	195	194	194	193	192
800	224	224	223	222	221	220	219	218	217	216
900			250	248	247	246	244	243	241	240
1000				274	273	271	270			
1100					298	296				

[1] $\neq$ Versorgungsempfehlungen, sondern absolute Minimalversorgung der Tiere mit pcv Rp
[2] Summe der empfohlenen pcv ess. AS x 2,5

Empfehlungen zur tgl. Versorgung mit pcv Lys von Mastschweinen (g/Tier)

KMZ (g/d)	KM (kg) 30	40	50	60	70	80	90	100	110	120
500	9,9	9,8							9,6	9,6
600	11,8	11,7	11,6	11,5			11,4	11,4	11,3	11,3
700	13,6	13,5	13,4	13,3	13,2	13,2	13,1	13,0	13,0	12,9
800	15,5	15,3	15,2	15,1	15,0	14,9	14,8	14,7	14,6	14,6
900			17,0	16,9	16,8	16,7	16,5	16,4	16,3	16,2
1000				18,7	18,5	18,4	18,3			
1100					20,3	20,1				

Mindestwerte für die Nährstoffgehalte im AF für Mastschweine in Abhängigkeit von der Energiedichte im AF und der Mastleistung (GfE 2006; modifiziert)[1]

Mastphase	Inhaltsstoff[1] (%)	Energiedichte (ME, MJ) je kg AF 12,6	13,0	13,4	13,8
Vormast	Rp	17,2	17,8	18,4	18,9
KM: 25–40 kg	pcv Rp	13,8	14,3	14,7	15,2
(30 kg KM,	Lys	1,19	1,23	1,26	1,30
700 g KMZ/d)[2]	pcv Lys	0,95	0,99	1,01	1,05
	Gesamt P	0,56	0,58	0,60	0,62
	vP	0,28	0,29	0,30	0,31
	Ca	0,65	0,67	0,69	0,72
Mast: 2-phasig	Rp	12,5	12,9	13,3	13,6
KM: 40–80 kg	pcv Rp	10,0	10,3	10,6	10,9
(60 kg KM,	Lys	0,85	0,88	0,90	0,93
800 g KMZ/d)[2]	pcv Lys	0,68	0,70	0,72	0,74
	Gesamt P	0,44	0,44	0,46	0,48
	vP	0,22	0,22	0,23	0,24
	Ca	0,51	0,53	0,55	0,56
KM: 80–120 kg	Rp	9,80	10,1	10,4	10,7
(100 kg KM,	pcv Rp	7,84	8,10	8,35	8,58
800 g KMZ/d)[2]	Lys	0,66	0,69	0,70	0,73
	pcv Lys	0,53	0,55	0,56	0,58
	Gesamt P	0,36	0,36	0,38	0,38
	vP	0,18	0,18	0,19	0,19
	Ca	0,42	0,43	0,45	0,46
Mast: 3-phasig	Rp	14,1	14,5	14,9	15,4
KM: 40–60 kg	pcv Rp	11,3	11,6	11,9	12,3
(50 kg KM,	Lys	0,96	0,98	1,02	1,05
800 g KMZ/d)[2]	pcv Lys	0,77	0,79	0,82	0,84
	Gesamt P	0,48	0,48	0,50	0,52
	vP	0,24	0,24	0,25	0,26
	Ca	0,56	0,58	0,59	0,61
KM: 60–90 kg	Rp	12,2	12,5	12,9	13,3
(70 kg KM,	pcv Rp	9,72	10,0	10,3	10,6
900 g KMZ/d)[2]	Lys	0,83	0,85	0,88	0,90
	pcv Lys	0,66	0,68	0,70	0,72
	Gesamt P	0,44	0,44	0,46	0,48
	vP	0,22	0,22	0,23	0,24
	Ca	0,51	0,52	0,54	0,56
KM: 90–120 kg	Rp	8,90	9,20	9,50	9,80
(110 kg KM,	pcv Rp	7,15	7,37	7,60	7,85
700 g KMZ/d)[2]	Lys	0,60	0,63	0,65	0,66
	pcv Lys	0,48	0,50	0,52	0,53
	Gesamt P	0,34	0,34	0,36	0,36
	vP	0,17	0,17	0,18	0,18
	Ca	0,40	0,41	0,42	0,43

[1] aus den originären Bedarfsangaben (pcv Rp bzw. pcv Lys bzw. vP) abgeleitet; unterstellt: 80 % pc Verdaulichkeit von Rp und Lys sowie 50 % Verdaulichkeit des Phosphors (ohne Phytasezusatz); Proteinqualität: ~6,8 g Lys/100 g Rp über alle Phasen; wird dieser AS-Gehalt im Rp nicht erreicht, so wird der Rp-Gehalt im Futter angehoben werden müssen (s. S. 267a).

[2] für die Ableitung unterstellte KM und KMZ

Erläuterungen zur nebenstehenden Tabelle mit den Mindestgehalten an bestimmten Nährstoffen im AF für Mastschweine und zu den Fußnoten:

Der Lys-Bedarf von Mastschweinen resultiert im Wesentlichen aus dem Proteinansatz, der zum Mastende zurückgeht. Der im Futter notwendige Lys-Gehalt ergibt sich dann aus der Futtermengenaufnahme, die insbesondere von der Energiedichte abhängt (niedrige Energiedichte → höhere Futteraufnahmemenge und umgekehrt). Der Lys-Gehalt im Futter ist bestimmt durch die Komponenten und deren Proteinqualität, d. h. durch den Lys-Gehalt in 100 g Rp. Enthält ein Futterprotein einen hohen Anteil an Lysin, so braucht man von einem solchen Protein weniger, um eine bestimmte Lys-Aufnahme zu erreichen. In der nebenstehenden Tabelle wurde für die Ableitung von einer sehr günstigen Proteinqualität (d. h. 6,8 g Lys/100 g Rp) ausgegangen, die in vielen Futtermischungen so nicht erreicht wird (sodass u. a. AS-Zulagen erfolgen). Vor diesem Hintergrund stellt sich die Frage nach dem notwendigen Rp-Gehalt im AF, wenn der Lys-Gehalt *nicht* die 6,8 g/100 g Rp erreicht.

VORGEHEN:
1. Schritt: Bildung des Quotienten aus unterstelltem und tatsächlichem Lys-Gehalt im Rp
Bsp.: Das Futter enthält lediglich 5,9 g Lys/100 g Rp anstatt der o. g. 6,8 g Lys/100 g Rp)
6,8 (g Lys/100 g Rp) : 5,9 (g Lys/100 g Rp) = 1,153 („Faktor")
2. Schritt: Multiplikation der in der Tabelle aufgeführten Rp-Werte mit diesem Faktor;
→ ergibt wegen des geringeren Lys-Gehaltes (5,9 statt 6,8 g/100 g Rp) deutlich höhere Rp-Werte.

Ähnlich ist vorzugehen, wenn die in der Tabelle unterstellte praecaecale Verdaulichkeit des Proteins bzw. der Aminosäure Lysin nicht zutrifft.

VORGEHEN:
1. Schritt: Bildung des Quotienten aus
unterstellter pc Verdaulichkeit (%) : beobachteter/erwarteter pc Verdaulichkeit (%)
Bsp.: 80 : 75 = 1,067 („Faktor")

2. Schritt: Multiplikation der Werte in den Rp- bzw. Lys-Zeilen mit diesem Faktor
→ entsprechend höhere Werte in beiden Zeilen.

Schließlich sind beide Ansätze (andere Lys-Gehalte, g/100 g Rp bzw. andere pc Verdaulichkeiten, %) auch zu kombinieren, wenn bzgl. beider Prämissen Abweichungen gegeben sind (z. B. bei weniger günstigen AS-Gehalten und geringerer pc Verdaulichkeit). Bis heute wird üblicherweise für die jüngeren Tiere (Absetzferkel) eine günstigere Rp-Qualität (AS-Gehalt in 100 g Rp) genutzt, während in späteren Mastabschnitten auch weniger günstige Rp-Qualitäten toleriert werden.

In der Schweinemast verwendete Proteinqualitäten (g Lys/100 g Rp) **und sich daraus ergebende Rp-Gehalte im AF** (12,6–13,8 MJ ME/kg)

Phase	KM (kg)	g Lys/100 g Rp[1]	% Rp[1]
Vormast	25–35/40	6,5	18,0–19,8
Anfangsmast	35/40–60	5,5–6,0	16,7–18,2
Mittelmast	60–90	5,0–5,5	15,8–17,2
Endmast	90–120	~5	12,1–13,3

[1] setzt ausreichende Gehalte an den übrigen AS voraus (Lys = erstlimitierende AS)

Entsprechend dem o. g. Vorgehen wären beispielsweise in der Endmast bei einer Proteinqualität von 5 g Lys/100 g Rp, die Bedarfswerte für das Rp mit dem Faktor 1,36 zu multiplizieren, d. h. der Rp-Gehalt im Futter müsste um 36 % höher sein.

Eine Getreidemast kann auf der Basis

- industriell hergestellter Alleinfutter,
- betriebseigenen Getreides in Kombination mit einem Ergänzungsfutter oder
- betriebseigenen Getreides (und Leguminosen) in Kombination mit Sojaextraktionsschrot, anderen proteinliefernden FM und einem vitaminreichen Mineralfutter erfolgen.

MAST MIT EINEM INDUSTRIELL HERGESTELLTEN ALLEINFUTTER

Für die Mast mit Alleinfutter werden heute zumindest für Anfangs- (bis 50 kg KM) und Endmast (ab 50 kg KM) 2 unterschiedliche AF eingesetzt. Den aktuellen Erfordernissen der Schweinemast (höheres Mastendgewicht von 115–120 kg KM, bessere Anpassung an den Bedarf für N und P im Mastverlauf, Verminderung der N- und P-Ausscheidung) entspricht eine Einteilung in drei Mastphasen (AF s. Tab. S. 267) sehr viel effizienter.

Mit der gleichen Zielsetzung (Minimierung der Nährstoffexkretion) finden entsprechende „RAM-Futter" (Rohprotein-Angepasste-Mast) in der Schweinemast zunehmende Verbreitung (durch gezielte AS-Ergänzung Reduktion des Rp-Gehaltes, durch Phytase-Einsatz reduzierte Phosphor-Supplementierung).

Werden nur 2 unterschiedliche AF während des Mastverlaufs eingesetzt (prinzipiell gilt Gleiches auch für 3 AF), so kommt es phasenweise zu einer Proteinüber- bzw. -unterversorgung, wie im nachfolgendem Schema dargestellt.

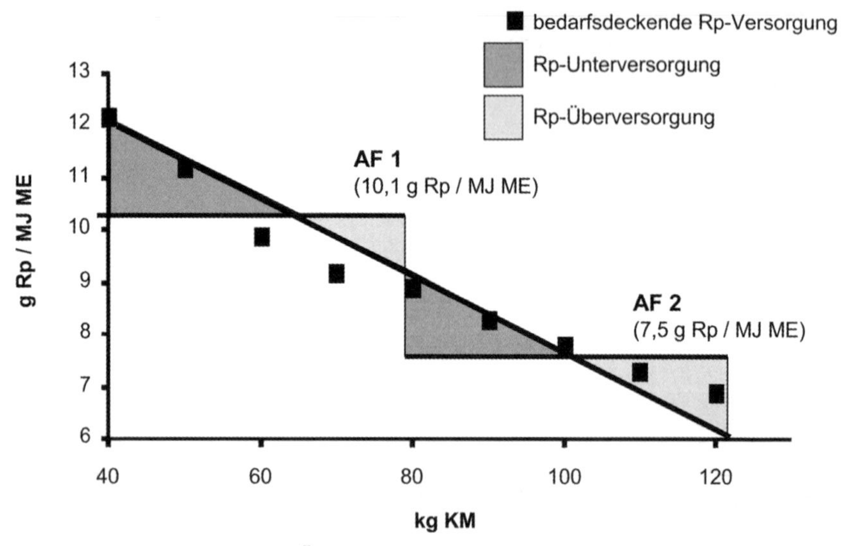

Phasen der Rp-Unter- bzw. -Überversorgung bei sukzessivem Einsatz von nur zwei unterschiedlichen Alleinfuttern in der Schweinemast (AF 1 bzw. 2: < bzw. >50 kg KM)

Eine noch exakter am Bedarf orientierte Fütterung bietet heute – dank entsprechender Fütterungstechniken – die parallele Verwendung von zwei sehr unterschiedlichen Alleinfuttern (AF 1 für die Aufzucht + AF 2 für die Endmast). Hierbei werden dann die beiden AF in Mischung bzw. sukzessiv im Laufe eines Tages angeboten (s. folgendes Schema), wobei das Mischungsverhältnis der beiden AF wöchentlich oder sogar täglich geändert wird.

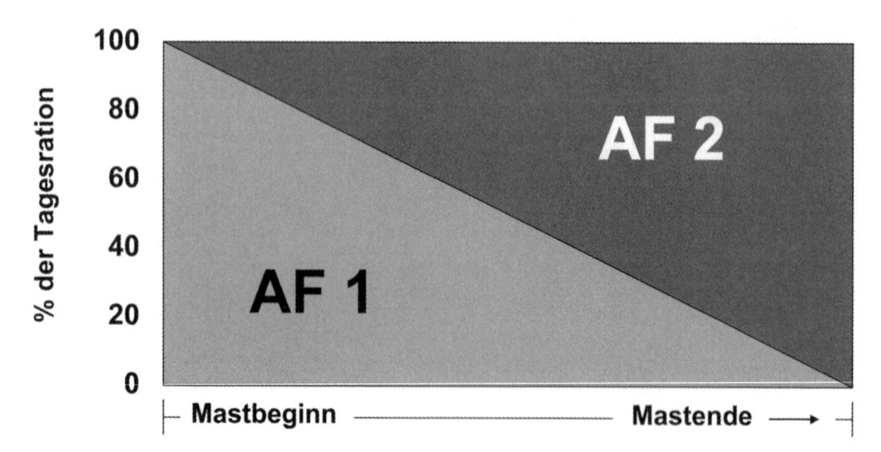

Schema der „Multi-Phasen-Fütterung" (gleichzeitige Verwendung zweier AF mit sehr unterschiedlichen Rp/ME-Relationen, deren Anteile kontinuierlich verändert werden)

Bei einer derartigen sukzessiven Mischung zweier AF erreicht man zu jedem Zeitpunkt der Mast exakt die gewünschten Rp: MJ ME-Relation, die sich ebenfalls kontinuierlich und nicht abrupt ändert (von 12,2 : 1 auf 6,9 : 1 in der Endmast).

Bei den allgemein hohen Preisen für Proteinträger und der Notwendigkeit einer Berücksichtigung der N-Exkretion (evtl. produktionslimitierend) verdient eine derartige Multi-Phasen-Fütterung auch aus ökologischen Gründen besondere Beachtung.

GETREIDEMAST UNTER VERWENDUNG EINES ERGÄNZUNGSFUTTERS

Betriebseigene Getreide (incl. CCM) können mit zugekauften Ergänzungsfuttern (siehe Tabelle unten) zu bedarfsgerechten Rationen (hofeigene Mischungen) gemischt werden. Hinweise für die Herstellung der Mischungen sind auf S. 276 aufgeführt.

Empfohlene Gehalte an wertbestimmenden Bestandteilen in Ergänzungsfuttermitteln[1] für Mastschweine (je kg uS)

Ergänzungsfuttertyp	Anteil bis ... %	Lysin g	Rp g	Ca g	P g	Na g
Ergänzungsfutter I	50	15	240–270	21	7,5	3,5
Ergänzungsfutter II	35	18	280–330	24	9	4
Ergänzungsfutter, eiweißreich	25	23	360	31	11	4,5
Eiweißkonzentrat	20	28,5	440	42	13,5	6
Mineralfutter[2]	3–4	30–60	–	180–240	30–60	30–50

[1] alle Ergänzungsfuttermittel sind mit Spurenelementen und Vitaminen angereichert
[2] mit Aminosäurenergänzung: Lys, Met je 5–20 g, Thr 5–20 g, Trp 2–5 g. Der Umfang der AS-Ergänzung ist vom Einsatz der Mineralfutter in den verschiedenen Nutzungsrichtungen in der Schweinefütterung abhängig

Die **Mast mit CCM** stellt eine Spezialform der Getreidemast dar (Feuchtfutter). Aus diesem Grunde bietet sich die Flüssigfütterung an, z. T. unter Verwendung von Molke oder Magermilch. In der Praxis sind folgende Mischungsformen üblich:

- CCM und Ergänzungsfuttermittel getrennt: z. B. 0,35 kg Eiweißkonzentrat + CCM ad lib., (in Endmast max. 5 kg CCM je Tier und Tag),
- In Form von Mischungen (setzt Spezialmischer für Feuchtgetreide voraus):

CCM (%)	Ergänzungen (%)		Mineralfutter (%)
60	40	Ergänzungsfutter[1] I	–
70	30	Ergänzungsfutter[1] II	–
85	15	Eiweißkonzentrat	–
82,5	15	Sojaextraktionsschrot	2,5

[1] s. Tabelle S. 269
Flüssigfutter auf der Basis von Molke: 2 l/kg Mischung, bei Einsatz von Magermilch kann Eiweißergänzung entfallen, wenn mehr als 2,5 l/kg Mischung verwendet werden, dann 2 % Mineralfutter dem CCM zusetzen.

Die Mast auf der Basis von Getreide bzw. CCM unter Einsatz weiterer Einzelfuttermittel wie Molke, Sojaschrot und eines vit. Mineralfutters gehört prinzipiell schon zum nachfolgend beschriebenen Verfahren.

GETREIDEMAST UNTER VERWENDUNG WEITERER EINZELFUTTERMITTEL SOWIE EINES MINERALFUTTERS

Anstelle eines industriell hergestellten eiweiß-, mineralstoff- und vitaminreichen Ergänzungsfutters wird hier das betriebseigene Getreide (evtl. auch andere zugekaufte FM) mit diversen eiweißreichen FM (insbesondere Sojaextraktionsschrot) und einem vitaminierten Mineralfutter kombiniert.

Alle genannten Futtermittel werden in einer betriebseigenen Mischanlage in trockener oder flüssiger Form (insbesondere wenn einzelne FM in feuchtem oder flüssigem Zustand vorliegen; häufig unter Zusatz von Wasser, Molke u. Ä.) gemischt. Flüssigfütterung s. S. 271.

Richtwerte für die Zusammensetzung (Gemengeanteile) derartiger Mischfutter: s. S. 276.

6.5.2.2 Sonstige Mastformen

Die HACKFRUCHTMAST mit gedämpften Kartoffeln und/oder Zuckerrüben unter Supplementierung mit Ergänzungsfuttern, Magermilch oder Molke hat derzeit nur eine untergeordnete Bedeutung.

Bei der MOLKENMAST kann ein Teil des Getreides durch Molke ersetzt werden. Die Molkenaufnahme liegt zwischen 5–15 kg/Tier/Tag. Etwa 14–15 kg Molke entsprechen 1 kg eines getreidereichen Alleinfutters mit 12,5 MJ ME und 120–130 g Rp. Zur Ergänzung wird Alleinfutter I für Mastschweine oder ein spezielles rohfaserreicheres Ergänzungsfutter zur Molke gegeben.

Die MAST MIT „UNKONVENTIONELLEN" FM ist ein besonderes Verfahren spezialisierter Betriebe, die unter Verwendung von Nebenprodukten aus der Lebensmittelproduktion (Altbrot, Keks- und Chipsreste etc.) und entsprechender Ergänzung Getreide und andere konventionelle Produkte einsparen. Beachte besondere Risiken: NaCl-Gehalt oft hoch, kaum „strukturierte" Bestandteile (faserarm), evtl. Fettgehalt und -qualität (unges. FS!), evtl. hygienische Mängel und Risiko einer Kontamination mit Verpackungsmaterialien.

6.5.3 Futteraufnahme und Futtermengenzuteilung in der Schweinemast

Bis 60–70 kg KM kann generell ad lib (110–120 g pro kg $KM^{0,75}$) gefüttert werden, danach sollte bei Börgen restriktiv (100–80 g pro kg $KM^{0,75}$), bei weiblichen und extrem fleischreichen (Pietrain) Schweinen jedoch weiterhin ad lib. gefüttert werden. Neben dem Geschlechtseinfluss auf die Futteraufnahme gibt es teils erhebliche Unterschiede in der Futteraufnahmekapazität verschiedener Linien und Kreuzungen.

Tgl. Futteraufnahme (kg) von Börgen und ♀ Mastschweinen bei ad lib.-Fütterung:

KM kg	25–35	35–45	45–55	55–65	65–75	75–85	85–95	95–105	105–120
Börge	1,61	2,10	2,48	2,58	2,89	3,10	3,11	3,14	3,25
weiblich	1,62	1,90	2,15	2,31	2,62	2,64	2,87	2,81	2,90

Futterverbrauch: In der Mast von 25 auf 120 kg KM werden insgesamt ca. 280 kg Alleinfutter je Tier verbraucht, d. h. mittlerer Futteraufwand je kg Zuwachs: ~3 : 1. Diese Relation wird landläufig (wissenschaftlich nicht korrekt) auch „Futterverwertung" genannt. Neben der Genetik und dem Geschlecht sind als weitere wesentliche Einflussgrößen auf die Futteraufnahme die Schmackhaftigkeit des Futters, seine Konfektionierung und Energiedichte, die Umgebungstemperatur, ein ausreichendes Wasserangebot sowie technische Voraussetzungen für die Futteraufnahme (Trogbreiten, Tier: Fressplatz-Relationen) von Bedeutung.

Auf die Darstellung einer „Rationsliste" (Angaben zur tgl. Futtermengenzuteilung je Tier) wird hier verzichtet, da zum einen in der Mast (mit Ausnahme von Börgen, bei denen ab ca. 75–80 kg KM die Futtermenge und Energiezufuhr nicht mehr wesentlich gesteigert wird) nahezu ad libitum gefüttert wird, zum anderen sind derartige Rationslisten – in Abhängigkeit von der Genetik, d. h. von der Zuchtlinie – teils sehr unterschiedlich, nicht zuletzt um maximal mögliche Magerfleischanteile zu erreichen. Dennoch erlauben die vorher gemachten Angaben (einmal zum Energiebedarf, dann zur TS-Aufnahme bei ad libitum-Angebot) eine Quantifizierung der täglich erforderlichen Futtermenge.

6.5.4 Fütterungstechnik

STÄLLE MIT 1 TROGPLATZ FÜR JEDES TIER

- Trockenfütterung: Zuteilung von Hand (Eimer, Wagen) oder Futterzuteilwagen (teilmechanisiert) oder über Rohrleitungen und Schnecken mit Volumen- bzw. Gewichtsdosierung (vollmechanisiert),
  Futter möglichst nach Zuteilung anfeuchten → luftgetragener Stallstaub ↓
- Flüssigfütterung: Futter mit $2^1/_2$ bis 3 Teilen Wasser oder 3 bis 4 Teilen Molke mischen, TS-Gehalt möglichst 22–25 %. Futtermengenzuteilung: quasi ad libitum (soviel Futter, dass zur nächsten Fütterung der Trog geleert ist); Sonderform: Sensorfütterung (für 3–4 Tiere 1 Trogplatz, Sensor im Trog kontrolliert die Füllhöhe des Troges, so kontinuierliche Nachdosierung kleiner Mengen frischen Futters möglich, echte ad lib-Fütterung).

  Einsatz flüssiger Einzel-FM (kg/Tier/Tag)

  ab 30 kg KM entsprechend Adaptation und Mastphase (Beginn – Ende der Mast)

Bierhefe, flüssig	1–10	Kartoffelschlempe	1–10
Biertreber	0,1– 3	Molke (5,6 % TS)	5–15

Hygienemaßnahmen in Flüssigfütterungsanlagen:

Das nährstoff- und wasserreiche Milieu eines Flüssigfutters bietet vielen Mikroorganismen (Bakterien, Pilzen und Hefen) günstigste Entwicklungsbedingungen, insbesondere bei höheren Umgebungstemperaturen und höherer Ausgangskeimbelastung der verwendeten Komponenten. Deshalb sind hier besondere Grundregeln zu beachten:

- kontinuierliche Kontrolle der hygienischen Qualität der Ausgangskomponenten (Nachgärungen von CCM?, Gasbildung in Molke u. ä. Substraten?),
- tägliche Reinigung von Anmischbottich und Rohrleitungen mit warmem Wasser (Anmischen nur im gereinigten Bottich; alle 14 Tage mit Hochdruckreiniger und heißem Wasser säubern, in Fütterungsanlagen für die Ferkelaufzucht häufiger reinigen!),
- Vermeidung langer Standzeiten von Flüssigfutter im Anmischtank,
- bei Großbottichen: „Restlosfütterung" zwingend (d. h. vollständige Leerung des Anmischbottichs/Rohrsystems); bei kleinen Anmischbottichen und mehrmaliger Fütterung je Tag ist „Restlosfütterung" nicht üblich (z. B. in Anlagen mit Sensor-Fütterung),
- kontinuierlicher Zusatz von org. Säuren (0,1–0,3 % Propion-/Ameisensäure) zur Unterdrückung säureempfindlicher Keime (d. h. insbesondere gegen gramnegative Keime),
- in mehrwöchigem Abstand: im Reinigungsgang dem Wasser deutlich höhere Säuremengen (5 l Propionsäure/1000 l) zusetzen, um auch relativ säuretolerante Keime zu hemmen, evtl. auch alkalisierende Zusätze zum Spülwasser (z. B. Natriumhypochlorid),
- Grundreinigungen des gesamten Systems zwischen den Mastdurchgängen (also nur bei **leerem** Stall) unter Einsatz von **Laugen** (z. B. 10 kg NaOH auf 1000 l Wasser) zur Elimination der residenten säuretoleranten Flora (inkl. der Hefen),
- in der Praxis teils gute Erfahrungen mit dem kontinuierlichen Zusatz von milchsäurebildenden Keimen zum Flüssigfutter → Milchsäure↑ → pH ↓, evtl. „probiotische" Effekte auch auf die Magen-Darm-Flora der Schweine,
- die Reinigung und Desinfektion muss auch die Strecke zwischen Ringleitung und Trog erfassen.

STÄLLE MIT FUTTERAUTOMATEN

- Automaten für Trockenfütterung (d. h. das Futter wird trocken aufgenommen), notwendige Tier : Fressplatzrelationen

strikt rationierte Fütterung:	1:1
tagesrationierte Fütterung:	max. 2:1
ad lib.-Fütterung:	max. 4:1

- Automaten für Breifütterung (Breiautomaten/Rohrbreiautomaten): Bei Bedienung durch das Tier (Bewegung der Druckplatte oder Hebel) fällt das trockene Futter in eine Trogschale, in der auch eine Selbsttränke angebracht ist, so dass die Tiere je nach paralleler Betätigung der Tränke – ein Futter/Wasser-Gemisch (Brei) aufnehmen. Tier : Fressplatz-Relation: ≥4:1, da hier eine höhere Futteraufnahme/Zeiteinheit erreicht wird.
- Breinuckelautomaten: Über einen modifizierten Tränkzapfen nimmt das Tier ein Futter-Wassergemisch auf, d. h. Futter und Wasser werden im „Spender" in gewünschter Relation vermischt. Ein Trog ist hierbei überflüssig (nicht aber eine separate Selbsttränke!). Bei Kombination mit Transpondern ist auch eine restriktive individuelle Futterzuteilung möglich. Von dieser Fütterungstechnik wird nicht zuletzt eine forcierte Futteraufnahme und Leistungssteigerung erwartet.

6.5.5 Ernährungsbedingte Gesundheitsstörungen und Leistungseinbußen bei Mastschweinen

6.5.5.1 Mängel am Futter/Fehler in der Fütterung

AUSWAHL VON EINZEL-FM bzw. DEREN ANTEIL IM MF

- „kritische", z. B. wenig schmackhafte FM in zu hohen Anteilen (z. B. Rapsextraktionsschrot, Roggen, Erbsen und Ackerbohnen in Kombination)
- geringe praecaecale Verdaulichkeit (Molke, überhitzte Proteinträger)
- schädliche FM-Inhaltsstoffe (Blausäure, Glukosinolate)

FEHLERHAFTE BE-/VERARBEITUNG

- zu feine Vermahlung (→ Magenulcera?),
- ungleichmäßige, unzureichende Vermahlung (ganze Körner → Verdaulichkeit ↓, Entmischungstendenz ↑)
- Hitzeschäden durch hohe Temperaturen bei Trocknung → Lys-Verfügbarkeit ↓

MF-HERSTELLUNG/-ZUSAMMENSETZUNG

- zu geringer TS-Gehalt im Flüssigfutter
- Energiegehalt des Futters überschätzt, VQ ↓ (Rfa?)
- Rp-Zufuhr zu gering/zu hoch; Mangel/Imbalanzen bei ess. AS, reduzierte AS-Verfügbarkeit (z. B. Eiweiß-FM überhitzt)
- Mineralstoffe: Untergehalte bei Ca, verfügbarem P (Phytase-Aktivität?); Überdosierungen sind kritisch ab Ca >12 g, Na >3 g, Se >0,5 mg/kg AF
- Vitamine: Untergehalte selten; Überdosierung gefährlich bei Vit D >2000 IE/kg AF
- Fehlmischungen, Futterverwechselungen (z. B. AF II anstatt AF I)

KONTAMINATIONEN/VERUNREINIGUNGEN

- pathogene Keime (Salmonellen) und/oder Toxingehalt (z. B. Mutterkorn/DON)
  primär: Ausgangsmaterial kontaminiert/belastet z. B. mit Exkrementen von Nagern
  sekundär: Entwicklung während der Lagerung, z. B. in Außensilos (Kondenswasser)
  tertiär: längere Lagerung von Feucht-/Flüssigfutter vor Aufnahme durch das Tier

HYGIENESTATUS

- Veränderungen in FM bzw. in der Fütterungsanlage
- hoher unspezifischer Keimgehalt (>10^6 KBE/g; Endotoxine)
- Hefen >10^5 KBE/g; Schimmelpilze >10^4 KBE/g
- Mykotoxine: DON >1 mg/kg AF; Ochratoxin >0,2 mg/kg AF

FÜTTERUNGSTECHNIK

- Entmischung auf dem Weg zum Trog
- ungenügende Fresszeiten
- ungleich-/unregelmäßige Zuteilung bzw. Fehleinstellung
- zu geringe Trogbreiten/ungünstiges Tier : Fressplatz-Verhältnis
- fehlende Reinigung (Tröge/Automaten)
- plötzlicher Futterwechsel
- Misch-/Dosierfehler bei mangelhaftem Fließverhalten von Komponenten/MF
- Brückenbildung im Automaten (Futter rutscht nicht nach)

WASSERVERSORGUNG

- mangelnde Verfügbarkeit von Wasser infolge fehlerhafter Anbringung/Höhe, ungenügender Flussraten oder Tier:Tränke-Relation
- mangelnde Wasserqualität und -aufnahme infolge Verschmutzung, höherer Fe-, H_2S-Gehalte bzw. mikrobieller Belastung

SONSTIGE UMWELTFAKTOREN

- Stallklima (Staub-, NH_3- und H_2S-Gehalte variieren auch fütterungsabhängig)
- Stallbodenqualität („Griffigkeit“ der Oberfläche von Kotqualität abhängig)
- Schadnager (von FM angezogen → Vektoren für diverse Erreger)

6.5.5.2 Übersicht zu fütterungsbedingten/-assoziierten Gesundheitsstörungen

Atmungstrakt	Allgemeinerkrankungen	Verdauungstrakt
direkte Effekte - Fumonisin (PPE)[1] - Lungenverkalkung (Vit D-Intoxikationen) indirekte Effekte - Stallklima - Futterstruktur (luftgetragener Staub ↑) - NH_3/H_2S-Gehalt der Stallluft ↑ - Luftfeuchte (Wasseraufnahme, Harnmenge) immunsuppressive Mykotoxine? → Begünstigung infektiöser Erkrankungen	Infektionen - ESP-Virus (FM-Kontamination) - Salmonellen (Eintrag über FM?) - E. coli-Infektionen Mangelerkrankungen - Spurenelemente (z. B. Zn) - Vitamine (z. B. Vit K) Skeletterkrankungen - Ca-, P-, Vit D-Mangel Haut-/Klauenerkrankungen - Mangel an ess. FS, Zn, Biotin, Vit A, Vit E, Se-Exzess Intoxikationen - Kochsalz - Zusatzstoffe (Cu, Se, Vit D) schmerzhafte/infizierte äußere Verletzungen - Fütterungstechnik? - Kannibalismus[2]	Futterverweigerung, Erbrechen - DON, Vit D, Fehlmischung Magengeschwüre - Futterstruktur (zu feine Vermahlung) Fehlfermentationssyndrom - Futterhygiene (Hefen, insbes. in Flüssigfütterungsanlagen) Durchfallerkrankungen - Molkenanteil (Laktose) - nicht erhitzte Gartenbohnen? - Sulfat-Aufnahme - Infektionen (E. coli/ Salmonellen/Treponemen) Verstopfungen/Rektumvorfall - Rfa-Art und -Gehalt? - Zearalenon? Salmonellen? - Datura-Kontamination (dabei fester, dunkler Kot) - Ca-Exzess

[1] Porcine Pulmonary Edema Disease [2] häufige haltungsbedingte Störung

6.6 Diätetik/diätetische Maßnahmen im Schweinebestand

Unter den gegebenen Rahmenbedingungen (Minimierung des Antibiotika-Einsatzes, LM-Sicherheit!) sind in der Schweinefütterung diätetische Maßnahmen von Bedeutung.

Unter diätetischen Maßnahmen werden hier alle Ansätze subsummiert, die durch eine besondere Gestaltung der Fütterung, Futterzusammensetzung und -bearbeitung sowie der Wasserversorgung auf die Vermeidung, Minderung bzw. sogar auf die Behandlung von Gesundheitsstörungen und/oder auf die LM-Sicherheit zielen.

Indikationen für besondere diätetische Maßnahmen in Schweinebeständen sind auf verschiedene Bestandsprobleme gerichtet, wie z. B.:

- Sauen, tragend: Vermeidung von Unruhe/Aggression, Verstopfung und Harnwegsinfektionen; Förderung der postpartalen Futteraufnahmekapazität
- Sauen, peripartal: Förderung des Geburtsverlaufs; Prophylaxe der MMA-Erkrankung; Förderung der Neugeborenen-Vitalität sowie Kolostrumqualität
- Absetzferkel: Vermeidung von Verdauungsstörungen; Prophylaxe der Ödemkrankheit; Salmonellen-Prophylaxe/Vermeidung einer höheren Frequenz von Magenulcera (auch Mastschweine und Sauen betroffen)
- Mastschweine: Minderung der Ausbreitung von Infektionserregern (z. B. Salmonellen), Vermeidung des Eintrags LM-relevanter Keime in die Nahrungskette (d. h. über die Schlachtkörper)

Neben dem Einsatz der Diät-FM (s. S. 275a) erstrecken sich diätetische Maßnahmen im Schweinebestand auf weitere Ansätze und Indikationen:

Ansatzpunkt	Ziele/betroffene Alters-/Nutzungsgruppe
Fütterungstechnik	
- Mahlzeitenfrequenz bzw. -größe	Vermeidung von Verdauungsstörungen bei Absetzferkeln durch höhere Verträglichkeit kleinerer Futterportionen; evtl. bei Sauen zur Verhinderung besonderer Unruhe etc.[1]
Futterzusammensetzung	
- Einsatz bes. Einzel-FM	Kleie, Leinsamen, Trockenschnitzel bei Sauen → Förderung von Chymuspassage und Darmfüllung
- Konfektionierung	Verzicht auf pelletiertes AF → protrahierte Futteraufnahme (Ferkel)
- Futterstruktur	bewusst gröberes Futter, wenn Magenulcera zum Problem werden; auch im Rahmen der Salmonellen-Prophylaxe von Bedeutung
- Rfa-Gehalt ↑/-Art	bei Ferkeln: E. coli-Prophylaxe; Sauen: Vermeidung von Obstipationen (fermentierbare/pektinreiche FM → günstig für Kotqualität)
- Pufferkapazität ↓	Förderung der Magenchymusazidierung und Verdauung insbesondere in der Absetzphase → Vermeidung von Durchfall sowie von anderen E. coli-Problemen
- Säurenzusatz (z. B. Ameisensäure, Benzoesäure)	Prophylaxe von gastrointestinalen Infektionserkrankungen (E. coli bei Ferkeln; Salmonellen in allen Alters-/Nutzungsgruppen) Reduktion des Harn-pH, geringere NH_3-Freisetzung
- Pro-/Präbiotika	Stabilisierung der Mikroflora im Intestinaltrakt; Unterdrückung unerwünschter Keime (Keimdruck ↓) im Tier bzw. in der Umgebung (?)
- Enzymzusatz	evtl. in Phasen eingeschränkter Produktion körpereigener Enzyme (z. B. Amylase) in der Absetzphase; evtl. auch NSP-spaltende Enzyme
- Laxantien (z. B. Glaubersalz)	insbesondere bei Sauen im peripartalen Zeitraum, zur Vermeidung von Obstipationen und MMA (Pathogenese vielfältig)
- harnsäuernde Mittel	insbesondere bei Sauen, wenn Harnwegsinfektionen[2] und sekundär MMA zum Problem werden (z. B. $CaCl_2$)
Wasserversorgung	
- Menge	Förderung der Aufnahme, z. B. bei Harnwegsinfektionen von Sauen
- Säurenzusatz	Prophylaxe von Verdauungsstörungen bzw. Infektionskrankheiten durch gramnegative Keime (insbes. E. coli in der Absetzphase)

[1] z. B. wenn Verluste durch Magendrehung zum Bestandsproblem werden
[2] werden gefördert durch Kationen-Überschuss und Wassermangel

Zum Grundverständnis diätetischer Maßnahmen zählt die Feststellung, dass bei ihrer Anwendung häufig nur die Disposition für eine bestimmte Störung gemindert wird. Vor diesem Hintergrund ist also davor zu warnen, die Wirksamkeit einer einzelnen getroffenen diätetischen Maßnahme zu überschätzen. So sollte man ehrlicherweise auch Grenzen diätetischer Maßnahmen nicht verschweigen.

Übersicht zu Diät-FM (FMV) für Schweine

Indikationen, Ziele	**wesentliche ernährungs-physiologische Merkmale**	**Hinweise zur Zusammensetzung**	**anzugebende Inhaltsstoffe**
Minderung von Stressreaktionen	hoher Mg-Gehalt leicht verdauliche Einzel-FM	Art der Bearbeitung der Einzel-FM	Mg; sofern zugesetzt n3-Fettsäuren
Stabilisierung der physiol. Verdauung	niedrige Pufferkapazität, leicht verdauliche Einzel-FM	Art der Behandlung d. FM, Art der quellenden Stoffe	keine besonderen Anforderungen
Verringerung der Verstopfungsgefahr	Einzel-FM zur Beschleu-nigung der Darmpassage	Art der Einzel-FM zur Förderung der Passage	keine besonderen Anforderungen
Stabilisierung d. H_2O-/ Elektrolythaushalts	vorwiegend Elektrolyte und leicht verfügbare KH	Art der KH-Quelle bzw. der Einzel-FM	Na-, K- und Cl-Gehalt

6.7 Herstellung von Futtermischungen für Schweine

6.7.1 Allgemeine Gesichtspunkte

Bei der Herstellung von MF sind zu berücksichtigen

- Bedarf an Energie und Nährstoffen
- Futteraufnahmevermögen
- Energie- und Nährstoffdichte in den FM
- Eignung der FM für den Einsatz bei Schweinen

Aufgrund der Zusammensetzung, Akzeptanz und sonstiger Qualitätseigenschaften müssen einige Komponenten im MF für Schweine limitiert werden (s. S. 276a).

6.7.2 Berechnung von Mischungen aus Getreide und Ergänzungsfuttermitteln

Die Berechnung der Mischungsanteile kann – bei etwa vergleichbaren Energiegehalten der FM – mittels Kreuzregel erfolgen. Soll z. B. aus Gerste (3,7 g Lys/kg) und Eiweißkonzentrat (29 g Lys/kg) eine Mischung mit 9 g Lys/kg hergestellt werden, so müssen die Kreuzdifferenzen zum Sollwert (9 g Lys/kg) gebildet und in ein prozentuales Verhältnis gesetzt werden:

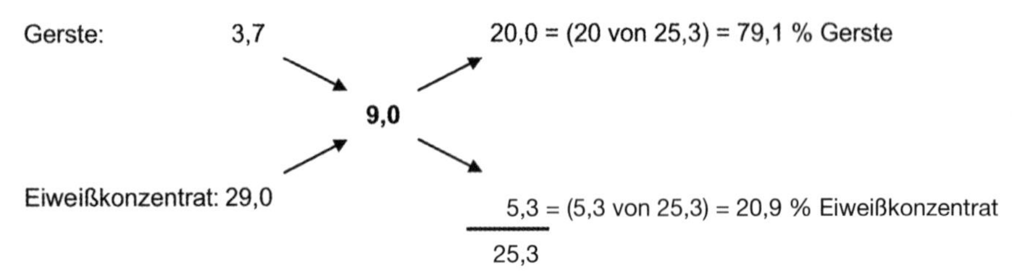

6.7.3 Mischungen aus mehreren Einzelfuttermitteln

Optimale Mischungen unter Berücksichtigung zahlreicher Einzelfuttermittel **und** ihrer Preise sind nur mit Hilfe von Computern zu erreichen (Standardverfahren der MF-Industrie).

Bei Verwendung von Hilfstabellen und der Einteilung der FM in verschiedene Gruppen (s. u.) sind jedoch gute Näherungswerte zum physiologischen und ökonomischen Optimum erreichbar, wenn in folgender Weise vorgegangen wird:

1. Auswahl des günstigsten Energieträgers (Kosten je MJ ME)
2. Auswahl des günstigsten Protein- bzw. AS-Trägers (Kosten je kg Rp bzw. AS)
3. Kombination der günstigsten Energie- und Protein- bzw. Lys-Träger (Mischungskreuz) unter Berücksichtigung ggf. notwendiger Limitierungen für die FM
4. In die Mischung ein Mineralfutter (2–4 %) hineinnehmen unter Reduktion der vorher abgeleiteten Prozentanteile
5. Kalkulation der Energie- und Nährstoffversorgung über diese so entwickelte Mischung und Einfügung von bestimmten Komponenten, um ggf. auftretende Lücken zu schließen.

Empfehlungen für die Begrenzung verschiedener FM in Futtermischungen für Schweine (Anteil in der Mischung in %)

		Ferkel	Mastschweine		Sauen	
		abgesetzt	<60 kg	>60 kg	trag.	lakt.
Getreide	Hafer	20	20	20		
	Mais			40–60		
	Roggen	50	50	70	70	50
	Triticale	50				
sonstige FM	Trockenschnitzel	0[1]	15	20	40	10
	Maniokmehl	10	20	30	20	20
	Kleien	10	15	20	30	15
Rp-reiche FM	Ackerbohnen	10	15	20	20	10
	Erbsen (Futter-)	10	15	20	20	10
	Lupinen (Süß-)	5	10	15	15	5
	Rapsextraktionsschrot, 00 <30 µmol Glukosinolate/g	0	5–8	5–8	<5	<5
Fette	Sojaöl	5	1–1,5[2]	1–1,5[2]		10
	Rapsöl	3	2–3[2]	2–3[2]	3	3

0 keine Verwendung; keine Zahl: keine Limitierung erforderlich [1] evtl. aus diätetischen Gründen bis 6 %

[2] Beachtung des Grenzwertes von 18–21 g Polyensäuren/kg AF (sonst Fettqualität ↓)

6.8 Futtermittel für Schweine (Gehalte/kg uS)[1]

	TS	Rfa	Stärke	Zucker	**ME**	**Rp**[2]	Lys[2]	Met+ Cys	Trp	Ca	P	vP	Na	Zn
	g	g	g	g	**MJ**	**g**	g	g	g	g	g	g	g	mg
Grünfutter und Silagen														
Grassilage, angewelkt	350	93	14	20	**2,6**	**55**	2,7	2,0	0,8	1,0	0,7	–	0,2	7
Maiskolbenschrotsilage	500	65	211	3	**6,1**	**51**	1,3	1,8	0,3	0,7	1,8	0,9	0,7	15
Corn Cob Mix	540	27	564	14	**8,0**	**57**	1,3	2,1	0,4	0,5	1,6	0,8	0,1	15
Maissilage, teigreif	270	60	70	11	**2,4**	**24**	0,7	0,6	0,2	1,0	0,7	–	0,1	8
Weidegras, jung	160	31	0	28	**1,5**	**39**	1,6	1,0	0,4	1,0	0,6	–	0,2	7
Hackfrüchte bzw. Nachprodukte														
Gehaltsrüben	112	10	0	62	**1,4**	**11**	0,5	0,3	0,1	0,5	0,4	–	0,8	3,5
Kartoffeln, gedämpft	221	8	166	0	**3,3**	**21**	1,0	0,5	0,2	0,1	0,6	–	0,1	5,4
Maniokmehl	871	31	690	27	**13,5**	**22**	0,8	0,6	0,2	1,4	1,0	–	0,4	7
Melasseschnitzel	896	140	0	188	**9,0**	**100**	5,6	3,0	1,1	7,3	0,9	–	2,4	33
Getreide und Getreidenachprodukte														
Gerste	870	53	517	24	**12,5**	**104**	3,7	3,6	1,4	0,7	3,4	1,5	0,3	28
Hafer	884	106	395	16	**11,3**	**110**	4,3	4,1	1,4	1,1	3,1	1,0	0,3	37
Mais	879	24	612	17	**14,1**	**95**	2,7	3,7	0,6	0,3	2,8	1,1	0,2	27
Maiskeimextraktionsschrot	893	72	400	46	**11,6**	**117**	5,9	4,7	1,8	0,6	6,6	1,3	1,0	100
Maiskleberfutter	880	77	205	20	**10,2**	**207**	6,0	8,9	1,0	2,2	9,1	2,0	0,9	65
Roggen	880	24	568	55	**13,5**	**99**	3,7	3,0	1,2	0,8	2,9	0,9	0,2	30
Roggenkleie	881	70	136	90	**9,3**	**144**	6,7	3,4	1,1	1,5	9,9	–	0,7	79
Triticale	880	26	587	35	**13,6**	**128**	4,1	5,2	1,3	0,4	3,8	2,5	0,2	42
Weizen	876	26	582	27	**13,8**	**119**	3,2	4,3	1,4	0,6	3,3	2,1	0,1	56
Weizenkleie	880	108	145	56	**9,1**	**143**	6,2	5,0	2,5	1,6	11,3	7,5	0,8	76
Milokorn	880	24	645	12	**13,7**	**101**	2,2	3,3	0,9	0,4	2,5	1,0	0,2	23
Eiweißfuttermittel														
Ackerbohnen	871	79	418	34	**12,6**	**261**	17,7	5,0	2,5	1,4	4,0	1,6	0,1	48
Bierhefe	893	18	55	13	**13,1**	**448**	32,0	11,0	5,4	2,3	15,0	–	2,4	82
Erbsen	871	58	446	57	**13,7**	**226**	15,2	5,9	2,2	0,8	4,2	2,0	0,2	21
Fischmehl, 60–65 % Rp	906	7	0	0	**14,1**	**624**	54,0	22,0	7,4	43,0	25,5	22,4	8,8	77
Blutplasma	920	–	–	–	**16,3**	**770**	51	26	11	1,5	13	13	22	–
Magermilch, frisch	86	0	0	43	**1,4**	**32**	2,7	1,2	0,4	1,2	0,9	–	0,3	5
Magermilch, getrocknet	941	0	0	472	**14,9**	**341**	25,3	11,6	4,7	12,3	9,6	8,6	3,7	49
Molke, frisch	60	0	0	44	**0,8**	**9**	0,5	0,3	0,1	0,6	0,5	–	0,6	1
Molke, getrocknet	963	0	0	721	**13,6**	**126**	7,3	4,5	2,2	6,3	6,4	5,8	6,7	7
Rapsextraktionsschrot	886	124	40	77	**10,4**	**349**	18,0	14,0	4,5	6,1	10,7	2,6	0,1	61
Sojaextraktionsschrot	870	62	58	84	**13,0**	**448**	29,1	13,5	5,9	2,7	6,1	2,0	0,2	62
Sbl.saatextraktionsschrot	900	200	0	71	**10,8**	**345**	12,2	14,4	4,1	3,7	9,8	3,9	0,5	41
Kartoffeleiweiß	910	7	0	5	**16,8**	**764**	58,3	28,8	10,2	2,9	4,0	–	0,1	21
DDGS	940	75	20	30	**11,8**	**370**	6,7	12,1	3,3	0,8	8,0	2,7	0,8	70
Sonstige Futtermittel														
Grasmehl	922	194	42	97	**7,1**	**196**	7,1	4,9	2,0	5,0	4,5	–	0,7	42
Sojaöl	999	0	0	0	**35,5**	**2**	0	0	0	0	0	0	0	0

[1] In der Schweinefütterung relevante unkonventionelle FM: s. S. 105

[2] zu pcv Rp- bzw. pcv Lys-Werten s. S. 38

Schrifttum

AUSSCHUSS FÜR BEDARFSNORMEN der Gesellschaft für Ernährungsphysiologie der Haustiere (2005): Determination of digestibility as the basis for energy evaluation of feedstuffs for pigs. Proc. Soc. Nutr. Physiol. 15, 207–213

AUSSCHUSS FÜR BEDARFSNORMEN der Gesellschaft für Ernährungsphysiologie der Haustiere (2005): Standardized precaecal digestibility of amino acids in feedstuffs for pigs – methods and concepts. Proc. Soc. Nutr. Physiol. 15, 185–205

AUSSCHUSS FÜR BEDARFSNORMEN der Gesellschaft für Ernährungsphysiologie (2006): Empfehlungen zur Energie- und Nährstoffversorgung von Schweinen. DLG-Verlag, Frankfurt/M.

AUSSCHUSS FÜR BEDARFSNORMEN der Gesellschaft für Ernährungsphysiologie der Haustiere (2008): Prediction of Metabolisable Energy of compound feeds for pigs. Proc. Soc. Nutr. Physiol. 17, 199–204

DLG-FUTTERWERTTABELLEN FÜR SCHWEINE (1991): 6. Aufl., DLG-Verlag, Frankfurt/M.

JEROCH, H. W. DROCHNER und O. SIMON (2008): Ernährung landwirtschaftlicher Nutztiere. 2. Aufl., Verlag E. Ulmer, Stuttgart

KAMPHUES, J. (1988): Untersuchungen zu Verdauungsvorgängen bei Absetzferkeln in Abhängigkeit von Futtermenge und -zubereitung sowie von Futterzusätzen. Habil.-Schrift, Tierärztl. Hochsch. Hannover

KAMPHUES, J. (1997): Die Kontrolle von Futter und Fütterung im Schweinebestand – zur Sicherung von Tiergesundheit und Schlachtkörperqualität. In: Tiergesundheit und Produktqualität – gemeinsames Anliegen der Veterinärmedizin und der Landwirtschaft, DLG-Verlag, Frankfurt/M., 94–109

KAMPHUES, J. (2002): Nutritiv bedingte Probleme im Schweinebestand – eine Herausforderung für den betreuenden Tierarzt. Tierärztliche Praxis 6, 396–403

KAMPHUES, J., BRUENING, I., PAPENBROCK, S., MOESSELER, A., WOLF, P., and J. VERSPOHL (2007): Lower grinding intensity of cereals for dietetic effects in piglets? Livestock Sci. 109, 132–134

KAMPHUES, J., BOEHM, R., FLACHOWSKY, G., LAHRSSEN-WIEDERHOLT, M., MEYER, U., und H. SCHENKEL (2007): Empfehlungen zur Beurteilung der hygienischen Qualität von Tränkwasser für Lebensmittel liefernde Tiere unter Berücksichtigung der gegebenen Rahmenbedingungen. Landbauforschung Völkenrode 3, 255–272

KAMPHUES, J., PAPENBROCK, S., VISSCHER, C., OFFENBERG, S., NEU, M., VERSPOHL, J., WESTFAHL, C., und A. C. HÄBICH (2007): Bedeutung von Futter und Fütterung für das Vorkommen von Salmonellen bei Schweinen. Übers. Tierernährg. 35, 233–279

KAMPHUES, J., und T. SCHULZE HORSEL (1996): Tierärztlich relevante Aspekte der Wasserversorgung von Schweinen. In: Handbuch der tierischen Veredlung 97, 22. Auflage, Verlag H. Kamlage, Osnabrück, 206–226, ISSN 0723-7383

KAMPHUES, J., und P. WOLF (2007): Tierernährung für Tierärzte - Im Fokus: Die Fütterung von Schweinen. Fortbildungsveranstaltung Hannover, 13. 4. 2007, ISBN 978-3-00-020840-9

KIRCHGESSNER, M., ROTH, F. X., SCHWARZ, F. J., und G. I. STANGL (2008): Tierernährung, Leitfaden für Studium, Beratung und Praxis, 12. Aufl., DLG-Verlag, Frankfurt/M.

PALLAUF, J,. und H. SCHENKEL (2006): Empfehlungen zur Versorgung von Schweinen mit Spurenelementen. Übers. Tierernährg. 34, 105–123

SUSENBETH, A. (2005): Bestimmung des energetischen Futterwerts aus den verdaulichen Nährstoffen beim Schwein. Übers. Tierernährg. 33, 1–16

WALDMANN, K. H., und M. WENDT (2004): Lehrbuch der Schweinekrankheiten. 3. Auflage, Schaper, Alfeld

WOLF, P., und KAMPHUES, J. (2007): Magenulcera bei Schweinen - Ursachen und Maßnahmen zur Vermeidung. Übers. Tierernährg. 35, 161–190

7 Fleischfresser

7.1 Hunde

7.1.1 Biologische/ernährungsphysiologische Grundlagen

Der Hund ist seit ca. 15–20 Tausend Jahren domestiziert. Er ist aus ernährungsphysiologischer Sicht kein reiner „Fleischfresser". Sein Nahrungsspektrum enthielt neben Beutetieren – von denen nicht nur Muskelfleisch, sondern ebenso Innereien, Darminhalt, Knochen und Haut bzw. Haare aufgenommen wurden – in gewissem Umfang auch immer pflanzliche Bestandteile.

Die Vielfalt der Rassen und Formen hat zu einem weiten Spektrum in der KM geführt (<1 bis >80 kg). Ernährungsphysiologisch ist dieses bedeutsam, da sich dadurch auch Unterschiede in der Relation von Verdauungstrakt zu Körpermasse entwickelten (große Rassen haben relativ kleineren Verdauungstrakt). Aufgrund der großen Variabilität in Körpermasse, Temperament, Behaarung und Isolation variiert der Energiebedarf beim Hund vergleichsweise stark, so dass die Futtermenge individuell und in Abhängigkeit vom Ernährungszustand anzupassen ist. Weiterhin bestehen rassenabhängige bzw. individuelle Unterschiede in der Verträglichkeit von Futtermitteln (große und temperamentvolle Hunde neigen eher zu Verdauungsstörungen → weiche Kotkonsistenz).

7.1.2 Körpermasse und Ernährungszustand

7.1.2.1 Biologische Daten

Rasse	Ø KM kg Rüde	Ø KM kg Hündin	Ø Welpenzahl pro Wurf	Ø KM (g) bei Geburt
Zwergrassen (bis 6 kg)				
Papillon	1,5–5,0		2,8	118
Kleinspitz	2,9	3,6	2,9	148
Chihuahua	3,0	2,2	3,0	138
Yorkshireterrier	3,2	2,5	5,0	97
Italienisches Windspiel	3,2	3,4	3,2	178
Rehpinscher	3,5	2,9	3,6	169
Malteser	4,0	4,3	2,8	156
Zwergpudel	5,2	5,0	3,3	167
Zwergdackel	bis 4,0	bis 3,5	3,3	209
Zwergschnauzer	5,5	5,1	4,4	161
Pekinese	5,5–6		2,8	150
West Highland White Terrier	6–10		2,6	190
Kleine Rassen (7–15 kg)				
Foxterrier	8,5	7,3	4,0	200
King-Charles-Spaniel	8,5	7,7	3,4	232
Dackel (Kurzhaar)	bis 7,0	bis 6,5	4,2	240
Scotchterrier	10	9,1	4,5	215
Pudel (Standard)	9–13,5		4,5	230
Whippet	10	11	5,8	254
Cocker-Spaniel	14	13	5,3	230
Beagle	14	13	5,7	240

Rasse	Ø KM kg Rüde	Hündin	Ø Welpenzahl pro Wurf	Ø KM (g) bei Geburt
Mittelgroße Rassen (16–30 kg)				
Schnauzer	19	18	5,8	284
Basset	20	18	5,5	250
Bullterrier	23	20	6,8	328
Airedaleterrier	25	23	7,5	341
Chow-Chow	27	21	4,4	358
Collie	27	23	7,3	290
Dalmatiner	27	23	6,3	350
Deutsch Kurzhaar	30	24	7,6	459
Setter	28	25	7,5	404
Boxer	30	28	7,3	408
Große Rassen (31–55 kg)				
Deutscher Schäferhund	34	32	8,3	443
Hovawart	35	33	11,0	436
Berner Sennenhund	bis 50	35	7,6	440
Retriever	35	28	7,5	475
Dobermann	37	29	8,3	411
Riesenschnauzer	40	39	8,3	402
Rottweiler	50	40	7,6	446
Riesenrassen (über 55 kg)				
Irischer Wolfshund	54	41	7,4	500
Deutsche Dogge	60	55	10,0	567
Neufundländer	63	52	6,2	595
Bernhardiner	bis 80	55–65	7,9	642

7.1.2.2 Beurteilung des Ernährungszustandes

Beurteilung des Ernährungszustandes von Hunden mittels des Body Condition Score (BCS)

Score[1]	Beschreibung
1	Rippen, Lendenwirbel, Beckenknochen und andere Knochenvorsprünge aus einiger Entfernung sichtbar, kein erkennbares Körperfett, offensichtlicher Verlust an Muskelmasse
3	Rippen leicht tastbar, eventuell sichtbar, ohne Fettabdeckung, Dornfortsätze der Lendenwirbel sichtbar, Beckenknochen stehen hervor, von oben betrachtet sehr deutliche Taille, von der Seite gesehen gut sichtbare starke Einziehung des Bauches vor dem Becken
5	IDEAL: Rippen tastbar mit geringer Fettabdeckung, von oben betrachtet Taille erkennbar, von der Seite gesehen sichtbare Einziehung des Bauches vor dem Becken
7	Rippen nur noch unter Schwierigkeiten wegen dicker Fettauflage zu fühlen, erkennbare Fettdepots im Lendenbereich und am Schwanzansatz, Taille nicht mehr oder nur schwer erkennbar, von der Seite gesehen eventuell noch eine leichte Einziehung des Bauches vor dem Becken
9	Massive Fettablagerungen an Brustkorb, Wirbelsäule und Schwanzansatz sowie am Hals und den Gliedmaßen, deutliche Umfangsvermehrung des Abdomens

[1] Score 2, 4, 6 und 8 = Zwischenstadien.

7.1.3 Energie- und Nährstoffbedarf

7.1.3.1 Energie und Protein

ERHALTUNGSBEDARF

Hunde im Erhaltungsstoffwechsel sind so zu füttern, dass eine Gewichtskonstanz bei normaler Körperkondition erreicht wird
- Energie: 0,40 bis 0,53 MJ ME/kg $KM^{0,75}$/Tag
- Protein: 4,3–5 g vRp/kg $KM^{0,75}$/Tag (~5–6 g Rp/kg $KM^{0,75}$/Tag[1])
- Verhältnis g vRp : MJ ME ~10:1 (~12 g Rp : 1 MJ ME)

[1] bei einer BW von ca. 70

Einfluss-Faktoren:

- Energiebedarf abhängig von: Haltung, Rasse (Aktivität, Hautisolation), Geschlecht, Alter, Klima, Bewegung, Ernährungszustand, Krankheit. Im Haus gehaltene Hunde sollten im unteren Bereich der Empfehlung mit Energie versorgt werden; ältere Hunde benötigen ca. 20–25 % weniger Energie.
- Proteinbedarf: Die endogenen N-Verluste betragen 240–280 (bei Haarwechsel bis 400) mg/kg $KM^{0,75}$/Tag. Die Empfehlung für die tägliche Versorgung mit vRp basiert auf der Annahme einer Verdaulichkeit von etwa 85 % und einer ca. 70%igen Verwertung der absorbierten AS.

Empfehlungen für die tägliche Energie- und Eiweißversorgung von Hunden im Erhaltungsstoffwechsel

KM	pro kg KM		pro Tier	
kg	MJ ME	g vRp	MJ ME	g vRp
5	0,28[1]–0,35[2]	1,5–3,2[3]	1,40–1,77	16[3]
10	0,24–0,30	1,3–2,8	2,36–2,98	28
20	0,20–0,25	1,1–2,4	3,97–5,01	47
35	0,17–0,22	0,9–2,1	6,04–7,63	72
60	0,15–0,19	0,8–1,8	9,05–11,43	108

[1] Untere Werte für ältere, träge, langhaarige Hunde bei einer Haltung in der Wohnung [2] oberer Bereich für jüngere, temperamentvolle, kurzhaarige Hunde, Haltung in Zwingern, Gruppenhaltung [3] Mindestbedarf: rd. 50 % dieser Werte

Die Versorgung mit Protein ist unter Praxisbedingungen meist deutlich höher als die Empfehlung zur Bedarfsdeckung.

ARBEIT

Arbeitshunde haben im Wesentlichen einen erhöhten Energiebedarf:
- dieser steigt bei sehr hoher Belastung gegenüber dem Erhaltungsstoffwechsel auf das 4fache an (z. B. Schlittenhunde bei extremer Beanspruchung)
- neben der körperlichen Leistung führt auch Stress zu einem erhöhten Energiebedarf
- aber: In der Praxis wird die Leistung und damit der Bedarf durch den Tierhalter oft überschätzt.

Der zusätzliche Bedarf an ME für Bewegungen liegt in der Größenordnung von 2,9 bis 7,8 kJ/kg KM/km (s. S. 163) und ist bei kleinen Hunden größer (5,8–7,8) als bei großen Hunden (2,9–3,8). Für vertikale Bewegungen sind etwa 29 J/kg KM/m anzusetzen.

Der faktoriell kalkulierte Proteinbedarf steigt nur sehr gering an. Die Relation g vRp : MJ ME ist wie im Erhaltungsstoffwechsel vorzusehen. Bei extremer Leistung und hoher Stressbelastung (Schlittenhunderennen über mehrere Hundert km, Rettungshunde in großer Höhe, extremer Kälte usw.) steigt der Proteinbedarf jedoch an, die Protein/Energierelation sollte unter solchen Extrembedingungen auf 15–20 g vRp/MJ ME erweitert werden.

REPRODUKTION

Im Reproduktionsgeschehen sind Früh- und Spätgravidität (insgesamt 63 Tage) sowie die Laktation (7–8 Wochen) zu unterscheiden. Der Energie- und Nährstoffbedarf ist in der Frühgravidität ähnlich dem Erhaltungsbedarf und steigt nach der 5. Trächtigkeitswoche zunehmend an.

Verhältnis g vRp : MJ ME = 11 : 1 (≙13 g Rp : 1 MJ ME)

GRAVIDITÄT

Ab 5. Trächtigkeitswoche zusätzlich zum Erhaltungsbedarf 0,12 MJ ME/kg KM/Tag und 1,3 g vRp/kg KM/Tag (angenommene Verwertung des vRp = 70 %); Futtermenge je nach voraussichtlicher (s. Rasseneffekte!) Wurfgröße um 30–50 % erhöhen.

LAKTATION

Bedarf steigt entsprechend der Milchmengenproduktion, die von der Welpenzahl abhängt:

Allg. Richtwerte	1 Welpe	1,25–1,5 x Erhaltungsbedarf
	4 Welpen	2 x Erhaltungsbedarf
	8 Welpen	3 x Erhaltungsbedarf
	>8 Welpen	ad lib füttern

Bei laktierenden Hündinnen ist eine Ausschöpfung des TS-Aufnahmevermögens nicht selten (max. 50 g TS/kg KM/d), wodurch die Energie- und Nährstoffaufnahme evtl. hinter dem Bedarf zurückbleibt (Problem bei großen Würfen!).

Empfehlungen für die tägliche Energie- und Eiweißversorgung gravider und laktierender Hündinnen (pro kg KM)

	Gravidität[1]		Laktation[2]					
			<4 Welpen		4–6 Welpen		>6 Welpen	
KM (kg)	MJ ME	g vRp[3]	MJ ME	g vRp[3]	MJ ME	g vRp	MJ ME	g vRp
5	0,48	4,6	0,56	5,8	0,80	8,8	0,92	10,0
10	0,41	4,1	0,52	5,4	0,77	8,4	0,87	9,7
20	0,37	3,7	0,47	5,0	0,73	8,0	0,83	9,2
35	0,34	3,4	0,44	4,7	0,69	7,4	0,79	8,9
60	0,31	3,1	0,41	4,4	0,67	7,4	0,77	8,7

[1] ab der 5. Woche der Gravidität [2] im 1. Laktationsmonat wurde ein höherer Erhaltungsbedarf = 0,58 MJ ME/kg $KM^{0,75}$ berücksichtigt [3] angenommene Verwertung des vRp: 70 %

WELPEN UND JUNGHUNDE

Die Beifütterung von Welpen beginnt in der 3. Lebenswoche, bei großen Würfen evtl. schon eher. Hierfür maßgebend sind die Entwicklung der Welpen sowie der Ernährungszustand der Muttertiere. Die Welpen werden meist in der 8. Lebenswoche abgesetzt, teils bei sehr stark abgesäugten Hündinnen und ausreichender Festfutteraufnahme auch eher.

Bei Junghunden, insbesondere der großwüchsigen Rassen, ist eine Überfütterung zu vermeiden, da bei ihnen ein hohes Risiko für Skelettschäden besteht. Daher ist eine moderate KM-Entwicklung zu empfehlen, wie sie in der nachfolgenden Tabelle dargestellt ist.

Richtwerte zur KM-Entwicklung bei mittel- bis großwüchsigen Hunden in verschiedenen Altersstadien

Ende des Lebens-monats	mittelgroße Rassen, ausgewachsen ca. 20 kg		große Rassen, ausgewachsen ca. 35 kg		Riesenrassen, ausgewachsen ca. 60 kg	
	kg	% adult KM	kg	% adult KM	kg	% adult KM
2.	4,4	22	7,0	20	8,4	14
3.	7,4	37	12,3	35	15,6	26
4.	10,4	52	16,8	48	22,8	38
6.	14,0	70	22,8	65	36,0	60
12.	19,0	95	30,8	88	48,0	80

Die Protein : Energie-Relation ist dem unterschiedlichen Bedarf (KM, Alter) anzupassen:

1. LM: 15 g vRp : 1 MJ ME
2. LM: 12–14 g vRp : 1 MJ ME
3. LM: 10–13 g vRp : 1 MJ ME

Die in der folgenden Tabelle angegebenen Zahlen beziehen sich auf eine Aufzucht in Gruppen bei Zwingerhaltung. Nach praktischen Erfahrungen benötigen in Privathaushalten einzeln aufwachsende Junghunde häufig beträchtlich weniger Energie. Generell zu empfehlen: individuelle Futtermengenzuteilung unter kontinuierlicher Kontrolle der KM-Entwicklung (s. vorherige Tabelle zur angestrebten KM).

Empfehlungen für die tägliche Energie- und Eiweißversorgung von Welpen und Junghunden (pro kg KM)

Lebens-monat	KM des ausgewachsenen Hundes (kg); Größenklassen 5		10		20		35		60	
	ME MJ	vRp g	ME MJ	vRp g	ME MJ	vRp g	ME MJ	vRp g	ME MJ	vRp g
1.	0,93	14	0,94	14	0,95	14	0,89	13	0,91	14
2.	0,76	8–10	0,84	8–10	0,78	9–11	0,81	9–11	0,76	9–11
3.	0,78	7–8	0,74	7–8	0,71	7–8	0,68	6–8	0,70	6–8
4.	0,70	6–7	0,65	6–7	0,59	5–6	0,54	5–6	0,58	5–6
5. + 6.	0,58	5–6	0,52	4–5	0,45	4–5	0,41	4–5	0,47	4–5
7. – 12.	0,49	3–4	0,42	3–4	0,38	3–4	0,34	3–3,5	0,34	2,5–3,5

7.1.3.2 Ungesättigte Fettsäuren

Von den ungesättigten Fettsäuren sind die Linol-, Linolen- und Arachidonsäure besonders erwähnenswert, da sie in gewissem Umfang essentiell sind. Der Hund ist in der Lage, aus Linolsäure über die Gamma-Linolensäure auch die Arachidonsäure zu bilden (allerdings nicht der bevorzugte Weg), d. h. Linol- und α-Linolensäure sind für den Hd essentiell. Bei den ungesättigten Fettsäuren sind die n-6- (Linolsäure, Arachidonsäure) und n-3-Fettsäuren von Interesse. Letzere haben eine antiinflammatorische Wirkung, so dass unter bestimmten Bedingungen (z. B. Hauterkrankungen mit Juckreiz u. Ä.) gerade die n-3-Fettsäuren ergänzt werden (höhere n3-Fettsäurengehalte z. B. in Fischöl, besonderen Pflanzenölen wie Borretsch-/Nachtkerzenöl u. Ä.).

Empfehlung: min. 1 % Linolsäure in der Futter-TS

7.1.3.3 Mineralstoffe

MENGENELEMENTE

Die nachfolgenden Empfehlungen basieren auf einer faktoriellen Ableitung (s. S. 166).

- Ca/P-Verhältnis zwischen 1:1 und 2:1 (optimal 1,4:1) angestrebt.
- Knappe Versorgung mit einem Element ist bei unausgeglichenem Ca/P-Verhältnis besonders kritisch.
- Unter- und Überversorgung sind bei Junghunden großer Rassen nicht selten und können zu erheblichen Störungen der Skelettentwicklung und -gesundheit führen.

Empfehlungen zur Mengenelementversorgung (mg/kg KM/Tag)

Status	Ca	P	Mg	Na	K
Erhaltung + Arbeit	80	60	15	50	55
Gravidität, 2. Hälfte	165	120	18	60	65
Laktation[1]	250–500	175–340	20–35	75–115	90–140
Wachstum					
1. Lebensmonat[2]	420–480	270–300	27	126	132
2. Lebensmonat	400–590	200–300	23	129	127
3. Lebensmonat	400–520	190–250	29	95	91
4. Lebensmonat	350–420	170–200	25	76	75
5. + 6. Lebensmonat	240–300	130–160	20	64	65
7.–12. Lebensmonat	130–150	80– 90	16	54	57

[1] je nach Welpenzahl (<4 bzw. >6) [2] obere Werte für große Rassen

SPURENELEMENTE

Ein primärer Spurenelementmangel ist in der Praxis eher selten, ggf. Zinkmangel (Hautprobleme, Reproduktionsstörungen). Wachsende Hunde sind eher gefährdet.

Empfehlungen zur Spurenelementversorgung (pro kg KM/Tag)

Status	Fe mg	Cu mg	Zn mg	Mn mg	J µg	Se µg
Erhaltung + Arbeit	1,4	0,1	1,0	0,07	15	2
Gravidität, 2. Hälfte	6,8	0,16	2,4	0,08	50	5
Laktation	1,8–2,6	0,4–0,8	5,4	0,12	50	5
Wachstum	1,2–5,5	0,2–0,6	1,1–4,1	0,10	50	5

7.1.3.4 Vitamine

Die Vitaminversorgung ist bei Einsatz kommerzieller Alleinfutter überlicherweise gesichert. Es gibt allerdings auch AF, die nicht korrekt mineralisiert und vitaminisiert sind. Zu erkennen sind solche Produkte evtl. mit besonderen Auslobungen wie „ohne Zusatzstoffe". Auch eine Überversorgung ist möglich, z. B. durch unkontrollierten Einsatz von Supplementen oder bei Ergänzung eigener Mischungen mit hohen Anteilen von Leber. Probleme können ggf. auch bei der Verabreichung selbst hergestellter Rationen ohne ausreichende Ergänzung auftreten.

Empfehlungen für die Versorgung mit Vitaminen (pro kg KM/Tag)

		Erhaltung	Wachstum, Reproduktion
Vit A	IE	75	250
Vit D	IE	10	20
Vit E	mg	1	2
Thiamin (B_1)	µg	20	60
Riboflavin (B_2)	µg	50	100
Pantothensäure (B_5)	µg	200	400
Nicotinsäure (B_3)	µg	200	450
Pyridoxin (B_6)	µg	20	60
Folsäure	µg	4	8
Biotin	µg	2	4
Cobalamin (B_{12})	µg	0,5	1

7.1.4 Fütterungspraxis

Rationen für Hunde können aus Einzelfuttermitteln oder Alleinfuttermitteln erstellt werden. Da Einzelfuttermittel in der Regel nicht bedarfsgerechte Nährstoff-Energie-Relationen aufweisen, sind geeignete Produkte zu ihrer Ergänzung heranzuziehen. In der Praxis hat sich in den letzten Jahren eine zunehmende Verwendung von Trockenalleinfuttermitteln gezeigt, besonders bei großen Rassen.

Bei der Rationsgestaltung für Hunde im Erhaltungsstoffwechsel ist von einer Futteraufnahmekapazität von 15 bis 20 g TS/kg KM auszugehen, die Futteraufnahmekapazität findet bei laktierenden Hündinnen ihre Grenze bei etwa 50 g/kg KM, so dass bei großen Würfen evtl. eine temporäre Energieunterversorgung auftreten kann.

7.1.4.1 Alleinfuttermittel können nach dem Wassergehalt (Feuchtigkeit) unterteilt werden:

- *Trockenfutter:* Wassergehalt max. 14 %
- *halbfeuchte Futter:* Wassergehalt 20 bis 40 %; bis 26 % Wasser haltbar durch Konservierungsmittel, über 26 % Wasser durch Autoklavieren (Beutel, Wurst etc.)
- *Feuchtfutter:* Wassergehalt 70 bis 85 % (z. B. Dosen, Portionsschälchen, -beutel), haltbar durch Autoklavieren (Vollkonserve)

Eine weitere Unterteilung kann nach dem Verwendungszweck gemäß Deklaration erfolgen. Alleinfutter können entweder allgemein („für Hunde") oder spezifiziert (z. B. „für wachsende bzw. alte Hunde") deklariert sein. Im ersten Fall muss der Bedarf in allen Lebensphasen (Erhaltung bis Laktation) gedeckt sein, bei spezifizierter Deklaration nur der jeweilige Bedarf des entsprechenden Stadiums. Die ernährungsphysiologische Zweckmäßigkeit mancher spezifizierter Produkte (z. B. rassenspezifische AF) ist z. T. fraglich, Marketingaspekte spielen eine nicht zu unterschätzende Rolle.

- Die Verwendung kommerzieller AF ist relativ einfach und allgemein auch sicher, der Besitzer muss lediglich die richtige Futtermenge herausfinden und anbieten.
- Die täglich notwendige Futtermenge ergibt sich kalkulatorisch aus dem Energiebedarf des Tieres und dem Energiegehalt im Alleinfutter (uS). Beträgt der Bedarf eines Hundes z. B. 10 MJ ME und enthält ein Trockenalleinfutter 1,4 MJ ME/100 g uS, so sind täglich rd. 714 g zu füttern.

Richtwerte zur Zusammensetzung von Alleinfuttermitteln für Hunde
(Angaben pro 100 g TS Trockenfutter)

Energie/Nährstoff		adult	wachsend	Nährstoff		adult	wachsend
ME	MJ	1,5	1,4–1,6	Na	mg	200–500	200–300
Rp	g	20	25	Zn	mg	10	
vRp	g	18	22	Se	µg	10–25	
Rfe	g	5–10	5–12	J	µg	50–150	
Linolsäure	g	mind. 1	mind. 1	Vit A	IE	750–1000	
Ca	mg	600–1000	800–1200	Vit D	IE	50–100	
P	mg	400–800	600–1000	Vit E	mg	5–10	

Die Zusammensetzung von AF weicht in der Praxis teils erheblich von diesen Richtwerten ab.

7.1.4.2 Ergänzungsfuttermittel

- eiweißreiche (50–80 % Rp in der TS) Produkte zur Ergänzung kohlenhydratreicher FM
- kohlenhydratreiche (Flocken, Bisquits) Produkte zur Ergänzung von eiweißreichen FM (Fleisch, Schlachtnebenprodukte)
- Mineralfutter oder vitaminierte Ergänzungsfuttermittel

Besonders wichtig: Ca-Ergänzung (mit Ausnahme von Knochen gibt es kaum Ca-reiche Komponenten; Knochen: Gefahr von Obstipationen und Verletzungen durch Knochensplitter, bes. bei sehr harten Knochen); Mineralfutter für Hunde variieren in ihrer Zusammensetzung erheblich (z. B. Ca-Gehalt: <10–25 %). Etliche Produkte weisen eine Zusammensetzung auf, die nur bedingt eine bedarfsgerechte Ergänzung hausgemachter Rationen erlaubt. Bei Produkten mit weniger als 10 % Calcium ist die Ergänzung hausgemachter allgemein Ca-armer Rationen besonders für Welpen und Junghunde großer Rassen im Allgemeinen nicht praktikabel, da sehr große Mengen benötigt würden. Auch die Gehalte an Spurenelementen und Vitaminen sind sehr unterschiedlich.

7.1.4.3 Eigene Mischungen aus Einzelfuttermitteln

Bei der Fütterung von Hunden auf der Basis eigener Zusammenstellungen/Mischungen kommen unterschiedliche Einzelfuttermittel zum Einsatz:

- eiweißreiche FM: Fleisch, Organe, Schlachtnebenprodukte, Milch- und Eiprodukte, pflanzliche Eiweißfuttermittel
- kohlenhydratreiche FM: Getreideprodukte, Stärke, Zucker, Lebensmittel wie gekochte Kartoffeln, Nudeln u. Ä.
- fettreiche FM: tierische und pflanzliche Fette bzw. Öle, teils mit Sonderwirkungen (n-3-Fettsäuren aus Fischölen im Rahmen der Diätetik)
- mineralstoffreiche FM: Knochen, mineralische Einzelfuttermittel (kohlen- und phosphorsaurer Futterkalk, Salz)
- getrocknete bindegewebsreiche Produkte: z. B. Ochsenziemer, Schweineohren etc., diese sind eiweiß-, teils auch fettreich (ggf. Salmonellenrisiko)

Empfehlungen zur Verwendung o. g. Einzelfuttermittel (-gruppen) für eine Futtermischung („home made diet") für Hunde:

Prinzip des Rationsaufbaus (Orientierungsgrößen)

Erhaltungsbedarf Arbeit		Reproduktion Wachstum
35–45 %	Eiweißreiche FM überw. tierischer Herkunft Fleisch bzw. -nebenprodukte	45–55 %
45–55 %	Kohlenhydrathaltige FM pflanzlicher Herkunft Getreide -Flocken (Hafer) -produkte (Nudeln)	35–45 %
5 %	Rohfaserhaltige FM Weizenkleie Gemüse	5 %
5 %	Fette Pflanzenöle Schmalz, Talg	5 %
0,5 g/kg KM	Vitaminierte Mineralfutter[1]	2,5 g/kg KM

[1] mit derartiger Ergänzung wird die Futtermischung praktisch zu einem Alleinfutter

BARFEN

Der Begriff Barfen war zunächst eine abkürzende Bezeichnung für Hundehalter, die ihre Tiere mit Rohkost fütterten (Born Again Raw Feeders); im Laufe der Zeit wurde unter diesem Begriff dann allgemein Bones And Raw Foods (Knochen und rohes Futter) verstanden. Im deutschsprachigen Raum versteht man heute unter BARFEN das Verfüttern „**B**iologisch **A**rtgerechten **R**ohen **F**utters".

Ein Leitgedanke des BARFENs ist die Orientierung der Ernährung des Hundes am Nahrungsspektrum des Wolfes in freier Wildbahn. Eines der häufigsten Argumente für die „Rohkost" ist die Annahme, dass nur rohes Fleisch artgerecht und damit der Gesundheit des Hundes zuträglich sein kann, während höhere Anteile an Getreide und -nachprodukten in kommerziellen Hundefuttermitteln kontraindiziert seien.

Obwohl der carnivore Charakter des Hundes im Mittelpunkt dieser „Ernährungsphilosophie" steht, werden beim Barfen neben rohem Fleisch und Knochen aber auch größere Mengen an Kohlenhydratträgern (Cerealien, Kartoffeln) sowie Obst und Gemüse (ebenfalls roh) eingesetzt, deren Verdaulichkeit in rohem Zustand teils deutlich geringer ist als nach Kochen oder Garen.

7.2 Katzen

7.2.1 Biologische/ernährungsphysiologische Grundlagen

Die Katze ist ein hochspezialisierter Carnivore, ihr Stoffwechsel hat sich weit stärker an die Zusammensetzung von kleinen Beutetieren angepasst, als der des mehr carni-omnivoren Hundes. Besondere Merkmale des strikt carnivoren Stoffwechsels sind:

- hoher Proteinbedarf wegen des starken Proteinkatabolismus. Limitierend sind bei der Katze i.d.R. nicht einzelne essentielle Aminosäuren, sondern der Aminostickstoff. In allen Leistungsstadien sind mind. 12 g vRp pro MJ ME vorzusehen. Bei geringerem Proteingehalt der Nahrung kommt es in der Praxis vor allem zu Akzeptanzproblemen bis zur Futterverweigerung.
- Die Aminosulfonsäure Taurin (nicht Bestandteil des Proteins, nur in tierischem Gewebe enthalten oder als Zusatzstoff) kann nicht wie bei anderen Spezies in ausreichender Menge aus Methionin gebildet werden und ist daher essentiell. Ein Taurinmangel führt u. a. zu Retinaatrophie, dilatativer Cardiomyopathie und Fertilitätsstörungen. Der Taurinbedarf von Katzen hängt stark von der Futterkonfektion ab. Bei Feuchtfuttern sollten 2 g/kg TS, bei Trockenfuttern 1 g/kg TS enthalten sein.
- Arginin ist essentiell (Erhaltungsbedarf rd. 0,8 g/100 g TS; Wachstum, Reproduktion 1,5 g/100 g TS). Ein Arg-Mangel führt zur Hyperammonämie.
- Relativ geringe Toleranz für Kohlenhydrate. Bei Stärke sollten je nach Aufschlussgrad 5 g/kg KM nicht überschritten werden, sonst kann ein saurer fermentativer bzw. osmotischer Durchfall auftreten. Bei Laktose werden i. Allg. maximal 2 g/kg KM (entspricht 50 ml Milch/kg KM) vertragen. Monosaccharide werden im Intermediärstoffwechsel weniger gut toleriert als bei omnivoren Spezies und können eine entsprechend stärkere bzw. länger anhaltende Hyperglycämie hervorrufen (besonders bei Ernährung von Intensivpatienten zu beachten, dort häufig verminderte Glucosetoleranz).
- Die langkettige n6-Fettsäure Arachidonsäure (C20:4,n6) ist essentiell für die weibliche Reproduktion. Sie ist nur in tierischen Lipiden vorhanden. Es sollten etwa 0,2 g Arachidonsäure/kg TS im Futter enthalten sein. Außerdem werden unabhängig vom Reproduktionsstadium generell noch Linol- (C18:2,n6) und vermutlich auch alpha-Linolensäure (C18:3,n3) sowie Eicosapentaensäure (C20:5,n3) benötigt. Empfohlen werden jeweils 5,5 bzw. 0,2 und 0,1 g/kg TS.
- Die Katze kann Carotin nicht in Vitamin A umsetzen.
- Auch unter dem Einfluss von UV-Licht wird in der Haut der Katze kein Vitamin D gebildet.
- Niacin kann nicht in ausreichenden Mengen aus Tryptophan gebildet werden.

Die Fähigkeit der Katze, ihren Wasserhaushalt durch eine hohe Konzentrierung des Harns und entsprechend geringe Harnmengen zu regulieren, wird nicht mit einer Adaptation an carnivore Nahrung, sondern an wasserarme Habitate erklärt. Diese Eigenschaft ist bei Verwendung von Trockenfutter und ihrer geringeren Bereitschaft zu einer vom Futter getrennten Wasseraufnahme problematisch (→ Disposition für Harnsteine).

7.2.2 Körpermasse und Ernährungszustand

7.2.2.1 Körpermasse

		kg KM Kätzin	kg KM Kater
Plumprassen:	Perser, europ. Kurzhaar, Karthäuser	4,0	5,0
Mittelschwere:	Birma, Manx, Hauskatze, Russisch Blaue, Rex	3,5	3,8
Schlankrassen:	Abessinier, Siam, Havanna, Burma, Ägypter	3,0	3,6

Große Rassen, wie z. B. Main Coon, Norwegische Waldkatze, können wesentlich höhere KM erreichen (6–8 kg).

7.2.2.2 Beurteilung des Ernährungszustandes von Katzen mittels BCS

Score[1]	Beschreibung
1	Rippen bei kurzem Haar sichtbar, kein palpierbares Fettgewebe, sehr ausgeprägte Taille; Beckenknochen und Lendenwirbel sichtbar
3	Rippen leicht palpierbar mit sehr dünner Fettschicht, Beckenknochen, Lendenwirbel leicht palpierbar, markierte Taille, kaum Bauchfett
5	IDEAL: Gut proportioniert, Taille sichtbar, Rippen leicht palpierbar mit dünner Fettschicht, kaum Bauchfett
7	Rippen unter mäßiger Fettschicht noch palpierbar, Taille schwer erkennbar, deutliche Rundung des Abdomens, mäßig Bauchfett
9	Rippen unter dicker Fettschicht nicht palpierbar, starke Fettdepots in der Lendengegend, im Gesicht und an den Gliedmaßen

[1] Score 2, 4, 6 und 8 = Zwischenstadien

7.2.3 Energie- und Nährstoffbedarf

7.2.3.1 Energie und Protein

Der Energiebedarf variiert in Abhängigkeit von Aktivität, Alter und Anteil der fettfreien KM. Übergewichtige Katzen haben – bezogen auf 1 kg KM – einen geringeren Bedarf; Unterscheidung durch Beurteilung der Fettreserven: bei normalgewichtigen Katzen sind die Rippen unter einer dünnen Fettabdeckung leicht fühlbar, eine Taille ist hinter den Rippen deutlich erkennbar, und es sind kaum abdominale Fettpolster vorhanden (→ Body Condition Score; BCS 5).

Die bis vor kurzem übliche Angabe des Energiebedarfs, bezogen auf das absolute Körpergewicht, führt zu einer erheblichen Überschätzung des Bedarfs schwererer Katzen (Abb. unten). Besonders gravierend ist dies, wenn es sich um übergewichtige Tiere handelt. Dann kann der Energiebedarf um bis zu 100 % überschätzt werden. Deshalb wird für Katzen die Stoffwechselmasse von normal- und übergewichtigen Tieren unterschiedlich berechnet (es werden in beiden Fällen kleinere Exponenten verwendet als bei den anderen Tierarten; sonst üblich: $KM^{0,75}$).

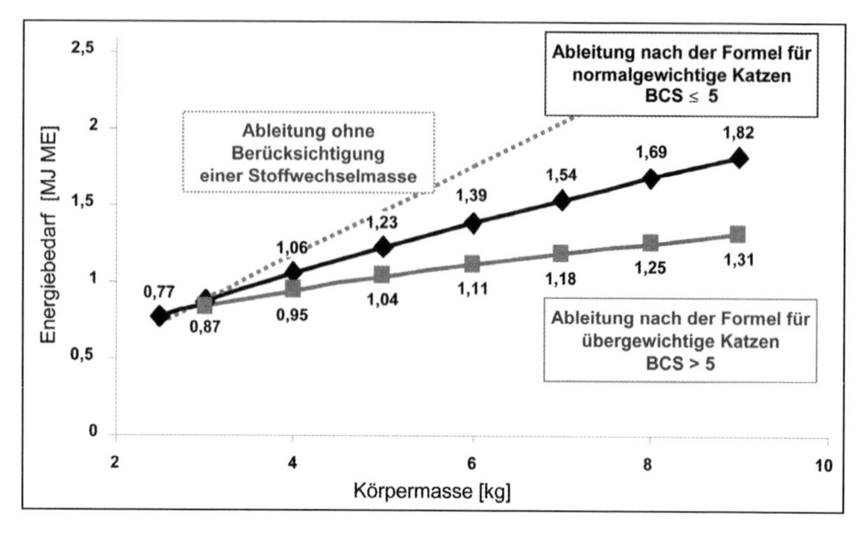

Energiebedarf von Katzen (für Erhaltung) bei Ableitung nach unterschiedlichen Formeln (normalgewichtige Ktz: 0,42 MJ ME/kg $KM^{0,67}$; übergewichtige Ktz: 0,54 MJ ME/kg $KM^{0,4}$)

Mittlerer Proteinbedarf: 7 g vRp/kg $KM^{0,67}$

Die Bedarfsformulierung je kg $KM^{0,67}$ resultiert aus der Ableitung des Energiebedarfs, für den ebenfalls dieser Exponent gewählt wurde.

Empfehlungen für die tägliche Energie- und Eiweißversorgung von Katzen im Erhaltungsstoffwechsel

KM (kg)	ME MJ		vRp (g)
	normalgewichtig	übergewichtig	
3	0,9	0,8	12,5
4	1,1	0,9	15,1
5	1,2	1,0	17,6
6	1,4	1,1	20,0
7	1,5	1,2	22,1
8	1,7	1,2	24,2
9	1,8	1,3	26,2

GRAVIDITÄT UND LAKTATION

Die Gravidität dauert bei der Katze 64–69 Tage. Anders als bei der Hündin muss die Kätzin erhebliche Reserven für die Laktation anlegen. Daher sollte von Beginn der Gravidität an mehr Futter angeboten werden.

Die Kätzin soll am Ende der Gravidität etwa 150 % ihres Normalgewichtes erreichen, um die in der folgenden Laktation entstehenden Gewichtsverluste auszugleichen. Je nach Wurfgröße bleiben die Welpen 7 bis 9 Wochen lang bei der Kätzin. Die Beifütterung der Welpen kann in der dritten Woche beginnen, ab Ende der vierten Woche ist sie immer erforderlich.

Empfehlungen für die Energie- und Eiweißversorgung von graviden und laktierenden Kätzinnen als Vielfaches des Erhaltungsbedarfs

		Energie	Protein
Gravidität		1,4	1,5
Laktation, bei Welpenzahl	bis 2	1,3	1,4
	2 bis 4*	2,0	2,1
	über 4*	2,5	2,7

* Kätzin ad libitum füttern

WACHSTUM

Die KM von Katzenwelpen beträgt bei ihrer Geburt ca. 3 % der KM der Kätzin. Nach vier Wochen sind etwa 10 % des Endgewichtes erreicht, im Absetzalter (spätestens zehn Wochen) ca. 30 %. Zu diesem Zeitpunkt macht sich der Geschlechtsdimorphismus allmählich bemerkbar, Kater werden – in absoluten Zahlen – schwerer als Kätzinnen. Mit 20 Wochen sind knapp 60 % und mit 30 Wochen bereits über 85 % der KM adulter Tiere erreicht.

Für **wachsende Katzen** sind täglich folgende Mengen an ME und vRp vorzusehen:

KM, kg der Adulten	aktuelle KM (kg) des Jungtiers 0,5	1	1,5	2	2,5	3	4	6
Energieversorgung in MJ ME/Tier								
3	0,55	0,79	0,92	0,99	1,01			
4	0,56	0,83	1,00	1,12	1,19	1,22		
5	0,57	0,85	1,05	1,20	1,30	1,37	1,42	
6	0,57	0,87	1,09	1,25	1,38	1,47	1,58	
7	0,58	0,88	1,11	1,29	1,43	1,54	1,69	1,78
Proteinversorgung in g vRp/Tier								
3	7,9	10,5	12,5	11,9	11,1			
4	7,9	11,5	13,8	15,1	13,9	12,5		
5	7,9	12,5	13,8	16,7	17,6	17,7	15,2	
6	7,9	12,5	15,1	16,7	17,6	19,8	19,0	
7	7,9	12,5	15,1	18,3	19,4	19,8	17,7	19,9

7.2.3.2 Bedarf an sonstigen Nährstoffen

Empfehlungen für die tägliche Versorgung der Katze mit Mineralstoffen (mg/kg KM)

	Erhaltung	Gravidität	Laktation (2.–4. Woche) Zahl der Welpen 1–2	3–4	≥ 5	Wachstum bis 1 kg bis 10. LW	1–3 kg 11.–30. LW
Calcium	45	110	225	358	391	440	150
Phosphor	40	100	166	263	287	400	130
Magnesium	6	18	13	20	22	28	20
Natrium	80	110	144	250	294	150	100
Kalium	80	110	110	175	190	225	120
Chlorid	120	170	220	380	450	180	150
Eisen	1,3	2,1	1,9	3,0	3,3	4,5	
Kupfer	0,08	0,15	0,19	0,3	0,33	0,47	
Zink	1,2	1,4	2,0	3,2	3,5	4,2	
Mangan	0,08	0,14	0,15	0,24	0,26	0,27	
Jod	0,034	0,06	0,05	0,074	0,08	0,125	
Selen	0,006	0,01	0,01	0,013	0,014	0,022	

Das Ca/P-Verhältnis sollte zwischen 2:1 und 1:1 liegen.

Empfehlungen für die tägliche Versorgung der Katze mit Vitaminen (pro kg KM)

		Erhaltung	Gravidität/Laktation	Wachstum
Vit A	IE	60	250	200
Vit D	IE	4	8	14
Vit E	mg	0,6	0,6	2
Vit B_1	µg	160	340	310
Vit B_2	µg	66	120	230
Vit B_6	µg	40	70	140
Vit B_{12}[1]	µg	0,35	0,63	1,3
Pantothensäure	µg	100	180	350
Nicotinsäure	µg	660	1120	2400
Biotin	µg	1,2	2,1	4,2
Folsäure	µg	12	21	42

[1] berechnet nach NRC (2006)

Empfehlungen für die Zusammensetzung eines Katzenalleinfutters
(alle Lebensstadien, Energiedichte 16,7 MJ ME/kg TS)

Nährstoff		Empfehlung	Nährstoff		Empfehlung
vRp	g	260	Selen	mg	0,4
Taurin	g	1/2 (Trocken-/Feuchtfutter)	Jod	mg	2,2
Linolsäure	g	5,5	Vit A	IE [1]	3500
Arachidonsäure	g	0,2	Vit D	IE [2]	250
Calcium	g	10,8	Vit E	mg	38
Phosphor	g	7,6	Vit B_1	mg	6,3
Magnesium	g	0,6	Vit B_2	mg	4,0
Natrium	g	2–3	Vit B_6	mg	2,55
Kalium	g	5,2	Vit B_{12}	µg	22,5
Eisen	mg	80	Pantothensäure	mg	6,25
Kupfer	mg	8,8	Nicotinsäure	mg	40
Zink	mg	75	Folsäure	µg	750

[1,2] ab 266.000 IE Vit A bzw. 30.000 IE Vit D/kg AF toxische Effekte möglich

7.2.4 Fütterungspraxis

Auch bei Katzenalleinfutter unterscheidet man Feucht-, Trocken- und Halbfeuchtprodukte. Ebenso wie bei Hundefutter gibt es für Katzen neben Produkten, die für alle Lebensstadien deklariert sind, auch spezielle Futter für bestimmte Lebensphasen, die sich nicht nur an ernährungsphysiologischen, sondern auch an Marketingaspekten orientieren.
Trockenfutter ist bei Katzen nicht uneingeschränkt zu empfehlen. Zum einen kompensiert die Katze die geringere Wasseraufnahme mit dem Futter nur teilweise durch höhere Tränkwasseraufnahme. Um ihren Wasserhaushalt auszugleichen, konzentriert sie den Harn höher. Die geringere Harnmenge, der daraus resultierende weniger häufige Harnabsatz und die höhere Konzentration an potentiellen Konkrementbildnern im Harn stellen Risikofaktoren für die Harnsteinbildung dar. Trockenfutter wird den Tieren von ihren Besitzern häufig zur freien Aufnahme ständig zur Verfügung gestellt. Bei schmackhaftem, energiedichtem Trockenfutter kann dies zu Übergewicht und Adipositas führen.
Bei den Ergänzungsfuttermitteln werden für Katzen vor allem Produkte zur Mineralstoff-, Vitamin- oder Taurinergänzung verwendet, Getreideflocken und Eiweißergänzer sind weniger gebräuchlich.
Bei Rationen aus Einzelfuttermitteln ist der Anteil von Getreideprodukten und bindegewebsreichen Futtermitteln i. d. R. geringer als beim Hund.
Bei Katzen gibt es eine sehr starke Nahrungsprägung. Ein Wechsel von FM ist, wenn Katzen von Jugend an nur bestimmte FM gewöhnt sind, oft schwierig.

7.3 Frettchen/Iltis

7.3.1 Biologische/ernährungsphysiologische Grundlagen

Die zur Familie der Marderartigen zählenden weißen Frettchen (Mustela putorius furo) stellen albinotische Mutationen des Iltis (Mustela putorius) dar, die in früheren Jahren vornehmlich für die Kaninchenjagd gezüchtet und gehalten wurden. Aber auch originär wildfarbene (iltisfarbene) Tiere werden zunehmend als Heimtiere gehalten. Ihre Lebenserwartung beträgt ca. 5–7 Jahre.

Zucht: Trächtigkeit 42 Tage; 4–8 Welpen/Wurf; KM adulter Tiere: ♂ 1200–2400 g, ♀ 600–1200 g

Der Verdauungstrakt ist relativ kurz (4x Körperlänge), der Magen vergleichsweise klein (aber stark dehnbar), ein Caecum fehlt, die Chymuspassage erfolgt entsprechend schnell. Nach der Ernährungsweise der wilden Stammform zählt das Frettchen zu den m. o. w. carnivoren Spezies, wenngleich auch Produkte pflanzlichen Ursprungs bis zu 20 % in der Nahrung vertreten sein können und sollten.

Eine höhere Fütterungsfrequenz (2–3/Tag) entspricht dem natürlichen Futteraufnahmeverhalten eher, als das Angebot einer einzelnen großen Futtermenge (z. B. eine Taube in vollem Gefieder), die dann „auf Vorrat" in den Schlafkasten geholt wird (und dort verderben kann, Gefahr für die Bildung des Botulismustoxins, besonders empfindlich für Typ C und E).

7.3.2 Energie- und Nährstoffbedarf

Jahrzehntelang bildeten ein Schälchen Milch, in die Weißbrot eingeweicht war, und – als Ersatz für Beutetiere – Kleinvögel, Hühnerküken, Innereien von erlegtem Wild die Grundlage der Frettchenfütterung. Auch Eier, Joghurt und Käsestückchen sowie Vollkornflocken (in Milch) wurden zur Ergänzung derartiger Rationen genutzt. Die ausschließliche Fütterung von Frettchen mit Fleisch ist mit erheblichen gesundheitlichen Risiken verbunden (Ca/P-Relation, Strukturmangel, Vitaminversorgung).

ENERGIEBEDARF (für Erhaltung):	~500 kJ ME/kg $KM^{0,75}$	SONSTIGE NÄHR-STOFFE: s. Ktz
PROTEINBEDARF:	~30 % Rp in der TS	

7.3.3 Fütterungspraxis

Anstelle der o. g. aufwendigen Fütterung früherer Jahre stellen heute – insbesondere bei der Haltung als Heimtier – Alleinfutter für Katzen die Grundlage der Frettchenfütterung dar (zwischen 90 und 130 g Feuchtfutter bzw. 25–35 g Trockenfutter/Tier u. Tag). Nicht zuletzt aufgrund der höheren Eiweißgehalte und der hier üblichen Taurinsupplementierung sowie der höheren Vitaminierung ist diese Art der Versorgung einfacher und sicherer als die kombinierte Fütterung unter Verwendung von Eintagsküken, Organen und Innereien von Schlacht- und Wildtieren. Das Alleinfutter kann aber sehr wohl mit ein wenig Mischfutter für Igel, Cerealien, etwas Grüngemüse etc. ergänzt und vermischt angeboten werden, ausschließlich stärkereiche Trockenfutter werden nicht empfohlen. Nicht aufgenommene Futterreste sollten täglich aus dem Gehege entfernt werden, frisches Trinkwasser ist immer erforderlich.

7.3.4 Ernährungsbedingte Störungen/Erkrankungen/Probleme

- infiziertes/kontaminiertes Futter: nicht erhitzte Schlachtnebenprodukte: IBR-Virus, Aujeszky-Virus; Salmonellen, Leptospiren; Botulinum-Toxin (insbesondere in Sommermonaten bei anaerobem Verderb von „Beutetieren").
- Urolithiasis (im Wesentlichen Struvit-Steine, Pathogenese und Prophylaxe: s. Katze)
- Hypocalcaemie in der Hochlaktation (echter Ca-Mangel bei reiner Fleischfütterung)
- Rachitis (Jungtiere bei reiner Fleischfütterung)
- Osteodystrophia fibrosa (sek. Hyperparathyreoidismus)
- Chastek-Paralyse (B_1-Mangel, Thiaminasen in Fischen!)
- Biotin-Mangel (Fütterung roher Eier → Avidin!)
- dilatative Kardiomyopathie (eine der häufigsten Erkrankungen älterer Frettchen, Zusammenhang mit Taurinversorgung scheint gesichert)
- Insulinom im Zusammenhang mit längerfristigem Einsatz stärkereicher Trockenfutter(?)

7.4 Ernährungsbedingte Erkrankungen und Störungen sowie Diätetik bei Fleischfressern

Nachfolgend sollen zunächst Störungen behandelt werden, die in Folge einer nicht bedarfs- bzw. artgerechten Ernährung auftreten und deshalb keiner diätetischen Maßnahme bedürfen, sondern nur einer Korrektur der Fütterung bzw. Futterzusammensetzung. Erst danach geht es um komplexere Probleme, bei denen diätetische Maßnahmen notwendig bzw. sinnvoll sind.

7.4.1 Folgen einer nicht bedarfs- bzw. artgerechten Ernährung

7.4.1.1 Überversorgung/Überfütterung

Adipositas

KM-Zunahme und Verfettung durch eine bedarfsüberschreitende Energieaufnahme

Prophylaxe:

Regelmäßige Kontrolle von Körpergewicht und BCS mit Anpassung der Futtermenge bei KM-Zunahme. Besonders sorgfältige Überprüfung nach Ende des Wachstums, beim Eintritt ins „mittlere" Alter (> 2 Jahre) und bei Hunden ins höhere Alter (> 7-9 Jahre), nach Kastration (insbesondere bei Katzen, ad libitum Fütterung hier nicht empfehlenswert) sowie bei reduzierter Bewegung.

Behandlung:

- Reduktion der Energiezufuhr durch Verminderung der Futtermenge;
- Reduktionsdiät (geringere Energiedichte durch niedrigere Fettgehalte und Minderung der Verdaulichkeit über einen höheren Rfa-Gehalt; z. T. wird dem Besitzer durch Wasser oder entsprechende Konsistenz hohe Futtermenge vorgetäuscht, mechanische Sättigung beim Hd kaum zu erreichen), vermehrte Bewegung;
- Null-Diät: Nur stationär möglich, für Ktz nicht geeignet → Gefahr der überstürzten Fettmobilisation → fettige Leberdegeneration; zudem Gefahr des Verlusts an Muskelmasse

Ernährungsbedingte Skeletterkrankungen wachsender Welpen

- Energieüberversorgung → endokrinologische Effekte (Wachstumshormon, IGF-1, Schilddrüsenhormone) → zu schnelles Wachstum → Körpermasse ↑, Überlastung des juvenilen Skeletts → orthopädische Entwicklungsstörungen;
- Ca-Überversorgung (≥3 x Bedarf) bei Welpen und Junghunden großer Rassen → Störungen der Skelettentwicklung (Interaktionen mit P- und Spurenelementabsorption, vermehrte Calcitoninausschüttung)

Prophylaxe:

Regelmäßige Kontrolle der KM-Entwicklung und Vergleich mit Empfehlungen zum Wachstum, s. S. 282; bei Überschreiten der empfohlenen KM Futter reduzieren, Mineralstoffversorgung bedarfsgerecht einstellen

Behandlung:

Bei bereits eingetretenen Schäden wenig aussichtsreich, Reduktion der Energiezufuhr

Sonstige Störungen durch eine Überversorgung

Vit A-Hypervitaminose:

- bei Ktz (überwiegend Leberfütterung, Abusus von Vit-Präparaten, Lebertran, iatrogen) → Ankylose der Hals- und Brustwirbelsäule, Exostosen an Röhrenknochen → Schmerzen → intermittierende Lahmheiten; in Frühgravidität: teratogene Effekte
- bei Hd (Abusus von Vit-Präparaten, Lebertran, iatrogen, Toleranz ist höher als bei Ktz) → Lethargie, Kälteintoleranz, Haarausfall, intermittierende Lahmheiten

Vit D-Hypervitaminose:

- für beide Spezies (Hd, Ktz) Risiken: Abusus von Vit D-Präparaten, Lebertran, evtl. auch iatrogen → Gefäß- und Nierenverkalkungen, Deformation der Epiphysen

7.4.1.2 Mangelerkrankungen

Erkrankungen infolge einer insgesamt unzureichenden Fütterung (es fehlt generell an Energie und essentiellen Nährstoffen) werden vereinzelt im Zusammenhang mit einer mangelhaften Tierbetreuung (tierschutzrelevante Bedingungen) beobachtet; auch ein extrem hoher Energiebedarf kann zu einem Verlust an Körpermasse führen. Situationen eines Mangels an einzelnen essentiellen Nährstoffen sind heute nur noch selten anzutreffen, insbesondere wegen des verbreiteten Einsatzes geeigneter Alleinfuttermittel, Risiken evtl. höher bei selbst erstellten Futtermischungen.

Abmagerung

Energie- und Nährstoffmangel infolge ungenügender Futteraufnahme, -zuteilung oder -verwertung

Vorkommen: laktierende Hündinnen bei großen Würfen, sekundär auch bei verschiedenen Erkrankungen (z. B. Tumore, Pankreasinsuffizienz, s. S. 297; Aufgabe des Tierarztes: Klärung der Ursache

- Futterzuteilung (Menge [absolut unzureichend oder ungewöhnlich hoher Bedarf], Art)
- Schmackhaftigkeit/Energie- und Nährstoffgehalt
- evtl. Grunderkrankung (Darm, Pankreas, Tumor)

Behandlung: Angebot schmackhafter, leicht verdaulicher, energie(fett-)reicher Futtermischungen bzw. entsprechender Diät-FM; zur Erfolgskontrolle: Beobachtung der KM-Entwicklung bzw. des BCS, s. S. 282, 279)

Ca-Mangel (meist auch inverses Ca:P-Verhältnis): i. d. R. bei ganz oder teilweise hausgemachten Rationen und unzureichender Supplementierung, falscher Einschätzung von Ca-Bedarf und Ca-Gehalt in Futtermitteln, Übernahme von Vorstellungen aus der eigenen Ernährung; evtl. auch zu Beginn der Laktation (Hypocalcaemie/Eklampsie)
→ sekundärer Hyperparathyreoidismus → Osteodystrophia fibrosa generalisata; bei jungen Tieren: Grünholzfraktur typisch

Na-Mangel beim Hd: evtl. bei zerealienreicher Fütterung bzw. Einsatz fettreicher Schlachtnebenprodukte möglich; sekundär auch infolge Na-Verlusten durch Erbrechen/Durchfall → Unruhe, Tachykardie, Tachypnoe, Lecksucht, Exsikkose

Taurinmangel der Ktz, Frettchen und Neufundländer: bei Mangel an tierischen FM oder unzureichender Verfügbarkeit, nicht supplementiertem Dosenfutter mit mäßiger Proteinqualität, unzureichender Taurin-Verfügbarkeit bzw. Taurinverlusten (z. B. über das Kochwasser) → Retinopathie → Erblindung, Herzmuskeldilatation (dilatative Kardiomyopathie), Schwächung der Immunabwehr; bei Jungtieren: vermindertes Wachstum, Verkrümmung der Wirbelsäule; Beeinträchtigung der Reproduktion: hohe Rate von Fruchtresorption und Aborten, Welpen mit neurologischen Störungen. Bei Neufundländern durch Taurinmangel bedingte Herzmuskeldilatation nach Aufnahme von Rationen mit geringem Gehalt an S-haltigen AS.

Veränderungen an Haut[1] und Haarkleid infolge bestimmter Nährstoffmängel

Alopezie:	Linolsäure, Arg, Met + Cys, Zn (begünstigt durch Ca-Überschuss)
trockene Dermatitis:	Linolsäure, Vit E, B_2, Biotin
Ekzem:	Linolsäure, Vit B_2, Biotin
Hyper-/Parakeratose:	Zn, Linolsäure
stumpfes Haarkleid:	Linolsäure, Zn, I, Vit A, Biotin
Haarverfärbung:	Fe, Cu, I, Biotin, Zn
Juckreiz:	Linolsäure, I, Vit A, Biotin
Seborrhöe:	Linolsäure, Vit B_6
Schuppenbildung:	Linolsäure, Zn, Vit A? Biotin

[1] häufiger infolge von allergischen Reaktionen, s. S. 295

7.4.1.3 Ernährungsbedingte Störungen des Verdauungstraktes

Ernährungsbedingter Durchfall

Überschreiten der Kohlenhydrattoleranz: Risiko steigt bei hoher Futteraufnahme, z. B. Laktation, Arbeit (Schlittenhunde), Wachstum (Jungtiere haben geringere Toleranz gegenüber Stärke als Adulte, dafür höhere Laktosetoleranz):

- Zucker: Laktose beim Hd >4 g/kg KM/Tag, Ktz >2 g/kg KM/Tag (= 100 bzw. 50 ml Milch/kg KM/Tag), gewisse Adaptation aber möglich; Saccharose höhere Toleranz, Glucose verursacht i. d. R. keinen Durchfall
- Stärke: hochverdauliche, aufgeschlossene Stärke: Ktz >7 g/kg KM/Tag, Hd >10 g/kg KM/Tag
- Rohfaser/Faserstoffe: lösliche Faserstoffe (z. B. Carrageen, Guar Gum, Pektin) bei Überdosierung (>1 g/kg KM/Tag); bei extremer Belastung (Schlittenhunde) blutiger Durchfall bei hohem Rfa-Gehalt im Futter
- bindegewebsreiche, faser- und kohlenhydratarme Rationen (z. B. nur Fleisch oder Schlachtnebenprodukte) → intestinale Dysbiose (proteolytische Keime ↑ → NH_3, Amine, Toxine ↑); schlechte Kotkonsistenz ≙ all meat syndrom

Futtermittelverträglichkeit

- Intoleranz (ohne immunologische Reaktionen) } s. folgende Abb.
- Allergien (immunologische Ursachen) } s. folgende Abb.

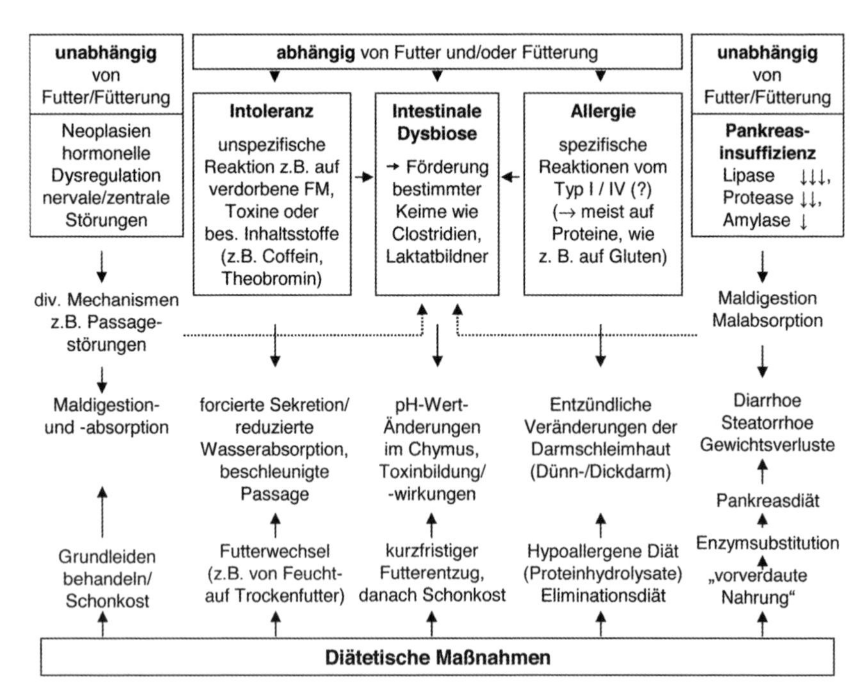

Chronische Verdauungsstörungen bei Hunden und Katzen

7.4.2 Diätetik

Diätetische Maßnahmen haben bei Fleischfressern einen vergleichsweise hohen Standard und große Bedeutung erlangt. Dabei ist der Einsatz kommerzieller Diätfuttermittel zwar ein wesentlicher Bestandteil, insbesondere wenn schon klinische Störungen vorliegen, das Spektrum diätetischer Maßnahmen ist jedoch sehr viel weiter gefasst: Es reicht von Veränderungen in Frequenz und Menge der Futterzuteilung über eine gezielte Veränderung in der Mischfutterzusammensetzung (z. B. Rücknahme des Proteingehalts) bis hin zu sehr spezifischen, d. h. indikationsabhängigen Mischfutterrezepturen mit ganz besonderen Ergänzungen (einzelne Nährstoffe, Enzyme).

Nachfolgend werden verschiedene Indikationen für diätetische Maßnahmen bzw. die Verwendung entsprechender Diätfuttermittel näher vorgestellt und erläutert.

7.4.2.1 Gastrointestinale Störungen

Länger dauernde Anorexie

- Verabreichung besonders schmackhafter Komponenten bzw. Mischfutter
- Sondennahrung: kommerzielle Produkte (meist fettreich) oder Eigenmischungen auf der Basis von Quark, püriertem Fleisch, Eidotter, Öl, Glucose, Mineralstoffen, Vitaminen, Wasser (bei Katzen: <5 g Glucose/kg KM/Tag; bei hepatischer Lipidose proteinreich; Zusatz von l-Carnitin, Taurin, Vitamin E)
- Parenterale Ernährung nur bei strenger Indikationsstellung (z.B. Bewusstlosigkeit, Tetanus u.a. neurologische Störungen, nicht beherrschbares Erbrechen, akute Pankreatitis oder akute Hepatitis, schwere gastrointestinale Erkrankungen oder Verletzungen) und Überwachung (inklusive regelmäßiger Prüfung von Laborwerten); nicht zu verwechseln mit der Zufuhr von Glukose, Elektrolyten etc. zum schnellen Ausgleich kritischer klinischer Situationen. Die enterale Ernährung ist wegen geringerer Risiken und Kosten zu bevorzugen, wo immer möglich. Parenterale Ernährung: intravenöse Verabreichung von Mischungen aus Aminosäuren, Glucose, ggf. auch Triglyzeriden sowie Mineralstoffen. Bei längerer Dauer auch Spurenelemente und Vitamine substituieren. Vollständige parenterale Ernährung zur Deckung des Nährstoffbedarfs; partielle parenterale Ernährung zur temporären Unterstützung. Aufgrund der hohen Osmolalität der Infusionslösungen ist bei vollständiger parenteraler Ernährung die Verabreichung über einen zentralen Venenkatheter erforderlich.

Erbrechen

Erbrechen ist bei Hd und Ktz nicht ungewöhnlich, d. h. nicht immer ein Indiz für eine Erkrankung. Mögliche Ursachen: plötzlicher Futterwechsel, zu kaltes Futter, Passagestörungen (Knochenkot), nicht zuletzt evtl. zentral bedingt (verdorbenes Futter/Toxine/sonstige Substanzen mit emetischer Wirkung).

Behandlung:

Abstellen der Ursache; bei wiederholtem, länger andauerndem Erbrechen: Flüssigkeits- und Elektrolytsubstitution; danach langsame Wiederanfütterung mit hochverdaulichen Rationen in geringer Menge.

Verdauungsstörungen/Durchfall

Durchfall ist ein in der Praxis häufig zu beobachtendes Symptom einer Magen-Darm-Störung mit unterschiedlicher Genese. Neben der Therapie der Grunderkrankung haben diätetische Maßnahmen wie z. B. die Elimination auslösender Faktoren (z. B. bestimmter Rationskomponenten) hier ihre besondere Bedeutung.

Akute Diarrhoen werden beim Hd i.d.R. zunächst durch 24–48stündigen, vollständigen Futterentzug behandelt. Anschließend empfiehlt sich eine leichtverdauliche Schonkost.

Chronische Diarrhoen werden entsprechend der unterschiedlichen Pathogenese differenziert behandelt. Informationen hierzu bietet die Übersicht auf S. 295. Zusätzlich zur differenzierten Auswahl der Rationskomponenten finden sowohl weitgehend unverdauliche Fasern (z.B. Cellulose) als auch fermentierbare Substanzen (z.B. Guar) in der Diätetik Anwendung (s. S. 297a unten). Cellulose ist größtenteils unverdaulich, bindet aber Wasser im GIT; das Chymus- und Kotvolumen wird somit vergrößert, die Kotkonsistenz fester. Guar wird im Dickdarm zu einem großen Anteil bakteriell fermentiert und liefert flüchtige Fettsäuren, die für die Ernährung der Schleimhaut wichtig sind; in Abhängigkeit von der Dosierung können fermentierbare Substanzen den Wassergehalt im Kot m.o.w. erhöhen.

Lokalisierung der Verdauungsstörungen (s. S. 297a oben).

Dünndarmerkrankungen

Maldigestion/Malabsorption mit der Folge einer forcierten mikrobiellen Verdauung schon im Dünndarm und damit erhöhten Nährstoffanflutung in den Dickdarm; evtl. auch allergisch bzw. entzündlich bedingte Schleimhautveränderungen (mit Lymphozyteninfiltration).

Behandlung:

leicht verdauliche Rationen, ggf. Fettanteil limitieren, ggf. Eliminationsdiät.

Dickdarmerkrankungen (Colitis)

Entgleisung der mikrobiellen Verdauung (Dysbiose) → ungenügende Chymuseindickung; evtl. verzögerte Chymuspassage (Obstipation, z. B. durch knochenreiche Rationen); auch entzündliche Veränderungen an der Dickdarmschleimhaut (Colitis).

Behandlung:

Stabilisierung der Flora durch Einsatz mikrobiell verdaulicher Rfa; wasserbindende Rfa (Quellung) → begünstigt Chymuspassage; evtl. auch Einsatz von Pro-/Präbiotika; bei Hinweisen auf entzündliche Prozesse: evtl. Eliminationsdiät.

Exokrine Pankreasinsuffizienz

Hochverdauliches Futter mit moderatem Fettgehalt, i. d. R. Pankreasenzymzusatz (in Form von Pulver) erforderlich. Bei Einsatz von Pankreas-Enzym-Kapseln (aus der Humanmedizin) sind diese vor der Verabreichung zu öffnen. Falls dieser Enzymzusatz zum Futter nicht ausreicht, extrakorporale Vorverdauung: 1 g Pankreasenzyme mit 100 g Futter (hausgemachte, hochverdauliche Ration oder hochwertige Fertigfutter; Trockenfutter einweichen) gründlich mischen und 4 Stunden bei Raumtemperatur oder 24 Stunden im Kühlschrank stehen lassen (Besitzer auf zu erwartende Geruchsveränderung hinweisen). Auf reichliche Zufuhr von ess. FS, Zink und fettlöslichen Vit achten, da deren Resorption u. U. gestört sein kann. Hd mehrmals tägl. (mind. 3x) füttern. Zunächst 20–30 % über Erhaltungsbedarf bis zur Erreichung des Normalgewichtes. Je nach vorheriger Fütterung vorsichtig umstellen! Evtl. rohes Pankreasgewebe von Schlachttieren mit dem Futter zusammen anbieten, evtl. auch zur extrakorporalen Vorverdauung nutzen.

In schweren Fällen: Verwendung von speziellen hochverdaulichen extrakorporal vorverdauten Mischungen, Beispiel:
60 g Speisequark, mager
10 g Speiseöl (Soja)
2,5 g Eigelb (zur Emulgierung)
2,4 g Natriumbikarbonat (zur Einstellung eines pH-Wertes von rd. 7,5),
diese Mischung mit 10 ml Wasser und 1 g Pankreasenzyme versetzen und mind. $1^1/_2$ h bei 37 °C im Wasserbad oder 4 h bei Raumtemperatur halten.
Anschließend 12,3 g Traubenzucker, 0,1 g Cholinchlorid und 1,7 g eines vitaminisierten Mineralfutters zugeben (z. B. mit 20 g Ca, 8 g P, 300 mg Zn, 50 000 IE Vit A/100 g).

Mischung enthält rd. 0,75 MJ ME pro 100 g uS.

Übersicht zur Lokalisation von Verdauungsstörungen (Durchfall)

Lokalisation	**primär Dünndarm**	**primär Dickdarm**
Klinik	Durchfall + Erbrechen Kolik/Darmgeräusche sehr große Kotmengen deutl. Gewichtsverlust selten Schleimbeimengungen Aszites/Oedeme	Durchfall (evtl. Erbrechen bei Colitis) eher kleine Kotmengen (frequenter Absatz) Verlust der „Stubenreinheit" kaum Einbußen im Ernährungszustand häufig Schleimbeimengungen
Labor	Hypoproteinaemie	Serum-Elektrolytgehalt ↓(?)
	⬆	⬆
Diätetik	höhere Fütterungsfrequenz hypoallergene Diäten prc. hochverdaul. Komponenten evtl. Enzymergänzungen großzügige Mineralstoff-/Vit-Zufuhr wenig Rfa (?)	Rfa-Ergänzung (wasserbindende Rfa) fermentierbare Rfa (Pectine, Guar etc.) zur mikrobiellen „Umstimmung" Prä- und Probiotika evtl. hypoallergene Diät

Verschiedene Faserquellen sowie fermentierbare Substanzen zur Modulation von Darmflora, Chymus- und Kotqualität

	Substanz			
	Cellulose	Guar/ Pektin	Oligosaccharide	Laktose/ Laktulose
Fermentierbarkeit	gering	mittel-hoch	hoch	sehr hoch
Wasserbindung	hoch	hoch	keine	keine
Viskosität	gering	hoch	keine	keine
Nährstoff-VQ	deutl. ↓	geringe ↓	geringe ↓	↓
mechan. Sättigung	ja	ja	nein	nein
Kotqualität	Verbesserung, Kot fester	Kot weicher, evtl. Durchfall	Kot weicher, evtl. Durchfall	Kot sehr weich, evtl. Durchfall
Dosis (g/kg KM)	0,5–1	0,5–1	0,5–1	0,5–1

Lebererkrankungen

Bei klinisch-chemischen Hinweisen auf eine eingeschränkte Leberfunktion sollte die Ernährung eine Entlastung der Leber zum Ziel haben. Bei mangelhafter Entgiftungsfunktion ist nicht selten eine Hepatoencephalopathie zu beobachten (Folge einer Hyperammonaemie). Des Weiteren verdienen besondere Erwähnung die Leberverfettung (hier die idiopathische Lipidose der Ktz) sowie die Leberzirrhose (häufiger mit Aszites, evtl. auch mit einer Hyperammonaemie verbunden).

Behandlung:

> Proteinaufnahme limitieren und dabei auf hohe Rp-Qualität achten (angestrebt: Arg ↑, Met ↓), ggf. Faserstoffe zusetzen, fermentierbare Kohlenhydrate zur Reduktion der intestinalen NH_3-Absorption (Laktulose → pH im Chymus ↓ → NH_3-Absorption ↓), Kupferaufnahme limitieren, Vit A nur bedarfsgerecht zuführen, evtl. ist eine Vit C-Supplementierung sinnvoll (~ 500–600 mg Na-Ascorbat/l Tränkwasser)

Bei der idiopathischen Lipidose der Ktz ist als erstes die Futteraufnahme sicher zu stellen (evtl. per Sonde); hohe Proteinmengen mit hoher Proteinqualität erlauben eine Reduktion der Fett- und KH-Gehalte in der Nahrung. Im Falle einer Leberzirrhose ist die Reduktion des Na-Gehaltes zu empfehlen, insbesondere wegen der Aszites-Gefahr.

7.4.2.2 Erkrankungen der Niere bzw. des Harntraktes

Chronische Niereninsuffizienz

Ziel: Anpassung der Ernährung an gestörte Ausscheidungsfunktion der Nieren. Symptome: Urämie, Hyperphosphat- und -kaliämie, Hypertonie, evtl. kombiniert mit Inappetenz. Daher P-Zufuhr reduzieren (auf bis zu 75 % des Erhaltungsbedarfs), weitere Reduktion nur bei hgr. bzw. persistierender Hyperphosphatämie empfehlenswert, Eiweißzufuhr entsprechend dem Grad der Urämie einstellen – oftmals genügt schon eine Vermeidung der allgemein vorliegenden Rp-Überversorgung (Hd 8–11 g vRp/MJ ME, Ktz 10–15 g vRp/MJ ME), bei hgr. Urämie minimale Eiweißzufuhr (Hd 5 g vRp/MJ ME, Ktz i. d. R. keine Reduktion unter 8–10 g vRp/MJ ME möglich), hochverdauliches Protein mit hoher BW, Na- und K-Beschränkung (Cave: Es sind auch erhöhte renale Verluste möglich, Ktz häufig Hypokaliämie); ausreichend Energie durch Fett und KH. Reichliche Versorgung mit Vit D- und B-Vitaminen, Wasser ad lib; kommerzielle Diät-FM: häufig Akzeptanzprobleme; in diesem Fall Diät vorübergehend mit bekanntem Futter verschneiden bzw. mit gewohnter Geschmacksvariante versehen, Produkt anderer Hersteller oder Eigenmischungen einsetzen; Fütterungsmaßnahmen: kleine Portionen, Futter anwärmen, Zubereitung variieren (z. B. Zufügen von Bratenfett und/oder Schmalz); während akuter Urämie Entwicklung einer Aversion gegenüber Diät möglich. Bei Proteinurie muss zur Kompensation renaler Eiweißverluste die doppelte Menge des mit dem Harn ausgeschiedenen Proteins zugegeben werden; Effekt dieser Maßnahme anhand des Albuminspiegels im Plasma kontrollieren.

Urolithiasis

Entstehung und Ablagerung von Harnsteinen sind bei Flfr relativ häufig. Diesbezüglich sind aus diätetischer Sicht eine großzügige Wasserversorgung sowie die Minderung einer Aufnahme der an der Konkrementbildung beteiligten Nährstoffe unabdingbar. Weitergehende diätetische Maßnahmen sind jedoch konkrementspezifisch, d. h., sie erfordern die Kenntnis der Art des Konkrements:

AMMONIUM-MAGNESIUM-PHOSPHAT-STEINE (STRUVIT)

■ Häufigste Steinart bei Hd und Ktz, Prävalenz jedoch rückläufig; bei Hd oft mit Infektionen der harnableitenden Wege einhergehend, bei Katzen insbesondere im Zusammenhang mit hohen Harn-pH-Werten (>7), Trockenfütterung, ungenügender Tränkwasseraufnahme und hoher Mg-Zufuhr.

Harnansäuerung (pH <6,7 bzw. 6,5) ist die effektivste Diätmaßnahme für Prophylaxe und Steinauflösung, Kombination mit hohem Wassergehalt im Futter und bedarfsgerechter Mg-Aufnahme ratsam.

Harn-pH ist abhängig von der Kationen-Anionen-Bilanz (KAB; in mmol/100 g TS) im Futter; für die Berechnung Mineralstoff- und Met+Cys-Gehalte in g/100 g TS in folgende Formeln einsetzen:

- für den Fall, dass der S-Gehalt, nicht aber der Gehalt an Met/Cys bekannt ist (nach Marek und Wellmann 1932):
- $$\text{KAB (mmol/100 g TS)} = 50 * Ca + 82 * Mg + 43 * Na + 26 * K - 65 * P - 28 * Cl - 64 * S$$
- für den Fall, dass nicht der S-Gehalt, wohl aber der Gehalt an Met/Cys bekannt ist (nach Schuhknecht und Kienzle 1992):
- $$\text{KAB (mmol/100 g TS)} = 50 * Ca + 82 * Mg + 43 * Na + 26 * K - 65 * P - 28 * Cl - 13{,}4 * Met - 16{,}6 * Cys$$

Der Harn-pH kann anhand folgender Gleichungen aus der Kationen-Anionen-Bilanz (KAB; mmol/100 g TS) geschätzt werden:

Hund: mittlerer pH-Wert des Harns = (KAB * 0,019) + 6,5

Katze: mittlerer pH-Wert des Harns = (KAB * 0,021) + 6,72

Bei der Rationskorrektur zunächst alkalisierende Komponenten eliminieren, z. B. Kartoffeln, Gemüse, vor allem aber Ca-Carbonat und andere alkalisch wirkende mineralische Komponenten reduzieren, erst dann säuernde Zusätze wie Ammoniumchlorid oder Methionin (Nebenwirkungen bei Überdosierung). Pauschale Dosierungen für Ktz (1 g Ammoniumchlorid bzw. 1,5 g Methionin) reichen aus, um bei Rationen mit einer KAB von 20 bis 30 mmol/100 g TS die KAB in den gewünschten Bereich zu senken, sie können für andere Rationen mit höherer oder niedrigerer KAB nicht ausreichend sein oder aber übersäuernd wirken (→ nicht kompensierte Acidose, Futterverweigerung).
Stark acidierende Rationen sollten nicht an obstruierte oder bereits acidotische Tiere, Jungtiere oder reproduzierende Katzen und Hündinnen verfüttert werden. Vor allem bei hohen Ammoniumchloridzulagen treten langfristig Nebenwirkungen auf (Mineralstoffhaushalt, Skelett).

Eventuell nur 1x am Tag füttern wegen kürzerer Phase der postprandialen pH-Wert-Erhöhung im Harn, die kompensatorisch als Folge der Magensäuerung auftritt.

Ca-HALTIGE STEINE:

i. d. R. Ca-Oxalat, zunehmende Tendenz, diätetisch wenig beeinflussbar; acidierende Fütterung (Struvitprophylaxe) kann Ca-haltige Konkremente begünstigen;

Oxalsäure wird intermediär bei Glycin-Abbau gebildet, Futter als Oxalsäurequelle weniger bedeutsam (außer Gemüse). Daher glycinreiches Eiweiß (Bindegewebe), oxalatreiche Gemüse meiden, neutralen Harn-pH-Wert einstellen (KAB 20–30 mmol/100 g TS), Ca-, P- und Vit D-Versorgung strikt bedarfsdeckend einstellen (Cave: Hypercalciurie/Hypocalcämie). Citrate können zur Einstellung des Harn-pH verwendet werden.

HARNSÄURESTEINE:

Bes. Dalmatiner (genetischer Defekt, können Harnsäure nicht in Allantoin umwandeln) sowie Tiere mit portovenösem Shunt: Purinarme Diät, bedarfsgerechte Proteinzufuhr (Hd 8–10 g vRp/MJ ME, Ktz 12 g vRp/MJ ME).

Puringehalt		
	niedrig:	Ei, Milch
	mittel:	Fleisch, Leguminosen
	hoch:	Innereien, Zunge, Herz, Fische, Hefe

Für die Einstellung bestimmter pH-Werte im Harn werden folgende Werte für die Kationen-Anionen-Bilanz empfohlen:

Konkrementtyp	KAB mmol/100 g TS	Harn-pH
Struvit (zur Auflösung)	≤ –15	< 6,5
Struvit (zur Prophylaxe), Struvit/Carbonatapatit	0	6,5–6,8
Harnsäure/Urat	20	~ 7
Ca-Oxalat	20–30	6,5–7
Cystin	≥ 60	~ 8

Übersicht zu diätetischen Maßnahmen bei unterschiedlichen Harnsteinen

Konkrementtyp	Nährstoffversorgung	sonstige Maßnahmen
Struvit	Mg (< 40 mg/MJ ME) P und Protein nur bedarfsgerecht	Entzündungen/Infektionen der harnableitenden Wege behandeln
Ca-haltige Konkremente	Ca, Vit D, Protein, Na nur bedarfsgerecht, kein Zucker (erhöht Ca-Ausscheidung in den Harn); Ascorbinsäure, Gemüse, Bindegewebe (enthalten Oxalat bzw. Vorstufen) meiden; reichlich Vit B_6 (Mangel begünstigt Oxalatausscheidung) füttern	neutraler Harn-pH kann bei vielen Rationen durch 150 mg Ca-Citrat/kg KM eingestellt werden; Citratausscheidung in den Harn und damit Inhibitorwirkung beim Flfr noch nicht geklärt
Harnsäure/ Urat	purinarm (= zellkernarm: Milch- und Eiprotein, keine Organe/ Gewebe wie z. B. Leber, Niere, Hirn), Protein nur bedarfsgerecht zuführen	Allopurinol (Hd) 10–30 mg/kg KM verhindert Umsetzung von Xanthin zu Harnsäure; ersetzt aber purinarme Diät nicht, bei hoher Purinzufuhr bilden sich dann Xanthin-Steine
Cystin	Protein bedarfsgerecht, 100 mg Ascorbinsäure/kg KM	N-2-Mercaptopropionyl glycin = „2-MPG" (Hd); Prophylaxe 30 mg, Auflösung 40 mg/kg KM
Silikat	keine silikathaltigen FM (z. B. Gemüse, Sojaschalen, Reisfuttermehl)	nicht bekannt

Harn-pH zwischen 6,5 und 7,2 einstellen (KAB ca. 20 mmol/100 g TS), Xanthinoxidasehemmer Allopurinol (30 mg/kg KM/Tag beim Hd); Kombination von Diät und Allopurinol sehr effektiv, Steinauflösung möglich, Allopurinol ohne Diät → Xanthinsteine.

CYSTINSTEINE:

Bes. bei Dackeln (auch Basset, Irish Setter), Folge der erblichen Cystinurie, Prophylaxe möglich, Steinauflösung nicht, Proteinüberversorgung vermeiden (vRp/ME 8–10 g/MJ), Harn alkalisieren (pH >8; nicht bei Blasenentzündung → Struvit), KAB >60 mmol/100 g TS, z. B. durch Zulagen von Na-Bicarbonat oder K-Citrat 150 bis 200 mg/kg KM/Tag), Thiolverbindungen (z. B. α-Mercaptopropionylglycin 10–40 mg/kg KM/Tag) zusetzen (Bildung eines gemischten, löslichen Disulfids anstelle von Cystin), 100 mg Ascorbinsäure/kg KM/Tag zur Reduktion von Cystin zu Cystein.

7.4.2.3 Sonstige diätetische Indikationen

Chronische Herzinsuffizienz

Folge der Insuffizienz ist eine verminderte Nierendurchblutung → Na- und Wasserretention (Aszites). Diät: Na-arm (mäßig-extrem = 0,3–0,035 % Na in TS).

Oft mit kataboler Stoffwechsellage verbunden, zu Beginn der Erkrankung auch noch Übergewicht anzutreffen. Energiezufuhr anpassen. Proteinzufuhr (hochwertiges Eiweiß) moderat, einerseits Katabolismus, andererseits ist aufgrund von Minderdurchblutung eine gewisse Insuffizienz von Leber und Niere zu erwarten (Stoffwechselendprodukte des Proteins!), ggf. an Einzelfall anpassen. Bei Hypokaliämie (Folge der Herzglykoside und Diuretika) K-Zufuhr erhöhen (KCl oder K-Carbonat, 1–1,2 % K in TS); bei Myokardschaden Vit E und wasserlösl. Vit (2–3x Bedarf) erhöhen, evtl. Taurin und/oder l-Carnitin zulegen. Hohe Energie- und Nährstoffdichte des Futters und mehrere Fütterungen pro Tag zur Vermeidung von Zwerchfellhochstand. Diät allein zur Ausschwemmung des Aszites unzureichend, Diuretika zusätzlich erforderlich.

Futtermittelallergie

Sensibilisierung des Organismus durch Aufnahme von Antigenen mit dem Futter. Manifestation der Antigen-Antikörperreaktion: Haut (~ 80 %) und Gastrointestinaltrakt (~ 20 %), selten Lunge.

Eindeutige Diagnose nur mit Hilfe einer Eliminationsdiät (Verschwinden der Symptome bei Elimination des Allergens aus der Ration) und Provokation nach erneuter Exposition. Testdauer für die Elimination 6–8 Wochen; gängige Proteinquellen, die bei Patienten eingesetzt werden können: Pferd, Kaninchen, Wild, Schaf. Kohlenhydrate aus Kartoffeln oder Reis. Strenge Eliminationsdiät: nur Fleisch einer Tierart und Kartoffeln oder Reis. Zunächst bei adulten Tieren keinerlei Ergänzungen, keine Mineralfutter, auch keine Fischölkapseln oder Kräuterprodukte. Bei Verträglichkeit schrittweise Ergänzung mit Mineralstoffen (Mischungen von chemisch reinen Verbindungen), Leber, Pflanzenöl, evtl. auch Cellulose. Bei jedem Schritt Verträglichkeit abwarten, bevor weitere Ergänzungen hinzugenommen werden. Kommerzielle Alleinfutter sind für diese Indikation verfügbar, auch mit Proteinhydrolysaten zur Verminderung der allergenen Eigenschaften. Da es sich um Alleinfutter handelt, die verarbeitet und bilanziert sind, ist die Chance zur Elimination des Allergens kleiner als bei strenger Eliminationsdiät ohne jede Ergänzung. Daher gilt: Das Nicht-Ansprechen auf mehrere strenge Eliminationsdiäten, bei welchen alle Futtermittel ausgetauscht wurden (z. B. Lamm mit Reis gegen Pferd mit Kartoffeln), kann als wichtiges Ausschlusskriterium für eine Futtermittelallergie gelten, sofern sichergestellt ist, dass der Patient nicht unkontrollierten Zugang zu anderen Futter- oder Lebensmitteln hat. Das Nicht-Ansprechen auf mehrere kommerzielle „hypoallergene“ Alleinfutter schließt dagegen eine Futtermittelallergie nicht aus.

Adipositas/Rekonvaleszenz (s. S. 293)

7.5 Futtermittel für Fleischfresser (Gehalte/**100 g uS**)

Futtermittel	TS [g]	Rfe [g]	Rfa [g]	Rp [g]	vRp [g]	ME [MJ]	vRp/ ME [g/MJ]	Linol-säure [g]	Ca [mg]	P [mg]	Mg [mg]	K [mg]	Na [mg]	Vit A [IE]
Bauch, Schw	56	42		12,0	11,5	1,83	6	2,9	1	55	20	157	59	50
Brust, Huhn	26	0,9		23,0	20,9	0,46	46	0,2	14	212	30	264	66	25
Brust, Pute	26	1		24,1	21,9	0,46	47	0,2	26	330	20	333	46	
Brust, Schf	51	37		12,0	11,9	1,7	7	0,9	9	155	20	294	93	50
Fleisch, fettarm, Pfd	26	4,5		19,0	17,3	0,53	33	0,1	15	150	20	330	40	70
Fleisch, fettarm, Rd	27	4		21,0	20,6	0,55	37	0,1	4	194	21	370	57	67
Herz, Rd	24	5		17,0	16,7	0,52	32	0,1	5	210	25	290	110	25
Herz, Schw	25	6		16,0	15,4	0,55	28	0,5	6	220	20	290	80	33
Hochrippe, Rd	43	24		17,0	16,7	1,24	13	0,5	12	149	18	348	95	50
Knochen, Kalb	79	21		23,0	10,4	0,87	12	0,4	13800	6200	210	140	360	
Kopffleisch, Rd	45	26		17,0	16,7	1,31	13	0,6	10	160	30	350	70	50
Leber, Rd	28	3		20,0	18,8	0,53	35	0,6	7	360	21	220	80	50000
Leber, Schf	29	4		21,0	19,7	0,57	35	0,2	8	360	20	280	95	30000
Leber, Schw	29	6		20,0	18,8	0,61	31	1	7	360	21	350	80	130000
Lunge, Rd	19	2,7		15,0	13,5	0,36	38	0,1	9	165	18	160	145	150
Magen, Schw	31	14		15,0	14,4	0,82	18	1	20	115	30	130	90	
Pansen, geputzt	20	7		12,0	11,4	0,5	23	0,1	20	40	17	40	20	30
Pansen, grün	28	5	1,1	20,0	19	0,58	33	0,1	120	130	40	100	50	30
Magermilch, Rd	9	0,1		3,4	3,1	0,14	23		115	95	15	100	30	43
Quark, mager	21	0,5		17,0	16,2	0,37	44		70	190	10	95	35	6
Vollmilch, Rd	13	4,1		3,5	3,2	0,28	11		115	95	10	145	40	100
Eigelb, roh	50	32		16,0	15	1,49	10	5,5	140	590	15	140	50	3000
Vollei, gekocht	27	12		13,0	11,4	0,69	16	1,3	50	240	10	120	110	1200
Kabeljau (Dorsch)	18	0,3		17,0	15,1	0,31	50		6	100	15	195	50	30
Bierhefe, trocken	91	5,5	1	47,0	40	1,37	29	0,3	230	1500	230	2150	220	
Sojaisolat	94	3,5	0,3	83,5	78,6	1,66	47		198	791	297	202	791	
Haferflocken	91	7,6	3	12,0	9	1,61	6	3	80	391	170	360	5	
Kartoffeln, gek.	22	0,1	0,6	2,1	1,7	0,34	5		10	60	20	520	1	
Maisflocken	90	2,8	2,1	9,0	4,5	1,40	3	1,4	35	280	85	260	25	
Nudeln	88	3		13,0	11,7	1,54	8	0,8	20	120	35	190	15	
Reis, poliert	89	0,3	0,1	7,2	6	1,47	4	0,1	6	120	13	105	6	
Roggenbrot	60	1	1,2	6,4	5,7	0,79	7	0,4	20	130	50	230	220	
Weizenflocken	88	1,7	2,5	12,0	10	1,42	7	0,8	60	330	115	520	25	
Weizenkleie	86	3,9	11	14,0	7,3	0,84	9	2,3	160	1100	460	1000	50	
Äpfel, frisch	16	0,2	0,8	0,3	0,2	0,15	1	0,1	9	10	3	240	2	
Futterzellulose	89	0,4	64	0,3	0,1	0,54								
Möhren	13	0,2	1,2	1,1	0,7	0,1	7		50	35	20	340	30	*
Trockenschnitzel	93	0,5	5,9	5,0	1,3	1,28			880	100	230	820	220	
Pflanzenöl	99	99				3,81		52					1	
Rindertalg	98	97		0,8		3,74		2,8		7	2	6	11	
Schweineschmalz	100	100				3,77		10						
Alleinfutter Hund[1]														
trocken	90	10	3	23,5	20,0	1,46	14	3,0	1500	1000	150	500	300	1200
halbfeucht	80	15,5	3	19,0	19,2	1,39	14	2,0	1600	1200	110	300	300	600
feucht	20	5	0,3	8,6	9,2	0,41	22	2,0	300	200	10	300	200	325
Welpen-AF														
trocken	91	16	2,1	21,0	22,4	1,63	14	1,1	1000	800	80	580	220	1100
feucht	30	7	0,4	7,0	7,3	0,57	13	1,4	400	300	40	240	120	250
AF, alte Hd	90	8	3	22,0	17,0	1,50	11	3,0	800	600	110	350	250	1500
AF, Leistung Hd	90	18	2	25,0	24,0	1,60	15	6,0	1400	1100	150	400	350	1400
Alleinfutter Katze[1]														
trocken	90	16	2,5	32,0	27,5	1,58	17	4,0	1250	1000	95	620	600	2500
feucht	18	4	0,3	10,5	9,0	0,35	26	1,6	200	170	10	200	150	5500
EF (Hd, Ktz)[1]														
Paste, energiereich	90	53	1			2,07		10,0	2200	1700				28000
„Flocken"futter	90	4	3	10,0	8,0	1,36	6	1,0	600	400	120	350	200	875
Mineralfutter I	94								21500	10500	1000		4000	60000
Mineralfutter II	94	7	13,8		8,4	0,98	9	0,4	14200	280	1500		2000	
Mineralfutter III	95	1							5200	4100	1900			75000

* Carotin vom Hund nutzbar   [1] Beispiele für kommerzielle Produkte

Schrifttum

ANDERSON, R. S., und H. MEYER (Hrsg.; 1984): Ernährung und Verhalten von Hund und Katze. Schlütersche Verlagsanstalt und Druckerei, Hannover.

GESELLSCHAFT FÜR ERNÄHRUNGSPHYSIOLOGIE (1989): Energie- und Nährstoffbedarf, Nr. 5, Hunde, DLG-Verlag, Frankfurt am Main.

HAND, M., THATCHER, C., REMILLARD, R. und P. ROUDEBUSH (2002): Klinische Diätetik für Kleintiere, 4. Aufl., Schlütersche, Hannover

HEBELER, D., und P. WOLF (2001): Fütterung von Frettchen in der Heimtierhaltung. Kleintierprax. 46, 225–229.

KAMPHUES, J. (1999): Harnsteine bei kleinen Heimtieren. In: Praxisrelevante Fragen zur Ernährung kleiner Heimtiere (kleine Nager, Frettchen, Reptilien). Selbstverlag Hannover, ISBN 3-00-004731-X.

KIENZLE, E. (1989): Untersuchungen zum Intestinal- und Intermediärstoffwechsel von Kohlenhydraten (Stärke verschiedener Herkunft und Aufbereitung, Mono-, Disaccharide) bei der Hauskatze (Felis catus). Habil. Schrift, Tierärztliche Hochschule Hannover.

KIENZLE, E. (1996): Ernährung und Diätetik. In: KRAFT, W., und U. M. DÜRR (Hrsg.). Katzenkrankheiten – Klinik und Therapie. 3. Auflage Hannover: M. & H. Schaper, 1035–1064.

KIENZLE, E. (2003): Ernährung und Diätetik. In: KRAFT, W., U. M. DÜRR und K. HARTMANN (Hrsg.). Katzenkrankheiten – Klinik und Therapie. 5. Auflage Hannover: M. & H. Schaper, 1301–1328.

KIENZLE, E., B. OPITZ, K. E. EARLE, P. M. SMITH, I. E. MASKELL und C. IBEN (1998): The development of an improved method of predicting the energy content in prepared dog and cat food. J. Anim. Physiol. Anim. Nutr. 79, 69–79

MEYER, H., und J. ZENTEK (2005): Ernährung des Hundes. 5. Auflage, Parey Verlag, Berlin.

NATIONAL RESEARCH COUNCIL, NRC (2006): Nutrient requirements of dogs and cats. National Academic Press, Washington D. C.

PIBOT, P., BIOURGE, V. und D. ELLIOTT (Hrsg., 2006): Enzyklopädie der klinischen Diätetik des Hundes, Aniwa SAS, Paris, Frankreich

PIBOT, P., BIOURGE, V. und D. ELLIOTT (Hrsg., 2008): Enzyklopedia of Feline Clinical Nutrition. Aniwa SAS, Paris, Frankreich

ROGERS, Q. R., und J. G. MORRIS (1991): Nutritional peculiarities of the cat. Proc. XVI World Congress of the World Small Animal Veterinary Association, 291–296.

SCOTT, P. P. (1975): Beiträge zur Katzenernährung. Übers. Tierernährg. 3, 1–31.

WETZEL, U. D. (1996): Frettchen in der Kleintierpraxis. Vet. special, G. Fischer Verlag, Jena/Stuttgart.

WOLF, P., und D. HEBELER (2001): Besonderheiten in der Verdauungsphysiologie von Frettchen. Kleintierpraxis 46, 161–164.

ZENTEK, J. (1991): Mikrobielle Gasbildung im Intestinaltrakt von Monogastriern, Teil 1: Entstehung, Lokalisation, Qualität, Quantität. Übers. Tierernährg. 19, 273-312

ZENTEK, J. (1993): Untersuchungen zum Einfluss der Fütterung auf den mikrobiellen Stoffwechsel im Intestinaltrakt des Hundes. Habil.-Schrift, Stiftung Tierärztliche Hochschule Hannover

ZENTEK, J. (1996): Notwendigkeiten und Grenzen der Diätfuttermittel bei Hund und Katze. Prakt. Tierarzt 77, 972–984.

ZENTEK, J. (1996): Entwicklungen und Perspektiven der Diätetik bei Tumorerkrankungen. Übers. Tierernährg. 24, 229–253.

8 Heimtiere/Versuchstiere/Igel

Forciert durch den Trend zur Haltung „kleiner" Heimtiere ist die tierärztliche Praxis in zunehmendem Maße mit Fragen und Aufgaben aus diesem Bereich konfrontiert. Spezies, die früher fast nur als Nutztiere (z. B. Kaninchen) bzw. als Versuchstiere (z. B. Maus und Ratte) oder aber nur von einem kleinen Personenkreis (z. B. Chinchilla) gehalten wurden, werden in zunehmendem Maße als Patienten vorgestellt.

Für die ätiologische Klärung vorliegender Gesundheitsstörungen bzw. für ihre Prophylaxe spielen Fragen der art- und bedarfsgerechten Ernährung eine wichtige Rolle, nicht zuletzt vor dem Hintergrund, dass es sich bei den Tierbesitzern (in hohem Prozentsatz Kinder) nicht selten um Personen handelt, denen entsprechende Erfahrungen in der Tierhaltung, Grundkenntnisse zu den biologischen Besonderheiten sowie zu den ernährungsphysiologischen Ansprüchen der jeweiligen Spezies fehlen.

Aus diesem Grund sind den detaillierteren Ausführungen zur Fütterung einige wichtige Hinweise und Informationen zur Haltung, Biologie und Ernährungsphysiologie der verschiedenen Spezies vorangestellt.

8.1 Grundlagen/Allgemeine Informationen

8.1.1 Allgemeine Hinweise zur Haltung

Außer Hamster und Streifenhörnchen leben die hier erwähnten kleinen Heimtiere in der Natur in mehr oder weniger großen Kolonien (gesellige Tiere mit einem ausgeprägten Sozialverhalten), daher sollten sie zumindest paarweise gehalten werden. Wildlebende Tiere beschäftigen sich den größten Teil ihrer Zeit mit der Futtersuche, speziesabhängig mit dem Anlegen von Futterreserven und der Nahrungsaufnahme. Dementsprechend sollen Käfige für Heimnager so groß wie möglich sein und durch eine geeignete Einrichtung ein möglichst strukturiertes Umfeld bieten.

Käfigausstattung: geeignete, leicht zu reinigende Futternäpfe, Wassergefäß (Tränkflasche), Äste von Obstbäumen (werden gerne benagt), Heu (als Futter bzw. zur Ausstattung des Schlafplatzes), Versteckmöglichkeiten (Schlafkästen); für Chinchilla und Degu darf ein Sandbad für die Fellpflege nicht fehlen, auch Gerbil, Hamstern und Streifenhörnchen sollte zeitweise die Möglichkeit eines Sandbades geboten werden.

8.1.2 Biologische und ernährungsphysiologische Grunddaten

Die verschiedenen hier behandelten Spezies unterscheiden sich nicht zuletzt in ihrer Verdauungsphysiologie (und damit hinsichtlich ihrer Ernährungsweise in der Natur), was bei der Fütterung zu berücksichtigen ist. Auf der einen Seite stehen die eher granivoren Spezies (Maus, Gerbil, Hamster, Ratte, Streifenhörnchen) mit einer sehr begrenzten Kapazität zur Verwertung rohfaserreichen Futters, auf der anderen Seite die Arten, die eine ausgeprägt herbi- bzw. folivore Ernährungsweise zeigen (stark entwickeltes Dickdarmsystem), wie z. B. Kaninchen, Chinchilla und Meerschweinchen (ähnlich: Agouti und Degu).

Die mit der folgenden Übersicht vorgenommene Zuordnung erlaubt nicht zuletzt Aussagen zu möglichen „Umwidmungen" in der Mischfutterpalette bzw. zur Notwendigkeit des Einsatzes von strukturierten Rfa-reichen Komponenten, die entsprechende Nageaktivitäten und eine normale Dickdarmverdauung sichern.

Biologische und ernährungsphysiologische Grunddaten kleiner Heimtiere

Spezies		Maus	Zwerghamster	Goldhamster	Gerbil	Streifenhörnchen	Ratte	Degu	Chinchilla	Mschw	Kaninchen
KM (adult)	g	20–35	30–40	85–130	70–130[1]	90–125	250–550	170–350[1]	400–600	700–1500	1000–7500
Lebenserwartung	Jahre	1	3	1,5–3	2 (– 6)	6–8	3–3,5	5–8	18–22	8–10	7–10 (13)
Geschlechtsreife	d	28–35	35–45	42–60	63–84	10–11 Mon	50–70	45– ♂ 90	4–6 Mon	21–28 ♀	90–120
Dauer der Trächtigkeit	d	18–21	17–23[2]	15–21	24–26	35–40	20–23	87–93	111–126	62–68	28–34
Wurfgröße	n	6–12	5–7	6–8	5–12	3–7	6–12	5–10	1–4	3–4	5–12
Absetzalter	d	21	15	21	22–28	28–30	21	35	42–56	21	25–35
KM bei der Geburt	g	1–1,5	1,6–1,8	2–3	2,5–3,5	4	4–6	10–20	40–50	70–100	0,8–1,2 % d. KM[3]
KM beim Absetzen	g	8–14	35–40	35–40	33–60	30–40	40–50	35–45	60–70 200–300	180–200	rasseabhängig
Futteraufnahme[2]	g/d	3–6	2,5–4	8–15	5–15		12–35	7–15	20–25	ca. 35	30–60 g/kg KM
Wasseraufnahme[5]	ml/d	4–7	5–10	8–20	3–10		15–80		20–40 (1,3–3 ml/g TS)	50–100	2–3 (ml/g TS)

[1] ♀ Tiere schwerer; [2] abhängig von der Art; [3] adulter Tiere; rasseabhängig; [4] AF mit 88 % TS; [5] bei Gabe von Heu, Trockenfutter;
KM = Körpermasse; TS = Futter-Trockensubstanz; Mschw = Meerschweinchen

Art der Ernährung	
granivore	foli-/herbivore
Maus	
Gerbil*	
Hamster*	
Streifenhörnchen*	
Ratte*	
Kaninchen	
Chinchilla	
	Meerschweinchen (Agouti, Degu)

* partiell/phasenweise auch insectivor/carnivor

Gemeinsam ist den verschiedenen Spezies aus den Gruppen der Nagetiere bzw. Lagomorphen das Bedürfnis zu einer nagenden Aktivität, das zu einem erheblichen Anteil schon mit der Futteraufnahme gestillt werden sollte. Eine länger dauernde intensive Nutzung der Zähne (und damit ihre Abnutzung) ist nicht zuletzt wegen des kontinuierlichen Zahnwachstums (s. nachfolgende Tabelle) erforderlich.

Längenwachstum (mm/Woche) **der Schneidezähne bei verschiedenen Spezies**

Spezies	Unterkiefer	Oberkiefer
Ratte	1,8–3,9	1,5–2,6
Chinchilla	1,1–2,2	1,3–1,7
Meerschweinchen	1,2–1,9	1,4–1,7
Kaninchen[1]	1,1–1,8	1,3–1,7

[1] Werte von Zwergkaninchen

Tageszeit (Tag/Nacht) sowie Art der Futteraufnahme (z. B. Fähigkeit zur Fixation des Futters) sind bei den einzelnen Spezies teils unterschiedlich.

Bei ungenügender Versorgung mit „nagefähigem" Futter sind Verhaltensstörungen (z. B. Trichophagie → Bezoare → Obturation des GIT, „Fellfressen" → Hautaffektionen) keine Seltenheit.

Viele der hier abgehandelten Spezies nehmen einen gewissen Anteil von Kot/Caecuminhalt wieder oral auf (Koprophagie/Caecotrophie), wodurch eine Versorgung mit bestimmten, mikrobiell gebildeten Vitaminen (z. B. Vit K) gesichert wird.

Verdauungsstörungen sind bei Spezies mit stärker entwickeltem Dickdarm nicht selten (Disposition → Kan/Mschw: Diarrhoe; Chinchilla: Obstipationen).

Auch gibt es ausgeprägte Speziesunterschiede, insb. die Reife zur Geburt (Nestflüchter: z. B. Mschw; Nesthocker: z. B. Kan, Hamster, u. a.) sowie die relative Fruchtmasse. Zuletzt sei auch auf die für Mschw notwendige Zufuhr von Vit C über das Futter verwiesen.

Eine Besonderheit der „Dickdarmverdauer" unter den hier behandelten Spezies betrifft den Ca-Stoffwechsel: Bei Kaninchen, Meerschweinchen, Chinchillas (aber auch Hamster) erfolgt bei steigender Ca-Aufnahme keine Reduktion der Absorption (beim Kaninchen Hauptresorption im Zäkum), sondern eine forcierte Exkretion und zwar im Wesentlichen über den Harn. Hiermit erklärt sich die besondere Disposition dieser Spezies für die Bildung und Ablagerung Ca-haltiger Harnkonkremente (Calcit-Steine!), evtl. auch die höhere Disposition für Weichgewebeverkalkungen (Ca-Gehalte im Blut steigen bei höherer Ca-Aufnahme).

8.1.3 Allgemeines zur Fütterungspraxis bei kleinen Nagern

Je nach Art der Haltung (in der Wohnung oder im Freien) und Voraussetzungen (z. B. Verfügbarkeit von Grünfutter aus dem Garten) sowie Erfahrungen des Betreuers sind folgende prinzipiell unterschiedlichen Konzepte anzutreffen:

Futtermittel[1]	bes. anzutreffen bei	besondere Risiken
Eigene Mischungen aus Getreide, Samen, Saaten, Nüssen (mit/ohne Ergänzungen durch Obst und Gemüse)	granivoren Spezies (Maus, Hamster etc.)	Zu hohe Energieaufnahme? Bedarfsgerechte Mineralstoff- und Vitaminversorgung? Ausreichendes Wasserangebot?
Eigene Mischungen auf der Basis von Grün- und Saftfutter (mit/ohne Ergänzung durch Kraftfuttermittel, Mineralstoffe)	herbivoren Spezies (Kaninchen, Meerschweinchen, Chinchilla)	Abrupte Futterwechsel? Ergänzungen passend zum „Grundfutter"? Überlagerung von Grünfutter?
Industriell hergestellte Mischfutter auf der Basis nativer Komponenten (Getreide, Samen, Grünmehlpellets, Johannisbrot, Nüsse ...)	allen Spezies (von Maus bis Kaninchen)	Selektion im Futterangebot? Struktur-/Rfa-Mangel → mangelnde Zahnabnutzung bei fehlender Raufutterergänzung, zu hohe Energieaufnahme? Ausreichendes Wasserangebot?
Echte Alleinfutter in pelletierter/extrudierter Form (mit teils sehr unterschiedlichen Rfa-Gehalten), teils ergänzt durch Raufutter	allen Spezies (m.o.w. tierartspezifisch unterschiedliche Rfa-Gehalte)	Ungenügende Struktur- (Faserlänge) und Rfa-Gehalte, ungenügende Zahnabnutzung, zu hohe Energieaufnahme, Nährstoffüberdosierungen?
„Snacks" = Ergänzungsprodukte, die zu verschiedenen Rationen zusätzlich angeboten werden	allen Spezies (i.e.S. oft keine Ergänzungsfutter)	Zusätzliche Energieaufnahme? Mineralstoff-Imbalanzen? Tierartuntypische FM und Komponenten (z. B. Milchprodukte)

[1] Angaben zum Energie- und Nährstoffgehalt s. S. 314

Besondere Beachtung in der nutritiven Anamnese verdient bei den kleinen Nagern die Wasserversorgung.

Nicht selten wird bei Angebot kleiner Mengen an Saftfutter (z. B. Möhren, Grünfutter) auf ein zusätzliches Angebot von frischem Tränkwasser verzichtet, da unter diesen Bedingungen die Wasseraufnahme aus der Tränke zurückgeht. Wasser muss aber ständig zur Verfügung stehen, da immer auch Bedingungen auftreten können, die einen höheren Flüssigkeitsbedarf nach sich ziehen, wie z. B. höhere Umgebungstemperaturen, verminderter Wassergehalt im Saftfutter oder auch ein höherer Mineralstoffgehalt im Futter. Insbesondere um der Bildung von Harnkonkrementen vorzubeugen, sollte Tränkwasser jederzeit unbegrenzt aufzunehmen sein.

Je g TS-Aufnahme variiert die Wasseraufnahme bei Angebot von trockenem MF zwischen 0,5 ml (Gerbil mit geringerem Wasserkonsum) und mehr als 3 ml (Mschw, Kan).

8.1.3.1 Allgemeines zu ernährungsbedingten Störungen

Die generell – insbesondere in der Haltung als Heimtiere – bei verschiedenen Spezies unter den kleinen „Nagern" auftretenden nutritiv bedingten Störungen sind in der nachfolgenden Übersicht zusammengestellt:

Ursachen	Bedingungen	Risiken/Folgen
ÜBERVERSORGUNG		
- Energie	zu große Kraftfuttermengen, Selektion energiereicher FM	Adipositas und sekundäre Störungen
- Calcium	Ca-reiche FM wie Luzerne, Nagesteine/Überdosierungen im MF	Harnkonkremente, Harnröhren/-blasensteine
- Vit D	Überdosierung im Mischfutter	Weichgewebeverkalkung
UNTERVERSORGUNG		
- strukturierte Rohfaser (bei herbivoren Spezies)	Verzicht auf Raufutter oder solche FM, die eine intensive Nage-Kauaktivität erfordern	Störungen der Zahngesundheit, „Elefantenzähne", Trichophagie, Bezoare; Durchfall u. Verstopfung
- Mineralstoffe/Vitamine	Einsatz von FM-Mischungen, die keine echten Alleinfutter sind	diverse spezifische/unspezifische Störungen (z. B. Haut) bzw. des Skelettes
MÄNGEL IM HYGIENESTATUS		
- Vorratsschädlinge - Mikroorganismen	Überlagerung des Futters, mangelnde Frische des Grünfutters! („warm gewordenes" Grünfutter)	Futterverweigerung, Verdauungsstörungen; Dysbakterien, Trommelsucht
MÄNGEL IN DER FÜTTERUNGSTECHNIK		
- Wasserversorgung - abrupte Futterwechsel	bewusster Verzicht oder mangelnde Verfügbarkeit (tropfende Flaschen!) insbes. von Trockenfutter auf Grünfutter/Gemüse	Futterverweigerung, Harnkonzentrierung Dysbakterie, Tympanie, Obstipation, Diarrhoe

8.2 Nähere Angaben zu einzelnen Spezies

8.2.1 Mäuse *(Mus musculus)* und Ratten *(Rattus norvegicus)*

Die Lebenserwartung dieser m. o. w. granivoren Spezies beträgt 1 (Mäuse) bzw. 3–4 Jahre (Ratten). In früheren Jahren: Ausschließliche Haltung zu Versuchszwecken, in den letzten Jahren zunehmend als Heimtier (unterschiedlichste Fellfarben und -muster). „Nagergebiss" mit kontinuierlichem Zahnwachstum; nur begrenzte Kapazität zur Verwertung rohfaserreichen Futters, Futteraufnahme vorwiegend in der Dunkelphase.

ENERGIEBEDARF

	Ratte	Maus
– Erhaltung: (kJ DE/kg $KM^{0,75}$)	460	735
– Gravidität (Anfang/Ende):	1,2/2,4 x Erhaltungsbedarf	
– Laktation:	~3 x Erhaltungsbedarf	

Angestrebte ENERGIEDICHTE im Alleinfutter (MJ DE/kg):

- Erhaltung 10–12
- Wachstum 14–16
- Laktation ~ 16

Angaben zur tgl. Futtermengenaufnahme von Ratten in Abhängigkeit vom Alter (Angaben in % der KM; AF mit ~ 16 MJ DE/kg und ~ 90 % TS)

4 Wochen	15,0	8 Wochen	9
5 Wochen	13,0	14 Wochen	6
6 Wochen	11,0	52 Wochen	3,5–4

NÄHRSTOFFBEDARF

- Protein: bei Ratten im Erhaltungsstoffwechsel: 200 mg N/kg $KM^{0,75}$ (= 1,25 g Rp/kg $KM^{0,75}$)
- sonstige Nährstoffe: s. Richtwerte zur Futterzusammensetzung, S. 316

FÜTTERUNGSPRAXIS

Körnermischungen oder pelletierte Alleinfutter für Hamster, Ratten oder Mäuse; Getreidekörner, Gemüse, Obst und geringe Mengen an tierischem Eiweiß in Form von gekochten Eiern oder gekochtem Fleisch.

8.2.2 Gerbil (= Mongolische Rennmaus = Wüstenrennmaus; *Meriones unguiculatus*)

Der Verdauungstrakt des Gerbils ist ähnlich dem der Maus oder Ratte. Spezieller Blinddarmkot wird direkt vom Anus aufgenommen (Caecotrophie). Besonderheiten in der Thermoregulation; an geringste Wasseraufnahme adaptiert (4–10 ml Wasser bei einer Futteraufnahme von 5 bis 15 g).

Fütterungspraxis

Neben Getreide, Sämereien wie Sonnenblumenkerne werden auch Gemüse (Karotten, Gurke) und Obst aufgenommen. Ergänzung evtl. auch durch Insekten oder einmal wöchentlich gekochtes Fleisch oder Ei; Vorsicht mit sehr fettreichen Komponenten wie Nüssen (Gefahr der Lipidaemie)!

Als Alleinfutter werden häufig für Maus, Ratte und Hamster entwickelte MF verwandt.

Richtwerte für die Zusammensetzung von AF für Gerbil (Angaben je kg)

Rp	g	155	Vit A	IE	9000
Rfa	g	40–60	Vit D	IE	200
Rfe	g	40	Vit E	mg	30–50
Ca	g	6,5	Vit B_1	mg	2,7
P	g	4,5	Ca-Pantothenat	mg	12
Lys	g	8,5	Nicotinsäure	mg	45
Met + Cys	g	6,0	Vit B_{12}	µg	7,4
Trp	g	2,0	Cholinchlorid	mg	1100

Ernährungsbedingte Krankheiten und Störungen

- **Knochenstoffwechselstörung:** Ca : P-Verhältnis unter 1 : 1
- **Intestinale Lipodystrophie:** besonders bei Weibchen in Verbindung mit ernährungsbedingtem Überschuss an gesättigten Fettsäuren (spez. Laurinsäure) → Abmagerung, Dermatitis, Tod nach wenigen Wochen
- **Lipidämie:** durch fettreiches Futter hochgradige Hyperlipidämie;
- **Wet tail oder Enteritis bei Jungtieren:** bei Jungtieren ab 10. Tag bis zum Absetzalter, Eltern und ältere Tiere allgemein nicht betroffen, Ursache sind Fütterungsfehler und/oder Viren
- **Tympanien/Blähungen:** bei abrupten Futterumstellungen
- Erkrankungen des **Parodontiums:** Läsionen, vor allem, wenn ausschließlich Getreide gefüttert wird

8.2.3 Hamster *(Cricetinae)*

Als Heimtier von besonderer Bedeutung sind Gold- und Zwerghamster (Unterschiede s. nachfolgende Tabelle); tierartliche Besonderheit:

Backentaschen: Hamstern von Futter, beim Goldhamster „Vormagen" mit gewisser mikrobieller Verdauung (für Rfa-Verwertung jedoch kaum von Bedeutung), stärker entwickeltes Caecum ist diesbezüglich wichtiger und effektiver.

	Goldhamster (♀ 100–150 g, ♂ 130–165 g)	Chines. Zwerghamster (30–40 g)
Anatomie	zweihöhliger zusammengesetzter Magen	Gallenblase fehlt
Temperaturen	optimale Umgebungstemperatur 19–23 °C bei einer relativen Luftfeuchte von 45–70 %	
Winterschlaf	ja, bei Temperaturen <10 °C	nein, aktiv bis –40 °C
Futterverbrauch/Tag, lufttr. FM	8–15 g/Tier u. Tag	ca. 2,5–4 g/Tier u. Tag
Wasserverbrauch (Labor)	8–20 ml/Tier u. Tag	5–10 ml/Tier u. Tag

Fütterungspraxis

Geeignete Futtermittel: Verschiedene Getreidearten, Sonnenblumenkerne, Kürbiskerne, Nüsse; als Saftfutter geschätzt: Karotten, Obst, Löwenzahn, Salat, Mais in Milchreife; als Nagematerial beliebt: junge Triebe, Zweige mit Knospen von Obstbäumen, evtl. auch Kauknochen für Hunde; in der Praxis nicht selten Ergänzung der Ration mit Insekten, hart gekochtem Ei, Fleisch; spezielle Alleinfutter verfügbar (auf der Basis nativer Komponenten, in pelletierter wie auch extrudierter Form); Aufnahme derartiger AF: zwischen 4,5 und 6,7 g TS/100 g KM.

Richtwerte für die Zusammensetzung derartiger Alleinfutter (Angaben %):
Rp: 14 (Erhaltung) bis 24 % (Laktation, Jungtiere)
Rfe: max. 7 %
Rfa: max. 8 %
Ca: 0,5–0,8 %

Besondere ernährungsbedingte Krankheiten/Störungen

- Verderb des gehamsterten Futters mit der Folge von Anorexie und Verdauungsstörungen
- abrupte Futterumstellungen → intestinale Dysbakterie, Verdauungsstörungen
- Fellschäden mit borkiger Hautveränderung: Unterangebot an Eiweiß bzw. bestimmten AS kombiniert mit einem Vit A- bzw. Vit E-Mangel (Hinweise auf tierartlich besonders hohen Bedarf)
- Kannibalismus bei Jungtieren: Unterversorgung des Muttertieres mit tierischem Eiweiß (fraglich) oder Folge von Haltungsfehlern (männl. und weibl. säugende Goldhamster nicht gemeinsam halten)
- Wet Tail (proliferative Ileitis): im Alter von 3–8 Wochen; Ursache unbekannt; Stressfaktoren (schlechtes Futter) und Infektionen vermutet

8.2.4 Streifenhörnchen (= Burunduk = Gestreiftes Backenhörnchen; *Eutamias sibiricus*)

Tagaktive Tiere mit Backentaschen (die bei Füllung Kopfgröße erreichen können), einhöhliger Magen, Gesamtdarmlänge = 3,5faches der Körperlänge, schon stärker entwickelter Dickdarm; bei Haltung im Freien: Winterruhe (für diese Zeit werden Vorräte angelegt); zu großzügiges Futterangebot führt leicht zum Anlegen von Futtervorräten, die verderben können.

Fütterungspraxis

Futtermittel: Getreide, Haferflocken, Hirsen, Sonnenblumenkerne, Maiskörner, Pinienkerne, Hanfsamen, sonstige Sämereien für Ziervögel, Nüsse und Eicheln, Bananen, Äpfel, Birnen, Feigen, wenige Mehlwürmer, Knospen, Salatblätter. Die pflanzlichen Futtermittel evtl. ergänzen mit Protein tierischer Herkunft (z. B. hart gekochtes Ei).

Alleinfutter: spezielle AF oder AF für Hamster oder Mäuse/Ratten; AF für Meerschweinchen evtl. zu rohfaserreich.

Besondere ernährungsbedingte Erkrankungen/Störungen

- Bei Jungtieren kommt es häufig zu Spontanfrakturen beim Verlassen des Nestes aufgrund eines Ca-Mangels bei gleichzeitigem P-Überschuss (reine Getreidefütterung!)
- Tympanien bei abrupter Futterumstellung; Aufnahme verdorbenen „gehamsterten" Futters, verheftes/verpilztes Obst
- „Elefantenzähne" (vermutlich aber genetisch bedingt), mangelnde Zahnabnutzung

8.2.5 Kaninchen (*Oryctolagus cuniculus var. domestica*)

Spezies mit größter Bedeutung als Heim-, Nutz- und Versuchstier; Lebenserwartung in Menschenobhut bis zu 7–10 Jahren.

Körpermasse adulter Tiere mit erheblicher rassetypischer Variation, in der Heimtierhaltung dominieren Zwergkaninchen, in der Nutz-/Versuchstierhaltung die größeren Rassen:

Zwergkaninchen	1–2 kg	z. B. Zwergwidder, Chinchillakaninchen
kleine Rassen	2–3,5 kg	z. B. Holländer, Klein-Schecken, Lohkaninchen
mittelgroße Rassen	3,5–5 kg	z. B. Weiße Wiener, Neuseeländer
große Rassen	>5,5 kg	z. B. Deutsche Riesen, Deutsche Widder

Der herbivoren Ernährungsweise entsprechender Verdauungskanal mit sehr stark entwickeltem Dickdarmsystem für die Verdauung der Rohfaser. Hohe Anpassungsfähigkeit in der Futteraufnahme bei unterschiedlicher Energiedichte im Futter; Strategie: weniger wertvolles Substrat (gröbere, verholzte Strukturen) wird schnell eliminiert („Hartkot") wertvolleres Substrat passiert wiederholt (durch Caecotrophie, „Weichkot") den Verdauungstrakt, dennoch Rfa-Verdaulichkeit deutlich schlechter als bei Pfd oder Wdk. Rfa-reiches Futter für Funktion des Gebisses (Vermeidung von Zahnanomalien), die Magenentleerung (schwach entwickelte Magenmuskulatur) und des Darmkanals (mikrobielle Verdauung/Separationsprozesse im Chymus) unentbehrlich; Durchfälle bei Fehlen von Strukturstoffen; Caecophagie essentiell zur Versorgung mit verschiedenen B-Vitaminen und Eiweiß (bei proteinarmen FM); Eiweißgehalt der Caecotrophe ca. 38 % d. TS, im Hartkot ca. 13 % d. TS.

Energie- und Nährstoffbedarf

ENERGIEBEDARF: (Erhaltungsstoffwechsel): ~440 kJ DE/kg $KM^{0,75}$
(in der Laktation): ~3x Erhaltungsbedarf

PROTEINBEDARF: (g vRp/MJ DE)

Erhaltung:	~6
Wachstum:	10–12
Gravidität:	7–14
Laktation:	12–15

SONSTIGE NÄHRSTOFFE: s. Zusammensetzung von AF (S. 314 bzw. 316)

Tgl. Futteraufnahme (TS in % der KM):

KM (kg)	Erhaltung	Gravidität[1]	Laktation	Wachstum
~1,0	3,5–5,2	4–6	6–8	6,5
2,3	4,0	5,0	7,0	6,0
4,5	3,3	4,1	6,0	5,0
6,8	3,0	3,7	5,0	4,5

[1] Ende der Gravidität reduzierte Futteraufnahme, etwa wie im Erhaltungsstoffwechsel

WASSERAUFNAHME (ml/g TS): 2–3

Fütterungspraxis

In der Heimtierhaltung sehr variabel, alle Möglichkeiten, die auf S. 304 beschrieben sind (von ausschließlicher Grünfütterung bis reiner Kraftfuttergabe).

Fütterungspraxis bei Kaninchen zur Fleisch- bzw. Wollproduktion je nach Bestandsgröße unterschiedlich:

Kleinhaltungen: kombinierte Fütterung (Saft-, Grün-, Raufutter und höherer Kraftfutteranteil bei den Masttieren)

Großbestände: industriell gefertigte Alleinfutter (allgemein pelletiert) für Zucht, Erhaltung und Mast (Energiedichte und Rfa- sowie Rp-Gehalte sehr unterschiedlich)

MASTTIERE:

Mastdauer: vom Absetzen (3–5 Wochen) bis zum Alter von 8 bis 11 Wochen
Schlachtgewicht: z. B. Weiße Neuseeländer ca. 2,5 kg
Tageszunahmen: ca. 40–50 g
Futterbedarf: pro Masttier ca. 6 kg AF
Futteraufwand: ~ 2,8

ANGORAKANINCHEN:

jährlicher Wollertrag: 0,2–0,25 kg/kg KM, 4 Schuren/Jahr
Wolleigenschaften: niedriges spezifisches Gewicht, hohes Wärmehaltungsvermögen (doppelt so hoch wie das von Schafwolle)
Fütterung: meist industrielle AF; hoher Bedarf an S-haltigen AS
Futteraufnahme: extreme Schwankungen vor und nach der Schur

Ernährungsbedingte Krankheiten und Störungen bzw. diätetische Maßnahmen

- Anorexie: Die Anorexie ist bei Kaninchen nicht selten. Zunächst ist die Ursache zu eruieren (Zahnanomalien? Passagestörungen, z. B. infolge von Bezoaren? Indigestionen mit nachfolgender Allgemeinerkrankung? Bei abgesetzten Jungkaninchen Anorexie in Folge einer Rotavirusinfektion? Nur scheinbare Inappetenz bei Mängeln in der Futterqualität?). Bei einer Anorexie infolge einer Verlegung des Magendarmtraktes ist zunächst die Verlegung zu beseitigen/zu entfernen (z.B. Bezoare im Magen), bevor eine Sondenernährung empfohlen werden kann. Auch die vollständige Verweigerung der Futter- und Wasseraufnahme nach Operationen ist nicht selten Indikation für die vorübergehende Ernährung von Kaninchen mittels einer Sonde (Sondenlumen 3–4 mm, orogastrale

Applikation, 2x pro Tag, insgesamt 5–6 ml/100 g KM bei einer Suspension mit ca. 30 g TS/100 ml); hierfür verfügbar sind kommerzielle Produkte oder Eigenmischungen auf der Basis von Karotten-/Gemüsesaft (Brei) ergänzt durch Grünmehl/-pellets.

Wichtig hierbei: Sondennahrung muss auch im Dickdarm verfügbare Substrate bereitstellen wie Pektine und andere Ballaststoffe; Problem: Sondengängigkeit der faserhaltigen Mischung/Suspension → Einsatz mikrokristalliner Ballaststoffe

- Adipositas → zu großes Kraftfutterangebot, insbesondere bei Zwerg-Kan (selektive FA) Behandlung: nur Heu oder Saftfutter darf ad libitum angeboten werden, nicht aber KF; nur KF mit höheren Rfa-Gehalten (>14 %)
- mangelnder Zahnabrieb („Elefantenzähne") bei zu kurzer Dauer der Zahnnutzung (Zähne nutzen sich primär an gegenüberliegenden Zähnen ab, nicht am Futter) → Grün- und Rauhfutter bzw. „Nagematerial" (z. B. Zweige von Birke, Obstbäumen) anbieten
- Trichophagie (Verhaltensstörung) bei mangelnder „Nageaktivität" bzw. Rfa-Mangel → Trichobezoare (bes. bei Angorakaninchen, aber auch in intensiver Kaninchenmast und in der Heimtierhaltung)
- Magenüberladung: hohe Kraftfutteraufnahme/Zeiteinheit nach längerer Hungerphase → Magenausdehnung → gastrale Gasansammlung → Kreislaufversagen
- Magenobstipation: Mangel an strukturierter Rfa und hohe KF-Aufnahme → Magen gefüllt mit eingedicktem Chymus, der nicht weiter transportiert wird → Anorexie
- Durchfall der Absetzkaninchen besonders bei Rfa-Mangel und gleichzeitigem Proteinüberschuss: kurzfristig beide Rohnährstoffe auf ca. 15–16 % im AF einstellen oder gesonderte Raufutterzulage
- Trommelsucht: Anschoppung im Caecum bei Darmkatarrh, Kokzidiose u. ä., evtl. Fütterung tau- bzw. regennassen Klees bzw. Kohls sowie „warm gewordenen" Grünfutters (dichte Lagerung des geschnittenen Grüns im Sommer!)
- Urolithiasis/Harnkonkrementbildung → Ca-Steine in harnabführenden Wegen: Ca-/Vit D-Überdosierung, insbesondere bei älteren Tieren (fördernd: Wassermangel)
- Weichgewebeverkalkung: Vit D-Überdosierung bei hoher Ca-Zufuhr
- Corneatrübung: bei hohen Fischmehlanteilen im AF → hoher Cholesteringehalt → Ablagerungen in der Cornea, häufiger bei Diabetes
- Unfruchtbarkeit/Kachexie: besonders bei kontinuierlicher Zuchtnutzung (Parallelität von Gravidität und Laktation) durch Energie- und Nährstoffunterversorgung
- Verdauungsstörungen infolge schwerer intestinaler Dysbiosen bei der Anwendung von Arzneimitteln über das Futter (nur wenige Medikamente geeignet für orale Zufuhr)
- Intoxikationen durch Kontamination des Mischfutters (Verschleppung!) mit Coccidiostatika u. Ä. (seltene Ereignisse in Großbeständen)

8.2.6 Chinchilla *(Chinchilla lanigera, Chinchilla brevicaudata)*

Spezies mit vergleichsweise hoher Lebenserwartung (bis zu 20 Jahren); Trächtigkeitsdauer im Mittel 111 Tage, im Durchschnitt 2,8 Junge/Wurf; Körpermasse bei der Geburt: 40–50 g; Speziesbesonderheit: fast keine Neugeborenenpflege durch das Muttertier, Absetzen von der Mutter mit ca. 6 Wochen

In der Vergangenheit Haltung zur Fellproduktion, in den letzten Jahren stärkere Verbreitung als Heimtier. Der Magen/Darm-Trakt der Chinchilla ist auf die Erschließung eines rohfaserreicheren Futters eingestellt. Er ist ähnlich dem der Pferde aufgebaut (großes Caecum mit Tänien, hier Bildung von Caecotrophe). Chinchillas vertragen nur schlecht große Mengen energiereichen Futters. Entsprechend dem Tag-Nacht-Rhythmus der Tiere erfolgt die tägliche Fütterung am besten in den Abendstunden (Futteraufnahme fast nur in der Dunkelphase).

Intensive Zerkleinerung des Futters bei der Aufnahme; für das Wohlbefinden unentbehrlich: Sandbad (Fellpflege) und benagbare Materialien/faserreiche Futtermittel (in der Praxis häufig: Nagesteine! Stückchen von Ytong-Steinen = Leichtkalkbeton).

ENERGIEBEDARF:	~ 480 kJ DE/kg KM (Erhaltung)
PROTEINBEDARF:	vergleichbar dem Kaninchen
SONSTIGE NÄHRSTOFFE:	s. Zusammensetzung von AF für Kaninchen
Futteraufnahme:	3–5,5 g TS/100 g KM (je nach Energiedichte im Futter) Alleinfutter (14–16 % Rfa) oder je Tier und Tag: 5 g Heu + 10–20 g Getreide + etwas Saftfutter (Äpfel/Karotten)
Wasseraufnahme:	1,3–3 ml/g TS Futter; 20–40 ml/Tier/d bei Gabe von trockenem Futter

Fütterungspraxis

häufig kombinierte Fütterung, d. h. Raufutter wie Heu und Ergänzung durch Getreide, Sonnenblumenkerne (oder Futtermischungen für Kaninchen und Meerschweinchen); aber auch Alleinfutter für Chinchillas im Handel (hier auf Rfa-Gehalt und Struktur achten; Rfa >14 %). Besonderheit: die meisten Chinchilla bevorzugen getrocknetes Grundfutter (Heu, Kräuter u. Ä.) gegenüber frischem Grün, Gemüse und Obst (Grünfutter soll Verdauungsstörungen fördern), als Nagematerial besonders beliebt: Zweige von Obstbäumen, Weiden, Wein.

Handaufzucht von neugeborenen Chinchillas (Nestflüchter) relativ häufig erforderlich, da das Muttertier zwar 3 Zitzenpaare hat, aber nur 1–2 Paare laktieren. Dies führt zu einem Missverhältnis zwischen Jungenzahl und laktierender Zitzenzahl. Innerhalb der ersten 24 Stunden nach der Geburt sollen die Jungen unbedingt einmal zum Trinken kommen.

Chinchillawelpen, die bei der Geburt weniger als 40 g wiegen, sind kaum überlebensfähig. Die KM-Zunahme innerhalb der ersten LW beträgt 30 bis 50 % der Geburtsmasse.

Mögliche Fertigpräparate (Säuglingsnahrung aus dem Humanbereich) werden mit heißem Wasser gelöst, leicht abgekühlt und den Jungen bis zur Sättigung körperwarm verabreicht. In den ersten Tagen – außer nachts – alle 2–3 Stunden füttern. Zusätzlich Leinsamenöl mit Traubenzucker und Vit-Ergänzung mittels Pipette dreimal täglich zugeben. Auch mit Milchaustauschern für Katzenwelpen ist eine Handaufzucht möglich. Ab 2. LW Festfutteraufnahme, ab 4.–5. LW kann abgesetzt werden.

Ersatzfütterung

anfangs: 1 Teil Kondensmilch (12 % Fett) und 2 Teile Kamillentee,
später: 1 Teil Kondensmilch : 1 Teil Kamillentee,
oder 1 Teil Kondensmilch : 1 Teil abgekochtes Wasser : 1 Teil Ziegenmilch,
Verabreichung handwarm alle 3 Stunden.

Ernährungsbedingte Krankheiten und Störungen

Am häufigsten treten Erkrankungen des Verdauungsapparates auf, insbesondere Zahnprobleme, Magen-Darm-Entzündungen, Verstopfungen, Durchfall, Blähungen. Sie sind aber auch zu einem erheblichen Teil auf Infektionen mit obligat und fakultativ pathogenen Bakterien zurückzuführen.

- Schlundverstopfungen: beim gierigen Fressen, vor allem beim Kampf um Leckerbissen
- Magentympanien: plötzliche Futterumstellung, zu viel ungewohntes Grünfutter (spez. Klee, Kohl), erntefrisches Heu (in Fermentationsphase)
- Durchfall: Mangelnde Adaptation an Grünfutter, zu viel Kraftfutter, schimmeliges Heu

- Verstopfung: bei Chin häufiger und gefährlicher als Durchfall; Ursache ist evtl. übermäßig eiweißreiches Trockenfutter, Futterwechsel bzw. ein Mangel an strukturierter Rohfaser
- Tympanien: vorwiegend bei Jungtieren im Alter von 3–5 Monaten, Folge mangelnder Darmperistaltik
- Rektumprolaps: fast immer im Zusammenhang mit einer Enteritis oder Verstopfung; dabei fallen 3–4 cm ödematisierter Darm vor
- Leberverfettung: zu hoher Fett- und Stärkegehalt im Futter, evtl. Entstehung im Verlauf einer Trächtigkeitstoxikose oder Puerperaltoxikose
- Fellprobleme: fehlendes Sandbad, Fütterungsfehler, Stoffwechselstörungen, als Folge von Trichophagie bei Rfa-Mangel
- Ca-Mangel-Syndrom: Krämpfe, Hinterläufe gestreckt; unter diesen Bedingungen: Aufhellung der Zahnfarbe (weiß/weiß-gelblich, bei gesunden Tieren: gelb-orange)
- Urolithiasis: Ursachen etc. s. Kaninchen
- Thiaminmangel: Krämpfe und andere zentralnervöse Störungen
- Vit E-Mangel: (= Yellow-Fat-Disease, Gelbohrkrankheit), zu wenig Vit E im Futter; ranzig gewordene Pflanzenfette im Futter
- Vergiftungen durch schimmeliges Futter sowie durch Giftpflanzen u. Ä. (Hahnenfuß, Mohn, Herbstzeitlose, Fingerhut, Mutterkorn, Schachtelhalm sowie Rinde von Lorbeer, Kirschbaum, Eiche, Holunder, Eibe, Rhododendron und Pseudo-Akazie).

8.2.7 Meerschweinchen *(Cavia porcellus)*

Meerschweinchen zählen zu den herbivoren Spezies, die als Heim- und Versuchstiere eine erhebliche Bedeutung haben. Im Unterschied zu Kaninchen gibt es bei den Meerschweinchen keine echte Caecotrophie, sondern nur eine Koprophagie, wobei zwar ein Teil der Enddarm-Ingesta aufgenommen wird, es aber nicht zur Bildung zweier unterschiedlicher Kotarten (also kein Hart- und Weich-Kot wie bei Kan) kommt. Körpermasse (KM: 0,7 bis 1,6 kg), Farbe und Haarlänge variieren in verschiedenen Zuchtlinien und Rassen ganz erheblich. Weitere Charakterisierung:

Pflanzenfresser, Nagergebiss (kontinuierliches Längenwachstum); durch Fütterung strukturreichen Raufutters für ausreichenden Abrieb der Zähne und längere Beschäftigung sorgen (→ Trichophagie); zusammengesetzter Magen, stark entwickelter Blinddarm mit leicht höherer Verdauungskapazität für Rfa als Kan; ungenügende körpereigene Vit C-Synthese (Skorbutgefahr); Vit C-Bedarf: 10–20 mg/Tag; relativ lange Tragezeit, Neugeborene bei Geburt schon weit entwickelt, unmittelbar p. n. neben Milch bereits Festfutteraufnahme.

ENERGIEBEDARF (für Erhaltung):	~500 kJ DE/kg KM und Tag
PROTEINBEDARF (für Erhaltung):	~ 3 g Rp/kg KM und Tag (ca. 10 % Rp im AF)
SONSTIGE NÄHRSTOFFE:	s. Zusammensetzung von AF, S. 314, 316

Futteraufnahme:	40–60 g TS/kg KM und Tag (adulte Tiere)
	50–75 g TS/kg KM und Tag (wachsende Tiere)
Wasseraufnahme:	2–3 ml/g TS
Fütterungspraxis:	in der Heimtierhaltung sehr variabel (s. S. 304), Versuchstiere: s. S. 315
Futtermittel:	Grün-, Saft-, Raufuttermittel; in Ergänzung diverse Kraftfuttermittel (Getreide, Sonnenblumenkerne etc.) oder pelletierte bzw. extrudierte AF (s. Tab. S. 314)

Ernährungsbedingte Krankheiten und Störungen

- Mangelnder Zahnabrieb: Folge ungenügender Versorgung mit Grün- und Raufutter bzw. Mangel an „Struktur" im Futter, die zu einer intensiven Nutzung der Zähne zwingen würde. Neben zu langen Schneidezähnen ist bei Mschw besonders häufig eine Zahnspangenentwicklung (hintere Backenzähne, „Brückenbildung"), die zu entsprechenden Problemen führt (Futteraufnahme ↓, Schwierigkeiten des Abschluckens von Futterbrei, auch von Speichel, Schleimhautverletzungen in der Maulhöhle).
- Magentympanie: Mängel im Hygienestatus (Hefen?) des Futters, quellende Futtermittel (Trockenschnitzel), abrupte Futterwechsel, gierige Futteraufnahme
- Obstipationen: einseitige Fütterung (Haferflocken, Kartoffelschalen)
- Dickdarmtympanie: große Mengen an Kohl, Klee u. Ä. ohne ausreichende Adaptation
- Trächtigkeitstoxikose (Ketose): Apathie, Inappetenz, Azidose → Tod; meist zum Ende der Gravidität → große relative Fruchtmasse → Futteraufnahmekapazität ↓, deshalb hohe Energiedichte im Futter notwendig!, Nachweis von Ketonkörpern im Harn!
- Organverkalkungen: Vit D-/Ca-Überdosierung, Mg-Mangel; falsches Ca-/P-Verhältnis (?)
- Urolithiasis: ähnlich den Kan überwiegend $CaCO_3$-Monohydrat-Steine, die sowohl in der Harnblase wie auch Harnröhre vorkommen. Pathogenese wie bei Kan (d. h. Besonderheiten im Ca-Stoffwechsel, vorwiegend renale Exkretion des Ca-Überschusses!).
- Vit C-Mangel (evtl. auch bei Vit C-Zusatz durch Autoxidation) → Spontanfrakturen, allg. Resistenzminderung, schlechte Wundheilung; Vermeidung: Grünfutter/Obst oder 70–100 mg Ascorbinsäure/l oder 250 mg Na-Ascorbat + 1 g Zitronensäure/Liter Trinkwasser, Wasser ad lib.

8.2.8 Degu (Fam. der Trugratten; *Octodon degus*)

Haltung ähnlich wie beim Chinchilla; Fütterung: Heu, Saftfutter (Gräser, Löwenzahn, Endivie, Kopfsalat, Rote Beete, Blumenkohl), Chinchillafutter, Zweige von Obstbäumen; zucker- (Obst) und fettreiche (Sonnenblumenkerne, Nüsse) FM meiden.

Ernährungsbedingte Krankheiten/Störungen:

- Diabetes mellitus: nach Schätzung haben ca. 10 % der Degus in Heimtierhaltung ein- oder beidseitige Katarakte. Prophylaxe: zucker- und fettarme FM!
- Graviditäts-/Puerperaltoxikose: gegen Ende der Trächtigkeit oder wenige Tage nach der Geburt, besonders bei fetten Tieren; Apathie, Inappetenz; Prognose fraglich. Genese: Energiedefizit durch zu wenig energiereiches Futter und/oder Einschränkung der Futteraufnahmekapazität (Früchte!).
- Gastroenteritis: meist Fütterungsfehler, Aufnahme von verdorbenem Futter.
- Tympanie: durch Fütterungsfehler, Zahnerkrankungen, Infektionen, Antibiotika, Obstipation oder Torsion von Darmteilen.

Schrifttum (Heimtiere, Versuchstiere)

BEN SHAUL, D. M. (1962): The composition of the milk of wild animals. Int. Zoo Yearbook 4, 333–342

BEYNON, P. H., and J. E. COOPER (1991): Manual of exotic pets. Brit. Small Anim. Vet. Ass., KCO, Worthing, West Sussex

CLIFFORD, D. R. (1973): What the practising veterinarian should know about Gerbils. Vet./med./Small An. Clin. 68, 912–918

COENEN, M., und K. SCHWABE (1995): Wasseraufnahme und -haushalt von Kaninchen, Meerschweinchen, Chinchillas und Hamstern bei Angebot von Trocken- bzw. Saftfutter. Kongressbericht zur 9. Arbeitstagung der DVG über Haltung und Krankheiten der Kaninchen, Pelz- und Heimtiere, Celle, 10.–11. 5. 1995, 148–149

DE BLAS, C., and J. WISEMAN (Hrsg; 1998): The nutrition of the rabbit. CABI Publishing, ISBN 0-85199-279-X

GABRISCH, K., und P. ZWART (2008): Krankheiten der Heimtiere. 7. Aufl., Schlütersche, Hannover

GULDEN, W. J. I., G. L., VAN HOOIJDONK, P. DE JONG und A. K. KREMER (Hrsg.; 1975): Versuchstiere und Versuchstiertechnik, Bd. 1. Druckerei van Mameren, Nijmegen

KAMPHUES, J. (1989): Der Ca-Stoffwechsel bei Kaninchen – Bedeutung für die Kleintierpraxis. Proc. 35. Jahrestagung der Fachgruppe Kleintierkrankheiten der DVG. Gießen, 12.–14. 10. 1989, 314–321

KAMPHUES, J. (2001): Die artgerechte Fütterung von Kaninchen in der Heimtierhaltung. Dt. Tierärztl. Wschr. 108, 131–135

KAMPHUES, J., P. WOLF und M. FEHR (1999): Praxisrelevante Fragen zur Ernährung kleiner Heimtiere (Kleine Nager, Frettchen, Reptilien). Selbstverlag Hannover, ISBN 3-00-004731-X

KLÖS, H. G., und E. M. LANG (1976): Zootierkrankheiten. Verlag Paul Parey, Berlin – Hamburg

KRAFT, H. (1966): Grundriß der Chinchilla-Krankheiten. Die blauen Hefte für den Tierarzt 11, 7–12

LEBAS, F., et al. (1986): The rabbit. FAO, Rom

LIESEGANG, A., BURGER, B., KUHN, G., and M. CLAUSS (2008): Are intestinal calcium flux rate and bone metabolism influenced by dietary Ca concentration in rabbits? Proc. 12th ESVCN-congress, Vienna, Sept. 25–27. ISBN 978-3-200-01193-9

MEDICAL RESEARCH COUNCIL – LABORATORY ANIMALS CENTRE (1977): Dietary standards for laboratory animals. Carshalton GB

NATIONAL RESEARCH COUNCIL, NRC (1978): Nutrient requirements of domestic animals. No 8: Nutrient requirements of laboratory animals, Washington, D.C.

SCHLOLAUT, W. (1981): Die Ernährung des Kaninchens. Roche, Wissenschaftliche Mitteilung der Vitaminabteilung

SCHWEIGERT, G. (1995): Chinchilla – Heimtier und Patient, Fischer, Jena

SMIT, P. (1977): Streifenhörnchen als Heimtiere. Das Vivarium. Franckh'sche, Stuttgart

TAVRNOR, W. D. (Hrsg.; 1970): Nutrition and disease in laboratory animals. Ballière, Tindall and Cassel, London

The UFAW Handbook on the care and management of laboratory animals (1972): Churchill Livingstone, London – Edinburgh

WEISBROTH, S. H., R. E. FLATT and A. L. KRAUS (1974): The biology of the laboratory rabbit. Acad. Press, New York – London

WEISS, J., MAESS, J., und K. NEBENDAHL (Hrsg.; 2003): Haus- und Versuchstierpflege. 2. Aufl. Enke Verlag, Stuttgart, ISBN 3-8304-1009-3

WOLF, P., BUCHER, L., ZUMBROCK, B., und J. KAMPHUES (2008): Daten zur Wasseraufnahme bei Kleinsäugern und deren Bedeutung für die Heimtierhaltung. Kleintierpraxis 53, 217–223

WOLF, P., und J. KAMPHUES (1995): Probleme der art- und bedarfsgerechten Ernährung kleiner Nager als Heimtiere. 21. Kongreßbericht der DVG, Bad Nauheim, 23.–25. 3. 1995, 264–272

WOLF, P., und J. KAMPHUES (1996): Untersuchungen zu Fütterungseinflüssen auf die Entwicklung der Incisivi bei Kaninchen, Chinchilla und Ratte. Kleintierpraxis 41, 723–732

WOLF, P., A. SCHRÖDER, A. WENGER and J. KAMPHUES (2003): The nutrition of the Chinchilla as a companion animal – basic data, influences and dependences, J. Anim. Physiol. Anim. Nutr. 87, 129–233

ZENTEK, J., H. MEYER, P. ADOLPH, A. TAU und R. MISCHKE (1996): Untersuchungen zur Ernährung des Meerschweinchens, II. Energie- und Eiweißbedarf. Kleintierpraxis 41, 107–116

8.3 Energie- und Nährstoffgehalte (je kg uS) diverser FM für kleine Nager

		TS	Rp	Rfe	Rfa	DE[1]	Ca	P	Na
		g				(MJ)	g		
Gras		150	27	6	39	1,23	1,14	0,43	0,16
Löwenzahn		178	35	10	23	2,23	2,5	0,77	0,24
Kohlblätter		117	17	2	12	1,78	0,5	0,3	0,1
Petersilie		181	44	3	43	1,88	2,45	1,28	0,33
Schafgarbe		154	36	8	19	2,05	1,76	0,67	0,08
Möhren		110	13	2	12	1,62	0,3	0,4	0,4
Rüben		120	11	1	9,8	1,76	0,3	0,3	0,4
Kohlrabi		80	18	1	12	0,99	0,50	0,30	0,35
Äpfel		155	3,2	0,7	6,3	2,23	0,05	0,06	0,07
Banane		250	12	2	2,8	4,09	0,08	0,26	0,09
Salatgurke		66	16	3,1	5,83	1,05	0,45	0,61	0,04
Heu									
– Gras		860	118	23	267	5,42	6,4	2,3	0,6
– Luzerne		860	145	16	283	4,79	13,7	2,2	1,2
Grünmehl									
– Gras		900	167	38	206	8,14	5,0	4,5	0,7
– Luzerne		902	207	26	230	7,36	18,0	2,8	1,7
Hafer		884	110	48	106	12,4	1,1	3,1	0,3
Weizen		876	119	18	26	14,5	0,6	3,3	0,1
Milokorn		880	119	37	24	14,4	0,9	3,1	0,6
Buchweizen		878	149	37	23	14,9	0,2	3,6	0,5
Sojaextr.schrot		870	448	13	62	13,1	2,7	6,1	0,2
Sbl.extr.schrot		918	308	28	215	10,8	4,7	12,3	0,6
Weizenkleie		880	143	37	108	10,5	1,6	11,3	0,8
Trockenschnitzel		880	88	3,0	178	14,2	8,5	1,0	2,2
Sojabohnenschalen		910	114	18	341	11,4	5,6	1,23	0,11
Johannisbrotschrot		848	39	3,3	66	12,0	3,3	0,53	0,14
„Keksbruch"		980	82	110	9	19,0	0,5	1,09	3,87
„Nagerwaffeln"		887	114	30,7	130	15,3	4,1	3,17	0,10
„Grünrollis"[2]		929	129	41,7	89	12,8	11,1	6,48	1,59
„Leckerli"[3]		926	68	250	9,53	21,6	2,65	2,68	2,84
pellet. Alleinfutter									
– Kan/Mschw	von	880	140	21	150	9,0	8,0	4,8	2,3
	bis	895	180	40	195	11	13,2	6,0	5,7
Mischfutter[4]									
– Kan/Mschw	von	875	107	25	46,0	12,0	5,4	2,6	0,25
	bis	890	144	92	120	15,1	9,1	4,6	3,27
– Hamster	von	875	113	30	98,2	13,4[5]	1,64	3,17	0,10
	bis	890	141	118	115	15,6[5]	8,29	5,04	1,84

[1] für Kaninchen
[2] auf der Basis von Luzernegrünmehl
[3] auf der Basis von Zucker, Fett und Milchprodukten
[4] auf der Basis nativer Komponenten, sog. „Buntfutter"
[5] DE für Goldhamster (in Fütterungsversuchen ermittelt)

8.4 Fütterungspraxis bei Versuchstieren

In der Versuchstierhaltung werden allgemein tierartspezifische Alleinfutter verwendet, die ad libitum angeboten werden. Um den alters- bzw. leistungsabhängig unterschiedlichen Energie- und Nährstoffbedarf zu decken, differieren die entsprechenden Alleinfutter in der Energie- und Nährstoffdichte (AF für Wachstum, Zucht bzw. Erhaltung, s. S. 316).

Die Futtermengenaufnahme variiert stark in Abhängigkeit vom Alter und Energiebedarf sowie – in Grenzen – von der Energiedichte im Alleinfutter, sie ist häufig zum Ende der Gravidität deutlich reduziert (Notwendigkeit höherer Energiedichte in dieser Phase, ähnlich wie in der Laktation).

8.4.1 Mischfutter für Versuchstiere

FUTTER AUS ÜBLICHEN EINZEL-FM bzw. NATÜRLICHEN KOMPONENTEN: preisgünstig, aber Schwankungen im Nährstoffgehalt, Kontamination möglich (Bakterien, Pilze, Pestizide, Schwermetalle, Toxine etc.).

GEREINIGTE (HALBSYNTHETISCHE) FUTTER: meist aus Kasein (+ Met), Stärke und Zucker, pflanzlichen Ölen, Cellulose, Mineralstoff- und Vit-Mischungen;
geringere Nährstoffschwankungen und Kontaminationsrisiken, aber häufig keine gute Akzeptanz.

SYNTHETISCHE (CHEMISCH DEFINIERTE) FUTTER: aus definierten Komponenten (AS, Zucker, Triglyceride, ess. FS, Mineralstoffe und Vit).

KONFEKTIONIERUNG (vgl. auch S. 43 ff.):

- schrotförmig: schlecht zu verfüttern (Verstreuen des Futters), für manche Zwecke notwendig (kleine Mengen, Zumischung bestimmter zu untersuchender Stoffe)
- pelletiert: bekannte Vorteile, aber nur in größeren Mengen ökonomisch sinnvoll, keine nachträgliche Zumischung möglich
- granuliert: Vorteile der Pellets (keine Entmischung)
- Kekse: teuer, nur geringe mikrobielle Kontamination (Pilze)
- feucht: höhere Akzeptanz, gute Beimischung bestimmter Stoffe, leichte Rückwaage von Futterresten, aber Gefahr des mikrobiellen Verderbs
- extrudiert: besonderer Vorteil ist die Hygienisierung des MF (Cave: thermolabile Inhalts- und/oder Zusatzstoffe ↓)

BESONDERE ANFORDERUNGEN:

- mikrobiologischer Standard im Futter
  für *konventionell gehaltene* Tiere:
  max. 5000 lebende Keime/g
  max. 10 coliforme Keime/g
  keine E. coli Typ 1
  keine Salmonellen

  für *keimfreie Tiere*, SPF-Tiere sowie diesbezüglich definierte Bestände:
  sterilisiertes Futter (Autoklavieren, Bestrahlen)
  Problem: evtl. Nährstoffverlust (Vitamine!) bei Sterilisation

Für die Sterilisation von herkömmlichen Futtermischungen (Basis: Zerealien) sind 4,0 Mrad, für MF aus gereinigten Komponenten 2,5 Mrad erforderlich (1 rad = 100 erg absorbierter Energie pro g Substanz). Der Erfolg einer Gamma-Strahlen-Behandlung hängt u. a. ab von der Strahlenresistenz der Keime, dem Wassergehalt im Sterilisationsgut, der Strahlenintensität und -dauer sowie vom Abstand zur Strahlenquelle und Schichtdicke des zu bestrahlenden Gutes.

8.4.2 Empfehlungen für den Energie- und Nährstoffgehalt in AF für Versuchstiere (Angaben je kg uS, d. h. 90 % TS)

Energie- bzw. Nährstoffe	Einheit	Ratte Erhaltung	Ratte Wachstum, Reprod.	Maus[8] Wachstum	Maus[8] Reprod.	Meerschw. Wachstum	Hamster Wachstum	Kaninchen Wachstum
verd. Energie	MJ	15,9	15,9	15,9	15,9	12,5	17,5	12–14
Rfe	g	50					50	30–50
Linolsäure	g	6	6	3	3			
unges. FS	g					< 1		
Rfa	g					100	50–70	100–160
Rohprotein	g	85[1]	250[1]	125	180	180	180	150–180
ess. Aminosäuren								
Arg	g		6	3		12	7,6	7
Asp	g		4					
Glu	g		40					
His	g	0,8	3	2		3,6	4,0	3
Ile	g	3,1	5	4		6,0	8,9	6
Leu	g	1,8	7,5	7		10,8	13,9	11
Lys	g	1,1	7,0	4		8,4	12,0	9
Met	g	2,3	6,0[2]	5[2]		6,0	3,2	5,5
Phe	g	1,8	8,0[3]	4[3]		10,8	14[3]	
Pro	g		4,0					
Thr	g	1,8	5,0	4		6,0	7,0	6
Trp	g	0,5	1,5	1		1,8	3,4	2
Val	g	2,3	6,0	5		8,4	9,1	7
nichtess. AS	g	4,8[4]	5,9[4]					
Mengenelemente								
Ca	g		5/6,3	4	4	8–10	5,9	5–10
Cl	g		0,5	(erforderlich)		0,5		1–5
Mg	g		0,5	0,5	höher?	1	0,6	0,4–0,7
P	g		4,0	4,0	4	4–7	3,0	4–7
K	g		3,6	2,0	2	5–14	6,1	2–6
Na	g		1–2	(erforderlich)		1–2	1,5	1–2
Spurenelemente								
Co	mg						1,1	0,1–1,0
Cr	mg		0,30	2,00	2,00	0,6		
Cu	mg		5–8	4,50		6,0	5	3–6
F	mg		1,00				0,024	
J	mg		0,15	0,25	0,25	1,0	1,60	
Fe	mg		35	25	120	50	140	100
Mn	mg		50	45	45	40	35	20–40
Se	mg		0,1–0,4	(erforderlich)		0,1	0,1	0,1
Zn	mg		12–25	30	30	20	9,20	40
Vitamine								
A[5]	IE		4000	500	500	2350	3600	1100–1500
D[6]	IE		1000	150	150	750	750	500
E[7]	IE		18–30	20	20	30	30	24–28
K	µg		50	3000	3000	5000	4000	
Biotin	µg		200	200	200	300	200	
Cholin	mg		1000	600	600	1000	2000	1300
Folsäure	mg		1	0,50	0,50	4	2	5
Inosit	mg						100	100–200
Niacin	mg		20	10	10	10	90	12–50
Pantothenat (Ca)	mg		10	10	10	20	10	
Riboflavin	mg		3–4	7	7	3	15	0,4
Thiamin	mg		4	5	5	2	20	1
B_6	mg		6	1	1	3	6	
B_{12}	µg		50	10	10	10	10	
C	mg					200		

[1] unterstellt: 70 % VQ, 70 % Verwertung [2] $^1/_3$ – $^1/_2$ durch L-Cys ersetzbar [3] $^1/_3$ – $^1/_2$ durch L-Tyr ersetzbar
[4] Gemisch von Gly, L-Ala und L-Ser [5] 1 IE = 0,3 µg Retinol = 0,344 µg Retinylacetat = 0,55 µg Retinylpalmitat
[6] 1 IE = 0,025 mg Ergocalciferol [7] 1 IE = 1 mg DL-Tocopherol
[8] für konventionell gehaltene Tiere, nicht für keimfreie Tiere

8.5 Igel *(Erinaceus europaeus)*

Igel zählen nicht zu den Heimtieren, dennoch ist die tierärztliche Praxis alljährlich mit ihrer Versorgung konfrontiert, wenn Igel vorübergehend in menschliche Obhut genommen werden, da Erkrankungen und Verletzungen vorliegen oder aber Jungtiere im Spätherbst nicht die für den Winterschlaf benötigte KM (mind. 700 g) erreicht haben.

Der Europäische Igel hat im adulten Stadium eine Körpermasse von 700–1200 g (bei der Geburt 15–20 g), die Dauer der Trächtigkeit beträgt 32–36 Tage, die Säugezeit 40–45 Tage; Lebenserwartung in Freiheit 3–5 Jahre; sein Verdauungssystem ist an die Verwertung von Insekten, kleinen Wirbeltieren, Regenwürmern, aber auch von pflanzlichen Produkten (Samen, Nüsse, Obst, Beeren) angepasst.

Winterschlaf: Schon bei Temperaturen unter 12 °C kann ein Zurückziehen in den Winterschlaf bzw. in kürzere winterschlafähnliche Phasen erfolgen (eventuell auch während kühlerer Herbst- und Frühlingstage). Fehlender Winterschlaf ist keineswegs abträglich, sofern der Igel in warmer Umgebungstemperatur – etwa um 20 °C – gehalten wird.

Werden Igel zum Winterschlaf angesetzt, benötigen sie eine Dauertemperatur unter plus 6 °C. Minusgrade sind nicht schädlich, sofern ein schützendes Schlafnest zur Verfügung steht. Bei einer Dauertemperatur zwischen 8 °C und 16 °C entsteht ein gefährlicher, kräftezehrender Zustand zwischen Wachsein und Winterschlaf, da der Igel in dieser Temperaturspanne kein Futter aufnimmt. Im Spätherbst und bei Winterbeginn gefundene Igel sind meist krank und demzufolge untergewichtig, oder sie stammen vom zweiten Wurf („Herbstigel"), ihnen fehlen oft die Energie- und Nährstoffreserven für den Winterschlaf.

Sommerigel (erster Wurf): Aussetzen im Frühherbst, wenn noch genug Igelnahrung vorhanden ist, mit einer KM von 500–600 g.

Herbstigel (zweiter Wurf): Aussetzen mit einer KM von mindestens 700 g möglich.

Fütterungspraxis

- Igeljunge: Muttermilchersatz s. S. 191
- Igeljunge ab 100 g KM: Beimischen von zerkleinerter Hühnerleber oder Hühnerfleisch, Feuchtalleinfutter (Ktz) und zerdrückten Bananen, hochreifen Birnen u. Ä.
- Igeljunge ab 130 g KM: Jungtiere auf selbständiges Fressen umstellen. Futter: Gekochtes Ei, Rinderhackfleisch, Innereien (Herz, Leber) mit Hundeflocken, Ktz-Alleinfutter
- Ältere Igel: prinzipiell sind 2 Möglichkeiten gegeben:
  - kommerzielle AF für Igel (hinsichtlich Akzeptanz und Zusammensetzung nicht immer befriedigend); Richtwerte für AF: 30–60 % Rp, 20–30 % Rfe, 2–3 % Rfa und maximal 40–50 % NfE, daneben 4–9 g Ca sowie 2,5–6 g P je kg AF
  - Feucht-AF für Ktz, das allerdings mit ca. 2 % Weizenkleie vermischt werden sollte, oder die Herstellung einer eigenen Mischung (z. B.: 60 % Rindfleisch, 28,5 % Vollei, 5 % Maiskeimöl – alles erhitzt –, danach Einmischen von 5 % Weizenkleie sowie 1,5 % vitaminiertes Mineralfutter). Als Ballaststoffe können auch Möhren, getrocknete Garnelen, Hundeflocken u. Ä. verwendet werden
  - KEINE Insekten, Schnecken, Regenwürmer aus der freien Natur verfüttern (Parasitenbefall, Enteritis)

Stets frisches Wasser ad lib anbieten. Keine Kuhmilch, auch nicht verdünnt.

Futtermengen

Je Tier und Tag variiert die TS-Aufnahme zwischen 17 und 23 g; die o. g. Mischungen werden allgemein ad libitum angeboten, aber nur bis zum Erreichen einer KM von 800–900 g (dann wieder aussetzen!); bei fortgesetzter ad lib-Fütterung ist eine Leberverfettung möglich.

Schrifttum (Igel)

LANDES, E., S. STRUCK und H. MEYER (1997): Überprüfung kommerzieller Igelfutter auf ihre Eignung (Akzeptanz, Verdaulichkeit, Nährstoffzusammensetzung). Tierärztl. Praxis 25, 178–184

LANDES, E., J. ZENTEK, P. WOLF und J. KAMPHUES (1997): Untersuchungen zur Zusammensetzung der Igelmilch und zur Entwicklung von Igelsäuglingen. Kleintierpraxis 42, 647–658

STRUCK, S., und H. MEYER (1998): Die Ernährung des Igels. Schlütersche, Hannover

9 Nutzgeflügel

Eine artgerechte Ernährung der diversen Spezies des Nutzgeflügels berücksichtigt Bau und Funktion des Verdauungstraktes, der sich im Laufe der Evolution an die verschiedenen Habitate anpasste. So sind die vom Bankivahuhn abstammenden Hühnervögel (Galliformes) vorwiegend Körnerfresser, während z. B. Gänsevögel (Anseriformes) auch vegetatives pflanzliches Material verwerten können. Zum Nutzgeflügel zählen aus der Ordnung der Hühnervögel insbesondere Hühner und Puten sowie aus der Ordnung der Gänsevögel Enten und Gänse. Perlhühner, Wachteln und Strauße sind dagegen nur von marginaler Bedeutung. Für die Erzeugung von Eiern (Verbrauch/Kopf/Jahr: 206) werden nahezu ausschließlich Legehennen, für die Fleischproduktion (Verbrauch/Kopf/Jahr: 16,7 kg) neben Masthühnern (Broiler) zunehmend auch Puten und in nur geringem Umfang Enten und Gänse genutzt.

Durchschnittliche Zusammensetzung der Nutzgeflügelprodukte

Hühnerei mit Schale (Gesamtei)

Schalenanteil im Mittel 10,0 % (rasse-, alters- und eigewichtsabhängig), Eier von Puten sowie Gänsen und Enten weisen einen Schalenanteil von durchschnittlich 11,4 % auf.

Energie- und Nährstoffgehalte im Gesamtei (Gehalte in 100 g uS)

TS g	GE MJ	Rp g	Rfe g	Ra g	NfE g	Lys g	Met/Cys g	Ca g	P g	Na g
34,4	0,65	12,1	10,5	10,9	0,90	0,80	0,68	3,30	0,17	0,12

Energie- und Nährstoffgehalte im Eiinhalt (= Ei ohne Schale; Gehalte in 100 g uS)

	Einzel-Eimasse g	TS g	Rp g	Rfe g	Ra g	Energie MJ
Huhn	65	26,4	12,8	11,8	0,8	0,72
Ente	70	27,7	12,6	13,1	1,0	0,82
Gans	160	28,0	12,7	13,4	1,0	0,83
Pute	86	26,8	12,4	12,2	0,9	0,78

Rohnährstoffgehalte des essbaren Schlachtkörpers in % (Angaben je 100 g uS)

	Alter W	Schlachtausbeute %	TS g	Rp g	Rfe g	Ra g
Suppenhuhn	70	67	35,0	18,9	14,4	1,0
Masthuhn	5	74	33,6	19,9	9,6	1,0
Pute (schwer)	22	84	29,7	20,2	7,9	1,0
Pekingente	7	72	47,5	15,9	18,1	0,8
Moschusente	12	74	35,6	17,4	17,2	1,0
Gans	30	73	47,3	15,7	31,0	0,8
Perlhuhn	14	75	28,9	20,1	7,3	1,1

9.1 Legehennen einschl. Küken und Junghennen

9.1.1 Alter und Körpermasse

Küken = 1.– 6. Lebenswoche (LW)
Junghennen = ab 7. LW
Legehennen = ab Legebeginn (10%ige Herdenlegeleistung; ca. 22. LW)

„Legereife": 3 Tage hintereinander über 50 % Legeleistung (ca. 22. LW)
Legeleistung = Zahl der Eier je 100 Hennen und Tag

KM:			
	leichte Hennen	1,8 kg	Ende Legeperiode
	mittelschwere Hennen	2,2 kg	Ende Legeperiode
	schwere Hennen	2,6 kg	Ende Legeperiode

9.1.2 Haltungsformen (Tierschutz-Nutztierhaltungsverordnung vom 1. 8. 2006)

- Konventionelle Käfighaltung (maximal bis Ende 2009 erlaubt); Mindestanforderungen: Fläche je Tier bei <2 kg KM: 550 cm²; bei >2 kg KM: 690 cm²
  Troglänge <2 kg KM: 12 cm; >2 kg KM: 14,5 cm; Vorrichtung zum Abrieb der Krallen
- Ausgestaltete Käfige oder Kleingruppenhaltung (Mindestfläche je Gruppe: 2,5 m²)
- Bodenhaltung einetagig oder mehretagig (Volierenhaltung)
  Klassische Bodenhaltung: eingestreuter Scharraum, höher gelegener Futter-, Tränk- und Nestbereich; mehretagig: Gliederung der Funktionsbereiche Scharren, Futter- und Wasseraufnahme, Legen, Ruhezonen. Ziel: Ablage der Eier zu 100 % in den Nestern

Anforderungen	Bodenhaltung (ein-/mehretagig)	ausgestaltete Käfige (Mindestfläche je Gruppe 2,5 m²)
Etagen	≤4; Mindesthöhe 45 cm	Mindesthöhe: ≥60 cm an der Seite mit Futtertrog; sonst 50 cm
Besatzdichte (nutzbare Fläche)	einetagig ≤9 Tiere je m²; mehretatig ≤18 Tiere je m²	je Tier 800 cm² (>2 kg KM: 900 cm²)
Längstrog	≥10 cm Kantenlänge/Tier (>2 kg KM: 12 cm je Tier)	12 cm Kantenlänge/Tier (>2 kg KM: 14,5 cm je Tier)
Rundtrog	≥4 cm Kantenlänge/Tier	
Rinnen-/ Rundtränke	≥2,5 cm je Tier ≥1 cm je Tier	≥2,5 cm je Tier
Nippel-, Napftränke	2 Tränkestellen je 10 Hennen	2 Tränkestellen je 10 Hennen
Einzelnester	≥ein Nest je 7 Hennen (35 cm x 25 cm)	
Gruppennester	≥1 m² für max. 120 Tiere	900 cm² je 10 Hennen
Sitzstangen (mindestens 2)	≥15 cm je Tier (Abstand >30 cm)	≥15 cm je Tier (Abstand > 30 cm)
Einstreubereich	≥250 cm² je Tier	
Kaltscharraum/ Wintergarten	nicht obligatorisch; Boden befestigt	
Tageslicht (Fensterfläche)	>3 % der Grundfläche[1]	>3 % der Grundfläche[1]
Lichtquellen	über Einstreu und Kotgruben	

[1] möglichst über transparente Materialien im Dach oder an Seitenwänden; Lichtflecken vermeiden (Panikgefahr)

- Auslaufhaltung überwiegend kombiniert mit Bodenhaltung
  Auslauföffnungen: mind. 40 cm breit und 35 cm hoch; Auslauffläche: 4 m^2 je Tier, Vermeidung von Bodenkontamination, Anbringung von Tränken, Schutz vor Verschlammung und Verschmutzung des Stalleingangsbereiches (Kies, Metall- oder Kunststoffroste); Hecken, Bäume und Schutzdächer in stallfernen Bereichen (Nutzungsfrequenz sinkt mit zunehmender Gruppengröße); Wechselausläufe im 6-monatigen Intervall (hoher Flächenbedarf), Schutzeinrichtungen (Zaunhöhe: ≥1,8 m).

9.1.2.1 Einsetzen der Küken

Bodenhaltung: In Kükenringen bei Nutzung von Heizstrahlern in Nähe der Tränke- und Fütterungseinrichtung; zusätzlich Futterschalen (1 Schale je 60 Küken) in den ersten Tagen; bei Rostenhaltung zunächst Platzierung auf schmaler Bahn mit Wellpappe.

Volierenhaltung: Bis 2. LW nur untere und mittlere Etage; ab 3. LW alle Etagen.

9.1.2.2 Einsetzen der Junghennen

Entsprechend dem geplanten Legebeginn bei zunächst vollem Licht (≤20 h), verteilt im Bereich Futter- und Tränkeeinrichtungen (schneller Zugang zu Wasser und Futter).

9.1.2.3 Beleuchtungsprogramm

Neben der Fütterung entscheidend für die Einstellung der Körpermasse zum Zeitpunkt der Geschlechtsreife und damit des Einstallgewichtes bzw. der Legeleistung (Stimulation der Ovulation, Futteraufnahme).

Grundsätzlich wird die Lichtdauer zwischen der 1. und 9. LW von 15 (1.–4. LT: 24 h) auf 9 Stunden reduziert und diese Lichtdauer bis zur 16. LW konstant gehalten. Ab der 17. LW wird die Beleuchtungsdauer schrittweise auf 14 Stunden erhöht. Je nach gewünschter Einzeleimasse in der Legeperiode kann die Beleuchtungsdauer erhöht (höhere Körpermasse und Einzeleimasse, spätere Lichtstimulation) bzw. vermindert (niedrigere Eimasse, Vorverlegung der Lichtstimulation) werden. In der Legeperiode sollte der Lichttag nicht verkürzt werden (Ausnahme: Mausereinleitung).

Bei natürlichem Lichteinfall muss der Lichttag im Kalenderverlauf berücksichtigt werden (Verlängerung bis Ende Juni auf 17 h, danach Verkürzung bis Ende Dezember auf 8 h).

Bei Küken findet nach Ankunft zunehmend anstelle der 3-tägigen 24-h-Beleuchtung in den ersten 7 bis 10 Tagen ein intermittierendes Lichtprogramm nach kurzer Ruhepause (ca. 2 h) zur Förderung der Uniformität Verwendung (4 h Licht gefolgt von 2 h Dunkelheit).

Die Lichtintensität sollte in der 1. LW 40 Lux und zwischen der 2. und 15. LW 5–10 Lux und danach 15–20 Lux betragen (Tageslichteinfall: Dämmerungsschatten auf 50–60 Lux).

9.1.2.4 Stallklima

Produktionsstufe	Stalltemperatur (°C)		Rel. Luftfeuchte (%)	
	unterer Grenzbereich	Optimum	Grenzbereich	Optimum
Küken, 1. LW[1]	34 → 30	33–35	30–75	35–70
Junghennen	12	18–20	40–85	50–85
Legehennen	8	18–22	40–85	50–85

[1] anschließend um 2 °C je Woche reduzieren

Generell einzuhaltende Werte: Rel. Luftfeuchtigkeit: mind. 40 %, max. 80 % (<18 °C) bzw. 70 % (>18 °C Stalltemperatur); NH_3: max. 0,05 l/m^3; CO_2: max. 3,5 l/m^3; H_2S: 0,01 l/m^3, Leistung des Gesamtlüftungssystems: Luftaustausch bis zu Enthalpiewerten von 67 kJ/kg trockener Luft in der Außenluft.

9.1.3 Fütterung

9.1.3.1 Energie- und Nährstoffbedarf

Das Fütterungsprogramm während der Küken- und Junghennenphase ist vorrangig auf die genotypspezifisch angestrebte KM am Ende der 18. LW ausgerichtet, die über altersangepasste Energie- und Nährstoffgehalte im AF und entsprechende Fütterungstechnik in Abstimmung mit dem Beleuchtungsprogramm eingestellt werden kann. Zur Förderung von Verdauungsvorgängen im Kropf und Muskelmagen wird zusätzlich 1x wöchentlich Grit (HCl-unlöslich!) in altersentsprechender Körnung (1 → 6 mm) empfohlen (bis 8. LW: 2 g, ab 9. LW: 3 g je Tier).

Alter (Lebenswoche)	Hennentyp (KM in g) leicht	mittelschwer
6.	460	500
12.	840	900
16.	1100	1180
18.	1440	1580
22.	1580	1750

Durchschnittlich in 2007 erzielte Leistungen bei Legehennen in Käfig- und Bodenhaltung (145. bis 504. Lebenstag)

		Käfighaltung		Bodenhaltung	
		Herkunft weiß[1]	Herkunft braun[2]	Herkunft weiß[1]	Herkunft braun[2]
Alter Legereife	d	154	153	154	152
Verluste	%	3,3	3,3	3,7	3,1
Eizahl je Henne	n	326,5	325,4	301	290
Eigewicht	g	64,8	66,4	61,6	67,1
Futterverbrauch					
– je Tag	g	112,5	114,7	121,5	120,8
– je kg Eimasse	kg	1,90	1,93	2,39	2,19
KM 504. LT	g	1887	2203	2065	2011
Bruchfestigkeit[3]	N	44,2	39,5	43,7	37,2

[1] Lohmann LSL [2] Lohmann Tradition [3] der Eierschalen in Newton

Die Legeleistung (LL, %) einer Herde ist die Anzahl der von 100 Hennen einer Herde pro Tag gelegten Eier.

Die faktorielle Berechnung des Energie- und Nährstoffbedarfs ist S. 162 zu entnehmen.

Die ausgewiesenen Mischfutter-Aufzuchtprogramme sind in Verbindung mit den entsprechenden Beleuchtungsprogrammen so ausgelegt, dass in der 20. LW eine Legeleistung von ca. 30 % erwartet werden kann. Entsprechendes gilt auch für die Aufzucht in Offenstallungen mit hoher Lichtdauer und -intensität. Optimaler Zeitpunkt für ein Vorlegefutter, sofern organisatorisch vertretbar (besonders geeignet für Bodenhaltungssysteme), ist der Wechsel von einer sinkenden in eine ansteigende Wochenzunahme. Dieser Wechsel spiegelt die Entwicklung der Legeorgane wider und deckt den Mehrbedarf frühreifer Hennen. Gleichzeitig kann damit einem Luxuskonsum als Folge des Ca-Appetites entgegengewirkt werden. Hinzu kommt, dass die Umstellung auf höhere Ca-Gehalte stufenweise erfolgt und somit ein regulativ bedingter höherer Wassergehalt in den Exkrementen vermieden werden kann. Nach Erreichen einer 5%igen Legeleistung muss auf das AF für Legehennen gewechselt werden, da ansonsten Tiere mit bereits stärkerer Legetätigkeit nicht ausreichend versorgt wären.

Richtwerte für Energie- und Nährstoffgehalte in Alleinfuttermitteln für die Aufzucht- und Legeperiode (Angaben je kg – 88 % TS)

		AF Küken		AF Junghennen		Vorlege-futter	AF Legehennen	
		1.–2. LW	3.–6. LW	7.–11. LW	12.–16. LW	17. LW bis 5 % LL	>5 % LL bis 50. LW[2]	>51.LW[3]
ME_N	MJ	12,0	11,4	10,6	10,6	11,4	11,6	10,6
Rohprotein (Rp)	g	220	185	150	120	175	170	150
g Rp/MJ ME_N		18,3:1	16,2:1	14,2:1	11,3:1	15,4:1	14,7:1	14,2:1
Met	g	4,5	3,8	3,1	2,4	3,6	4,0	3,0
Met + Cys	g	8,5	6,7	5,4	4,6	6,8	7,3	5,6
vMet + Cys	g	7,0	5,5	4,4	3,8	5,6	6,0	4,6
Lys	g	12,0	8,0	6,4	5,8	8,5	8,0	6,5
vLys	g	9,8	6,6	5,2	4,8	7,0	6,6	5,3
Trp	g	2,3	2,1	1,2	1,0	2,0	1,8	1,6
Thr	g	8,0	7,0	5,1	3,2	6,0	5,9	4,6
Ca	g	11,0	10,0	8,0	7,0	20,0	35,0	37,0
Gesamt-P	g	7,5	7,0	5,8	5,0	6,5	5,5	3,9
Nicht-Phytin-P	g	4,8	4,5	3,7	3,2	4,5	4,0	2,7
Na	g	1,8	1,7	1,6	1,6	1,6	1,5	1,4
Cl	g	2,0	1,9	1,6	1,6	1,6	1,5	1,4
Cholinchlorid	g	0,3	0,3	0,3	0,3	0,4	0,4	0,4
Linolsäure	g	14,0	14,0	10,0	10,0	10,0	20,0	15,0
Vit A	IE	12000	6000	4000	4000	6000	8000	6000
Vit D_3	IE	1500	750	500	500	1500	1500	1500
Vit E[1]	mg	15	15	10	10	10	10	10

[1] plus 0,6 mg/g Polyensäure
[2] 55 g Eimasse, 118 g Futter/d (bei 20 °C) [3] >57 g Eimasse, 120 g Futter/d (bei 20 °C)

9.1.3.2 Fütterungsmethoden

In der Fütterungspraxis ist zu differenzieren

a) nach der Zahl der Futtermittel
   - Alleinfütterung
   - kombinierte Fütterung (= Getreide rationiert plus Ergänzungsfutter ad lib), insbesondere in der Boden- und Volierenhaltung

b) nach Dosierung des Futterangebots
   - ad libitum-Fütterung
   - Restriktion (Menge, verkürzte Fresszeiten, Überspringen von Futtertagen) sowie
   - kontrollierte Fütterung (= computergesteuerte Anpassung der tgl. Futtermenge an tgl. Eimasse, KM-Entwicklung und Stalltemperatur)

Ziel dieser kontrollierten Fütterung ist es, die KM der geschlechtsreifen Henne auf die vom Züchter vorgegebene Zielgröße einzustellen. Bei Unterschreitungen werden die Hennen in der folgenden Legeperiode zwar schwerer, vermögen diesen Zuwachs aber nicht in höhere Eigewichte umzusetzen. Andererseits haben Überschreitungen zwar höhere Eigewichte, gleichzeitig aber auch einen ungünstigeren Futteraufwand zur Folge.

Fütterungskonzept für Küken, Jung- und Legehennen

	Alleinfütterung ad libitum	Alleinfütterung restriktiv kontrolliert	Kombinierte Fütterung[1] nicht in Käfighaltung
Küken 1.–6. LW	AF für Hühnerküken; zunächst granuliert (Ø 2 mm), ab 3. LW gepresst (Ø 3–5 mm)		AF für Hühnerküken; ab 2. LW: zusätzlich gebrochenes Getreide, Grütze: von 5 auf 15 g/Tag steigend
Junghennen 7.–18. LW	AF für Junghennen mehlförmig. Ab 17. LW sog. Legestarter mit 11,6 MJ ME_N, 175 g Rp, 20 g Ca, 10 g Linolsäure/kg Futter	AF für Junghennen, Restriktion um 5–10 % der ad lib-Aufnahme. Grundsätzlich: tägl. Zuteilung nach KM-Entwicklung! Rückführung der Restriktion ab 15. LW	Getreidekörner: 15 g/Tag in der 7. LW, dann 14-tägig jeweils um 5 g erhöhen bis max. 50 g/Tag + EF für Junghennen ad libitum (10,6 MJ ME_N, 185 g Rp, 15 g Ca, 6 g P/kg Futter)
Legehennen ab 19. LW	AF für Legehennen mehlförmig, Phasenfütterung I. 19.–50. LW II. ab 51. LW	AF für Legehennen. Restriktion um 5–10 % der ad lib-Aufnahme KONTROLLIERT: nach tgl. Eimasse, KM und Stalltemperatur	60–70 g Getreidekörner/Tag bzw. 70 g CCM (TS) + EF für Legehennen ad libitum (180–270 g Rp, 10,6 MJ ME_N, 60–90 g Ca, 6–18 g P) EF: „Legemehl"

[1] bei Angebot von Getreidekörnern: Grit notwendig

Die Versorgung mit Alleinfutter erfolgt in kleineren Beständen über Automaten, die von Hand beschickt werden bzw. bei kombinierter Fütterung in separaten Trögen für Getreide, EF und Grit sowie ggf. Muschelschalen (~8 g/Tier und Tag).

Als **automatisierte** Fütterungssysteme sind in Großbeständen verbreitet:
- Rohrfutteranlagen mit Rundtrögen (Bodenhaltung)
- Schneckenförderung des Futters im Trog (Bodenhaltung)
- Kettenförderung des Futters im Trog (Bodenhaltung) sowie
- Futterwagen (befüllt die vor den Käfigen angebrachten Tröge)

Bei der *restriktiven Fütterung* muss die KM- und Leistungsentwicklung ständig kontrolliert werden. Beleuchtungsprogramme während der Aufzucht sind entsprechend anzupassen. Des Weiteren sind die Allein- und Ergänzungsfuttermittel so auszuwählen, dass auch eine bedarfsdeckende Aufnahme an AS, Mineralstoffen und Vitaminen gewährleistet ist.

Variationsursachen für die Höhe der Futteraufnahme:

- Haltung: Boden-/Volieren- und Freilandhaltung bis zu 15 g höhere Aufnahme je Henne und Tag als in Käfighaltung (hier: je 100 cm² mehr Käfigbodenfläche: + 1 bis 2 g höhere Futtermenge)
- Temperatur (im Vergleich zu 18–20 °C):
  <18 °C: je 1 Grad Abweichung → +1,5 %
  20–31 °C: je 1 Grad Abweichung → – 2 %
  >32 °C: je 1 Grad Abweichung → –4,6 %
- Tageslichtlänge (Beleuchtungsprogramm):
  Steigerung: forcierte Futteraufnahme
  Zwischengeschaltete Dunkelphasen: reduzierte Futteraufnahme
- Legeleistung, KM, Befiederung, Gesundheitszustand → Energiebedarf
- Rations- bzw. MF-Konzeption (Art, Schmackhaftigkeit der Komponenten), Energiedichte (kompensatorisch forcierte bzw. reduzierte Aufnahme), Ca-Gehalt (Geschlechtsreife), antinutritive Inhaltsstoffe, Imbalanzen (AS), Partikelgröße

Durchschnittliche Werte für KM-Entwicklung und Futterverbrauch während der Aufzuchtperiode in Bodenhaltung (AF – 88 % TS)

	Hennentyp	
	leicht	mittelschwer
1. bis 6. LW		
KM-Entwicklung g	40 → 400	40 → 430
AF für Hühnerküken		
1–2. LW: 12,0 MJ ME_N u. 220 g Rp/kg		
>2. LW: 11,4 MJ ME_N u. 185 g Rp/kg		
Futterverbrauch je Tier g	1000–1070	1010–1100
7. bis 11. LW		
KM-Entwicklung g	400 → 840	430 → 900
AF für Junghennen		
10,6 MJ ME_N u. 150 g Rp/kg		
Futterverbrauch je Tier g	1830–1985	1885–2030
12. bis 16. LW		
KM-Entwicklung g	840 → 1100	900 → 1180
AF für Junghennen		
10,6 MJ ME_N u. 120 g Rp/kg		
Futterverbrauch je Tier g	2190–2315	2300–2400
17. bis 19. LW		
KM-Entwicklung g	1100 → 1400	1180 → 1600
Vorlegefutter		
11,4 MJ ME_N u.175 g Rp/kg		
Futterverbrauch je Tier g	1580–1630	1680–1800

Die Tränkeanlagen müssen eine ständige Wasserversorgung für alle Tiere gewährleisten, Anforderungen an die Wasserqualität beachten, s. S. 147.

Die Höhe, bis zu der Tröge bzw. Futterrinnen bei der jeweiligen Zuteilung gefüllt werden, hat einen entscheidenden Einfluss auf die Futterverluste (Füllung bis zum Rand: Verluste etwa ein Drittel des Angebots; Füllung bis zur halben Troghöhe: Verluste ~2 %).

Durchschnittlicher Futter- und Tränkwasserverbrauch von Legehennen in Abhängigkeit von der Legeleistung (Käfighaltung, 18–20 °C, AF mit 88 % TS und 11,0 MJ ME_N/kg)

Lege-leistung %	Hennentyp leicht (1,58–2,00 kg)		Hennentyp mittelschwer (1,75–2,20 kg)	
	Futter-verbrauch	Tränkwasser-verbrauch	Futter-verbrauch	Tränkwasser-verbrauch
	– je Tier und Tag in g –			
60	108	220	116	241
70	116	231	126	252
80	124	246	139	278
90	129	257	143	300
100	137	273	152	319

Schrotförmiges Mischfutter sollte eine weitgehend einheitliche Partikelgröße (75 % zwischen 0,4 und 1 mm) aufweisen, um selektives Fressen größerer Partikel zu vermeiden, aber auch um Entmischungen bei mechanischer Förderung des Futters zu verhindern.

Tränkwasserverbrauch, Exkrementeanfall und TS-Gehalt der Exkremente

Tränkwasseraufnahme: Umgebungs-temperatur (°C)	Tränkwasseraufnahme: x ...faches der Futtermenge (uS)	Verhältnis Wasser + Futterverzehr zur Exkrementenmasse: leicht	Verhältnis Wasser + Futterverzehr zur Exkrementenmasse: mittelschwer	Trocken-substanz %
–7 bis +4	1,5–1,9	1,7:1	1,7:1	25
5 bis 16	2	2,0:1	1,7:1	25
17 bis 27	2–3	2,1:1	1,8:1	23
28 bis 38	3–7	2,2:1	1,9:1	20

Der Exkrementeanfall je Huhn leichter Rassen liegt somit bei 175 g je Tag bzw. 63,8 kg je Jahr. Für die tägliche Exkrementenmasse von Junghennen, Broilern und Puten ist ca. das 1,5fache des Futterverzehrs anzusetzen.

Alimentär bedingte Konsistenzänderung der Exkremente

Zunahme des Wassergehaltes bei exzessiver Proteinzufuhr (Harnsäure ↑), schlechter Proteinqualität (bakt. Fermentation ↑), oxidierten Fettsäuren, hohem Anteil an löslichen NSP, Mykotoxinen (Ochratoxin, Citrinin), übermäßiger Zufuhr an Kalium (Melasse, Kartoffelflocken, Sojaschrot), Natrium, Chlorid, Magnesium, Laktose, Saccharose und Pektinen. Aufgrund möglicher additiver Effekte sollten folgende Gehalte im AF nicht überschritten werden (g/kg):

Natrium	1,5	Laktose	20
Kalium	8	Saccharose	50
Chlorid	1,5	Gesamtfett	90
Magnesium	2	Oxidierte FS	1,2

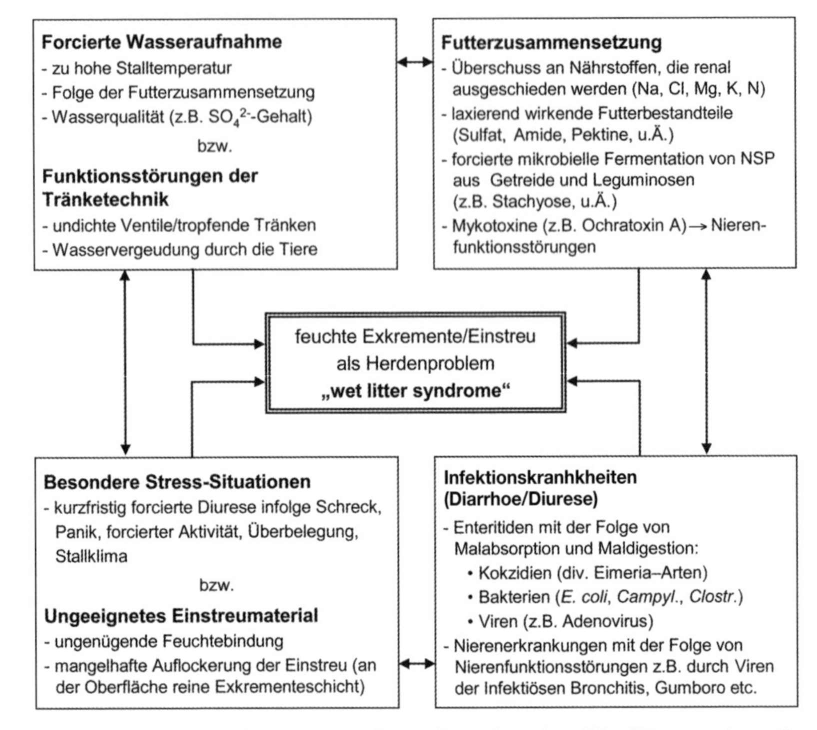

Schematische Darstellung zu möglichen Ursachen des „Wet-litter-syndroms" (wässrige/feuchte Exkremente) beim Geflügel

Folgen des hohen Wassergehaltes in den Exkrementen: Bei Bodenhaltung schlechte Einstreuqualität; generell: Nachteilig für Stallklima, NH_3-Anstieg in der Stallluft → Schädigung des Respirationstraktes → Praedisposition für Infektionen → Leistungsabfall; schlechte Einstreuqualität → verschmutztes Gefieder der Schlachttiere → Eintrag von unerwünschten Mikroorganismen in den Schlachtbetrieb!

Eine Verringerung des Wassergehaltes (<60 %) wird nach Verwendung hoher Anteile an Hafer, Biertreber und Luzernegrünmehl beobachtet. „Trockenere" Exkremente sind unter anderem das Ziel eines Einsatzes von Glucanasen.

Verlängerte Nutzungsdauer (>15 Legemonate) durch Einschalten einer Legepause (Mauser)

Beispiel: Futterumstellung von AF auf Getreide (geschrotet oder gequetscht): 1.–3. Tag 25 g/Tier, ab 4. Tag Futtergabe um 10 g täglich bis zur Sattfütterung erhöhen. Dauer der Sattfütterung: 14–28 Tage. Dann Umstellung auf AF. **Wasser** ist **immer** ausreichend zur Verfügung zu stellen. **Beleuchtung:** Bei Behandlungsbeginn 4 h, dann ab der 2. Woche 6 h. Bei Umstellung auf AF Lichtdauer täglich um 1 h auf max. 14–15 h erhöhen.

Leistungserwartung: Leistungsoptimum liegt mit 10 % über der Endleistung der vorhergehenden Legeperiode. Nach 5 Monaten, vom Behandlungsbeginn an gerechnet, ist die Gesamtleistung einer nicht gemauserten, gleichaltrigen Herde erreicht; Nutzungsdauer der 2. Legeperiode mind. 7 Monate. Schalenstabilität entspricht dem etwa 5 Monate **vor** Behandlungsbeginn gemessenen Wert (je länger die Ruhepause, desto günstiger sind die Effekte auf die Schalenstabilität).

9.1.4 Eiqualitätsminderungen (fütterungsbedingt)

Qualitätsmerkmale	Ursachen
Eigewicht ↓	**Untergewicht zu Legebeginn** durch Mängel im Licht- bzw. Fütterungsprogramm (→ zu geringe Futteraufnahme); später: Methionin-, Cystin-, Protein-, Lysin-, Energie-, Linolsäure- oder Tränkwassermangel; zu hohe Umgebungstemperaturen.
Eischale	
Sauberkeit ↓	**Verschmutzung** durch feuchte Exkremente (s. S. 325).
Stabilität	Abnahme mit zunehmendem Alter bedingt durch geringere Resorption und Verwertung des aufgenommenen Ca. Weitere Ursachen: unausgewogene Ca-P-Versorgung, Erkrankungen (ND, Egg Drop Syndrome, IB), ungünstige Stallklimaverhältnisse **Vit D_3-/Ca-Unterversorgung,** evtl. auch P-Überschuss, **Cl-Überschuss:** ab 2 g/kg AF (metabolische Acidose).
Eiklar	
Konsistenz ↓	Ackerbohnen ab 10 % i. d. Ration, hohe Umgebungstemperaturen.
Farbe	Baumwollsaatschrot: Gossypol führt zur Rosafärbung.
Eidotter	
Farbe	Man unterscheidet natürliche, überwiegend gelbe Farbstoffe (Lutein, Zeaxanthin) aus Futterkomponenten (Mais, Maiskleber, Luzerne, Grasgrünmehl) und rote, aus pflanzlichen Produkten gewonnene Substanzen (Paprika-, Tagetesblütenmehl) oder synthetische stabilisierte Pigmentträger (Canthaxanthin, Apocarotinsäureäthylester). I. d. R. werden die gelben und roten Farbpigmente im Verhältnis 0,75:1; z. B. 3 mg Gelb- und 4 mg Rotpigmente/kg eingestellt (Farbfächerwert 13). **Abweichungen:** **Baumwollsaatschrot:** freies Gossypol führt zur Grünfärbung bei >50 mg/kg AF. Gehalte in Baumwollsaat: 600 bis 1200 mg/kg. **Oxicarotinoid-Mangel** (gelb/rot) → gelbe Dotter.
Flecken	**Xanthophyll-Mangel:** Mangel an gelben Pigmenten (<8 mg/kg AF) erhöht bei Anwesenheit roter Pigmente die Häufigkeit fleckiger Dotter. **Tanninhaltige Rohstoffe:** bei >10 g Tannine/kg AF durch Sorghum, Ackerbohnen, Milokorn → Anteil fleckiger Dotter erhöht.
Geruch/ Geschmack	**Rapsextraktionsschrot:** Sinapin (auch im 00-Raps enthalten) verursachen ebenso wie Fischmehl teilweise bei Eiern braunschaliger Hybriden Trimethylamingeruch (>1 µg/g; sog. Tainter; s. Abb. S. 327). **Fischmehl, fettreich:** bereits 1 % Fischöl i. d. Ration verursacht „Fischgeruch" bzw. -geschmack (u. a. Einlagerung von Aldehyden – >10 C-Atome – aus Abbau von Fischfetten). **Verdorbene Futterfette:** Geschmacksbeeinträchtigung. **Tränkwasser:** verunreinigt durch Futter etc., mangelnde Hygiene, evtl. Trimethylamin(TMA)-Geruch.

Faktoren, die an der Produktion des Trimethylamingeruchs beteiligt sind (nach BUTLER und FENWICK, 1985)

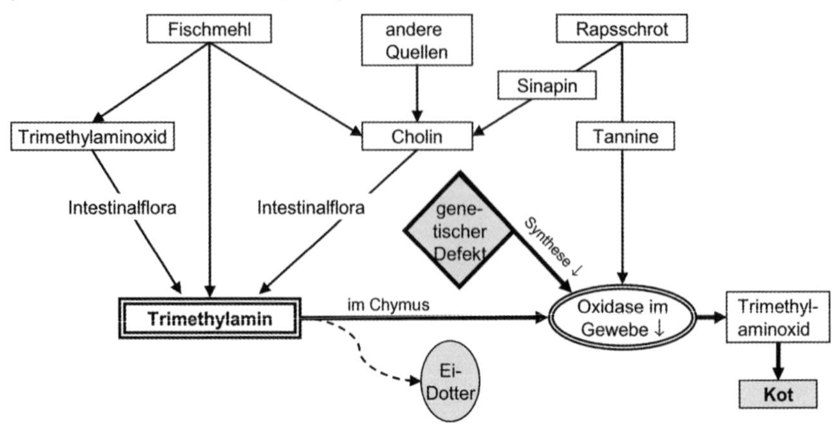

9.1.5 Ernährungsbedingte Erkrankungen und Störungen bei Küken, Jung- und Legehennen

(Störungen bei Jungtieren s. auch Mastgeflügel, S. 334)

Kannibalismus: Ähnliche Verhaltensstörungen wie beim Federpicken. Küken und Legetiere fügen sich schwere Verletzungen zu, die zum Tod durch Verbluten führen können.

PROPHYLAXE: Optimale Haltungsbedingungen, Wohlbefinden der Herde!

Federpicken und Federfressen: Federpicken wird als fehlgeleitetes Futterpicken (ungenügende Befriedigung des Picktriebes, z. B. bei pelletiertem Futter) angesehen. Schäden treten nur dann auf, wenn die Federn ausgerupft werden. Gewisse prophylaktisch günstige Wirkung: Angebot von Halmstrukturen (Heu-/Strohballen).

ÄTIOLOGIE: Die eigentlichen Ursachen sind nicht bekannt. Sofern die Rationen den Qualitätsanforderungen entsprechen, werden Haltungsfehler, genetische Dispositionen und „Langeweile" diskutiert. Mangel oder Überschuss an Kochsalz sowie Überdosierung von Anticoccidia wurden als mögliche alimentär bedingte Faktoren angenommen.

PROPHYLAXE: Schrotförmiges MF mit höherem Rfa-Gehalt, reduzierte Lichtintensität, Deckung des AS-Bedarfs.

Fettlebersyndrom: Fettlebersyndrombedingte Ausfälle sind seit Beginn der Intensivhaltung von Hühnern bekannt. Käfighaltung, die Verwendung von Hennen mit hoher Legeleistung sowie der Einsatz von AF mit hoher Energiedichte begünstigen diese Erkrankung. Die betroffenen Tiere zeigen **keine** klinischen Symptome, verenden evtl. aber perakut infolge einer Leberkapselruptur. Die Erkrankung ist auch zum Ende der Legephase zu beobachten; bei erhöhter Bewegungsmöglichkeit (z. B. Volierenhaltung) in Frequenz und Intensität vermindert.

ÄTIOLOGIE: Die bereits 4 Wochen vor Legebeginn einsetzende Östradiolsekretion induziert einen geringeren Protein- und gleichzeitig erhöhten Fettansatz. Da beim Huhn die Lipogenese fast ausschließlich in der Leber erfolgt, hat die vor Legebeginn forcierte Futteraufnahme eine verstärkte Lipogenese in der Leber zur Folge. Diese kann bei Eintritt in die Geschlechtsreife einen hohen Grad erreichen und führt oft nach Tagen bis Wochen zum Fettlebersyndrom (evtl. Leberkapselruptur und Verbluten).

VORKOMMEN: Aufgrund züchterischer Maßnahmen (u. a. Optimierung des Futteraufwandes, Nutzung mittelschwerer Hennen), der Optimierung der Rationszusammensetzung und der Berücksichtigung eines Vor-Legefutters mit 20 g Ca/kg Futter ab der 16. Woche ist die Inzidenz in den letzten Jahren deutlich zurückgegangen.

PROPHYLAXE: Zeitliche oder quantitative Minderung des Futterangebots um 10–20 % während der Ausbildung der Legereife. Besser: Isoenergetischer Ersatz von 10–12 % der Kohlenhydrate durch linolsäurehaltige Futterfette. Als Folge des „Ca-Appetits" vor Legebeginn ist die Verwendung eines Vor-Legefutters mit 20 g Ca/kg Futter ab der 16.–17. LW eine weitere Maßnahme, den Futterkonsum vor Legebeginn einzuschränken.

Käfigmüdigkeit: Leistungsrückgang der Herde bei unverminderter Futteraufnahme. Bei einem Teil der Tiere Bewegungsstörungen und Verschlechterung der Eischalenqualität, biegsame, entmineralisierte Knochen.

ÄTIOLOGIE: Überwiegend Ca-Mangel oder P-Überschuss und/oder Störung des Mineralstoffhaushaltes infolge Immobilisation der Tiere. Man vermutet eine hormonelle Störung des Ca-Stoffwechsels aufgrund ausbleibender Rückkopplung bei Ca-Mangel.

PROPHYLAXE: Ausgewogene Mineralstoffversorgung. Zusätzliche Ca-Gaben haben keinen Erfolg. Als therapeutische Maßnahme hat sich die Verabreichung von 0,5 bis max. 1 g Vitamin C je kg Futter bzw. eine einmalige Vit D_3-Gabe (2000 IE/Tier) bewährt.

9.2 Mastgeflügel (Hühner, Puten, Enten, Gänse)

9.2.1 Allgemeine Produktionsbedingungen

Beim Mastgeflügel kommt den Jungmasthühnern (Broiler, Hybriden aus speziell gezüchteten Mastlinien) mit einem jährlichen „Pro-Kopf-Verbrauch" von 8,9 kg die größte Bedeutung zu. Die Putenfleischproduktion hat in den letzten Jahren einen großen Aufschwung genommen (2006: >5,9 kg Putenfleischkonsum pro Kopf). Der Verzehr an Enten- und Gänsefleisch stagniert dagegen und beträgt nur 0,9 und 0,4 kg/Kopf.

9.2.1.1 Durchschnittliche Leistungsparameter

	Broiler		Puten				Enten			Gänse
			T9[1]		Big 6[2]		Peking	Moschus		
	♂	♀	♂	♀	♂	♀	♂♀	♂	♀	♀♂
Mastdauer (LW)										
Kurzmast	4,7	4,7	12	12	12	12	7	12	9	10
Mittelmast	5,7	5,7	16	16	16	16		16		16
Langmast	8,0	6,3	22		22			22		24–30[3]
Endgewicht (kg)										
Kurzmast	1,9	1,9	8,6	6,4	9,9	7,3	3,2	4,7	2,7	5,2
Mittelmast	2,5	2,3	13,2	9,1	15,3	10,7		5,4		6,7
Langmast	3,8	2,8	19,6		23,8			6,0		7,6
Futteraufwand[4]										
Kurzmast	1,6	1,6	1,90	2,1	1,92	2,1	2,5	2,1	2,3	2,7
Mittelmast	1,8	1,8	2,2	2,5	2,2	2,5		2,9		4,2
Langmast	2,1	2,2	2,7		2,7			3,5		4,5[5]

[1] British United Turkey (B.U.T.) Kreuzungsprodukt T 9
[2] British United Turkey (B.U.T.), Kreuzungsprodukt Big 6
[3] mit Weidehaltung [4] kg Futter je kg Zunahme [5] ohne Grünfutter

9.2.1.2 Haltung von Mastgeflügel

Üblicherweise erfolgt die Haltung in geschlossenen klimatisierten Ställen oder Offenställen mit natürlicher Belüftung auf Weichholzspänen oder Kurzstroh bei einer Einstreutiefe zwischen 4 (Broiler) und 10 cm (Puten, Enten, Gänse). Der Feuchtegehalt in der Einstreu sollte 35 % möglichst nicht überschreiten. Die Besatzdichte ist auf die nutzbare Stallgrundfläche bezogen und auf das Mastende ausgerichtet (kg KM/m^2: Broiler 35; Puten 50 (♂) bzw. 45 (♀); Enten und Gänse 20). Bei bäuerlicher Auslauf- bzw. Freilandhaltung beträgt die Besatzdichte allerdings nur max. 25 kg KM/m^2 Bodenfläche. Als nutzbare Trogseite je kg KM sind zu Mastbeginn bei Rundtrögen mind. 0,66 cm (Puten: 0,8 cm), bei Längströgen mind. 1,3 cm einzuhalten. Für Puten, Enten und Gänse reduzieren sich die Vorgaben je kg KM für Längströge im Mastverlauf auf 0,4 cm (Enten, Gänse) bzw. 0,2 cm (Puten). Entsprechendes gilt für Rund- und Tränkerinnen. Bei Tränkenippeln sind je nach Alter und KM zwischen 15 und 8 Tieren je Nippel einzuplanen. Als Richtgröße für die Höheneinstellung der Tränkeeinrichtungen gilt die jeweilige Rückenhöhe der Tiere. Beleuchtungs- und Temperaturprogramme werden für die einzelnen Herkünfte von den Zuchtbetrieben für die jeweiligen Haltungssysteme dezidiert vorgegeben. Im Prinzip erfolgt in den ersten beiden Lebenstagen eine Dauerbeleuchtung (Eingewöhnung), die dann auf ca. 16 h ab dem 5. bis 7. Lebenstag reduziert wird. Tageslicht wird angestrebt. Die Lichtintensität wird in fensterlosen Ställen von anfänglich 100 Lux kontinuierlich auf 20 Lux reduziert. Mittels Strahler- oder Ganzraumheizung wird in den ersten 4 Lebenstagen eine Temperatur von 32 °C gehalten, die dann wöchentlich um 2 °C reduziert wird, bis nach ca. 35 Tagen 18 bis 21 °C erreicht sind. Nur bei Pekingenten erfolgt eine tägliche Absenkung der Temperatur um jeweils 1 °C. Die Ventilatorleistung in zwangsbelüfteten Ställen bzw. die Umluftventilatoren in Offenställen sollten einen Luftaustausch von mind. 4,5 m^3/kg KM/h gewährleisten.

9.2.2 Fütterungspraxis (Jungmasttiere)

9.2.2.1 Richtwerte für den Energie- und Nährstoffgehalt in Alleinfuttermitteln

Masthühner (Broiler)

Die Mast erfolgt als Periodenmast in der Regel mit drei AF-Typen überwiegend in pelletierter Form (bis 2. LW: Granulat Ø 2 mm; ab 3. LW: Ø 4-5 mm). Die ausgewiesenen Richtwerte sind auf optimale Wachstumsraten ausgerichtet. Über entsprechende Variation der Energie- und AS-Gehalte können Rationen auch mehr kostenorientiert oder auf den Fleischansatz ausgerichtet werden. Eine geschlechtsgetrennte Mast ist erst ab dem 40. LT erforderlich. Bei kombinierter Fütterung in den späteren Mastabschnitten wird häufig betriebseigenes Getreide oder CCM mit einem AF für Küken verwendet. Um sicher die bedarfsdeckenden Nährstoffrelationen zu erreichen, ist allerdings die Verwendung entsprechender Ergänzungsfuttermittel zu empfehlen.

Puten

Üblich ist die Langmast (Mastphasen P1–P6) mit schweren Herkünften (z. B. Big 6, Nicholas 700). Im sog. Rein-Raus-Verfahren im 22- bis 24-Wochen-Rhythmus werden männliche und weibliche Tiere im Alter von 4 bis 6 Wochen in separaten Abteilungen gemeinsam eingestallt. Nach Schlachtung der Hennen (16. LW) steht den männlichen Tieren die gesamte Stallfläche zur Verfügung. Beim kontinuierlichen Verfahren werden die Tiere zunächst gemeinsam eingestallt, wobei entweder die Hähne oder Hennen (Geschlechtsdimorphismus im Laufe der Mast zunehmend bedeutsam) nach ca. 5 Wochen umgesetzt werden. Die Kurzmast (9 bis 12 Wochen) ist in Deutschland aufgrund der überwiegenden Vermarktung von Putenteilen nicht üblich.

Richtwerte für Energie- und Nährstoffgehalte in AF für Masthühner und Mastputen (Angaben je kg – 88 % TS) **in den verschiedenen Mastphasen**

Mastabschnitt (LW)		Masthühner (♂ ♀) 1.–2.	3.–4.	ab 5.	Schwere Puten (♂) 1.–2.	3.–5.	6.–9.	10.–13.	14.–17.	ab 18.
ME_N	MJ	12,6	13,1	13,4	11,4	11,8	12,1	12,6	13,0	13,4
Rohprotein (Rp)	g	220	205	190	290	265	240	210	180	160
g Rp/MJ ME_N		17,5:1	15,6:1	14,2:1	25,2:1	22,5:1	19,8:1	16,7:1	13,8:1	11,9:1
Met	g	5,3	5,0	4,9	5,7	5,3	4,9	4,5	4,0	3,4
Met + Cys	g	9,6	9,1	8,9	8,4	8,0	7,6	7,2	6,5	5,5
vMet + vCys	g	8,4	8,0	7,8	7,4	7,0	6,7	6,3	5,7	4,8
Lys	g	13,0	11,7	10,9	17,1	15,2	14,0	12,8	11,6	10,0
vLys	g	11,3	10,2	9,5	15,0	13,5	12,3	11,3	10,2	8,8
Trp	g	2,1	2,0	2,0	2,8	2,6	2,4	2,0	1,8	1,6
Thr	g	8,6	8,0	7,6	9,4	8,4	7,8	7,1	6,5	5,6
Ca	g	9,0	8,8	8,4	14,0	13,0	12,0	10,0	9,0	7,0
Nicht-Phytin-P	g	4,5	4,2	4,0	6,0	6,0	5,0	4,2	3,8	3,2
Na	g	2,0	1,7	1,6	1,3	1,3	1,2	1,1	1,0	1,0
Cl	g	2,0	2,0	2,0	1,8	1,8	1,7	1,6	1,5	1,5
Cholinchlorid	mg	1170	970	730	1900	1300	1300	1000	1000	1000
Linolsäure	g	12,5	12,5	12,5	12,0	12,0	12,0	10,0	10,0	10,0
α-Linolensäure	g	1,5	1,5	1,5	1,5	1,5	1,5	1,3	1,3	1,3
Vit A	IE	2200	2200	2200	4400	4400	4400	4400	4400	4400
Vit D_3	IE	1500	1000	1000	2000	2000	1600	1600	1600	1600
Vit E*	mg	15	15	15	15	15	15	15	15	15

* plus 0,6 mg je g Polyensäure

Mastenten

Im Unterschied zu Masthühnern erfolgt die Brustmuskelentwicklung insbesondere bei Moschusenten (= Flugenten) erst zu einem späteren Zeitpunkt (Schlachtung frühestens ab 7. LW). Die Wachstumsleistung ist über den Energiegehalt im Futter nur wenig zu beeinflussen. Entsprechendes gilt für den Verfettungsgrad, der selbst durch höhere Rp-Gehalte im Futter nicht zu begrenzen ist. Aufgrund der besseren Rfa-Verdaulichkeit können auch rohfaserreichere FM in gewissem Umfang eingesetzt werden (z. B. Grünfutter oder Weidegang). Zur Vermeidung von Futterverlusten sollten die Mischfutter ausschließlich in pelletierter Form angeboten werden (anfangs Ø 3 mm, später Ø 5 mm). Moschusenten weisen in Gegensatz zu Pekingenten einen ausgeprägten Geschlechtsdimorphismus auf. Entsprechend ist in der Kurzmast das Mastende bei weiblichen Tieren auf die 9. LW, bei männlichen Tieren dagegen auf die 12. LW auszurichten.

Gänse

Eine deutliche Zunahme des Muskelansatzes und damit des Proteingehaltes im Tierkörper erfolgt erst ab der 9. LW. Gleichzeitig steigt der für das Wassergeflügel typische, über das Futter kaum zu beeinflussende Fettansatz. Aufgrund der Notwendigkeit einer verlängerten Mastperiode und der möglichen Nutzung von Grünfutter können auch kostengünstigere FM eingesetzt werden. Zur Vermeidung von Futterverlusten sollten die MF in pelletierter Form angeboten werden (anfangs Ø 3 mm, später Ø 5 mm).

In der Gänsemast werden folgende Mastverfahren praktiziert:

Schnellmast (1. bis 10. LW)

Die Mast erfolgt in 2 Phasen mit unterschiedlichen MF (s. Tab. unten) und endet allerdings noch vor der stärkeren Ausbildung der Brustmuskulatur. Der Futterverbrauch für beide MF-Typen liegt bei 3,5–4 bzw. 9,5–10 kg.

Intensivmast (1. bis 16. LW)

Im Unterschied zur Schnellmast ist hier die Brustmuskulatur am Mastende voll ausgeprägt. Zu dieser Zeit ist die Geschlechtsreife, die sich evtl. nachteilig auf die Schlachtkörperqualität auswirkt, noch nicht erreicht. Ab der 5.–12. LW wird Grünfutter zugefüttert oder Weidegang gewährt. Während dieser Zeit ist die MF-Zuteilung auf 100 bis 150 g/Tier/Tag bzw. 6,5 kg insgesamt begrenzt. Anschließend wird bis zum Mastende ein sog. Finisher (~7 kg) eingesetzt. Insgesamt werden somit bis zu 18 kg MF in pelletierter Form je Gans benötigt.

Weidemast (1. bis 24. LW)

Bei dieser Mastform wird Kraftfutter nur bis zur 7. LW verabreicht. Anschließend erfolgt je nach Schlupftermin Weidegang oder Fütterung mit Grünfutter. Im Gegensatz zur Intensivmast wird nach der Aufzucht zunächst kein Kraftfutter (MF) mehr angeboten, das Angebot von Kraftfutter ist auf die letzten 4 Wochen vor der Schlachtung begrenzt, hier wird also auch der sog. Finisher eingesetzt. Der Gesamtverbrauch an pelletiertem MF beträgt ca. 17 kg je Tier.

Richtwerte für Energie- und Nährstoffgehalte in AF für Mastenten und Mastgänse (Angaben je kg – 88 % TS)

Mastabschnitt (LW)		Pekingenten (♂ ♀)		Moschusenten (♂ ♀)			Gänse (♂ ♀)		
		1.–3.	ab 4.	1.–3.	4.–6.	ab 7.	1.–4.	5.–12.	Finisher[1]
ME_N	MJ	12,2	12,6	11,5	12,0	12,5	12,6	13,2	13,0
Rohprotein (Rp)	g	190	165	190	165	130	220	175	160
g Rp/MJ ME_N		15,6:1	13,1:1	16,5:1	13,8:1	10,4:1	17,5:1	13,3:1	12,3:1
Met	g	4,0	4,9	3,7	3,1	2,6	5,8	4,5	3,9
Met + Cys	g	7,6	7,9	7,4	6,2	5,4	9,2	8,2	6,5
Lys	g	11,6	9,3	8,9	7,2	7,0	12,0	8,0	9,5
Trp	g	2,1	2,1	1,8	1,6	1,4	1,8	1,5	1,5
Thr	g	8,3	6,3	6,4	5,3	3,9	7,8	6,5	5,6
Ca	g	8,5	8,5	12	11	10	8,5	7,7	5,8
Nicht-Phytin-P	g	4,0	3,0	4,4	4,0	3,5	3,4	3,0	3,0
Na	g	1,7	1,0	1,5	1,1	0,6	1,2	0,8	0,4
Cl	g	2,0	1,5	2,0	1,5	1,0	1,5	1,3	1,0
Cholinchlorid	mg	1300	1300	1300	1300	1300	1200	1000	1000
Linolsäure	g	10	10	10	10	10	10	10	10
α-Linolensäure	g	1,5	1,5	1,5	1,5	1,5	1,5	1,5	1,5
Vit A	IE	4000	4000	4000	4000	4000	1500	1500	1500
Vit D_3	IE	1000	800	1000	800	500	500	500	500
Vit E[2]	mg	15	10	10	10	10	10	10	10

[1] Intensivmast: 13. bis 16. LW; Weidemast: letzte 4 Wochen vor Schlachtung

[2] plus 0,6 mg je g Polyensäure

Perlhühner

Die Mastdauer beträgt im Mittel 12 Wochen (Mastendgewicht bis 1,8 kg) und erfolgt in Bodenhaltung. Die Fütterung kann zunächst mit AF für Puten unter Berücksichtigung der entsprechenden Altersphasen erfolgen. In der 5.–8. Woche können die Bedarfsansprüche durch ein AF für Mastküken (Typ: 1.–2. LW) und ab der 9. LW. durch das AF für Mastputen (Typ: 10.–13. LW) gedeckt werden. Die Temperaturansprüche in den ersten Lebenstagen liegen bei 38 °C im Liegebereich. Die Tiere sollten auf Grund ihrer Schreckhaftigkeit nur in kleinen Gruppen gehalten werden. Die Beleuchtungsdauer beträgt konstant 23 h je Tag. Die Beleuchtungsstärke sollte bis zum 3. Tag 30 und anschließend max. 10 Lux betragen. Die Besatzdichte sollte gegen Mastende 7 Tiere je m² nicht übersteigen.

9.2.2.2 Durchschnittliche fütterungsrelevante Leistungsdaten von Mastgeflügel

	Mastdauer (Wochen)	Mastendmasse (kg/Tier)	Futterverbrauch (kg/Tier)	Futteraufwand (kg/kg Zuwachs)
Broiler	4,7	1,5	2,3	1,55
Schwere Puten				
– männlich	22	23,8	64,0	2,69
– weiblich	16	10,7	26,0	2,45
Perlhühner	12	1,8	5,6	3,15
Pekingenten	7	3,2	7,7	2,45
Moschusenten				
– männlich	12	4,7	13,5	2,90
– weiblich	10	2,7	6,9	2,60
Gänse (Schnellmast)	9–10	5,0	14,0	2,80

9.3 Zuchttiere und Mast-Elterntiere

9.3.1. Ansprüche bzgl. der Haltung (in der Legeperiode)

	Hühner	Puten	Enten	Gänse
Geschlechtsreife (LW)	24–25 ♀ 20 ♂	28–31 ♀ 31–32 ♂	26 ♀ 24 ♂	38–42 ♀ 40–44 ♂
Eizahl	26.–65. LW: 150–180	1. Legeperiode: 50–70 (20 Wochen) 2. Legeperiode: 40–55 (18 Wochen)	150–200 je Legejahr	1. Legeperiode: 50–60 (4 Monate) 2. Legeperiode: 20–30
Geschlechtsverhältnis ♂:♀	1:7	1:16	1:7	1:7
Haltungsverfahren	- Bodenintensivhaltung, Tiefstreu, Drahtgitter (Latex-beschichtet)	- Bodenintensivhaltung, Tiefstreu, Drahtgitter - Offenstallhaltung	- Sand-, Grasauslauf mit Schutzdach bzw. Kaltstall - Bodenintensivhaltung (mit/ohne Auslauf)[1]	- Bodenintensivhaltung mit Auslauf, Tiefstreu, Drahtgitterboden - Weidehaltung
Legenestbedarf (Tiere je Nest)	5–6	5 (40 x 40 cm)	4–5	4 (40 x 40 cm)
Besatzdichte (Tiere/m²)				
Bodenhaltung	5–7	1–2	5	1–2
Auslauf	3	1	1–2	0,1–2

[1] evtl. auch auf Kunststoff-/Lattenrosten

9.3.2 Fütterungspraxis bei Elterntieren

Während die Elterntiere der Legehennen ähnlich wie die Legehennen gefüttert werden, gibt es Besonderheiten in der Fütterung von Elterntieren des Mastgeflügels:

Entscheidender Unterschied ist hierbei die notwendige Futtermengenrestriktion (ergibt sich aus der genetisch determinierten hohen Futteraufnahmekapazität, die erst die hohe Ansatzleistung ermöglicht). Die restriktive Fütterung/Versorgung wird v. a. durch eine
- generell limitierte Futtermenge (Zuteilung nach angestrebter KM)
- Einschaltung von „Hungertagen“ (anstelle der AF: geringe Körnermengen)
- Einsatz faserreicher Einzelfuttermittel zur Sättigung (z. B. Hafer) erreicht

Spezielle Lichtprogramme, besondere Formen der Haltung mit Ermöglichung höherer Bewegungsaktivitäten sind weitere Kennzeichen der Elterntierhaltung.

Zuchthennen

Die Fütterung erfolgt wie bei Legehybriden. Allerdings erfordert die Produktion von bruttauglichen Eiern und die angestrebte hohe Schlupffähigkeit allgemein höhere Spurenelement- und Vitamingehalte während der Legeperiode.

Broilerzuchthennen

Legehennen der Mastrichtung zeigen eine ungenügende Anpassung der Futteraufnahme an den Energiebedarf. Entsprechend wird sowohl während der Aufzucht als auch der Legeperiode restriktiv gefüttert. In der Aufzucht wird in der Regel bei entsprechend modifiziertem Beleuchtungsprogramm (Reduktion auf 8 Stunden bis zur 20. LW) das Futter jeden 2. Tag in reduzierter Menge zugeteilt (von 30 auf 280 g je Tier ansteigend). Angestrebte KM ist 2500 g zu Legebeginn (ca. 22.–24. LW). Zwei Wochen vor Legebeginn wird auf das AF für Zuchthennen umgestellt. Die Legeperiode dauert ca. 40 Wochen. Um eine übermäßige Verfettung zu vermeiden, wird die Futtermenge auf ca. 160 g je Tier und Tag begrenzt.

Zuchtputen

Als Folge der langen Aufzuchtperiode (ca. 30 Wochen) wird auf der Basis der vom Züchter empfohlenen KM-Entwicklung (ca. 11 kg bei Legebeginn) die Futtermenge zugeteilt, d. h., angepasst an die Entwicklungskurve restriktiv gefüttert. Im Gegensatz zu den Zuchthennen ist der Futterverzehr bei Puten durch den Energiebedarf bestimmt. Entsprechend wird während der Legeperiode ad libitum gefüttert. Die durchschnittliche Futteraufnahme beträgt ca. 300 g je Tier und Tag. Die erste Legeperiode dauert 24 Wochen. Nach einer künstlichen Legepause von 12 Wochen schließt sich eine 2. Legeperiode von 18-wöchiger Dauer an.

Zuchtenten

Die empfohlenen AF sollten in gepresster Form zur Verfügung gestellt werden. Die Futtermenge ist in der Jungentenaufzucht bei Pekingenten auf 150 g, bei Flugenten auf 135 g zu beschränken. Bei legenden Tieren variiert die Futteraufnahme zwischen 200 und 250 g. Durch Grünfuttergaben lässt sich der Mischfutterverzehr erheblich verringern. Bis zur ersten Mauser dauert die Legeperiode bei Pekingenten 9–10, bei Flugenten ca. 5 Monate. Die KM adulter weiblicher Tiere liegt zwischen 2,5–3 kg (4–5 kg ♂).

Zuchtgänse

Gänse erhalten während der Aufzuchtphase die AF überwiegend in granulierter bzw. pelletierter Form. Dieses Futter wird in der Regel ad lib angeboten. Bei Übergang zur Weidehaltung (8. LW) empfiehlt sich eine Getreidegabe von 50 bis 100 g je Tier und Tag. Das AF für Zuchtgänse wird 4 Wochen vor Legebeginn eingesetzt. Ebenfalls bewährt hat sich eine Ration aus $^{1}/_{3}$ Hafer und $^{2}/_{3}$ Ergänzungsfutter für Legehennen. Gänse legen gewöhnlich von Februar bis Mai. Mit Hilfe spezieller Lichtprogramme kann auch eine Eiablage außerhalb der „normalen" Legesaison erreicht werden. Adulte legende Tiere sind im Mittel 6,8 kg schwer, während die ♂ Tiere ca. 9–10 kg wiegen.

Richtwerte für den Energie- und Nährstoffgehalt in Alleinfuttermitteln für Elterntiere (Aufzucht + Legeperiode; im AF 88 % TS)

		Hühner[1]	Puten			Enten			Gänse		
		Legeperiode	1.–6. LW	ab 7. LW	Legeperiode	1.–6. LW	ab 7. LW	Legeperiode	1.–6. LW	ab 7. LW	Legeperiode
ME, N-korr. (ME_N)	MJ	10,6	10,6	10,6	10,6	10,6	10,6	10,6	11,0	10,6	10,6
Rohprotein (Rp)	g	160	280	140	150	200	130	150	185	145	158
g Rp/MJ ME_N		15:1	25:1	12:1	13:1	19:1	12:1	14:1	17:1	14:1	15:1
Methionin	g	3,0	6,5	4,8	3,7	4,5	3,5	3,5	4,4	3	2,6
Methionin + Cystin	g	6,0	11,2	9,5	5,9	8	5,4	6,0	8,1	5,7	6,6
Lysin	g	6,5	16,4	7,5	6,4	10,4	6,0	7,1	9,0	6	4,7
Threonin	g	3,9	10,5	4,2	4,3	6,9	4,1	4,9	5,9	4,1	4,5
Tryptophan	g	1,1	2,3	1,3	1,4	2	1,3	1,7	1,6	1,2	1,5
Linolsäure	g	12	12	12	12	14	10	10	12	9	10
Calcium	g	30	8	9	30	8	8	30	8	6	30
Gesamt-Phosphor	g	5,6	5	5	6,5	5	5	6,2	6	4	6
Magnesium	g	0,4	0,4	0,4	0,5	0,4	0,4	0,5	0,4	0,4	0,4
Natrium	g	1,5	0,9	0,9	1,6	0,9	0,9	1,5	0,9	0,9	1,5
Chlorid	g	1,2	1,4	1,4	1,4	1,4	1,0	1,4	1,0	1	1,4
Mangan	mg	60	80	60	70	70	60	60	55	40	60
Zink	mg	40	60	50	50	40	50	40	40	40	40
Jod	mg	0,8	1	1	1	1	0,4	0,8	0,35	0,35	0,8
Kupfer	mg	3	4	4	3	5	3	3	2,5	2,5	3
Selen	mg	0,3	0,3	0,3	0,3	0,3	0,3	0,3	0,3	0,3	0,3
Vitamin A	IE	12000	6000	6000	12000	6000	6000	10000	5000	5000	10000
Vitamin D_3	IE	1200	400	600	1200	400	600	1000	400	600	1200
Vitamin E	mg	20	20	20	20	20	20	20	20	20	20
Vitamin K_3	mg	4	4	4	4	4	4	4	4	4	4
Vitamin B_1	mg	4	4	4	6	4	4	5	4	4	5
Vitamin B_2	mg	10	10	10	10	10	10	10	10	10	10
Vitamin B_6	mg	4	4	4	5	4	4	5	4	4	5
Vitamin B_{12}	µg	10	10	10	10	10	10	10	10	10	10
Biotin	mg	0,2	0,25	0,25	0,25	0,25	0,25	0,25	0,25	0,25	0,25
Folsäure	mg	0,7	1,2	1,2	1,2	0,7	0,7	0,7	0,7	0,7	0,7
Nicotinsäure	mg	25	20	20	20	20	20	20	20	20	20
Pantothensäure	mg	10	15	15	15	15	15	15	15	15	15
Cholinchlorid	mg	800	800	800	800	800	800	800	800	800	800

Zusatz von Anticoccidia s. S. 116 f.

[1] Aufzucht: s. S. 322 (Küken und Junghennen)

Männliche Zuchttiere

Speziell auf die Fütterung männlicher Zuchttiere ausgerichtete AF liegen bisher nur teilweise vor. Es hat sich jedoch gezeigt, dass die für weibliche Zuchttiere empfohlenen Mischfutter auch bei Hähnen eine hohe Spermaqualität und Befruchtungsfähigkeit gewährleisten. Der auf legende Tiere ausgerichtete Ca-Gehalt zeigt ebenfalls keine nachteiligen Folgen. Neben den AF für weibliche Zuchttiere wird in der Regel bei gemeinsamer Haltung zusätzlich Hafer über hochhängende Futterautomaten (die nur von den Hähnen erreicht werden) etwa 50–80 g je Tier und Tag angeboten. Im Übrigen gelten die für weibliche Tiere unter Berücksichtigung der höheren KM dargestellten Fütterungs- und Haltungsbedingungen.

9.4 Ernährungsbedingte Erkrankungen und Störungen

Frühsterblichkeit der Küken:
erhöhte, nicht-infektiös bedingte Verluste in den ersten 10 Lebenstagen

ÄTIOLOGIE:

- mangelhafte Versorgung der Elterntiere (Vitamine, Spurenelemente)
- unzureichende bzw. zu späte Futter- bzw. Wasseraufnahme
- fehlerhafter Transport der Eintagsküken

PROPHYLAXE:

- bedarfsgerechte Versorgung der Elterntiere
- in Form (2-mm-Pellets, granuliertes Futter) und Akzeptanz
  adäquates Kükenfutter bzw. optimale Gestaltung der Tränketechnik
- Verbesserung der Transportbedingungen

Aszites-Syndrom (Masthühnerküken): Cardiopulmonale Erkrankung mit Ansammlung serumähnlicher Flüssigkeit in der Bauchhöhle bei vergrößertem Herzen (rechter Ventrikel) infolge einer Hypoxie. Meist bei intensiv wachsenden Broilern.

ÄTIOLOGIE:

Züchtung auf intensives Wachstum bzw. hohen Proteinansatz bei gleichzeitig niedrigem Futteraufwand führte zu erhöhten Anforderungen an die Sauerstoffversorgung. Auch hohe Energiegehalte und ein weites Protein-/Energie-Verhältnis im Futter bzw. zu hohe NaCl- oder Mykotoxingehalte werden als ursächlich diskutiert. Prädisponierend sind auch Fehler im Betriebsmanagement (z. B. Stallklima, Haltung).

PROPHYLAXE:

Einhaltung der klimatischen Anforderungen. In gefährdeten Betrieben Reduktion des Wachstums, Umstellung auf schrotförmiges Futter mit engem Protein-/Energie-Verhältnis. Optimierung der Haltungs- und Fütterungshygiene.

Beinschäden und Skelettveränderungen (Masthühnerküken, -puten): Perosis, perosisähnliche Osteopathien, Dyschondroplasie, Tibiatorsion)

ÄTIOLOGIE:

Genetische, haltungsbedingte, infektiöse oder fütterungsbedingte Ursachen (z. B. mangelhafte Versorgung mit Cholin, Mn, Biotin, Ca, P oder auch fettlöslichen Vitaminen).

PROPHYLAXE:

MF-Korrektur. Bedarfsüberschreitende Zufuhr o. g. Nährstoffe jedoch meist wirkungslos.

Kümmerwuchssyndrom (Masthühner-, Putenküken): unbefriedigende Entwicklung und Zunahme, Beinschäden, Federanomalien, Kropferweiterung.

ÄTIOLOGIE:

Größtenteils noch ungeklärt. Vermutlich Überforderung der Anpassungskapazität beim Übergang von der Dottersackernährung zur exogenen Ernährung (endogene Enzymaktivitäten ↓, Ausbildung der aktiven Immunität ↓.

PROPHYLAXE:

Minimierung der Zeitspanne zwischen Schlupf und Einstallung. In betroffenen Betrieben auch Vit A-, D-, E-Gaben über das Tränkwasser (Erstversorgung mit Futter und Wasser).

Plötzliches Herz-Kreislauf-Versagen (Masthühnerküken): plötzlicher Herztod; verendete, m.o.w. cyanotische Tiere liegen meist auf dem Rücken mit gestrecktem Hals.

ÄTIOLOGIE:

Noch wenig bekannt. Genetische, geschlechts- und altersbedingte Disposition. Begünstigend vermutlich auch Proteinmangel und überhöhter Fettgehalt mit hohen Anteilen an mehrfach ungesättigten Fettsäuren.

PROPHYLAXE:

In den betroffenen Betrieben Rücknahme der Fütterungsintensität in den beiden ersten LW durch Energie- und Nährstoffrestriktion. Überprüfung der Protein- und AS-Versorgung sowie Aufnahme an essentiellen Fettsäuren.

Dermatitis (Putenküken): Geschwürige Veränderungen mit Schuppenbildung und Exsudatabsonderung am Schnabel, an den Augenlidern, in der Zehengegend und am Fußballen. Meist verbunden mit Durchfall.

ÄTIOLOGIE:

Hauptursache: Biotin- und Pantothensäure-Mangel; unzureichende Versorgung der Zuchttiere. Meistens mit Skelettveränderungen gleichzeitig auftretend.

PROPHYLAXE:

Bedarfsgerechte Vitaminzufuhr.

Vit E-Mangel-Krankheiten: Bei unzureichender Vit E-Versorgung besonders bei gleichzeitigem Se-Mangel und/oder Unterversorgung mit S-haltigen Aminosäuren kommt es hauptsächlich während der Aufzuchtperiode zu folgenden Erkrankungen:

- ENCEPHALOMALAZIE (Pute, Ente):
  Hierbei treten in der 2.–4. LW Benommenheit, unkoordinierte Bewegungen, Bein- und Flügelkrämpfe und Verdrehen des Kopfes auf.
- EXSUDATIVE DIATHESE (Pute):
  Im Alter von 3–6 Wochen kommt es zu Ödemen mit rot-grau-blauer Verfärbung an Kopf, Hals, Brust und Bauch; daneben Mattigkeit und verminderte Futteraufnahme.
- ENZOOTISCHE MUSKELDYSTROPHIE (Pute, Ente, Gans):
  Bei Entenküken meist in der 2.–5. LW Schwäche mit Bewegungsstörungen, sog. „Robbenstellung"; Tod durch Verhungern.

PROPHYLAXE:

Ausreichende Vit E-Versorgung, abgesichert durch Antioxidantien im Futter, ggf. zusätzlich Vit E über das Tränkwasser; Se-Zulage bis 0,5 mg/kg Futter; optimale Zufuhr von S-haltigen Aminosäuren.

Gicht (Puten)

Hierbei kommt es zu gestörtem Allgemeinbefinden mit Durchfällen und besonders zu Bewegungsstörungen durch schmerzhafte Gelenkschwellungen. Harnsäureablagerungen auf serösen Häuten wie Pericard.

ÄTIOLOGIE:

Niereninsuffizienz infolge Stoffwechselfehlleistungen; Vit A-Mangel sowie zu hohe Rohproteingehalte im Futter, im Einzelfall Fehldosierung von Lysin-HCl.

PROPHYLAXE:

Ausgewogene Fütterung, d. h. Vermeidung eines Rp-Überschusses; ausreichende Vit A-Versorgung. Bei der Vorbrut darf eine relative Feuchte von 55–60 % nicht überschritten werden.

Wirkstoffe (aus dem Bereich der Zusatzstoffe und Arzneimittel), die miteinander unverträglich, toxisch sind oder unerwünschte Nebenwirkungen haben (LÜDERS et al., 1998)

Coccidiostaticum	**unverträglich mit**
Monensin	Erythromycin, Sulfonamide wie Sulfadimethoxin, Sulfamethazin, Sulfaquinoxalin, Sulfaclozin; Tiamulin
Narasin	Tiamulin
Salinomycin	Tiamulin
Wirkstoff	**toxisch für**
Halofuginon (Stenerol)	Enten, Gänse, Fasanen, Perlhühner, Rebhühner
Monensin	Perlhühner
Narasin	Enten, Puten, Junggänse (<20. LT), Flug-, Pekingenten (<28. LT)
Salinomycin	Puten
Wirkstoff(e)	**unerwünschte Nebenwirkungen**
Nicarbazin[1]	Dotterflecken und Eiklarverflüssigung, Entfärbung brauner Eischalen, Legeleistungsrückgang
Robenidin[1]	Anis- oder Vanillegeschmack der Eier

[1] bei legenden Tieren nicht erlaubt, allenfalls bei Verschleppung/Futterverwechselung möglich

9.5 Futtermittel für Nutzgeflügel

9.5.1 Inhaltsstoffe von Einzelfuttermitteln (pro kg uS)

		Rohnährstoffe														
	TS	Ra	Rp	Rfe	Rfa	Stärke	Zucker	ME_N	Met	Cys	Lys	Ca	P	Nicht-Phytin-P	Na	Cl
	g	g	g	g	g	g	g	MJ	g	g	g	g	g	g	g	g
Ackerbohne (Samen)	875	36	263	14	79	419	34	10,6	2,1	2,9	18	1,4	5,5	1,7	0,31	0,78
Baumw.saatextr.schrot aus geschälter Saat	900	61	446	17	86	-	52	9,7	6,7	6,7	18,3	2,2	7,9	3,4	0,9	1,10
Bierhefe, getrocknet	900	75	468	19	21	-	17	1,4	6,7	5,0	32	2,9	13,6	8,6	1,51	-
Biertreber, getrocknet	900	43	227	77	155	34	9	10,6	5,8	-	9,5	3,8	6,1	1,3	0,40	1,90
DDGS	930	49	371	55	76	16	33	8,4	5,8	6,4	7,2	0,4	8,3	1,8	0,8	0,9
Erbsen	880	32	226	13	58	417	57	11,3	3,4	2,6	16	0,9	3,4	2,3	0,31	-
Fett (Pflanzenöl)	998	1	1	996	-	-	-	36,5	-	-	-	-	-	-	-	-
Fischmehl[1]	920	221	580	62	13	-	-	11,7	15,7	5,2	41,8	71,3	29,3	29,3	7,13	22,9
Gerste, Winter (Körner)	880	23	110	23	50	527	24	11,4	1,6	2,4	4,0	0,8	3,4	1,0	0,35	1,70
Grünmehl aus Gras	900	102	166	37	206	-	77	5,1	2,9	2,0	7,7	8,0	3,9	1,4	0,90	6,2
Grünmehl aus Luzerne	900	108	179	27	234	-	38	5,2	3,0	1,5	8,3	15,5	3,0	1,1	0,60	5,40
Hafer (Körner)	880	29	108	48	103	395	16	10,2	1,8	2,3	4	1,1	3,3	1,3	0,57	0,90
Hirse (Körner)	880	26	114	36	51	517	8	13,1	2,2	2,2	1,6	0,4	2,9	1,1	0,08	-
Mais (Körner)	880	14	95	41	23	612	17	13,6	1,9	2,0	2,7	0,4	3,1	0,8	0,21	0,44
Maiskeim-extraktionsschrot	890	38	119	16	73	388	46	10,1	2,1	2,1	5,3	0,6	6,6	1,7	0,30	0,40
Maiskleber	900	21	634	43	11	129	6	13,8	15,0	10,7	12,6	0,7	3,9	1,0	0,42	0,53
Maiskleberfutter 23–30 % Rohprotein	890	52	232	36	82	180	20	8,1	5,0	4,9	6,9	0,9	8,4	2,2	1,95	2,39
Maniokmehl Typ 55	880	54	23	6	55	625	30	12,4	0,3	0,4	1,0	1,4	0,7	0,3	0,4	0,4
Milokorn (Körner)	880	16	103	31	23	637	10	13,9	1,8	1,8	2	1,0	2,7	1,0	0,70	0,60
Rapsextr.schrot Typ „00"	890	73	361	24	114	-	77	8,3	6,9	8,7	21,5	6,9	9,5	4,5	0,10	0,45
Roggen (Körner)	880	19	98	16	24	568	56	11,4	1,2	1,8	3,8	0,4	2,6	0,9	0,12	0,20
Sojabohne (Samen) dampferhitzt	880	46	355	176	52	47	67	13,5	5,3	5,3	22,4	2,8	5,7	1,7	0,40	0,71
Sojabohnenextr.schrot aus geschälter Saat dampferhitzt	890	59	491	11	33	67	105	10,5	6,9	7,4	30,5	3,0	12,3	3,5	0,16	0,40
Sonnenblume (Samen)	880	32	168	315	214	-	-	14,3	3,3	3,2	5,7	2,6	4,2	1,5	0,18	-
Sonnenbl.extr.schrot aus geschälter Saat	910	73	415	15	116	-	93	9,0	9,1	7,1	14,4	3,8	10,4	3,7	0,22	0,86
Triticale	880	19	128	16	25	563	35	12,6	1,8	2,5	3,6	0,7	4,2	1,0	0,1	0,4
Viehsalz	998	995	-	-	-	-	-	-	-	-	-	2,5	-	-	365	606
Weizen, hart (Körner)	880	20	132	20	25	589	32	12,6	1,9	3,0	3,6	0,3	3,3	0,8	0,14	0,70
Weizen, Winter (Körner)	880	18	121	18	26	593	27	12,7	1,9	2,7	3,4	0,5	3,2	0,8	0,21	0,48
Weizenfuttermehl	880	39	167	49	42	313	67	11,7	2,4	2,9	7,8	1,1	7,1	1,8	0,31	-
Weizenkleie	880	58	143	37	117	137	56	7,1	2,2	2,8	6	1,5	11,4	3,0	0,49	0,20

[1] mit 60–65 % Rp und 3–8 % Rfe

9.5.2 Einsatzgrenzen von Einzelfuttermitteln für Nutzgeflügel (% im AF)

Einzelfuttermittel	Ursache	Hühner		Broiler		Puten		Enten		Gänse	
		Küken/ Jungh.	Legehennen	Zucht	Mast	Zucht	Mast	Zucht	Mast	Zucht	Mast
Gerste[1] (geschrotet)	β-Glukane, Pektine Linolsäure ↓	0/40	40	30	10	45	10	30	30	30	40
Hafer	β-Glukane Energiegehalt	10	20	10	10	20	10	20	10	20	10
Grießkleie	Rfa-Gehalt	5/10	5	10	5	10	5	10	10	10	10
Maniok	cyanogene Glykoside	10	15	15	10	15	10	15	10	15	10
Melasse	Zucker, Amide Konsistenz	3	3	3	3	3	3	3	3	3	3
Milokorn	Tannine	20	30	20	20	20	20	20	20	20	20
Roggen[1]	Pentosane, β-Glukane, Pektine	0/15	10–20	10	5	10	5	10	5	10	5
Triticale[2]	Pentosane	20	30	30	20	30	20	30	20	30	20
Trockenschnitzel[1]	Zucker, Pektine, Proteinqualität	3	5	3	3	3	5	4	3	4	4
Ackerbohnen	Vicin, S-AS-Gehalt, Tannine, Lectine	10	10	10	20	10	20	10	20	10	20
Erbsen (weißblühend)	Tannine, S-AS-Gehalt Saponine, Energie ↓	30	30	30	30	30	30	30	30	30	30
Grünmehl	(Luzerne, Klee)	0/10	10	5	5	10	5	15	5	20	15
Maiskleber	Proteinqualität ↓	15	25	15	15	15	15	15	15	15	15
Süßlupinen	S-AS, Energie ↓	20	15	10	10	15	15	10	15	10	10
Baumwollsaatschrot	Gossypol	3	0	0	3	0	3	0	3	0	3
Rapsschrot											
- konventionell	Glukosinolate, Sinapin	0/5	0/5[3]	0	5	0	5	0	5	0	5
- 00	wie oben, nur weniger	15	10[4]	5	15	5	15	5	15	5	15
Sonnenblumen-extr.schrot	Rfa-Gehalt	15	10	15	10	10	10	15	10	15	10
Leinextr.schrot	Linamarin Vit B_6-Antagonist	2	3	3	2	3	2	3	2	3	2
Fischmehl	Polyenfettsäuren	8	8	8	8	8	8	8	8	8	8
Molken-/Mager-milchpulver	Lactose	4	5	4	5	4	5	4	5	4	5
Futterhefe	S-AS, Nukleinsäuren	15	15	15	15	15	15	15	15	15	15

[1] Bei Enzymzusatz höhere Gehalte einsetzbar
[2] Triticale + Roggen: insgesamt max. 30 %
[3] 0 bei Legehennen mit braunschaligen Eiern bzw. 5 bei Legehennen mit weißschaligen Eiern
[4] nur bei Legehennen mit weißschaligen Eiern

9.5.3 Bemerkungen zum Einsatz von Einzelfuttermitteln

Bei Verwendung von **Futterfetten** ist neben Frischezustand und Reinheit das Fettsäurenmuster im Hinblick auf mögliche Geschmacksbeeinträchtigungen zu beachten. **Leinöl** sollte nicht eingesetzt werden. **Fischöl** darf als Bestandteil des Fischmehls nur max. 1,2 % der Gesamtration betragen. Aufgrund des hohen Laurinsäureanteils sind **Palmkern-** und **Kokosöl** ebenfalls nicht einzusetzen. Im **Körnerfutter** sollte Mais gebrochen, Hirse und Milokorn nur geschält und geschrotet eingesetzt werden. CCM (siliert) erwies sich als vollwertiger Ersatz für lufttrockene Getreidearten, sofern der TS-Gehalt bei 55–65 % liegt. Hohe Anteile an Gerste, Hafer und Roggen in der Ration bewirken insbesondere bei Küken eine höhere Viskosität der Digesta mit der Folge von Futteraufnahmereduktion, Wachstumseinbußen und veränderter Exkrementbeschaffenheit, bedingt durch hohe Anteile an Nichtstärkepolysacchariden.

Die **Nebenerzeugnisse der Müllerei** sind aufgrund der hohen Rfa- und Pentosan-Gehalte (z. B. Roggenkleie) zu begrenzen (5 % bei Küken, max. 15–20 % bei Legehennen). **Futterzucker, Zuckerschnitzel** und **Trockenschnitzel** sind wegen ihres negativen Einflusses auf die Kotkonsistenz begrenzt einzusetzen (max. Gesamtzuckergehalt in der Ration: 8–10 %). Aus der Gruppe der Wurzeln und Knollen werden nur Maniokmehl und teilweise Kartoffelflocken eingesetzt. Die Stärke roher Kartoffeln kann nur geringgradig enzymatisch aufgeschlossen werden.

Zur Vermeidung von Wachstums- und Legeleistungseinbußen sollen Hefen und getrocknete **Hefeprodukte** sowie **Einzellerproteine** in Rationen für Legehennen bzw. Zucht- und Elterntiere max. 15 %, für das Mastgeflügel maximal 8 % betragen. **Süßlupinen** können bis zu 10 % (Mast) bzw. 20 % (Legehennen und Zuchttiere) der Ration eingemischt werden. **Gartenbohnen** dürfen nur getoastet verfüttert werden (bei Legehennen max. 20 %).

9.5.4 Fütterung im Rahmen des ökologischen Landbaus

Die Rezepturgestaltung basiert auf der Positivliste (Nr. 1804/1999 EU) und den noch weiter restriktiv ausgelegten Richtlinien nationaler Ökoverbände. Einsatzverbote gelten insbesondere für synthetische Aminosäuren und Extraktionsschrote bzw. Futtermittel sowie Futterzusatzstoffe aus gentechnisch veränderten Organismen. Hieraus resultieren folgende ernährungsrelevante Herausforderungen:

- Sicherstellung der Rp- und AS-Versorgung von Broilern und Puten besonders in der Anfangsmast
- bedarfsgerechte Versorgung mit S-haltigen AS
- Energieversorgung in den Wintermonaten (Legehennen)
- geringere Rp- und AS-Gehalte in ökologisch erzeugtem Getreide
- forcierter Einsatz von FM mit antinutritiven Inhaltsstoffen
- weniger intensive Eidotterfärbung
- höhere N- und P-Exkretion (Verzicht auf AS-/Phytasezusätze)
- höhere Futterkosten der ökologisch produzierten FM

Schrifttum

AUSSCHUSS FÜR BEDARFSNORMEN der Gesellschaft fur Ernährungsphysiologie (1999): Empfehlungen zur Energie- und Nährstoffversorgung von Legehennen und Masthühnern (Broiler), DLG-Verlag, Frankfurt/Main

AUSSCHUSS FÜR BEDARFSNORMEN der Gesellschaft fur Ernährungsphysiologie (2004): Empfehlungen zur Energie- und Nährstoffverwertung der Mastputen. Proc. Soc. Nutr. Physiol. 13, 199–233

DAMME, K., und C. MÖBIUS (2008): Geflügeljahrbuch 2008, Ulmer Verlag, Stuttgart

JEROCH, H., W. DROCHNER und O. SIMON (2008): Ernährung landwirtschaftlicher Nutztiere, 2. Aufl., Ulmer-Verlag, Stuttgart

KIRCHGESSNER, M., ROTH, F. X., SCHWARZ, F. J., und G. I. STANGL (2008): Tierernährung. 12. Auflage, DLG-Verlag, Frankfurt am Main

KLASING, K. C. (1998): Comparative Avian Nutrition, University Press, Cambridge, UK

LEESON, S., and J. D. SUMMERS (1997): Commercial Poultry Nutrition, 2nd ed., University Books, Ontario

MAYNE, R., ELSE, R., and P. HOCKING (2007): High litter moisture alone is sufficient to cause footpad dermatitis in growing turkeys. Brit. Poult. Sci. 48, 538–545

MEHNER, A., und W. HARTFIEL (1983): Handbuch der Geflügelphysiologie. Band 1 und 2, Karger Verlag, Germering-München

NATIONAL RESEARCH COUNCIL, NRC (1994): Nutrient requirements of poultry. National Academic Press, Washington, D.C

SCHOLTYSSEK, S. (1987): Geflügel. Verlag Eugen Ulmer, Stuttgart

SCHWARK, H. J., V. PETER und A. MAZANOWSKI (1987): Internationales Handbuch der Tierproduktion. Geflügel. VEB Deutscher Landwirtschaftsverlag, Berlin

SIEGMANN, O., und U. NEUMANN (2005): Kompendium der Geflügelkrankheiten, 6. Aufl., Schlütersche, Hannover

WESTENDARP, H. (2006): Einsatz phytogener Futterzusatzstoffe beim Geflügel. Übers. Tierernährg. 34, 126

WISEMAN, J. (1987): Feeding of non-ruminant livestock. Butterworths, London

10 Tauben

Tauben *(Columba livia domestica)*, zu denen fast 300 Arten gehören, werden als Liebhabertiere, zu sportlichen Zwecken (Reisetauben), zur Fleischproduktion (Fleischtypen) wie auch zu wissenschaftlichen Zwecken (Verhaltenskunde, humanmedizinische Fragestellungen) gehalten. Dabei handelt es sich überwiegend um Körnerfresser; weniger häufig sind fruchtfressende (Fruchttauben) oder insektivore Arten (z. B. Erdtauben). In Sämereienmischungen für körnerfressende Tauben sind neben Getreide und fettreichen Saaten auch Leguminosenkörner (Bohnen, Erbsen, Wicken) in erheblichem Anteil vertreten, wobei das Mischungsverhältnis je nach Leistungsstadium (z. B. Ruhe- oder Reiseperiode) variiert. Die Körner werden vor dem Verzehr weder entschält/entspelzt, noch zerkleinert, sondern in toto (d. h. als intakte Saat) aufgenommen. *Besonderheit:* Paarig angelegter Kropf, der nicht nur der vorübergehenden Nahrungsspeicherung und Vorverdauung, sondern auch der Bildung sog. Kropfmilch dient (Sekret der Kropfschleimhaut; Beginn der Kropfmilchbildung bei den Elterntieren schon einen Tag vor dem Schlupf).

Adulte weisen einen im Vergleich zum Nutzgeflügel kürzeren Gastrointestinaltrakt auf (Relation Verdauungstrakt zur Körpermasse 7:1; Nutzgeflügel 8:1); die Passagezeit beträgt 6,5 bis 8,5 h.

Brieftauben		400– 550 g KM
Rassetauben, Haustauben:	leichte Rassen (Möwchen)	200– 500 g KM
	mittelschwere Rassen (Kröpfer, Tümmler)	500– 800 g KM
	schwere Rassen (Texaner, King)	800–1200 g KM

10.1 Empfehlungen zur Energie- und Nährstoffversorgung

	pro Tier (0,5 kg KM) und Tag			je kg Futter (88 % TS)
	Erhaltung	Zuchtperiode (+ Aufzucht)	Reisezeit	Erhaltung[1]
Energie (ME) MJ	0,50	0,55	0,65	10
Rp g	5,5	6–7	5–6	110
Methionin g	0,2	0,3	0,3	2,3
Lysin g	0,2	0,6	0,3	4,5
Tryptophan g	0,03	0,1	0,03	0,5
Ca g	0,4	0,8	0,4	8,0
P g	0,3	0,6	0,3	6,0
Na g	0,06	0,1	0,06	1,2
Vit A IE	200	400	200	4000
Vit D_3 IE	45	90	45	900
Vit E mg	1	1	2	20
sonstige Vit s. Nutzgeflügel				

[1] Zusammensetzung für Zucht- und Reiseperiode s. folg. Tabelle

10.1.1 Futterrationen

a) BASISFUTTER, Körner (Rationsbeispiele, %)

	Winterfütterung[1]	Zuchtperiode[2]	Reiseperiode[3]
Mais	5	30	30
Gerste	50	–	10
Haferkerne	–	–	10
Weizen	30	15	5
Dari/Milokorn	–	15	25
Bohnen	5	5	–
Erbsen	5	25	–
Wicken	5	5	–
Kardi	–	5	–
Sonnenblumenkerne	–	–	20

[1] Zucht- und Flugruhe [2] Erhöhung der Rp-reichen Komponenten ca. 2–3 Wochen vor Paarungsbeginn
[3] Erhöhung der fett- und damit energiereichen Komponenten; Verzicht auf Leguminosen

Chemische Zusammensetzung der Kropfmilch von Tauben (nach Sales u. Janssens 2003)

Rohnährstoffe	(% in uS)	**Aminosäuren**	(% i. TS)	relativ[1]
Rohwasser	64–84	Arginin	5,48	0,93
Rohasche	0,8–1,8	Histidin	1,52	0,26
Rohprotein	11–18,8	Leucin	8,96	1,53
Rohfett	4,5–12,7	Iso-Leucin	4,50	0,77
		Lysin	5,87	**1**
Mineralstoffe	(g/kg TS)	Methionin	2,84	0,48
		Cystin	0,34	0,06
Calcium	8,1	Phenylalanin	5,50	0,94
Phosphor	6,2	Tyrosin	5,36	0,91
Magnesium	0,8	Threonin	5,49	0,94
Natrium	5,4	Tryptophan	2,80	0,48

[1] Lysin-Gehalt = 1

b) ERGÄNZUNGEN

- Grit-Behälter mit Steinchen sowie Kalk- und Muschelschalen
- Taubensteine enthalten z. B. 10 % Standard-Mineralstoffmischung für Gefl, 10 % diverse Heilkräuter, 5 % Holzkohle, 2 % Spurenelemente
- Vitaminsupplementierung (Vit A, D, E, B_6, B_{12}) besonders bei Volierenhaltung, vor und während der Brutzeit und vor der Mauserung notwendig; auch über Grünfutter (Vogelmiere, Löwenzahn u. a. Kräuter), bei Freiflugtauben kaum Mangelsituationen
- mit Beginn der Mauser S-haltige Aminosäuren zuführen

10.1.2 Fütterungshinweise

Futterangebot: Zwischen 10 % (kleine Rassen) und 5 % (große Rassen) der KM; bei feldernden Tauben je nach Menge des Freifutters weniger; Fütterung 1x abends; getrennte Fütterung, da unterschiedliche Fressdauer bei gemeinsamer Haltung verschiedener Rassen; „Handfüttern" (Futter wird auf gereinigten Boden gestreut) bzw. über Futterautomaten; Kropftauben täglich 2x füttern → Rp ↑; Gefahr der Kropfdilatation; Wasser stets ad libitum; Wasser : Futter-Relationen von 2:1; ca. 1 l/10 Tauben

10.2 Fütterungspraxis

- Zucht-/Aufzuchtperiode: Rationen mit höheren Anteilen an Leguminosen (30–40 %); je kg Futter: 14–16 % Rp; 12–14 MJ ME; Jungtauben werden etwa 2 Wochen über Kropfmilch (30–35 ml/Tag, gebildet bei ♀ und ♂; s. S. 340) ernährt. Anschließend Beifutter mit gekochten Eiern oder kleineren eiweißreichen Samenkörnern (wie Raps, Rübsen, Hanf, Mohn, Leinsamen) und klein geschnittenem Grünfutter.
- Reiseperiode: energiereiche Körner einsetzen (je kg Futter: 12–14 % Rp, 14–16 MJ ME); Zulage von Fett (Maisöl; bis 8 %); unmittelbar vor den Flügen keine Leguminosen; nach den Flügen Trinkwasser mit Elektrolyten und Traubenzucker.
- Mastperiode: häufig pelletierte Alleinfutter (14–16 % Rp, 12 MJ ME/kg), Pellets müssen klein und fest sein, wenig Abrieb aufweisen, schlechte Akzeptanz bei mehlförmigem Futter; Fleischtauben erreichen schon nach 26–28 Tagen ihre Schlachtreife (450–650 g).

10.3 Ernährungsbedingte Erkrankungen und Störungen

- Kropferweiterung (faserreiches Futter, Fehler in der Fütterungstechnik)
- Stoffwechselerkrankungen: Rachitis bei Ca-/Vit D-Mangel; Osteodystrophie bei P-Überschuss; Nierenschäden/Gicht bei Rp-Überschuss, Vit B-Mangel bei Tieren in Volieren
- Intoxikationen: NaCl, Akarizide, Pestizide, Herbizide, Frost-/Holzschutzmittel

Schrifttum

GRUNDEL, W. (1980): Brieftauben. 3. Aufl., Ulmer, Stuttgart

HATT, J.-M., MAYES, R. W., CLAUSS, M., und M. LECHNER-DOLL (2001): Use of artificially applied n-alkanes as markers for the estimation of digestibility, food selection and intake in pigeons (Columba livia). Anim. Feed Sci. Technol. 94, 65–76

JANSSENS, G. P. J., HESTA, M., DEBAL, V., und R. DE WILDE (2000): The effect of feed enzymes on nutrient and energy retention in young racing pigeons. Annales de Zootechnie 49, 151–156

LEVI, W. M. (1965): Encyclopedia of pigeon breeds. Jersey City, NY

MACKROTT, H. (1985): Rassetauben. Ulmer, Stuttgart, 1. Auflage

MEISCHNER, W., et al. (1994): Die Sporttaube. VEB Dtsch. Landwirtschaftsverlag, Berlin

MELEG, I., DUBLECZ, K., VINCZE, L., und P. HORN (2000): Effects of diets with different levels of protein and energy content on reproductive traits of utility-type pigeons kept in cages. Archiv f. Geflügelkde. 64, 211–213

SALES, J., und G. P. J. JANSSENS (2003) Nutrition of the domestic pigeon (Columba livia domestica). World's Poultry Sci. 59, 221–232

VOGEL, C. (1992): Tauben. VEB Dtsch. Landwirtschaftsverlag, Berlin, 1. Auflage

11 Ziervögel

Bei der Vielfalt von Arten, die als Ziervögel in der Wohnung oder in Außenvolieren gehalten werden, und deren Unterschiede in der Herkunft, Individualentwicklung (z. B. Reife zum Zeitpunkt des Schlupfes), Ernährungsweise im natürlichen Habitat (s. folgende Übersicht) und Anatomie des Verdauungstraktes (z. B. Form und Funktion des Schnabels) ist eine allgemeine Übersicht sehr schwierig.
Voraussetzung für eine art- und bedarfsgerechte Ernährung sind Grundkenntnisse zur Biologie und Ernährungsweise der jeweiligen Spezies unter natürlichen Bedingungen sowie zur Zusammensetzung der verwendeten Futter- (und Lebens-)mittel. Aus dem großen Spektrum der Ziervögel sollen nachfolgend nur jene Gruppen näher behandelt werden, die – traditionell oder erst in den letzten Jahren – zahlenmäßig eine größere Verbreitung erlangten, auch wenn bei diesem Vorgehen verschiedene Arten (z. B. Goldfasan, Mandarinente) unberücksichtigt bleiben (hier ist eine Ernährung in Anlehnung an verwandte Spezies aus dem Nutzgeflügelbereich praxisüblich).

Einordnung der Spezies entsprechend der Ernährungsweise im originären Biotop

Art der Ernährung		Vertreter (u. a.)
granivor	(Körnerfresser)	Kanarien, Wellensittiche, Graupapageien
frugivor[1]	(Fruchtfresser)	Amazonen, Edelpapageien, Beos
nectarivor[1]	(Nektarfresser)	Loris, Fledermauspapageien, Kolibris
insektivor[1]	(Insektenfresser)	Timalien (wie Sonnenvögel, Yuhinas)

[1] auch zur Gruppe der "Weichfresser" zusammengefasst

11.1 Körnerfressende Ziervogelarten

11.1.1 Biologische Grunddaten

	Kanarien	Wellen-sittiche	Nymphen-sittiche	Agapor-niden	Ama-zonen	Grau-papageien
KM Adulter[1] (g)	18–29	35–85	70–110	45–70	380–520	310–480
Zuchtreife (Jahre)	1	0,5–1	1	1	4–6	4–6
Gelegegröße	4–6	3–9	5–6	3–6	2–4	3–4
Einzeleimasse (g)	1,6–2,0	2–3	5,5	2,1–4,5	~ 18	~ 21
Brutdauer (Tage)	13–14	16–18	18–22	21–23	21–28	24–26
Schlupfgewicht (g)	1,6	2	4	3	11,5–15,5	8–12,4
Dauer bis zum Erreichen der KM Adulter (Tage)	17–18	24–26	26	30	35–42	35–42
Verlassen des Nestes (Tag)	17–18	28–35	28–35	30–35	45–60	50–65

[1] je nach Unterart größere Variation möglich

Gemeinsamkeiten: geringe Reife beim Schlupf (Nesthocker), Fütterung der Nestlinge durch Elterntiere; Verdauungskanal (außer Schnabel) ähnlich dem Huhn, kurzer Verdauungstrakt und relativ kurze Dauer der Chymuspassage, rascher Anstieg der Enzymaktivität nach dem Schlupf und hohe Adaptationsfähigkeit der enzymatischen Aktivitäten im Verdauungstrakt an wechselnde Substratbedingungen (KH- bzw. fettreiche Nahrung).

Grundlage der Ernährung: Sämereien, Saaten und Nüsse, von denen nach Entschälen/Entspelzen allgemein nur der „Kern" aufgenommen wird (Folgen: höhere Energie- und Proteinkonzentration, ungünstige Ca/P-Relation, evtl. Vitaminverlust und unvermeidbare „Futterreste" = Schalen-/Spelzenmasse). Daneben spielen die Selektion besonders beliebter Komponenten, evtl. auch Prozesse der Prägung und Gewöhnung für die Futteraufnahme eine große Rolle.
Unterschiede zwischen Energie- und Nährstoffgehalt im MF-ANGEBOT und in der tatsächlichen AUFNAHME sind hier normal (außer bei pelletiertem bzw. extrudiertem AF!).

11.1.2 Energie- und Nährstoffbedarf

11.1.2.1 Erhaltung

Spezies	Ø KM	Energiebedarf[1]	
	g	kJ ME/Tier/d	kJ ME/kg $KM^{0,75}$/d
Kanarien	20– 30	42– 48	900
Wellensittiche	40– 45	80–120	840
Agaporniden	40– 50	60– 75	680
Nymphensittiche	100– 120	140–150	730
Graupapageien, Amazonen	400– 440	290–340	570
Gelbbrustaras	870–1000	430–480	480
Hyazintharas	1180–1750	570–770	510

1 notwendige Energieaufnahme für KM-Konstanz (ohne Berücksichtigung einer Variation in der chemischen Zusammensetzung der KM bzw. Einflüssen von Haltung, Umgebungstemperatur usw.)

Spezies	Proteinbedarf g/kg $KM^{0,75}$/d	Proteingehalt im Futter % der TS
Wellensittiche	4,90	9–10
Graupapageien	3,07	10
Amazonen[1]	1,90	6
Aras	2,44–2,94	6,5–10

1 ermittelt anhand endogener Verluste bei nahezu N-freier Diät

Der Rp-Bedarf im Erhaltungsstoffwechsel granivorer Spezies ist nach ersten Untersuchungen vergleichbar dem der Hühner (~3 g Rp/kg $KM^{0,75}$); bei üblicher Futterzusammensetzung sichern 10 bis 14 % Rp (bei hoher Energiedichte) in der TS eine ausgeglichene N-Bilanz (bei marginaler Rp-Versorgung spielt aber dann die AS-Konzentration, insbesondere der S-haltigen AS, eine entscheidende Rolle). Anhand endogener Verluste bei nahezu mengenelementfreiem Futter lässt sich ein Mindestbedarf von 0,6 g Ca, 0,1 g P, 0,06 g Mg, 0,06 g Na und 0,4 g K pro kg Futter-TS kalkulieren.

11.1.2.2 Wachstum

Die mit der Mineralisierung des Skelettsystems und der Entwicklung des Federkleides einhergehende Nährstoffretention sowie die zunehmende Fetteinlagerung bestimmen im Wesentlichen den Bedarf in der Nestlingsphase.

Je MJ ME sollten im Aufzuchtfutter für die Nestlinge o. g. Spezies enthalten sein:

14–16 g Rp (0,85 g Lys / 0,75 g Met+Cys / 0,65 g Thr / 0,85 g Arg) sowie
0,55 g Calcium und 0,40 g Phosphor

11.1.3 Futter- und Wasseraufnahme

Neben dem Energiebedarf (Einflüsse: Alter, Erhaltung bzw. Leistung, Umgebungstemperatur) und der Energiedichte (sehr variabel durch unterschiedlichen Fettgehalt in den „Kernen") haben die Gewöhnung, die Schmackhaftigkeit des Futters, Möglichkeiten der Bewegung (insbes. Fliegen) sowie Konkurrenzverhalten einen Einfluss auf die TS-Aufnahme. Für die Höhe der Wasseraufnahme (teils tierartlich deutliche Unterschiede) spielt die Umgebungstemperatur eine wichtige Rolle (→ Thermoregulation).

TS-Aufnahme sowie Wasseraufnahme

Spezies	TS-Aufnahme[1]		Wasseraufnahme	
	g/100 g KM	g/Tier/Tag	ml/g TS	ml/Tier/Tag
Kanarien	11–15	2,4–3,2	2,8–3,6	7–9
Wellensittiche	8–12	3,6–5,5	0,5–0,8 !	2–3,6
Agaporniden	7–12	5,4–6,5	2,0–2,2	5–14
Nymphensittiche	7–9	6,5–8,5	1,0–2,3	4–7
Kakadus	3,8–5,2	10–16	1,0–1,2	9–19
Graupapageien	3,1–5,2	12–20	2,0–2,2	19–36
Amazonen	3,8–5,0	15–22	1,6–1,7	18–35
Aras[2]	2,5–3,6	25–32	1,7–2,1	42–64

[1] bei Angebot von üblichen Sämereienmischungen [2] KM: 740–1400 g, s. oben

11.1.4 Fütterungspraxis

In der Ziervogelfütterung werden häufig kommerziell erhältliche Mischungen aus Samen und Saaten verwandt, die – nach dem FM-Recht möglich – als „Mischfutter "deklariert sind, ohne dass dabei dem Verbraucher klar wird, ob es sich hierbei um ein Allein- oder Ergänzungsfutter, oder evtl. sogar um eine „reine Saatenmischung" handelt. Werden allerdings bestimmte Zusatzstoffe eingemischt, so sind diese deklarationspflichtig, d. h. die Deklaration bietet in diesem Fall schon die Möglichkeit einer gewissen Beurteilung. Im Wesentlichen sind hier folgende drei unterschiedliche Fütterungsbedingungen anzutreffen:

- Angebot von Mischungen aus Samen und Saaten (mit bzw. ohne Ergänzung durch bestimmte Lebensmittel, Mineralstoff- und Vitaminpräparate)
- Angebot supplementierter Samen-/Saaten-Mischungen (besondere mineralstoff- und vitaminhaltige Konfektionierungen, z. B. Hirseform, bereits in der Mischung enthalten; vom Prinzip: echte Alleinfutter, wenn die Supplemente dann vom Vogel auch tatsächlich aufgenommen werden)
- echte Alleinfutter in pelletierter oder extrudierter Form (diese werden allerdings häufig in Kombination mit Ost/Gemüse angeboten; z. T. gemeinsames Angebot von Extrudaten und Saaten)

Angaben zu Energie- und Nährstoffgehalten der in der Ziervogelernährung am häufigsten eingesetzten Komponenten sind auf Seite 347 zusammengestellt.

Die Mischungen aus Samen, Saaten und Nüssen etc. variieren in ihrer botanischen Zusammensetzung (s. Tab. S. 345) in Abhängigkeit von der Vogelart sowie Schnabelform und -größe.

Art und Anteile von Einzelkomponenten üblicher Sämereienmischungen für körnerfressende Spezies (Beispiele für praxisübliche Mischungen)

Tierarten (-gruppen)	Zusammensetzung (Angaben in %)
Kanarien	Rübsen (40–60), div. Hirsearten (10–30), Glanz (10–30), Negersaat (5–15), Hanf (5–10), Haferkerne (bis 5), Salatsamen (2–6), Leinsamen (bis 3)
Wellensittiche	div. Hirsearten (60–80), Glanz (30–50), Haferkerne (5–15), Hanf, Negersaat, Leinsamen (jeweils bis 5)
Agaporniden/ Nymphensittiche	Sonnenblumensaat (20–55), div. Hirsearten (20–40), Glanz (10–20), Haferkerne und Buchweizen (je 5–15), Milokorn und Hanf (je 5–10), Paddyreis und Leinsamen (je 2–5)
Großpapageien	Sonnenblumensaat, gestreift (10–45), Sonnenblumensaat, weiß (5–35), Erdnüsse (5–30), Mais (5–30)[1], Haferkerne (5–20), Kardi (5–20), Weizen, Hirse, Milokorn sowie Dari, Hanf, Zirbelnüsse und Kürbiskerne (je bis 5)

[1] höhere Anteile an Mais besonders beim Kakadu beliebt

Um eine zu starke Selektion innerhalb des MF-Angebots zu vermeiden, sollte ein zu großzügiges Angebot unterbleiben (Kontrolle der „Futterreste" auf ganze Saaten).

Bei kleineren Spezies ist ein ad libitum-Angebot (bei entsprechenden Futterautomaten auch auf Vorrat) möglich, allerdings mit dem Risiko einer forcierten Selektion; evtl. kann es zu einem Verhungern am „vollen" Trog kommen (angefüllt mit Schalen und Spelzen → kein „Nachrücken" von Saaten im Vorratsbehältnis). Bei größeren Spezies wird die Sämereien-Mischung in 1 bis 2 Portionen je Tag angeboten (evtl. sogar m. o. w. dosiert).
Bei nicht supplementiertem MF auf Ergänzung mit Mineralstoffen (insbesondere Ca) und Vitaminen (Vit A!) achten (über spez. EF oder „Beifutter"). Bei Einsatz supplementierter Sämereienmischungen die tatsächliche Aufnahme der Ergänzungen prüfen (werden nicht selten verweigert, die dann konzentriert in den „Futterresten" vorliegen).

Auch pelletierte/extrudierte Alleinfutter sind in der Fütterungspraxis anzutreffen; Vorteile: Optimierung der Energie- und Nährstoffdichte im Futter; Verzicht auf Komponenten, die häufiger im Hygienestatus zu bemängeln sind; keine Selektion im Futterangebot; kontinuierlich bedarfsdeckende Versorgung; Nachteil: Tiere (insbes. Wellensittiche und Nymphensittiche) sind teils nur schwer oder gar nicht umzustellen (bevorzugen Sämereienmischungen). Handelsübliche AF in Extrudat- bzw. Pelletform variieren je nach Spezies in der Größe der einzelnen Presslinge, in Härte, Form und Farbe. Allgemein zeigen diese „modernen" AF – im Vergleich zu üblichen Sämereienmischungen – deutlich geringere Fett- und damit Energiegehalte (dafür ca. 50–60 % NfE), so dass ein höheres Futterangebot notwendig ist. Mineralisierung und Vitaminierung variieren erheblich (teils deutlich über dem Bedarf für Erhaltung).

Unabhängig vom Angebot an Sämereien oder vom Einsatz „echter" Alleinfutter ist die Verfügbarkeit von frischem Tränkwasser zwingend.

Weit verbreitet ist – unabhängig vom Fütterungskonzept – eine „Beifütterung". Nachfolgend genannte Komponenten haben eine besondere Bedeutung zur Ergänzung mit

- tierisches Eiweiß: hart gekochtes Ei (48 % Rp in der TS), Quark, Käse, evtl. auch etwas Dosenfutter für Hd/Ktz, Kotelettknochen, evtl. auch Insektenlarven, dabei aber Gesamt-Rp-Zufuhr beachten!
- Calcium: Sepia-Schale (42 % Ca, 0,1 % Na), $CaCO_3$-Steinchen (35 % Ca) bzw. Eierschalen (36 % Ca), evtl. auch Garnelen (14 % Ca in TS) bzw. als Grünfutter Breitwegerich, Löwenzahn, Beifuß, Hirtentäschelkraut (> 10 g Ca/kg TS)
- Carotin: Grünfutter (Salat, Kräuter wie Löwenzahn, Wegerich), Möhren
- Vit C u. Vit B-Komplex: Obst (Äpfel, Orangen, Kirschen, Weintrauben etc.), Paprika

Fütterung in der Zuchtsaison

Schon ca. 3 Wochen *vor* Legebeginn: Vorbereitungsfütterung (Rp-reiche Komponenten), mineralstoff-, insbesondere Ca-reiche und Vit-haltige Ergänzungen, zusätzlich evtl. Keimfutter (Saaten mit Keimlingen) bzw. „Kochfutter" (schonend gekochte Saaten/Gemüse).

Nach dem Schlupf Elterntieren spezielle Aufzuchtfutter anbieten (evtl. in feuchtkrümeliger Form Zwiebackmehl, mit entsprechenden Ergänzungen durch S-haltige AS, Mineralstoffe, Vitamine; näheres s. vorher: Bedarf von Nestlingen. Nach dem Verlassen des Nestes den Jungvögeln noch einige Wochen weiter Aufzuchtfutter (zunehmend verschnitten mit dem üblichen Futter) anbieten.

In der Papageienzucht hat die Handaufzucht der Nestlinge (nach Kunstbrut) große Verbreitung gefunden (Vorteile: mehr Jungtiere je Paar und Jahr, handzahme Tiere mit höherem Marktwert, zunehmende Unabhängigkeit von Wildfängen, besonders wichtig bei bedrohten Arten). Voraussetzung für den Erfolg: Hygiene und speziesspezifisches Mikroklima in den Aufzuchtboxen, Bereitschaft zur täglich mehrmaligen Fütterung (vom frühen Morgen bis in späte Abendstunden), Applikation eines geeigneten Futters, das als Brei per Sonde, Spritze oder Löffel verabreicht wird (zu Beginn in 2 h Abstand jeweils ~10 % der aktuellen KM, jeweils bis zur Füllung des Kropfes). Hierfür stehen mittlerweile entsprechende industriell hergestellte AF zur Verfügung. In den Anfängen der Handaufzucht häufigste Fehler in der Fütterung: hohe Laktosegehalte (Produkte: Babynahrung) bzw. Mangel an S-haltigen AS, Mineralstoffen (insbes. Calcium) und Vitaminen; auch heute noch ein Problem der Handaufzucht: verzögerte/ausbleibende Kropfentleerung und Kropfaufgasung (Hefen).

11.1.5 Futtermittel für körnerfressende Ziervögel

Zusammensetzung kommerzieller Sämereienmischungen[1] bzw. extrudierter AF für Papageien (Angaben pro kg TS)

		Rp	Rfe	Rfa	NfE	ME	Ca	P	Na
		g				MJ	g		
Sämereienmischung	von	222	470	17,1	72,2	17,4	0,94	6,37	0,19
	bis	328	588	58,5	101	25,3	2,84	15,7	0,76
extrudierte Mischfutter	von	146	31,3	13,8	511	13,5	3,20	4,04	0,73
	bis	243	205	47,8	716	16,5	15,5	8,61	6,68

[1] unter Berücksichtigung von Selektion und Entspelzen/Entschälen (d. h. in der tatsächlichen Aufnahme)

Einzelfuttermittel für körnerfressende Ziervögel

(Angaben beziehen sich ausnahmslos auf den „Kern", d. h. die Zusammensetzung des tatsächlich aufgenommenen Futters)

	Schalen-/ Spelzen-anteil %	Rp	Rfe	Rfa	NfE	ME MJ[1]/ kg TS	Ca	P	Na
		g/kg TS					g/kg TS		
fettreich									
Sonnenblumenkerne *(Helianthus annuus)*									
– gestreift	43,3	261	594	38,8	61,7	25,1	1,68	8,87	0,33
– weiß	44,5	215	592	94,2	67,4	24,3	1,57	8,23	0,35
Kardi *(Carthamus tinctorius)*	56,5	285	587	20,7	67,0	26,5	2,31	8,95	0,32
Hanf *(Canabis sativa)*	46,0	337	522	35,0	55,5	24,3	0,59	14,3	0,12
Erdnüsse *(Arachis hypogaea)*	25,7	335	574	38,5	30,3	25,5	0,37	5,83	0,34
Rübsen *(Brassica rapa)*	24,0	237	550	76,1	77,5	24,5	2,71	9,92	0,30
Negersaat *(Guizotia oleifera)*	28,0	237	476	79,6	152	22,3	2,90	9,27	0,41
Salatsamen *(Lactuca sativa)*	30,0	304	475	85,6	84,3	22,2	2,84	11,2	0,80
Kürbiskerne *(Cucurbita pepo)*	23,6	402	459	35,2	32,0	22,3	1,83	11,3	0,62
Zirbelnüsse *(Pinus cembra)*	53,0	233	507	49,3	180	20,2	0,21	9,24	0,43
Walnüsse *(Juglans regia)*	47,0	156	656	18,8	145	26,9	0,52	3,13	0,04
Haselnüsse *(Corylus avellana)*	45,6	149	660	19,1	143	27,3	1,70	3,51	0,01
Leinsamen *(Linum usitatissimum)*	50,0	247	567	91,0	58,1	23,5	1,12	7,80	0,23
kohlenhydratreich									
Hirsen *(Panicum spp.)*	15,6	142	54,6	23,7	757	16,7	0,32	4,06	0,53
Japanhirse *(Panicum frumentaceum)*	17,0	115	71,1	58,5	710	14,7	0,17	5,56	0,61
Glanz *(Phalaris canariensis)*	18,0	229	109	23,7	594	18,2	0,65	6,35	0,41
Haferkerne *(Avena sativa)*	22,5	156	82,0	17,1	723	16,8	0,41	4,54	0,32
Mais *(Zea mays)*	3,0	95,6	44,4	18,5	825	15,6	0,21	4,52	0,31
Dari *(Sorghum bicolor)*	0	135	38,5	20,4	769	15,9	0,74	3,22	0,62
Buchweizen *(Fagopyrum esculentum)*	18,8	153	43,2	19,5	763	16,2	0,22	3,59	0,51
Milo *(Sorghum bicolor)*	0	122	39,0	22,1	778	15,6	0,89	3,11	0,69
Reis *(Oryza sativa)*	17,2	106	22,7	29,1	689	13,9	0,45	3,25	0,10
Weizen *(Triticum aestivum)*	15,1	122	19,1	20,1	758	15,0	0,57	3,68	0,13

[1] kalkuliert aus Rp-, Rfe-, Stärke- und Zuckergehalt, Formel s. S. 33

Einzelfuttermittel pflanzlichen Ursprungs, die sowohl bei körnerfressenden als auch weichfutterfressenden Ziervögeln Verwendung als Beifutter finden

	Rp	Rfe	Rfa	NfE	ME MJ	Ca	P	Na
	g/kg uS				kg uS	g/kg uS		
Vogelmiere	16,3	2,89	16,5	87,4	1,81	2,91	0,61	0,04
Löwenzahn	35,6	9,44	22,8	79,8	2,21	2,50	0,77	0,24
Möhre	13,2	2,82	11,5	64,6	1,45	0,32	0,43	0,41
Apfel	3,20	0,74	6,28	149	2,55	0,05	0,06	0,07
Birne	4,61	3,67	16,9	137	2,52	0,12	0,11	0,03
Orange	13,1	7,64	7,87	81,2	1,82	0,46	0,25	0,08
Banane	11,9	2,35	2,78	231	2,98	0,08	0,26	0,09
Ebereschenbeeren[1]	44,4	30,6	90,4	568	11,2	2,95	1,36	0,75
Feuerdornbeeren	17,1	8,07	69,6	129	1,11	1,49	0,37	0,03
Holunderbeeren	21,8	26,3	43,2	116	3,18	0,44	0,52	0,05
Kornelkirsche[2]	12,6	3,38	8,54	140	2,13	0,80	0,32	0,08

[1] getrocknet [2] nur Fruchtfleisch

11.2 Weichfutterfressende Ziervögel („Weichfresser")

Die verschiedenen Spezies dieser Gruppe (nur wenige Arten bisher domestiziert) zeigen im Herkunftsbiotop eine sehr unterschiedliche Ernährungsweise (frugi-/insekti-/nektarivore und gemischte Formen, z. T. jahreszeitlich variierend), bei Simulation dieser ursprünglichen Form der Ernährung spielt die Konfektionierung/Konsistenz des Futterangebots eine wesentliche Rolle. Bei vielen Weichfutterfressern (hoher Wassergehalt im aufgenommenen Futter!) sind teils sehr dünnflüssige Exkremente normal, d. h. mehr oder weniger arttypisch.

11.2.1 Biologische Grunddaten/ Grundlagen

Der Energiebedarf im Erhaltungsstoffwechsel vieler weichfutterfressender Spezies (z. B. Loris) entspricht in etwa dem Energiebedarf granivorer Arten mit vergleichbarer KM. Demgegenüber ist der Proteinbedarf im Erhaltungsstoffwechsel von Nektarfressern (z. B. Loris, Kolibris) niedriger anzusetzen als der von granivoren Spezies.

Arten (Gruppen)	KM[1] (g)	ursprüngliche Nahrungsgrundlage
Loris Fledermauspapageien	20–150	Nektar, (Blüten-)Pollen, Früchte, Beeren, bei manchen Spezies phasenweise auch Sämereien
Brillenvögel	10– 20	Früchte, Beeren, Nektar, (Blüten-)Pollen, Insekten
Tangaren	15– 30	Früchte, Beeren, Insekten
Blattvögel	40– 60	Früchte, Beeren, Nektar, (Blüten-)Pollen, Insekten
Beos, Atzel	100–250	Früchte, Insekten
Timalien (z. B. Sonnenvögel, Sivas, Yuhinas)	20– 40	Insekten, Früchte, Beeren, bei manchen Arten phasenweise Sämereien
Schamas, Niltavas	40– 60	Insekten, Beeren
Bülbüls	60–120	Insekten, Früchte, Beeren
Drosseln, Stare	50– 70	Würmer, Insekten, Beeren, Früchte

[1] Variation artabhängig teils ganz erheblich

11.2.2. Fütterungspraxis

Je nach ursprünglicher Nahrung werden Substitute („Weichfutter" in feucht-krümeliger bis breiiger Form) aus folgenden Komponenten in speziesunterschiedlichen Relationen erstellt:

- LEBENSMITTEL wie hart gekochtes Ei, Quark, Hüttenkäse, gekochtes Rinderherz, gemustes Fleisch, zum Teil ergänzt mit Kindernahrung (Obst- und Gemüsebrei) oder KH-reiche Komponenten wie Honig oder Süßgebäck
- FUTTERMITTEL: spezielle MF in feucht-krümeliger Form, Dosenfutter für Hd/Ktz, evtl. durch Maisflocken u. Ä., Kükenaufzuchtfutter
- INSEKTEN und deren Larven (Mehlwürmer, Buffalos, Motten, Heimchen, Drosophila): als „Lebendfutter" oder in Form von Trockenprodukten
- NEKTARERSATZ: spez. Instantpräparate, flüssige Zuckergemische (Sirup), Honig, ergänzt durch Obstbreie, Zwiebackmehl u. Ä.

Elterntiere mancher Spezies füttern die Nestlinge nur, wenn ausreichend „Lebendfutter" angeboten wird. Bei manchen Lori-Arten scheint ein gewisser Anteil von Körnerfutter unentbehrlich, nektarivore Spezies lassen sich evtl. sukzessiv auf extrudierte AF umstellen (zunächst als Brei, später trocken angeboten).

In Ergänzung zum „Weichfutter" werden häufig auch verschiedene Kräuter, samentragende Gräser sowie Obst (z. B. Äpfel, Birnen, Kirschen, Apfelsinen, Bananen, Papayas, Kaktusfrüchte) angeboten.

11.2.3 Futtermittel für „Weichfresser"

Zusammensetzung von Futterinsekten

	TS	Ra	Rp	Rfe	Ca	P	Na	Cu	Zn	Fe
	g/kg uS	g/kg TS						mg/kg TS		
Drosophila, klein	259	68,4	751	117	1,21	13,3	3,79	31,3	256	241
Drosophila, groß	314	44,9	645	274	0,55	9,08	1,56	31,9	260	160
Terfly (Kleinfliege)	311	54,3	632	122	2,13	10,1	3,47	20,0	194	222
Wachsmotten	370	37,3	423	514	0,45	5,00	0,32	13,9	99,6	36,5
Mehlwürmer	400	52,5	561	131	0,26	10,3	1,65	22,7	135	59,5
Zophobas	395	33,1	518	347	0,22	5,44	1,04	12,4	93,6	48,6
Heimchen	275	49,8	703	177	1,95	7,96	4,51	28,8	203	63,2
Heuschrecken	357	31,4	574	330	0,96	4,99	1,71	37,6	79,6	82,1
Mittelmeergrillen	276	49,7	665	237	2,24	7,62	4,46	18,3	148	78,0
Steppengrillen	302	45,1	650	237	1,96	7,26	3,78	15,1	170	66,6
Locusta	376	40,4	612	229	2,23	6,70	1,62	33,8	135	105
Schaben	432	55,3	664	252	5,35	4,88	5,37	17,4	273	94,2
Kurzflügelgrillen	357	52,4	689	168	4,40	9,64	3,81	53,2	166	93,3
Gelbaugengrillen	309	52,4	667	177	3,20	8,48	4,14	18,0	195	100
Pinky-Maden	296	44,9	564	310	3,72	7,67	4,56	11,1	108	174
Große Maden	293	45,4	604	254	2,97	7,03	5,77	14,5	110	95,9

Zusammensetzung ausgewählter FM für nektarivore Ziervögel

	TS	Ra	Rp	Rfe	Rfa	NfE	Stä	Zu	ME*)	Ca	P	Na
	g/kg uS	g/kg TS							MJ/kg TS	g/kg TS		
kohlenhydratreich												
(1) Zucker ↑, Stärke ↓												
Papaya	121	45,5	43,0	7,4	157	747		587	8,6	1,74	1,32	0,18
Weintrauben	189	25,4	36,0	14,8	79,4	844		797	11,4	0,63	1,01	0,11
Rohrzucker[1]	1000					1000		1000	13,0			
Traubenzucker[2]	1000					1000		1000	13,0			
Fruchtzucker[3]	1000					1000		1000	13,0			
Honig	814	2,70	4,70			993		923	12,1			
(2) Stärke ↑, Zucker ↓												
Haferflocken	910	20,9	132	83,5	33,0	731	731		17,1	0,88	4,29	0,05
Babybrei, laktosefrei	957	12,2	12,5	3,1		950	719	231	15,9			
proteinreich												
Pollen	878	18,8	191	73,1	30,4	687	127	418	13,0	0,74	3,04	0,13
Bierhefe	959	68,8	473	22,9	2,00	434	76,5	29,8	9,79	2,61	7,81	4,81
Sojaprotein-Isolat	940	45,7	888	37,2	3,19	25,9	25,5		15,5			

Stä = Stärke; Zu = Zucker (= Saccharose + Glucose + Fructose) [1] ≙ Saccharose; [2] ≙ Glucose; [3] ≙ Fructose

*) ME (MJ/kg TS) = 0,01551 x g/kg Rp + 0,03431 x g/kg TS Rfe + 0,01669 x g/kg TS Stärke + 0,01301 x g/kg TS Zucker (∑ Glucose, Fructose, Saccharose); Anlage 4 (FMVO)

11.3 Ernährungsbedingte Störungen in der Ziervogelhaltung

Die traditionelle Verwendung einseitig zusammengesetzter Sämereienmischungen (häufig keine echten Alleinfutter), das ausgeprägt selektive Verzehrsverhalten (trotz Angebots einer FM-Vielfalt Bevorzugung bzw. Meidung einzelner Komponenten) sowie verschiedene, bei angestrebter Ergänzung auftretende Probleme (teils ungeeignete Produkte, Schwierigkeiten in der Dosierung und Applikation, Verweigerung von vitaminierten, mineralstoffreichen Supplementen) sind ganz wesentliche Ursachen für ernährungsbedingte Störungen in der Ziervogelhaltung, die allerdings häufig erst in der Phase eines erhöhten Bedarfs (Lege- und Nestlingsphase) klinisch manifest werden.

Ursachen im Überblick	Auftreten/Hintergründe	Häufigkeit	Folgen
ÜBERVERSORGUNG			
- Energie	Psittaziden (bes. bei		Adipositas und sekundäre
- Futtermenge	fehlender Flugaktivität)	+++	Störungen
- Energiedichte	(s. Fettgehalt im Futter)		
- Protein	Präferenz für Rp-reiche FM bzw. zu Ergänzungen		Belastung von Nieren und Leber (Gicht?)
- Mineralstoffe	NaCl-Fehldosierung bzw.	(+)	Exkrementeverflüssigung
- Natrium	Salzgebäck als Beifutter		(„Durchfall"), Anorexie
- Eisen	bei Beos, evtl. Tucanen trotz „normaler" Fe-Gehalte im MF	(+)/++	Eisenspeicherkrankheit (Hepatose)
- Vitamine (A, D)	(„Vitamin-Stoß") Fehldosierung von EF	+	Dyskeratose, Gewebeverkalkung (Niere!)
UNTERVERSORGUNG			
- Futter/Wasser	Kontinuität der Betreuung?	(+)	Verhungern/Verdursten
- Aminosäuren	Selektive Futteraufnahme bzw.		Störungen von Fertilität,
- S-haltige	AS-Mangel im MF	++	Wachstum und Gefieder-
- Lys, Arg, Trp	Legephase, Wachstum, Mauser	+	entwicklung/-qualität
- Mineralstoffe	generell in		Legenot, Skelettdeminera-
- Ca, (Na)	Legephase/Wachstum	+++	lisierung, Osteodystrophie,
- Jod	nicht supplementierte MF	(+)	Struma (?)
- Vitamine	bei ausschließlicher		
- Vit A, D_3	Sämereienfütterung bzw. Ver-	+++	Dyskeratose, Rachitis
- Vit B-Komplex	weigerung der Supplemente	(+)	zentralnervöse Störungen
FM-VERDERB/-KONTAMIN.			
- Pilze bzw. -toxine wie Aflatox., Mutterkorn etc.	Psittaziden u. a. (Nüsse in Schalen)	+	Mykosen (Luftsäcke), Mykotoxikosen
- chemische Rückstände (Pestizide u. Ä.)	diverse Spezies (Importfuttermittel!)	(+)	Intoxikationen[1], teils mit zentralen Störungen
FÜTTERUNGSTECHNIK			
- Verderb von Futtermitteln	Überangebot, Keimfutter?	+	Verdauungsstörungen
- mangelh. Tränkehygiene	Sorgfalt in der Betreuung?	+	intestinale Dysbakterie

[1] auch bei Zugang zu Zimmerpflanzen, Giftpflanzen an/in Außenvolieren, evtl. Zinkintoxikationen durch Aufnahme von „Zinkperlen" (galvanisierte Drahtgitter u. Ä.)

Schrifttum

AECKERLEIN, W. (1986): Die Ernährung des Vogels. Ulmer-Verlag, Stuttgart

BAYER, G. (1996): Futtermittelkundliche Untersuchungen zur Zusammensetzung (Energie- und Nährstoffgehalte) verschiedener Saaten für kleine Ziervögel. Diss. med. vet., Hannover

HARRISON, G. J., and L. R. HARRISON (1986): Nutritional diseases. In: G. J. HARRISON and L. R. HARRISON (Edit.): Clinical avian medicine and surgery. W. B. Saunders Co., Philadelphia, S. 397–407

KAMPHUES, J. (1993): Ernährungsbedingte Störungen in der Ziervogelhaltung – Ursachen, Einflüsse und Aufgaben. Monatsh. Vet. Med. 48, 85–90

KAMPHUES, J., and P. WOLF (1997): Abstracts: First International Symposium on Pet Bird Nutrition, 3.–4. 10. 1997, Hannover, 1–134

KAMPHUES, J., HÄBICH, A. C., WESTFAHL, C., und P. WOLF (Hrsg.; 2007): Tagungsband (Abstracts) zum 2. Internationalen Symposium zur Ziervogelernährung. 4.–5. Oktober 2007, Hannover; ISBN 978-3-00-022397-6

KLASING, K. C. (1998): Comparative Avian Nutrition. CAB International, New York, USA

MUTH, B. (1992): Zur Ernährung empfindlicher Weichfresser. Voliere 1992 (12), 377

NOTT, H. M. R., and E. J. TAYLOR (1993): Nutrition of Pet Birds. In: BURGER, I.: The Waltham Book of Companion Animal Nutrition, Pergamon Press, Oxford

ULLREY, D. E., M. E. ALLEN and D. J. BAER (1991): Formulated diets versus seed mixtures for psittacines. J. Nutr. 121, 193–205 (Suppl.)

WENDLER, C. (1995): Untersuchungen zu Möglichkeiten der Mineralstoffversorgung von Kanarien (Serinus canaria) über Handelsfuttermittel. Diss. med. vet., Hannover

WESTFAHL, C., WOLF, P., and J. KAMPHUES (2008): Estimation of protein requirement for maintenance in adult parrots (Amazona spp.) by determining inevitable N losses in excreta. J. of Animal Physiology and Animal Nutrition, 92 (3), 384–389

WOLF, P., HÄBICH, A. C., BÜRKLE, M., and J. KAMPHUES (2007): Basic data on food intake, nutrient digestibility and energy requirements of lorikeets. J. of Animal Physiology and Animal Nutrition, 91 (5/6), 282–288

WOLF, P., und J. KAMPHUES (1995): Zur Ernährung von Papageien – Fragen und Antworten. Jahrb. f. Papageienkunde 1, 143–162

WOLF, P., und J. KAMPHUES (2001): Zur Ernährung von Papageien. In: Cyanopsitta, 61, 4–7

WOLF, P., and J. KAMPHUES (2003): Hand rearing of pet birds – feeds, techniques and recommendations. Journal of Animal Physiology and Animal Nutrition 87, 122–128

WOLF, P., RABEHL, N., and J. KAMPHUES (2003): Investigations on feathering, feather growth and potential influences of nutrient supply on feathers' regrowth in small pet birds (canaries, budgerigars and lovebirds). J. of Animal Physiology and Animal Nutrition, 87 (3/4), 134–141

12 Reptilien

12.1 Biologische/ernährungsphysiologische Grundlagen

Reptilien: wechselwarme Tiere (Poikilothermie), > 5000 Arten, Unterschiede in Herkunft, natürlichem Habitat und Ernährungsweise (s. Übersicht) sowie Aufbau und Ausstattung des Verdauungstraktes. Schildkröten haben anstelle von Zähnen Hornplatten, ihr Kiefer ist im Gegensatz zu den meisten anderen Reptilien nur eingeschränkt beweglich. Die Zunge dient vielfach nicht nur der Nahrungsaufnahme und -zerkleinerung, sondern auch als Sinnesorgan bzw. leitet Geruchsstoffe an das Jacobson'sche Organ weiter.

carnivore Reptilien: wenig ausdifferenzierter Dickdarm

herbivore Spezies: voluminöser und stärker segmentierter Dickdarm (intensive mikrobielle Verdauung), teilweise gut ausgebildetes Caecum

omnivore Spezies: Jungtiere in der Wachstumsphase benötigen überwiegend tierische Nahrung

Insektivore Reptilien: zusätzliche Chitinaseaktivität im Gastrointestinaltrakt.

Dauer der Darmpassage: Abhängig von Temperatur, Art des Futters und von der Spezies; bei suboptimalen Temperaturen → Nahrungsverwertung ↓, Verdauungsenzyme entsprechen denen warmblütiger Tiere. Aus der teilweise extremen Spezialisierung auf ein bestimmtes Nahrungsspektrum ergeben sich besondere Anforderungen hinsichtlich der art- und bedarfsgerechten Fütterung. Nicht nur die Art des Futters ist von Bedeutung, sondern häufig auch die Präsentation der Nahrung (Auslösung von Reizen zu Beutefang und Aufnahme). Auch die Tageszeit des Futterangebots spielt bei einigen Spezies eine ganz erhebliche Rolle. Der Erhaltungsbedarf an Energie ist bei einigen Reptilien im Allgemeinen deutlich niedriger als bei warmblütigen Tieren, er variiert im Bereich von 50–60 kJ ME/kg $KM^{0,75}$. Die Umgebungstemperatur hat Rückwirkungen auf Aktivität (auch der Verdauungsenzyme) und damit auch auf die Futteraufnahme, die zwischen 2–14 g TS/kg KM und Tag variiert.

Alters- und saisonabhängige Änderungen des Futterspektrums möglich; Wasserschildkröten: Futteraufnahme in der Regel nur im Wasser.

12.2 Fütterungspraxis

Entsprechend der unterschiedlichen Ernährungsweise der als Heimtiere gehaltenen Reptilien ist die Vielfalt der verabreichten Futtermittel erheblich. Neben Grünfutter, Obst und Gemüse kommen Invertebraten und Vertebraten (teils lebend – hierbei ist das Tierschutzgesetz zu beachten –, aber auch Fleisch bzw. Organe) sowie gelegentlich Mischfutter zum Einsatz. Kommerzielle MF haben noch nicht die Bedeutung wie bei anderen Tierarten; im Handel in unterschiedlicher Form: z. B. pelletiert, extrudiert, schrotförmig, tablettiert oder auch Dosenfutter. Invertebraten, Fleisch, Fisch bzw. pflanzliche Produkte: auch in lyophilisierter Form.

Übersicht zur Ernährungsweise häufiger als Heimtiere gehaltener Reptilien

Ernährungsweise	Futtermittel bei Terrarienhaltung	Reptilien
herbivor	Wildkräuter, Salate, Gemüse (Obst nur in kleinen Mengen)	Grüner Leguan, Wickelschwanzskink, Dornschwanzagamen, Landschildkröten
insektivor	Grillen, Heimchen, Mehlwürmer, Spinnen, Asseln etc.	Grasnattern, viele Echsen: Chamäleons, Eidechsen, Geckos
carnivor	Nager (z. B. Mäuse, Ratten, Hamster, Gerbils), Eintagsküken, Fisch, Mollusken, Würmer, Futtergeckos	Schlangen (exkl. Eierschlangen und Grasnattern), Panzerechsen, Warane, einige Wasserschildkröten (z. B. Schnapp- und Geierschildkröten)
omnivor	Avertebraten (Insekten, Spinnentiere, Mollusken, Krebstiere, Würmer), Wirbeltiere, pflanzliche Nahrung (s. o.)	viele Wasser- und Sumpfschildkröten

Der Übergang von insektivor zu carnivor ist z. T. fließend, da z. B. größere Chamäleons durchaus Babymäuse oder andere kleine Echsen fressen, wenn sie derer habhaft werden. Ebenso nehmen viele carnivore oder insektivore Reptilien auch z. T. pflanzliche Nahrung bzw. herbivore Spezies tierisches Protein zu sich.

Eine adäquate Ca- und P-Versorgung ist nicht nur bei Jungtieren zu beachten, bei geringen Ca- und P-Gehalten bzw. bei relativem P-Überschuss treten auch später Demineralisierungen des Skeletts auf. Der Vit D-Bedarf von Reptilien ähnelt teilweise dem der Säuger (500–1000 IE/kg TS), bei Haltung im Haus ist für tagaktive Arten (z. B. Schildkröten und den meisten Echsen) die Bestrahlung mit UV-Licht (Speziallampen, langsame Adaptation) erforderlich. Einige Spezies können auch mit diesem UV-Licht Angebot keine aktiven Vit D-Metaboliten bilden.

12.2.1 Landschildkröten, herbivore Echsen

Das Futter dieser tagaktiven Tiere sollte täglich am Morgen frisch verabreicht werden und aus verschiedenen Einzel-FM bestehen (Vermeiden einseitiger Ernährung). Neben Grünfutter, das vor allem aus Wildkräutern und zu geringerem Anteil auch aus Salaten und diversem Gemüse bestehen sollte, können Früchte in geringen Mengen zum Einsatz kommen. Zu viel Obst führt zu Fehlgärungen und Durchfall. FM tierischer Herkunft bzw. Mischfutter (Feuchtfutter) für Hunde oder Katzen sollten nur limitiert verabreicht werden (verursachen Gicht). Auch Milch- oder Getreideprodukte (wie Haferflocken) sollten nur in geringer Menge verfüttert werden. Bei Landschildkröten aus ariden Habitaten muss immer Heu zur freien Aufnahme vorhanden sein. Im Allgemeinen ist eine abwechslungsreiche Ration mit Orientierung an Futterpflanzen in den natürlichen Habitaten zu empfehlen. Speziell bei juvenilen Tieren und eierlegenden Weibchen ist eine Ca-Quelle zur freien Aufnahme, z. B. in Form von Sepiaschale oder zerstoßenen Hühnereischalen, wichtig. Sauberes Wasser muss stets zum Trinken und Baden zur Verfügung stehen. Wasser kann nicht nur durch Trinken, sondern auch über die Kloakenschleimhaut und die Haut aufgenommen werden. Ausreichende Wasserzufuhr ist erforderlich, um die bei diesen Tieren als N-Stoffwechselendprodukt anfallende Harnsäure (Uricothelie) möglichst vollständig ausscheiden zu können (Gichtprophylaxe).

Bei schlechter Körperkondition ist bei europäischen Landschildkröten der Winterschlaf zu verhindern (bei normaler Temperatur und mit UV-Licht halten und weiter füttern), ansonsten gehört bei Spezies aus mediterranen und gemäßigten Zonen der Winterschlaf zur artgerechten Haltung. Zu hohe Temperaturen während des Winterschlafes (>12 °C) können zu Lebererkrankungen und sogar zum Tod führen.

12.2.2 Sumpf- und Wasserschildkröten

Zum Nahrungsspektrum dieser mit wenigen Ausnahmen omnivoren Spezies gehören Einzel-FM tierischer (Regenwürmer, Krebstiere, Fische, Babymäuse, Mollusken, Insekten) und pflanzlicher Herkunft (Wasserpflanzen, Grünfutter wie Wildkräuter und Salate, Obst). Fertigfutter von anderen Spezies (z. B. Katzen oder Forellen) sollen nur in Ausnahmefällen eingesetzt werden. Jungtiere sollten täglich gefüttert werden, adulte Tiere aquatiler Spezies 2–3x pro Woche und nur so viel, wie in wenigen Minuten gefressen wird. Eher terrestrisch lebende Arten, wie z. B. Dosenschildkröten, können auch als adulte Tiere täglich gefüttert werden. Bei aquatilen Arten ist die Fütterung an Land sinnlos, da hier in der Regel keine Aufnahme erfolgt. Rein carnivore Spezies sind beispielsweise Schnapp-, Geier- und Moschusschildkröten, rein herbivor ist z. B. die Indische Dachschildkröte. Bei vielen Wasserschildkröten nimmt der Anteil an pflanzlichen Komponenten in der Nahrung mit steigender Temperatur zu.

12.2.3 Insektivore Echsen und Grasnattern

Als Futtermittel spielen Invertebraten (z. B. Insekten, Spinnentiere, Asseln, evtl. auch Ringelwürmer und Weichtiere) eine besondere Rolle, die aber oft eine ungünstige Zusammensetzung aufweisen (fettreich, ungünstiges Ca/P-Verhältnis; s. S. 349). Eine gezielte Ergänzung durch Bestäuben der Beutetiere mit Vitamin-Mineralstoffpräparaten ist auf jeden Fall erforderlich. Eine andere Möglichkeit besteht darin, die Futtertiere für 1 bis 2 Tage vor dem Verfüttern auf einem speziellen, mit Calcium und Vitaminen angereicherten Futtersubstrat zu halten. Viele insektivore Echsen nehmen gelegentlich überreifes Obst, Honig oder Nektar zu sich. Je nach Größe sind die Echsen täglich (Jungtiere, kleine Echsen) oder bis 2x pro Woche zu füttern, tagaktive Arten während des Tages und nachtaktive Arten abends. Es sollten nicht mehr Futtertiere ins Terrarium gegeben werden, als innerhalb kurzer Zeit aufgenommen werden.

12.2.4 Carnivore Schlangen und Echsen

Carnivore Schlangen und Echsen (z. B. Warane) erhalten meist komplette Beutetiere (Nager, Kaninchen, Fisch und Geflügel). Die Fütterungsfrequenz hängt von der Größe des Reptils ab. Bei adulten großen Schlangen (Python, Boa) können mehrwöchige Pausen zwischen den Fütterungen physiologisch sein. Jungtiere müssen je nach Größe zunächst 1–3x pro Woche, dann in längeren Intervallen gefüttert werden. Die Lebendfütterung wird aus tierschützerischen Gründen oft abgelehnt, sie stellt evtl. sogar eine Gefahr für das Terrarientier dar, wenn die Beute nicht sofort getötet wird (Bissverletzungen durch Ratten oder Gerbil u. Ä.). Viele carnivore Reptilien akzeptieren frischtote oder aufgetaute und angewärmte Beutetiere. Sind mehrere Schlangen in einem Terrarium, sollten sie zur Fütterung getrennt werden, um ein gegenseitiges Erwürgen zu vermeiden. Vor allem fischfressende (piscivore) Schlangen akzeptieren in der Regel auch tote Fische oder Fischstückchen. MF für carnivore Reptilien sollten 30–50 % Rp und 10–15 % Rfe (in der TS) aufweisen. Bei fischfressenden Schlangen ist eine ausreichende Thiaminversorgung (10–20 mg/kg TS) zu beachten.

12.3 Ernährungsbedingte Erkrankungen und Störungen

Bei guter Ernährung und Haltung können manche Reptilienarten in der Heimtierhaltung ein sehr hohes Alter erreichen. Eine bedarfsgerechte Versorgung mit Mineralien (insbesondere mit Calcium) und Vitaminen ist das „Standardproblem" der Reptilienfütterung. Mangelerkrankungen (oder ungünstige Ca-P-Relationen) sowie Überversorgungen bzw. Intoxikationen (Vit A oder D_3, auch iatrogen) sind nicht selten.

Übersicht zu ernährungsbedingten Erkrankungen bzw. Problemen bei Reptilien

Symptome/Erkrankung	Mögliche Ursache	Vorkommen/typische Situationen
Rachitis Osteomalazie	Ca ↓, P ↓, Vit D ↓ kein Angebot von UV-Licht	v. a. juvenile Reptilien, einseitige Rationen ohne vit. Mineralfutter, kein UV-Licht (Spektrum des Lichts beachten), Osteomalazie bei Adulten
Osteodystrophia fibrosa	Ca ↓, P ↑	v. a. bei Fleischfütterung oder hohen Gaben von Invertebraten ohne Vit D-/Ca-Supplementierung
„Höckerpanzer", Panzerdeformation	Ca-, P- Mangel bzw. Imbalanz, Vit D ↓	s. Rachitis, zudem: zu geringe Luft- und Substratfeuchte bzw. Wasserangebot ↓, Rp-Gehalt der Ration ↑
Legenot	evtl. Ca ↓, Vit D ↓ Energieüberversorgung	s. o., oft auch Haltungsfehler (Temperatur, Einrichtung des Terrariums, fehlender Eiablageplatz, Stress)
Kachexie	Inappetenz, posthibernale Kachexie	nicht artgerechte Fütterung, Parasitosen, Haltungsfehler, andere Erkrankungen

Übersicht zu ernährungsbedingten Erkrankungen (Fortsetzung)

Symptome/Erkrankung	Mögliche Ursache	Vorkommen/typische Situationen
Gicht, Nephropathien	Eiweiß ↑, Wassermangel	tierische FM oder Rp-Gehalt der Ration ↑ bei herbivoren Spezies bzw. Wasserangebot ↓
Obstruktion des Darms	Sand-/Kieskoprostase, Fremdkörper	Terrarien mit Sand-/Kiesböden, akzidentielle Aufnahme von Fremdkörpern (z. B. Münzen), Wasserangebot ↓
Durchfall	Futterhygiene ↓, Obst ↑	Fütterung von Obst ↑, Gabe von inadaequaten FM, wie z. B. Kuhmilch (Laktose!), zu wenig Rfa
Kropf, Myxödeme	J-Mangel	fehlende Ergänzung der Ration (z. B. bei herbivoren Reptilien bzw. mediterranen Landschildkröten)
Metaplasien (insbes. an Augen u. Schleimhäuten klinisch auffällig)	Vit A ↓, Carotinumwandlung zu Vit A nicht bei allen Spezies möglich	Supplementierung ↓, einseitige Fütterung omnivorer Reptilien mit Fleisch, v. a. bei Wasserschildkröten
zentralnervöse Störungen	Vit B_1 ↓	Angebot von rohem Fisch (Thiaminasen), v. a. bei fischfressenden Schlangen und Wasserschildkröten
flächenhafter Hautverlust	Vit A ↑	iatrogen/Tierhalter: zu viel/ungeeignet/zu häufig supplementiert; parenterale und/oder orale Vit A-Applikation bei Landschildkröten kontraindiziert!
Verkalkungen	Vit D ↑, Ca ↑↑	Weichgewebeverkalkungen (Cave: Dosis!)
Steatitis	Vit E ↓	Einsatz von Fisch, oxidiertem Fett, v. a. bei Panzerechsen vorkommend
Muskelschwäche	Vit E ↓	Einsatz ranziger Fette, s. o.
Hauterkrankungen	evtl. Biotin ↓ und Vit C-Mangel	evtl. bei Gabe roher Eier (Avidin → Biotin ↓)

Schrifttum

ALLEN, M. E., and O. T. OFTEDAL (1994): The Nutrition of Carnivorous Reptiles. In: Captive Management and Conservation of Amphibians and Reptiles. Murphy, J. B., Adler, K., Collins, J. T., eds. Ithaca, New York, Soc. Study Amphib. Rept., 1994; 71–82

DENNERT, C. (1997): Untersuchungen zur Fütterung von Schuppenechsen und Schildkröten. Vet. Diss., Tierärztl. Hochschule Hannover

DENNERT, C. (2001): Ernährung von Landschildkröten. Natur- und Tier-Verlag

DONOGHUE, S. (1995): Clinical Nutrition of Reptiles and Amphibians. Proc. ARAV, 16–37

DONOGHUE, S., and J. LANGENBERG (1994): Clinical nutrition of exotic pets. Austr. Vet. J. 71: 337–41

FRYE, F. L. (1991): Nutrition. A Practical Guide for Feeding Captive Reptiles, In: Reptile Care. An Atlas of Diseases and Treatments, Vol. 1, Frye F. L., ed., Neptune City; 41–100

FRYE, F. L. (2003): Reptilien richtig füttern. Eugen Ulmer Verlag

HIGHFIELD, A. C. (1990): Keeping and breeding tortoises. The Longdunn Press Ltd. , London

KÖLLE, P., BAUR, M., und R. HOFFMANN (1996): Ernährung von Schildkröten (I), DATZ 5: 292–295

KÖLLE, P., BAUR, M., und R. HOFFMANN (1996): Ernährung von Schildkröten (II), DATZ 6: 380-382

KÖLLE. P. (2002): Reptilienkrankheiten. Kosmos Verlag, S 22–25, 74–84

KÖLLE, P. (2004): Schlangen, Kosmos Verlag, S 62–69

MEYER, M. (2001): Schildkrötenernährung. Edition Chimaira

McARTHUR, S. (1996): Veterinary Management of Tortoises and Turtles. Oxford: Blackwell Science 1996; 34–47

ZENTEK, J., und C. DENNERT (1998): Besonderheiten der Verdauungsphysiologie von Reptilien. Übers. Tierernährg. 26, 189–223

13 Nutzfische (Forellen, Karpfen)

13.1 Allgemeine Daten

Fische sind wechselwarm, ihre Wachstumskapazität bleibt während des gesamten Lebens erhalten, durch Temperaturerhöhung überproportionale Steigerung des Wachstums, bei Temperaturrückgang Senkung der Stoffwechselaktivität, Überlebensdauer bis zu 6 Mon bei Nahrungskarenz. Futteraufwand pro kg Zuwachs 1 bis 1,4 kg.

	Regenbogenforelle (R)	Karpfen (K)
Art der Ernährung	Carnivore-Omnivore	Omnivore-Herbivore
Verdauungskanal	sehr kurz	mittel
Amylasen	–	+
Proteasen	++	+
Verdaulichkeit[1] **%**		
Rp	84–99	78–98
Stärke, nativ	(10)–50	50–90 (KH)
aufgeschlossen	80	
Rfe	85	83–95
Wassertemperatur °C	Kaltwasserfisch	Warmwasserfisch
Vorzugsbereich	9–17	12,5–28
opt. Futterverwertung bei	12–18	22–25
maximal	24	30
pH des Wassers	~ 7 (6,5–8)	6,5–8,5
O_2 (mg/l)[2]	9,2–11,5 (nahe Sättigung)	5–9 (min. 4)
Besatzzahlen (pro m^3)		
Brut (R_0, K_0)	bis 10^5	0,2–6 x 10^6
vorgestreckte Brut (Rv, Kv)	1–3 x 10^4	2–5 x 10^4
Setzling[3] (R_1, K_1)	1–1,5 x 10^3	0,5–5 x 10^3
Setzling (K_2)		0,2–1 x 10^3
Speisefisch, R_2, K_3	3–5 kg (Teich), bis 100 kg (Belüftung)	5–9 t/ha

[1] stark von der Wassertemperatur, Komponentenanteil im Futter, Fett vom Fettsäurenmuster abhängig

[2] O_2-Gehalt abhängig von Wassertemperatur. Sättigung 0 °C: 14,7 mg O_2/l, 20 °C: 9,4 mg O_2/l

[3] Setzling: von 2–3 cm (Forelle) bzw. 4–5 cm (Karpfen) Körperlänge bis zu einer KM von 150 g (Forelle) bzw. 300 g (Karpfen); danach werden sie als Speisefisch bezeichnet

Produktion (0 = Larve mit, v = Larve ohne Dottersack)	Regenbogenforelle (R) Länge cm	KM g	Dauer Tg	Monat	Karpfen (K) Länge cm	KM g	Dauer Tg	Monat
Brut (0–v)	Ei		128	Dez.–April	Ei	1	30–40	Mai/Juni
	4	0,5						
Setzling (v–1)	5	1,0						
	6	2,0	128	April–August	10	25	300	Juni–April
	7	3,5						
	8	5,0						
	9	7,5						
Setzling (1–2)	10	10			20–25	250	365	April–April
	15	35	305	August–April				
	20	90						
	25	175						
	30	300			40	1250	210	April–Nov.

Wasser:Fisch-Verhältnis: Netzkäfige 20:1, Silohaltung 10:1 (Forelle)

13.2 Energie- und Nährstoffbedarf

	Forelle	Karpfen
Energie		
– für Erhaltung (kJ ME/kg $KM^{0,75}$)	12–40 (7,5–20 °C)	40–70 (23 °C)
– für 1 kg Zuwachs (MJ ME)	24[1]	20–50[2]
Protein		
– Erhaltung (minimaler N-Umsatz) mg/kg KM/d	93	40–70
– Wachstum, pro kg Zuwachs	450 g vRp	
– Rp-Gehalt, Trockenalleinfutter, %	40–50[3]	38[4]

[1] bei tgl. Zunahmen in Höhe von 2 % der KM
[2] im KM-Bereich: 500–1000 g
[3] in der Aufzucht; bei Brütlingen bis zu 50 % mehr
[4] Intensivhaltung

Einflussfaktoren auf den Bedarf: Verdaulichkeit, Rp/Energie-Relation (ca. 20–28 g Rp/ 1 MJ ME), Rp-Qualität, Partikelgröße, Wassertemperatur (Zunahme bei Temperaturanstieg)

Aminosäurenbedarf

	Forelle		Karpfen	
	g/kg Futter (40 % Rp)	g/16 g N	g/kg Futter (38 % Rp)	g/16 g N
Arginin	24,0	6,0	16,3	4,3
Histidin	6,8	1,7	8,0	2,1
Isoleucin	10,0	2,2	9,5	2,5
Leucin	15,6	3,9	12,5	3,3
Lysin	20,0	5,0	21,7	5,7
Methionin	16,0	4,0[1]	11,8	3,1[3]
Phenylalanin	20,8	5,2[2]	13,0	3,4[4]
Threonin	9,2	2,3	14,8	3,9
Tryptophan	2,0	0,5	3,0	0,8
Valin	12,8	3,2	13,7	3,6

[1] bei 1,8 g Cystin [2] Phe + Tyr = 6–7 g [3] bei 0 g Cystin [4] bei 2,6 g Tyrosin

Mineralstoffbedarf (pro kg AF, 88 % TS)

Empfehlungen		Forelle	Karpfen
Ca[1]	g	4–6	5
P (verfügbar)	g	6–8	6–8
Ca:P		0,8:1	0,8:1
Mg	g	0,5	0,4–0,5
Fe	mg	60	150
I	mg	1,1	
Zn	mg	30	30

[1] geringe Gehalte wegen Ca-Absorption aus dem Wasser

Mineralstoffaufnahme auch aus dem Wasser über Kiemen, Haut und Flossen möglich.

Abhängigkeit von Zusammensetzung der Ration, Verdaulichkeit (Partikelgröße), Wassertemperatur, Fütterungs- und Wachstumsintensität.

Vitamine (pro kg AF, 88 % TS)

Vitamin IE bzw. mg	Forelle Alleinfutter	Karpfen Alleinfutter	Karpfen Ergänzungsfutter[1]
A	2 500	5 500	2 000
D_3	1 000	1 000	220
E	50	100	11
K	40	10	5
B_1	10	20	0
B_2	20	20	2–7
B_6	10	20	11
B_{12}	0,02	0,02	0,002–0,01
Biotin	1	0,1	0
Cholin	3 000	550	440
Folsäure	5	5	0
Inosit	200	100	0
Niacin	150	100	17–28
Pantothensäure	40	50	7–11
Ascorbinsäure	100	30–100	0–100

[1] höchste Werte, wenn Naturfutterproduktion hoch (> 500 kg/ha)

13.3 Futter und Fütterung

Empfehlungen für Gehalte an Nährstoffen in % der Futter-TS

Empfehlungen		Forelle	Karpfen
Kohlenhydrate	max.	35	65
Rohfett		15	10
n3-Fettsäuren		1	1
n6-Fettsäuren		1	1
Rohprotein[1]		35–48	25–38

[1] abhängig vom Alter der Fische und vom Energiegehalt des Futters

13.3.1 Forelle, allgemein intensive Haltung

13.3.1.1 Fütterungspraxis

Die Fütterung kann mit **Trockenalleinfutter** oder **Feuchtfutter** erfolgen.

Für **Trockenalleinfutter** sind folgende Partikelgrößen und Rp-Gehalte zu empfehlen:

	Fischgröße cm	Partikelgröße mm	Rp min. %
Brutfutter	2,0–3,5	0,4–0,8	48
	3,5–5,0	0,8–1,2	48
	5,0–6,0	1,0–1,5	48
Setzlingsfutter	5,0–12,0	1,2–2,5	44
	12,0–20,0	3,5	40
Speisefischfutter	über 20	4,5	35
Zuchtfutter		8,0	35

Faktoren zur Schätzung der ME in Forellenfutter in kJ/g:

Protein	18,8	Glucose	15,5
native Stärke	6,7	Saccharose	13,0
Quellstärke	13,8	Fett	33,5

■ Futter wird nur während des Absinkens aufgenommen (optimale Schwebefähigkeit!).

Feuchtfutter besteht hauptsächlich aus Nebenprodukten der Fischverarbeitung. Der Einsatz ist mit verschiedenen Nachteilen verbunden wie hoher Arbeitsaufwand, evtl. Thiaminasen, unausgeglichene Nährstoffgehalte, schneller Verderb, evtl. Geschmacksbeeinträchtigung der Fische; Feuchtfutter zwar erlaubt, aber keine große Bedeutung.

Menge an Trockenalleinfutter pro Tag in % der KM

Länge Fisch, cm		7–10	10–13	13–15	15–18	18–20	20–23	23–25	> 25
KM Fisch, g		5	10–20	20–35	35–65	65–90	90–140	140–175	>175
Wasser-temp. °C	3	1,7	1,3	1,0	0,8	0,7	0,6	0,5	0,5
	5	2,0	1,5	1,2	1,0	0,8	0,7	0,7	0,6
	7	2,4	2,8	1,4	1,2	1,0	0,9	0,8	0,7
	10	2,9	2,2	1,7	1,5	1,2	1,1	1,0	0,9
	12	3,4	2,6	2,0	1,7	1,4	1,3	1,1	1,0
	14	4,0	3,0	2,4	2,0	1,7	1,5	1,3	1,2
	16	4,7	3,5	2,8	2,3	1,9	1,7	1,5	1,4

Der Futteraufwand variiert in der Forellenproduktion zwischen 1 und 1,5.

13.3.1.2 Fütterungstechnik

HÄUFIGKEIT DER FÜTTERUNG:

Brütlinge bis 4 cm: 8–12x täglich — *Brütlinge* 4–6 cm: 4x täglich

Handzuteilung (behutsam auf Wasseroberfläche streuen) oder mit

Fütterungsautomaten, die eine hohe Fütterungsfrequenz ohne zusätzlichen Arbeitsaufwand ermöglichen

- „Scharflinger Fütterungsapparat" (Förderband mit Uhrwerk), 1 Apparat für 10 000–50 000 Brütlinge
- Pendeltrockenfutterspender = Abruffütterung (begünstigt Auseinanderwachsen der Brut)
- Streugeräte, Schussautomaten: elektrisch, wasserbetrieben bzw. pneumatisch betrieben 20-minütiges Fütterungsintervall empfehlenswert;

Setzlinge 6–13 cm:	3x täglich	Speisefische:	2x täglich
>13 cm:	2x täglich	Zuchtfische:	1x täglich

- Handfütterung oder Fütterungsautomaten: Selbstfütterer, Pendeltrockenfutterspender (1 Futterspender mit 25 kg für 1500–5000 Tiere)
- autom. gesteuerte Druckluft-Fütterungssysteme (Futterkanonen)
- Fütterungswagen: für Fließkanäle

13.3.2 Karpfen

13.3.2.1 Fütterung der Brut

KM mg	Dauer der Entwicklung (Tage)	Futtermenge % d. KM	Ernährung über
1	3		Dottersack
1,5–2,5 bis 50	10–14	400 ↓	Naturnahrung (tier. und pflanz. Plankton, Larven d. Salinenkrebses, Rädertierchen, Kleinkrebse. Enzyme der Naturnahrung notwendig für Verdauung)
50 bis 70		↓ 50	Naturnahrung + Brutfutter (48–50 % Rp, 6–9 % Rfe, max. 3 % Rfa)
100–300	7	↓ 25	Fütterungsintervall: 0,5–1 Std.

13.3.2.2 Fütterung der Setzlinge und Speisefische

Teichwirtschaft	extensiv ⟶	intensiv
Naturnahrung	+++	+
Beifutter	(+)	++
Alleinfutter	–	+/+++
Belüftung	–	+/+++

EXTENSIVE TEICHWIRTSCHAFT (NATURNAHRUNG)
- Freiwassertiere (Zooplankton: Kleinkrebse, Rädertiere)
- Vegetationstiere (Phytaltiere): Schnecken und Larven von Fliegen (Eintags-, Köcherfliegen) und Mücken (Zuckmücken)
- Bodentiere (Benthaltiere): Würmer und Larven.

Beifutter:

Grundlage der Eiweißversorgung ist die Naturnahrung (rd. 60 % Rp). Beifutter daher: KH-reiche FM (verschiedene Getreide), evtl. auch Lupine und Sojaschrot.

Je nach Anteil der Naturnahrung an der Gesamtversorgung kann der Rp-Gehalt im Beifutter wie folgt variieren:

Anteil der Naturnahrung (%)	Rp-Gehalt im Beifutter (%)
60	10
40	25
30	30

Fütterung: 3x wöchentlich, am besten auf sog. Futtertischen (ca. 0,8 m unter Wasseroberfläche), um Wassergeflügel fernzuhalten.

Futterplätze: 1–4/ha: hartgründiger Boden oder besser o. g. Futtertische

Empfehlenswerter Anteil des Beifutters am Gesamtfutter in %						
Altersklasse	Mai	Juni	Juli	August	September	Oktober
$K_v - K_1$	–	–	6	60	28	>6
$K_1 - K_2$	5	10	20	45	20	–
$K_2 - K_3$	5	15	25–30	35–40	15	–

Durchschnittlicher Futteraufwand: 2 kg Gesamtfutter/kg Zuwachs

INTENSIVE TEICHWIRTSCHAFT

Voraussetzung: Fertigfutter, Teichbelüftung (bei >3 t Karpfen/ha)
Problem: hoher Nährstoffeintrag → Eutrophierung, evtl. Phytoplankton (Schwebealgen)
Futter: Alleinfutter, pelletiert; dabei sind in Abhängigkeit von der Körperpröße bzw. KM nachfolgend genannte Pelletdurchmesser angebracht:

	KM (g)		Pellet Ø mm
Karpfen vorgestreckt (K_v)	0,5–2	Brutfutter	0,4–0,8
Karpfen vorgestreckt (K_v)	2–20	Anschlussfutter	0,8–1,5
Karpfen einsömmerig (K_1)	20–100	Karpfenfutter	2
Karpfen zweisömmerig (K_2)	100–700	Karpfenfutter	2
$K_2 - K_3$	700–1500	Karpfenfutter	3

Tägliche Futtermenge in % der KM unter folgenden Voraussetzungen:
O_2: > 4,5 mg/l, pH < 8 (zwischen 15–17 Uhr), NH_3 < 0,2 mg/l

Temperatur °C	KM der Karpfen in g 0,5–20	20–100	100–700	700–1500
4, 8	kaum messbare Futteraufnahme			
12	Beginn intensiverer Futteraufnahme			
16	~ 10	~ 7	2	1–1,5
20–24	10–20	bis 10	5	1,5–2
24–28	10–20	bis 10	5	1,5–2

Fütterungstechnik:

Brutfutter bis 2 g KM: möglichst hohe Fütterungsfrequenz
Anschlussfutter: mittels entsprechender Automaten werden Fütterungsfrequenz und Futtermenge variiert.

Automaten in Nähe der Belüftungseinrichtung; zeitgesteuerte Futterautomaten möglich.

13.4 Ernährungsbedingte Erkrankungen und Störungen

Schilddrüsenhyperplasie: Jodmangel, besonders häufig bei Forellen

Anämie: Mangel an essentiellen Nährstoffen (Vit, Spurenelemente, AS), Folge von anderen ernährungsbedingten Krankheiten (Fettleber, Viszeralgranulome, allgemeine Unterversorgung mit Futter)

Vitaminmangelkrankheiten:

- Vit C: Lordose/Skoliose
- Vit D: Nierennekrose (z. B. Forelle)
- Vit E: Anämie (z. B. Forelle)
- Vit K: Anämie (nach Behandlung mit Sulfonamiden, Störung der Darmflora, z. B. Forelle)
- Vit B_1: Gleichgewichtsstörungen, Exzitationen, Luftblase verändert (Lage, Füllung vermehrt oder vermindert), Ruptur des Peritoneums, Trübung der Kornea, Leber fahl oder gelb, Abdominalödeme, Anämie, z. B. Forelle)
- Vit B_2: Hämorrhagien (Auge), Trübung der Linse, Farbveränderung der Iris, dunkle Hautfarbe, unkoordinierte Bewegungen
- Vit B_6: nervale Störungen
- Pantothensäure: Veränderungen der Kiemen
- Biotin: Blauschleimkrankheit

Fettleber: Ätiologie nicht klar (ranziges Fett?), Forelle: zu hohe KH-Mengen/Anteile im MF

Viszeralgranulome (besonders Bachforelle): Ätiologie unbekannt, aber abhängig vom Futter (toxische Inhaltsstoffe?)

Extreme Glykogenspeicherung in der Leber (Forellen): zu starke Kohlenhydratfütterung

Gelbfleischigkeit der Forelle: starker Grünalgenbesatz (Fischnährtiere enthalten gelbe Carotinoide)

Weitere Erkrankungen sind möglich durch

Fehlerhafte Futterkonfektionierung, z. B. Pelletgröße, Partikelgröße der Komponenten, Schwebefähigkeit (bei Forellenfutter), hoher Staubanteil oder

Hygienische Mängel (Schadstoffe, Mykotoxine, hoher Keimgehalt) oder Fehler in der Fütterungstechnik wie

- Überfütterung: bes. bei Forelle (Futtermenge abhängig von KM, O_2-Gehalt und Temperatur des Wassers), hohe Ausfälle, Enteritis, hoher Futteraufwand je kg Zuwachs
- zu geringe Futtergaben: schlechte Wachstumsleistung, verminderte Resistenz gegen bakt. Infektionen und Parasiten, Kannibalismus
- unregelmäßige Fütterung (Handfütterung)
- falsche Einstellung der Automaten

Schrifttum

BAUR, W. H., und J. RAPP (2002): Gesunde Fische: Praktische Anleitung zum Vorbeugen, Erkennen und Behandeln von Fischkrankheiten. 2. Aufl., ISBN 3-8304-4056-1, Parey Verlag

DE SILVA, S. S., und T. A. ANDERSON (1995): Fish nutrition in aquaculture, Chapman und Hall, London

FRIESECKE, H. (1984): Handbuch der praktischen Fütterung. BLV-Verlagsgesellschaft mbH, München

HAAS, E. (1982): Der Karpfen und seine Nebenfische. Leopold Stocker Verlag, Graz und Stuttgart

HALVER, J. E. (1972): Fish nutrition. Acad. Press, New York-London

HALVER, J. E., und K. TIEWS (1979): Finfish Nutrition and Fishfeed Technology, Bd. I u. II, Heenemann Verlagsges. mbH, Berlin

HOCHWARTNER, O., LICEK, E., und T. WEISMANN (2008): Das ABC der Fischkrankheiten: Erklären, Erkennen, Behandeln. ISBN: 3-7020-1135-8, Stocker

IGLER, K. (1969): Forellen, Zucht und Teichwirtschaft, 2. Aufl., Leopold Stocker Verlag, Graz

KING, J. O. L. (1973): Fish nutrition. Vet. Rec. **92,** 546–550

LOVELL, T. (1998): Nutrition and Feeding of Fish, 2nd ed., Kluwer, Boston

MESKE, Ch. (1973): Aquakultur von Warmwasser-Nutzfischen. Verlag E. Ulmer, Stuttgart

NATIONAL RESEARCH COUNCIL, NRC (1993): Nutrient requirements of fish. Nat. Acad. Sci., Washington

PFEFFER, E. (1993): Ernährungsphysiologische und ökologische Anforderungen an Alleinfutter für Regenbogenforellen. Übers. Tierernährg. **21,** 31–54

PHILLIPS, A. (1969): In: Fish physiology (W. G. HOARLAND/D. J. RANDALL eds). Acad. Press, New York-London

PRICE, K. S. jr., W. N. SHAW und K. S. DANBERG (1976): Proc. Internat. Conf. Aquaculture Nutr. Univ. of Delaware Newark, Delaware

WURZEL, W., E. TACK, H. H. MOELLER und K. D. PIERITZ (1973): Forellenproduktion morgen. DLG-Verlag, Frankfurt am Main

14 Zierfische

14.1 Allgemeine biologische Grunddaten

Es sind ca. 20 000 Fischarten, die sowohl den Knorpel- als auch den Knochenfischen angehören und in fast allen Gewässern der Erde im Süß-, Salz- und Brackwasser in den unterschiedlichsten Habitaten vorkommen, bekannt. Davon sind etwa 2000 Arten, die als Zierfische gehalten werden (können), mehr oder weniger regelmäßig im Handel. Nachfolgende Ausführungen beziehen sich weitgehend auf Süßwasserfische in Aquarienhaltung.

Die Vielfalt der Fischarten und deren ursprünglich unterschiedliche Ernährungsweise sowie die zumeist gemeinsame Haltung mehrerer Spezies in einem Aquarium („Gesellschaftsbecken") stehen in praxi der Forderung nach einer strikt artspezifischen Ernährung entgegen. Viele, aber sicherlich nicht alle Erkenntnisse aus der Nutzfischhaltung können auf die Zierfischhaltung übertragen werden, wobei der Übergang Nutzfisch–Zierfisch fließend sein kann (Goldforellen, Farbkarpfen, Störe, Tilapien, Kiemensackwelse etc.). In der Regel verwenden Aquarianer ein Trockenfutter, das die Ansprüche der meisten häufig gehaltenen Arten mehr oder weniger abdeckt. Von vielen in Aquarien gehaltenen Spezies ist zudem überhaupt nicht bekannt, wie sich das Nahrungsspektrum im natürlichen Habitat zusammensetzt.

Der Bau des Verdauungskanals von Zierfischen ist sehr unterschiedlich: Das Maul ist verschieden gestaltet und an die Art der Futteraufnahme (Aufnahme von Futter von der Wasseroberfläche → Maul oberständig; im freien Wasser → Maul endständig; vom Boden → Maul unterständig; Friedfische ↔ Raubfische) angepasst. Barteln sind bei bodenbewohnenden oder gründelnden Fischen häufig vorhanden. Viele Arten sind zahnlos, vielen herbi- und omnivoren Spezies fehlt ein Magen (Konsequenz: häufigere Futtergaben), Bau und Länge des Darmrohrs sind unterschiedlich (Relation Darm- zu Körperlänge 0,5–15 bei herbivoren Arten, 0,2–2,5 bei carnivoren Spezies, omnivore Arten: mittlere Werte). Rfa kaum von Bedeutung für Energieversorgung, wohl aber für Chymuspassage und die Exkretion (z. B. von Gallensäuren, Toxinen), Zellulose jedoch lebensnotwendig für bestimmte Welsarten, z. B. Antennenwelse; Chitin der Beutetiere hat rohfaserähnliche Funktionen.

Als poikilotherme Tiere haben auch Zierfische einen sehr viel geringeren Erhaltungsbedarf an Energie als warmblütige Tiere (insgesamt ~40–50 kJ/kg $KM^{0,75}$/d in Abhängigkeit von Temperatur, Größe und Ernährungsweise). Für die Aktivität (auch der Verdauungsenzyme) ist die Wassertemperatur von erheblicher Bedeutung (unter 5 °C: Hibernation, winterschlafähnlicher Zustand). Endprodukte des Proteinstoffwechsels sind im Wesentlichen Ammoniak und Harnstoff, die über den Urin und die Kiemen eliminiert werden. Hauptenergiequelle der meisten Zierfische: Protein und Fett (wenngleich Karpfenfische auch Stärke relativ gut nutzen). Je niedriger der Schmelzpunkt der Fette (höherer Anteil unges. FS), umso besser ist die Verdaulichkeit; hoher Bedarf an n3- und n6-Fettsäuren (Relation von Linol- zu Linolensäure unterschiedlich je nach Wassertemperatur; z. B. Koikarpfen Relation von 2:1 bei 5–10 °C bzw. von 0,5:1 bei 15–20 °C).

Im Interesse einer guten Wasserqualität (geringe NO_3^--, NO_2^-- und NH_3-Konzentrationen) sollte die Rp-Versorgung (i. e. S. die AS-Versorgung) am Bedarf ausgerichtet sein (nicht zuviel Rp, aber ausreichende Gehalte essentieller AS). Stärke in thermisch aufbereiteter Form (z. B. geflockte Maisstärke) kann bei omnivoren Spezies zur Energieversorgung beitragen, bei geringer Stärkeverdaulichkeit wird einer Eutrophierung des Wassers Vorschub geleistet. Für die Mineralstoffversorgung (außer Phosphor) spielt nicht nur das Futter, sondern auch das Wasser eine wichtige Rolle. Auch die Vitaminversorgung bedarf einer kritischen Prüfung (nicht selten MF-Überlagerung → Autoxidation → Aktivitätsverluste → Anfälligkeit für Infektionen ↑). Besondere Probleme: Wasserlösliche Vitamine gehen schon innerhalb kürzester Zeit nach dem Futterangebot in Lösung und damit dem Futter verloren (bes. Anforderungen für die Futterkonfektionierung!); Missverhältnis zwischen tägl. Futterverbrauch und Inhalt (Größe) üblicher Gebinde → Überlagerung des MF, evtl. Schimmelpilzbefall.

Rein rechnerisch[1] notwendiger Wasseraustausch (l/Woche) in einem 100-l-Aquarium bei unterschiedlicher täglicher Futtermenge

Futtermenge (g/Tag)	0,5	1,0	1,5	2,0	2,5	3,0	3,5	4,0	4,5	5,0
auszutauschende Wassermenge (l)	10	20	30	40	50	60	70	80	90	100

[1] in praxi kann die auszutauschende Menge Wasser stark variieren in Abhängigkeit von Größe, Bepflanzung, Beleuchtung, Filtervolumen, Frequenz der Filterreinigung, Temperatur, Besatzdichte und Art der Fische

Richtwerte zur Beurteilung der Wasserqualität: Ammoniak (das stark fischtoxische NH_3 bildet sich nur bei pH >7, sonst liegt NH_4 vor): <0,01 mg/l ; Nitrit: sollte nicht nachweisbar sein, 1 mg/l letal; Nitrat: <100 mg/l ; H_2S: sollte nicht nachweisbar sein, 1,8 µg/l letal

Futterspektrum unter natürlichen Bedingungen:

Es gibt zwar die Einteilung in Anlehnung an die Säugetiere in herbivor, omnivor und carnivor (bzw. faunivor), jedoch sind bei Fischen zahlreiche Mischformen und Überschneidungen vorhanden.

Herbivore Spezies: diverse Algen, Wasserpflanzen, ins Wasser gefallene Pflanzenteile und Früchte

Carnivore (besser: faunivore) Spezies: andere Fische, Fischlarven, Laich, Zooplankton, Würmer, Mollusken, Insekten und deren Larven, Spinnentiere, Krebstiere (Wasserflöhe, Hüpferlinge, Garnelen, Bachflohkrebse, Wasserasseln etc.), bei großwüchsigen Arten, die aber in der Regel nur in Schauaquarien zu finden sind, auch Amphibien, deren Laich und Larven, aquatile Reptilien, Kleinsäuger, Vögel

Omnivore Spezies: die bei herbi- und carnivoren genannten Futtermittel

Angaben zu einigen Zierfischarten

Fischart	Länge, cm (Adulte)	Ernährungsweise: Typ	Ernährungsweise: ursprgl. Nahrungsspektrum[1]
Scheibensalmler	14	herbivor	weiche Pflanzen, Kresse
Goldfisch	36	omnivor	Pflanzliches, Krebse, Larven
Zebrabärbling	6	omnivor	s. o.
Platyfisch	6	omnivor	s. o.
Diskussalmler	14	omnivor	s. o.
Zierkarpfen – Koi	120[2]	omnivor/carnivor	Phytoplankton, Krebse, Würmer, Larven
Antennenwels[3]	20	omnivor/carnivor	s. o.
Guppy	6	omnivor/carnivor	s. o.
Neonfisch	4	carnivor/limnivor	Zooplankton, Artemia, Infusorien
Schwertträger	12	carnivor/omnivor	Artemia, Tubifex, Algen, Gammarus
Kleiner Maulbrüter	8	carnivor/omnivor	s. o.
Skalar	15	carnivor/omnivor	s. o.
Stichling	12	carnivor	Tubifex, Daphnien, Insektenlarven
Schlammpeitzger[3]	30	carnivor	Würmer, Krebse, Molusken

[1] überwiegend lassen sich die Tiere mit Mischfutter (Flockenfutter) versorgen (bei Carnivoren evtl. erschwert) [2] i. d. Regel im Aquarium aber merklich kleiner [3] Futteraufnahme überwiegend vom Boden; die übrigen Arten nehmen hauptsächlich flotierendes bzw. langsam absinkendes Futter auf

Besatzdichte: Nicht mehr als „1 g Fisch" pro Liter Wasser (Faustzahl) bzw. „1 cm Fisch" auf 2 l Wasser!

Richtwerte für die MF-Zusammensetzung

<table>
<tr><th>Nährstoffgehalte/kg TS</th><th>MF für omnivore Spezies</th><th>MF für fauni-/carnivore Spezies</th></tr>
<tr><td>Rp (g)</td><td>350–420</td><td>>450</td></tr>
<tr><td>Rfe (g)</td><td>20–50</td><td>30–60</td></tr>
<tr><td>Rfa (g)</td><td>30–80</td><td>20–40</td></tr>
<tr><td>Ca (g)</td><td colspan="2"><10</td></tr>
<tr><td>P (g)</td><td colspan="2"><10</td></tr>
<tr><td>Vit A (IE)</td><td colspan="2">~5000</td></tr>
<tr><td>Vit D (IE)</td><td colspan="2">~1000</td></tr>
</table>

14.2 Fütterungspraxis

Basis: Es ist ein breites Angebot an MF-Konfektionierungen im Zoofachhandel verfügbar; sehr häufig in Flockenform, jedoch auch in Form von schwimmfähigen Sticks, Pellets, Granulat, Tabletten; inzwischen auch Spezialfutter für bestimmte Spezies (Koikarpfen, Goldfische, Diskusfische, etc.), z. T. mit Carotinoiden, um die Rotfärbung zu verstärken.

Bei Fischbrut und Jungfischen zur Aufzucht: Salinenkrebschen, Infusorien aus Heuaufguss oder handelsüblichen Granulaten zur Infusorienanzucht

Tägliches MF-Angebot (adulte Fische): ~1 % der KM

Viele MF in der Praxis sind deutlich energie- und nährstoffreicher als es erforderlich und im Interesse einer guten Wasserqualität wünschenswert ist (Rp: >50 %, Rfe: >9 %; Ca: >15 g/kg, P: >10 g/kg, Vit A >10 000, Vit D >1000), andererseits ist der Rfa-Gehalt häufig zu gering (allgemein um 1 %).

Fütterungsfrequenz: Jungfische in Aufzuchtbecken mehrmals am Tag (Jungfische müssen „im Futter stehen", gleichzeitig sorgfältige Überprüfung der Wasserqualität und entsprechende Wasserhygiene erforderlich!), adulte Fische einmal pro Tag, was in 2–3 Minuten gefressen wird, ein bis zwei Fastentage/Woche sind unproblematisch.

Ergänzungen:

Lebendfutter: Daphnien, Essigälchen, Hüpferlinge, Mückenlarven, Tubifex, Regenwürmer, Enchyträen, Bachflohkrebse, Salinenkrebschen bzw. deren Nauplien, Springschwänze, Drosophila; Vorsicht: „verhungertes" Lebendfutter (ohne Nahrung bevorratete Organismen) sind ohne größeren Futterwert (→ Energie- und Nährstoffmangel bei Zierfischen).

Frostfutter: o. g. Lebendfutter in gefrosteter Form (evtl. auch Muschelfleisch, kleine Fische) sowie Rinderherz; Vorsicht: schneller Verderb nach Auftauen!

Grünfutter: z. B. überbrühte Kresse, Salatgurke, Salatblätter, Brennnesselblätter, Algen, Wasserlinsen verwendbar.

Fütterungstechnik: Verzehrsverhalten (Fressen von der Wasseroberfläche, während des Absinkens, vom Boden), spez. Gewicht und Pressstabilität beachten (Granulate, Flocken, Tabletten etc.). Nachtaktive Fische nur abends nach Abschalten des Lichtes füttern!

14.3 Ernährungsbedingte Erkrankungen und Störungen

Prinzipiell kommen die meisten bei Nutzfischen bekannten ernährungsbedingten Erkrankungen auch bei Zierfischen vor. In der Regel zeigen sich nur unspezifische Symptome, wie Verblassen der Farben, partielle Dunkelfärbung, Apathie, mangelhafte Fertilität und verändertes Schwimmverhalten.

Häufige Fehler: Futtermenge zu hoch → Adipositas, mangelnde Fertilität, Fettleber als Folge einer zu hohen Energieaufnahme; starke Belastung des Wassers durch faulendes Futter (H_2S, NH_3, NH_4OH → Kiemenschädigungen, Intoxikationen, Verenden). Abbauprozesse sind sauerstoffzehrend, so dass gleichzeitig Sauerstoffmangel entsteht – nicht selten die wesentliche Ursache für ein Massensterben.

Bei Einsatz frischer, handelsüblicher MF: Vitaminmangelerkrankungen unwahrscheinlich

Ca-Mangel kann bei so genannten Weichwasserfischen, wie z. B. Diskusfischen bei einseitiger Fütterung, z. B. Rinderherz, vorkommen: Kümmern, „Lochkrankheit".

Besondere Vitaminmangelerkrankungen:

- Vit A: Wirbelsäulen-, Kiemendeckelverformung, Hornhauttrübungen
- Vit D: „Lochkrankheit", Nierennekrosen, Wirbelsäulendeformationen
- Vit E: Myokard-, Leberdegeneration
- Vit C: Hautblutungen, Wirbelsäulendeformationen, Kiemendeckelveränderungen
- Vit B-Komplex: zentrale Störungen, Hautveränderungen, Kiemenschwellungen

Bei Verwendung überlagerter MF, oft bedingt durch preiswertere Großpackungen:

Vitamingehalt ↓ → Mangelerscheinungen,

Aflatoxinbildung → Lebernekrosen, Todesfälle

Schrifttum:

BAUER, R. (1990): Erkrankungen der Aquarienfische. Parey Verlag, Berlin-Hamburg

BML-Gutachten (1999): Gutachten über Mindestanforderungen an die Haltung von Zierfische (Süßwasser)

BREMER, H. (1997): Aquarienfische gesund ernähren. Ulmer Verlag, Stuttgart

COENEN, M., und H. GROSSMANN (1993): Composition of commercial feed for toy fish. Proc. Europ. Soc. Vet. and Comp. Nutr. Symposium, Berlin 1993

DREYER, S. (1995): Zierfische richtig füttern, bede Verlag

ENGELMANN, W.-E. (2005): Zootierhaltung: Zootierhaltung 5 – Tiere in menschlicher Obhut, Fische. ISBN 3-8171-1352-8, Harri

GROSSMANN, H. (1993): Erhebungen über die Zusammensetzung von handelsüblichen Zierfischfuttermitteln. Diss. med. vet., Hannover

KÖLLE, P. (2001): Fischkrankheiten, Kosmos Verlag

PANNEVIS, M. C. (1993): Ernährung von Zierfischen. Waltham International Focus 3 (3), 17–22

PANNEVIS, M. C. (1993): Nutrition of Ornamental Fish. In: BURGER, J.: Waltham Book of Companion Animal Nutrition, Pergamon Press, Oxford, 85–96

RIEHL, R., und H. A. BAENSCH (1992): Aquarien Atlas. 9. Aufl., Mergus-Verlag, Melle

TERHÖFTE, B. B., und P. AREND (2005): Gesund wie ein Fisch im Wasser? Fischkrankheiten im Aquarium und Gartenteich. 14. Aufl., ISBN 3-89745-098-4, Tetra Verlag

VII Stichwortverzeichnis

A

C

D

E

G

H

I

J

K

L

M

N

O

P

Q

R

S

T

U

V

W